Sichern

Bist du sicher? **Prüfe dein neues Fundament** mit den **Testaufgaben.** Vergleiche deine Ergebnisse mit den Lösungen im Anhang und schätze deine Leistung selbstständig ein.

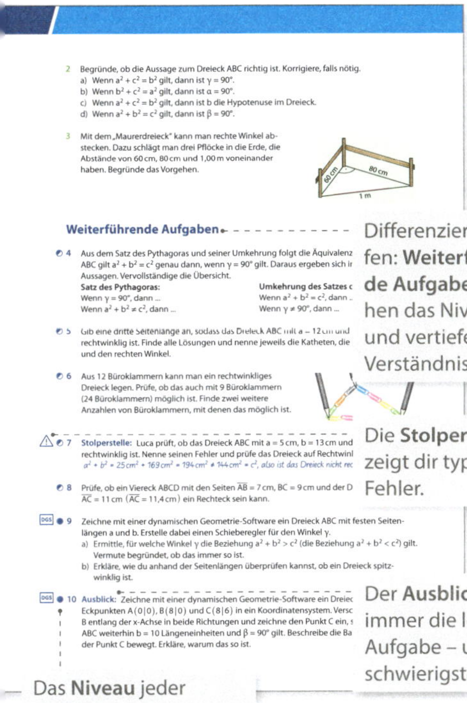

Differenziert vertiefen: **Weiterführende Aufgaben** erhöhen das Niveau und vertiefen dein Verständnis.

Die **Stolperstelle** zeigt dir typische Fehler.

Der **Ausblick** ist immer die letzte Aufgabe – und die schwierigste!

Das **Niveau** jeder Aufgabe gibt dir ein Symbol an.
◐ = mittel,
● = schwierig

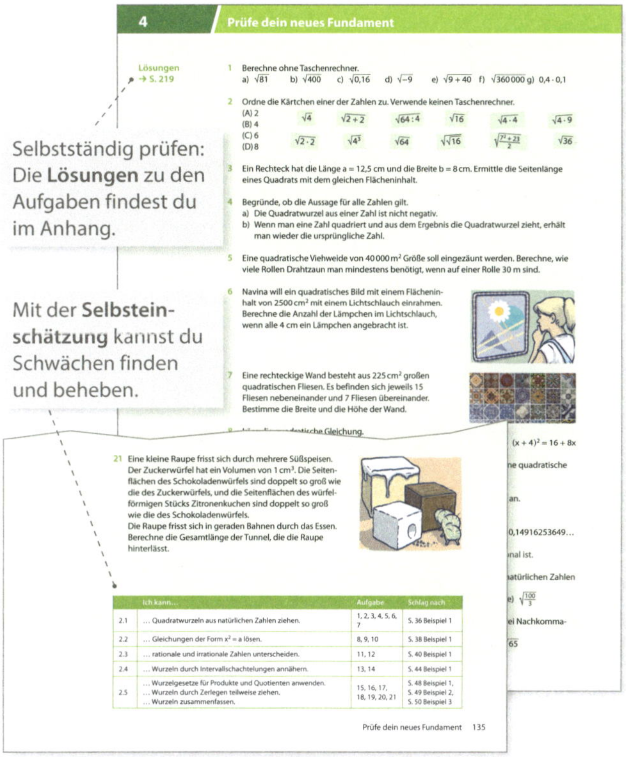

Selbstständig prüfen: Die **Lösungen** zu den Aufgaben findest du im Anhang.

Mit der **Selbsteinschätzung** kannst du Schwächen finden und beheben.

Wissen kompakt

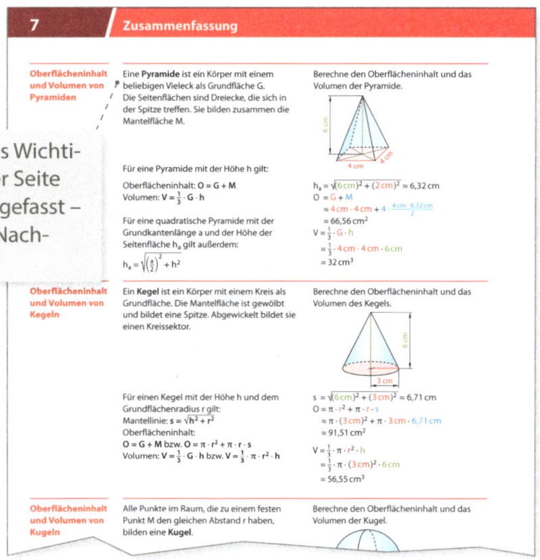

Hier ist alles Wichtige auf einer Seite zusammengefasst – ideal zum Nachschlagen.

AF638374

Fundamente der Mathematik 8

Thüringen
Gymnasium

Herausgegeben von
Dr. Andreas Pallack

Cornelsen

Inhaltsverzeichnis

Das Kapitel 8 „Mehrstufige Zufallsexperimente“ wird auch als erstes Kapitel von Band 9 angeboten.
Je nach Schulcurriculum können die Inhalte in Jahrgang 8 oder 9 unterrichtet werden.
Auch eine Wiederholung der Inhalte in Jahrgang 9 ist möglich.

7 Körperberechnungen 187

8 Mehrstufige Zufallsexperimente 245

9 Komplexe Aufgaben 271

10 Methoden 275

11 Anhang 279

1

Flächen

Nach diesem Kapitel kannst du

- → Flächeninhalte von Dreiecken, Parallelogrammen und Trapezen berechnen,
- → Flächeninhalte von zusammengesetzten Figuren berechnen.

Lösungen
→ S. 215

Figuren erkennen

1 Gib an, welche Vierecke Parallelogramme, Trapeze, Rechtecke, Quadrate, Rauten und Drachenvierecke sind. Begründe deine Entscheidung.

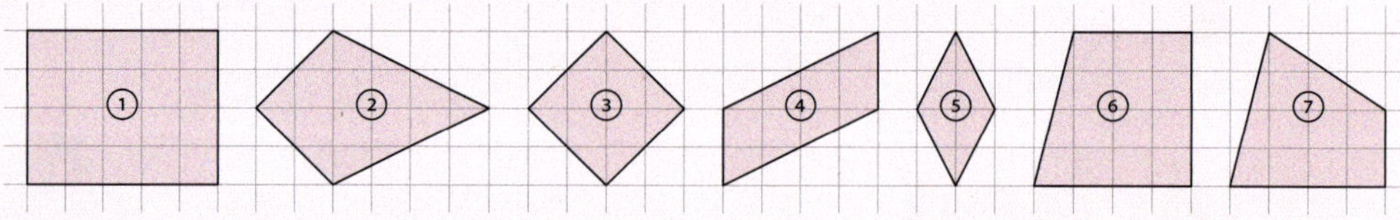

2 Zeichne die Strecke und ergänze sie
a) zu einem Rechteck,
b) zu einem Quadrat,
c) zu einem Trapez.

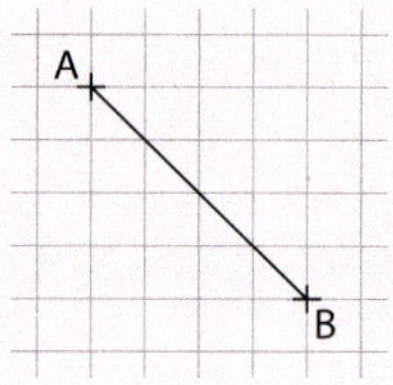

3 Zeichne ein Viereck mit dieser Eigenschaft. Gib die Viereckart an.
a) Gegenüberliegende Seiten sind parallel zueinander.
b) Es gibt drei rechte Winkel.
c) Zwei Seiten sind parallel zueinander.
d) Alle vier Seiten sind gleich lang.

4 Gib an, ob das Dreieck spitzwinklig, stumpfwinklig oder rechtwinklig ist.

a) 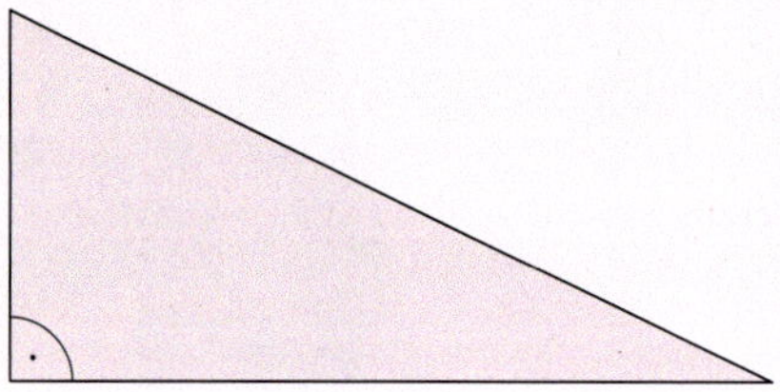

b) 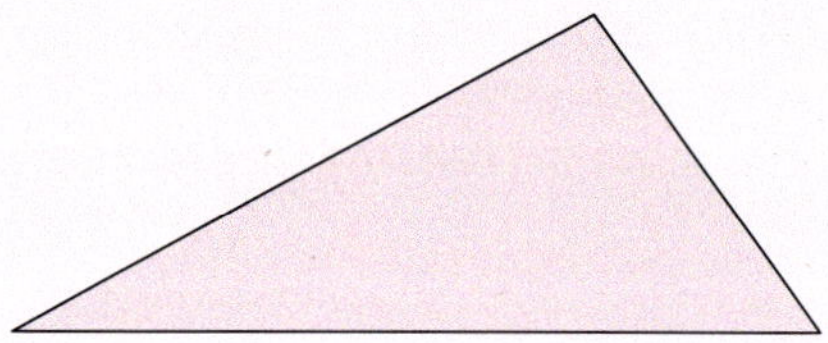

5 a) Zeichne ein gleichschenkliges Dreieck. b) Zeichne ein gleichseitiges Dreieck.

Einheiten des Flächeninhalts

6 Entscheide, ob eine Einheit des Flächeninhalts angegeben ist.
a) cm b) cm^2 c) ℓ d) ha
e) cm^3 f) a g) km^2 h) hℓ

7 Rechne in die Einheit um, die in Klammern steht.
a) $5\,cm^2$ (mm^2) b) $3{,}2\,m^2$ (cm^2) c) 1 ha (m^2) d) 2,3 a (m^2)

8 Ordne den Flächen die gerundeten Größen zu.
a) Fläche einer Seite dieses Mathematikbuchs
b) Fläche von Deutschland
c) Sitzfläche eines Stuhls
d) Handfläche
e) Fläche von Nordrhein-Westfalen

① $357\,000\,km^2$
② $1\,dm^2$
③ 3 411 000 ha
④ $1600\,cm^2$
⑤ $48\,000\,mm^2$

9 Gib an, wie oft die erste Fläche in der zweiten Fläche enthalten ist.
a) $4\,mm^2$ in $16\,cm^2$ b) $25\,dm^2$ in $1\,m^2$ c) $4\,cm^2$ in $80\,cm^2$ d) $10\,m^2$ in 1 a

Lösungen
→ S. 215

Berechnungen am Rechteck

10 Berechne den Flächeninhalt der Figur (Angaben in cm).

a) 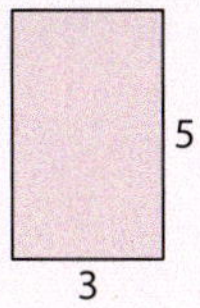

b) 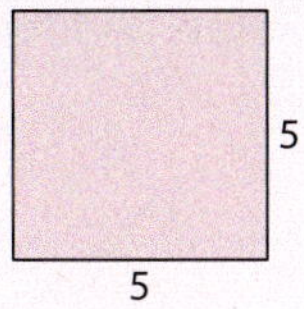

c) 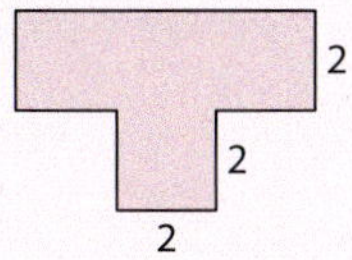

d) 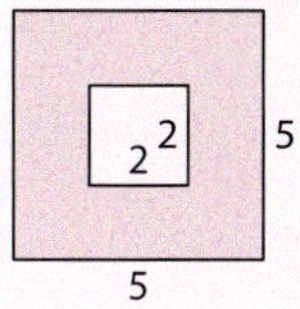

11 Ermittle die fehlende Seitenlänge.

a) 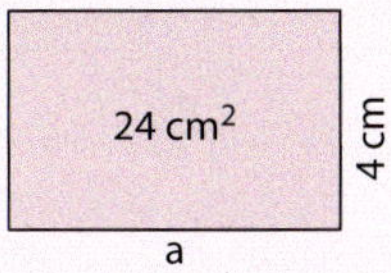

b) 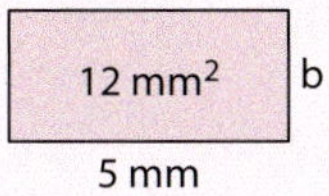

c) 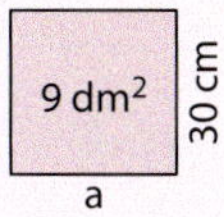

d) 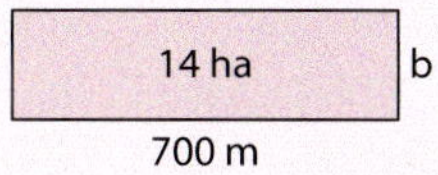

12 Berechne Umfang und Flächeninhalt der Figur.
a) Rechteck mit den Seitenlängen 3 cm und 2,5 cm
b) Quadrat mit der Seitenlänge 1,1 cm

13 Zeichne das Viereck. Berechne dann seinen Flächeninhalt und Umfang.
a) Rechteck mit den Seitenlängen 4 cm und 1,5 cm
b) Quadrat mit der Seitenlänge 2,5 cm

14 Eine Seite eines Rechtecks mit einem Flächeninhalt von 48 m^2 ist 4 m lang. Berechne den Umfang des Rechtecks.

Vermischtes

15 Zeichne das Dreieck und konstruiere alle Höhen.

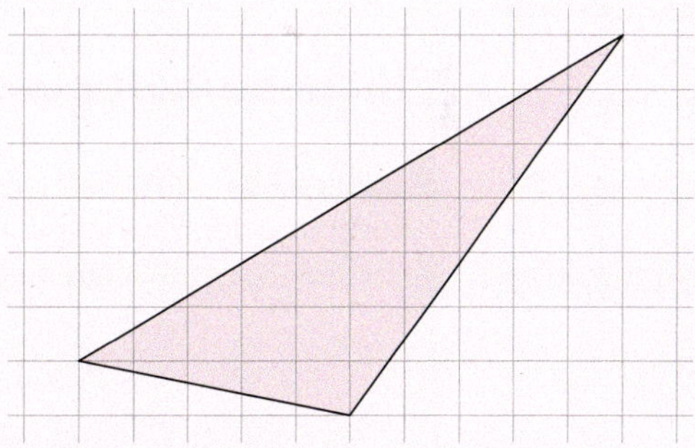

16 Gib einen Term an, mit dem man den Flächeninhalt des rechtwinkligen Dreiecks berechnen kann.

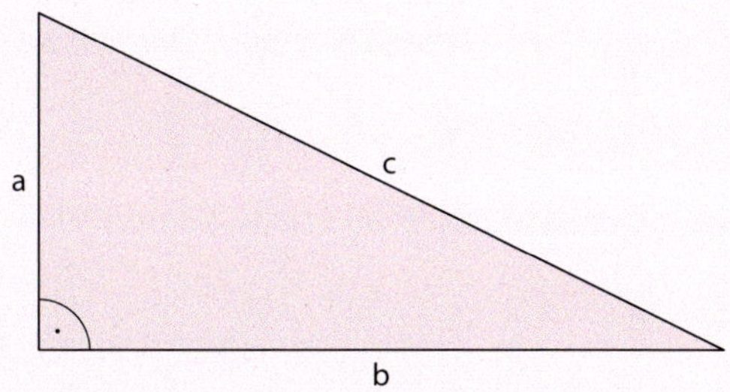

17 Berechne im Kopf.
a) 9^2 b) 11^2 c) $0{,}1^2$ d) $1{,}1^2$ e) 12^2 f) $0{,}7^2$ g) $1{,}2^2$ h) $\left(\frac{2}{3}\right)^2$

1.1 Flächeninhalt eines Dreiecks

Falte ein rechteckiges Blatt Papier, sodass ein großes und zwei kleinere Dreiecke entstehen. Schneide die beiden kleinen Dreiecke ab und lege sie zu einem großen Dreieck zusammen. Erkläre, was dir auffällt.

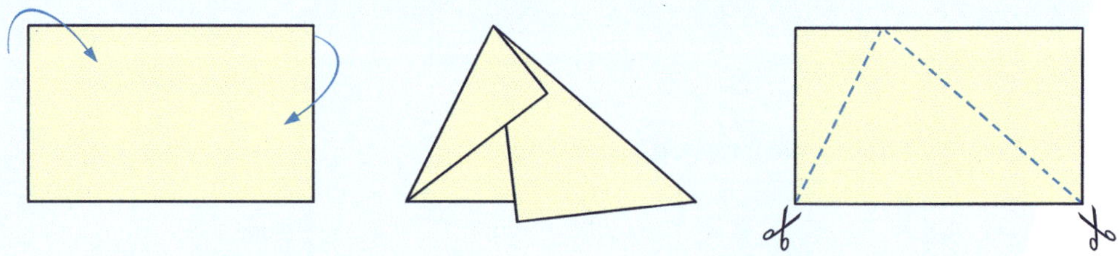

Wenn man ein Dreieck entlang seiner Höhe in zwei Dreiecke zerlegt und diese wie im Bild wieder an das Ausgangsdreieck legt, dann entsteht ein Rechteck mit dem doppelten Flächeninhalt des ursprünglichen Dreiecks.

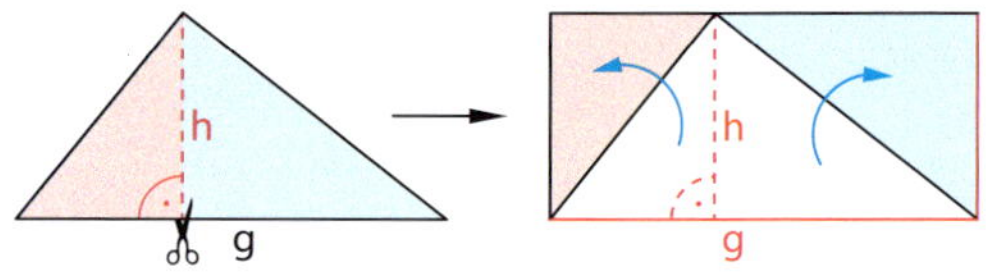

Wissen

Der **Flächeninhalt A eines Dreiecks** ist das Produkt aus der Länge einer Grundseite und der Länge der zugehörigen Höhe dividiert durch 2.

Flächeninhalt = Grundseite · Höhe : 2

$$A = \frac{g \cdot h}{2}$$

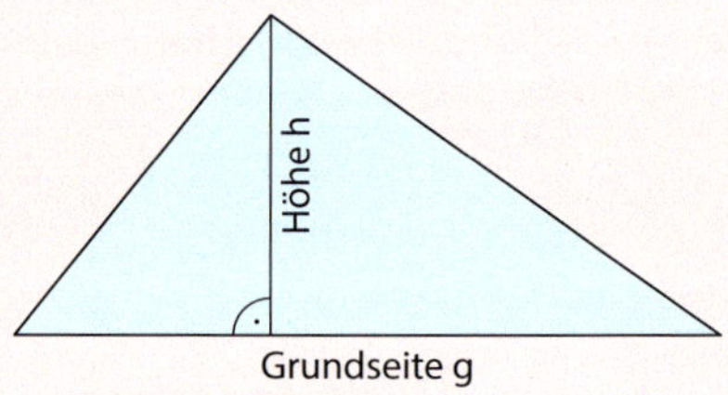

Flächeninhalt berechnen

Beispiel 1

Bestimme den Flächeninhalt des Dreiecks.
Miss benötigte Größen mit dem Geodreieck.

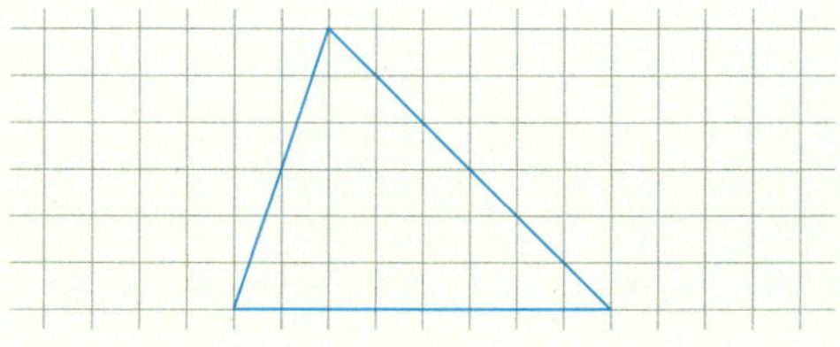

Lösung:
Miss mit dem Geodreieck eine Grundseite und die zugehörige Höhe des Dreiecks.

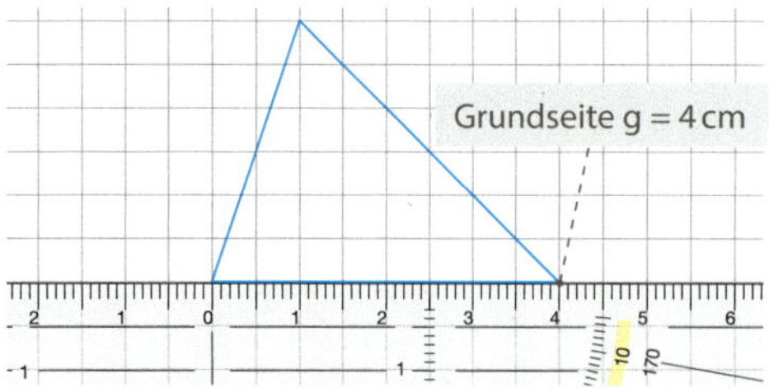

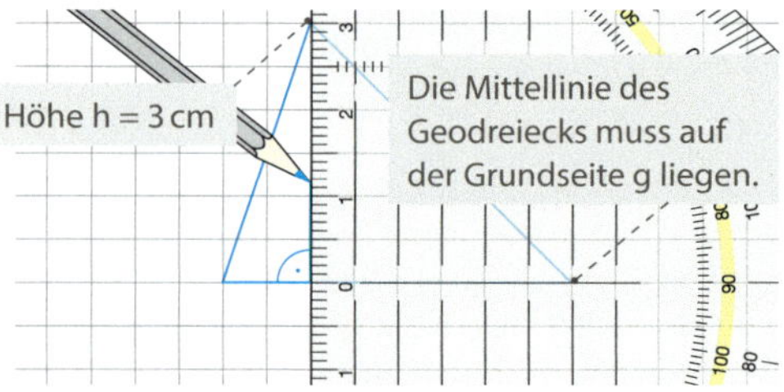

Berechne den Flächeninhalt mit der Formel „Grundseite · Höhe : 2".

$$A = \frac{4\,\text{cm} \cdot 3\,\text{cm}}{2} = \frac{12\,\text{cm}^2}{2} = 6\,\text{cm}^2$$

Basisaufgaben

Lösungen zu 1

8,75 cm²
11,475 cm²
10 cm²
8,2 cm²

1 Berechne den Flächeninhalt des Dreiecks (Angaben in cm).

a) 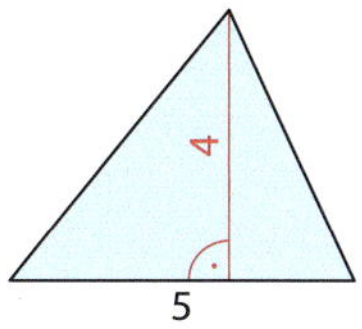

b) 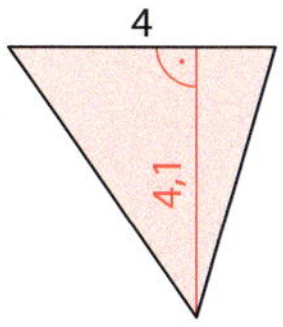

c) 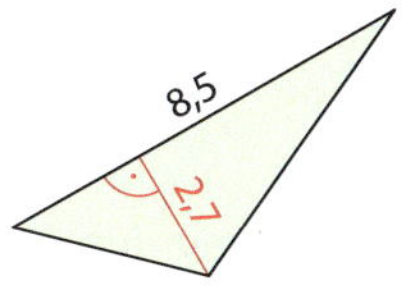

d) 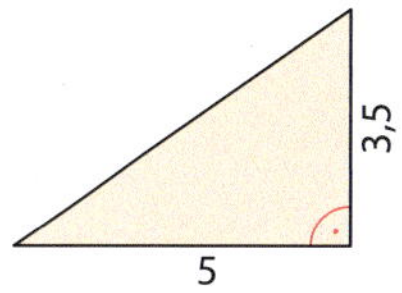

2 Zeichne das Dreieck. Miss eine Grundseite und die zugehörige Höhe mit dem Geodreieck. Berechne dann den Flächeninhalt.

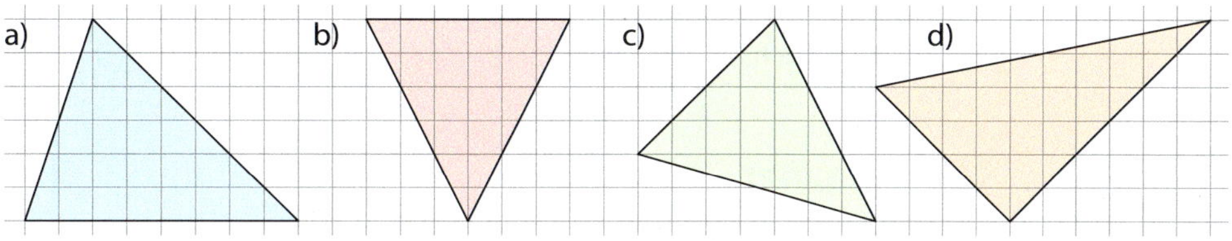

3 Berechne den Flächeninhalt des Dreiecks aus der gegebenen Grundseite g und der zugehörigen Höhe h.

a) $g = 6\,cm$; $h = 12\,cm$
b) $g = 40\,m$; $h = 22\,m$
c) $g = 70\,mm$; $h = 90\,mm$
d) $g = 0{,}4\,m$; $h = 0{,}8\,m$
e) $g = 2{,}6\,km$; $h = 1{,}8\,km$
f) $g = 26\,cm$; $h = 1{,}2\,m$

4 a) Bestimme den Flächeninhalt des Dreiecks mit drei unterschiedlichen Rechnungen. Miss die benötigten Größen im Bild.

Grundseite	Höhe	Flächeninhalt
Seite a = … mm	h_a = … mm	A = … mm²
Seite b = … mm	h_b = … mm	A = … mm²
Seite c = … mm	h_c = … mm	A = … mm²

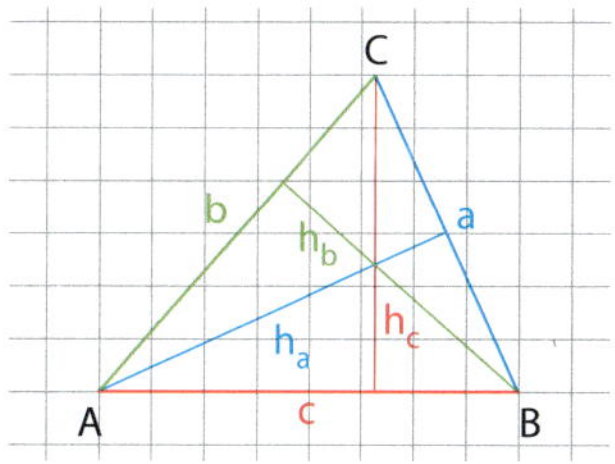

b) Vergleiche die Ergebnisse aus a). Erkläre deine Feststellung.
c) Begründe, welcher der drei Lösungswege am besten geeignet ist.

5 Berechne den Flächeninhalt des Dreiecks. Wähle dafür passende Größen aus.

a) $a = 5\,cm$ | $b = 4\,cm$ | $h_a = 2{,}4\,cm$ | $h_b = 3\,cm$

b) $b = 8\,m$ | $c = 6\,m$ | $h_b = 3{,}75\,m$ | $h_c = 5\,m$

c) $b = 4\,cm$ | $c = 5\,cm$ | $h_a = 2\,cm$ | $h_b = 3{,}1\,cm$

6 Herr Tschorn möchte über seiner Terrasse ein dreieckiges Sonnensegel aufspannen. An der Hauswand soll das Segel eine Länge von 6 m haben. Die Ecke, die nicht an der Hauswand befestigt wird, soll 3 m Abstand zur Hauswand haben.

a) Berechne den Flächeninhalt des Sonnensegels.
b) Ein Quadratmeter Stoff für das Sonnensegel kostet 7 €. Berechne die Kosten für das Sonnensegel.

Grundseite oder Höhe berechnen

Beispiel 2

Ein Dreieck hat einen Flächeninhalt von $24\,cm^2$. Die Grundseite ist 8 cm lang. Berechne die zugehörige Höhe.

Lösung:

Setze 8 cm für g und $24\,cm^2$ für A in die Formel $A = \frac{g \cdot h}{2}$ ein. $24\,cm^2 = \frac{8\,cm \cdot h}{2}$

Du kannst $\frac{8\,cm \cdot h}{2}$ als $\frac{8\,cm}{2} \cdot h$ schreiben. $24\,cm^2 = \frac{8\,cm}{2} \cdot h$

Berechne $\frac{8\,cm}{2} = 4\,cm$. $24\,cm^2 = 4\,cm \cdot h$

Rechne dann mit der Umkehroperation. Weil die Höhe eine Länge ist, brauchst du die Einheit cm. $24 : 4 = 6$

$h = 6\,cm$

Basisaufgaben

7 Berechne die gesuchte Größe des Dreiecks.
a) $A = 20\,cm^2$; $g = 5\,cm$; gesucht: h
b) $A = 36\,cm^2$; $h = 6\,cm$; gesucht: g

8 Berechne die fehlende Größe des Dreiecks.

	a)	b)	c)	d)	e)	f)
Grundseite g	6 cm	4 m			3,2 km	
Höhe h			8,4 km	8 cm		125 cm
Flächeninhalt A	$12{,}6\,cm^2$	$32\,m^2$	$10{,}08\,km^2$	$20\,cm^2$	$8{,}64\,km^2$	$2\,m^2$

Weiterführende Aufgaben

9 a) Zeichne das Dreieck und die Höhe h_c.
b) Gilt die Formel für den Flächeninhalt eines Dreiecks auch dann, wenn die Höhe außerhalb des Dreiecks liegt? Prüfe, indem du den Flächeninhalt mit verschiedenen Grundseiten berechnest.

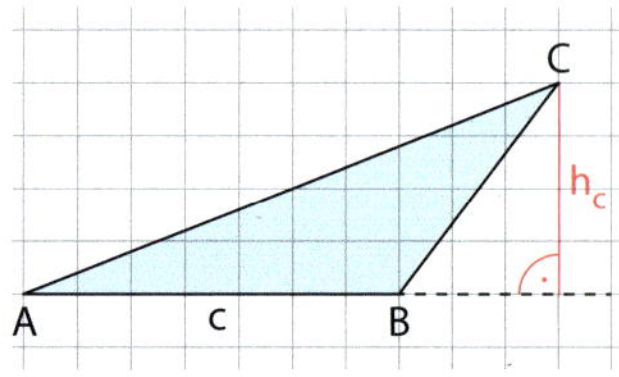

10 Die Jolle Laser I hat folgende Bootsmaße:
Länge: 4,23 m
Breite: 1,37 m
Tiefgang: 0,80 m
Masthöhe: 5,37 m
Gewicht: 65 kg
Überschlage anhand der Maße und der Abbildung die Größe der Segelfläche.

11 Zeichne drei verschiedene Dreiecke, die alle einen Flächeninhalt von $6\,cm^2$ haben.

DGS **12** Zeichne mit einer dynamischen Geometrie-Software ein Dreieck mit den Seitenlängen 3 cm, 4 cm und 5 cm. Miss den Flächeninhalt. Untersuche, wie sich der Umfang und der Flächeninhalt ändern, wenn du alle Seitenlängen verdoppelst. Prüfe, ob das auch für andere Dreiecke gilt.

13 Zeichne das Dreieck in ein Koordinatensystem und ermittle den Flächeninhalt. Wähle als Achseneinteilung 2 Kästchen = 1 Einheit.

a) A(0 | 1); B(6 | 1); C(0 | 4)
b) A(3 | 0); B(8 | 0); C(6 | 5)
c) A(1 | 3); B(5 | 7); C(1 | 8)
d) A(9 | 1); B(9 | 9); C(5 | 5)

14 **Stolperstelle:** Erkläre und korrigiere die Fehler.

a)

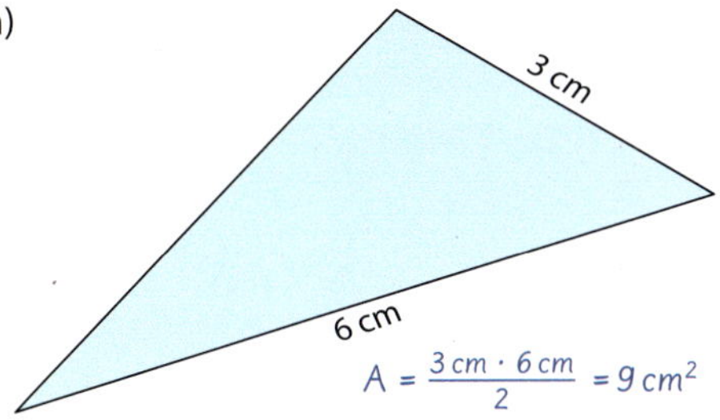

b)

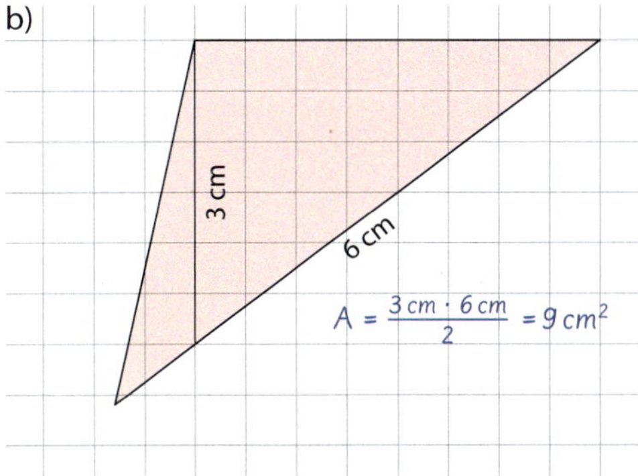

15 Berechne den Flächeninhalt der Giebelfläche. Ermittle die Höhe mithilfe einer maßstäblichen Zeichnung.

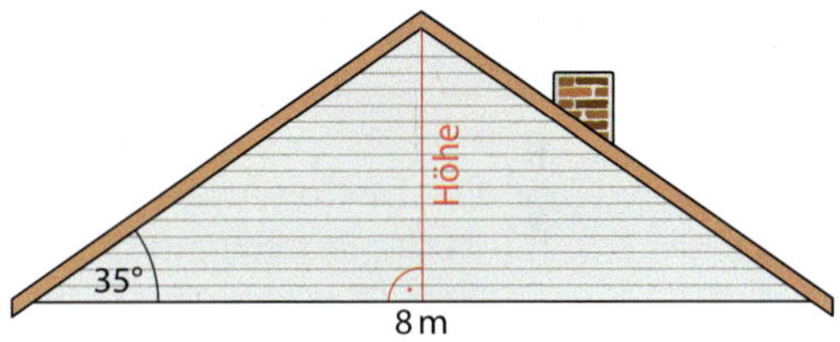

DGS **16** a) Zeichne mit einem Geometrieprogramm ein Dreieck ABC und eine Gerade g, die durch den Punkt C verläuft und zu $\overline{AB}$ parallel ist. Zeichne auf g zwei weitere Punkte D und E und die Dreiecke ABD und ABE.

b) Miss mit dem Programm die Flächeninhalte der Dreiecke ABC, ABD und ABE. Erkläre, was du feststellst.

c) Konstruiere drei unterschiedliche Dreiecke mit dem Flächeninhalt 12 cm².

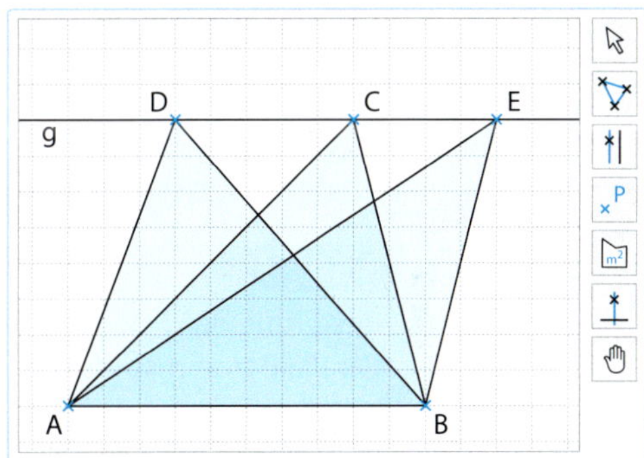

17 Ermittle die Flächeninhalte aller Dreiecke, die durch die Diagonalen entstehen. Erkläre deine Lösung.

a)

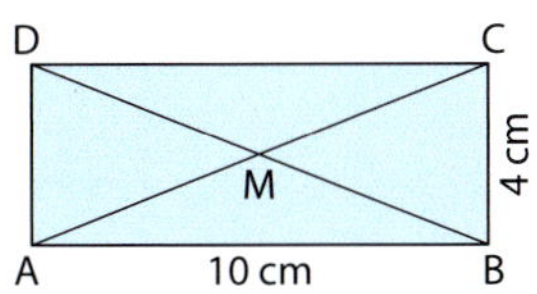

b)

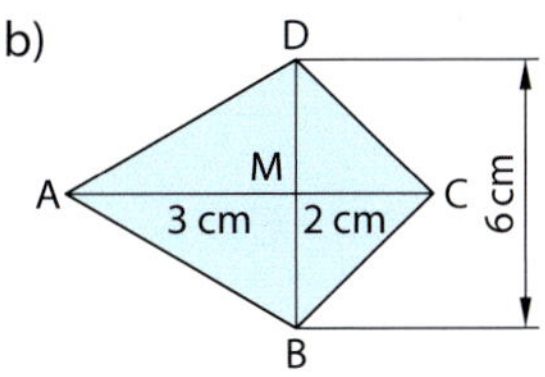

c)

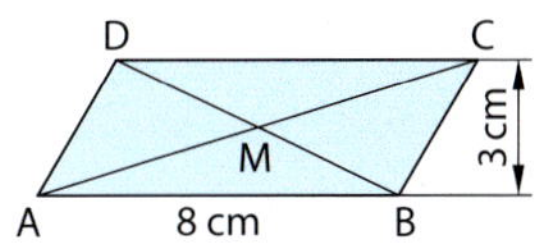

18 **Ausblick:** Zwei Dächer sollen neu gedeckt werden. 1 m² Dach kostet 60 €, dazu kommen 19 % Mehrwertsteuer. Berechne die Kosten für jedes Dach.

①

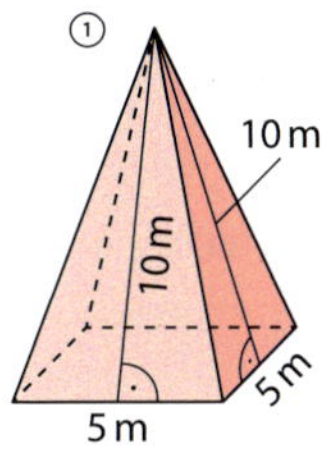

②

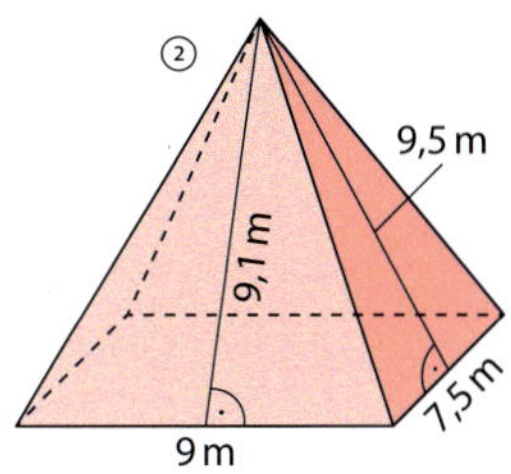

1.2 Flächeninhalt eines Parallelogramms

Stelle eine Vermutung auf, welches Parallelogramm den größten Flächeninhalt hat.
Prüfe deine Vermutung, indem du die Anzahl der Kästchen der Figuren vergleichst.

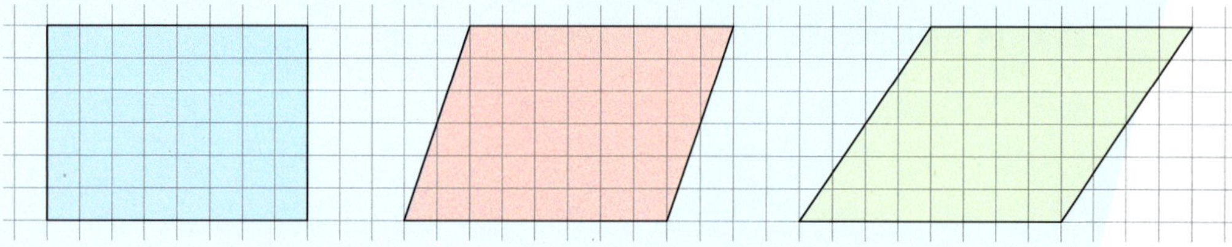

Wenn man das rote Dreieck abschneidet und links an das Parallelogramm anlegt, dann entsteht ein Rechteck mit demselben Flächeninhalt wie das Parallelogramm.

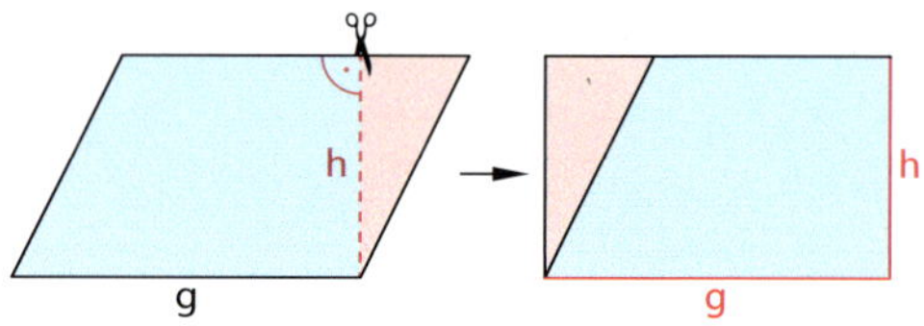

Info

Die Höhe im Viereck ist der Abstand zweier paralleler Seiten.

Wissen

Der **Flächeninhalt A eines Parallelogramms** ist das Produkt aus der Länge einer Grundseite g und der zugehörigen Höhe h.

Flächeninhalt = Grundseite · Höhe

$A = g \cdot h$

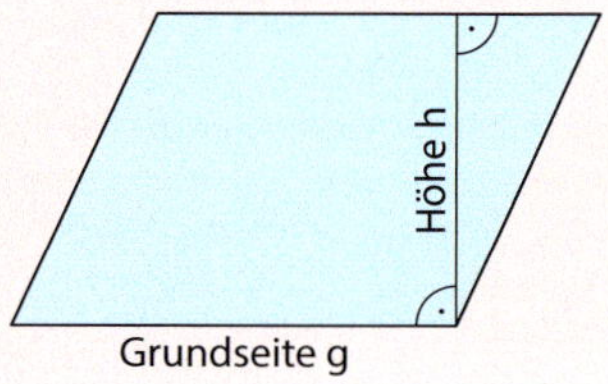

Flächeninhalt berechnen

Beispiel 1

Bestimme den Flächeninhalt des Parallelogramms. Miss benötigte Größen mit dem Geodreieck.

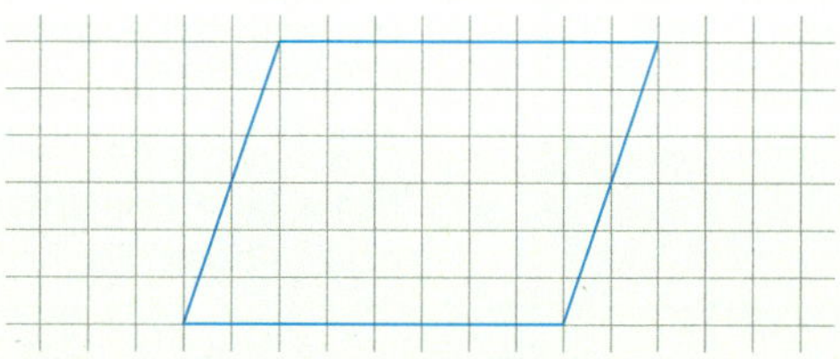

Lösung:

Miss mit dem Geodreieck eine Grundseite und die zugehörige Höhe des Parallelogramms.

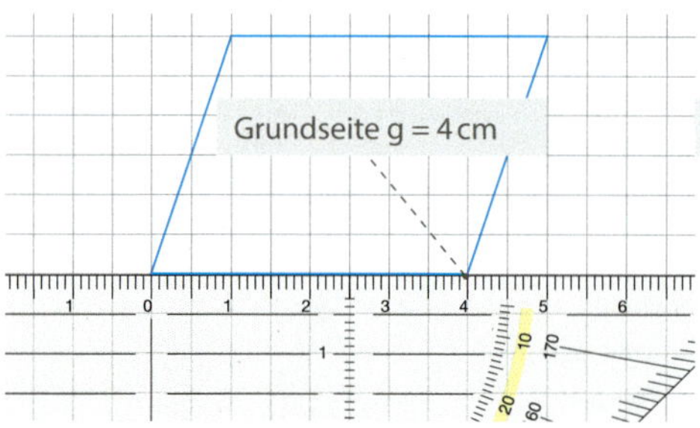

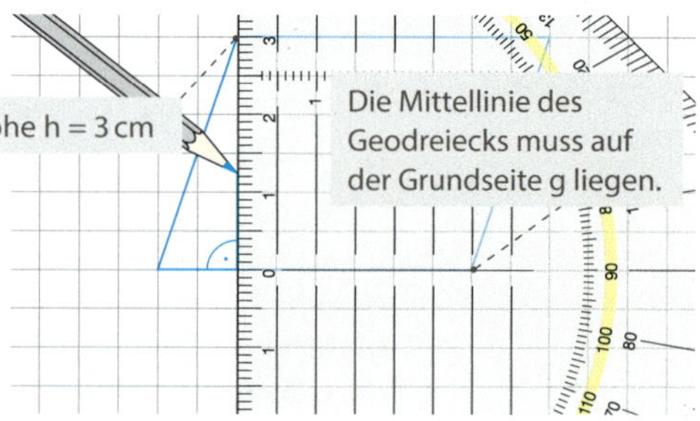

Berechne den Flächeninhalt mit der Formel „Grundseite mal Höhe".

$A = 4\,cm \cdot 3\,cm = 12\,cm^2$

Basisaufgaben

Lösungen zu 1

12 cm²
10 cm²
8,4 cm²
9 cm²

1 Berechne den Flächeninhalt des Parallelogramms (Angaben in cm).

a) b) c) d)

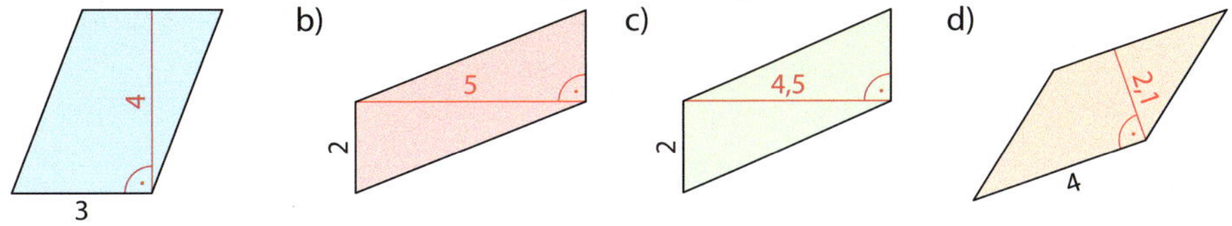

2 Zeichne das Parallelogramm. Miss eine Grundseite und die zugehörige Höhe mit dem Geodreieck. Berechne dann den Flächeninhalt.

a) b) c) d)

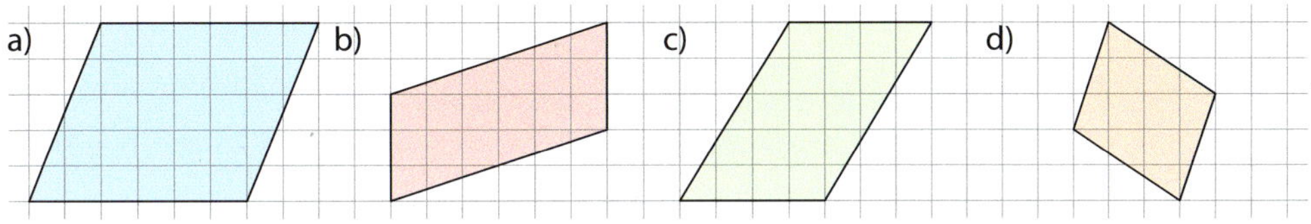

3 Berechne den Flächeninhalt des Parallelogramms aus der gegebenen Grundseite und der zugehörigen Höhe.

a) g = 14 cm; h = 5 cm
b) g = 25 dm; h = 40 dm
c) g = 20 m; h = 15 m
d) g = 35 cm; h = 9 cm
e) g = 2,5 m; h = 55 cm
f) g = 125 cm; h = 95 mm

4 Zeichne das Parallelogramm. Berechne den Flächeninhalt des Parallelogramms ABCD auf zwei verschiedenen Wegen. Wähle im ersten Fall als Grundseite die Seite a und im zweiten Fall die Seite b. Begründe, welche Rechnung das exaktere Ergebnis liefert.

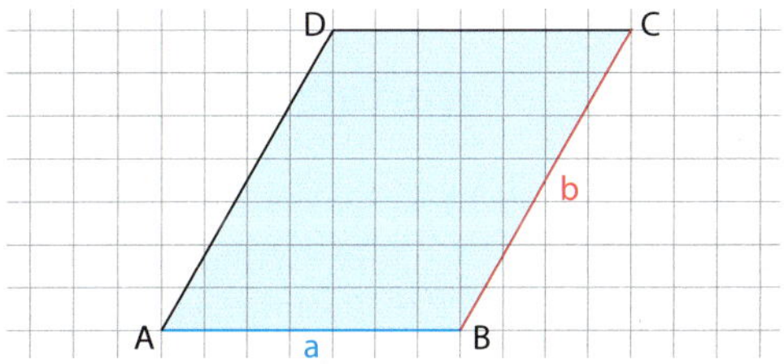

5 Alle vier Seiten eines Parallelogramms sind 5 cm lang. Seine Höhe beträgt 4 cm. Berechne den Flächeninhalt des Parallelogramms.

6 Zwei einander schneidende Straßen sind jeweils 20 m breit. Die Entfernung der Punkte A und B beträgt 25 m. Berechne den Flächeninhalt der Fläche, die zu beiden Straßen gehört.

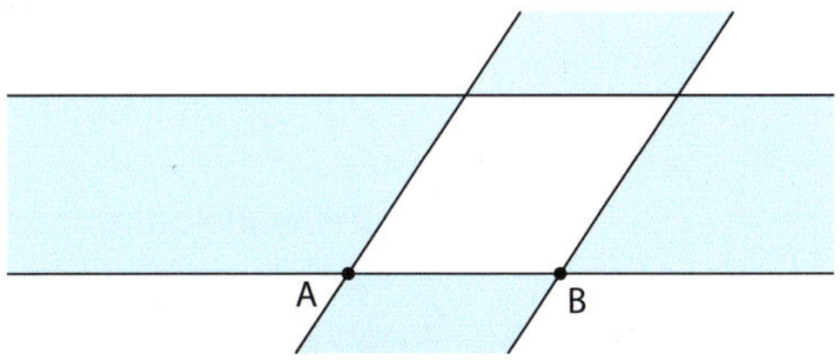

7 Die Seitenfläche des Bürogebäudes Dockland in Hamburg hat die Form eines Parallelogramms. Das Gebäude ist 25 m hoch und 130 m lang. Davon ragen 40 m wie ein Schiffsbug über das Wasser.

a) Berechne den Flächeninhalt einer Seitenfläche.
b) Schätze, wie viele Quadratmeter Fenster auf einer Seitenfläche verbaut wurden.

Grundseite oder Höhe berechnen

Beispiel 2

Ein Parallelogramm hat einen Flächeninhalt von $32\,cm^2$. Eine Grundseite des Parallelogramms ist 8 cm lang. Berechne die zugehörige Höhe.

Lösung:

Setze 8 cm für g und $32\,cm^2$ für A in die Formel $A = g \cdot h$ ein. Rechne dann mit der Umkehroperation. Weil die Höhe eine Länge ist, brauchst du die Einheit cm.

$32\,cm^2 = 8\,cm \cdot h$

$32 : 8 = 4$

$h = 4\,cm$

Basisaufgaben

8 Berechne die gesuchte Größe des Parallelogramms.

a) $A = 36\,cm^2$; $g = 9\,cm$; gesucht: h

b) $A = 26\,cm^2$; $h = 4\,cm$; gesucht: g

9 Berechne die fehlenden Größen im Parallelogramm.

	a)	b)	c)	d)	e)	f)
Grundseite g		9 mm		5,3 cm		625 mm
Höhe h	2,3 cm		3,2 cm		8,5 m	
Flächeninhalt A	$6{,}9\,cm^2$	$108\,mm^2$	$22{,}4\,cm^2$	$424\,mm^2$	$131{,}75\,m^2$	$0{,}09\,m^2$

Weiterführende Aufgaben

10 a) Zeichne die Parallelogramme WIND, BERG und MAUS.

b) Bestimme jeweils die Länge einer Grundseite und der zugehörigen Höhe. Berechne die Flächeninhalte der Parallelogramme.

c) Zeichne zu jedem Parallelogramm ein anderes Parallelogramm mit dem gleichen Flächeninhalt, aber anderer Grundseitenlänge und Höhe.

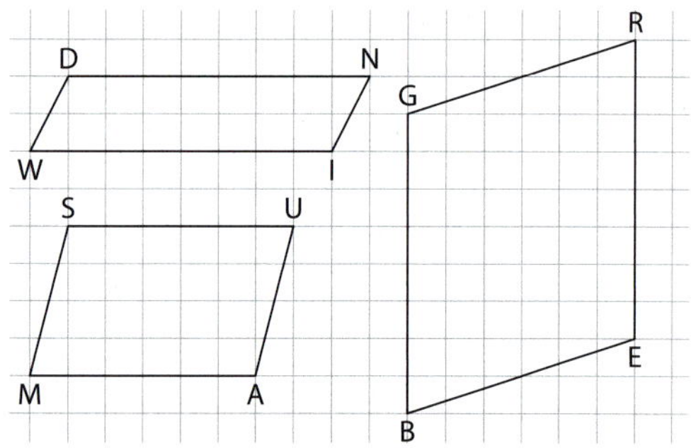

11 a) Ein Parallelogramm hat einen Flächeninhalt von $35\,cm^2$ und eine Höhe von 5 cm. Berechne die Länge seiner Grundseite.

b) Zeichne ein Parallelogramm mit den Eigenschaften aus a). Vergleiche das Ergebnis mit deinen Mitschülern.

c) Vergleiche die Flächeninhalte der folgenden Parallelogramme. Erkläre, was du feststellst.

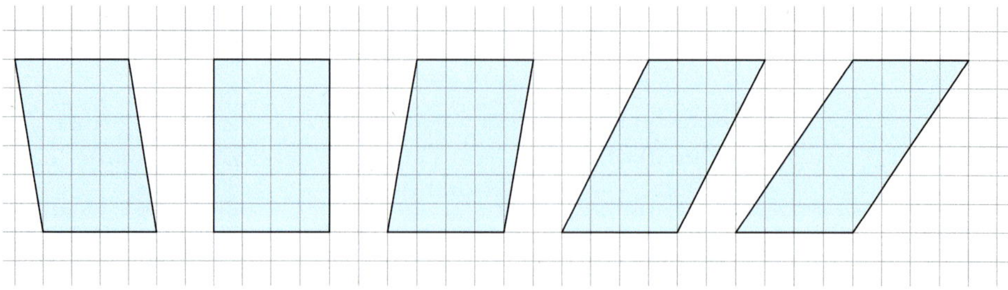

⚠ **12** **Stolperstelle:** Kaja behauptet, dass beide Parallelogramme denselben Flächeninhalt haben. Nimm Stellung.

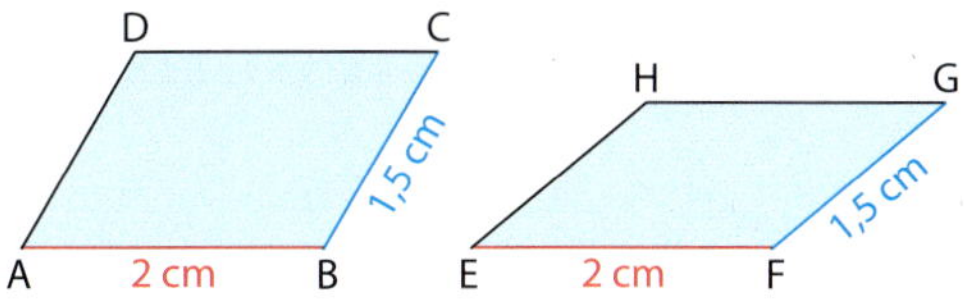

13 Zeichne das Viereck in ein Koordinatensystem und ermittle dann den Flächeninhalt. Wähle als Achseneinteilung 2 Kästchen = 1 Einheit.

a) A(0|0); B(6|0); C(7|4); D(1|4) b) A(8|1); B(12|1); C(8|5); D(4|5)
c) A(2|3); B(5|6); C(3|10); D(0|7) d) A(8|4); B(10|7); C(8|10); D(6|7)

14 Ein Rechteck und ein Parallelogramm haben die gleiche Grundseite. Was weißt du über das Parallelogramm, wenn der Flächeninhalt des Rechtecks

a) doppelt so groß, b) halb so groß

ist wie der des Parallelogramms? Erläutere.

15 a) Berechne den Flächeninhalt des Mosaikrings aus Quadraten und Parallelogrammen.
b) Ermittle die Größe der weißen Fläche im Inneren des Rings. Erläutere deine Lösung.

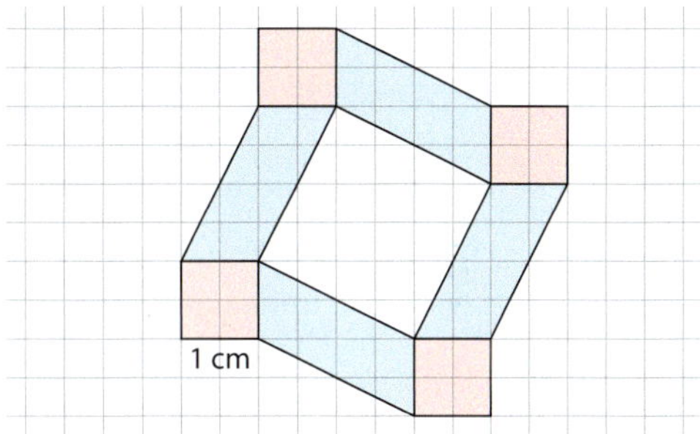

16 a) Vergleiche den Flächenbedarf der beiden Parkplatztypen ① (gerade) und ② (schräg).
b) Auf einem rechteckigen Gelände sollen Parkplätze entstehen. Das Gelände ist 40 m lang und 15,25 m breit. Der Zufahrtsweg liegt parallel zur längeren Seite. Beim Typ ① muss der Zufahrtsweg 5,50 m breit sein, beim Typ ② 4 m. Wie viele Parkplätze des Typs ① oder ② lassen sich anlegen? Finde eine näherungsweise Lösung.

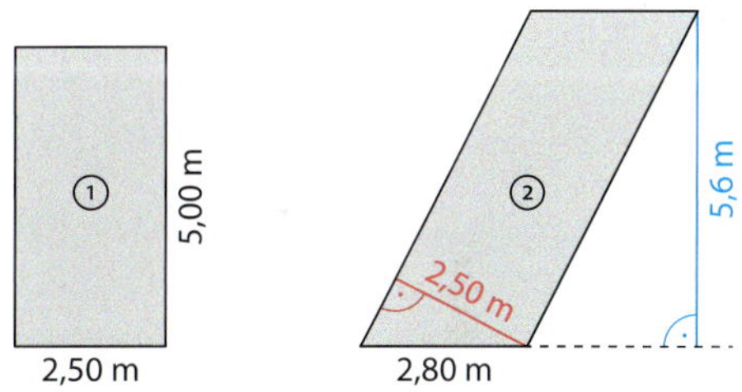

17 Berechne den Flächeninhalt des roten Streifens auf dem Verkehrsschild.

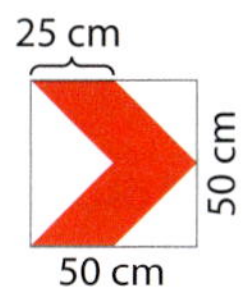

Hinweis zu 18

Skizziere das Parallelogramm und markiere Schnittlinien in der Skizze.

18 **Ausblick:** Lukas will zeigen, dass das blaue Parallelogramm denselben Flächeninhalt hat wie das rote Rechteck. Dazu zeichnet er das Parallelogramm auf kariertes Papier, zerschneidet es und setzt die Teile zu dem roten Rechteck zusammen.
Finde eine Möglichkeit, wie Lukas das Parallelogramm zerschneiden könnte.

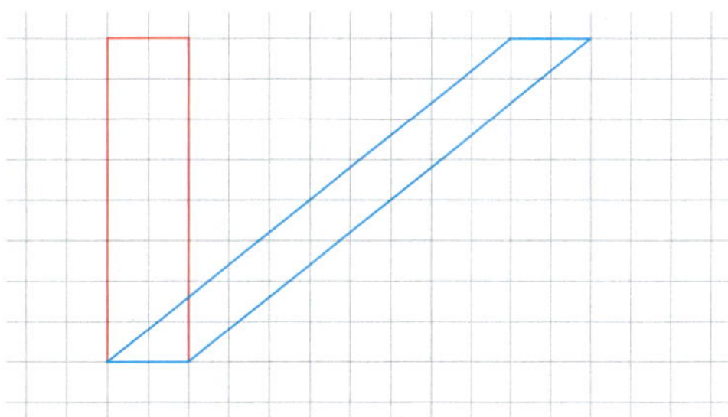

1.3 Flächeninhalt eines Trapezes

Zeichne das Trapez. Ermittle dann seinen Flächeninhalt. Erkläre, wie du dabei vorgehst.

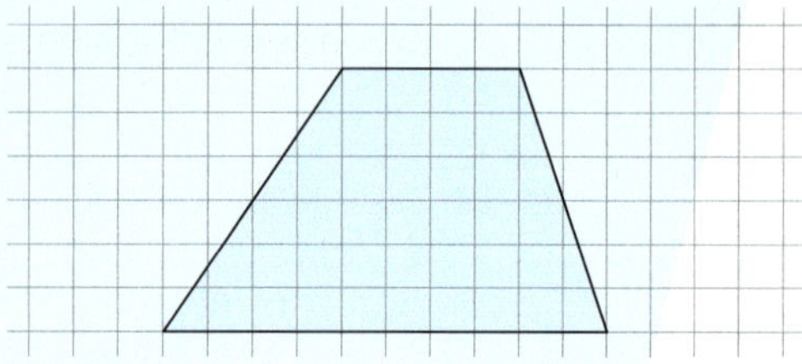

Man kann zwei gleiche Trapeze so legen, dass ein Parallelogramm entsteht.
Die Grundseite des Parallelogramms ist die Summe a + c der parallelen Trapezseiten. Die Höhe h im Parallelogramm entspricht der Höhe im Trapez, also dem Abstand der parallelen Seiten.

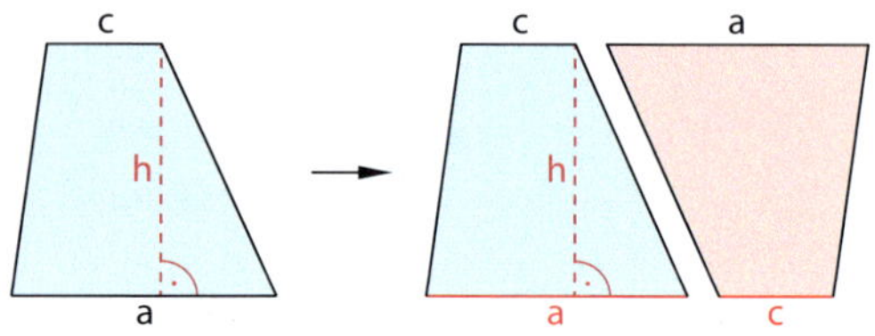

Erinnere dich

Den Flächeninhalt eines Parallelogramms berechnet man mit „Grundseite mal Höhe".

Der Flächeninhalt des Parallelogramms ist:
$A_{Parallelogramm} = (a + c) \cdot h$

Da das Trapez genau halb so groß ist, gilt für seinen Flächeninhalt:

$A_{Trapez} = \frac{(a + c) \cdot h}{2}$

Wissen

Der **Flächeninhalt A eines Trapezes** ist das Produkt aus der Summe der Längen der parallelen Seiten a und c und der Höhe h dividiert durch 2:

$$A = \frac{(a + c) \cdot h}{2}$$

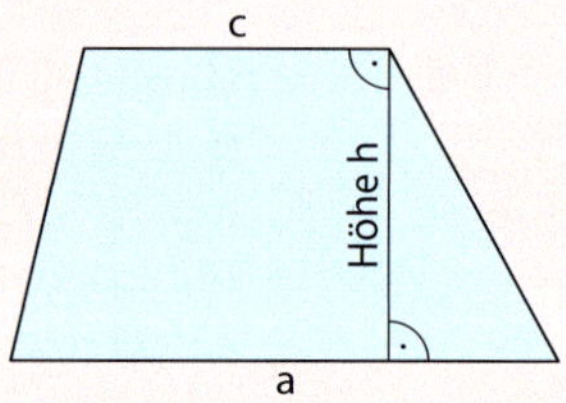

Beispiel 1

Bestimme den Flächeninhalt des Trapezes.
Miss benötigte Größen mit dem Geodreieck.

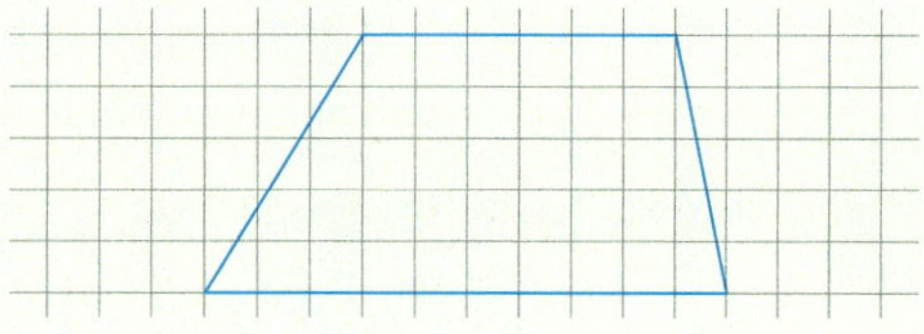

Lösung:
Miss mit dem Geodreieck die Längen der parallelen Seiten und der Höhe des Trapezes.

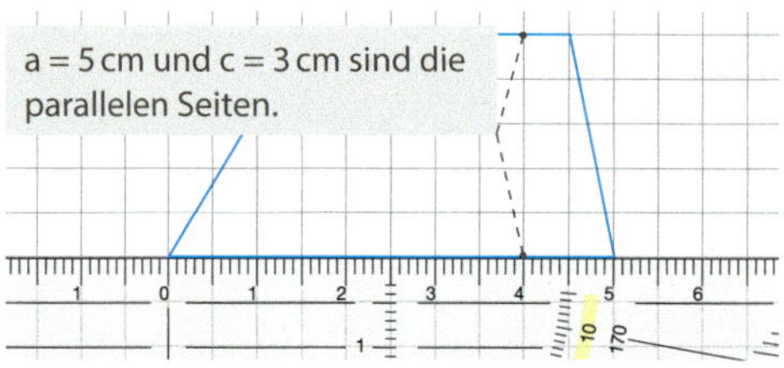

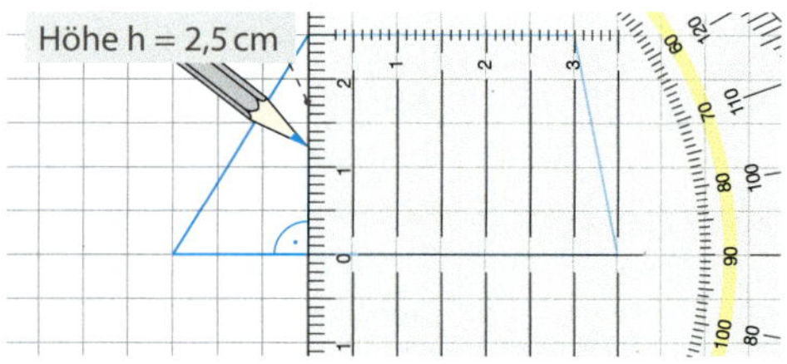

Berechne den Flächeninhalt mit der Formel $A = \frac{(a + c) \cdot h}{2}$.

$A = \frac{(5\,cm + 3\,cm) \cdot 2{,}5\,cm}{2} = \frac{8\,cm \cdot 2{,}5\,cm}{2} = \frac{20\,cm^2}{2} = 10\,cm^2$

Basisaufgaben

Lösungen zu 1

16 cm²
12 cm²
16,8 cm²
14 cm²

1 Berechne den Flächeninhalt des Trapezes (Angaben in cm).

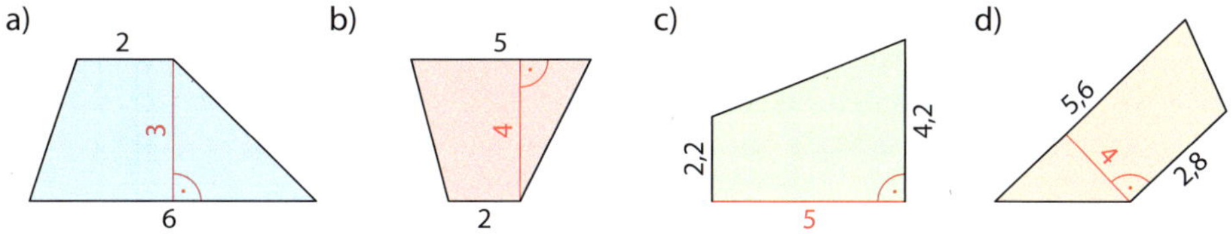

2 Zeichne das Trapez. Miss die Längen der parallelen Seiten und der Höhe mit dem Geodreieck. Berechne dann den Flächeninhalt.

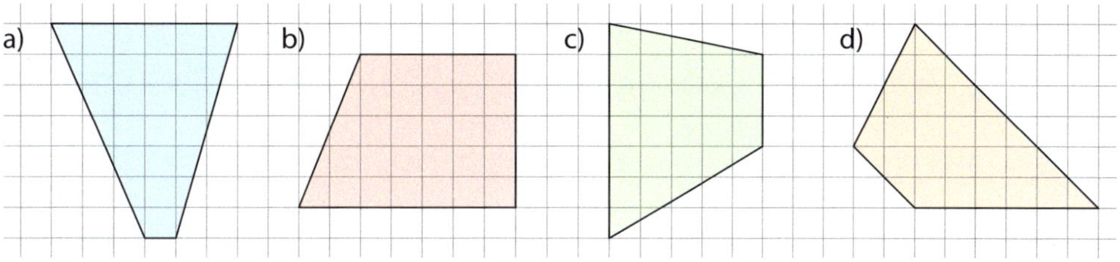

3 Berechne den Flächeninhalt des Trapezes aus den gegebenen Seitenlängen a und c sowie der Höhe h.

a) a = 1 m; c = 3 m; h = 2 m
b) a = 5 cm; c = 7 cm; h = 2,5 cm
c) a = 3 km; c = 2 km; h = 1,2 km
d) a = 20,4 cm; c = 5,8 cm; h = 10 cm
e) a = 700 m; c = 1,7 km; h = 400 m
f) a = 2,2 m; c = 4,6 m; h = 80 cm

4 Ordne die vier Trapeze der Größe nach, ohne den Flächeninhalt zu berechnen.

① a = 6 cm; c = 4 cm; h = 2 cm

② a = 2 cm; c = 8 cm; h = 5 cm

③ a = 6 cm; c = 4 cm; h = 3 cm

④ a = 2 cm; c = 8 cm; h = 10 cm

Weiterführende Aufgaben

5 Zeichne das Trapez in ein Koordinatensystem und ermittle dann den Flächeninhalt. Wähle als Achseneinteilung 2 Kästchen = 1 Einheit.

a) A(2|0); B(4|0); C(5|3); D(1|3)
b) A(0|4); B(3|4); C(1|8); D(0|8)
c) A(6|0); B(10|4); C(8|5); D(6|3)
d) A(4|4); B(7|6); C(9|10); D(3|6)

6 Ermittle den Flächeninhalt des Vierecks. Entnimm die erforderlichen Maße der Zeichnung.

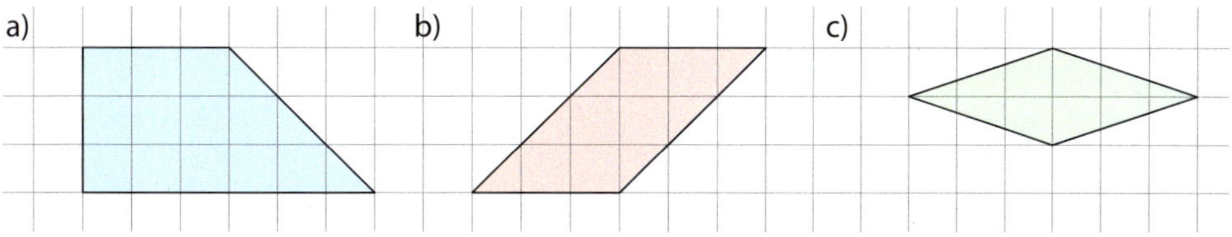

7 a) Zeichne ein 6 cm langes und 4 cm breites Rechteck. Zeichne ein flächengleiches Parallelogramm, das kein Rechteck ist.

b) Zeichne ein Parallelogramm und ein Trapez, das kein Parallelogramm ist, mit einem Flächeninhalt von jeweils 16 cm².

8 Große Besprechungsräume sind häufig mit trapezförmigen Tischen ausgestattet.
a) Berechne die Tischfläche in m^2.
b) Skizziere verschiedene Möglichkeiten, wie die Tische gestellt werden könnten. Erkläre, weshalb genau diese Maße gewählt wurden.

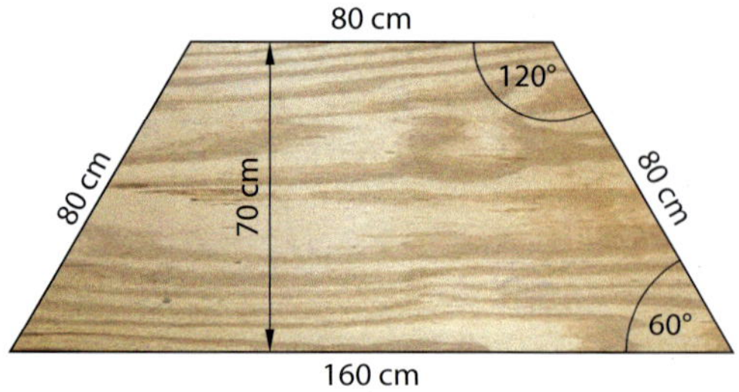

9 **Stolperstelle:** Tom hat den Flächeninhalt eines Trapezes mit a = 6 cm, c = 4 cm und h = 3 cm berechnet.
Überprüfe seine Rechnung und korrigiere.

A = 6 cm + 4 cm
= 10 cm · 3 cm
= 30 cm² : 2
= 15 cm²

10 Das Bild zeigt den Querschnitt eines Deichs an der Nordseeküste im Jahr 1610 und heute.

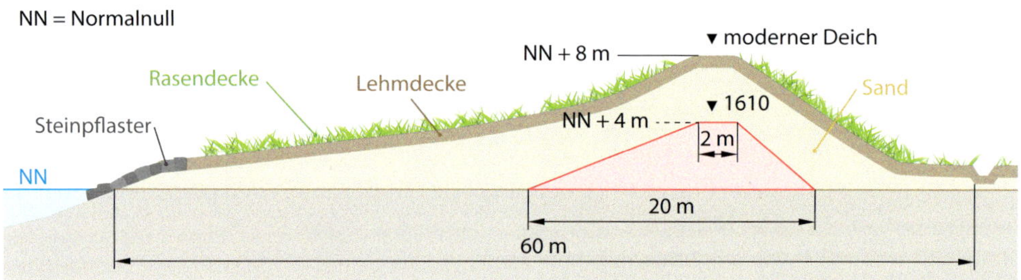

a) Berechne die Größe des Deichquerschnitts im Jahr 1610.
b) Berechne näherungsweise die Größe des Deichquerschnitts heute.
c) Vergleiche die Deichquerschnitte 1610 und heute. Verwende dabei auch Prozentangaben.

11 **Höhe berechnen:**
a) Berechne die Höhe eines Trapezes mit dem Flächeninhalt A = 24 cm² und den parallelen Seiten a = 6 cm und c = 10 cm.
b) Gib an, wie man allgemein die Höhe eines Trapezes mit den parallelen Seiten a und c berechnen kann, wenn der Flächeninhalt gegeben ist.

DGS **12** Zeichne mit einer dynamischen Geometrie-Software ein Trapez. Beobachte, wie sich der Flächeninhalt verändert, wenn du
a) die Höhe veränderst,
b) die Längen der parallelen Seiten veränderst.

13 a) Zeige, dass sich der Flächeninhalt eines Trapezes vervierfacht, wenn sich die Höhe und die Längen der parallelen Seiten verdoppeln.
b) Ein Trapez hat die parallelen Seiten a und c und die Höhe h. Die Seite a soll halbiert werden. Ermittle, wie die Länge der Seite c verändert werden muss, wenn Flächeninhalt und Höhe gleich bleiben sollen.

14 **Ausblick:** Der Quader ist aus drei Bausteinen zusammengesetzt.
a) Finde eine Möglichkeit, die Steine so umzulegen, dass der Querschnitt die Form eines Trapezes hat. Zeichne das Trapez.
b) Stelle einen Term auf, der das Volumen des Quaders in Abhängigkeit der Tiefe x der Teile beschreibt.

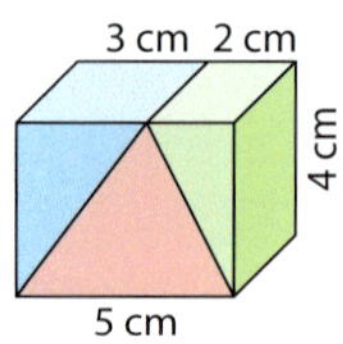

Flächeninhalt beliebiger Figuren

In der Begründung der Flächeninhaltsformeln für Dreieck, Parallelogramm und Trapez wurden die Strategien Zerlegen, Ergänzen und Umsortieren angewendet.
- Ein Dreieck wurde zu einem Rechteck ergänzt.
- Ein Parallelogramm wurde zerlegt und zu einem Rechteck umsortiert.
- Ein Trapez wurde verdoppelt und zu einem Parallelogramm zusammengesetzt.

Diese Strategien kann man bei vielen Figuren anwenden, um den Flächeninhalt zu ermitteln.

Flächeninhalte zusammengesetzter Figuren bestimmen

Beispiel 1

Berechne den Flächeninhalt des regelmäßigen Sechsecks. Alle Seiten des Sechsecks sind gleich lang und es gilt h = 7 cm.

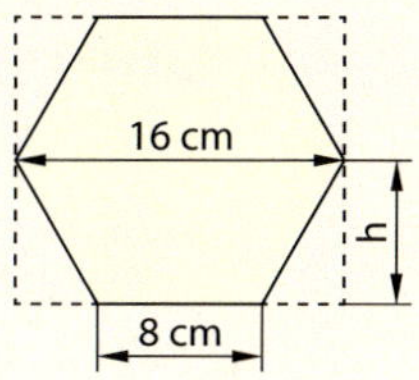

Lösungsmöglichkeit 1:
Zerlege in sechs Dreiecke.

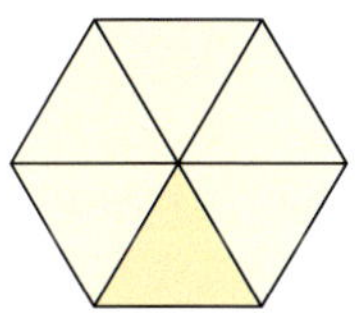

$A = 6 \cdot A_{Dreieck}$
$= 6 \cdot \frac{8\,cm \cdot 7\,cm}{2}$
$= 6 \cdot 28\,cm^2 = 168\,cm^2$

Lösungsmöglichkeit 2:
Zerlege in Trapeze.

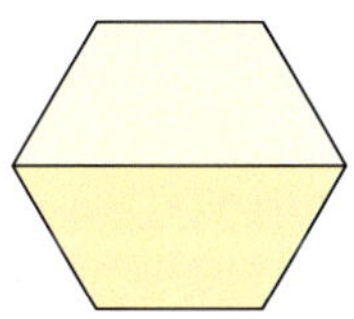

$A = 2 \cdot A_{Trapez}$
$= 2 \cdot \frac{(16\,cm + 8\,cm) \cdot 7\,cm}{2}$
$= 2 \cdot 84\,cm^2 = 168\,cm^2$

Lösungsmöglichkeit 3:
Ergänze zu einem Rechteck.

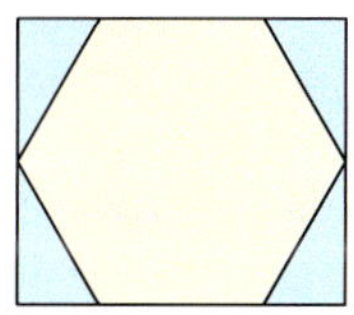

$A = A_{Rechteck} - 4 \cdot A_{Dreieck}$
$= 224\,cm^2 - 4 \cdot \frac{4\,cm \cdot 7\,cm}{2}$
$= 224\,cm^2 - 56\,cm^2 = 168\,cm^2$

Aufgaben

1 Berechne den Flächeninhalt der Figur.

a)

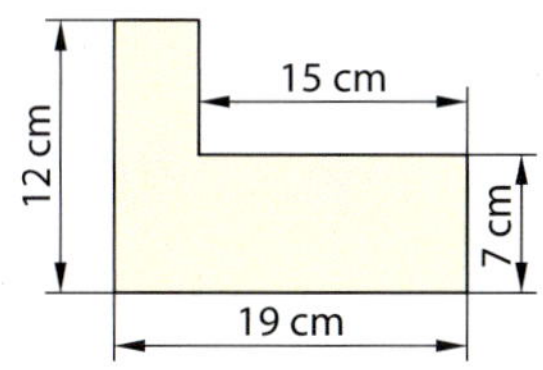

b)

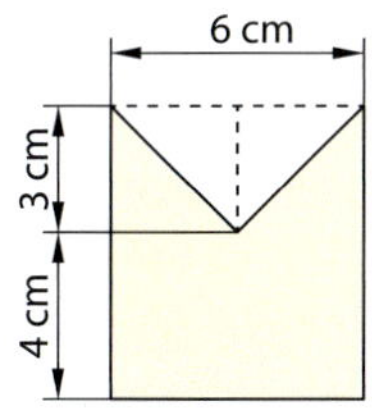

c)

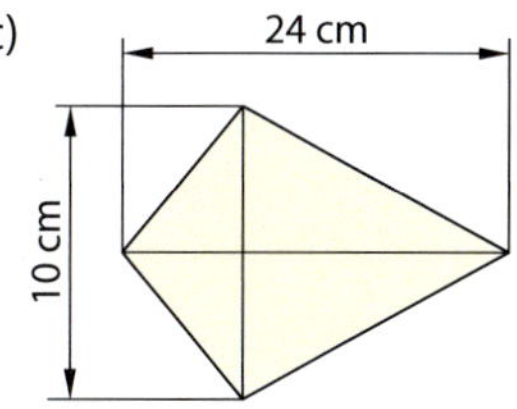

2 Das Bild zeigt den Grundriss einer 2-Zimmer-Wohnung. Alle Längenangaben sind in m, einige sind gerundet.
a) Ermittle die Größe der gesamten Wohnung inklusive der Balkonfläche.
b) Berechne den Flächeninhalt der einzelnen Zimmer.

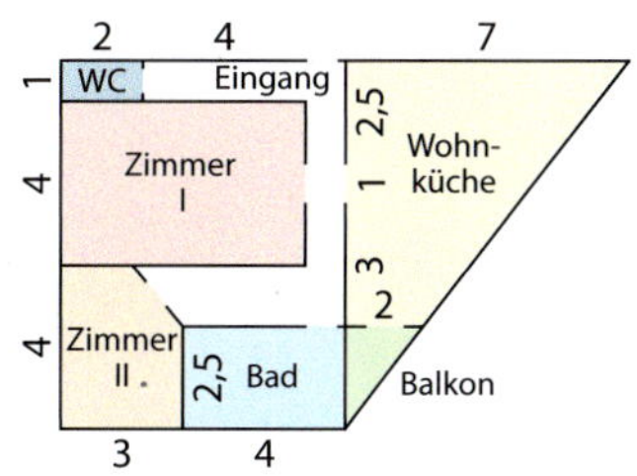

Flächeninhalte krummlinig begrenzter Figuren mit Modellen ermitteln

Bei einer krummlinig begrenzten Figur kann man den Flächeninhalt bestimmen, indem man die Figur zunächst vereinfacht. Man nähert die krummlinig begrenzte Figur mit bekannten Figuren (wie Dreieck, Rechteck, Parallelogramm oder Trapez) an.

Mithilfe dieser **Vereinfachung** kann man dann ein **Modell** bilden. Die bekannten Teilfiguren sind das Modell für die krummlinig begrenzte Figur. Die Summe ihrer Flächeninhalte ergibt einen **Näherungswert** für den realen Flächeninhalt. Die **Genauigkeit des Näherungswerts** ist abhängig von der Anzahl, der Art und der Anordnung der Teilfiguren.

Beispiel 2

Ermittle näherungsweise den Flächeninhalt der Insel Kreta.
Nutze den Maßstab.

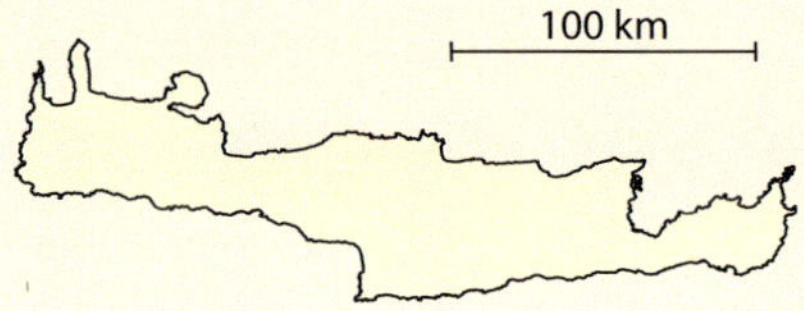

Lösung:

Modell bilden:
Wähle die Figuren so, dass das „Begradigen" der Küste den realen Flächeninhalt möglichst wenig verfälscht. Zerlege zum Beispiel in zwei Rechtecke und zwei Trapeze. Damit wird auch der Rechenaufwand nicht zu hoch.

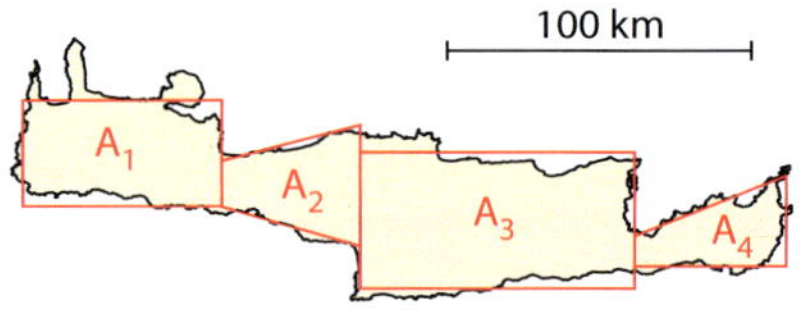

Lösung im Modell bestimmen:
Miss die Längen im Bild und gib sie im Maßstab an: 1 mm im Bild entspricht 5 km in Wirklichkeit. Berechne damit den Flächeninhalt der Rechtecke und Trapeze (Flächeninhalt des Modells).

$A_1 = 65\,\text{km} \cdot 35\,\text{km} = 2275\,\text{km}^2$

$A_2 = \frac{40\,\text{km} + 15\,\text{km}}{2} \cdot 45\,\text{km} \approx 1238\,\text{km}^2$

$A_3 = 90\,\text{km} \cdot 45\,\text{km} = 4050\,\text{km}^2$

$A_4 = \frac{30\,\text{km} + 10\,\text{km}}{2} \cdot 50\,\text{km} = 1000\,\text{km}^2$

$A_{\text{Gesamt}} \approx 8563\,\text{km}^2$

Lösung überprüfen:
Kreta ist $8260\,\text{km}^2$ groß. Die ermittelte Lösung $8563\,\text{km}^2$ weicht um rund $300\,\text{km}^2$ vom genauen Wert ab (also um weniger als 4 %). Dies ist als Näherungslösung gut.

Aufgaben

3 Die Karte zeigt den Umriss von Österreich.
   a) Ermittle die Fläche Österreichs mithilfe der eingezeichneten Kästchen.
   b) Übertrage die Karte von Österreich auf Transparentpapier. Zeichne bekannte Figuren ein, die den realen Flächeninhalt gut annähern. Berechne eine Lösung in dem Modell.
   c) Recherchiere die Fläche Österreichs. Prüfe, welches Modell aus a) und b) das genauere Ergebnis liefert.

MK

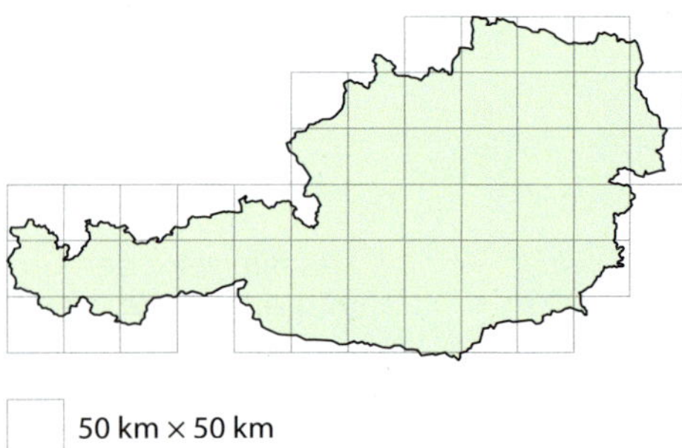

4 Bestimme die Fläche der Kontinente und der Insel, indem du die Flächeninhalte der rot eingezeichneten Modelle berechnest.

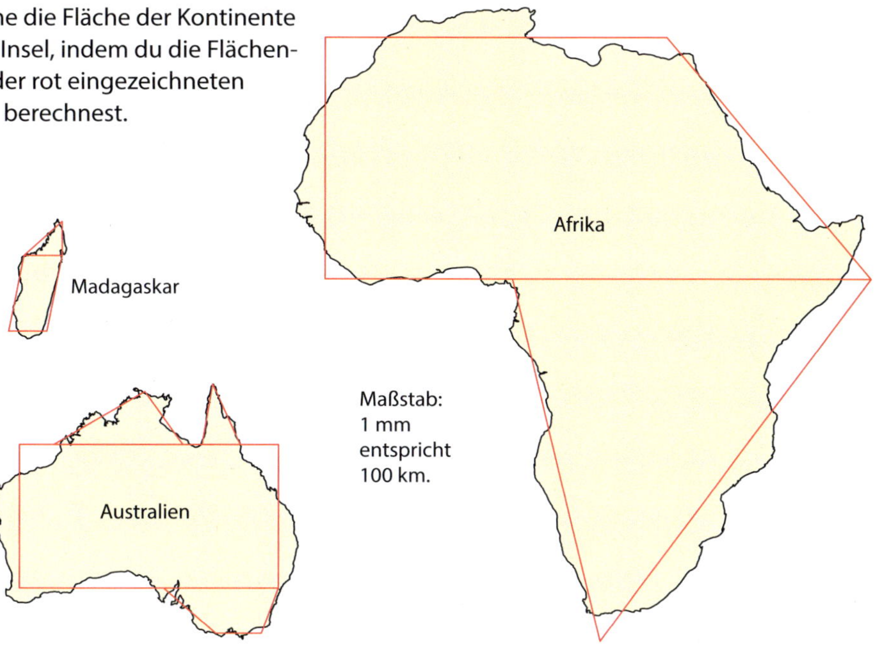

5 Die Fläche der zwei Länder sollte näherungsweise bestimmt werden.

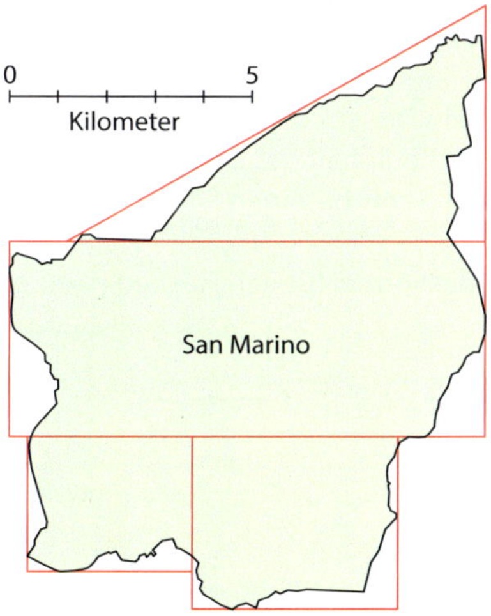

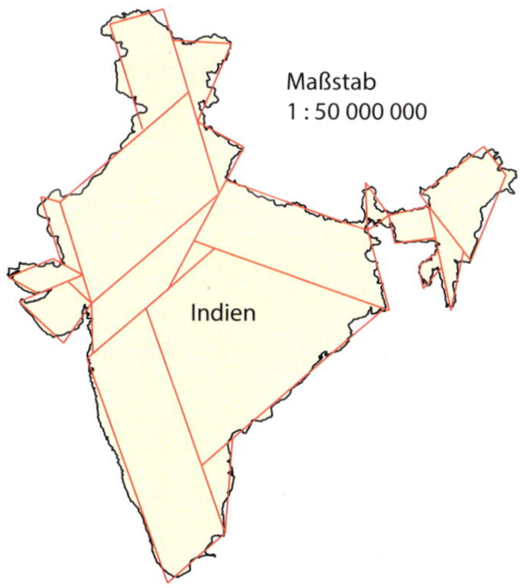

a) Beurteile die beiden Modelle zur Annäherung der Fläche von San Marino und Indien.
b) Übertrage die Umrisse von San Marino und Indien auf Transparentpapier und zeichne ein eigenes Modell ein. Nutze zur Bestimmung des Flächeninhalts im Modell den angegebenen Maßstab.
c) Beurteile, ohne zu rechnen, ob die Lösung in deinem Modell genauer ist als eine Lösung im oben eingezeichneten Modell.

6 **Forschungsauftrag:** Arbeitet bei dieser Aufgabe in mehreren Gruppen und verteilt die Arbeit.
a) Zeichne auf weißes Papier einen Kreis mit dem Radius 4 cm (5 cm; 6 cm; 7 cm; 8 cm).
b) Zeichne für jeden Kreis ein Modell ein, das den Flächeninhalt gut annähert. Berechne den Flächeninhalt im Modell.
c) Dividiere für jeden Kreis den berechneten Näherungswert für den Flächeninhalt durch das Quadrat des Radius. Beschreibe, was dir auffällt.
d) Recherchiere zum Flächeninhalt eines Kreises. Erkläre den Zusammenhang aus c).

1.4 Vermischte Aufgaben

1 Die Größen von fünf Dreiecken sind durcheinandergeraten. Ordne g, h und A einander zu.

Grundseite g	Höhe h	Flächeninhalt A
3 m	500 cm	$28\,m^2$
10 m	4 m	$15\,m^2$
9 m	60 dm	$18\,m^2$
7 m	8 m	$18\,m^2$
6 m	10 m	$25\,m^2$

2 Im Bild ist eine Folge von Dreiecken dargestellt. Die Länge von b bleibt unverändert.

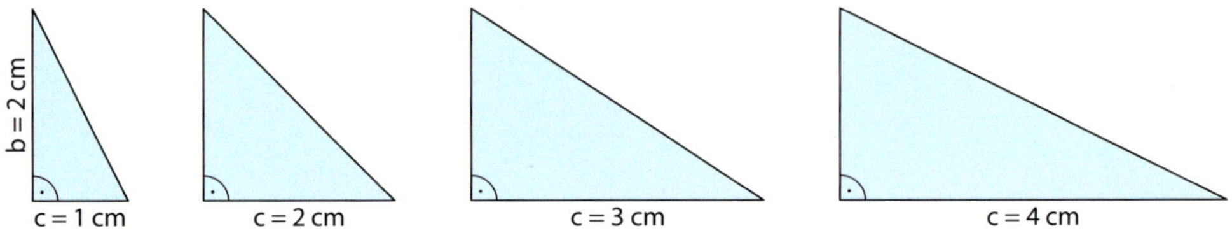

a) Ermittle die Flächeninhalte der vier Dreiecke.
b) Ermittle den Flächeninhalt des zehnten Dreiecks der Folge.
c) Ermittle, welches Dreieck der Folge den Flächeninhalt $24\,cm^2$ hat.
d) Gib einen allgemeinen Term an, mit dem man die Flächeninhalte weiterer Dreiecke in der Folge berechnen kann.

3 a) Berechne den Flächeninhalt des Parallelogramms (2 Kästchenlängen = 1 cm).
b) Zerlege das Parallelogramm in ein Dreieck, ein Trapez und ein Parallelogramm. Der Flächeninhalt des Dreiecks soll $1\,cm^2$ und der des Trapezes $1{,}5\,cm^2$ betragen.

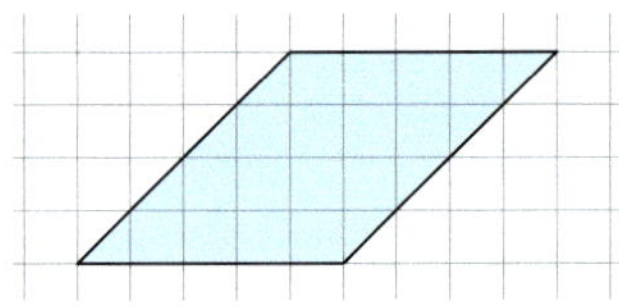

4 Begründe mithilfe der Zerlegung die Formel für den Flächeninhalt eines Trapezes.

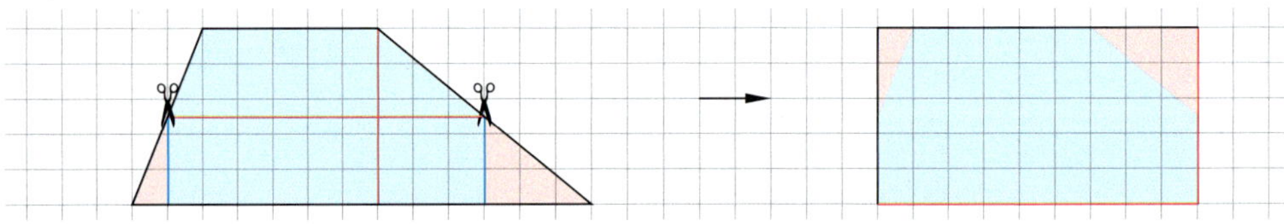

5 **Blütenaufgabe:** Entscheide, ob die Aussage richtig oder falsch ist. Begründe.

Der Flächeninhalt eines Parallelogramms ändert sich nicht, wenn man eine Grundseite halbiert und die zugehörige Höhe verdoppelt.

Den Flächeninhalt eines Dreiecks kann man bestimmen, wenn man eine Seite und eine Höhe kennt.

Wenn man den Umfang eines Parallelogramms kennt, dann kennt man auch seinen Flächeninhalt.

Wenn man beide Längen der parallelen Seiten eines Trapezes verdoppelt, dann verdoppelt sich auch der Flächeninhalt.

6 a) Berechne den Flächeninhalt des Vielecks, indem du die Summe der Flächeninhalte der eingezeichneten Teilflächen ermittelst (2 Kästchenlängen = 1 cm).

b) Finde eine weitere genaue Berechnungsmöglichkeit, indem du das Vieleck in zwei geeignete Teilflächen zerlegst.

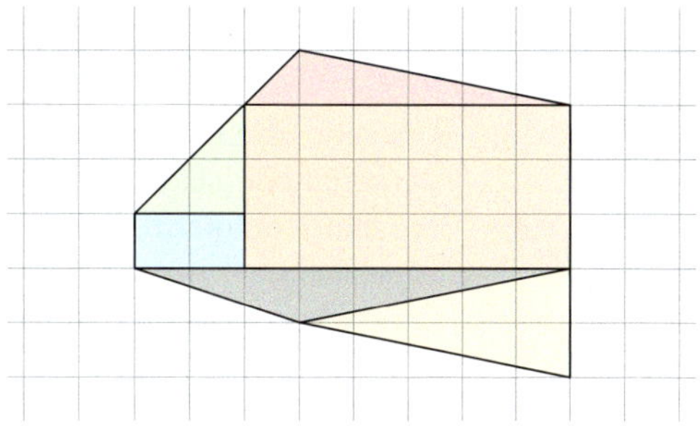

7 **Flächeninhalt einer Raute:**
Die Diagonalen einer Raute stehen senkrecht zueinander und zerlegen die Raute in vier Dreiecke. Nutze diese Zerlegung, um den Flächeninhalt der abgebildeten Raute zu berechnen. Gib auch eine allgemeine Formel für den Flächeninhalt einer Raute an.

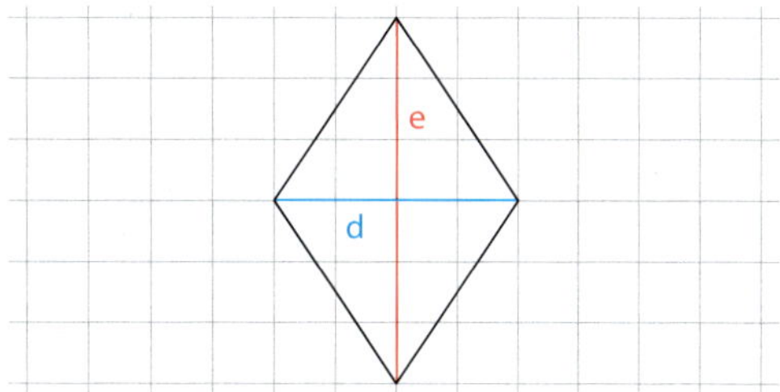

8 Die Zeichnung zeigt einen Dachgiebel mit einem Giebelfenster.

a) Berechne den Flächeninhalt des gesamten Giebelfensters.

b) Isolierglas mit der passenden Stärke kostet pro Quadratmeter etwa 80 €. Berechne die Kosten, wenn man die Scheibe durch Isolierglas ersetzen möchte. Erläutere, warum die tatsächlichen Kosten höher sein werden als die errechneten Kosten.

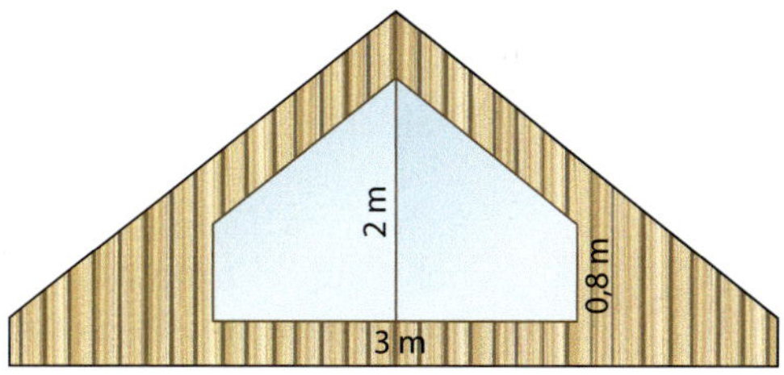

9 Herr Winter zieht in ein Haus mit einem trapezförmigen Garten. Die parallelen Seiten sind 30 m und 24 m lang, ihr Abstand beträgt 24 m. Das Haus hat eine 4 m lange quadratische Terrasse, dazu gibt es einen Parkplatz, einen Weg und ein Beet. Der Rest ist Rasenfläche. Pro Stunde kann Herr Winter etwa 320 m² Rasen mähen. Berechne, wie lange er braucht, um seine gesamte Rasenfläche zu mähen.

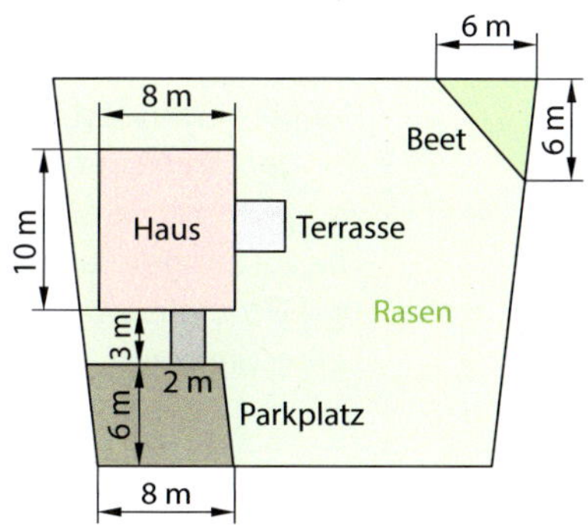

10 Begründe, welche der vier Rauten nicht existieren kann.

(A) $A = 190\,cm^2$; $a = 19\,cm$

(B) $A = 153\,cm^2$; $a = 17\,cm$

(C) $A = 168\,cm^2$; $a = 12\,cm$

(D) $A = 225\,cm^2$; $a = 15\,cm$

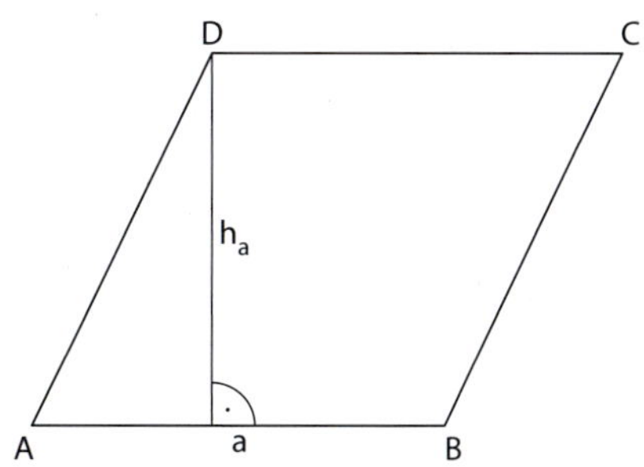

CAS-Einsatz bei Flächen

Um sehr viele verschiedene Objekte mit vorgegebenen Eigenschaften zu erhalten und daran Messungen durchzuführen, ist es sinnvoll, diese mit einer dynamischen Geometrie-Software bzw. einem CAS zu konstruieren.
Gib an, welche Objekte du mit dem CAS konstruieren können musst, um Aussagen zu dem dargestellten Sachverhalt zu entdecken.

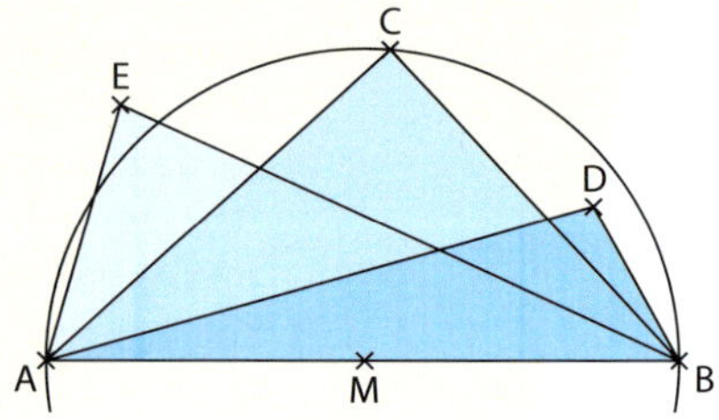

Mit einer DGS bzw. einem CAS kann man geometrische Objekte konstruieren und dynamisch verändern, Längen und Flächeninhalte messen und Abbildungen wie Geraden- oder Punktspiegelung und zentrische Streckung durchführen.

Beispiel 1 **Geometrische Objekte zeichnen und messen**
Konstruiere mit einem CAS ein beliebiges Dreieck. Miss seinen Umfang und Flächeninhalt.

Lösung:
Beim **CASIO** konstruierst du auf einer Geometrieseite mit *Zeichnen, Basisobjekt, Punkt* bzw. *Polygon* ein Dreieck. Du markierst der Reihe nach die Seiten des Dreiecks und gehst auf *Zeichnen, Messen, Umfang*, um den Umfang des Dreiecks zu erhalten. Mit *Zeichnen, Messen, Fläche* erhältst du den Flächeninhalt.
Beim **TI** verwendest du die Applikation *Graphs* oder *Geometry*. Mit *menu, Formen, Dreieck* wählst du Punkte aus oder gibst die Koordinaten mit *Geometry-Punkte-Geraden- Punkt nach Koordinaten* ein. Die Punkte verbindest du mit dem Werkzeug *Polygon*. Dann verwendest du das Werkzeug *Geometrie, Messung, Länge* bzw. *Fläche* zur Längen- und Flächenbestimmung und *Geometrie, Messung, Winkel* zur Winkelbestimmung.

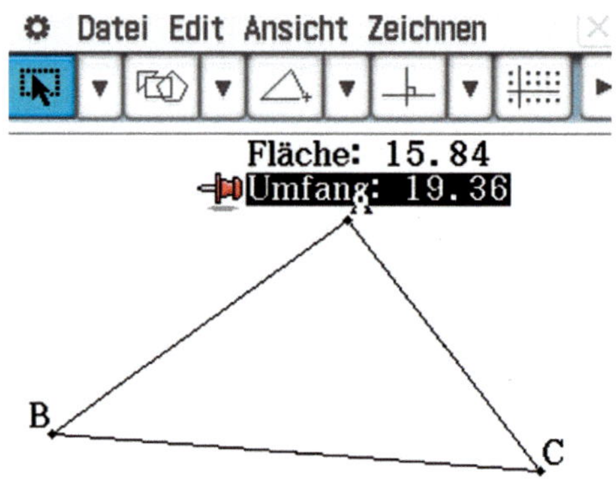

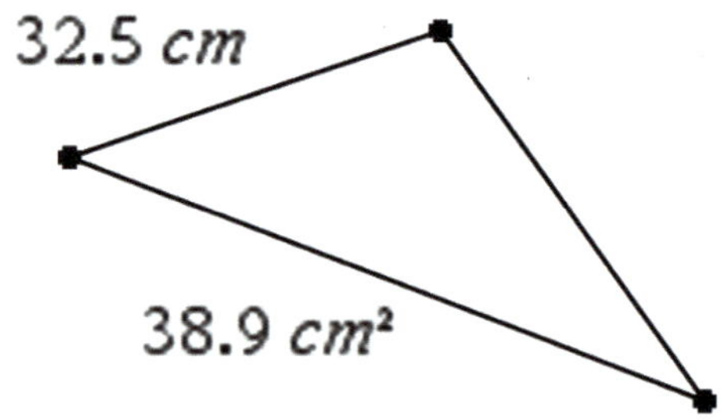

Aufgaben

CAS **1** Konstruiere ein Quadrat und ein Rechteck. Miss jeweils Umfang und Flächeninhalt.

CAS **2** Konstruiere mit einem CAS das Dreieck ABC mit A(1 | 1), B(5 | 3) und C(2 | 5).
a) Spiegele ABC am Punkt B. Schreibe eine Anleitung zur Spiegelung an einem Punkt.
b) Definiere das Fünfeck als Polygon. Erzeuge durch genau eine weitere Abbildung eine zur Gerade durch A und B symmetrische Figur.

CAS **3** **Seitenmittenviereck:** Konstruiere mit einem CAS ein beliebiges Viereck ABCD. Verbinde die Mittelpunkte der Seiten des Vierecks ABCD zum Seitenmittenviereck.

a) Untersuche, ob es Eigenschaften des Seitenmittenvierecks gibt, die bei beliebigem Verschieben der Punkte A, B, C bzw. D erhalten bleiben.

b) Untersuche, ob die Größen der Flächen von Mittenviereck und Ausgangsviereck in einem festen Verhältnis stehen.

CAS **4** **Besondere Punkte im Dreieck:** Zeichne in der Applikation *Geometry* ein beliebiges Dreieck ABC. Beschrifte die Punkte.

a) Konstruiere den Umkreis mit dem Mittelpunkt U.

b) Konstruiere den Inkreis mit dem Mittelpunkt I.

c) Konstruiere den Schwerpunkt S (Schnittpunkt der Seitenhalbierenden).

d) Konstruiere den Schnittpunkt H der Höhen.

e) Verändere das Dreieck ABC und beobachte, welche Änderungen sich dabei für die besonderen Punkte U, I, S und H ergeben. Notiere mögliche Sonderfälle.

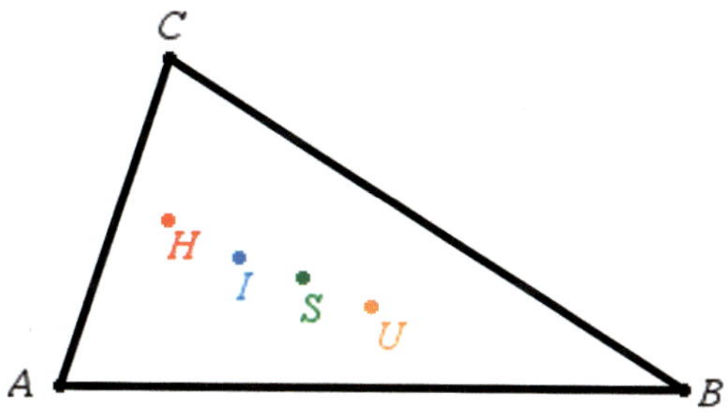

CAS **5** **Vielecke:** Regelmäßige n-Ecke lassen sich mit einem CAS einfach konstruieren. Im Bild wurde ein regelmäßiges Achteck mit dem Werkzeug *Formen – regelmäßiges Polygon* erzeugt.

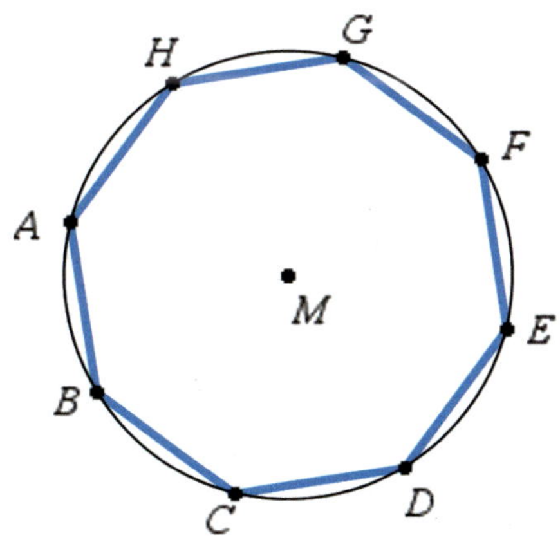

a) Führe die Konstruktion mit einem CAS aus. Nutze als Konstruktionshilfe einen Kreis mit dem Radius r = 5 cm.

b) Konstruiere auf dieselbe Art weitere n-Ecke mit n = 6, 7, ..., 16.

c) Miss für alle n-Ecke den Umfang. Trage ihn in eine Tabelle ein.

d) Begründe: Je größer die Eckenzahl n ist, desto näher kommt der Umfang des n-Ecks dem Umfang des Umkreises; daher kann man damit einen Näherungswert für die Kreiszahl π finden.

CAS **6** Ein gleichseitiges Dreieck mit der Seitenlänge a = 5 cm soll konstruiert werden. Konstruiere das Dreieck auf drei verschiedene Arten, indem du jeweils einen der Kongruenzsätze sss, sws bzw. wsw anwendest.

CAS **7** Konstruiere mit einem CAS ein gleichschenkliges Trapez mit a = 4 cm, b = d = 5 cm und c = 6 cm. Miss mit dem CAS den Flächeninhalt, und überprüfe den angezeigten Wert durch eine Rechnung.

Prüfe dein neues Fundament

Lösungen
→ S. 216

1 Berechne den Flächeninhalt des Dreiecks.

a)

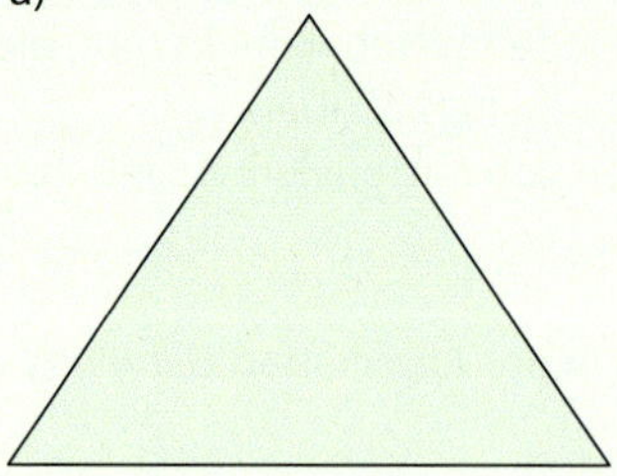

b)

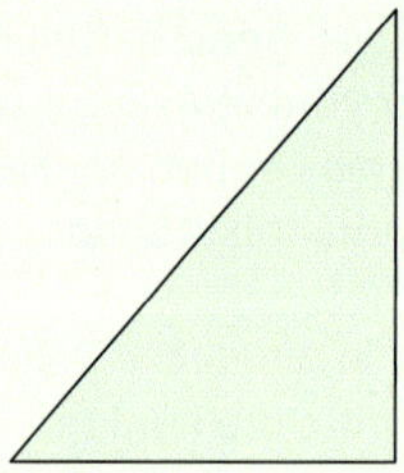

c)

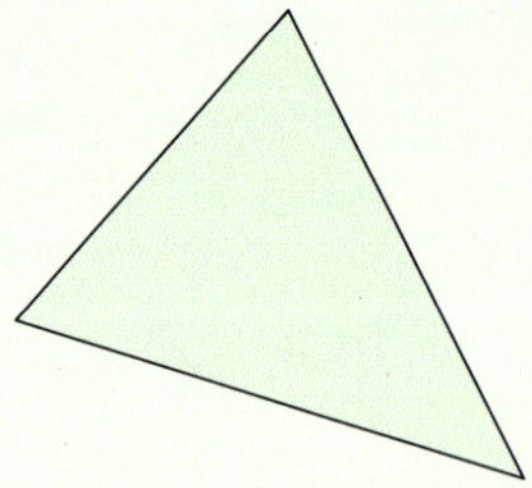

2 Berechne die fehlende Größe des Dreiecks.

	a)	b)	c)	d)
Grundseite g	3 cm	4 m	8 cm	
Höhe h	6 cm	2,5 m		30 mm
Flächeninhalt A			12 cm²	24 cm²

3 Berechne den Flächeninhalt des Parallelogramms.

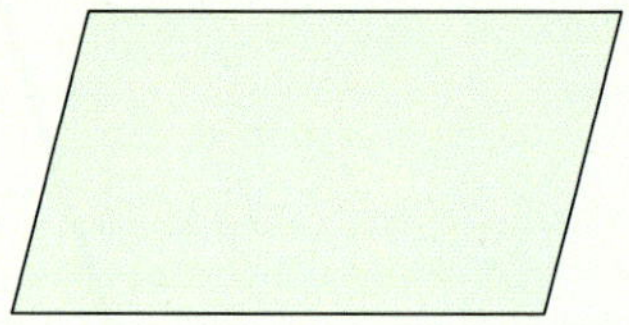

4 Berechne die fehlende Größe des Parallelogramms.

	a)	b)	c)	d)
Grundseite g	5 cm	4 m		90 mm
Höhe h	3 cm	2,4 m	25 cm	
Flächeninhalt A			625 cm²	72 cm²

5 Berechne den Flächeninhalt des Trapezes.

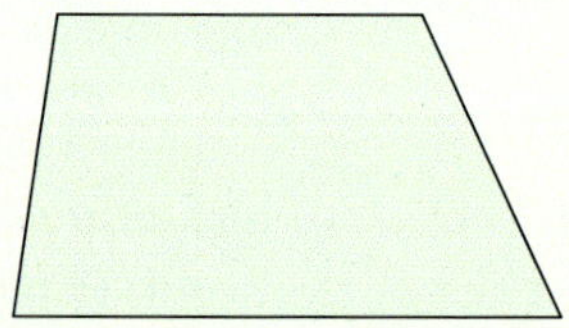

6 Ein Dreieck hat eine Grundseite g = 4 cm und eine zugehörige Höhe h = 6 cm.
a) Gib die Breite b eines flächengleichen Rechtecks mit der Länge a = 4 cm an.
b) Gib die Höhe eines flächengleichen Parallelogramms mit einer Grundseite a = 4 cm an.
c) Gib die Höhe eines flächengleichen Trapezes mit den parallelen Seiten a = 2 cm und c = 4 cm an.
d) Gib die Höhe eines flächengleichen Dreiecks mit der Grundseite g = 6 cm an.

7 Berechne den Umfang und den Flächeninhalt der Figur, falls möglich.
a) Dreieck mit den Seitenlängen a = b = 5 cm und c = 8 cm und der Höhe h_c = 3 cm
b) Parallelogramm mit den Seitenlängen a = c = 3 cm und b = d = 2,5 cm und der Höhe h_a = 2 cm
c) Trapez mit den Seitenlängen a = 5 cm, c = 3 cm (a ∥ c) und der Höhe h = 4 cm

8 Ein rechtwinkliges Dreieck hat die kurzen Seiten a und b. Begründe mit der Formel für den Flächeninhalt eines Dreiecks, warum sich sein Flächeninhalt als $A = \frac{a \cdot b}{2}$ berechnen lässt.

Lösungen
→ S. xxx

9 Die Rückwand eines Mehrfamilienhauses soll einen neuen Anstrich erhalten. Dazu muss die Wand zweimal gestrichen werden. Ein Eimer Farbe reicht für 35 m^2. Berechne, wie viele Eimer Farbe die Malerfirma im Baumarkt kaufen muss.

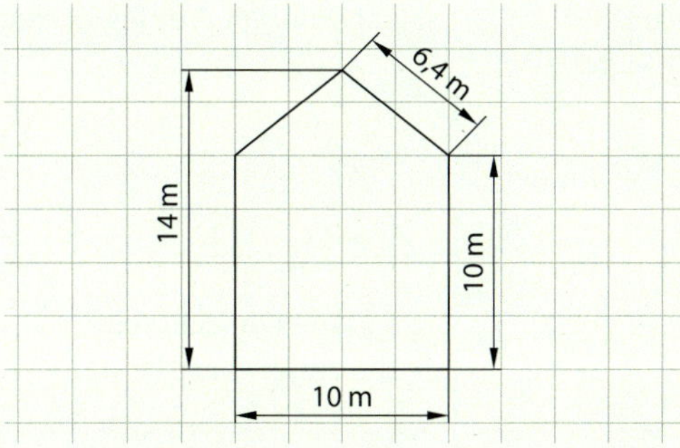

10 Berechne den Flächeninhalt mit den Angaben in der Abbildung.
a) Querschnitt einer Eisenbahntrasse

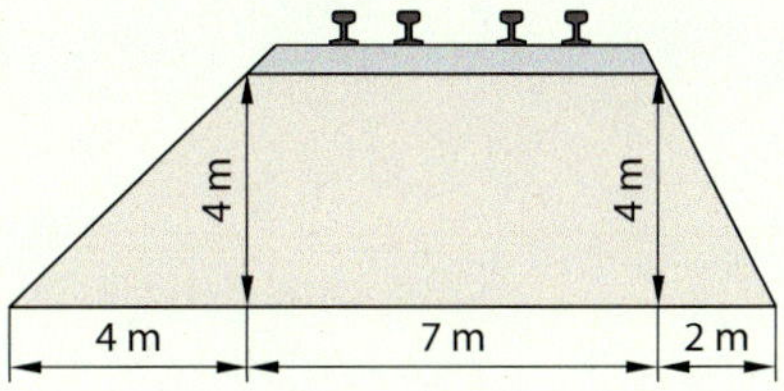

b) Größe der Dachfläche

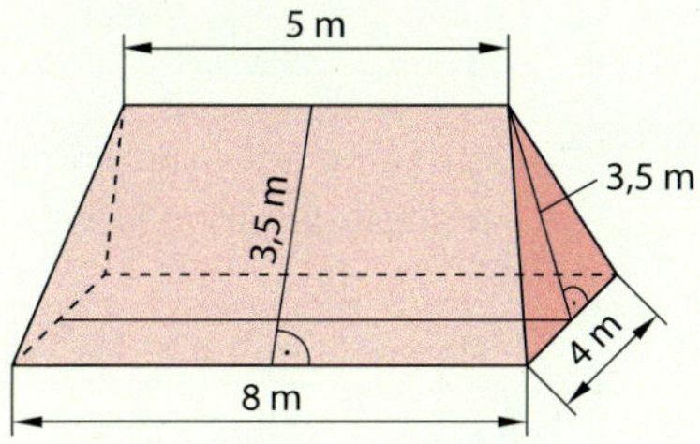

11 Tim sagt: „Die drei grünen Parallelogramme haben alle den gleichen Flächeninhalt. Die beiden blauen Trapeze haben unterschiedliche Flächeninhalte."
Nimm Stellung zu Tims Aussage. Du musst die Flächeninhalte nicht berechnen.

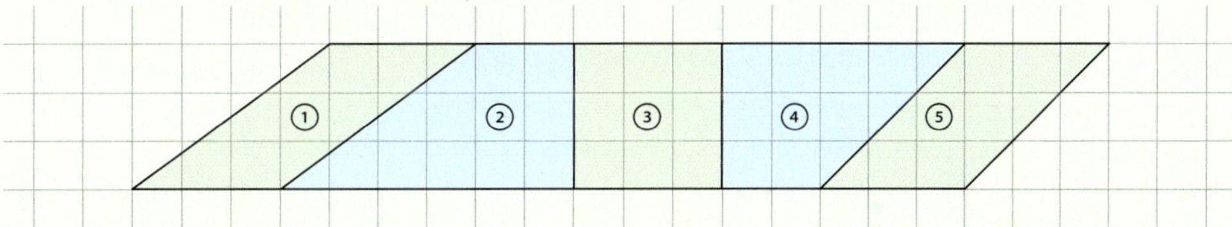

12 Azyadé baut einen Drachen. Die Leisten, auf die das Papier gespannt wird, stehen senkrecht zueinander. Sie sind 80 cm und 100 cm lang.
Berechne, wie viel Papier Azyadé zum Bespannen des Drachens benötigt. Fertige dazu eine Skizze an.

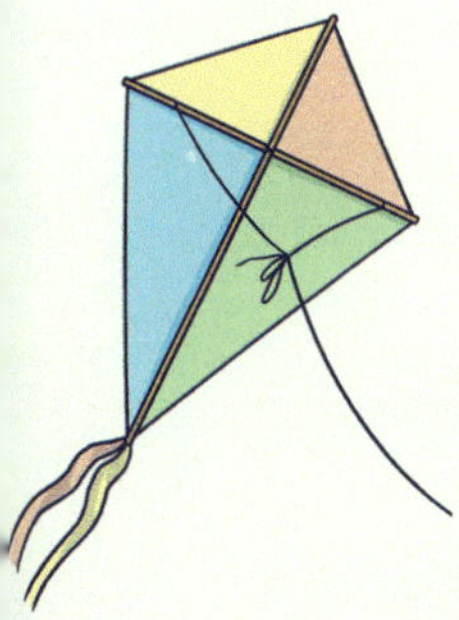

Wo stehe ich?

	Ich kann…	Aufgabe	Schlag nach
1.1	… den Flächeninhalt eines Dreiecks berechnen. … die Grundseite oder die Höhe eines Dreiecks bei gegebenem Flächeninhalt berechnen.	1, 2, 6, 7	S. 68 Beispiel 1, S. 70 Beispiel 2
1.2	… den Flächeninhalt eines Parallelogramms berechnen. … die Grundseite oder die Höhe eines Parallelogramms bei gegebenem Flächeninhalt berechnen.	3, 4, 6, 7, 10	S. 72 Beispiel 1, S. 74 Beispiel 2
1.3	… den Flächeninhalt eines Trapezes berechnen. … die Grundseite oder die Höhe eines Trapezes bei gegebenem Flächeninhalt berechnen.	5, 6, 7, 9, 10	S. 76 Beispiel 1
	… Flächeninhalte zusammengesetzter Figuren berechnen.	8, 11	S. 79 Beispiel 1

Flächeninhalt eines Dreiecks

Flächeninhalt A eines Dreiecks:

$A = \frac{g \cdot h}{2}$

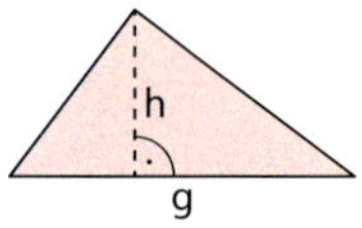

g ist eine Dreiecksseite,
h die zugehörige Höhe.

Berechne den Flächeninhalt eines Dreiecks mit g = 5 m und h = 2,4 m.

$A = \frac{g \cdot h}{2}$

$= \frac{5\,m \cdot 2{,}4\,m}{2}$

$= 6\,m^2$

Flächeninhalt eines Parallelogramms

Flächeninhalt A eines Parallelogramms:
$\mathbf{A = g \cdot h}$

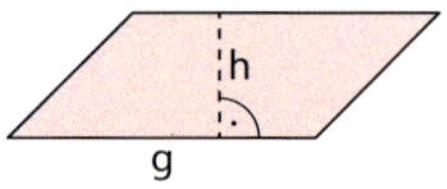

g ist eine Seite des Parallelogramms,
h die zugehörige Höhe.

Berechne den Flächeninhalt eines Parallelogramms mit g = 5 m und h = 4 m.

$A = g \cdot h$

$= 5\,m \cdot 4\,m$

$= 20\,m^2$

Flächeninhalt eines Trapezes

Flächeninhalt A eines Trapezes:

$A = \frac{(a + c) \cdot h}{2}$

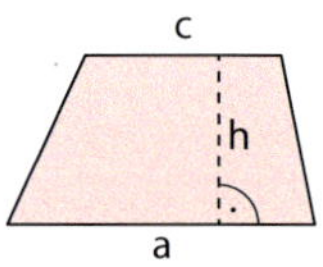

h ist die Höhe des Trapezes, a und c sind die zueinander parallelen Seiten des Trapezes.

Berechne den Flächeninhalt eines Trapezes mit a = 3 m, c = 1 m und h = 1,5 m.

$A = \frac{(a + c) \cdot h}{2}$

$= \frac{(3\,m + 1\,m) \cdot 1{,}5\,m}{2}$

$= 3\,m^2$

2

Terme

Nach diesem Kapitel kannst du

→ Terme mit mehreren Variablen aufstellen und Termwerte berechnen,
→ Terme mit mehreren Variablen vereinfachen,
→ Terme ausmultiplizieren und ausklammern,
→ die binomischen Formeln anwenden.

Lösungen → S. 214

Terme aufstellen

1 Ordne der Aussage den passenden Term zu. Gib die Bedeutung der Variablen und des Terms an.

① $480 - x$ ② $480 + 80x$ ③ $8x$ ④ $480 - 80x$ ⑤ $480 + x$ ⑥ $\frac{1}{8}x$

a) Frau Schneider arbeitet 8 Stunden am Tag.
b) Herr Nazemi schneidet von einem 480 cm langen Brett ein Stück ab.
c) Der Grundpreis für eine Taxifahrt beträgt 4,80 €, dazu kommen 80 ct pro Kilometer.

2 Das Carl-Friedrich-Gauß-Gymnasium veranstaltet einen Spendenlauf. Von einem Sponsor erhält die Schule 1000 € und außerdem 2,50 € für jeden gelaufenen Kilometer.
a) Die Schüler laufen insgesamt 520 km. Berechne die Einnahmen durch den Sponsor.
b) Stelle einen Term für das eingenommene Geld auf, wenn x Kilometer gelaufen werden.
c) Die Schüler möchten insgesamt mindestens 10 000 € erlaufen. Berechne, wie viele Kilometer jeder der 600 Schüler dafür laufen müsste.

3 Der Grundpreis für eine Taxifahrt beträgt tagsüber 4,60 €, dazu kommen 75 ct pro Kilometer. Nachts liegt der Grundpreis bei 7,20 €, der Kilometerpreis bei 90 ct.
a) Gib je einen Term an, der den Fahrpreis bei Tag und bei Nacht beschreibt.
b) Frau Petersen fährt um 14 Uhr zum Bahnhof. Die Strecke ist 7,5 km lang. Berechne ihren Fahrpreis.
c) Herr Ernst fährt um 2:30 Uhr 20 km weit. Berechne seinen Fahrpreis.
d) Frau Vu bezahlt um 15 Uhr 10,60 € für ihre Fahrt. Berechne die Länge der Fahrstrecke.

Termwerte ermitteln

4 Berechne.
a) $3 \cdot (-7)$ b) $-3 - (-7)$ c) $-2 \cdot (-0{,}75)$ d) $-0{,}2 + (-2{,}8)$
e) $43 - 28 - 39$ f) $4 \cdot (-5) \cdot 8$ g) $-40 : 5$ h) $-36 : (-24)$

5 Berechne mit dem Distributivgesetz.
Beispiel: $5 \cdot (8 + 9) = 5 \cdot 8 + 5 \cdot 9$
a) $3 \cdot 17 - 3 \cdot 7$ b) $5 \cdot (-8) - 2 \cdot (-8)$ c) $(-4) \cdot 7{,}5 - (-4) \cdot (-2{,}5)$ d) $1{,}2 \cdot 3 - 1{,}2 \cdot 4$
e) $3 \cdot \left(\frac{1}{6} - 2\right)$ f) $6 \cdot \left(\frac{2}{3} - 5\right)$ g) $-12 \cdot \left(\frac{5}{6} - 4\right)$ h) $\left(7 - \frac{5}{8}\right) \cdot (-4)$

6 Berechne den Wert des Terms für jeden vorgegebenen Wert von x.

	a) $2x + 0{,}5$	b) $(0{,}5 - x) \cdot (-1)$	c) $x + x + x$	d) $x \cdot x \cdot x$	e) $(-1{,}5 + x) \cdot x$
$x = 1$					
$x = 2$					
$x = 3$					
$x = 4$					

7 Berechne den Wert des Terms.
a) $x + y$ für $x = 6$ und $y = 3$
b) $2ab$ für $a = 2$ und $b = 5$
c) $(a + b) \cdot (a - b)$ für $a = 7$ und $b = 5$
d) $m^2 - n^2$ für $m = 4$ und $n = -3$

Lösungen
→ S. 214

Terme vereinfachen

8 Fasse zusammen.

a) $x + x + 2x$ b) $4 + 3x - 7$ c) $a + 3 - 3a - 5{,}5$
d) $b - 2 - 2b + b - a$ e) $-4y + 3 + 0{,}2y + 0{,}5$ f) $-0{,}7 - 4x - x + 2 + 3{,}5x$

9 Vereinfache.

a) $2a \cdot 4$ b) $6x \cdot (-2)$ c) $8x \cdot \frac{3}{4}$ d) $-6b \cdot (-2)$ e) $24a : 4$ f) $-2x : (-2)$

10 Ersetze die Platzhalter $\blacksquare$ und $\blacktriangle$ durch Terme, sodass die Gleichung stimmt.

a) $6a - 3 - \blacksquare = 2a - 3$ b) $5c \cdot \blacksquare = 15c$ c) $3 \cdot \blacksquare + \blacktriangle = 15c + 3$
d) $\blacksquare - 5b + 5 + \blacktriangle = 2b + 2$ e) $\frac{2}{3}a \cdot \blacksquare = 4a$ f) $-39y : \blacksquare = 13y$

11 Vereinfache. Berechne den Wert des Terms für $x = 3$.

a) $2x + 3 - x$ b) $x + 4 \cdot 5x - 21$ c) $x + 3x \cdot 2 - 6x$ d) $6x : 3 - 2$
e) $x \cdot x + 2x$ f) $x \cdot 3 - 3 + 2x$ g) $0{,}5x - 0{,}5 - \frac{1}{2}x$ h) $5 \cdot (-3) + 5x$

12 Übersetze den Text in einen Term und vereinfache ihn.

a) das Fünffache von x vermindert um das Vierfache von x
b) die Hälfte des Sechsfachen von x
c) das Doppelte von x addiert zur achtfachen Hälfte von x

Vermischtes

13 Berechne im Kopf.

a) 9^2 b) 12^2 c) 15^2 d) 20^2
e) 17^2 f) 13^2 g) 16^2 h) 19^2
i) $1{,}1^2$ j) $0{,}5^2$ k) $1{,}5^2$ l) $(-2{,}5)^2$

14 Beschreibe den Term in Worten.

a) $2x + 1$ b) $7x - 5x$ c) $3 \cdot (a - 2)$ d) $x - x : 3$

15 a) Berechne die Flächeninhalte der vier farbigen Vierecke.
b) Berechne den Flächeninhalt des Quadrats ABCD auf zwei unterschiedliche Arten.

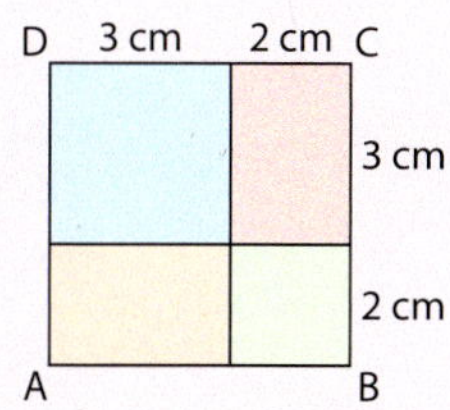

16 Berechne den Umfang und den Flächeninhalt eines

a) Rechtecks mit den Seitenlängen $a = 4\,cm$ und $b = 7\,cm$,
b) Quadrats mit der Seitenlänge $a = 3\,cm$,
c) rechtwinkligen Dreiecks mit den Seitenlängen $a = 5\,cm$, $b = 4\,cm$ und $c = 3\,cm$.

17 Zeichne zwei verschiedene

a) Rechtecke mit einem Umfang von 16 cm,
b) rechtwinklige Dreiecke mit einem Flächeninhalt von $6\,cm^2$.

2.1 Terme mit mehreren Variablen aufstellen

Eine Alpakafarm bietet für Besuchergruppen Spaziergänge mit Alpakas an. Jeder Besucher zahlt 8 €, für jedes Alpaka müssen 40 € bezahlt werden. Stelle einen Term auf, der die Kosten für einen Spaziergang in Abhängigkeit von der Anzahl der Besucher und Alpakas beschreibt.

Wenn ein Term von einer unbekannten oder veränderlichen Größe abhängt, dann setzt man für diese Größe eine Variable ein. Häufig hängt ein Term von mehreren Größen ab. Er enthält dann mehrere Variablen.

Beispiel 1

Für ihre Geburtstagsfeier kauft Mia einige Sixpacks Cola und einige Kisten Saft mit je 8 Flaschen. Gib einen Term für die Anzahl der Flaschen an, die sie insgesamt kauft.

Lösung:

Führe Variablen ein und gib ihre Bedeutung an.	x: Anzahl der Sixpacks mit Cola y: Anzahl der Kisten mit Saft
Multipliziere die Anzahl der Sixpacks mit 6, um die Anzahl der Colaflaschen zu erhalten.	$6 \cdot x$
Multipliziere die Anzahl der Kisten mit 8, um die Anzahl der Saftflaschen zu erhalten.	$8 \cdot y$
Addiere beide Terme, um die Anzahl der insgesamt gekauften Flaschen zu erhalten.	Anzahl der Flaschen: $6x + 8y$

Basisaufgaben

1 Sofie möchte eine Wand in ihrem Zimmer mit Fotos dekorieren. Sie kauft einige Rahmen mit Platz für je drei Fotos und einige größere Rahmen, in die je fünf Bilder passen. Gib einen Term für die Anzahl der Fotos an, die Sofie insgesamt aufhängen kann.

2 Ordne jedem Text den passenden Term zu.

A Anzahl von einzelnen Tennisbällen und Tennisbällen in 4er-Dosen

① $4 \cdot x \cdot y$

B Flächeninhalt von vier Rechtecken mit den Seitenlängen x und y

C Personenzahl einer Gruppe aus zwei Klassen und vier Begleitpersonen

② $4 \cdot (x + y)$

③ $x + 4 \cdot y$

④ $x + y + 4$

D Gewicht von vier vollen Kästen Wasser und vier vollen Kästen Limo

3 In einem Kino haben die vorderen Reihen jeweils 30 Plätze, die hinteren Reihen jeweils 45 Plätze. Gib einen Term für die Gesamtzahl der Plätze im Kino an.
Gib auch die Bedeutung der Variablen im Term an.

4 Beschreibe mit einem Term.
a) die Summe aus dem Dreifachen einer Zahl und dem Zweifachen einer anderen Zahl
b) das Elffache einer Zahl vermindert um das Vierfache einer zweiten Zahl
c) das Produkt aus dem Dreifachen einer Zahl und der Hälfte einer weiteren Zahl
d) das Fünffache der Summe zweier Zahlen

5 a) Pia kauft bei einem Internet-Musikanbieter mehrere Alben zu 10 € und einzelne Songs zu 70 Cent. Gib einen Term für den Gesamtpreis und die Bedeutung der Variablen an.
b) Berechne, wie viel Lukas und Celina bezahlen müssen.

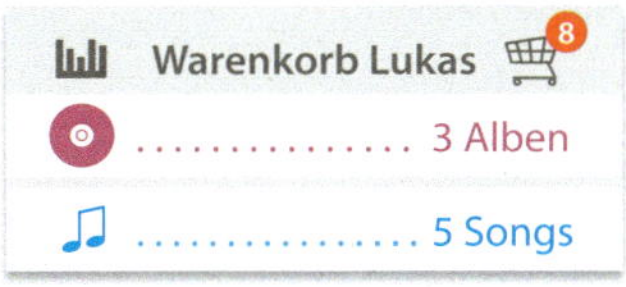

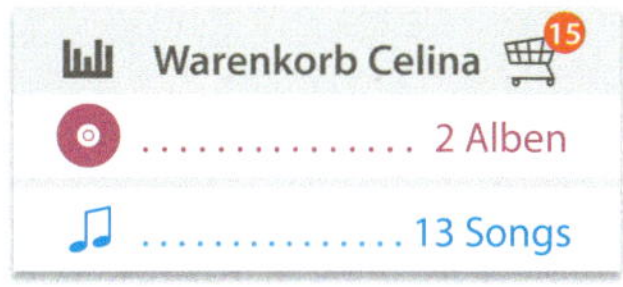

Weiterführende Aufgaben

6 a) Familie Brunner (zwei Erwachsene und ein Kind) geht ins Schwimmbad. Dort zahlen Kinder weniger als Erwachsene. Gib einen Term an, mit dem man den Eintrittspreis für Familie Brunner ermitteln kann.

b) Auch Familie Wolf (zwei Erwachsene und drei Kinder) besucht das Schwimmbad. Allerdings muss ein Sohn schon den Erwachsenenpreis bezahlen. Gib einen Term an, mit dem man den Eintrittspreis für Familie Wolf berechnen kann.
c) Erwachsene zahlen 5,50 € Eintritt, Kinder 2,50 €. Berechne die Eintrittspreise für Familie Brunner und Familie Wolf.

7 In einer Fabrik wird täglich die gleiche Anzahl an Flaschen hergestellt. Gib an, mit welchen Termen sich berechnen lässt, wie viele Flaschen an x Werktagen hergestellt werden. Erläutere die Bedeutung der Variablen.
① $a + x$ ② $a \cdot x$ ③ $a - x$ ④ $a : x$ ⑤ $x \cdot a$ ⑥ $\underbrace{a + a + a + \ldots + a}_{x \text{ Summanden}}$

8 Das Café Tropical ist bekannt für seine Fruchtcocktails. Ein Ananasmix besteht aus 300 mℓ Ananassaft und 100 mℓ Mangosaft, ein Mangomix aus 250 mℓ Mangosaft und 150 mℓ Ananassaft.
a) Es werden x Gläser Ananasmix und y Gläser Mangomix verkauft. Stelle je einen Term für die benötigte Menge Ananassaft und Mangosaft auf.
b) Die Tabelle zeigt, wie viele Cocktails am Wochenende durchschnittlich bestellt werden. Berechne für jeden Tag mit den Termen aus a) die benötigten Mengen an Ananassaft und Mangosaft in Litern.

	Ananasmix	Mangomix
Freitag	40	50
Samstag	60	80
Sonntag	50	65

● **9** Mit dem Term a · b können unterschiedliche Sachverhalte beschrieben werden.
Vervollständige die Tabelle.

a · b	a	b
Flächeninhalt eines Rechtecks	Länge einer Rechtecksseite	
Preis für a Rosinenbrötchen		
Gesamtkosten eines Streamingdienstes über b Monate		
	Anzahl der Ecken eines regelmäßigen Vielecks	Länge einer Seite des regelmäßigen Vielecks
	Durchschnittsgeschwindigkeit eines Autos	Fahrzeit des Autos

◐ **10** Eine Jugendherberge hat drei Etagen. In jeder Etage gibt es die gleiche Anzahl an Zimmern.
a) Gib einen Term an, mit dem man die gesamte Anzahl an Zimmern berechnen kann.
b) Die Anzahl der Betten auf jeder Etage lässt sich mit dem Term 4a + 6b berechnen.
Emilia behauptet: „Auf jeder Etage gibt es also 4 Zimmer mit a Betten und 6 Zimmer mit b Betten." Julian erwidert: „ Das stimmt nicht. Aus dem Term sieht man, dass die Jugendherberge nur Vier- und Sechsbettzimmer hat."
Begründe, wer von beiden recht hat.

⚠ ◐ **11** **Stolperstelle:** Ein Unternehmen bietet Apps für 2,50 €, 1,50 € und 50 Cent an.
Erkläre, welche der Terme nicht den Einkaufspreis für Apps bei diesem Unternehmen beschreiben.

① 2,5a + 1,5b + 50c

② 2,5 € · x + 1,5 € · y + 0,5 € · z

③ x · (2,5 + 1,5 + 0,5)

④ 2,5t + 1,5m + 0,5b

● **12** Gib jeweils einen Term für den Umfang und den Flächeninhalt der Figur an.

a)
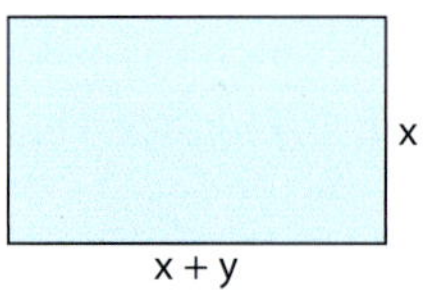

b)
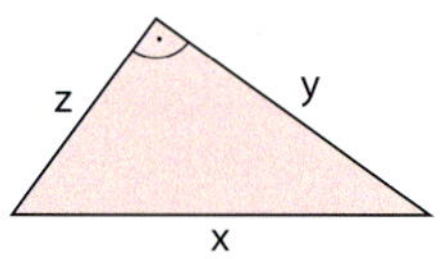

c)
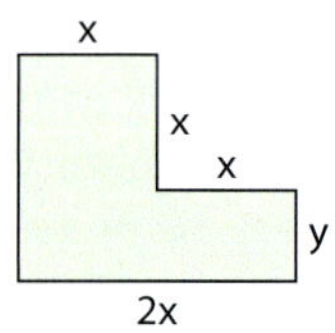

d)
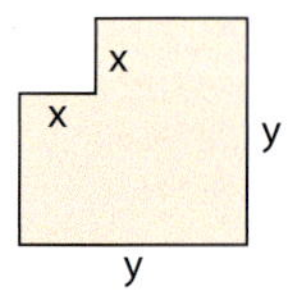

● **13** Für unterschiedliche x-Werte und y-Werte wurde der Wert eines Terms berechnet.
Gib einen passenden Term an.

x	−1	0	1	3	3
y	−2	−1	1	2	4
Wert des Terms	−4	−1	3	8	10

● **14** **Ausblick:**
a) Zeichne das Drachenviereck und ermittle seinen Flächeninhalt.
b) Stelle einen Term auf, der den Flächeninhalt eines Drachenvierecks in Abhängigkeit von den Diagonalen e und f beschreibt.
Beweise, dass der Term für alle Drachenvierecke gilt.

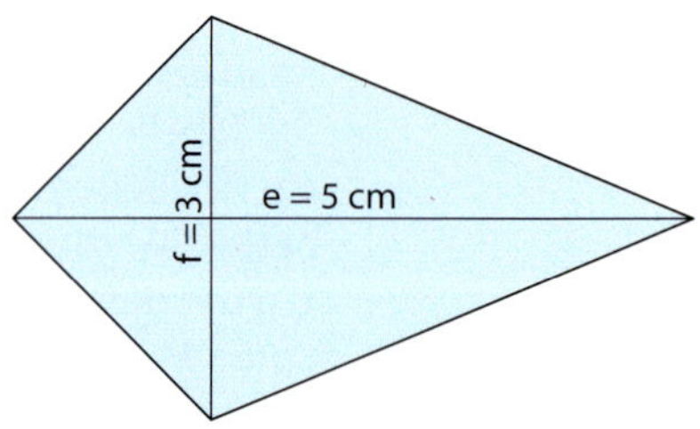

2.2 Terme zusammenfassen

Die TAXI-Leuchtreklame besteht aus gelben, roten und blauen Leuchtstoffröhren. Gleichfarbige Röhren sind auch gleich lang. Stelle einen Term auf, mit dem man die Gesamtlänge aller Leuchtstoffröhren berechnen kann. Vergleicht eure Terme in der Klasse.

Addieren und subtrahieren

Vielfache von gleichen Variablen werden addiert oder subtrahiert, indem ihre Koeffizienten addiert oder subtrahiert werden: $5x + 2x = 7x$
Genauso können **gleichartige Terme** zusammengefasst werden. Dabei sind Terme gleichartig, wenn sie aus den gleichen Variablen bestehen und auch die Potenzen der Variablen gleich sind: $4xy^2$ und $2xy^2$ sind gleichartig, aber $4xy^2$ und $2xy$ sind nicht gleichartig.

Wissen

Gleichartige Terme werden addiert oder subtrahiert, indem man ihre Koeffizienten addiert oder subtrahiert.

$2xy + 3xy = 5xy$ $\qquad$ $6ab^2 - 4ab^2 = 2ab^2$

Beispiel 1 Fasse zusammen.

a) $2x + 5x - 3y$ $\qquad$ b) $3ab - ab + 3$ $\qquad$ c) $3xy - 2xy^2 + 2xy + 3xy^2$

Lösung:

a) $2x$ und $5x$ sind gleichartige Terme und können zusammengefasst werden.

$2x + 5x - 3y = 7x - 3y$

b) $3ab$ und ab sind gleichartige Terme. Denke dir $3ab - 1ab$ und fasse zusammen.

$3ab - ab + 3 = 3ab - 1ab + 3$
$= 2ab + 3$

c) Additions- und Subtraktionsschritte dürfen beliebig vertauscht werden. Fasse dann $3xy + 2xy$ und ebenso $-2xy^2 + 3xy^2$ zusammen.

$3xy - 2xy^2 + 2xy + 3xy^2$
$= 3xy + 2xy - 2xy^2 + 3xy^2$
$= 5xy + xy^2$

Basisaufgaben

1 Fasse zusammen.

a) $2a + 2b - 3a$ $\qquad$ b) $x + y + x + y + x$ $\qquad$ c) $3a + 4b - a + b$
d) $3u + 2v - u - v - v$ $\qquad$ e) $3a + 5b + 2a - 2$ $\qquad$ f) $-5 + 2x - y - 2 + 9{,}5x$
g) $2{,}5k - 0{,}5l - 1{,}5k + 0{,}5l$ $\qquad$ h) $8x - 8y + x - y$ $\qquad$ i) $0{,}1m + n + 0{,}01m - 3n + 4$

2 Fasse zusammen.

a) $4xy - 5y + 3xy - 8y$ $\qquad$ b) $5ab + 2a - 3ab + 3a$ $\qquad$ c) $ax + bxy + 2x + by + 3ax$
d) $2ab^2 + 2a^2b - 3ab^2$ $\qquad$ e) $3st^2 - st^2 + 2st$ $\qquad$ f) $28mn + 8m - 8n + 15mn$
g) $2xy - x + 3x - 2xy - 2x$ $\qquad$ h) $abc + bc + ab - bc + ac$ $\qquad$ i) $v^2w^2 - 3v^2 + w^2 - vw + v^2$

Hinweis zu 3 und 4

Du kannst Faktoren in einem Produkt alphabetisch sortieren und gleiche Variablen zu einer Potenz zusammenfassen:
$2ba = 2ab$
$a \cdot a = a^2$

3 Vereinfache, falls möglich.

a) $x + y + x$ b) $3st - ts$ c) $25a - 25b$ d) $3bc + 4c - 4cb$
e) $4xy + xy \cdot 2$ f) $x \cdot x - 7x^2$ g) $2a^2b + 3ab^2$ h) $a^2 - b^2 - c^2$

4 Unterstreiche gleichartige Terme mit der gleichen Farbe. Vereinfache dann.
Beispiel: $4xy - 3x^2 + xy - 2yx + 7x \cdot x = \underline{4xy} \underline{- 3x^2} \underline{+ xy} \underline{- 2yx} \underline{+ 7x \cdot x} = 3xy + 4x^2$

a) $2ab - 3ac - 4ab + 5ac$ b) $-7uv + 14rs + 18uv - rs + 12uv$
c) $a^2x - 2ab + 3a^2x - ba$ d) $4a^2b - 5ab^2 + 2a^2b + 28ab^2 - 14b^2a - 18a^2b$
e) $-27t + 27t^2 - 13t + 3t \cdot t$ f) $12xy - 4x^2 + 4x^2y + 7xy + 5yx + x \cdot x - 9x^2y$

Klammern auflösen

Beim Auflösen von Klammern gelten die gleichen Regeln wie beim Rechnen mit rationalen Zahlen.

Wissen

Wenn ein Pluszeichen vor einer Klammer steht, dann kann man die Klammer weglassen:
$a + (b + c) = a + b + c$
$x + (3y + 2z) = x + 3y + 2z$
Wenn ein Minuszeichen vor einer Klammer steht, dann kann man das Minuszeichen und die Klammer weglassen und muss alle Plus- und Minuszeichen in der Klammer umkehren:
$a - (b + c) = a - b - c$ $-(a - b) = -a + b$
$2x - (y + 3z) = 2x - y - 3z$ $-(4p - 3q) = -4p + 3q$

Erinnere dich

Wenn hinter einer Klammer kein Rechenzeichen steht, ist dort ein Pluszeichen:
$(a - b) = (+a - b)$

Beispiel 2 Löse die Klammer auf.

a) $x - (-y + z)$ b) $3a - (2b - c)$ c) $-3x - (-5y - 2z)$

Lösung:

a) Vor der Klammer steht ein Minus. $-y$ wird zu $+y$ und $+z$ wird zu $-z$. Lasse das Minus vor der Klammer und die Klammer weg. $x - (-y + z) = x + y - z$

b) $2b$ bedeutet $+2b$ und wird zu $-2b$. $-c$ wird zu $+c$. Lasse das Minuszeichen vor der Klammer und die Klammer weg. $3a - (2b - c) = 3a - 2b + c$

c) $-5y$ wird zu $+5y$ und $-2z$ wird zu $+2z$. Lasse das Minuszeichen vor der Klammer und die Klammer weg. $-3x - (-5y - 2z) = -3x + 5y + 2z$

Basisaufgaben

5 Löse die Klammer auf.

a) $m - (n + p)$ b) $2x - (5y + z)$ c) $4a - (3b - c)$
d) $3x - (y - 2z)$ e) $p - (-q - r)$ f) $3a - (-5b - 2c)$
g) $7x - (-y + 2z)$ h) $4k - (-3m + 2n)$ i) $-2a - (-b - 3c)$

6 Löse die Klammern auf und fasse zusammen.

a) $5u + (7v + 2u)$ b) $a + (-3a - b)$ c) $x - (2x + y)$
d) $5u - (6v + 3u)$ e) $-3x - (7y - 2x)$ f) $4a^2 - (a^2 + a)$
g) $2xy - (x + 2xy)$ h) $(a + b) - (2a - 2b)$ i) $-(-2x + y) - (-2x - y)$

7 Löse die Klammer auf und fasse zusammen.

a) $3x - (x - 2y + z)$ b) $a - (a - b - c)$ c) $x - (-x + y - z)$ d) $2s - (t - 2s + 3v)$

8 Schreibe als Term mit einer Klammer und vereinfache ihn.

a) Subtrahiere von 12a die Summe $3a + 5$.
b) Addiere zu $-5x$ die Summe $x + 3y^2$.
c) Subtrahiere von -11 den Term $x + 4$.
d) Subtrahiere von $-12ab^2$ den Term $2a^2 - 3ab^2$.

9 Johann hat 20 € Guthaben für Musikdownloads geschenkt bekommen. Davon kauft er einige Titel zu 0,99 € und einige zu 1,29 €. Stelle einen Term für sein Restguthaben auf.

Weiterführende Aufgaben

10 Bilde die Summe der beiden Terme und fasse zusammen.

a) $7 - 6x$ und $27 + 3x$ b) $y + 7{,}7$ und $-y - 7{,}7$ c) $2a + b$ und $7 - b$
d) $-c^2 + d$ und $d + c^2$ e) $a^2 + b^2$ und $-a^2 + b^2$ f) $-(x^2 - y^2)$ und $x^2 + y^2$

11 Löse die Klammer auf und fasse zusammen.

a) $2xy - (xz + xy)$ b) $ab^2 - (a + b^2a - b)$ c) $3yx - (x + 2xy - yx)$
d) $a^2 - (2a^2 + b^2 - a)$ e) $x^2y^2 - (xy + x^2y^2 - x^2y)$ f) $xyz - (xy - yz + xyz)$

12 **Stolperstelle:** Erkläre und korrigiere den Fehler.

a) $8x + x = 8x^2$ b) $a^2b - ab = a$ c) $x - (2y + x) = x - 2y + x$

13 Ersetze die Platzhalter ■ durch Terme, sodass die Gleichung stimmt.

a) $6a + ■ + 3b = 7a + 3b$ b) $a^2 + ab + ■ + b^2 = a^2 + 2ab + b^2$
c) $2ab + a \cdot ■ = a^2 + 2ab$ d) $a - (■ + b) = -b$
e) $■ + (x^2 + 4xy) = xy + x^2$ f) $(0{,}1x + ■) + (■ - 2y) = 0$

14 Die Schüler der 8a haben den Wert des Terms $a - (bc + a)$ für $a = -2$, $b = 3$ und $c = 4$ berechnet. Überprüfe die Lösungen und erkläre die Fehler.

Martin: $-2 - 3 \cdot 4 - 2 = -16$
Tanja: $-2 - 3 \cdot 4 + 2 = -5 \cdot 4 + 2 = -18$
Paul: $-2 - 3 \cdot 4 + 2 = -2 - 12 + 2 = -12$
Nesrin: $a - (b \cdot c + a) = -bc = -12$

15 Vervollständige die Additionsmauer.

a)
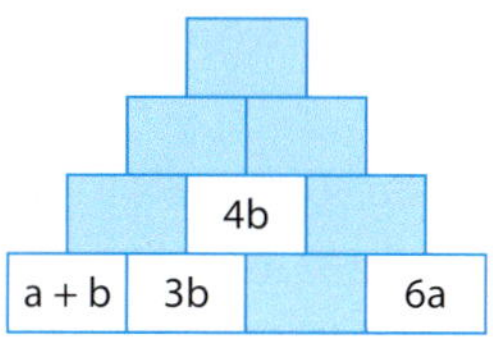

b)
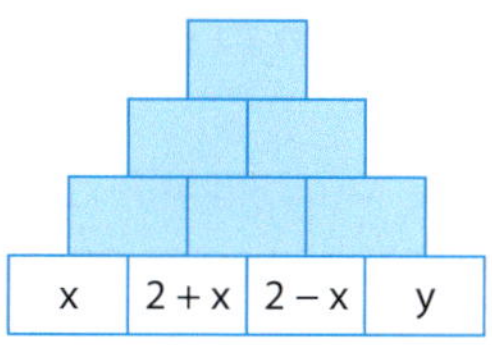

c)
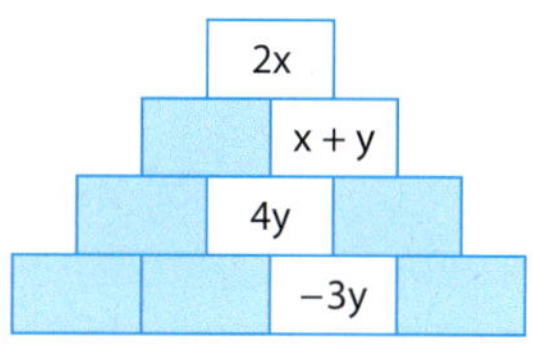

16 **Ausblick:**

Vereinfache die beiden Terme. Erstelle eine Wertetabelle für verschiedene Werte für x. Bezeichne die berechneten Werte mit y und trage die Werte als Punkte in einem Koordinatensystem ein. Verbinde die Punkte und beschreibe die Gestalt der Linien.

$12x - 8 - (x + 5) + 14 - 10x$

$5 - (8x + 6x^2) + 3x - (5 - 5x) + 7x^2$

2.3 Terme vereinfachen

Leons kleiner Bruder will seine Holzeisenbahnstrecke ein zweites Mal aufbauen. Gib an, wie er schnell herausfinden kann, wie viele Schienen jeder Sorte er braucht.

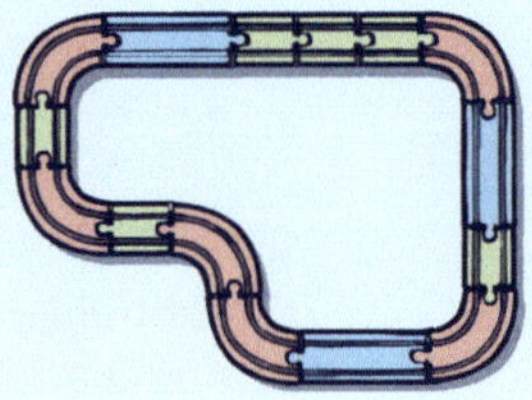

Multiplizieren

Man kann die Multiplikation von Termen veranschaulichen, indem man den Flächeninhalt eines Quadrats mit der Seitenlänge 3a berechnet.

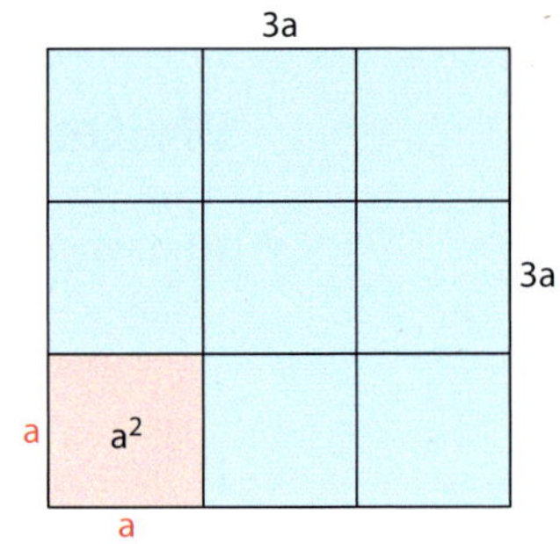

Den Flächeninhalt berechnet man mit der Formel „Länge mal Breite“, also:

$A = 3a \cdot 3a$

Man kann das Quadrat aber auch in kleinere Quadrate mit der Seitenlänge a zerlegen. Jedes dieser Quadrate hat dann den Flächeninhalt $a \cdot a = a^2$. Da das große Quadrat aus $3 \cdot 3 = 9$ kleinen Quadraten besteht, gilt:

$A = 3 \cdot 3 \cdot a \cdot a = 9a^2$

Da beide Formeln den gleichen Flächeninhalt beschreiben, folgt:

$3a \cdot 3a = 3 \cdot 3 \cdot a \cdot a = 9a^2$

Hinweis

Hier wird das Kommutativgesetz verwendet:
$3y \cdot 5x = 3 \cdot 5 \cdot x \cdot y$
$= 15xy$

Wissen

Bei der Multiplikation von Termen werden die Koeffizienten multipliziert. Die Variablen werden als Faktoren in alphabetischer Reihenfolge ergänzt. Gleiche Variablen fasst man zu einer Potenz zusammen.

$3y \cdot 5x = 15xy$ $\qquad$ $-2ab \cdot 6a = -12a^2b$

Beispiel 1 Vereinfache das Produkt.

a) $2a \cdot 7b$ $\qquad$ b) $2xy \cdot x \cdot 3xy$ $\qquad$ c) $-5u \cdot (-2u)$

Lösung:

a) Multipliziere alle Koeffizienten der Teilterme in dem Produkt. Sortiere die Variablen alphabetisch.
$2a \cdot 7b = (2 \cdot 7)ab = 14ab$

b) Fasse gleiche Variablen zu Potenzen zusammen.
$2xy \cdot x \cdot 3xy = 2 \cdot x \cdot y \cdot x \cdot 3 \cdot x \cdot y$
$= 2 \cdot 3 \cdot x \cdot x \cdot x \cdot y \cdot y = 6x^3y^2$

c) Beachte, dass die Multiplikation zweier negativer Koeffizienten einen positiven Koeffizienten ergibt.
$-5u \cdot (-2u) = -5 \cdot (-2) \cdot u \cdot u = 10u^2$

Basisaufgaben

1 Vereinfache, indem du die Koeffizienten multiplizierst.

a) $3 \cdot 8x$ b) $15ab \cdot 2$ c) $-3 \cdot 8y$ d) $-2u \cdot 7$ e) $6 \cdot (-6s)$
f) $\frac{1}{3}a^2 \cdot \frac{1}{2}$ g) $-1 \cdot (-2uv)$ h) $9 \cdot (-bc^2)$ i) $-28 \cdot 0{,}2x$ j) $-5t^2 \cdot (-0{,}6)$

2 Vereinfache.

a) $5a \cdot 2b$ b) $-3b \cdot 9a$ c) $-4x \cdot (-5y)$ d) $-14s \cdot (-t)$ e) $-4v \cdot 0{,}6u$
f) $2x \cdot 2x$ g) $2ab \cdot 3a$ h) $0{,}5t \cdot (-4t)$ i) $-2ab \cdot (-b)$ j) $-8abc \cdot 0{,}3ac$

3 Vereinfache. Achte auf die Potenzen.

a) $7x^2 \cdot 6$ b) $-2b^2 \cdot 4a^2$ c) $3a \cdot 4a^2$ d) $-2x^2 \cdot (-xy)$ e) $0{,}1x \cdot 10xy^2$
f) $-9ab^2 \cdot 7bc$ g) $-a^2 \cdot (-1{,}4b^2)$ h) $0{,}3uv^3 \cdot (-3u)$ i) $-6a^2b \cdot (-ab^2)$ j) $16s^2t \cdot (-16st)$

4 Vereinfache das Produkt aus drei Termen.

a) $3a \cdot 2 \cdot (-2b)$ b) $-4x \cdot 0{,}5x \cdot 3$ c) $-x \cdot (-x) \cdot 2y$ d) $-ab \cdot (-ab) \cdot (-ab)$
e) $a \cdot a^2 \cdot (-1)$ f) $b^2 \cdot (-3c) \cdot 10a$ g) $7s^2t \cdot (-2) \cdot 5t$ h) $-0{,}2yz \cdot 4x^2 \cdot (-2xy)$

Dividieren

Beim Multiplizieren eines Terms mit einer Zahl werden die Koeffizienten mit der Zahl multipliziert: $2x \cdot 3 = 6x$
Die Division ist die Umkehroperation der Multiplikation. Dividiert man einen Term durch eine Zahl, müssen die Koeffizienten also durch die Zahl geteilt werden: $6x : 3 = 2x$

Wissen

Beim Dividieren eines Terms durch eine Zahl werden die Koeffizienten aller Summanden des Terms durch die Zahl dividiert.

$18x : 6 = 3x$ $10xy^2 : 2 = 5xy^2$

Beispiel 2 Vereinfache den Term.

a) $12x : 3$ b) $18x^2y^3 : 6$ c) $24a^2b : (-8)$

Lösung:

a) Dividiere den Koeffizienten des Terms durch die Zahl. Die Variable bleibt stehen. $12x : 3 = 4x$

b) Dividiere den Koeffizienten des Terms durch die Zahl. Die Variablen bleiben stehen. $18x^2y^3 : 6 = 3x^2y^3$

c) Achte bei negativen Zahlen auf die Vorzeichen. Die Variablen bleiben stehen. $24a^2b : (-8) = -3a^2b$

Basisaufgaben

5 Vereinfache.

a) $8x : 2$ b) $75a : 15$ c) $-21u : 7$ d) $12xy : 4$
e) $x : 0{,}5$ f) $54y^2 : (-6)$ g) $-12y : (-8)$ h) $-121x^2 : (-11)$
i) $ab^2 : (-2)$ j) $10a : (-100)$ k) $-6ab : 0{,}5$ l) $1{,}2vw : (-12)$

6 Vereinfache den Bruch.

Beispiele: $\frac{6x}{3} = \frac{^{2}\cancel{6}x}{_{1}\cancel{3}} = 2x$ $\frac{3x}{6} = \frac{^{1}\cancel{3}x}{_{2}\cancel{6}} = \frac{x}{2}$

a) $\frac{15a}{5}$ b) $\frac{2b}{4}$ c) $\frac{12x^2}{-3}$ d) $\frac{-2ab}{-10}$

Weiterführende Aufgaben

7 Die Terme beschreiben den Flächeninhalt und den Umfang der Figuren. Ordne jeder Figur die passenden Terme zu.

$12x$ $4x^2$ $4x + 8y$ $4x + y$ $6x^2$ $8xy$ $2x^2$ $8x$

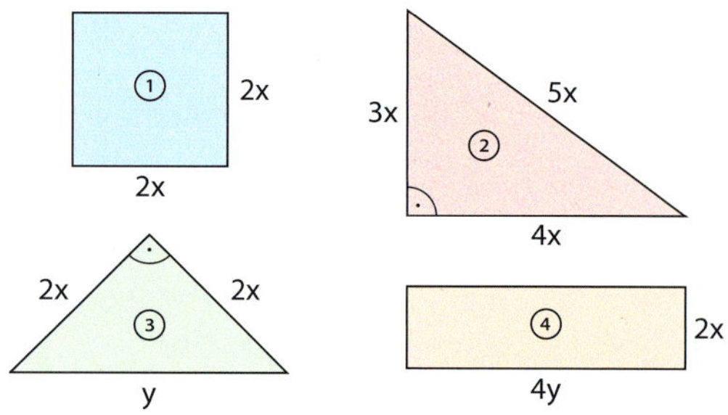

8 **Stolperstelle:** Erkläre und korrigiere die Fehler.
a) $4x \cdot 5x = 20x$ b) $3 \cdot (4x) = 3 \cdot 4 + 3 \cdot x$ c) $a \cdot a \cdot (-6) = a^2 - 6$

9 Ersetze den Platzhalter ■ durch einen Term, sodass die Gleichung stimmt.
a) $3ab \cdot ■ = 3a^2b$ b) $-7x^2y \cdot ■ = 14x^2y^2$ c) $■ \cdot 3u = -9u^2v$ d) $2abc \cdot ■ = 6a^2bc$

Erinnere dich

Äquivalente Terme sind gleichwertig, z. B. sind $6x^2$ und $2x \cdot 3x$ äquivalent.

10 a) Erkläre, warum der Term $2a \cdot 3b - a \cdot b$ den Flächeninhalt der Figur angibt.
b) Bestimme einen weiteren Term für den Flächeninhalt, indem du die Figur in mehrere kleine Rechtecke zerlegst.
c) Zeige, dass die Terme aus a) und b) äquivalent sind.

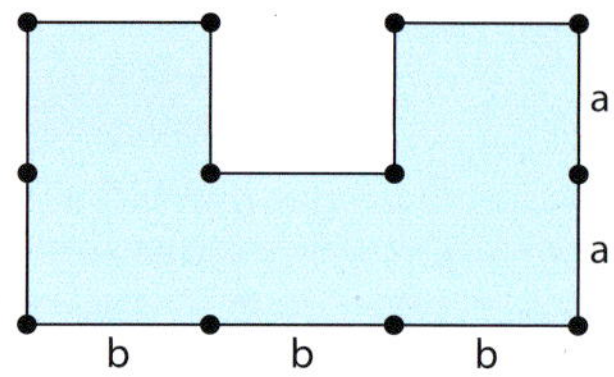

11 Schreibe die Potenz ohne Klammern.
Beispiel: $(-3a)^2 = -3a \cdot (-3a) = 9a^2$
a) $(4a)^2$ b) $\left(\frac{1}{2}x\right)^2$ c) $(-4b)^2$ d) $(6xy)^2$ e) $(-abc)^2$ f) $(2x^2y)^2$

12 Vereinfache.
Beispiel: $4x : 3 \cdot 9y = 4x \cdot 9y : 3 = 12xy$
a) $8 \cdot 3x : 4$ b) $6a \cdot (-b) : 2$ c) $-20x : 5 \cdot 2x$
d) $y \cdot (-y) : (-1)$ e) $4ab : (-4) \cdot a$ f) $5a^2 : 10 \cdot (-2)$
g) $s^2 : 8 \cdot 16s$ h) $3b : (-9) \cdot 6bc$ i) $-2ab \cdot (-a^2) : (-4)$

13 **Bruchterme:** Man kann Terme dividieren, indem man sie als Bruch schreibt und kürzt.
Beispiel: $6x^2 : 3x = \frac{6x^2}{3x} = \frac{^2\cancel{6} \cdot \cancel{x}^1 \cdot x}{_1\cancel{3} \cdot \cancel{x}_1} = 2x$
a) Setze für x fünf verschiedene Zahlen ein und überprüfe, ob $\frac{6x^2}{3x} = 2x$ gilt.
b) Begründe, dass $\frac{6x^2}{3x} = 2x$ für $x = 0$ nicht gilt.
c) Gib an, welche Zahlen für die Variablen nicht eingesetzt werden dürfen. Kürze dann.
① $\frac{9a^2}{a}$ ② $\frac{-10x}{5x}$ ③ $\frac{4ab}{2b}$ ④ $\frac{2xy}{6x^2y}$ ⑤ $\frac{2(x+1)}{x+1}$

14 **Ausblick:** Man kann den Wochentag eines beliebigen Datums mit dem Term $d + \lfloor 2{,}6m - 0{,}2 \rfloor + y + \left\lfloor \frac{y}{4} \right\rfloor + \left\lfloor \frac{c}{4} \right\rfloor - 2c$ berechnen. Dabei steht d für das Tagesdatum (von 1 bis 31), m für die Nummer des Monats minus 2 (also März: 1, August: 6, Januar: 11, Februar: 12), y für die letzten beiden Stellen der Jahreszahl (bei Januar und Februar des Vorjahres) und c für die ersten beiden Stellen der Jahreszahl (bei Januar und Februar des Vorjahres). Die Schreibweise ⌊ ⌋ bedeutet, dass auf eine ganze Zahl abgerundet werden muss. Das Ergebnis wird durch 7 geteilt, der Rest gibt den Wochentag an (0: Sonntag, 1: Montag, 2: Dienstag usw.). Ermittle den Wochentag deines Geburtstags (des Mauerfalls; der Mondlandung).

2.4 Vorrangregeln bei Termen

Berechne die Termwerte für verschiedene Werte von x und vergleiche. Erläutere deine Beobachtungen.

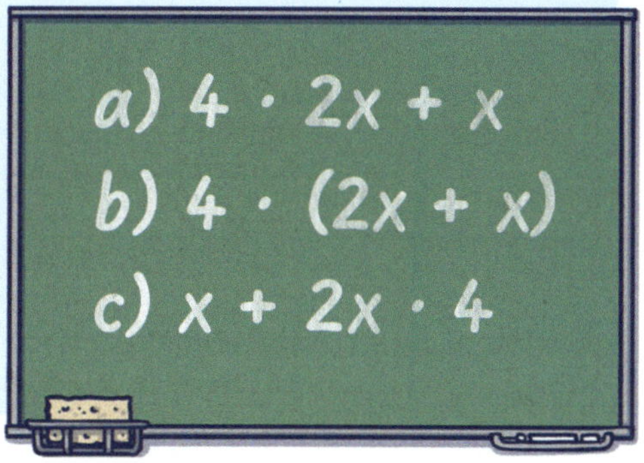

Beim Rechnen mit Termen gelten die bekannten Vorrangregeln.

Beispiel 1 Vereinfache den Term mithilfe der Vorrangregeln.

a) $2a \cdot (2b + 3b)$ b) $2a + 3a \cdot 2b$ c) $7a - 3a - a$

Lösung:

a) Ausdrücke in Klammern werden zuerst berechnet. $2a \cdot (2b + 3b) = 2a \cdot 5b = 10ab$

b) Wo keine Klammern sind, gilt Punkt vor Strich. $2a + 3a \cdot 2b = 2a + 6ab$

c) In allen anderen Fällen rechnet man von links nach rechts. $7a - 3a - a = 4a - a = 3a$

Erinnere dich

„KLAPS":
Klammer
Punktrechnung
Strichrechnung

Basisaufgaben

Merke

$(ab)^2 = a^2b^2$

1 Vereinfache. Beginne mit der Klammer.

a) $3 \cdot (4x - 2x)$ b) $12a - (7a - 5a)$ c) $8x : (2 \cdot 4)$ d) $-2y \cdot 7 - (y + 3y)$
e) $(2y \cdot 2)^2$ f) $x \cdot (x^2 + x^2)$ g) $(6a^3 - 3a^3) : (-3)$ h) $ab^2 + (ab)^2 + a^2b^2$

2 Vereinfache. Beachte die Regel „Punkt vor Strich".

a) $2a \cdot 7b + 8ab$ b) $-3xy + 4x \cdot 5y$ c) $8b - 6b \cdot (-2)$ d) $8 + 2 \cdot a \cdot (-3)$
e) $4x^2 + 6x^2 \cdot 0{,}5y$ f) $2b^2 + 2b^2 : (-2)$ g) $5 \cdot (-x^2) + x \cdot 7x$ h) $a^2b - 2b \cdot (-2ab)$

3 Vereinfache so weit wie möglich.

a) $4xy - 3xy - 2xy$ b) $9a : (-3) + 3a$ c) $-2bc - b \cdot (-c)$ d) $-y \cdot (-4) - (-5y)$
e) $b^2 + (5b)^2$ f) $(7x - 5x)^2$ g) $(-x)^2y - x^2y$ h) $a^2 + a^2 \cdot b + b \cdot (-a)^2$

4 Vervollständige den Rechenbaum. Notiere den zugehörigen Term und vereinfache ihn so weit wie möglich.

a)
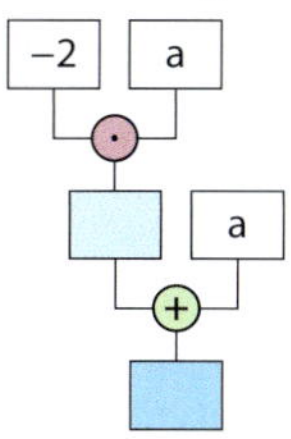

b)
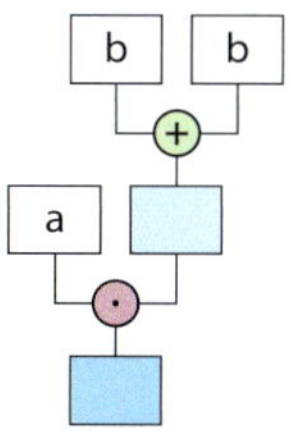

c)
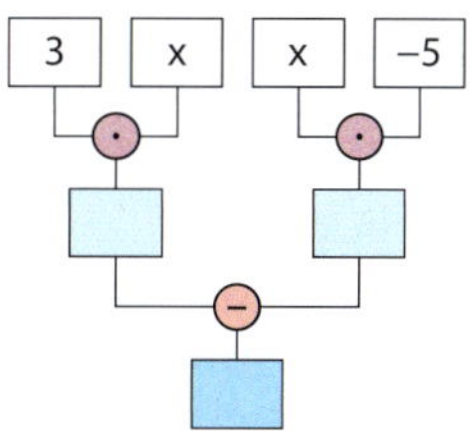

d)
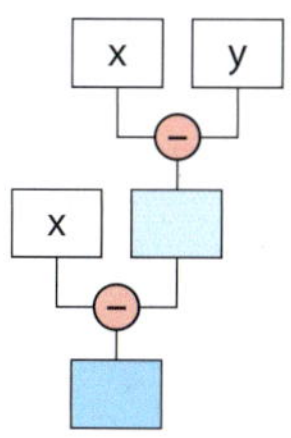

5 Stelle den Term in einem Rechenbaum dar. Vereinfache den Term so weit wie möglich.

a) $4 + a \cdot (-1)$ b) $(2 \cdot b + b) \cdot c$ c) $y - (8 + y)$ d) $5 + x \cdot (-3) - 4$

Weiterführende Aufgaben

6 Schreibe als Term. Überlege, ob du Klammern setzen musst.
a) Addiere 7 zum Produkt aus −3 und a.
b) Quadriere die Summe von x und y.
c) Multipliziere die Differenz von b und c mit der Summe der beiden Variablen.
d) Addiere das Doppelte von x zum Dreifachen von y und multipliziere das Ergebnis mit dem Fünffachen von z.
e) Subtrahiere das Produkt von a und dem Quadrat von b vom Quotienten aus a und −4.

7 Gib den Term mit Worten an wie in Aufgabe 6.
a) $(a + b) \cdot (-8)$ b) $4x + y^2$ c) $6a^2 : 5 + b$ d) $y - (x - 6)^2$

8 Vereinfache die Terme auf den Kärtchen. Begründe gleiche Ergebnisse durch ein Rechengesetz.
a) $6a + 3a$ | $3a + 6a$ b) $6a - 3a$ | $3a - 6a$ c) $6a \cdot 3a$ | $3a \cdot 6a$

9 **Stolperstelle:** Erläutere und korrigiere Cornelius' Fehler.
a) $a + a \cdot a = 2a \cdot a = 2a^2$
b) $35x - 17x + 3x = 35x - 20x = 15x$
c) $14b - (8b + 7b) = 6b + 7b = 13b$
d) $(5y)^2 = 5y^2$

10 Schreibe alle Rechenregeln und Rechengesetze für Terme auf, die du kennst. Notiere jeweils ein Beispiel. Vergleicht in der Klasse, wer die meisten Regeln gefunden hat.

11 Vereinfache so weit wie möglich.
a) $5ab + b \cdot (-3a) - b \cdot 6a$ b) $-8s : 4 + 2 \cdot (-s) + s \cdot 2s$ c) $x(y - 2y) - (2x - x) \cdot y$
d) $-x \cdot 2x - x^2 + x \cdot (-2x)$ e) $\frac{3}{4}a + \frac{1}{3}a \cdot \left(a - \frac{1}{2}a\right)$ f) $x^2 \cdot \left(-\frac{1}{5}\right) + \left(x - \frac{1}{5}x\right) \cdot (-x)$

12 a) Ordne jeden Term einem der drei Fälle zu.
① $2x + 4x$
② $(2x + 4x)(x + 2x)$
③ $y^2 + y^2$
④ $(y + y)^2$
⑤ $(a + 2a) \cdot 5a$
⑥ $a + 2a \cdot 5a$
⑦ $(2b \cdot 3c)^2$
⑧ $2b \cdot (3c)^2$

(A) Der Term besteht aus zwei Teiltermen, die addiert werden.	Term + Term
(B) Der Term besteht aus zwei Teiltermen, die multipliziert werden.	Term · Term
(C) Der Term besteht aus einem Teilterm, der quadriert wird.	Term²

b) Vereinfache die Terme aus a) so weit wie möglich.
c) Gib zu jedem der Fälle A, B und C drei weitere Terme an.
d) Ein Term besteht aus zwei Teiltermen, die subtrahiert werden. Finde drei Beispiele.

13 **Ausblick:**
a) Zeige, dass für jede Zahl x gilt: $x^2 \cdot x^3 = x^5$
b) Finde eine Formel, mit der man für jede Zahl x und alle natürlichen Zahlen m und n das Produkt $x^m \cdot x^n$ berechnen kann. Beweise deine Formel.
c) Finde und beweise eine Formel, mit der du $x^m : x^n$ für natürliche Zahlen m und n berechnen kannst. Prüfe, ob die Formel auch für $n > m$ gilt.

2.5 Ausmultiplizieren einer Klammer

Am Samstag ist ein Konzert ausverkauft, am Sonntag gibt es noch Restkarten. Jede Karte kostet 25 €. Begründe, mit welchen Termen man die Einnahmen berechnen kann.

① $x + y \cdot 25$ ② $25 \cdot (x + y)$ ③ $25x + 25y$ ④ $25 + xy$ ⑤ $(x + y) \cdot 25$

Den Flächeninhalt des blauen Rechtecks kann man auf zwei Wegen berechnen.

1. Möglichkeit:

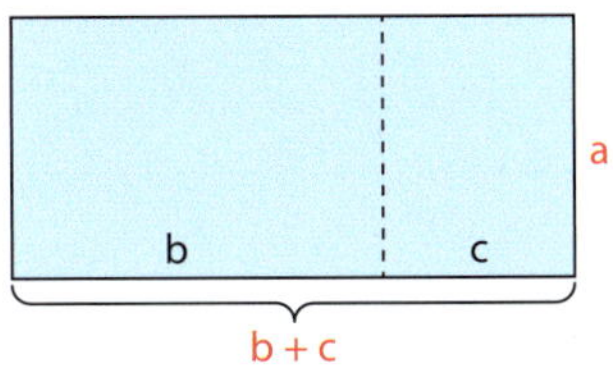

Der Flächeninhalt ergibt sich aus dem Produkt der Seitenlängen a und b + c:
$A = a \cdot (b + c)$

2. Möglichkeit:

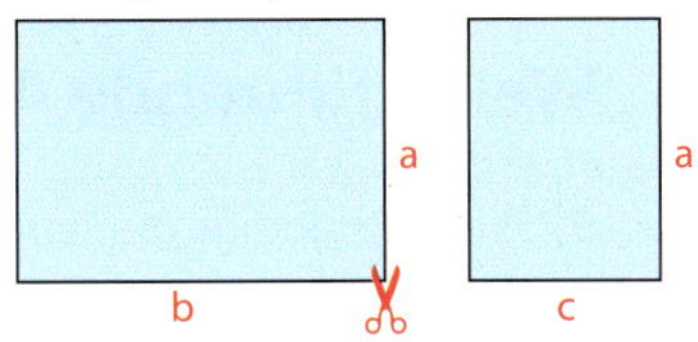

Addiert man den Flächeninhalt der beiden kleinen Rechtecke, so erhält man:
$A = a \cdot b + a \cdot c$

Da beide Terme den gleichen Flächeninhalt beschreiben, sind sie äquivalent. Also gilt:
$a \cdot (b + c) = a \cdot b + a \cdot c$

Wissen

Das Distributivgesetz gilt auch für Terme mit Variablen.

$a \cdot (b + c) = a \cdot b + a \cdot c$ $a \cdot (b - c) = a \cdot b - a \cdot c$

Beispiel 1 Multipliziere aus.

a) $3x \cdot (4y + 2z)$ b) $-2a \cdot (2a - 3b)$

Lösung:

a) Multipliziere 3x mit 4y und mit 2z. Addiere die beiden Produkte.

$3x \cdot (4y + 2z)$
$= 3x \cdot 4y + 3x \cdot 2z$
$= 12xy + 6xz$

b) Beachte hier die Minuszeichen:
„–“ mal „+“ ergibt „–“.
„–“ mal „–“ ergibt „+“.

$-2a \cdot (2a - 3b)$
$= -2a \cdot 2a - (-2a) \cdot 3b$
$= -4a^2 + 6ab$

Basisaufgaben

1 Multipliziere aus.

a) $2 \cdot (a + b)$ b) $-5 \cdot (2 + x)$ c) $(x + 3) \cdot 8$ d) $(4 - a) \cdot (-2)$
e) $x \cdot (3 + y)$ f) $s \cdot (10 - r)$ g) $(-a + c) \cdot b$ h) $-x \cdot (-a - b)$

Erinnere dich

In Produkten kann man gleiche Variablen zu Potenzen zusammenfassen: $a \cdot a = a^2$

2 Multipliziere aus.

a) $2a \cdot (b - c)$ b) $4 \cdot (3x + 5y)$ c) $(4x - 5) \cdot (-7)$ d) $(3 - y) \cdot 8x$
e) $x \cdot (x + 5y)$ f) $6r \cdot (5r - 4)$ g) $-5a \cdot (3a - 2)$ h) $(7c + 3k) \cdot 5ck$
i) $-5a \cdot (3b + 2c)$ j) $(-b + 6) \cdot (-bc)$ k) $ab \cdot (a + 2b)$ l) $-9xy \cdot (x - 0{,}5)$

3 Multipliziere aus. Achte auf die Potenzen.

a) $6(a - b^2)$ b) $(1 - x^2) \cdot (-1)$ c) $a^2(b + c)$ d) $(x^2 - 5x) \cdot 2y$

e) $x(x^2 + x)$ f) $3x(x - 5y^2)$ g) $(a^2 - b^2) \cdot ab$ h) $-3x^2(-2xy^2 + 6y)$

4 Schreibe als Term und multipliziere ihn aus.

a) Multipliziere das Zweifache einer Zahl mit der Summe aus dem Sechsfachen dieser Zahl und der Zahl Fünf.

b) Multipliziere die Differenz aus fünfzehn und dem Vierfachen einer Zahl mit dem Fünffachen einer anderen Zahl.

c) Multipliziere das Achtfache einer Zahl mit der Differenz aus dem Quadrat dieser Zahl und der Hälfte einer anderen Zahl.

Weiterführende Aufgaben

5 Vervollständige die Tabelle.

·	$5x - 6$	$-6 + 7a$	$-1 - 10x$	$0{,}5x - 2{,}5y$
-1				
$4x$				
$-2xy$				

6 Begründe, welcher Term nicht äquivalent zu den anderen ist.

a) (A) $-2(a - b)$ (B) $-2a - 2b$ (C) $-2a + 2b$ (D) $2(b - a)$

b) (A) $(x + 1) \cdot 2$ (B) $2(x + 1)$ (C) $2x + 1$ (D) $2x + 2$

c) (A) $3x \cdot 3y$ (B) $3(x \cdot y)$ (C) $3xy$ (D) $3x \cdot y$

d) (A) $5a(2 + a)$ (B) $5a(a + 2)$ (C) $10a + 5a$ (D) $5a^2 + 10a$

7 **Stolperstelle:** Korrigiere Maries Hausaufgaben. Erkläre ihre Fehler.

a) $2x(y + x) = 2xy + 3x$ b) $3(a + b) = 3ab$ c) $-2(m - n) = -2m - 2n$

8 Löse die Klammern auf und fasse so weit wie möglich zusammen.

a) $2(x + y) - 7y - 4x$ b) $3(-u + v) + 5(-v + u)$

c) $13a + 7(a + 2b) - 4b$ d) $x(2 - y) + 5x + xy$

e) $-x(-3 - z) + 4(-x + 3z)$ f) $4a(8a - 12b) + (-7b + 13a) \cdot 3b$

g) $4s\left(\frac{3}{2}t - 5s\right) + \frac{3}{5}(-7s + 3t)$ h) $6x(11y - 10x) - 12y(3x - 6) + 15xy$

9 Löse die Klammer mit drei Summanden auf.

Beispiel: $2a(a + 3b - 6c) = 2a \cdot a + 2a \cdot 3b - 2a \cdot 6c = 2a^2 + 6ab - 12ac$

a) $2 \cdot (12x - 25y + 17z)$ b) $3a \cdot (14a + 3b - 7c)$

c) $-2x \cdot (7x - 12y + 14)$ d) $(4r - 5s + 6t) \cdot 7t$

e) $(-13a + 4b - 12c) \cdot 5b$ f) $-4x \cdot (-14x^2 + 7y - 9z)$

g) $a \cdot (2a - 3b + c)$ h) $0 \cdot (18x^4 - 7y + 3x^2)$

i) $-3y \cdot (7 - 2y + x)$ j) $(-6r + 3s - 4t) \cdot (-0{,}5s)$

10 Finde möglichst viele Terme, die äquivalent zum Term $4x(y + 2z)$ sind. Vergleicht in der Klasse.

Lösungen zu 11

2 2,25 4 9 7 −22 −5 −0,5

11 Löse die Gleichung möglichst geschickt.

a) $75 = 3(2x + 7)$
b) $28 = (3x + 7) \cdot 2 - 10$
c) $2r - 10 = 2(r + r)$
d) $8(x + 3) = 5(2x + 2)$
e) $4(2a - 3) = 3(1 - a) + 7$
f) $4(3 + m) = 5m - 2(m + 5)$
g) $3(2 - 4t) - 2(8t + 5) = 10$
h) $(-2) \cdot (2a + 5) - 2 = 7(6 - 4a)$

12 Stelle einen Term auf und vereinfache ihn so weit wie möglich.

a) für den Umfang der Figur
b) für den Flächeninhalt der Figur

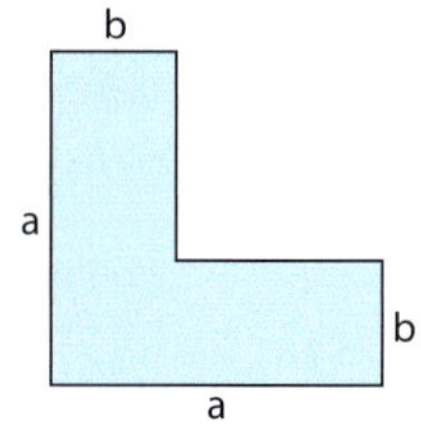

13 Ein Rechteck hat einen Umfang von 60 cm. Stelle eine Gleichung auf, mit der man die Seitenlängen berechnen kann, und löse sie, wenn Folgendes gilt:

a) Eine Seite ist 10 cm länger als die andere.
b) Eine Seite ist 6 cm kürzer als die andere.
c) Eine Seite ist doppelt so lang wie die andere.

14 Setze $a = x$, $b = x + 1$ und $c = 2x$ ein. Löse die Klammern auf und vereinfache.

a) $a \cdot b$
b) $b \cdot c$
c) $a \cdot c$
d) $a \cdot b + b \cdot c$

15 **Klammern auflösen bei der Division:** Löse die Klammer nach dem Distributivgesetz der Division auf, falls möglich. Begründe, wenn das nicht möglich ist.

Beispiel: $(8x^2 + 6x) : 2 = 8x^2 : 2 + 6x : 2 = 4x^2 + 3x$

a) $(12x + 9) : 3$
b) $(25a + 10b) : 5$
c) $(-8y^2 + 2) : (-2)$
d) $(12xy + 9xz) : 3x$
e) $(2a - 4a^2) : 2$
f) $(-24x^2 - 4x) : (-4)$
g) $(0{,}5x - 1{,}5x^3) : 0{,}5$
h) $(6xy^2 - 3y) : 6$

16 Hier verdecken Tintenflecke Aufgabenteile. Vervollständige die Aufgabe.

a) $4(5x - \blacksquare) = 20x - 8y$
b) $(7a + 4b) \cdot \blacksquare = 56a + 32b$
c) $(9st - \blacksquare) \cdot 5s = 45s^2t - 60s^2$
d) $(\blacksquare - 2t) \cdot 12 = -48n - 24t$
e) $\blacksquare \cdot (8x + \blacksquare) = 32x + 12y$
f) $11r \cdot (\blacksquare + \blacksquare) = 44sr + 77rt$
g) $6v \cdot (-\blacksquare + 4u) = -42wv + \blacksquare$
h) $\blacksquare(\blacksquare - 3x \blacksquare 8y) = 45xy - 27x^2y + 72xy^2$

17 Gib die Lösungsmenge der Gleichung an.

a) $x(x - 6) = x^2 - 12$
b) $10(a^2 - 1) = -5(1 - 2a^2)$
c) $2x(x + 1) = (2x - 2) \cdot x + 4x$
d) $x \cdot (x - 2) = 0$

18 **Ausblick:** Man kann das Volumen der Körper als Summe und als Differenz darstellen.

a) Zerlege beide Körper in Quader. Stelle das Volumen der Körper als Summe dar.
b) Ergänze beide Körper zu einem Quader. Stelle das Volumen der Körper als Differenz dar.
c) Zeige, dass die Terme aus a) und b) äquivalent sind.

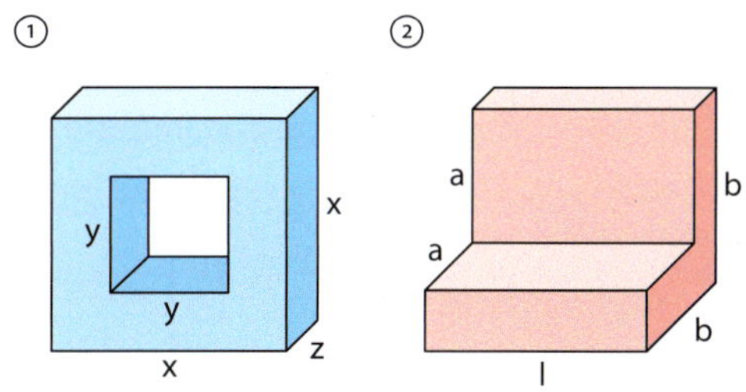

2.6 Ausklammern

Sarah macht ein Zirkeltraining an 7 Geräten. Im ersten Durchgang absolviert sie an jedem Gerät 16 Durchführungen, im zweiten Durchgang 13 und im dritten Durchgang 11. Berechne geschickt, wie viele Durchführungen Sarah insgesamt absolviert hat.

Wissen

Mithilfe des Distributivgesetzes kann man gemeinsame Faktoren aus Termen mit Variablen ausklammern.

$a \cdot b + a \cdot c = a \cdot (b + c)$ $\qquad$ $a \cdot b - a \cdot c = a \cdot (b - c)$

Beispiel 1 Klammere die gemeinsamen Faktoren aus.

a) $6x + 4y$ $\qquad$ b) $6xy - 9x^2$

Lösung:

a) Ein gemeinsamer Faktor von 6x und 4y ist 2, denn $6x = 2 \cdot 3x$ und $4y = 2 \cdot 2y$.

$6x + 4y = 2 \cdot 3x + 2 \cdot 2y$
$= 2 \cdot (3x + 2y)$

b) Zerlege alle Produkte in ihre Faktoren, um gemeinsame Faktoren zu finden.

$6xy - 9x^2 = 2 \cdot 3 \cdot x \cdot y - 3 \cdot 3 \cdot x \cdot x$
$= 3x \cdot 2y - 3x \cdot 3x$
$= 3x \cdot (2y - 3x)$

Basisaufgaben

1 Klammere die größtmögliche Zahl aus.

a) $2a + 4$ b) $15t + 55s$ c) $24n + 54m$ d) $81u - 9v$
e) $42x - 35y$ f) $84r + 108s$ g) $60a + 75b$ h) $-54u + 162v$

2 Klammere einen gemeinsamen Faktor aus.

a) $8ab + 7a$ b) $12s - 17st$ c) $13uv - 24u$ d) $9xy + 14yz$
e) $23bc - 51ac$ f) $-29rt - 31rs$ g) $83a^2b + 14ac$ h) $-47yz^2 + 88x^2z$

Lösungen zu 3

Hier findest du die negativen Zahlen.

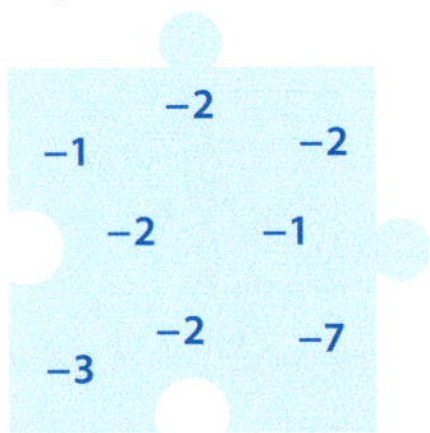

3 Klammere eine negative Zahl aus.

a) $-4a - 6b$ b) $-2x + 4$ c) $-14u + 21t$ d) $-x^2 + y^2$
e) $-6rt + 14s$ f) $15n - 12m$ g) $-2p^2 - 20$ h) $-2a + 7b$

4 Zerlege die Produkte in ihre Faktoren. Unterstreiche gleiche Faktoren mit der gleichen Farbe und klammere sie aus. Überprüfe dein Ergebnis durch Ausmultiplizieren.

Beispiel: $18xy - 12x = 3 \cdot 6 \cdot x \cdot y - 2 \cdot 6 \cdot x = 6x(3y - 2)$ $\qquad$ Probe: $6x(3y - 2) = 18xy - 12x$

a) $7uv - 14uw$ b) $6xy + 12y$ c) $24uv - 36vw$ d) $-15ab + 5abc$
e) $ab^2 + 3ab$ f) $28y^2 - 35y$ g) $20x^2y - 60y^2z$ h) $-69s^2t + 48st$

5 Klammere aus, sodass der Term in der Klammer möglichst einfach wird. Vergleiche dein Ergebnis mit deinem Nachbarn.

a) $-5ab - 5a$ b) $-21ab - 84b^2$ c) $\frac{2}{5}x + \frac{1}{5}x^2y$ d) $-0{,}1rs + 0{,}3r$

Weiterführende Aufgaben

Hinweis zu 6 u. 7

Manchmal kannst du Terme mit Potenzen ausklammern.

6 Klammere alle gemeinsamen Faktoren aus.
a) $6x^2 + 18y$ b) $b^2c - bc$ c) $ab + ac$ d) $24x - 48y$
e) $-10x + 15x^2$ f) $abc + abd$ g) $8x + 8y$ h) $mn^3 - xn^2$
i) $6x^3 - 7x$ j) $4a^4 + 2a^2$ k) $9s - 6t$ l) $2x - 2xy$

7 Klammere alle gemeinsamen Faktoren aus.
a) $x^2y + 2x$ b) $54p^2 - 27pq^2$ c) $8x^2 - 2x^2y$ d) $-a^2b^2 + ab^2$
e) $20v^2w + 15vw^2$ f) $7ab + 7a^3$ g) $4x^2 - 2x$ h) $-16m^3 - 32m^2$
i) $x^2y - x^3y^2$ j) $2a^5b^3 + a^3b^5$ k) $2abc^2 - 4a^2b^2c$ l) $x^2y^3z^5 + x^4yz^2$

8 Klammere alle gemeinsamen Faktoren aus.
a) $3ab - 12ac + 15ab$ b) $9st + rt - 15t$ c) $-x + 2xy - 3xz$
d) $120a^2b - 270b^2 - 150ab^2$ e) $-12x^2yz + 16xz - 8xy^2$ f) $6x^3 + 9x^2y - 12y^3$

9 **Stolperstelle:** Erkläre und korrigiere Inas Fehler.
a) $-2x - 6 = -2(x - 3)$ b) $3x + 12y = 3(x + 12y)$ c) $3ab + b = 3b(a + 1)$
d) $6x^2y - 2x = 2x(3y - 1)$ e) $8xy + 8xz + 8x = 8x(y + z)$ f) $2ab - 2ac + 6 = 2a(b - c + 3)$

10 Hier verdecken Tintenflecke Aufgabenteile. Vervollständige die Aufgabe.
a) $36x - 24xy = 12x(■ - 2■)$ b) $6y - ■ + ■ = 2y(3 - y + y^2)$
c) $■bc - ■ = -ac(-ab + c)$ d) $-4a - ■ + 8■ = ■(-a - 5 + 2b)$
e) $-5xy + 5■y^2 = ■y(-■ + x^2y)$ f) $-■b + ab - b^2 = (7b - ■ + b^2) \cdot (-■)$

11 Im Sommerschlussverkauf kauft Ayslin 3 Hosen, 4 Tops und 4 Paar Socken. Ihre Freundin Emily kauft 2 Tops, 6 Hosen und 5 Paar Socken.
Gib zwei äquivalente Terme an, die den Gesamteinkauf der Freundinnen beschreiben.

12 Leonie spielt mit ihrer kleinen Halbschwester mit Bausteinen. Die Scheune ist schon aufgebaut. Für den Bauernhof brauchen sie 4-mal so viele rote, doppelt so viele gelbe und 6-mal so viele blaue Steine wie für die Scheune.
Begründe, dass der Term $2(2r + g + 3b)$ die Anzahl der benötigten Steine beschreibt.

13 Schreibe als Term und forme in ein Produkt um.
a) Addiere das Zehnfache einer Zahl und das Achtfache einer anderen Zahl.
b) Subtrahiere das Sechsfache einer Zahl vom Neunfachen einer anderen Zahl.
c) Addiere zum Fünffachen einer Zahl die Hälfte der Zahl und subtrahiere davon die Zahl.

14 Prüfe, ob so weit wie möglich ausgeklammert wurde. Falls nicht, klammere weiter aus.
a) $18x^2 - 30x^3 = 6x(3x - 10x^2)$ b) $10b^2 - 10ab + 16a^2b = 2b(5b - 5a + 8a^2)$
c) $-ab^2 - a^2b = ab(-b - a)$ d) $8xy^2 + 14xy^3 - 22y^3 = y^2(8x + 14xy - 22y)$

15 Vereinfache den Term. Vergleiche mit deinem Nachbarn.
a) $8a \cdot 2b + 8a^2 - 8ab$ b) $14xy - 21y + 7xy$ c) $-3rs + 6sr - rs$
d) $2b \cdot a^2 - 4a^2 - 8a \cdot ab$ e) $\frac{1}{4}x^2y + \frac{1}{2}x^2 + \frac{1}{4}yx^2$ f) $-\frac{1}{2}x \cdot \frac{2}{3}x + x^2 \cdot \frac{1}{3}x + \frac{1}{3}x^2$

16 **Ausblick:** „Die Summe aus einer Zahl und deren Quadratzahl ist immer eine gerade Zahl."
a) Prüfe diese Behauptung für verschiedene natürliche Zahlen.
b) Beweise die Aussage.

2.7 Ausmultiplizieren von zwei Klammern

Tara löst die Aufgabe $(100 + 2) \cdot (100 - 3)$, indem sie zweimal das Distributivgesetz anwendet. Erkläre ihre Rechnung.

Den Flächeninhalt des blauen Rechtecks kann man auf zwei unterschiedlichen Wegen berechnen.

1. Möglichkeit:

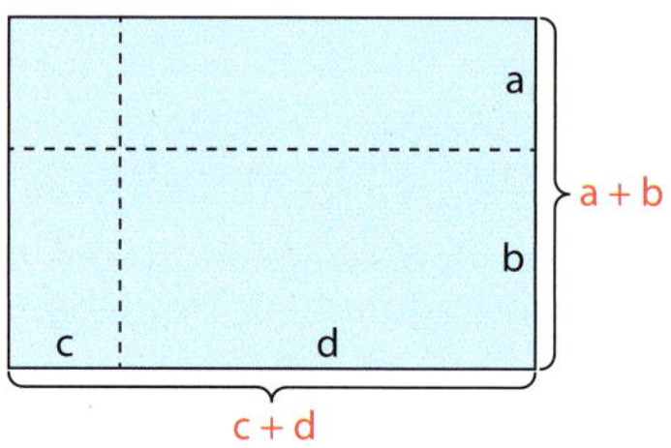

Der Flächeninhalt ergibt sich aus dem Produkt der Seitenlängen $a + b$ und $c + d$:
$A = (a + b) \cdot (c + d)$

2. Möglichkeit:

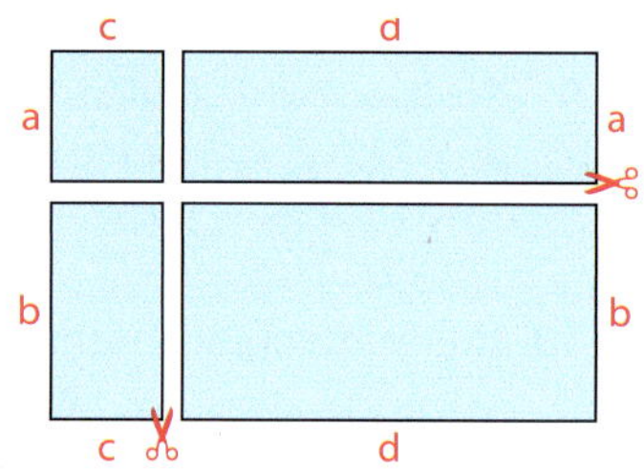

Addiert man den Flächeninhalt der vier kleinen Rechtecke, so erhält man:
$A = a \cdot c + a \cdot d + b \cdot c + b \cdot d$

Da beide Terme den gleichen Flächeninhalt beschreiben, sind sie äquivalent. Also gilt:
$(a + b) \cdot (c + d) = a \cdot c + a \cdot d + b \cdot c + b \cdot d$

Erinnere dich

Differenzen lassen sich als Summen schreiben:
$a - b = a + (-b)$

Wissen

Zwei Summen (oder Differenzen) werden multipliziert, indem man jeden Summanden der ersten Klammer mit jedem Summanden der zweiten Klammer multipliziert und die Produkte addiert.

$$(a + b) \cdot (c + d) = a \cdot c + a \cdot d + b \cdot c + b \cdot d$$

Beispiel 1 Multipliziere aus und fasse zusammen.

a) $(2x + 5) \cdot (x + 8)$

b) $(4x + 2) \cdot (3 - x)$

Lösung:

a) Zeichne die Pfeile ein, damit du beim Ausmultiplizieren kein Produkt vergisst.
$(2x + 5) \cdot (x + 8)$

Multipliziere aus und berechne die Produkte.
$= 2x \cdot x + 2x \cdot 8 + 5 \cdot x + 5 \cdot 8$
$= 2x^2 + 16x + 5x + 40$

Fasse gleichartige Terme zusammen.
$= 2x^2 + 21x + 40$

b) Zeichne die Pfeile ein und multipliziere. Achte auf das Minus vor dem x.
$(4x + 2) \cdot (3 - x)$
$= 4x \cdot 3 - 4x \cdot x + 2 \cdot 3 - 2 \cdot x$

Berechne die Produkte.
$= 12x - 4x^2 + 6 - 2x$

Fasse gleichartige Terme zusammen.
$= 10x - 4x^2 + 6$

Basisaufgaben

1 Multipliziere die Klammern aus und vereinfache so weit wie möglich.

a) $(x+2)\cdot(x+3)$ b) $(b-1)\cdot(b+2)$ c) $(c-3)\cdot(c-4)$
d) $(3+2d)\cdot(2d+2)$ e) $(x+y)\cdot(4y+x)$ f) $(6u-v)\cdot(-12u-5v)$
g) $(5-a^2)(ab^2+6)$ h) $(1-3x)(x-2x^2)$ i) $(x^2y-x)(4-xy)$

2 Multipliziere die Klammern aus.

a) $(a+8)\cdot(3+b)$ b) $(4-x)\cdot(y+8)$ c) $(2-p)\cdot(q-4)$
d) $(a-b)\cdot(c-d)$ e) $(r+s)\cdot(t-r)$ f) $(-x+y)\cdot(x-z)$
g) $(x-y)(x+y)$ h) $(1-z)(2-z)$ i) $(-y+z)(z-y)$

3 Multipliziere die Klammern aus.

a) $(r+8s)\cdot(8t+8)$ b) $(6+4s)\cdot(2t+4)$ c) $(a+6d)\cdot(-4+9b)$
d) $(10b+a)\cdot(3-b)$ e) $(5-2y)\cdot(2x-y)$ f) $(-8r-5t)\cdot(-11t-9s)$
g) $(8a+b)(a-5b)$ h) $(3a+5b)(-5b+3a)$ i) $(-7x+8)(17-3x)$

4 Schreibe als Term, multipliziere aus und fasse zusammen.

a) Multipliziere den Vorgänger einer Zahl mit dem Nachfolger dieser Zahl.
b) Bilde das Produkt aus der Summe zweier Zahlen und der Differenz der gleichen Zahlen.
c) Multipliziere die Summe aus 5 und einer Zahl mit der Differenz aus 10 und einer anderen Zahl.
d) Addiere 8 zum Fünffachen einer Zahl und multipliziere das Ergebnis mit der Summe aus dem Dreifachen einer anderen Zahl und 11.
e) Subtrahiere 7 vom Zehnfachen einer Zahl und multipliziere das Ergebnis mit der Summe aus zwei anderen Zahlen.

Weiterführende Aufgaben

5 Multipliziere die Klammern aus und vereinfache so weit wie möglich.

a) $(0{,}5bc+2a)(2ab-0{,}5c)$ b) $\left(\frac{x}{2}+15\right)(x-20)$ c) $\left(r-\frac{1}{2}s\right)\left(\frac{2}{3}r+s\right)$
d) $\left(\frac{2}{5}c+\frac{1}{4}a\right)\left(-\frac{1}{2}+2b\right)$ e) $\left(\frac{1}{3}x-\frac{2}{5}y\right)\left(\frac{1}{3}x+\frac{2}{5}y\right)$ f) $\left(\frac{1}{4}x^2+\frac{3}{7}y\right)(28x-7y^2)$

6 **Stolperstelle:** Erkläre und korrigiere die Fehler.

a) $(6a+8)(4b-9a) = 24ab-72a$ b) $(x-3)(y-2) = xy-2x-3y-6$

7 Multipliziere aus.

Beispiel: $(a+b)\cdot(x+y+z) = ax+ay+az+bx+by+bz$

a) $(a+b)(4+c+d)$ b) $(3-2b)(5a+4-3c)$ c) $(-4x+7y)(4z-9x-7y)$

8 Stelle möglichst viele verschiedene Terme für den Flächeninhalt der Figur auf, die die vier Variablen a, b, c und d enthalten.

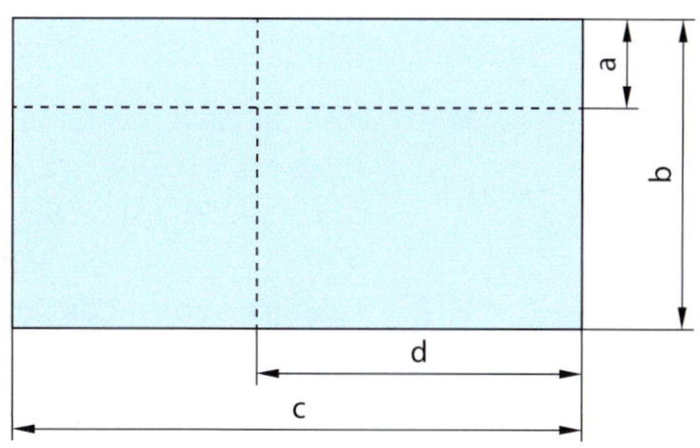

9 Begründe, welche Terme äquivalent sind.

Ⓐ $24xy - 72x - 8y + 24$ | Ⓑ $24xy - 18x + 32y - 24$ | Ⓒ $24xy - 12x + 48y - 24$

① $(3x + 4) \cdot (8y - 6)$ | ② $(6x - 1) \cdot (-4y - 24)$ | ③ $(4 + 2x) \cdot (12y - 6)$

④ $(2y - 6) \cdot (12x - 4)$ | ⑤ $(6 - y) \cdot (24x + 4)$ | ⑥ $(4 - 8x) \cdot (3y - 6)$

Ⓓ $-24xy + 48x + 12y - 24$ | Ⓔ $-24xy - 144x + 4y + 24$ | Ⓕ $-24xy + 144x - 4y + 24$

10 Beweise die Formel $(a + b) \cdot (c + d) = a \cdot c + a \cdot d + b \cdot c + b \cdot d$, indem du zweimal das Distributivgesetz anwendest.

Lösungen zu 11

Hier findest du die verdeckten Aufgabenteile.

3 12v $\frac{1}{3}$ $8b^2$ 8 2x $\frac{1}{3}b$ $\frac{1}{9}ab$ + 4ab

11 Hier verdecken Tintenflecke Aufgabenteile. Vervollständige die Aufgabe.

a) $(2u - 4)(3v \bullet u) = 6uv + 2u^2 - \bullet - 4u$

b) $(\bullet + 6)(7x + \bullet) = 14x^2 + 6x + 42x + 18$

c) $\left(\frac{1}{4}a + b\right)(4a + \bullet b) = a^2 + 2ab + \bullet + \bullet$

d) $\left(\frac{2}{3}a + \bullet\right)\left(\bullet a + \frac{2}{3}b\right) = \frac{2}{9}a^2 + \frac{4}{9}ab + \bullet + \frac{2}{9}b^2$

12 Eine Seite eines Rechtecks ist doppelt so lang wie die andere Seite. Die kürzere Seite wird um einen Meter verlängert und die längere Seite um einen Meter verkürzt.

a) Stelle Terme für den Umfang und den Flächeninhalt des neuen Rechtecks auf und vereinfache sie.

b) Finde Maße für das ursprüngliche Rechteck, sodass Umfang und Flächeninhalt gleich bleiben.

13 Herr Thies ist auf der Suche nach einem Schrebergarten. Im Kleingartenverein werden ihm ein quadratisches und ein rechteckiges Grundstück mit gleichem Umfang angeboten. Herr Thies möchte ein möglichst großes Grundstück.

a) Gehe von einem quadratischen Grundstück mit der Seitenlänge a aus. Wenn man die Länge einer Seite um x vergrößert, entsteht ein Rechteck. Gib mit Termen an, welche neue Länge und Breite das Rechteck hat, wenn der Umfang gleich bleibt.

b) Stelle einen Term für den Flächeninhalt des rechteckigen Grundstücks aus a) auf und multipliziere ihn aus. Erläutere mithilfe des Terms, für welches Grundstück sich Herr Thies entscheiden sollte.

14 Löse die Klammern auf und fasse so weit wie möglich zusammen.

a) $(a - b)(c - d) + c(a + b)$

b) $(x + y)(x - y) - (y + x)(y - x)$

c) $a(a + b) - (a^2 + b)(a - b)$

d) $2(x + 1) \cdot (-3) - 2(5 + x)(2x - 4)$

e) $\frac{1}{2}(a - 2) \cdot (-a) + \left(1 - \frac{a^2}{2}\right)(a - 1)$

f) $\left(\frac{1}{2}xy + x\right)\left(y + \frac{1}{2}\right) - (y^2 + 1)\left(\frac{1}{2} + x\right)$

15 Löse die Gleichung.

a) $(a + 7) \cdot (a - 5) - a^2 + 25a = 0$

b) $(4x + 2) \cdot (4x - 2) = 16x \cdot (x - 1)$

16 Löse die Klammern auf und vereinfache den Term.

a) $(a + 1) \cdot (b + 2) \cdot (c + 3)$

b) $(-x - 1) \cdot (-x - 2) \cdot (-x - 3)$

c) $(8s + 15) \cdot (3t^2 + 5r) \cdot (4r - 6s)$

d) $(4x + 3) \cdot (y - 8z) \cdot (9 - 8x)$

17 **Ausblick:** Forme die Summe in ein Produkt um.

a) $ax + ay + 10x + 10y$

b) $7u - 7v + ux - vx$

c) $ae - 2a + be - 2b$

d) $6 + 2m + 3n + mn$

2.8 Die binomischen Formeln

Karo berechnet Quadratzahlen im Kopf schneller als mit dem Taschenrechner. Berechne mit Karos Trick die Quadratzahlen 15^2 und 18^2.

$21^2 = (20 + 1)^2 = 400 + 40 + 1 = 441$
$22^2 = (20 + 2)^2 = 400 + 80 + 4 = 484$
$23^2 = (20 + 3)^2 = 400 + 120 + 9 = 529$
$24^2 = (20 + 4)^2 = 400 + 160 + 16 = 576$

Die 1. binomische Formel

Den Flächeninhalt des blauen Quadrats kann man auf zwei Wegen berechnen.

1. Möglichkeit

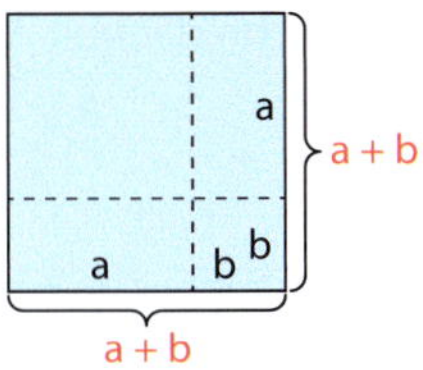

Der Flächeninhalt des gesamten Quadrats ist das Quadrat der Seitenlänge a + b:
$A = (a + b)^2$

2. Möglichkeit

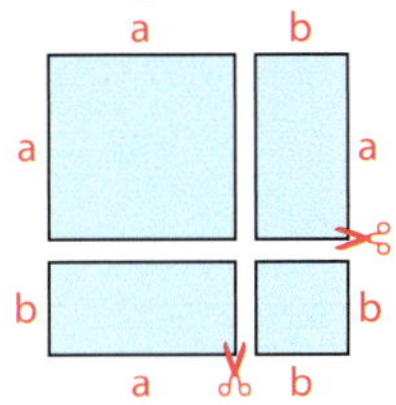

Addiert man die Flächeninhalte der kleinen Quadrate und Rechtecke, so erhält man:
$A = a^2 + ab + ab + b^2 = a^2 + 2ab + b^2$

Da beide Terme den gleichen Flächeninhalt beschreiben, sind sie äquivalent. Also gilt:
$(a + b)^2 = a^2 + 2ab + b^2$

Hinweis

Zweigliedrige Terme wie a + b bezeichnet man als „Binom".

Wissen

Für alle Zahlen a und b gilt die 1. binomische Formel:

$$(a - b)^2 = a^2 + 2ab + b^2$$

Quadrat – plus doppeltes Produkt – plus Quadrat

Beispiel 1

a) Multipliziere $(x + 3)^2$ aus.
b) Schreibe $u^2 + 18u + 81$ als Produkt.

Lösung:

a) $(x + 3)^2$ hat die Form $(a + b)^2$.
Wende die 2. binomische Formel an.

$(x + 3)^2 = x^2 + 2 \cdot x \cdot 3 + 3^2 = x^2 + 6x + 9$
$(a + b)^2 = a^2 + 2 \; a \; b + b^2$

b) Bringe den Term in die Form $a^2 + 2ab + b^2$ und wende die 1. binomische Formel von rechts nach links an.

$u^2 + 18u + 81 = u^2 + 2 \cdot u \cdot 9 + 9^2 = (u + 9)^2$
$a^2 + 2 \; a \; b + b^2 = (a + b)^2$

Basisaufgaben

Erinnere dich

$(ab)^2 = a^2b^2$

1 Schreibe die 1. binomische Formel mit Symbolen. Verbinde die Formel und deine Rechnung mit Pfeilen wie im Beispiel.

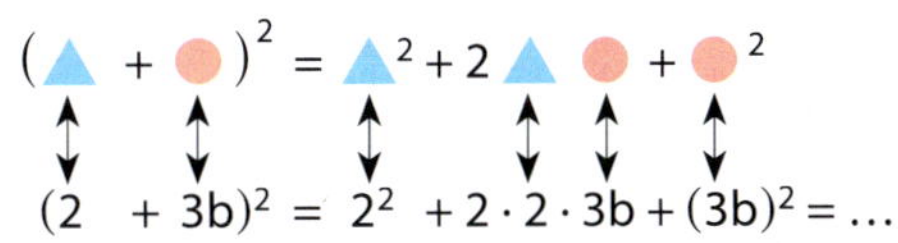

a) $(x + 4)^2$
b) $(u + v)^2$
c) $(2x + 3)^2$
d) $(-7 + 7m)^2$

2 Multipliziere mit der 1. binomischen Formel aus.
a) $(a+5)^2$ b) $(x+y)^2$ c) $(2+t)^2$ d) $(-2+x)^2$
e) $(12s+t)^2$ f) $(-6v+w)^2$ g) $(ab+6)^2$ h) $(-2xy+y)^2$

3 Schreibe $a^2+2ab+b^2=(a+b)^2$ mit Symbolen wie in Aufgabe 1.
Schreibe als Produkt. Verbinde die Formel und deine Rechnung mit Pfeilen.
a) $v^2+2vw+w^2$ b) x^2+4x+4 c) $4u^2+8uv+4v^2$ d) $r^2s^2+6rst+9t^2$

4 Schreibe mithilfe der 1. binomischen Formel als Produkt.
a) $x^2+2xy+y^2$ b) $t^2+14t+49$ c) x^2+2x+1 d) $100+b^2+20b$
e) $16s^2+24s+9$ f) $36a^2+60ab+25b^2$ g) $v^2w^2+4vw+4$ h) $8a+4+4a^2$

Die 2. binomische Formel

Den Flächeninhalt des roten Quadrats kann man auf zwei unterschiedlichen Wegen berechnen.

1. Möglichkeit

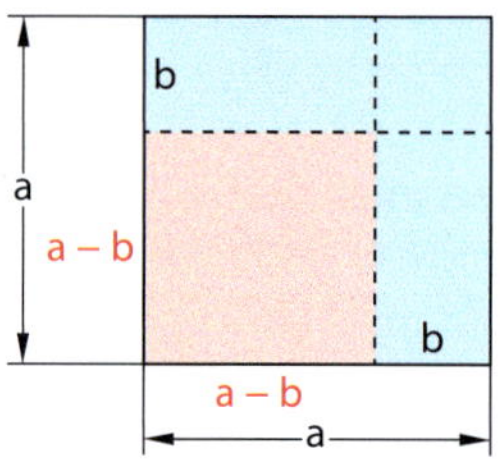

Der Flächeninhalt des roten Quadrats ergibt sich aus dem Quadrat der Seitenlänge $a-b$:
$A=(a-b)^2$

2. Möglichkeit

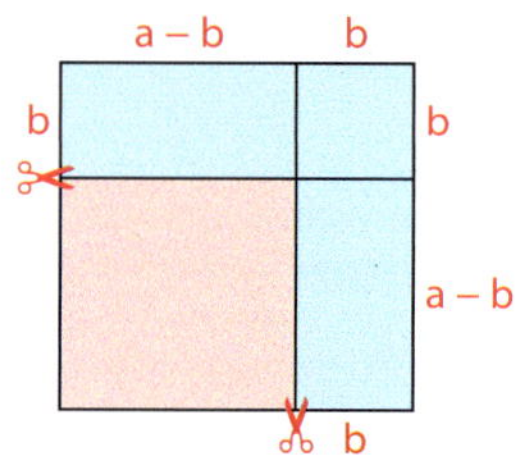

Subtrahiert man vom Flächeninhalt des ganzen Quadrats den Inhalt der blauen Flächen, so erhält man:
$A_{gesamt}=a^2$
$A_{blau}=2\cdot b(a-b)+b^2=2ab-b^2$
$A=A_{gesamt}-A_{blau}=a^2-2ab+b^2$

Da beide Terme den gleichen Flächeninhalt beschreiben, sind sie äquivalent. Also gilt:
$(a-b)^2=a^2-2ab+b^2$

Wissen

Für alle Zahlen a und b gilt die 2. binomische Formel:

$$(a-b)^2 = a^2 - 2ab + b^2$$

Quadrat – minus doppeltes Produkt – plus Quadrat

Beispiel 2

a) Multipliziere $(2s-4)^2$ aus.
b) Schreibe u^2-6u+9 als Produkt.

Lösung:

a) $(2s-4)^2$ hat die Form $(a-b)^2$.
Wende die 2. binomische Formel an.

$(2s-4)^2=(2s)^2-2\cdot 2s\cdot 4+4^2=4s^2-16s+16$
$(a-b)^2 = a^2 - 2\ a\ b + b^2$

b) Bringe den Term in die Form $a^2-2ab+b^2$. Wende die 2. binomische Formel von rechts nach links an.

$u^2-6u+9=u^2-2\cdot u\cdot 3+3^2=(u-3)^2$
$a^2-2\ a\ b+b^2=(a-b)^2$

Basisaufgaben

5 Schreibe die 2. binomische Formel mit Symbolen. Verbinde die Formel und deine Rechnung mit Pfeilen wie im Beispiel.

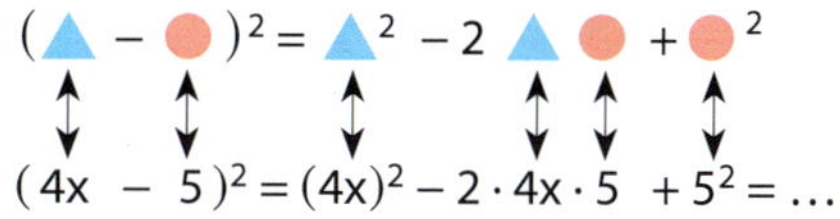

a) $(x-1)^2$ b) $(d-e)^2$ c) $(3ab-b)^2$ d) $(-2m-2n)^2$

6 Multipliziere mit der 2. binomischen Formel aus.

a) $(x-3)^2$ b) $(y-x)^2$ c) $(2-t)^2$ d) $(-b-7)^2$
e) $(5a-1)^2$ f) $(2-3x)^2$ g) $(-4-4t)^2$ h) $(2n-3m)^2$

7 Schreibe $a^2 - 2ab + b^2 = (a-b)^2$ mit Symbolen wie in Aufgabe 5.
Schreibe als Produkt. Verbinde die Formel und deine Rechnung mit Pfeilen.

a) $v^2 - 2vw + w^2$ b) $u^2 - 4u + 4$ c) $9e^2 - 24ef + 16f^2$ d) $-2xy + 1 + x^2y^2$

8 Schreibe mithilfe der 2. binomischen Formel als Produkt.

a) $x^2 - 2xy + y^2$ b) $x^2 - 10x + 25$ c) $144 - 24t + t^2$ d) $-4a + 4 + a^2$
e) $9s^2 - 12s + 4$ f) $a^2b^2 - 8ab + 16$ g) $36v^2 - 36vw + 9w^2$ h) $81s^2 + 25 - 90s$

Die 3. binomische Formel

Den Flächeninhalt der roten Figur kann man auf zwei unterschiedlichen Wegen berechnen.

1. Möglichkeit

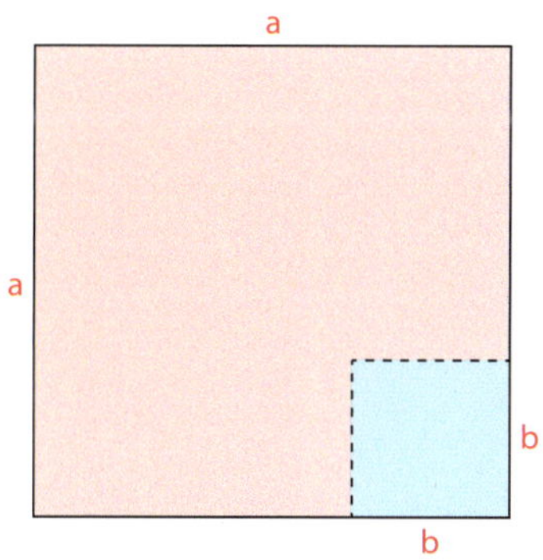

2. Möglichkeit

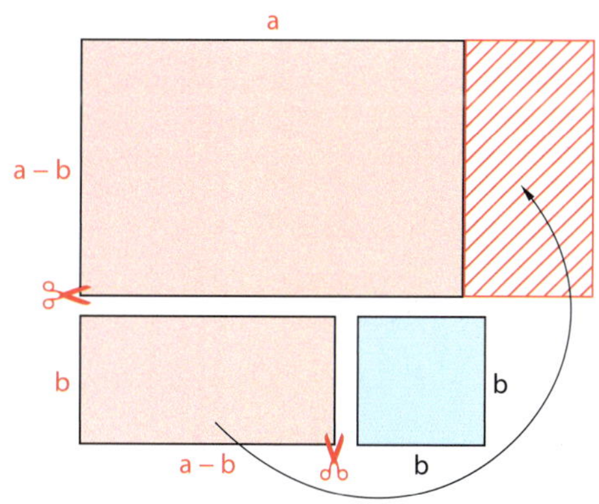

Subtrahiert man vom Flächeninhalt a^2 des ganzen Quadrats den Inhalt des blauen Quadrats, so erhält man:
$A = a^2 - b^2$

Zerschneidet man die Figur und setzt die beiden roten Rechtecke zu einem großen Rechteck mit den Seitenlängen a + b und a – b zusammen, so erhält man:
$A = (a+b) \cdot (a-b)$

Da beide Terme den gleichen Flächeninhalt beschreiben, sind sie äquivalent. Also gilt:
$a^2 - b^2 = (a+b)(a-b)$

Wissen

Für alle Zahlen a und b gilt die 3. binomische Formel:

$$(a+b) \cdot (a-b) = a^2 - b^2$$

Quadrat minus Quadrat

Beispiel 3

a) Multipliziere $(x+2)\cdot(x-2)$ aus.

b) Schreibe x^2-9 als Produkt.

Lösung:

a) $(x+2)\cdot(x-2)$ hat die Form $(a+b)\cdot(a-b)$. Wende die 3. binomische Formel an.

$(x+2)\cdot(x-2)=x^2-2^2=x^2-4$
$(a+b)\cdot(a-b)=a^2-b^2$

b) x^2-9 hat die Form a^2-b^2. Wende die 3. binomische Formel von rechts nach links an.

$x^2-9=x^2-3^2=(x+3)\cdot(x-3)$
$a^2-b^2=(a+b)\cdot(a-b)$

Basisaufgaben

9 Schreibe die 3. binomische Formel mit Symbolen. Verbinde die Formel und deine Rechnung mit Pfeilen wie im Beispiel.

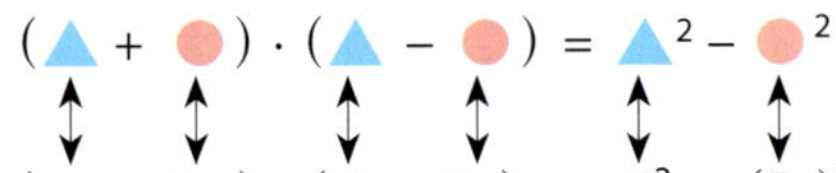

$(6+5x)\cdot(6-5x)=6^2-(5x)^2=\dots$

a) $(x+2)\cdot(x-2)$ b) $(c-b)\cdot(c+b)$ c) $(-1+2s)\cdot(-1-2s)$ d) $(ab-4)\cdot(4+ab)$

10 Multipliziere mit der 3. binomischen Formel aus.

a) $(x+4)\cdot(x-4)$ b) $(v+w)\cdot(v-w)$ c) $(5-y)\cdot(5+y)$ d) $(-1+a)\cdot(-1-a)$
e) $(2a+2)(2a-2)$ f) $(r+2s)(r-2s)$ g) $(-9y+9)(-9y-9)$ h) $(2a-3b)(3b+2a)$

11 Schreibe $a^2-b^2=(a+b)\cdot(a-b)$ mit Symbolen wie in Aufgabe 9. Schreibe als Produkt. Verbinde die Formel und deine Rechnung mit Pfeilen.

a) $25-x^2$ b) $4y^2-9$ c) $-y^2+x^2$ d) $9a^2-b^2c^2$

12 Schreibe mithilfe der 3. binomischen Formel als Produkt.

a) s^2-t^2 b) x^2-16 c) $1-y^2$ d) $-a^2+36$
e) $4a^2-16$ f) $256-9s^2$ g) $-64x^2+144$ h) x^2y^2-4

Weiterführende Aufgaben

13 Wende die passende binomische Formel an.

a) $(0{,}1x+0{,}5)^2$ b) $\left(\frac{1}{4}x+\frac{2}{3}y\right)^2$ c) $x^2+1{,}6x+0{,}64$
d) $\frac{1}{9}a^2+\frac{1}{3}ab+\frac{1}{4}b^2$ e) $(1-0{,}2x)^2$ f) $\left(\frac{1}{2}ab-\frac{4}{5}c\right)^2$
g) $\frac{1}{4}b^2-\frac{1}{2}bc+\frac{1}{4}c^2$ h) $-\frac{1}{2}xy+\frac{1}{16}+x^2y^2$ i) $\left(\frac{1}{3}x+\frac{1}{5}\right)\cdot\left(\frac{1}{3}x-\frac{1}{5}\right)$
j) $\left(-bc-\frac{2}{3}\right)\left(\frac{2}{3}-bc\right)$ k) $\frac{1}{64}-t^2$ l) $-0{,}16+0{,}01a^2$

14 **Stolperstelle:** Korrigiere und erkläre den Fehler.

a) $(x+3)^2=x^2+3x+9$ b) $(2a+2)^2=2a^2+8a+4$
c) $(2w-2v)^2=4w^2-4v^2$ d) $(s-2)^2=s^2-4s-4$
e) $(-a-b)^2=-a^2-2ab+b^2$ f) $9x^2-4y^2=(9x+4y)\cdot(9x-4y)$

15 Ersetze die Platzhalter durch passende Terme.

a) $(2+\blacksquare)^2=\blacktriangle+8t+4t^2$ b) $(\blacksquare+3h)^2=16+\blacktriangle h+\bullet h^2$
c) $(5-\blacksquare)^2=\blacktriangle-20t+4t^2$ d) $(x+8)\cdot(x-\blacksquare)=\blacksquare-64$
e) $\left(\frac{1}{2}-\blacksquare\right)^2=\frac{1}{4}-\blacktriangle a+a^2$ f) $\left(\frac{1}{3}a+\blacksquare\right)\cdot\left(\blacksquare-\frac{3}{5}b\right)=\blacksquare-0{,}36b^2$

16 Erkläre, wie man mithilfe der binomischen Formeln Quadratzahlen berechnen kann.

17 a) Beweise die binomischen Formeln durch Ausmultiplizieren.
b) Erkläre, warum man die 2. binomische Formel als Spezialfall der 1. binomischen Formel auffassen kann.

18 Eine Zahl wird quadriert, dann wird 1 subtrahiert. Das Ergebnis wird durch die Zahl dividiert, die um 1 kleiner ist als die ursprüngliche Zahl. Zeige, dass das Ergebnis um 1 größer ist als die ursprüngliche Zahl.

19 Zeige, dass das Quadrat einer natürlichen Zahl immer um 1 größer ist als das Produkt von Vorgänger und Nachfolger der Zahl.

20 Zeige, dass für das Volumen und den Oberflächeninhalt des Quaders gilt:
$V = x^3 - x$ und $O = 6x^2 - 2$

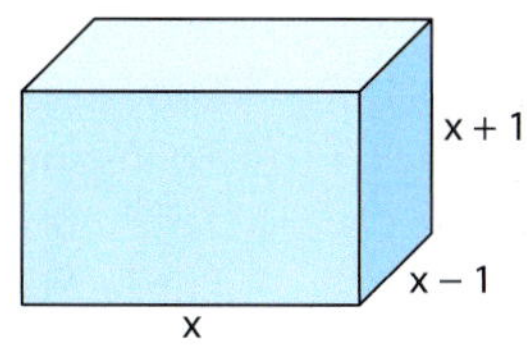

21 Vereinfache den Term.
a) $(2a + b)^2 + (a + b)(a - b)$
b) $(5w - 7v)^2 - (w + 3v)(w - 3v)$
c) $s^2 - t^2 - (-s - t)(-s + t)$
d) $(4x + y)^2 + (6x - 8y)^2 + (x + 2y)(x - 2y)$
e) $(1 - 3a)(1 + 3a) - (-2)(2a - 3)^2$
f) $\left(\frac{1}{3}m + \frac{1}{9}n\right)^2 - \frac{3}{2}\left(\frac{2}{3}m + \frac{1}{9}n\right)\left(\frac{2}{3}m - \frac{1}{9}n\right)$

Lösungen zu 22
$\frac{1}{3}$ 1 −162 −5 4 −1

22 Ermittle, für welche Zahlen x die Gleichung erfüllt ist.
a) $(x + 1)(x - 1) + x = x^2$
b) $x^2 + 4x = (x + 2)(x - 2)$
c) $(2x - 1)(2x + 1) = (2x + 1)^2 - 18$
d) $288 + (x + 12)(x - 12) = (x - 8)^2$
e) $(x + 9)^2 = (x + 9)(x - 9) + 17x$
f) $\left(2 - \frac{1}{2}x\right)\left(2 + \frac{1}{2}x\right) = 3\left(\frac{1}{2}x + 1\right)^2 - x^2$

23 a) Erläutere, wie in den beiden Beispielen gerechnet wurde.
Beispiel 1: $51^2 = (50 + 1)^2 = 50^2 + 2 \cdot 50 \cdot 1 + 1^2 = 2500 + 100 + 1 = 2601$
Beispiel 2: $18 \cdot 22 = (20 - 2) \cdot (20 + 2) = 20^2 - 2^2 = 400 - 4 = 396$
b) Berechne geschickt. Orientiere dich an den beiden Beispielen aus a).
$29 \cdot 31$ 81^2 $45 \cdot 55$ 38^2 52^2 $1{,}9 \cdot 2{,}1$ $96 \cdot 104$

24 Quadratische Ergänzung:
Der Term $x^2 + 4x + 5$ lässt sich nicht faktorisieren. Man kann ihn aber so umformen, dass man einen Teil des Terms als Produkt schreiben kann:
$x^2 + 4x + 4 - 4 + 5$ | Ergänze $+ 4 - 4$
$= x^2 + 4x + 4 + 1$ | 1. binomische Formel
$= (x + 2)^2 + 1$
Schreibe einen Teil des Terms als Produkt.
a) $x^2 - 8x + 13$
b) $4y^2 + 4y - 1$
c) $\frac{1}{4}x^2 - 5x - 10$
d) $9x^2 - 6xy + 2y^2$
e) Erkläre, warum man das Verfahren quadratische Ergänzung nennt.

25 Ausblick:
Dreigliedrige Terme der Form a + b + c nennt man **Trinome**.
a) Nutze das abgebildete Quadrat, um eine „trinomische“ Formel für $(a + b + c)^2$ zu entwickeln.
b) Berechne $(x + 2y + 3z)^2$.
c) Schreibe als Produkt:
$4u^2 + 9v^2 + 16w^2 + 12uv + 16uw + 24vw$

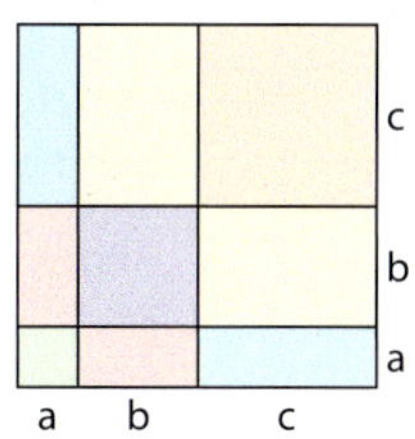

Pascal'sches Dreieck

Enna hat verschiedene Terme faktorisiert. Vervollständige die letzte Zeile und überprüfe dein Ergebnis durch Ausmultiplizieren. Beschreibe, nach welcher Regel sich Terme der Form $a^n - b^n$ mit natürlichen Exponenten n als Produkt schreiben lassen.

$a^2 - b^2 = (a - b) \cdot (a + b)$
$a^3 - b^3 = (a - b) \cdot (a^2 + ab + b^2)$
$a^4 - b^4 = (a - b) \cdot (a^3 + a^2b + ab^2 + b^3)$
$a^5 - b^5 = (a - b) \cdot (a^4 + a^3b + a^2b^2 + ab^3 + b^4)$
$a^6 - b^6 = (a - b) \cdot (a^5 + \ldots$

Blaise Pascal lebte von 1623 bis 1662.

Das Pascal'sche Dreieck ist ein Zahlendreieck, das nach dem französischen Mathematiker und Philosophen Blaise Pascal benannt ist. Das Zahlendreieck ist schon mindestens seit dem 10. Jahrhundert bekannt, aber erst Pascal machte daran weitreichende mathematische Entdeckungen.

Wissen

0. Zeile: 1
1. Zeile: 1 + 1
2. Zeile: 1 2 + 1
3. Zeile: 1 3 3 + 1
4. Zeile: 1 4 6 4 1
5. Zeile: 1 5 10 10 5 1
6. Zeile: 1 6 15 20 15 6 1

…

- An der Spitze des Dreiecks steht die Zahl 1.
- In der ersten Zeile darunter steht zweimal die Zahl 1.
- Jede weitere Zeile beginnt und endet ebenfalls mit der Zahl 1. Dazwischen stehen immer die Summen aus den beiden schräg darüber stehenden Zahlen.

1
1 1
1 2 1
1 3 3 1
1 4 6 4 1

In der 2. Zeile des Pascal'schen Dreiecks stehen die Zahlen 1, 2 und 1. Das sind genau die Koeffizienten der Summanden beim Ausmultiplizieren von $(a + b)^2$.

$$(a + b)^2 = (a + b) \cdot (a + b)$$
$$= 1 \cdot a^2 + 2 \cdot ab + 1 \cdot b^2$$

Dabei sind in den Summanden die Potenzen von a absteigend und die Potenzen von b aufsteigend geordnet.

1
1 1
1 2 1
1 3 3 1
1 4 6 4 1

In der 3. Zeile des Pascal'schen Dreiecks stehen die Zahlen 1, 3, 3 und 1. Das sind genau die Koeffizienten der Summanden beim Ausmultiplizieren von $(a + b)^3$.

$$(a + b)^3 = (a + b)^2 \cdot (a + b)$$
$$= (a^2 + 2ab + b^2) \cdot (a + b)$$
$$= 1 \cdot a^3 + 3 \cdot a^2b + 3 \cdot ab^2 + 1 \cdot b^3$$

Dabei sind in den Summanden die Potenzen von a absteigend und die Potenzen von b aufsteigend geordnet.

Allgemein kommen beim Ausmultiplizieren von $(a + b)^n$ die folgenden Potenzen vor:
a^n, $a^{n-1}b^1$, $a^{n-2}b^2$, …, ab^{n-1}, b^n
Die Koeffizienten lassen sich aus der n-ten Zeile des Pascal'schen Dreiecks ablesen.

Beispiel 1 Schreibe $(a + b)^4$ als Summe.

Lösung:
Verwende die Einträge der 4. Zeile des Pascal'schen Dreiecks, um die Koeffizienten der Summanden von $(a + b)^4$ abzulesen. Beachte dabei, dass die oberste Zeile die 0. Zeile ist.

0. Zeile	1
1. Zeile	1 1
2. Zeile	1 2 1
3. Zeile	1 3 3 1
4. Zeile	1 4 6 4 1
5. Zeile	1 5 10 10 5 1

Es kommen die Potenzen a^4, a^3b, a^2b^2, ab^3 und b^4 vor.

$(a + b)^4$

Sortiere in den Summanden die Potenzen von a in absteigender Reihenfolge (a^4, a^3, a^2, a) und die Potenzen von b in aufsteigender Reihenfolge (b, b^2, b^3, b^4).
Ergänze nun die Koeffizienten.

$= \square a^4 + \square a^3b + \square a^2b^2 + \square ab^3 + \square b^4$

$= 1a^4 + 4a^3b + 6a^2b^2 + 4ab^3 + 1b^4$

Aufgaben

1 Schreibe mithilfe des Pascal'schen Dreiecks als Summe.
a) $(x + 4)^4$ b) $(a + b)^5$ c) $(2a + 1)^5$ d) $(x + y)^6$
e) $(3a + b)^3$ f) $(x + 2y)^4$ g) $(0{,}5a + 2b)^5$ h) $(a + b)^7$

2 Zeichne ein Pascal'sches Dreieck bis einschließlich zur 10. Zeile.
a) Untersuche das Pascal'sche Dreieck auf Symmetrie.
b) In der dritten Diagonale des Pascal'schen Dreiecks stehen die Zahlen 1, 3, 6, 10, 15 … Beschreibe, wie diese Zahlenfolge gebildet wird. Finde weitere Zahlenfolgen im Pascal'schen Dreieck.
c) Addiere in jeder Zeile alle Einträge des Pascal'schen Dreiecks. Stelle eine Regel für die Summe in der jeweils nächsten Zeile auf.
d) Berechne die Potenzen 11^1, 11^2, 11^3, 11^4 und 11^5 und vergleiche sie mit den Einträgen des Pascal'schen Dreiecks.

3 Die Einträge des Pascal'schen Dreiecks werden nicht nur verwendet, um Potenzen von Binomen der Form a + b zu berechnen.
a) Berechne $(a - b)^2$ und $(a - b)^3$ und vergleiche die Koeffizienten mit der 2. und 3. Zeile des Pascal'schen Dreiecks.
b) Stelle eine Regel auf, mit der man die Einträge des Pascal'schen Dreiecks auch verwenden kann, um Potenzen des Binoms a − b zu berechnen.
c) Berechne $(a - b)^6$.

4 Das **Harmonische Dreieck** ist ähnlich aufgebaut wie das Pascal'sche Dreieck. Am Rand der n-ten Zeile steht jeweils der Bruch $\frac{1}{n}$. Jede Zahl ist die Summe aus den beiden schräg darunter stehenden Zahlen.
a) Setze das Harmonische Dreieck um zwei weitere Zeilen fort.
b) Jede Zahl des Harmonischen Dreiecks kann man leicht aus der Zahl berechnen, die im Pascal'schen Dreieck an der gleichen Stelle steht. Finde eine Regel dafür.

1

$\frac{1}{2} \quad \frac{1}{2}$

$\frac{1}{3} \quad \frac{1}{6} \quad \frac{1}{3}$

Direktes Beweisen

Max möchte zeigen, dass das Quadrat einer geraden Zahl stets wieder gerade ist. Setze seine Überlegung fort.

> *Eine gerade Zahl kann man in der Form 2n mit einer natürlichen Zahl n schreiben. Das Quadrat der Zahl berechnet man dann als $(2n)^2 = \ldots$*

Viele Vermutungen in der Mathematik entstehen, indem man mit Zahlen experimentiert und Beispiele berechnet. Bildet man zum Beispiel das Produkt aus einer Zahl und ihrem Nachfolger, so erhält man stets eine gerade Zahl als Ergebnis:

$0 \cdot 1 = 0$; $1 \cdot 2 = 2$; $2 \cdot 3 = 6$; $3 \cdot 4 = 12$; …

Um zu zeigen, dass die Aussage „das Produkt aus einer Zahl und ihrem Nachfolger ist stets gerade" für alle Zahlen gilt, genügt das Berechnen von Beispielen jedoch nicht. Man muss die Aussage beweisen.

Wissen

Mit einem **direkten Beweis** kann man belegen, dass eine mathematische Aussage für alle Zahlen gilt, die bestimmte Voraussetzungen erfüllen. Man übersetzt dazu diese Voraussetzungen in Terme mit Variablen und leitet daraus die Behauptung her.
Falsche Aussagen kann man mit einem einzigen **Gegenbeispiel** widerlegen.

Beispiel 1

Beweise die Aussage: Die Summe aus einer geraden natürlichen Zahl und ihrem Nachfolger ist stets ungerade.

Lösung:

Schreibe die Voraussetzung und die Behauptung der Aussage auf.

Voraussetzung: Eine gerade Zahl und ihr Nachfolger werden addiert.
Behauptung: Das Ergebnis ist eine ungerade Zahl.

Schreibe die Voraussetzung mit Variablen auf.

Die gerade Zahl lässt sich als 2n mit einer natürlichen Zahl n schreiben. Der Nachfolger ist dann $2n + 1$, die Summe ist $2n + (2n + 1)$.

Forme die Voraussetzung solange um, bis du die Behauptung erhältst.

Es gilt: $2n + (2n + 1) = 2n + 2n + 1$
$= 4n + 1 = 2 \cdot 2n + 1$
Da alle ungeraden Zahlen die Form $2k + 1$ mit einer natürlichen Zahl k haben, ist $2 \cdot 2n + 1$ eine ungerade Zahl. Damit ist die Behauptung bewiesen.

Aufgaben

1 Beweise die Aussage: Die Summe aus einer ungeraden natürlichen Zahl und ihrem Nachfolger ist stets ungerade.

2 Gib die Voraussetzung und die Behauptung der Aussage an.
a) Ein Viereck, dessen gegenüberliegende Seiten gleich lang sind, ist immer ein Parallelogramm.
b) Die Summe zweier ungerader natürlicher Zahlen ist stets gerade.
c) Ein Dreieck mit zwei gleich großen Innenwinkeln ist immer gleichschenklig.

3 Gib die Aussage in der Form „Wenn - dann" an. Beweise die Aussage.
a) Die Summe von zwei aufeinanderfolgenden geraden Zahlen ist immer gerade.
b) Das Produkt von zwei aufeinanderfolgenden geraden Zahlen ist immer durch 4 teilbar.
c) Jede durch 15 teilbare Zahl ist auch durch 5 teilbar.
d) Das Produkt des Vorgängers und Nachfolgers einer Zahl ist um 1 kleiner als das Quadrat dieser Zahl.
e) Das Quadrat jeder ungeraden Zahl ist ungerade.

4 Widerlege die Aussage durch ein Gegenbeispiel.
a) Die Summe von vier aufeinanderfolgenden natürlichen Zahlen ist durch 4 teilbar.
b) Die Summe von sechs aufeinanderfolgenden natürlichen Zahlen ist durch 6 teilbar.
c) Wenn eine Zahl durch 3 teilbar ist, dann ist sie auch durch 6 teilbar.

Hinweis zu 5

Hier ist die Bedingung nicht erfüllt: In Punkt N schneiden sich drei Strecken.

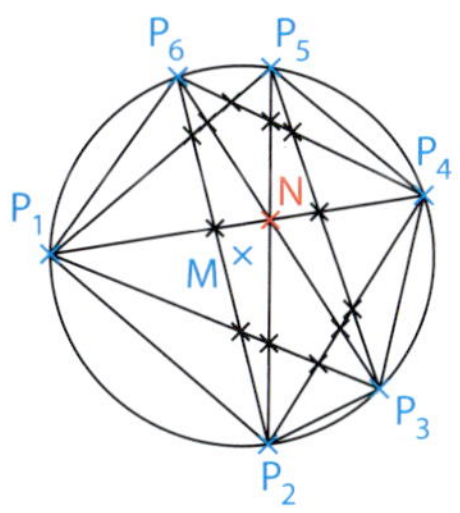

5 **Mosers Kreisproblem: Punkte auf einem Kreis werden durch Strecken verbunden.**
a) Zeichne einen Kreis. Markiere 2 (3; 4; 5) Punkte auf dem Kreis so, dass sich beim Verbinden aller Punkte miteinander nie mehr als zwei Strecken schneiden. Verbinde jeden Punkt mit jedem anderen. Gib an, in wie viele Flächen der Kreis unterteilt ist.
b) Vermute die Zahl der Flächen bei 6 Punkten. Überprüfe durch eine Zeichnung.
c) Begründe die Bedeutung von Beweisen anhand von Mosers Kreisproblem.

6 Zeige, dass für alle Zahlen x und y gilt: $9x^2 + 6xy + 16y^2 - 30xy \geq 0$

7 Zeige, dass für jede Zahl a außer 0 gilt: $(1 - a) \cdot (1 + a) < 1$

8 a) Stelle eine Vermutung auf, ob die Gleichung stimmt: $0{,}6^2 + 0{,}4 = 0{,}4^2 + 0{,}6$
b) Argumentiere mit einer geometrischen Veranschaulichung, ob deine Vermutung richtig ist. Prüfe dann rechnerisch.
c) Finde Gleichungen mit einer ähnlichen Struktur. Suche nach einem Muster.
d) Stelle eine Formel auf, die zu Gleichungen dieser Struktur passt. Zeige durch Termumformungen, dass die Gleichung gilt.

9 Finde alle Fehler in diesem „Beweis".

$x^2 - x^2$	=	$x^2 - x^2$	*Die Gleichung ist eine wahre Aussage.*
$x(x - x)$	=	$(x + x)(x - x)$	*Die Terme wurden auf beiden Seiten umgeformt.*
x	=	$(x + x)$	*Auf beiden Seiten wurde durch $(x - x)$ dividiert.*
x	=	$2x$	*Der Term auf der rechten Seite wurde umgeformt.*
1	=	2	*Auf beiden Seiten wurde durch x dividiert.*

MK

10 **Forschungsauftrag:** Beweise sind in der mathematischen Forschung von großer Bedeutung.
a) Informiere dich über die Goldbachsche Vermutung. Finde einige Zahlenbeispiele dafür.
b) Recherchiere zu den Hilbertschen Problemen.

2.9 Vermischte Aufgaben

1 Beschreibe durch einen Term.
a) Die Anzahl der Fenster eines Hauses, wenn es in jeder Etage gleich viele Fenster gibt.
b) Der Eintrittspreis für eine Familie, wenn Kinder 4,00 € und Erwachsene 5,50 € bezahlen.
c) Die Anzahl der Plätze, wenn es Dreier-, Vierer- und Fünfertische gibt.

2 In der Pizzeria Luigi kann man sich seine Pizza selbst zusammenstellen.

Zahlen Sie 3,50 € für Boden, Tomatensauce und Käse und wählen Sie Ihre Zutaten selbst. Für jede Zutat der Kategorie A zahlen Sie 0,50 € extra, für jede Zutat der Kategorie B 1,50 € extra.

Kategorie A: Ananas, Paprika, Pilze, Peperoni, Schinken, Salami, Zwiebeln, Oliven, Mais, frische Tomaten

Kategorie B: Mozzarella, Krabben, Brokkoli, Putenbrust, Gyros, Thunfisch

a) Stelle einen Term auf, mit dem man den Preis einer beliebigen Pizza berechnen kann.
b) Eine Pizza kostet 7,00 €. Nenne mindestens zwei Möglichkeiten für ihren Belag.

3 Gib einen möglichst einfachen Term für den Umfang (den Flächeninhalt) der Figur an.

a)
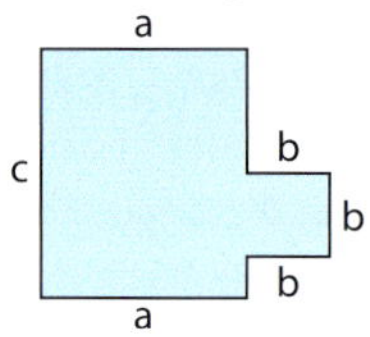

b)
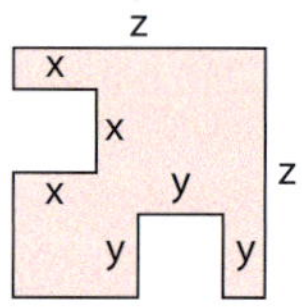

4 Stelle einen Term für den Flächeninhalt der blauen Fläche auf.

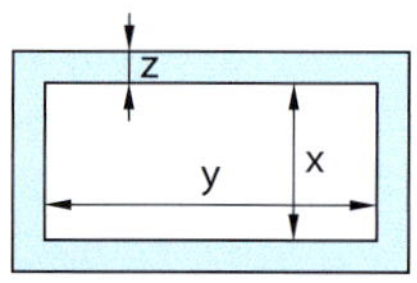

5 Multipliziere die Terme in der linken Spalte mit den Termen in der oberen Zeile.

·	x − 6	−x + 6	−6 − x	0,5x − 6y
x − 6				
4x + 6				
−6 − x				
0,5x − 6y				

6 Löse die Klammern auf. Begründe, ob du die binomischen Formeln anwenden kannst.
a) $(2x + 6)(6 + 2x)$
b) $(2x + 6)(2x - 6)$
c) $(2x - 6)(6 - 2x)$
d) $(2x + 6)(6x + 2)$
e) $(-2x - 6)(-6 - 2x)$
f) $(2x - 6)(-6 + 2x)$

7 a) Berechne die Differenz benachbarter Quadratzahlen.
$2^2 - 1^2 = \blacksquare$ $3^2 - 2^2 = \blacksquare$ $4^2 - 3^2 = \blacksquare$ $5^2 - 4^2 = \blacksquare$ …
Gib an, welche Regelmäßigkeit du feststellst.
b) Begründe, ob die Regelmäßigkeit für alle Quadratzahlen gilt. Rechne dazu mit Termen.
c) Berechne $22^2 - 21^2$ und $1000^2 - 999^2$.

8 Gegeben ist ein Quadrat mit der Seitenlänge a.

Veranschauliche den Term $(a + 4) \cdot (a - 4)$ zeichnerisch. Erkläre, was er in Bezug auf das Quadrat bedeuten könnte.

Eine Seitenlänge des Quadrats wird verdoppelt, die andere Seite um die Hälfte von a verlängert. Gib einen möglichst einfachen Term für den Inhalt der neuen Fläche an.

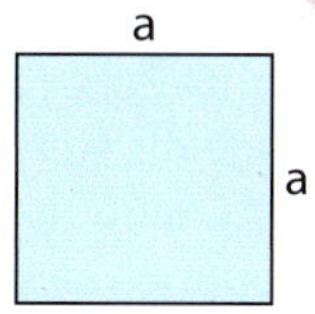

Die Seitenlängen des Quadrats wurden verändert, sodass der Flächeninhalt $a^2 + 8a + 16$ beträgt. Ermittle die neuen Seitenlängen.

Die Seiten des Quadrats werden um je 2 cm verlängert. Stelle einen Term für den neuen Flächeninhalt auf.

9 Timo sagt: „Nenne mir eine Zahl. Subtrahiere 1 und quadriere das Ergebnis. Addiere dazu das Doppelte deiner Zahl. Ziehe dann 1 ab. Ich wette, dass ich das Ergebnis schon aufgeschrieben habe, bevor du es mir nennst.“ Erkläre, welchen Trick Timo anwendet.

10 Ein Rechteck und ein Quadrat haben den gleichen Flächeninhalt. Eine Seite des Rechtecks ist um 6 cm länger als die andere. Die Seiten des Quadrats sind um 2 cm länger als die kürzere Rechteckseite. Stelle eine Gleichung auf und ermittle die Seitenlängen des Rechtecks und des Quadrats.

11 Schreibe mithilfe der binomischen Formeln als Produkt.

a) $25 - 10a + a^2$ b) $7^2 - x^2$ c) $7^2 - 14x + x^2$
d) $16 + 4y^2 + 16y$ e) $-81 + 9x^2$ f) $12xy + 6^2 + x^2y^2$
g) $1 - 0{,}64a^2b^2$ h) $-\frac{16}{25}a^2 + \frac{25}{16}b^2$ i) $-xy + y^2 + \frac{1}{4}x^2$

12 Löse die Klammern auf und fasse so weit wie möglich zusammen.

a) $(a + b)^2 - (a - b)^2$ b) $3x^2 \cdot (-x^2) + (3x^3 - 7) \cdot x$ c) $-4y(8y - xy + y^3 - 6y)$
d) $(2 + a^2)(a^2 + 6a)$ e) $(5 + x^2)^2$ f) $(3a + b^2)(3a - b^2)$

13 Ersetze den Platzhalter ■ so, dass sich die Summe mithilfe der binomischen Formeln als Produkt schreiben lässt.

a) $x^2 - 2xy +$ ■ b) $y^2 + 14y +$ ■ c) $d^2 - 10cd +$ ■
d) $16u^2 + 8uv +$ ■ e) $t^2 - 26t +$ ■ f) $6{,}25h^2 - 5hi +$ ■

14 Schreibe die Summe als Produkt, sodass sich ein möglichst einfacher Term ergibt.

a) $9m^2 - 18mn + 9n^2$ b) $12a^2 - 3$ c) $60h^2 + 60hp + 15p^2$
d) $ka + kb + a + b$ e) $3xy + 3xz + 2y + 2z$ f) $a^2b^2 + b^2c^2 - 2acb^2$

15 Klammere als gemeinsamen Faktor eine Summe oder Differenz aus.

a) $3x(z + r) + 5y(z + r)$ b) $12a^2(2x + y) - ab^2(2x + y)$ c) $3(a + 3) - b(3 + a)$
d) $4a(b - c) - 7(-c + b)$ e) $z(x + y) + 2(-x - y)$ f) $4e(b - c) + 9(c - b)$

16 Binomische Formeln kann man auch für höhere Potenzen aufstellen. Nutze den Würfel, um eine Formel zu entwickeln, mit der man $(a + b)^3$ schnell ausmultiplizieren kann. Erkläre dein Vorgehen.

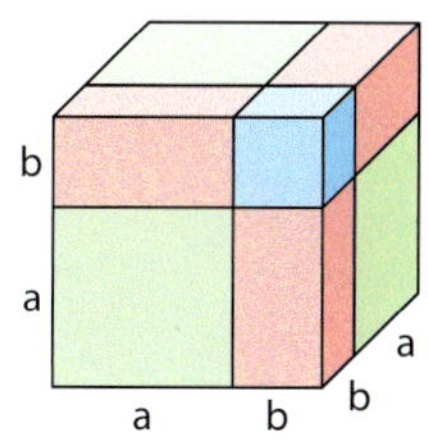

CAS-Einsatz bei Termen und Gleichungen

„Denke dir eine Zahl. Addiere 5 zu der gedachten Zahl. Verdopple das Ergebnis und subtrahiere davon die gedachte Zahl. Nenne mir dein Ergebnis und ich sage dir, welche Zahl du dir ausgedacht hast." Erläutere, wie man die gedachte Zahl bestimmen kann.

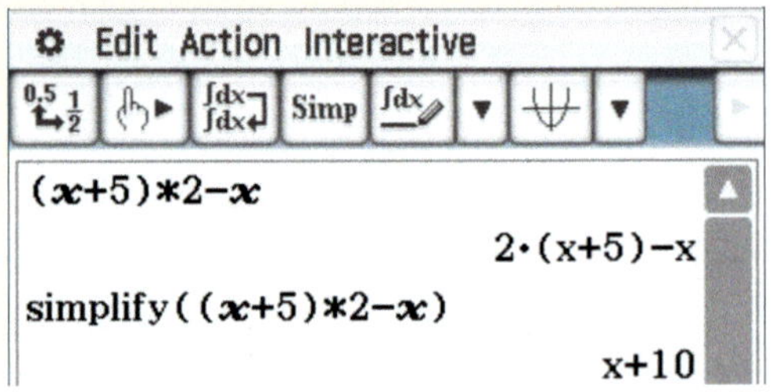

Hinweis

Ein CAS kann auch zur **Kontrolle** handschriftlicher Lösungen dienen. Hierzu nutzt man das Main-Menü (CASIO) bzw. das Calculator-Menü (TI).

Terme lassen sich in ein Computer Algebra System (CAS) eingeben. Manche Terme vereinfacht das CAS automatisch. Bei anderen Termen muss man den Befehl ***simplify*** (vereinfache) bzw. ***factor*** (faktorisiere) oder ***expand*** (erweitere) dazu eingeben.

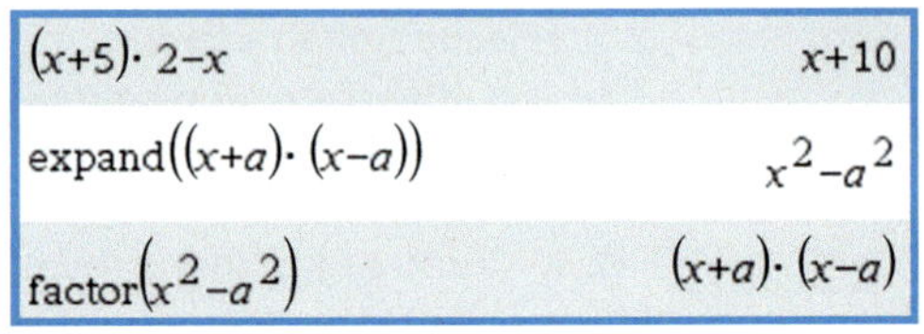

Beispiel 1 **Terme mit einem CAS vereinfachen**

a) Vereinfache den Term $b + a^2 + b - 5a^2 - 3a$ handschriftlich.
b) Kontrolliere das Ergebnis mit einem CAS.

Lösung:

a) Fasse gleichartige Terme zusammen.

$$b + a^2 + b - 5a^2 - 3a = b + b + a^2 - 5a^2 - 3a$$
$$= 2b - 4a^2 - 3a$$

b) Beim Rechnen mit einem CAS wird der Term automatisch vereinfacht. Im Ergebnis werden die Variablen nach Potenzen und alphabetisch geordnet.

Aufgaben

Hinweis zu 1 CAS

Verwende, falls nötig, den Befehl ***simplify*** oder ***expand*** bzw. *factor*.

1 Vereinfache den Term handschriftlich und kontrolliere dein Ergebnis mit einem CAS.

a) $5x^2 + 3 \cdot x \cdot x - y \cdot y \cdot y - 2y^3$
b) $2s - p^2 + 2p^2 - 3p + \frac{s}{2} - p^2$
c) $\frac{1}{3}y + \frac{x}{2} - 2 + \frac{7}{4}y + \frac{6}{5}x - \frac{13}{4}$
d) $3a + \frac{a}{3} - a^3 + 2 - 3 \cdot \left(a + \frac{a}{9} - \frac{a^3}{3}\right)$

2 Berechne mithilfe eines CAS. Vergleiche die Ergebnisse ähnlicher Terme. Beurteile, ob für diese Aufgabe ein CAS-System erforderlich ist.

a) -2^8 b) $(-5)^7$ c) -5^7 d) $(-2)^8$ e) $(2^4)^3$ f) $2^{(4^3)}$ g) -4^4 h) $(2^3)^4$

Hinweis zu 3 CAS

Die dauerhafte Belegung aller Variablen kannst du beim CASIO unter *Edit*, *Lösche alle* Variablen, löschen.
Beim **TI** lassen sich Variablen mit der *var*-Taste anzeigen und über das Menü Aktionen einzeln löschen (*delvar*) oder alle (*Lösche a…z*).

CAS **3** Berechne den Wert des Terms für $x = -\frac{1}{3}$ und $x = \frac{2}{3}$ mit einem CAS. Die Belegung erfolgt für diese eine Berechnung mit dem *with*-Operator |, z. B.: $|x = \frac{2}{3}$.

a) $\frac{27x}{2}$ b) $\frac{9x}{\frac{2}{3}}$ c) $8x \cdot (-15)$ d) $6x + 10{,}5 \cdot 2^2$

CAS **4** Gib an, welche der Terme gleiche Ergebnisse haben.
Begründe, ob der Einsatz eines CAS zur Überprüfung bzw. zur Lösung sinnvoll ist.

a) $z^5 \cdot z^6$ b) $z^5 + (-z)^6$ c) $-z^5 \cdot (-z)^6$ d) $z^5 + z^6$

Tipp zu 5 CAS

Probiere diese Terme:
$x \cdot y \cdot x \cdot y$
$xy \cdot yx$
$2x + 3x$
$x2 + x3$

CAS **5** Bei der Eingabe in ein CAS darf man „Malpunkte“ nur bei Variablen (TI: ein Buchstabe, CASIO: aus der Registerkarte *Var* kursiv und fett) weglassen - nicht aber bei Buchstaben aus der Registerkarte *abc* beim CASIO oder Variablennamen wie *a1* beim TI. Untersuche, was passiert, wenn du bei der Eingabe in ein CAS den „Malpunkt“ weglässt.
Erkläre die Eingaben und die Umformungen, die das CAS vorgenommen hat. Probiere aus, was bei ähnlichen Termen passiert. Präsentiere deine Erkenntnisse in einem Vortrag.

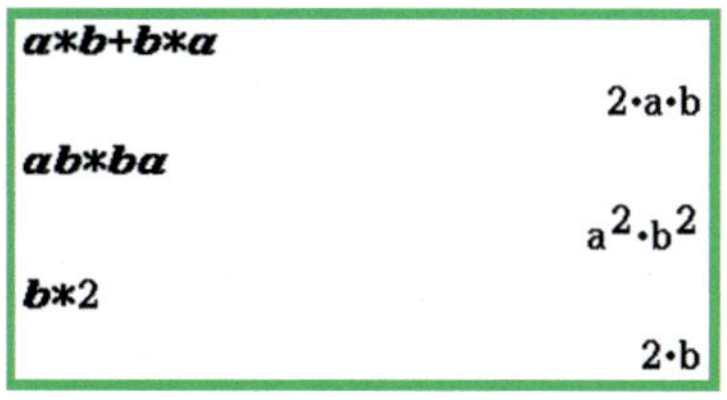

CAS **6** Finde einen Term, der als Eingabe in ein CAS nur die vier Buchstaben a, n, n, a verbunden mit Rechenoperationen enthält, und als Ausgabe dieses Ergebnis hat:

a) $2 \cdot a + 2 \cdot n$ b) $2 \cdot n$ c) $2 \cdot a - 2 \cdot n$
d) an^2 e) anna f) $n + ana$
g) $2 \cdot an$ h) $an + na$ i) nana

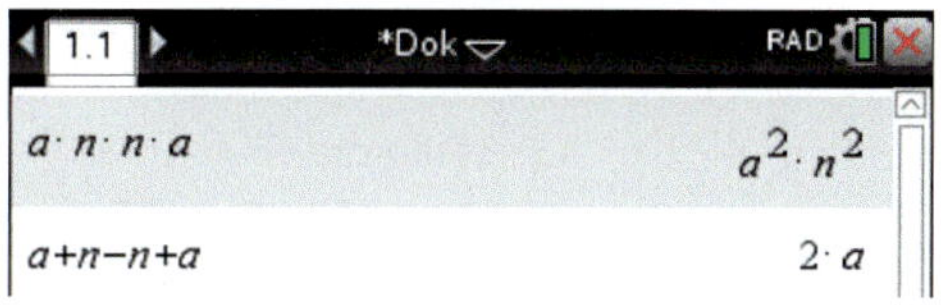

Hinweis CAS

Der Befehl ***expand*** (engl. erweitere) löst die Klammern auf. Der Befehl ***factor*** (engl. faktorisiere) wandelt den Term in ein Produkt um. Beim CASIO ClassPad II werden manche Terme nur mit dem Befehl ***rFactor*** (engl. faktorisiere mit Wurzeln) faktorisiert.

7 Hier sind Ein- und Ausgabeterme eines CAS dargestellt.
Gib dazu einen Umformungsschritt an.

a) *expand* $((2x + 5)(x - 3))$ $\quad 2 \cdot x^2 - x - 15$
b) *expand* $((x - a)(x + a))$ $\quad x^2 - a^2$

CAS **8** Gib den Term in ein CAS ein und notiere den Ausgabeterm.
Erläutere die Funktionsweise des Befehls *factor* und vergleiche die Ergebnisse.

a) *factor* $(4a^2 - 4a + 4)$ b) *factor* $(a^4 - 4a^2 + 4)$ c) *factor* $(a^4 - 4)$
d) *factor* $(4a^2 - 4)$ e) *factor* $(a^4 - a^2)$ f) *factor* $(a^4 - 16)$

CAS **9** Tina und Casimir arbeiten mit ihren Taschenrechnern. Sie speichern einen Term als Variable, überprüfen den Wahrheitsgehalt einer Aussage und berechnen einen Termwert.
Beim CASIO benötigt man den Befehl ***judge*** (engl. beurteile) zur Prüfung, ob eine Aussage wahr oder falsch ist. Der Befehl | (With-Operator) ersetzt in einem Term die angegebene Variable durch einen Wert.

Tina arbeitet mit einem TI:		Casimir arbeitet mit einem CASIO:	
$t := \frac{x^2 - 25}{x - 5}$	$x + 5$	$\frac{x^2 - 25}{x - 5} \Rightarrow t$	$\frac{x^2 - 25}{x - 5}$
$t = x + 5$	*true*	*judge*$(t = x + 5)$	*TRUE*
$\frac{x^2 - 25}{x - 5} \vert x = 5$	*undef*	$t \vert x = 5$	*Undefined*
$t \vert x = 5$	10		

a) Erläutere die Ein- und Ausgaben für ein CAS (TI oder CASIO).
b) Erkläre den Nutzen der dauerhaften Zuweisung eines Terms oder eines Wertes zu einer Variablen mit → bzw. ⇒ für Berechnungen.

10 Leo probiert Befehle aus. Erkläre den Unterschied zwischen den Befehlen.

factor (1200) $\quad 2^4 \cdot 3 \cdot 5^2$
isPrime (1200) $\quad$ *False*

Hinweis

Zum Lösen von **Gleichungen, Ungleichungen, Betragsgleichungen und Bruchgleichungen** dient sowohl beim TI als auch beim Casio der Befehl ***solve*** mit Angabe der gesuchten Variablen, z. B. *solve* (3x − 7 = 1,x).

CAS

11 Josefine hat sechs Aufgaben zu lösen.
a) Ordne jeder Aufgabenstellung einen passenden Befehl zu. Löse die Aufgabe.
b) Beurteile, welche Aufgaben Josefine auch ohne Taschenrechner lösen können sollte.

① Löse die Gleichung $\frac{27}{8}\cdot(3z-7)+\frac{13}{11}z=17$.	② Löse im Term $(3c-4d)^3$ die Klammern auf.
③ Klammere einen möglichst großen Faktor aus dem Term $4a^4-36a$ aus.	④ Prüfe, ob die Terme $\frac{1}{x^2-1}$ und $\frac{1}{x+1}-\frac{1}{x-1}$ äquivalent zueinander sind.
⑤ Vereinfache den Term $\frac{11}{3}(3v-12)-\frac{3}{11}v$.	⑥ Prüfe, ob die Zahl 11111101 eine Primzahl ist.

isPrime | simplify | expand | factor | solve | judge | =

CAS

12 Stelle die Gleichung $\frac{a}{b}+\frac{c}{d}=\frac{e}{f}$ zuerst nach der Variable b und dann nach c um. Gib den Variablengrundbereich für die sechs Variablen an. Überprüfe dein Ergebnis mit einem CAS.

Hinweis

Der Befehl ***abs*** (Absolutbetrag) kann auch durch |□| ersetzt werden.
Ungleichungen löst man mit einem CAS genau so wie Gleichungen. Die Relationszeichen <, ≤, > und ≥ findet man auf der Softwaretastatur.

CAS

13 Löse folgende Gleichungen bzw. Ungleichungen mit einem CAS. Achte auf den Variablengrundbereich.
a) $7\cdot|2x-4|=21$
b) $2\cdot|8x-4|=x$
c) $9\cdot|x-5|=12\cdot|2x+1|$
d) $-3\cdot|x+1|=7\cdot|-x-2|$
e) $6x-8\le 3x+7$
f) $|-14x+6|>24-10x$
g) $|2x-3|<(3x-1)\cdot(2x-3)$
h) $\sqrt{4x^2+24x+36}\ge 2\cdot|x+3|$

CAS

14 Bestimme die Lösungsmenge der Gleichung $\frac{1}{x-1}+\frac{2}{x+1}=\frac{3x-1}{x^2-1}$ mit einem CAS. Achte auf den Variablengrundbereich.

CAS

15 Tina hat die Eingabeterme ihres TI und die Ergebnisse notiert. Erläutere die Befehle.

solve $((x^2-3)(x+5)=0,x)$	$\{-5,-\sqrt{3},\sqrt{3}\}$
zeros $((x^2-3)(x+5),x)$	$\{-5,-\sqrt{3},\sqrt{3}\}$
completeSquare (x^2+4x,x)	$(x+2)^2-4$
comDenom $\left(\frac{x}{y}-\frac{y}{x}\right)$	$\frac{x^2-y^2}{x\cdot y}$

CAS

16 Bestimme den Variablengrundbereich und die Lösungsmenge. Verwende bei Bedarf den Befehl ***domain***(), wenn du mit einem TI arbeitest.
a) $\frac{5}{y+1}=\frac{8}{y-1}$
b) $\frac{4z}{4z+2}=\frac{z}{z-2}$
c) $z(z-(3y+2z))=-3\left(yz+\frac{1}{3}z^2\right)$

CAS

17 Löse die Gleichung mit einem CAS. Erläutere die Ausgabe.
a) $x^2-3x+7-x=-4\cdot(x-2)+x^2$
b) $x^2-3x+7-x=-4\cdot(x-2)+x^2-1$

CAS

18 Vereinfache mit einem CAS mit und ohne Verwendung der Templates.

$$\frac{1-\frac{4\cdot(x-3)}{x^2-9}}{\frac{9}{x+3}}\cdot\frac{9\cdot(x^2-1)}{(x-1)^2}-x$$

CAS

19 Spiele mit Namen wie in Aufgabe 6.
a) Mache aus Onno eine Null.
b) Begründe, ob man aus Onno auch 1 und 2 machen kann.
c) Erläutere, welcher Name für diese Ausgabe verwendet wurde: $3\cdot a\cdot n+\frac{l}{e}$
d) Erfinde selbst ein Namensrätsel.

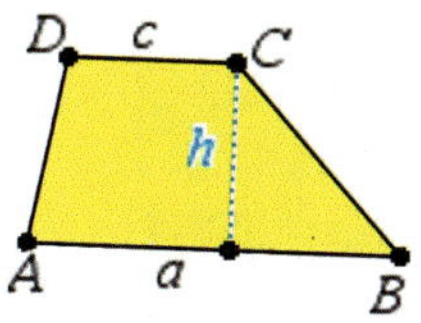

CAS

20 Für den Flächeninhalt eines Trapezes gilt die Formel $A = \frac{a+c}{2} \cdot h$.

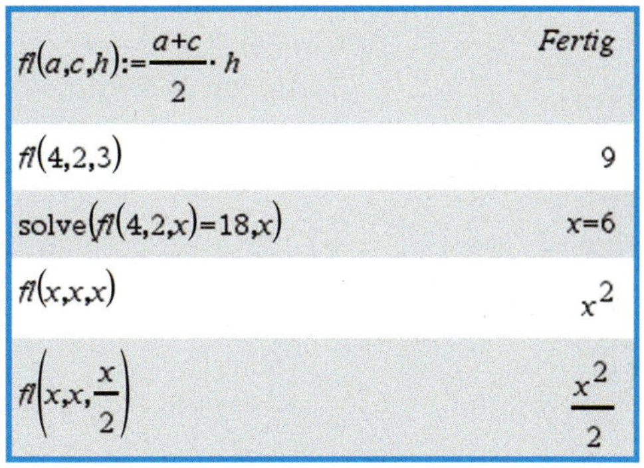

a) Erläutere die geometrische Bedeutung der Variablen fl, a, c und h in der ersten Zeile des Screenshots.
b) Begründe, warum man die Variable a (bzw. A) nicht sowohl für eine Seite als auch für den Flächeninhalt verwenden kann.
c) Gib die Werte der Variablen fl, a, c, h für die zweite Zeile des Screenshots an.
d) Erkläre, welche Berechnung in der dritten Zeile ausgeführt wird, und formuliere dazu eine Aufgabenstellung.
e) Beschreibe die Form der Trapeze, deren Flächeninhaltsberechnungen auf dem Screenshot in der vierten und fünften Zeile abgebildet sind.

CAS

21 Definiere den Term h(x). Gib eine Vermutung dafür an, wie der Term h(h(x)) aussieht. Berechne h(h(x)) mit einem CAS und vergleiche das Ergebnis mit deiner Vermutung.
a) $h(x) := x + 1$ b) $h(x) := \frac{1}{x}$ c) $h(x) := 3$

CAS

22 Gegeben sind einige Befehlseingaben und die zugehörigen Ausgaben. Informiere dich zu den folgenden Befehlen und ihrer allgemeinen Syntax.

approx$(\sqrt{5})$	2.236067977
propFrac$\left(\frac{x^4+4x^3-8}{x+4}\right)$	$x^3 + \frac{8}{x+4}$
int(3.91)	3
<u>Für CASIO ClassPad II:</u>	
fRound$(\sqrt{5},3)$	2.236
propFrac(7.11)	$7 + \frac{11}{100}$
Combine$\left(\frac{x-1}{x+2} + \frac{x+8}{x-4}\right)$	$\frac{2 \cdot x^2 + 10}{(x+2) \cdot (x-4)}$
Collect$(3x^3 + ax^2 \cdot x - ax^2 - x \cdot x)$	$(a+3) \cdot x^3 - (1+a) \cdot x^2$
Collect$(3x^3 + ax^2 \cdot x - ax^2 - x \cdot x, a)$	$-a \cdot (x^2 - x^3) + 3 \cdot x^3 - x^2$
baseConvert(129,10,2)	10000001
<u>Für TI-Nspire CX CAS:</u>	
round$(\sqrt{5},3)$	2.236

Hinweis zu 23

größter gemeinsamer Teiler (ggT) engl.: greatest common divisor (gcd); kleinstes gemeinsames Vielfaches (kgV) engl.: lowest common multiple (lcm)

CAS

23 **Forschungsauftrag:** Der größte gemeinsame Teiler wurde mit einem CAS bestimmt. Hier sind einige Ein- und Ausgaben zu sehen.

gcd(3,12)	3	$\text{gcd}\left(\frac{1}{2},\frac{1}{3}\right)$	$\frac{1}{6}$
gcd(18,12)	6	$\text{gcd}\left(\frac{3}{4},\frac{6}{7}\right)$	$\frac{3}{28}$

a) Untersuche das Ergebnis für zwei Brüche anhand weiterer Beispiele und formuliere eine Regel.
b) Hier ist eine Ein- und Ausgabe für den Befehl *lcm*( ) zu sehen.
lcm(21,14) 42
Untersuche mit dem Befehl *lcm*( ) für das kleinste gemeinsame Vielfache das Ergebnis für zwei Dezimalzahlen. Formuliere eine Regel.
c) Finde eine Regel für das Produkt aus ggT und kgV.
gcd(3,12) · lcm(3,12) 36

Lösungen → S. 214

1 Ein Bahnunternehmen kombiniert seine Züge aus Wagen, die entweder ausschließlich Plätze der ersten oder der zweiten Klasse enthalten. Ein Wagen der ersten Wagenklasse hat 60 Plätze, ein Wagen der zweiten Wagenklasse hat 90 Plätze. Gib einen Term an, mit dem **man** die Anzahl der Sitzplätze in einem Zug ermitteln kann.

2 Gib einen Term für den Umfang (den Flächeninhalt) der Figur an.

a)
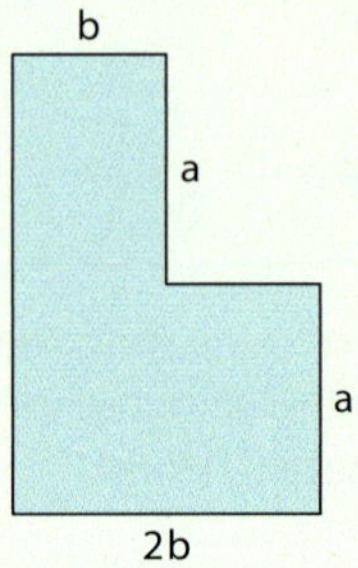

b)
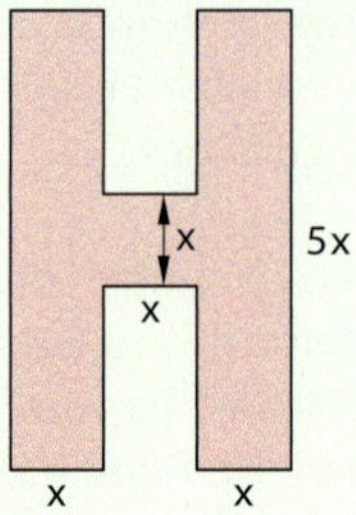

c)
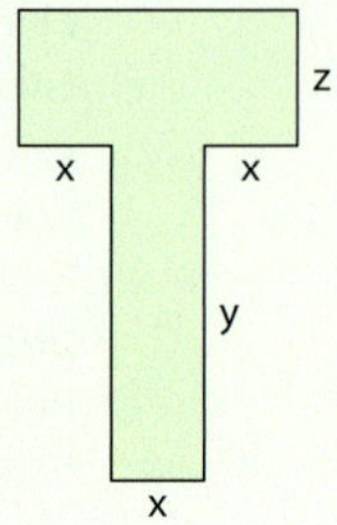

3 Fasse zusammen.

a) $2a + b + a - 5b$ b) $2m + n + m + n$ c) $10r^2 + 3s + r^2 + s$ d) $4xy^2 + x^2y - 3xy^2$
e) $5x + (6y - 4x)$ f) $b - (2a + 2b)$ g) $a^2 - (a^2 - a)$ h) $-3xy - (-2x^2 + xy)$

4 Vereinfache.

a) $14 \cdot 3x$ b) $2r \cdot 5 \cdot 3r$ c) $-4u \cdot (-4)$ d) $\frac{1}{2}x \cdot \frac{1}{4}y$
e) $-0{,}2xy^2 \cdot 10x$ f) $8st^2 : 4$ g) $(-3x)^2$ h) $a : 2 \cdot b(2a^2)$

5 Berechne für a = 3 und b = 2 den Wert des Terms. Vereinfache zuerst, falls möglich.

a) $3a + 2b - a$ b) $4a - 2b + a - b$ c) $ab + ab \cdot (-6)$ d) $5a \cdot \frac{1}{2}b \cdot b$
e) $2 \cdot (-a) + b + b^2$ f) $a(9b + 6b : 3)$ g) $b - b \cdot (a^2 + a^2)$ h) $ab - (ab)^2 \cdot (-1)$

6 Multipliziere die Klammer aus.

a) $3(2a - 2b)$ b) $(5 + 4x) \cdot 7$ c) $\frac{1}{2}(2a - 10)$ d) $(3 - x) \cdot (-1)$
e) $-2m(5m - 2n)$ f) $2x(4x - 2y + 3z)$ g) $3a(0{,}2a - 0{,}3b)$ h) $\left(\frac{2}{5}x - \frac{1}{3}y\right) \cdot 15xy$

7 Klammere alle gemeinsamen Faktoren aus.

a) $6x + 6y$ b) $2uv + 16uw$ c) $9uvw - 3vw$ d) $28m - 7n$
e) $10ab - 5b + 10b$ f) $0{,}3a + 1{,}5b + 3{,}6c$ g) $x^2y^2z + xy$ h) $x^2yz + xz - x^2y$

8 Multipliziere die Klammern aus und vereinfache so weit wie möglich.

a) $(x + 1)(x + 2)$ b) $(a + b)(4 - b)$ c) $\left(-\frac{1}{2} - y\right)(8x + 2)$ d) $(-2r + 3s)(r - 4)$
e) $-(-a - b)(b + a)$ f) $(2 + xy)(y - 1)$ g) $(ab - 3b)(6 - a)$ h) $2(x + 4)(y - 2)$

9 Stelle einen Term für den Flächeninhalt der Figur auf und vereinfache ihn.

a)
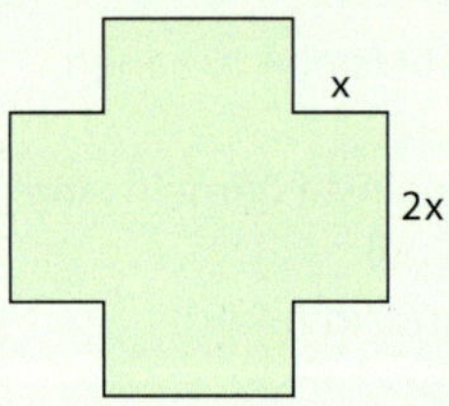

b)
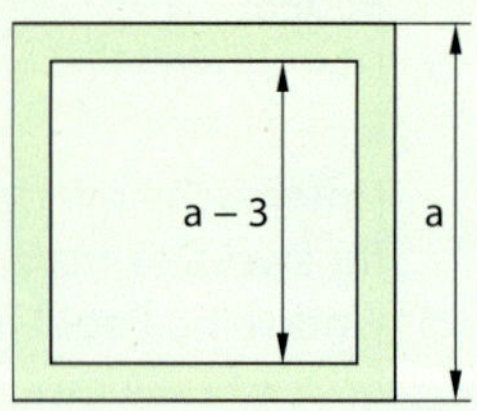

Lösungen → S. 215

10 Finde äquivalente Terme. Einige Terme bleiben übrig.

$(a+2)^2$ | $5a^2$ | $2a\cdot(-2a)$ | $(2+a^2+2a)\cdot 2$ | a^2+5a | $a(4+a+1)$ | a^2+2a+4 | $4+a^2+4a$ | $(1-2a)(1+2a)-1$

11 Wende die 1. binomische Formel an. Multipliziere aus oder schreibe als Produkt.

a) $(3+u)^2$ b) $(5a+1)^2$ c) $(3x+2y)^2$ d) $\left(\frac{1}{3}x+\frac{2}{5}y\right)^2$

e) $x^2+8x+16$ f) $25u^2+20uv+4v^2$ g) $\frac{1}{4}+y+y^2$ h) $\frac{1}{64}a^2+\frac{1}{12}ab+\frac{1}{9}b^2$

12 Wende die 2. binomische Formel an. Multipliziere aus oder schreibe als Produkt.

a) $(x-7)^2$ b) $(3b-1)^2$ c) $(-0{,}1u-0{,}5v)^2$ d) $\left(\frac{1}{4}x-\frac{1}{2}y\right)^2$

e) x^2-6x+9 f) $25a^2-10ab+b^2$ g) $\frac{1}{9}x^2-\frac{4}{3}x+4$ h) $\frac{1}{16}-\frac{9}{2}u+81u^2$

13 Wende die 3. binomische Formel an. Multipliziere aus oder schreibe als Produkt.

a) $(x+5)(x-5)$ b) $(2-3y)(2+3y)$ c) $\left(\frac{1}{3}a-\frac{3}{2}\right)\left(\frac{1}{3}a+\frac{3}{2}\right)$ d) $\left(-\frac{1}{4}+a\right)\left(\frac{1}{4}+a\right)$

e) a^2-9 f) $4x^2-y^2$ g) $-16x^2+100$ h) $-\frac{25}{9}a^2+\frac{16}{25}b^2$

14 Löse alle Klammern auf und fasse so weit wie möglich zusammen.

a) $6(a+2b)+4a\cdot(-2)$ b) $2x(3x+4y-7)+(x+y-xy)\cdot 8$

c) $(u+2v)^2-(u^2+2v^2)$ d) $(x^2-x+5)\cdot x+(x+1)^2$

e) $-a(3b-a)-(a+b)(a-b)$ f) $xy-0{,}25y^2+\left(\frac{1}{2}y-2x\right)^2+yx+x\cdot(-4x)$

15 Berechne ohne Taschenrechner. Verwende die binomischen Formeln.

a) 32^2 b) 43^2 c) 71^2 d) 54^2

e) 28^2 f) 47^2 g) 99^2 h) 36^2

i) $27\cdot 33$ j) $42\cdot 38$ k) $51\cdot 49$ l) $9{,}9\cdot 10{,}1$

Wo stehe ich?

	Ich kann…	Aufgabe	Schlag nach
2.1	… Terme mit mehreren Variablen aufstellen.	1, 2	S. 32 Beispiel 1
2.2	… gleichartige Terme zusammenfassen. … Klammern in Termen auflösen.	3	S. 35 Beispiel 1, S. 36 Beispiel 2
2.3	… Terme multiplizieren und durch Zahlen dividieren.	4	S. 38 Beispiel 1, S. 39 Beispiel 2
2.4	… Terme mithilfe der Vorrangregeln vereinfachen.	5	S. 41 Beispiel 1
2.5	… eine Klammer in Termen ausmultiplizieren.	6	S. 43 Beispiel 1
2.6	… gemeinsame Faktoren aus Summen oder Differenzen ausklammern.	7	S. 46 Beispiel 1
2.7	… zwei Klammern in Termen ausmultiplizieren.	8, 9, 10	S. 48 Beispiel 1
2.8	… die 1. binomische Formel anwenden. … die 2. binomische Formel anwenden. … die 3. binomische Formel anwenden.	11, 12, 13, 14, 15	S. 51 Beispiel 1, S. 52 Beispiel 2, S. 54 Beispiel 3

Terme vereinfachen

Bei der Vereinfachung von Termen nutzt man die **Rechengesetze und Vorrangregeln** für rationale Zahlen.

Gleichartige Terme werden **addiert oder subtrahiert**, indem man ihre Koeffizienten addiert oder subtrahiert.

$2x + 2xy - 4x + 3 + xy = 2x - 4x + 2xy + xy + 3$
$= -2x + 3xy + 3$

Steht ein **Pluszeichen vor einer Klammer**, so darf man die Klammer weglassen.

$4x + (y - 2) = 4x + y - 2$

Steht ein **Minuszeichen vor einer Klammer**, so lässt man das Minuszeichen und die Klammer weg und kehrt alle Plus- und Minuszeichen in der Klammer um.

$4x - (y - 2) = 4x - y + 2$
$3a - (-b + 4) = 3a + b - 4$

Bei der **Multiplikation** von Termen werden die Koeffizienten multipliziert. Die Variablen werden als Faktoren in alphabetischer Reihenfolge ergänzt. Gleiche Variablen fasst man zu einer **Potenz** zusammen.

$4a \cdot 3c \cdot 2b = 4 \cdot 3 \cdot 2 \cdot a \cdot c \cdot b = 24abc$
$3a \cdot (-2b) \cdot a = 3 \cdot (-2) \cdot a \cdot b \cdot a = -6a^2b$

Ausmultiplizieren und Ausklammern

Nach dem Distributivgesetz kann man bei einem Produkt aus einem Faktor und einer Summe (Differenz) **die Klammer auflösen**.

$a \cdot (b + c) = a \cdot b + a \cdot c$

$a \cdot (2a + b) = a \cdot 2a + a \cdot b = 2a^2 + ab$

Umgekehrt kann man bei einer Summe (Differenz) von Produkten **gemeinsame Faktoren ausklammern**.

$a \cdot b + a \cdot c = a \cdot (b + c)$

$6x + 3xy = 3x \cdot 2 + 3x \cdot y = 3x \cdot (2 + y)$

Zwei Summen werden multipliziert, indem man jeden Summanden der ersten Klammer mit jedem Summanden der zweiten Klammer multipliziert und die Produkte addiert.

$(a + b) \cdot (c + d) = a \cdot c + a \cdot d + b \cdot c + b \cdot d$

$(3 + 2x) \cdot (x + y) = 3 \cdot x + 3 \cdot y + 2x \cdot x + 2x \cdot y$
$= 3x + 3y + 2x^2 + 2xy$

Binomische Formeln

Die binomischen Formeln sind Sonderfälle beim Multiplizieren von zwei Summen.

Die 1. binomische Formel:
$(a + b)^2 = a^2 + 2 \cdot a \cdot b + b^2$

$(x + 3y)^2 = x^2 + 2 \cdot x \cdot 3y + (3y)^2$
$= x^2 + 6xy + 9y^2$

Die 2. binomische Formel:
$(a - b)^2 = a^2 - 2 \cdot a \cdot b + b^2$

$(5x - y)^2 = (5x)^2 - 2 \cdot 5x \cdot y + y^2$
$= 25x^2 - 10xy + y^2$

Die 3. binomische Formel:
$(a + b) \cdot (a - b) = a^2 - b^2$

$(2x + 3y) \cdot (2x - 3y) = (2x)^2 - (3y)^2$
$= 4x^2 - 9y^2$

3

Lineare Funktionen

Nach diesem Kapitel kannst du

→ Funktionen als eindeutige Zuordnungen charakterisieren,
→ lineare Funktionen unterschiedlich darstellen,
→ den Einfluss von Parametern auf Graphen linearer Funktionen beschreiben,
→ Nullstellen von linearen Funktionen bestimmen,
→ Differenzenquotienten anwenden,
→ Sachprobleme mithilfe von linearen Funktionen lösen.

Lösungen → S. 219

Lösen von Gleichungen

1 Gib an, welche der Zahlen in Klammern Lösungen der Gleichung sind.

a) $3x - 3 = -2$ $\left(-3; \frac{1}{3}; 3; -\frac{1}{3}\right)$ b) $-\frac{2}{x} = 4$ $\left(-8; -2; -\frac{1}{2}; \frac{1}{2}; 2\right)$

c) $x(x-3) = 0$ $(1; -1; 0; -3; 3)$ d) $|x - 2| = 3$ $(-1; 0; 1; 2; 5)$

2 Löse die Gleichung.

a) $0{,}5x - 2 = 0$ b) $2x - 4 = -6x + 12$ c) $3 - x = x - 6$ d) $3(x + 2) = -7$

3 Anja und ihr Bruder Paul sind zusammen 18 Jahre alt. Paul ist halb so alt wie Anja. Ermittle mit einer Gleichung das Alter der beiden Geschwister.

4 Gib alle Zahlen an, die die Bedingung erfüllen.

a) Addiert man zum Dreifachen der Zahl die Zahl 6, so erhält man 15.

b) Vermindert man das Fünffache der Zahl um das Doppelte der Zahl, so erhält man das Vierfache der Zahl.

c) Die Hälfte der Zahl und ein Viertel der Zahl ergeben zusammen 9.

d) Vermindert man das Vierfache der Zahl um das Fünffache der Zahl, so erhält man die Gegenzahl der Zahl.

e) Addiert man zu einer Zahl ihren Vorgänger und ihren Nachfolger, so erhält man die Summe aus dem Dreifachen der Zahl und 7.

Zuordnungen

5 Das Säulendiagramm stellt eine Zuordnung dar.

a) Schreibe die Zuordnung in der Form *Ausgangsgröße → zugeordnete Größe*.

b) Lies ab, in welchen Monaten die Sonne am längsten und am kürzesten scheint.

c) Stelle die Zuordnung in einer Wertetabelle dar.

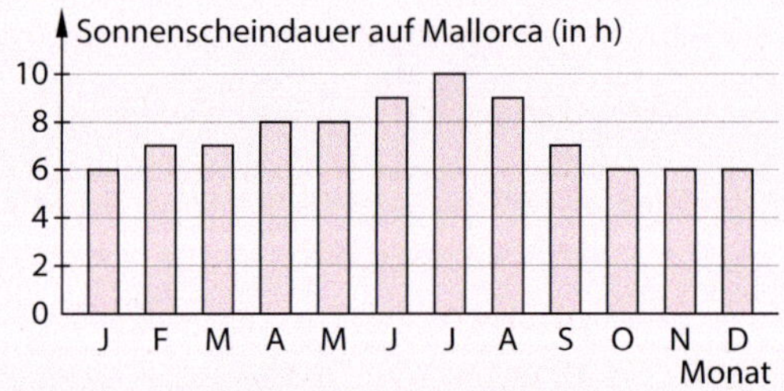

6 Eine Messstation hat die Temperaturen an einem Tag aufzeichnet.

a) Lies die höchste und die niedrigste Temperatur ab. Gib für beide Temperaturen an, wann sie gemessen wurden.

b) Erstelle eine Wertetabelle.

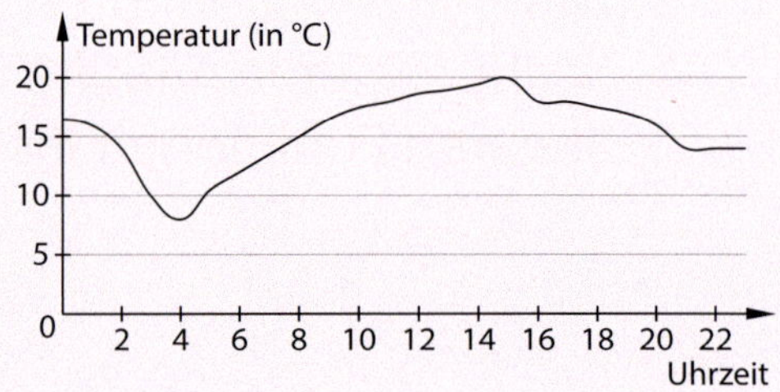

7 Zeichne einen Graphen zur Zuordnung *Monat → Wassertemperatur auf Kreta*.

Monat	1	2	3	4	5	6	7	8	9	10	11	12
Temp. (in °C)	19	18	18	18	19	20	21	22	23	23	21	20

8 In einem Hotel kann man Datenvolumen für Highspeed-Internet kaufen. Die ersten 600 MB kosten 2,49 €, für weitere angefangene 100 MB zahlt man dann jeweils 49 ct. Herr Blum möchte einen Film streamen, der rund 980 MB verbrauchen wird. Berechne die Kosten für das Highspeed-Internet.

Lösungen
→ S. 219

Proportionale Zuordnungen

9 Prüfe, ob die Tabelle zu einer proportionalen Zuordnung gehört. Wenn ja, zeichne den Graphen der Zuordnung.

a)

x	1	2	7	9
y	0,7	1,4	4,9	6,3

b)

x	4,5	5	9	15
y	10	9	5	3

c)

x	10	7	5	3
y	22	15,4	11	4,4

10 a) Ergänze die Tabelle, sodass eine proportionale Zuordnung entsteht.
b) Zeichne den Graphen der Zuordnung.

x	1	2	3	6	7	8
y		4		12		

11 Begründe, ob die Zuordnung proportional ist.
a) Alter einer Katze → Gewicht der Katze
b) Anzahl Arbeiter → Arbeitszeit
c) Seitenlänge eines Quadrats → Umfang des Quadrats
d) Anzahl der Nachhilfestunden → Lohn
e) Geschwindigkeit → Tunneldurchfahrtszeit
f) Länge eines Kinofilms → Kosten der Eintrittskarte

12 Vervollständige die Aussage über proportionale Zuordnungen.
a) Wenn man den Ausgangswert verdoppelt, dann …
b) Wenn man den Ausgangswert drittelt, dann …
c) Wenn der Ausgangswert größer wird, dann …
d) Die Punkte einer proportionalen Zuordnung liegen im Koordinatensystem auf …

13 Die Zuordnung ist proportional. Vervollständige die Rechnung.

a)

Wert 1	Wert 2
7	5,6
■ ↓	↓ ■
1	■
■ ↓	↓ ■
3	■

b)

Wert 1	Wert 2
180	900
■ ↓	↓ ■
■	10
■ ↓	↓ ■
■	120

c)

Wert 1	Wert 2
45	7,2
■ ↓	↓ ■
■	■
■ ↓	↓ ■
55	■

Vermischtes

14 Ermittle den Wert von a, sodass die Gleichung $a \cdot x - 3 = 0$ die angegebene Lösung hat.
a) $x = 1$ b) $x = -1$ c) $x = \frac{1}{2}$ d) $x = 9$ e) $x = -3$

15 In den Term $3 - x$ werden für x unterschiedliche Zahlen eingesetzt. Gib an, welche Werte der Term annehmen kann, wenn
a) x positiv ist, b) x negativ ist, c) der Betrag von x kleiner als 1 ist.

16 Gib an, in welchem Quadranten oder auf welcher Achse des Koordinatensystems der Punkt liegt.
a) $A(3|4)$ b) $B(-3|2{,}5)$ c) $C(0|4)$
d) $D\left(\frac{1}{4}\middle|-4\right)$ e) $E(3|0)$ f) $F(-3{,}2|-4{,}3)$

3.1 Funktionen

Die Funktionsmaschine wandelt Zahlen um. Jede Zahl x, die in sie hineingeworfen wird, wird mit 2 multipliziert, dann wird 1 abgezogen. Das Ergebnis ist die Zahl y. Wirf verschiedene Zahlen in die Maschine und erstelle eine Wertetabelle.

Funktionen erkennen

Wissen

Eine **Funktion** ist eine eindeutige Zuordnung: Jedem **Ausgangswert** x wird genau ein **Funktionswert** y zugeordnet.

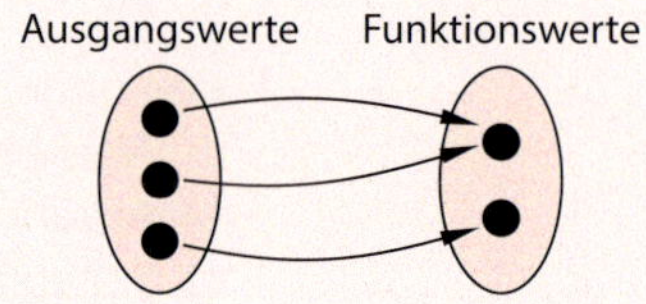

Beispiel 1 Entscheide, ob die Zuordnung eine Funktion ist.

a) Note → Anzahl der Schüler

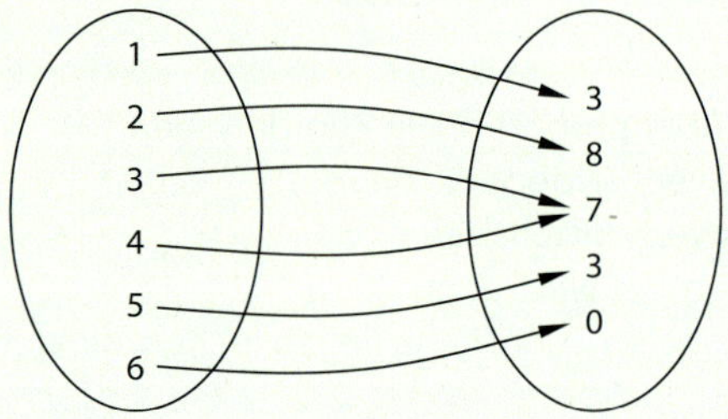

b) Zahl → Teiler der Zahl (außer 1)

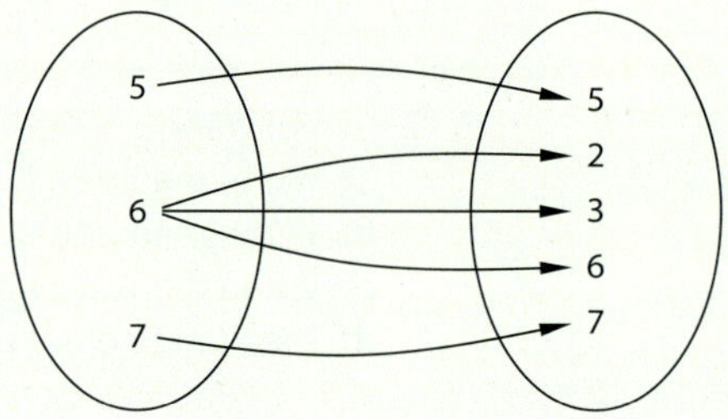

Lösung:

a) Von jeder Zahl geht genau ein Pfeil aus, denn jeder Note wird genau eine Anzahl Schüler zugeordnet. Die Zuordnung ist eindeutig, also eine Funktion.

b) Von der Ausgangszahl 6 gehen mehrere Pfeile aus, denn die 6 hat mehrere Teiler. Die Zuordnung ist nicht eindeutig, also keine Funktion.

Basisaufgaben

1 Entscheide, ob die Zuordnung eine Funktion ist.

a)

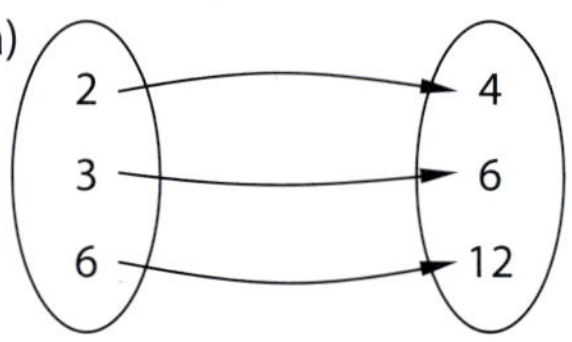

b)

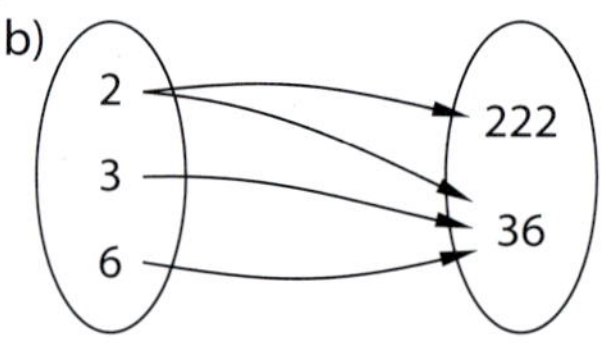

c)

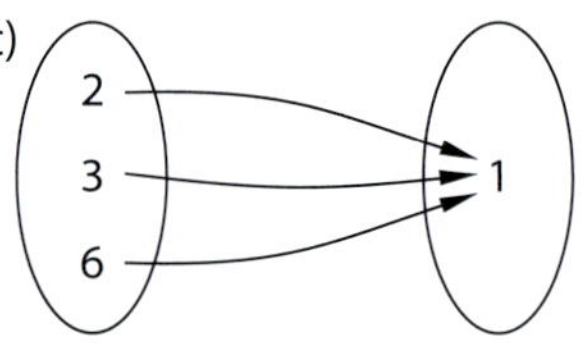

d) Jedem Mitglied der Fußballmannschaft wird seine Schuhgröße zugeordnet.

e) Jeder Haarfarbe werden die Schüler der 8a zugeordnet, die diese Haarfarbe haben.

2 Begründe, ob die Zuordnung eine Funktion ist.

a) Person → Körpergröße

b) Handymodell → Person

c) Jahreszahl → Anzahl der Regentage

d) Höhe des Taschengelds → Person

e) Parkdauer → Parkgebühr

f) Schuhgröße → Körpergröße

g) Zahl → Quadratzahl

h) natürliche Zahl → Quersumme

Funktionen darstellen

Hinweis

Du kennst den zugeordneten Wert bisher als y. Oft schreibt man die Funktionsgleichung deshalb auch als $y = \ldots$ statt $f(x) = \ldots$

Funktionen kann man genauso darstellen wie Zuordnungen: mit Pfeilen, mit Wertetabellen, mit Graphen oder in Worten. Oft gibt man Funktionen auch einen **Namen**, zum Beispiel f. Jedem Ausgangswert x wird dann sein Funktionswert f(x) zugeordnet.
Kennt man die Zuordnungsvorschrift der Funktion, so kann man daraus die **Funktionsgleichung** bilden.

Funktionsname: f

$x \to f(x)$

$3 \to f(3)$

Ausgangswert zugeordneter Wert

Zuordnungsvorschrift: $x \to x + 1$

Funktionsgleichung: $f(x) = x + 1$

Beispiel 2

Die Zuordnung „Jeder Zahl wird ihr Doppeltes zugeordnet." beschreibt eine Funktion.

a) Stelle eine Vorschrift $x \to$ ■ für die Funktion auf. Gib für den Platzhalter ■ einen Term zur Berechnung der Funktionswerte an.

b) Gib der Funktion einen Namen. Stelle die Funktionsgleichung auf.

c) Erstelle eine Wertetabelle und zeichne den Graphen der Funktion.

Lösung:

a) Das Doppelte von x ist 2x. Also wird jedem Ausgangswert x der Funktionswert 2x zugeordnet.

Vorschrift: $x \to 2x$

b) Wähle einen Namen für die Funktion. Die Funktionsgleichung erhältst du mit der Vorschrift aus a). Sie gibt an, wie du den Funktionswert zum Ausgangswert x berechnen kannst.

Funktionsname: f
Funktionsgleichung: $f(x) = 2x$

c) Setze verschiedene Zahlen für x in die Funktionsgleichung ein und berechne jeweils f(x).
Trage die Punkte $(x \mid f(x))$ in ein Koordinatensystem ein. Die Werte für f(x) sind dabei die y-Werte.
Da es zu jedem x einen Funktionswert f(x) gibt, kannst du die Punkte verbinden.

Wertetabelle:

x	1	2	3	4
f(x)	2	4	6	8

Graph:

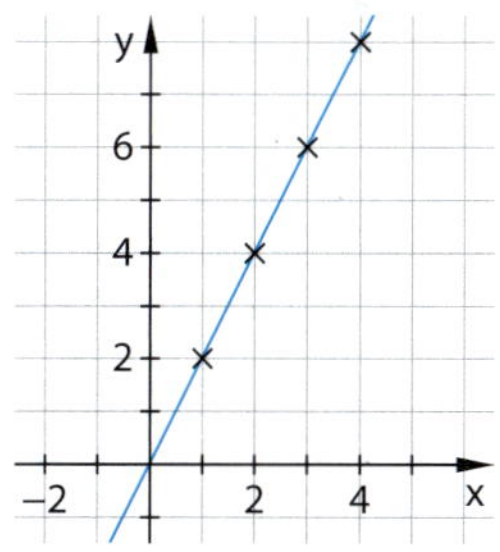

Basisaufgaben

3 Die Zuordnung „Jeder Zahl wird ihre Hälfte zugeordnet." beschreibt eine Funktion.

a) Stelle eine Vorschrift $x \to$ ■ für die Funktion auf.

b) Stelle die Funktionsgleichung auf.

c) Zeichne den Graphen der Funktion.

4 Jeder Zahl wird die Differenz aus 10 und dem Dreifachen der Zahl zugeordnet. Stelle die Funktion auf drei verschiedene Arten dar.

Weiterführende Aufgaben

5 Ordne die Wertetabellen den Graphen ① bis ④ zu. Begründe jeweils.

(A) Höhe einer brennenden Kerze

Zeit (in h)	2	4	6	8
Kerzenhöhe (in cm)	8	6	4	2

(B) Gesamtgewicht eines Lkw

Ladung (in t)	2	4	6	8
Gewicht (in t)	12	14	16	18

(C) Fallstrecke eines Fallschirmspringers

Zeit (in s)	1	2	3	4
Fallstrecke (in m)	5	20	45	80

(D) Kosten für Eis

Anzahl Kugeln	1	2	3	4
Preis (in €)	1,20	2,40	3,60	4,80

①
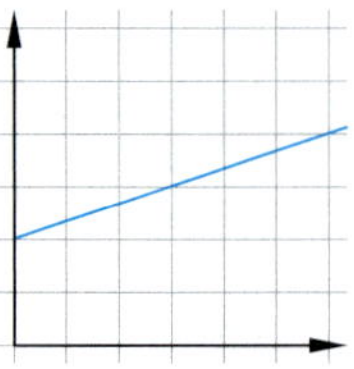
②

③
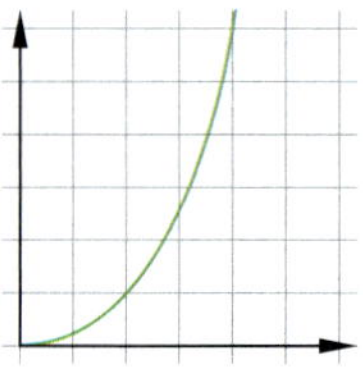
④
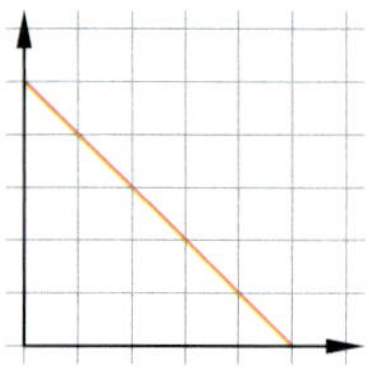

6 Begründe, ob die Abbildung einen Funktionsgraphen zeigt.

a)
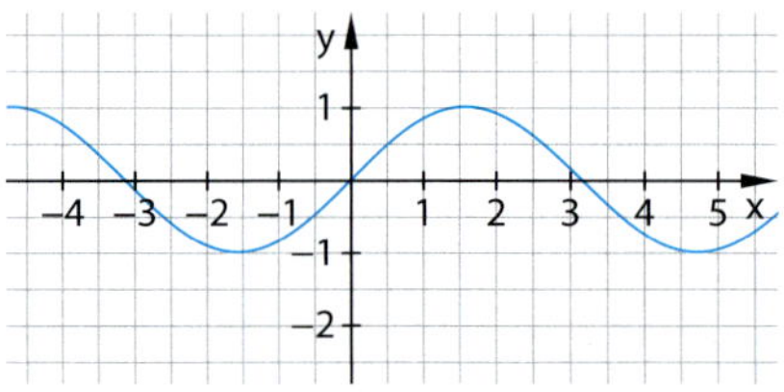

b)
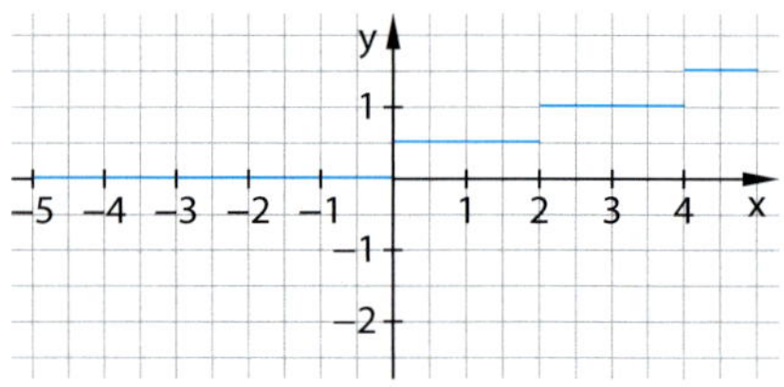

c)
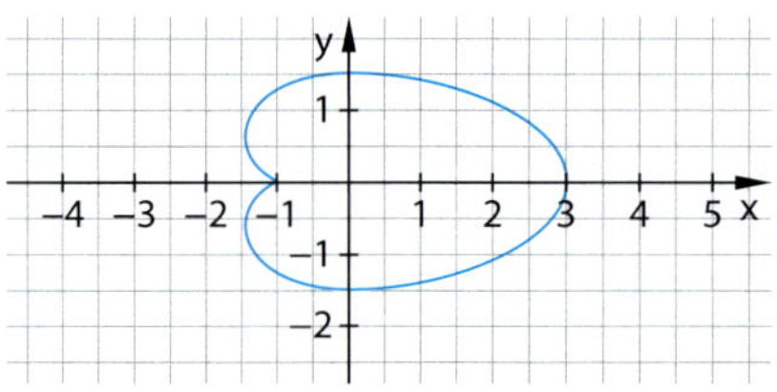

d)
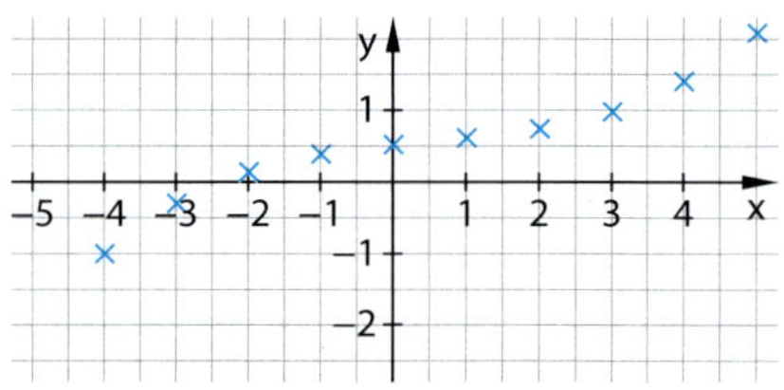

7 **Stolperstelle:** „Die Zuordnung *Person* → *Geburtstag* ist keine Funktion, da es mehrere Personen geben kann, die an einem Tag Geburtstag haben."
Erläutere den Denkfehler.

8 Zeichne die Graphen der Funktionen f, g und h mit $f(x) = x - 1$, $g(x) = 0{,}5x + 1$ und $h(x) = -x + 3$ in ein Koordinatensystem. Beschreibe deine Beobachtung.

9 **Umkehrung von Zuordnungen:** Überprüfe und begründe, ob die Zuordnung und ihre Umkehrung Funktionen sind.

a) *Uhrzeit* → *Ampelfarbe* und *Ampelfarbe* → *Uhrzeit*
b) *Person* → *Alter* und *Alter* → *Person*
c) *Auto* → *Kennzeichen* und *Kennzeichen* → *Auto*
d) Überlege dir weitere Beispiele und stelle sie in der Gruppe vor.

10 **Ausblick:** Zeichne den Graphen der Funktion f mit $f(x) = x^2$ in ein Koordinatensystem. Spiegle ihn an der Winkelhalbierenden des ersten Quadranten. Erläutere den Graphen, der entsteht.

3.2 Proportionale Funktionen

An einer Salatbar kosten 100 g Salat 0,89 €.

a) Berechne den Preis für 450 g Salat.

b) Berechne, wie viel Salat man für 5 € bekommt.

Bei einer proportionalen Zuordnung sind alle Wertepaare $(x|y)$ quotientengleich. Es gilt immer $\frac{y}{x} = m$ mit dem **Proportionalitätsfaktor** m.
Wenn man den Ausgangswert x verändert, dann muss sich auch der zugeordnete Wert y verändern, damit weiter $\frac{y}{x} = m$ gilt. Daher ist jede proportionale Zuordnung **eindeutig** und somit eine **Funktion**.

Wissen

Funktionen, die die Quotientengleichheit erfüllen, heißen **proportionale Funktionen**.

Beispiel 1 Prüfe, ob es sich um eine proportionale Funktion handelt. Falls ja, gib den Proportionalitätsfaktor an.

a)

x	1	2	3	5
y	4	8	12	20

b)

x	1	2	3	5
y	5	9	13	21

Lösung:

a) Berechne alle Quotienten $\frac{y}{x}$.
Alle Quotienten haben den gleichen Wert, nämlich 4. Also ist die Funktion proportional mit dem Proportionalitätsfaktor 4.

$\frac{4}{1} = \frac{8}{2} = \frac{12}{3} = \frac{20}{5} = 4$

Proportionalitätsfaktor: 4

b) Berechne die ersten beiden Quotienten. Du erhältst unterschiedliche Ergebnisse. Also ist die Funktion nicht proportional.

$\frac{5}{1} = 5$ und $\frac{9}{2} = 4{,}5$

Basisaufgaben

1 Prüfe, ob es sich um eine proportionale Funktion handelt. Falls ja, gib den Proportionalitätsfaktor an.

a) Bodylotion (in Flaschen) → Preis (in €)

Anzahl	1	2	5	8
Preis	4,95	9,90	24,75	39,60

b) Länge der Taxifahrt (in km) → Preis (in €)

Strecke	2	5	8	15
Preis	6,00	10,50	15,00	25,50

2 Ergänze die Tabelle so, dass Proportionalität vorliegt. Gib den Proportionalitätsfaktor an.

a)

x	2	3	5	7	10
y		12			

b)

x	1		6	7	
y		24	36		60

3 Sechs Schokoriegel wiegen zusammen 150 g. Berechne das Gewicht von 8 (5; 10) Schokoriegeln.

Funktionsgleichung einer proportionalen Funktion

Von proportionalen Zuordnungen weißt du bereits, dass du die Zuordnung in der Form $y = m \cdot x$ schreiben kannst, wenn du den Proportionalitätsfaktor m kennst. Das lässt sich auf proportionale Funktionen übertragen.

Hinweis

Bei Funktionen kann m auch negativ sein. Statt $y = m \cdot x$ kann man auch $f(x) = m \cdot x$ schreiben.

Wissen

Die **Funktionsgleichung** einer proportionalen Funktion hat die Form $\mathbf{y = m \cdot x}$. Dabei ist m der Proportionalitätsfaktor.

Beispiel 2

Ein Planschbecken wird mit dem Gartenschlauch neu befüllt. Nach 4 Minuten beträgt der Wasserstand 6 cm. Ermittle eine Funktionsgleichung zu der Situation.

Lösung:

Der Zusammenhang ist proportional. Du suchst also die Funktionsgleichung einer proportionalen Funktion.	Ansatz: gesucht:	$y = m \cdot x$ m
Lege die Bedeutung der Variablen x und y fest.	Variablen:	x: Zeit (in min) y: Wasserstand (in cm)
Berechne den Proportionalitätsfaktor. Verwende dazu das Wertepaar (4 | 6).	Proportionalitätsfaktor:	$m = \frac{y}{x} = \frac{6}{4} = 1{,}5$
Setze den Proportionalitätsfaktor $m = 1{,}5$ in die allgemeine Gleichung $y = m \cdot x$ ein.	Funktionsgleichung:	$y = 1{,}5 \cdot x$

Basisaufgaben

4 Ermittle eine Funktionsgleichung zu der Situation.

a) $5\,m^2$ Flauschteppich kosten 250 €.

b) Ein Kanuverleih berechnet für 3 Stunden 24 €.

c) Auf dem Markt kosten 1,5 kg Erdbeeren 9 €.

d) Auf der Autobahn reichen 50 Liter Diesel für 625 km.

5 Vervollständige die Tabelle. Setze dafür die x-Werte in die Gleichung ein.

Hinweis zu 5a

Statt $y = 1{,}2 \cdot x$ kann man auch kürzer schreiben $y = 1{,}2x$.

a) $y = 1{,}2x$

x	1	2	3	5	10	20
y						

b) $y = \frac{1}{4}x$

x	1	2	4	8	10	16
y						

TK

6 Erstelle mit einer Tabellenkalkulation eine Wertetabelle zu der Funktionsgleichung.

a) $y = 5x$ b) $y = 9{,}81x$ c) $y = \frac{5}{6}x$ d) $y = -3x$

7 Die Wertetabelle gehört zu einer proportionalen Funktion. Ergänze die fehlenden Werte.

a)

x	−3	−2	−1	0	1	2
y					3	

b)

x	−3	−1			2	5
y	−15		0	1		

Graph einer proportionalen Funktion

Wissen

Der Graph einer proportionalen Funktion ist eine **Gerade**, die **durch den Ursprung** verläuft.

Beispiel 3

Zeichne den Graphen zur Funktion mit der Funktionsgleichung $y = 1{,}5x$.

Lösung:

Berechne ein beliebiges Wertepaar. Setze dazu eine Zahl außer 0 für x in die Funktionsgleichung ein.

Funktionsgleichung: $y = 1{,}5x$
Wertepaar: $x = 6$ $y = 1{,}5 \cdot 6 = 9$

Die Funktion ist proportional, der Graph ist eine Gerade. Um sie zu zeichnen, benötigst du die Koordinaten von zwei Punkten. Jede proportionale Funktion hat das Wertepaar (0|0).

Koordinaten von zwei Punkten: (6|9) und (0|0)

Du kennst jetzt die Koordinaten von zwei Punkten auf dem Graphen der Funktion.

Zeichne beide Punkte in ein Koordinatensystem. Verbinde beide Punkte durch eine Gerade.

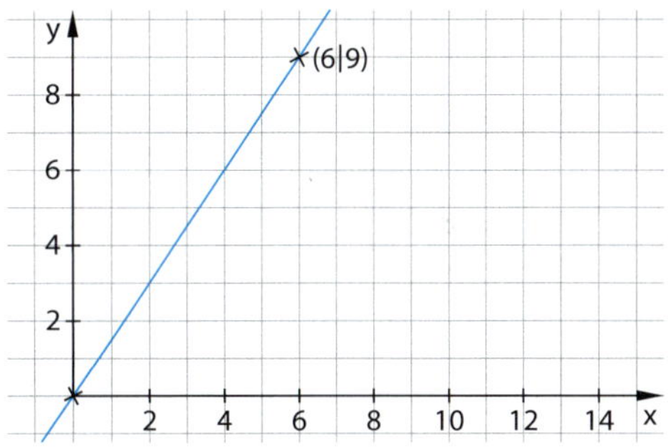

Basisaufgaben

8 Zeichne den Graphen zur Funktion mit der gegebenen Funktionsgleichung.
a) $y = 3x$ b) $y = 0{,}5x$ c) $y = 1{,}6x$ d) $y = -0{,}4x$

9 Bestimme den Proportionalitätsfaktor aus einem Wertepaar des Graphen.

a) 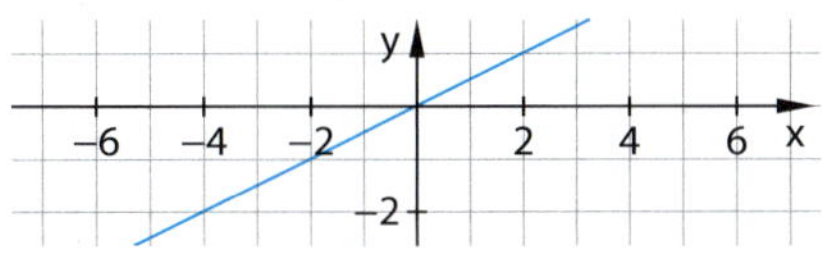

b) 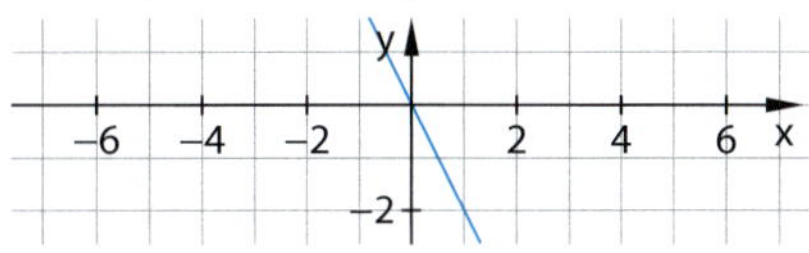

10 Der Graph zeigt den Wasserzulauf in einen Pool. Bestimme aus einem Wertepaar des Graphen den Proportionalitätsfaktor. Gib die Funktionsgleichung an.

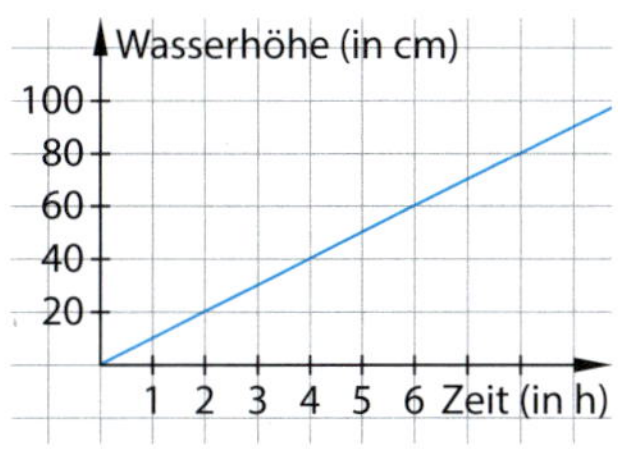

11 Bestimme die Gleichung einer proportionalen Funktion, deren Graph durch den Punkt A verläuft.
a) A(1|1) b) A(1|–3) c) A(3|2) d) A(100|–25)

12 Begründe anhand der Funktionsgleichung $y = m \cdot x$, warum der Graph einer proportionalen Funktion immer durch den Punkt (0|0) verläuft.

Punktprobe

Hinweis zu b)

Auch in der grafischen Darstellung siehst du, dass (4 | 1) nicht auf der Geraden liegt.

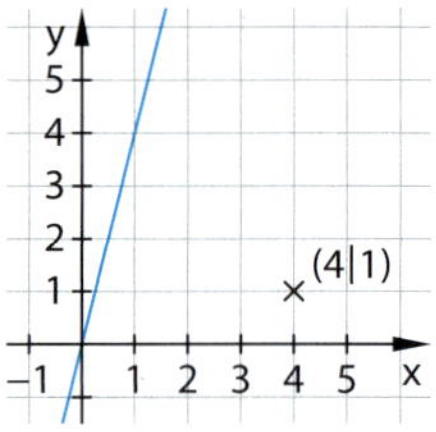

Beispiel 4 Prüfe rechnerisch, ob der Punkt auf dem Graphen der Funktion mit der Funktionsgleichung $y = 4x$ liegt.

a) A(2 | 8) b) B(4 | 1) c) C(−4,5 | −18)

Lösung:

Setze den x-Wert und den y-Wert des Punktes in die Funktionsgleichung $y = 4x$ ein. Falls sich eine wahre Aussage ergibt, liegt der Punkt auf der Geraden.

a) (2 | 8) liegt auf der Geraden, denn:
$8 = 4 \cdot 2$
$8 = 8$ wahr

b) (4 | 1) liegt nicht auf der Geraden, denn:
$1 = 4 \cdot 4$
$1 = 16$ falsch

c) (−4,5 | −18) liegt auf der Geraden, denn:
$-18 = 4 \cdot (-4,5)$
$-18 = -18$ wahr

Basisaufgaben

13 Prüfe rechnerisch, ob die Punkte auf dem Graphen der Funktion liegen.

a) Funktionsgleichung: $y = 2x$ Punkte: A(4 | 2); B(2 | 4); C(7,5 | 10); D(−0,4 | −0,8)

b) Funktionsgleichung: $y = -3x$ Punkte: A(2 | 6); B(4 | −12); C(−2 | 2); D(2,4 | 7,2)

c) Funktionsgleichung: $y = \frac{1}{4}x$ Punkte: A(4 | 1); B(−2 | −2); $C\left(3 \,\middle|\, \frac{1}{12}\right)$; $D\left(5 \,\middle|\, 1\frac{1}{4}\right)$

14 Ordne jedes Wertepaar der passenden Funktionsgleichung zu.

$y = -2{,}5x$ $y = 5x$ $y = 10x$ $y = \frac{2}{5}x$

(3 | −7,5) (2 | 20) (4 | −10) (1 | 5) $\left(2 \,\middle|\, \frac{4}{5}\right)$ (−4 | −20) $\left(\frac{4}{5} \,\middle|\, 8\right)$ (5 | 2) (−2 | −10) (5 | 25)

15 Überprüfe, ob die Punkte auf dem Graphen einer einzigen proportionalen Funktion liegen.

a) A(1 | 3); B(3 | 9); C(−2 | −6)
b) A(3 | 5); B(−6 | −10); C(−10 | −30)
c) A(3 | −15); B(1 | −5); C(−5 | −25)
d) A(0,5 | 0,02); B(−2,4 | −0,096); C(−4 | −0,15)

16 Der Kilopreis für Birnen beträgt 4 €. Überprüfe, ob alle Kunden den richtigen Preis bezahlt haben.

Frau Meyer
0,765 kg
Birnen (lose) 3,06 €

Herr Koslowski
0,475 kg
Birnen (lose) 1,90 €

Frau Kilic
0,505 kg
Birnen (lose) 2,20 €

Weiterführende Aufgaben

17 Lara, Dustin und Torge haben den Graphen zur Gleichung $y = 0{,}4x$ gezeichnet. Vergleiche ihre Lösungen. Nenne jeweils Vor- und Nachteile.

Lara

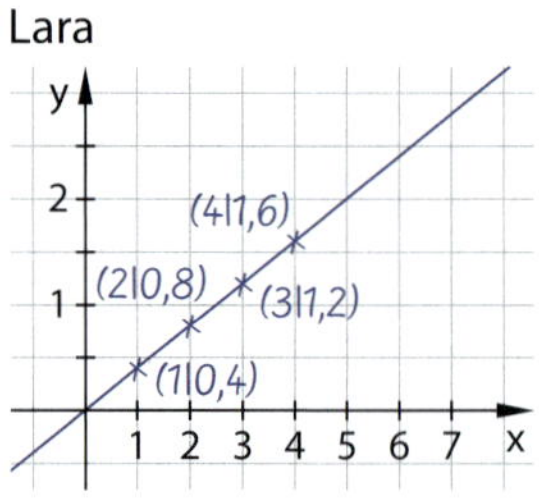

Dustin

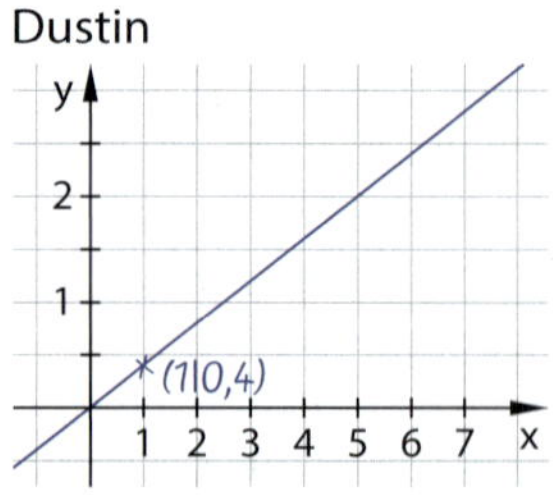

Torge

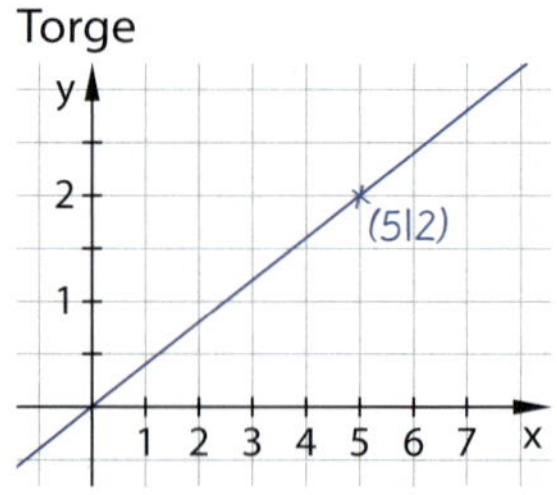

18 Begründe, welche Darstellung eine andere Funktion beschreibt als die anderen drei.

(A) $y = 3x$

(B) Wertepaare: $(0|0)$; $(3|1)$; $(21|7)$

(C) Zahl x → das Dreifache von x

(D)

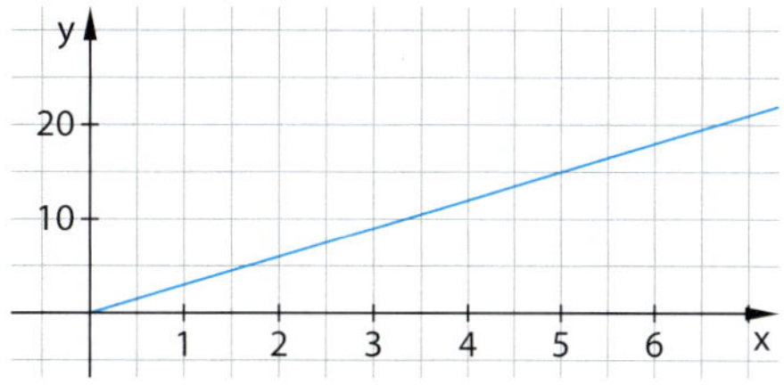

19 **Stolperstelle:** Selma soll prüfen, ob der Punkt $A(12|37)$ auf dem Graphen der Funktion mit der Gleichung $y = 3{,}1x$ liegt. Selma meint: „Ich kann die Punktprobe auch ohne Rechnung machen. Ich zeichne einfach den Graphen und sehe, dass der Punkt auf dem Graphen liegt."
Beurteile Selmas Lösung.

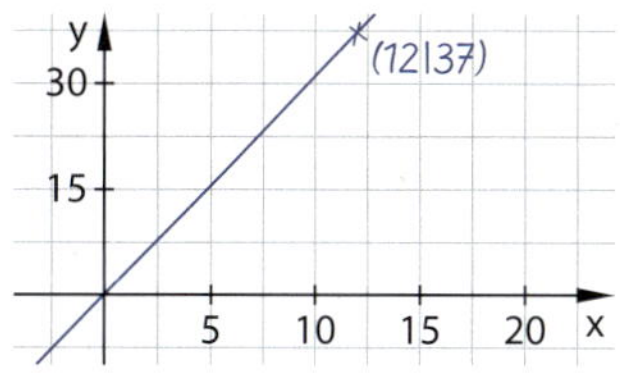

20 Eine Weizenpflanze braucht etwa 6 Monate, um eine Höhe von 1,5 m zu erreichen. Das Wachstum ist ungefähr proportional.

a) Bestimme eine Funktionsgleichung für das Wachstum der Weizenpflanze.
b) Zeichne den Graphen zu der Funktion.
c) Beurteile, was der Graph gut darstellt und was nicht.

21 Denise steckt seit Anfang des Jahres jeden Sonntag 4 € in ihr Sparschwein. Mit der Funktionsgleichung $y = 4x$ lässt sich berechnen, wie viel Denise bereits gespart hat.

a) Erläutere die Bedeutung der Werte von x und y.
b) Berechne den Funktionswert für $x = 2$ ($x = 5$; $x = 52$). Erläutere, was der Wert aussagt.
c) Bestimme die Anzahl der Wochen, die Denise mindestens sparen muss, um mehr als 50 € im Sparschwein zu haben.
d) Erläutere, was die Funktionswerte $x = -3$ und $x = 2{,}5$ bedeuten könnten. Gib an, welche x-Werte in diesem Zusammenhang sinnvoll sind.
e) Begründe, ob es sinnvoll ist, die Punkte des Funktionsgraphen zu verbinden.

22 **Ausblick: Antiproportionale Funktionen**

Eine antiproportionale Funktion wird durch die Funktionsgleichung $y = \frac{a}{x}$ für $x \neq 0$ beschrieben. Der Graph einer antiproportionalen Funktion ist eine Hyperbel.

a) Zeichne den Graphen der Funktion mit der Gleichung $y = \frac{1}{x}$.
b) Bestimme die Funktionsgleichung zu einer Hyperbel, die durch den Punkt $A(3|7)$ verläuft.
c) Ordne jedem Graphen die passende Funktionsgleichung zu. Begründe deine Entscheidung.
① $y = \frac{3}{x}$ ② $y = \frac{8}{x}$ ③ $y = \frac{0{,}5}{x}$
d) Überlege, wie der Graph zur Gleichung $y = -\frac{1}{x}$ aussehen könnte. Überprüfe deine Vermutung mit einer Zeichnung.

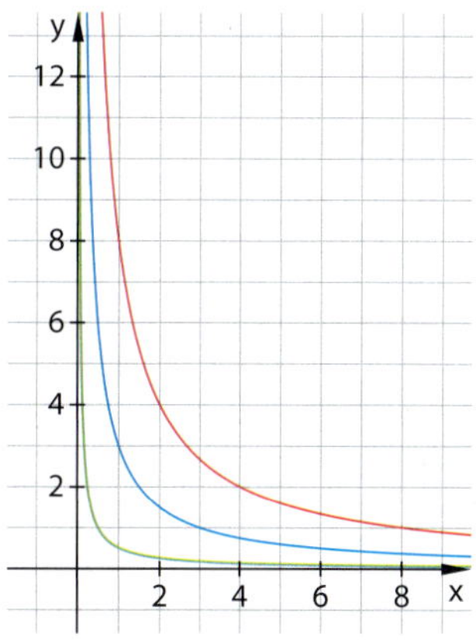

3.3 Steigung

Vergleiche die beiden Treppen. Welche der beiden Treppen ist steiler? Begründe deine Antwort.

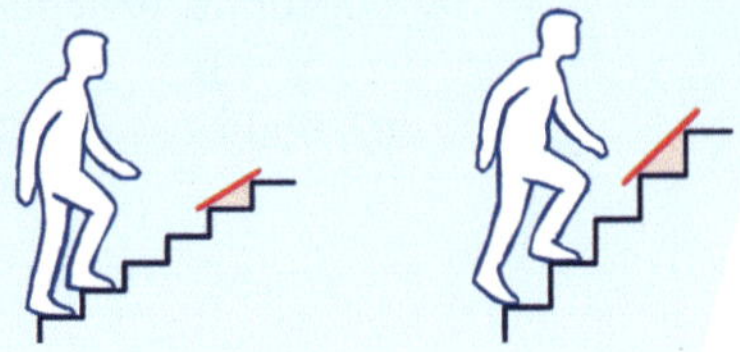

Der **Proportionalitätsfaktor m** gibt an, wie stark sich der y-Wert einer proportionalen Funktion ändert, wenn der x-Wert um 1 vergrößert wird. Wie stark der Graph einer solchen Funktion ansteigt, hängt ebenfalls von m ab. Man nennt m am Graphen deshalb **Steigung**.

Wissen

Der Graph einer proportionalen Funktion mit $y = m \cdot x$ ist eine Gerade mit der **Steigung m**.
Die Steigung gibt die Änderung des y-Werts an, wenn der x-Wert um 1 zunimmt.
Die Steigung lässt sich mit einem **Steigungsdreieck** darstellen.

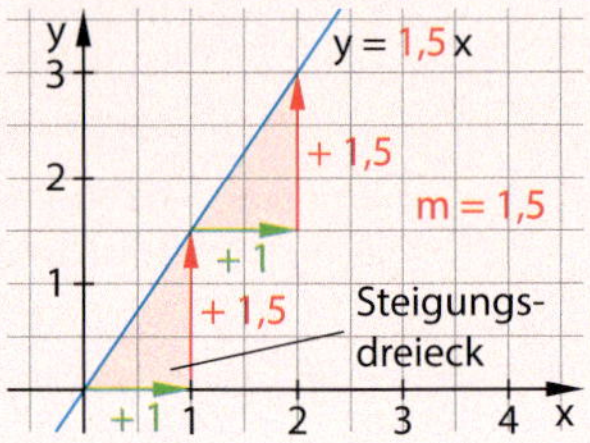

Von der Funktionsgleichung zum Graphen

Beispiel 1 Zeichne den Graphen zur Funktionsgleichung, indem du die Steigung abträgst.

a) $y = 2x$ b) $y = -0{,}5x$ c) $y = \frac{2}{3}x$

Lösung:

a) Die Steigung ist $m = 2$. Zeichne den Graphen mit einem Steigungsdreieck.

b) Die Steigung ist $m = -0{,}5$. Bei einer negativen Steigung zeigt das Dreieck nach unten.

c) Zeichne für $m = \frac{2}{3}$ das Steigungsdreieck größer: 3 nach rechts, 2 nach oben.

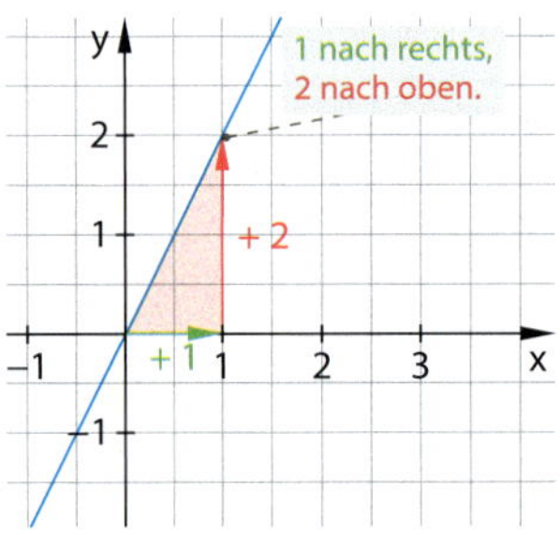

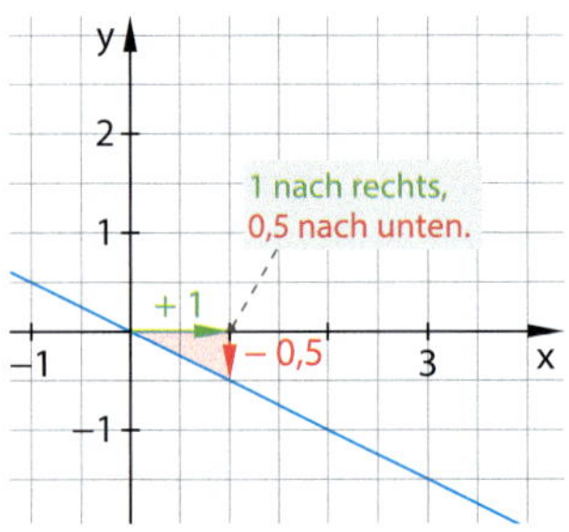

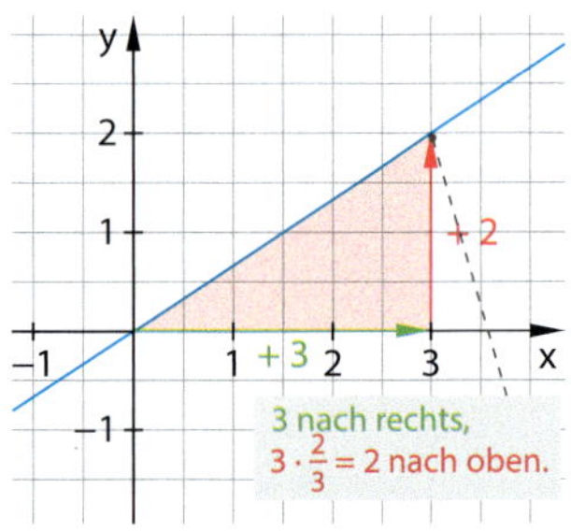

Hinweis zu c)

Ist die Steigung ein Bruch $\frac{a}{b}$ mit $b > 0$, gehe b Einheiten nach rechts und a Einheiten nach oben (bei positiver Steigung) bzw. $|a|$ Einheiten nach unten (bei negativer Steigung), um das Steigungsdreieck zu zeichnen.

Basisaufgaben

1 Zeichne den Graphen zur Funktionsgleichung, indem du die Steigung abträgst.
a) $y = 3x$ b) $y = -2x$ c) $y = -1{,}5x$ d) $y = 4x$

2 Zeichne den Funktionsgraphen. Wähle ein geeignetes größeres Steigungsdreieck.
a) $y = \frac{3}{4}x$ b) $y = -\frac{2}{5}x$ c) $y = 1\frac{1}{3}x$ d) $y = -\frac{1}{4}x$

Hinweis zu 3

Manchmal hilft es, Dezimalzahlen in Brüche umzuwandeln.

3 Zeichne eine Ursprungsgerade mit der angegebenen Steigung.
a) $m = 2{,}5$ b) $m = -0{,}75$ c) $m = \frac{1}{3}$ d) $m = 0{,}4$
e) $m = 0{,}25$ f) $m = -\frac{1}{6}$ g) $m = -1{,}2$ h) $m = 1\frac{1}{5}$

Vom Graphen zur Funktionsgleichung

Beispiel 2 Stelle eine Funktionsgleichung zum Graphen der proportionalen Funktion auf.

a) 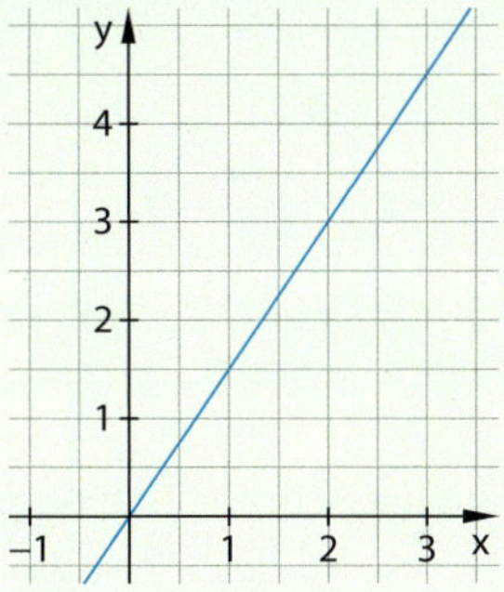

b) 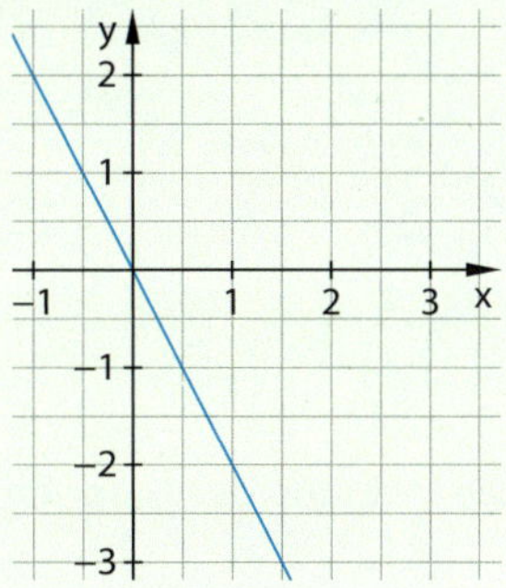

c) 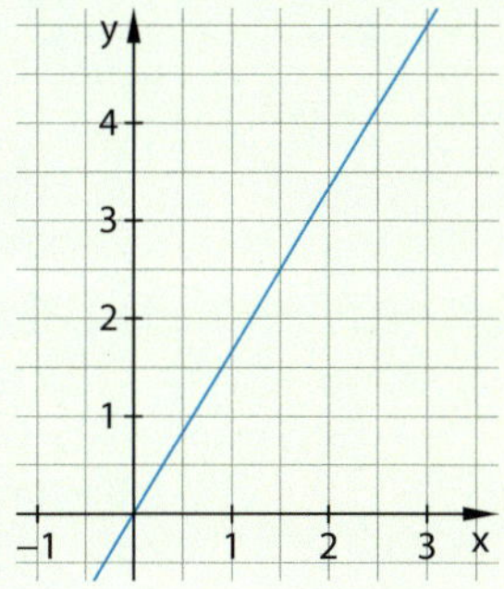

Lösung:

a) Lies die Steigung ab.

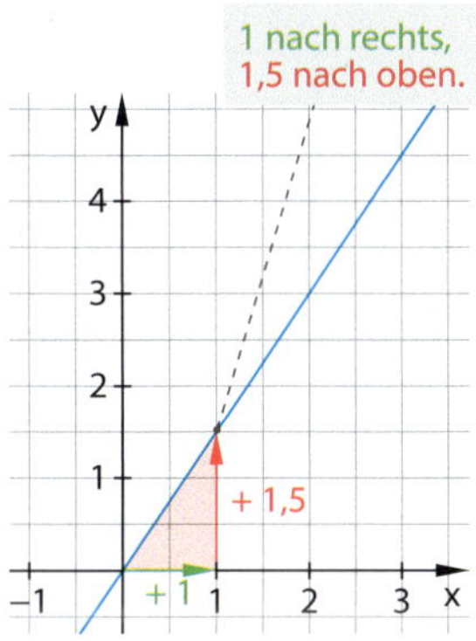

Steigung: $m = 1{,}5$

Gleichung: $y = 1{,}5x$

b) Lies die Steigung ab.

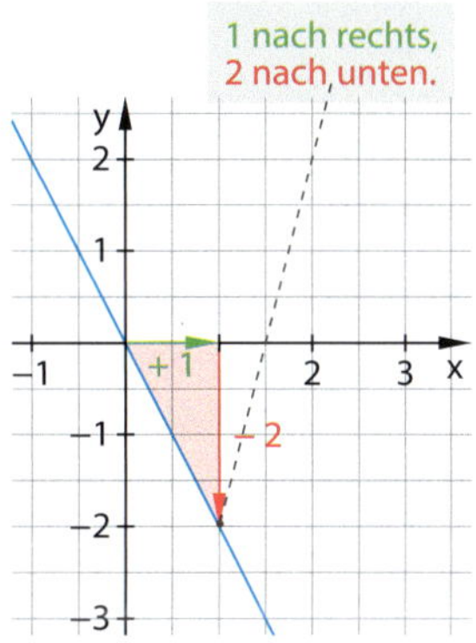

Steigung: $m = -2$

Gleichung: $y = -2x$

c) Lies an einem größeren Steigungsdreieck ab.

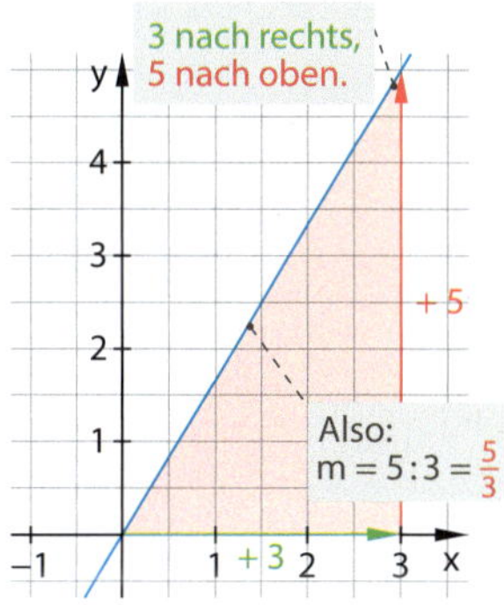

Steigung: $m = \frac{5}{3}$

Gleichung: $y = \frac{5}{3}x$

Basisaufgaben

4 Bestimme die Steigung des Graphen.

a) 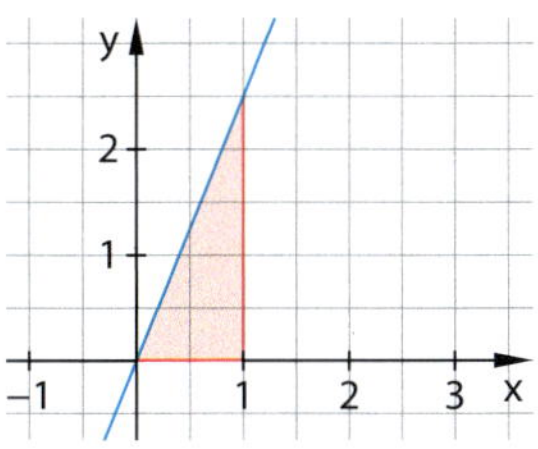

b) 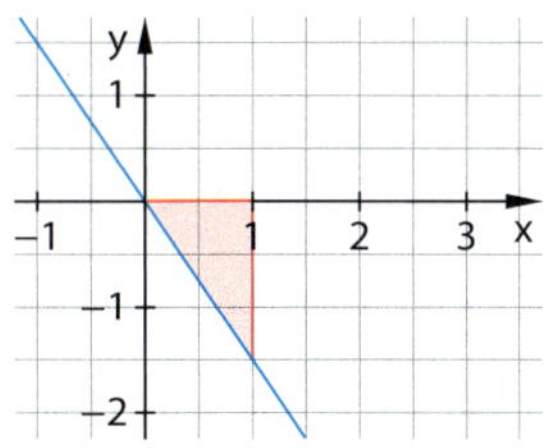

c) 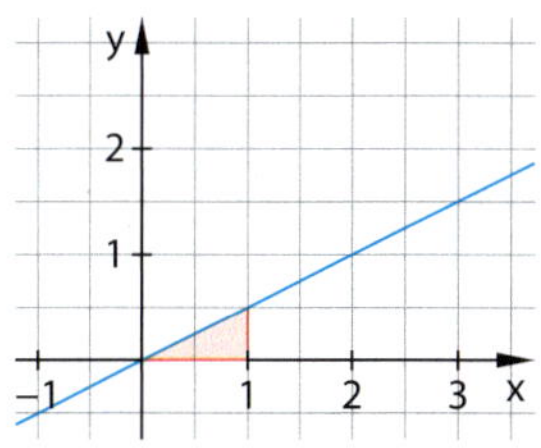

5 Stelle eine Funktionsgleichung zum Graphen auf. Beschreibe dein Vorgehen.

a) 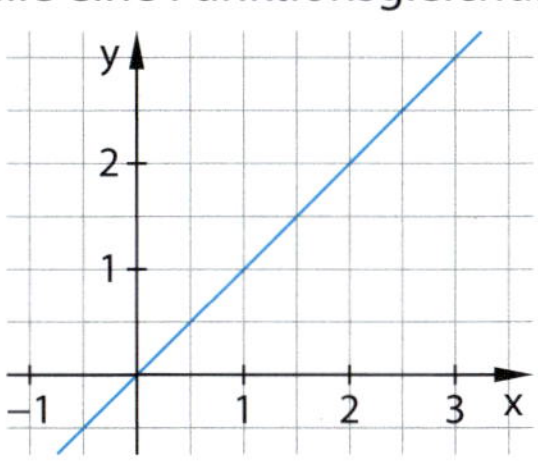

b) 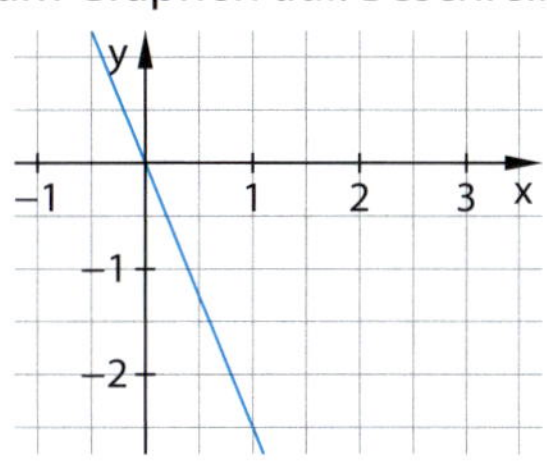

c) 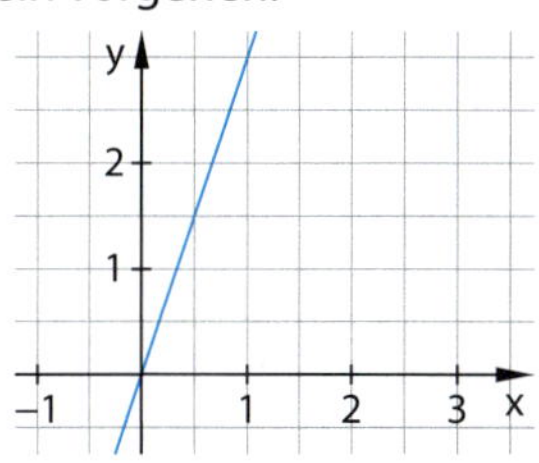

6 Stelle eine Funktionsgleichung zum Graphen auf. Erläutere, wie du ein geeignetes Steigungsdreieck findest.

a) 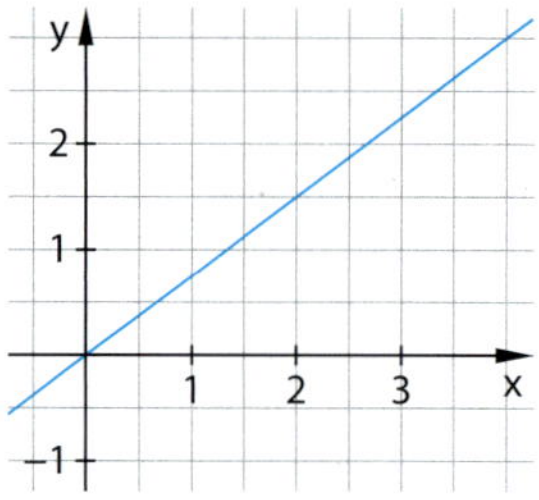

b) 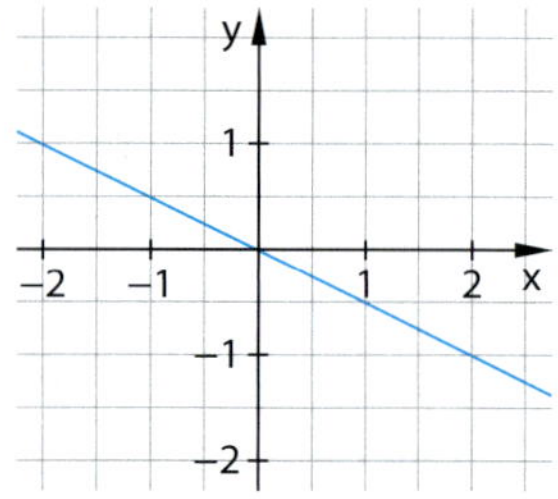

c) 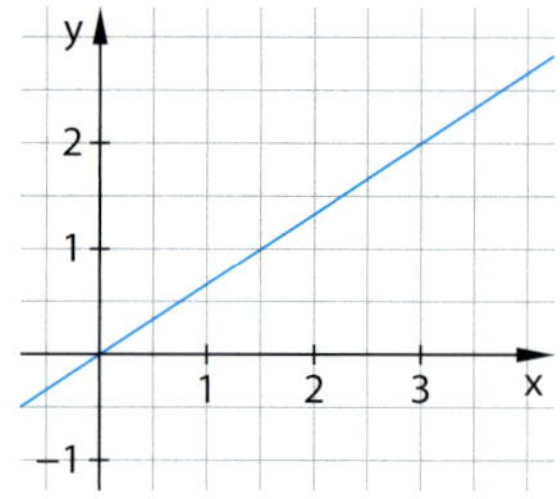

7 Bestimme die Steigung des Graphen. Achte auf die Achseneinteilung.

a) 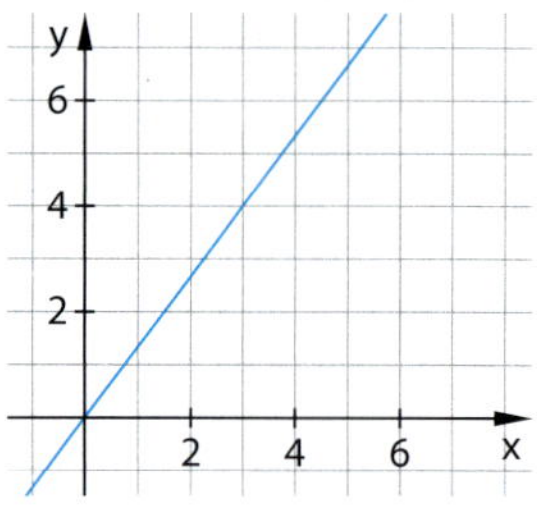

b) 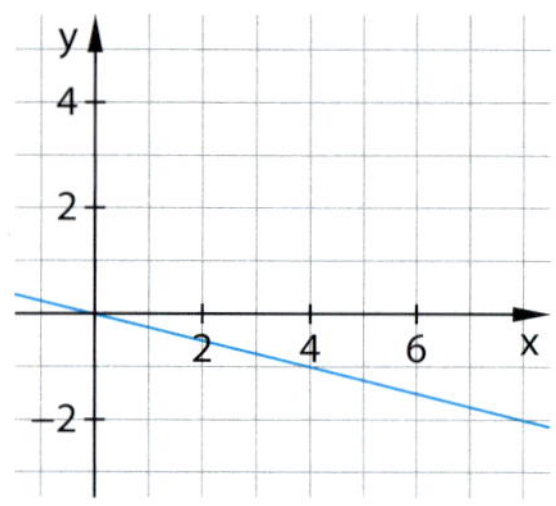

c) 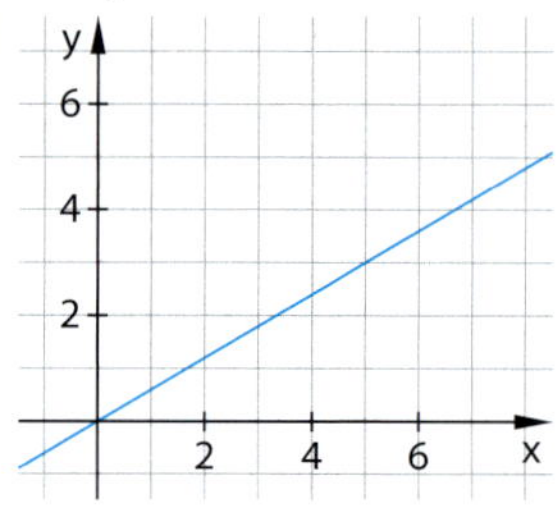

8 Bestimme die Steigungen der Graphen der proportionalen Funktionen. Beschreibe, wie sich die Graphen durch unterschiedliche Steigungen m verändern. Unterscheide dazu geeignete Fälle.

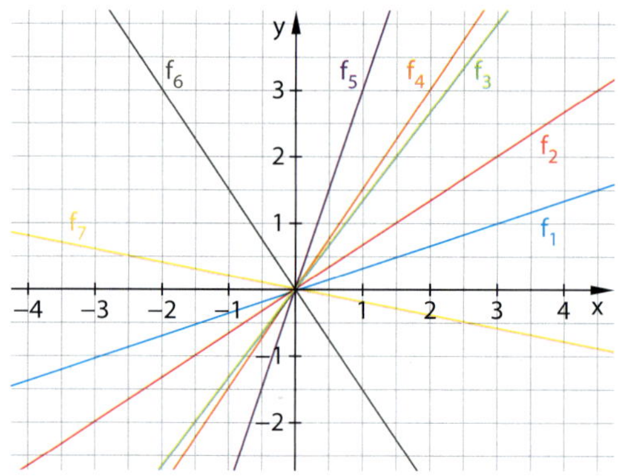

Weiterführende Aufgaben

9 **Stolperstelle:** Korrigiere die Funktionsgleichung. Erkläre den Fehler.

a) 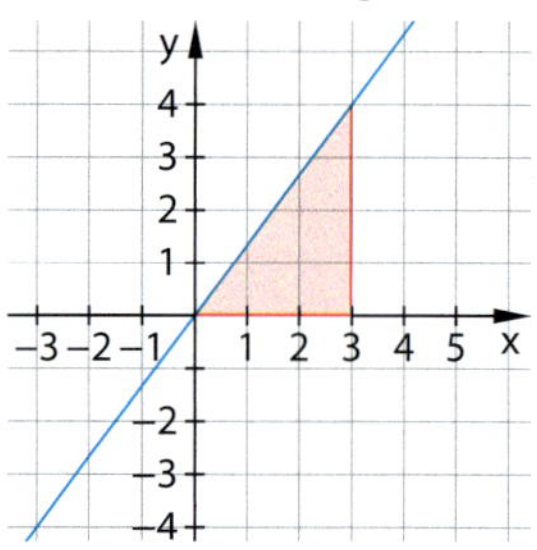

$y = 4x$

b) 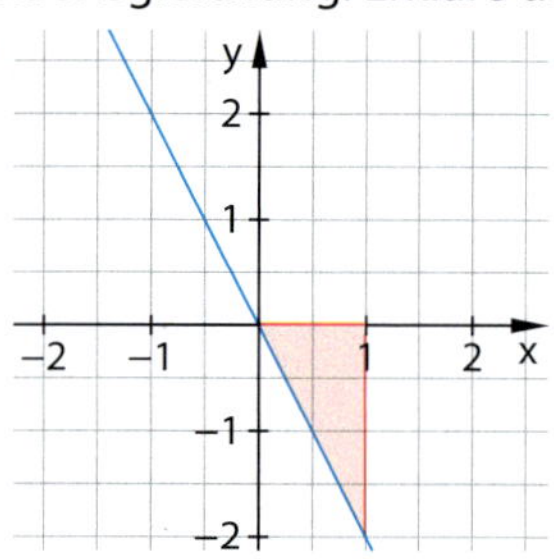

$y = 2x$

c) 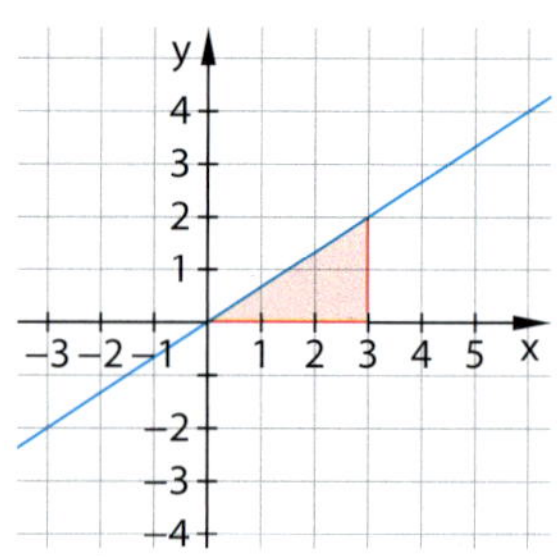

$y = \frac{3}{2}x$

10 Zeichne den Graphen zur Funktionsgleichung. Teile die y-Achse geeignet ein.

a) $y = 20x$ b) $y = 50x$ c) $y = -12x$

d) $y = 0{,}02x$ e) $y = 12\,000x$ f) $y = \frac{1}{4000}x$

11 Ordne jede Karte einem der Fälle $m > 0$ oder $m < 0$ zu. Begründe deine Entscheidung.

je mehr, desto mehr | fallend | steigend | Die „Treppe" geht nach unten. | je mehr, desto weniger | Die „Treppe" geht nach oben.

12 Der Punkt A(1 | 2) liegt auf dem Graphen einer proportionalen Funktion.
Der Punkt P liegt auf dem gleichen Graphen. Berechne die y-Koordinate von P.
a) P(2 | y) b) P(3 | y) c) P(−1 | y) d) P(0 | y)

13 Der Graph stellt die Funktion *Zeit (in s) → Höhe auf der Rolltreppe (in m)* dar. Pia meint: „Das kann nicht stimmen. Die Rolltreppe ist viel steiler." Nimm Stellung.

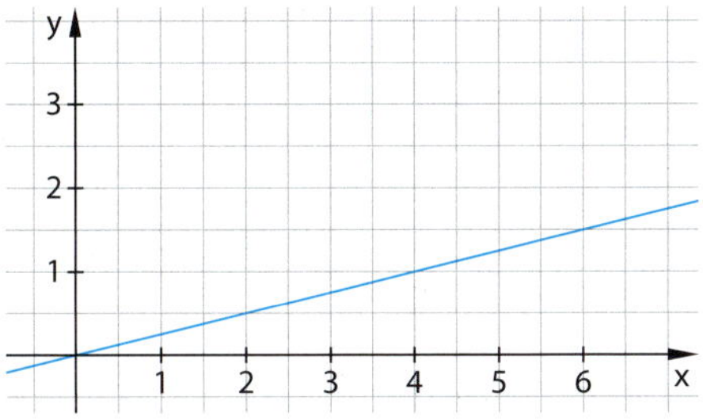

14 Die Graphen zu den Funktionsgleichungen ①, ② und ③ geben jeweils die Richtung eines Stundenzeigers an. Ordne jeder Gleichung eine passende Uhrzeit zu. Begründe deine Entscheidung.

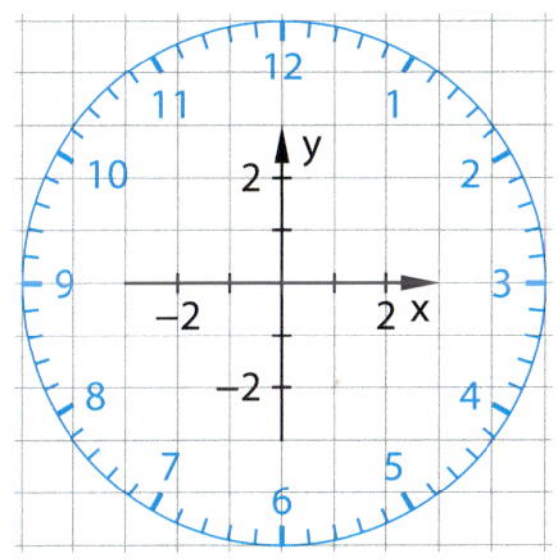

① $y = \frac{5}{3}x$ ② $y = -\frac{3}{5}x$ ③ $y = 0{,}5x$

ein Uhr | kurz nach acht | kurz nach zwei | vier Uhr

15 Die Abbildung zeigt Funktionsgraphen proportionaler Funktionen für die Werte $m = -5$ bis $m = 5$ in 0,1-Schritten.

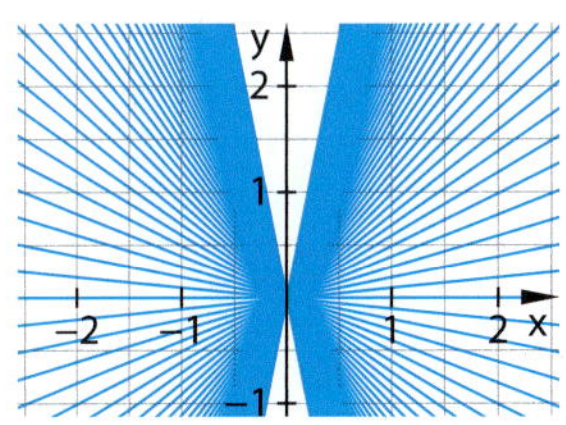

a) Zeichne die Geraden für die ganzzahligen Werte von m von 0 bis 5. Beschreibe den Graphen für $m = 0$.
b) Erkläre, warum die Graphen im Bild in einigen Bereichen dichter liegen als in anderen.
c) Man kann m beliebig vergrößern und verkleinern. Begründe, welche Gerade man trotzdem nie als Graphen bekommen kann.
d) Erzeuge die Abbildung mit einem CAS.

16 **Ausblick:** Bei Straßen wird die Steigung in Prozent angegeben. 24 % Steigung bedeutet: Auf 100 m waagerechter Wegstrecke steigt die Straße in der Höhe um 24 m.

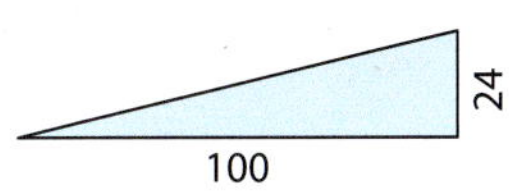

a) Berechne, um wie viele Meter in der Höhe eine Straße mit 24 % Steigung auf 50 m (10 m; 1 m) waagerechter Wegstrecke ansteigt.
b) Stelle eine Funktionsgleichung auf, die eine Straße mit 24 % Steigung (15 %; 7 %) beschreibt.
c) Tien behauptet. „Eine Straße mit 100 % Steigung ist ja eine senkrechte Wand." Begründe, dass Tien nicht recht hat.

3.4 Lineare Funktionen

In einer Wakeboardanlage kostet eine Zeitkarte 15 € pro Stunde. Für die Ausrüstung (Board, Neoprenanzug, Schwimmweste) kommen noch einmal pauschal 20 € hinzu. Berechne den Preis für 4 Stunden Fahrzeit inkl. Ausrüstung.

In manchen Situationen ändert sich eine Größe zwar proportional, aber zusätzlich muss ein fester Wert wie eine Grundgebühr oder ein Anfangsbestand berücksichtigt werden.

Wissen

Eine **lineare Funktion** ist eine Funktion mit einer Funktionsgleichung der Form $\mathbf{y = m \cdot x + b}$.
Der Graph einer linearen Funktion ist eine Gerade mit der Steigung m. Sie schneidet die y-Achse im Punkt $(0|b)$.
b heißt **y-Achsenabschnitt**.

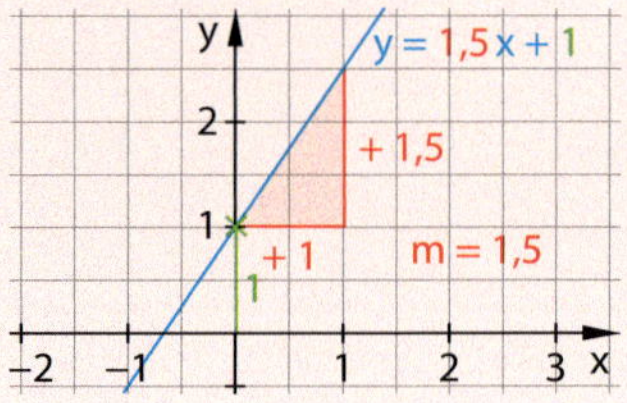

Die lineare Funktion mit der Gleichung $y = 0{,}5x + 3$ unterscheidet sich von der proportionalen Funktion $y = 0{,}5x$ nur durch die Zahl 3, die zu jedem Wert der proportionalen Funktion addiert wird.

Der Graph zu $y = 0{,}5x + 3$ entsteht durch Verschiebung des Graphen der proportionalen Funktion um 3 Einheiten nach oben.

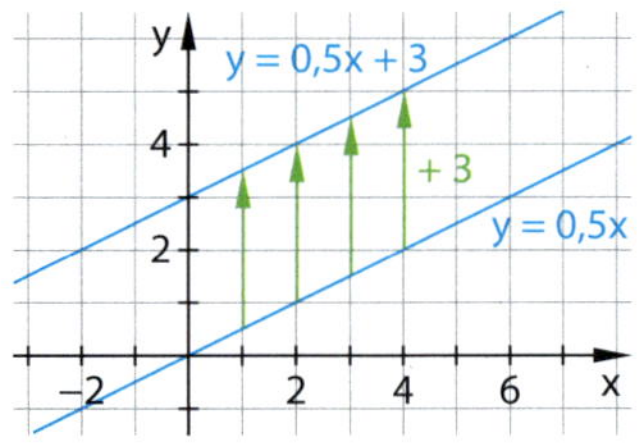

Funktionsgleichung aufstellen

Beispiel 1 Ermittle eine Funktionsgleichung zu der Situation und zeichne den Graphen.

a) Man kann einen Transporter für 2,50 € pro km mieten. Die Grundgebühr beträgt 5 €.
b) Ein Brausefass enthält 20 ℓ Brause. Bei geöffnetem Hahn fließen 4 ℓ pro Minute ab.

Lösung:

a) Pro Kilometer werden 2,50 € berechnet. Dieser Zusammenhang ist proportional $(2{,}5 \cdot x)$. Addiere die 5 € Grundgebühr, um die Gesamtkosten zu erhalten.

x: Strecke (in km)
y: Gesamtkosten (in €)

$y = 2{,}5 \cdot x + 5$

Berechne zwei Wertepaare, um den Graphen zu zeichnen.

1. Wertepaar: $(0|5)$
2. Wertepaar: $(4|15)$

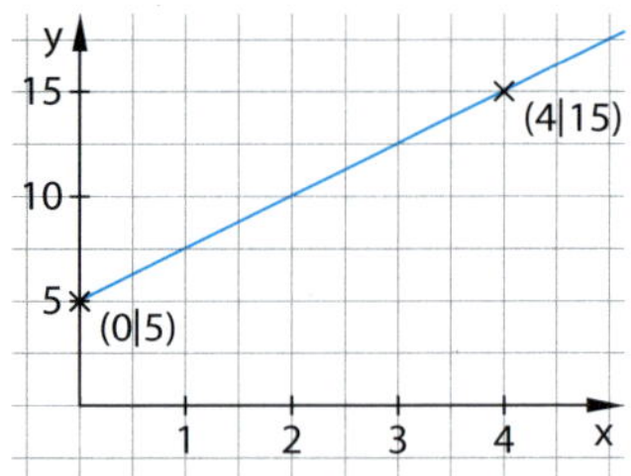

b) Pro Minute fließen 4 ℓ ab. Dieser Zusammenhang ist proportional $(-4 \cdot x)$.

x: Zeit (in min)
y: Restmenge Brause (in ℓ)

Ziehe die abgeflossene Brause von der Anfangsmenge 20 ℓ ab. Berechne zwei Wertepaare, um den Graphen zu zeichnen.

$y = 20 - 4 \cdot x$
(oder $y = -4 \cdot x + 20$)
1. Wertepaar: $(0|20)$
2. Wertepaar: $(4|4)$

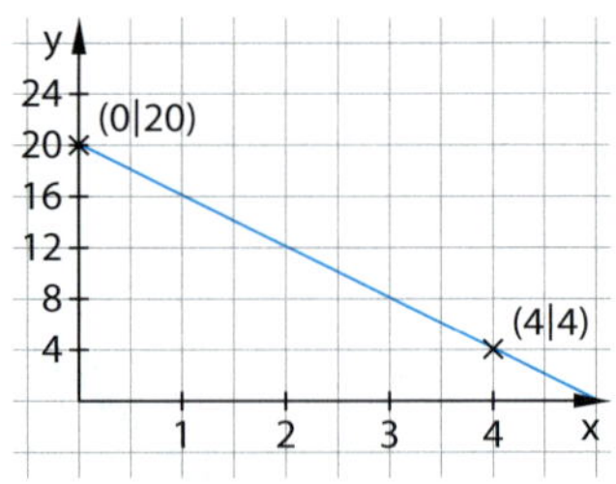

Hinweis

Je weiter die Punkte auseinander liegen, desto genauer wird die Zeichnung.

Basisaufgaben

1 Ermittle eine Funktionsgleichung zu der Situation und zeichne den Graphen.
a) Ein Kanuverleih verleiht Canadierboote zu 5 € pro Stunde. Für Schwimmwesten kommen pauschal 8 € Leihgebühr hinzu. Betrachte die Gesamtkosten.
b) In einem Heizungskeller steht das Wasser 25 cm hoch. Mit einer Wasserpumpe wird Wasser gleichmäßig abgepumpt. Pro Stunde sinkt das Wasser um 2 cm. Betrachte den Wasserstand.
c) Eine Kerze ist anfangs 15 cm hoch. Beim Brennen nimmt die Höhe um 15 mm pro Stunde ab. Betrachte die Höhe der Kerze.

2 Ein Ferienhaus an der Ostsee kostet pro Nacht 60 € Miete. Die Endreinigung kostet 40 €.
a) Erläutere, welcher Zusammenhang proportional ist und welche Größe den festen Wert darstellt.
b) Berechne die Gesamtkosten für 7 Übernachtungen.
c) Ermittle eine allgemeine Funktionsgleichung für die Gesamtkosten.

3 Ein Fallschirmspringer sinkt nach dem Öffnen des Fallschirms gleichmäßig zu Boden. Betrachte den Zusammenhang *Zeit nach dem Öffnen → Höhe des Fallschirmspringers*.
a) Begründe, welche Funktionsgleichung den Sachzusammenhang beschreiben könnte.

① $y = 5x + 1500$	② $y = 1500x - 5$	③ $y = 1500 - 5x$	④ $y = 1500 + 5x$

b) Beschreibe die Bedeutung der Steigung und des y-Achsenabschnitts.

4 „Wenn ich die Funktionsgleichung einer linearen Funktion gegeben habe, muss ich nur einen Punkt ausrechnen, um den Graphen zu zeichnen. Den zweiten Punkt habe ich ja schon gegeben.“ Erkläre, was damit gemeint ist.

Von der Funktionsgleichung zum Graphen

Beispiel 2

Zeichne den Graphen der Funktion mit der Funktionsgleichung $y = -2x + 4$.

Lösung:

Da der y-Achsenabschnitt $b = 4$ ist, verläuft der Graph durch den Punkt mit den Koordinaten $(0|4)$.

Zeichne von dort ein Steigungsdreieck ein: 1 nach rechts und 2 nach unten.
Zeichne die Gerade durch den Punkt $(0|4)$ und durch den unteren Eckpunkt des Steigungsdreiecks.

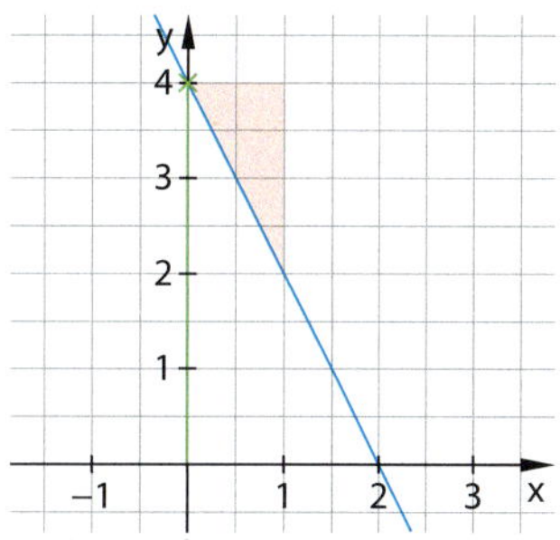

Hinweis

Du kannst den Graphen auch ohne Steigungsdreieck zeichnen. Berechne dazu die Koordinaten von zwei Punkten wie in Beispiel 1.

Basisaufgaben

5 Gib die Steigung und den y-Achsenabschnitt der linearen Funktion an. Zeichne den Graphen.

a) $y = 4x - 1$ b) $y = -2x + 5$ c) $y = -3x + 3$ d) $y = x + 1{,}5$
e) $y = 2x - 1$ f) $y = 3x - 2{,}5$ g) $y = 2{,}5x - 3{,}5$ h) $y = 6{,}8 - x$

6 Zeichne den Graphen zur Funktionsgleichung. Wähle ein geeignetes Steigungsdreieck.

a) $y = \frac{1}{3}x + 2$ b) $y = \frac{3}{5}x - 2$ c) $y = -\frac{1}{3}x - 2$ d) $y = -\frac{5}{6}x + 2{,}5$

7 Zeichne die Graphen in ein gemeinsames Koordinatensystem.

a) $y = -1{,}5x + b$ für $b = 0; 1; 2; 3$ b) $y = mx + 1$ für $m = 0{,}5; 1; 1{,}5; 2$

c) $y = 2x + b$ für $b = -4; -3; -2; -1$ d) $y = mx + 8$ für $m = -1; -2; -3; -4$

8 Zeichne die Gerade mit der Steigung m und dem y-Achsenabschnitt b.

a) $m = 3{,}5; b = -3$ b) $m = \frac{3}{4}; b = 2$ c) $m = 0{,}25; b = 0{,}5$ d) $m = 0{,}3; b = 0{,}7$

9 Zeichne den Graphen zur Gleichung. Wähle eine geeignete Einteilung der y-Achse.

a) $y = -10x + 80$ b) $y = 50x - 200$ c) $y = -7{,}5x + 1500$ d) $y = 0{,}2x + 2$

Vom Graphen zur Funktionsgleichung

Beispiel 3 Stelle zu der Geraden eine Funktionsgleichung auf.

a)

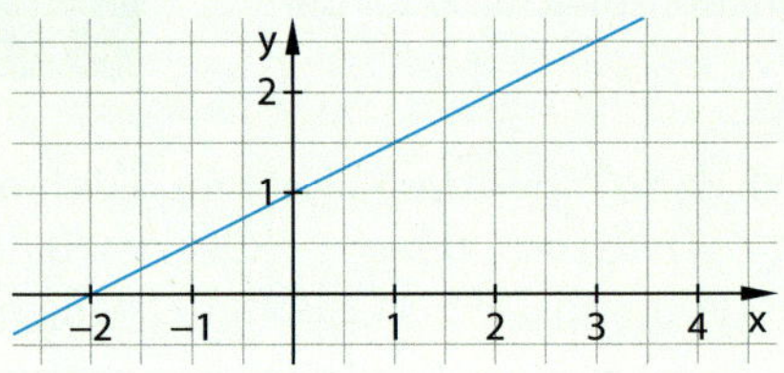

b)

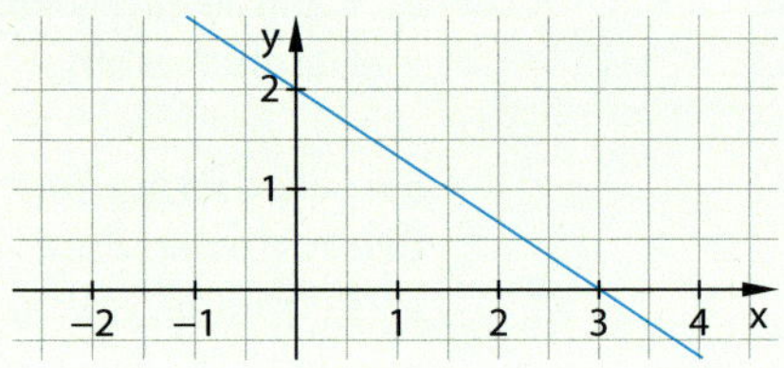

Lösung:

a) ① Lies den y-Achsenabschnitt b ab:
$b = 1$

② Bestimme die Steigung m mithilfe eines Steigungsdreiecks: $m = 0{,}5$

③ Setze m und b in die Gleichung $y = mx + b$ einer linearen Funktion ein.

①

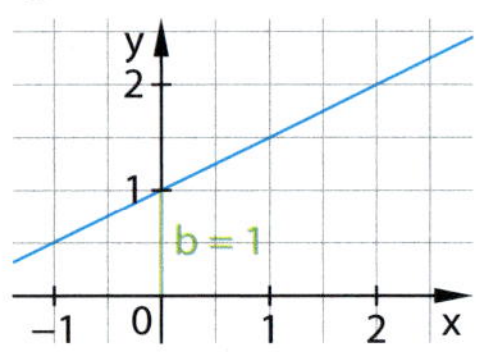

②

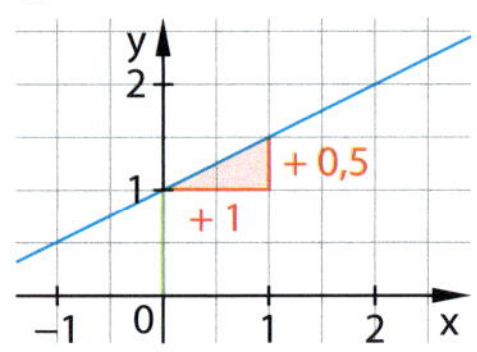

③ $y = 0{,}5x + 1$

b) ① Lies den y-Achsenabschnitt b ab:
$b = 2$

② Zeichne ein größeres Steigungsdreieck. Du gehst 3 Schritte nach rechts und 2 nach unten. Also ist die Steigung $m = -\frac{2}{3}$.

③ Setze m und b in die Gleichung $y = mx + b$ einer linearen Funktion ein.

①

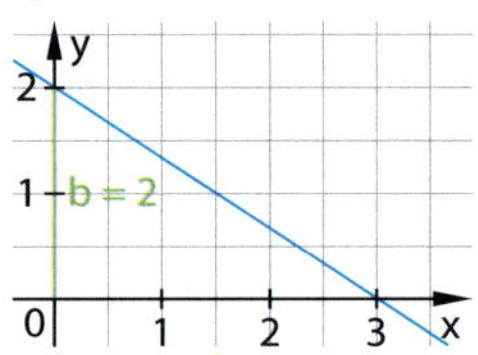

②

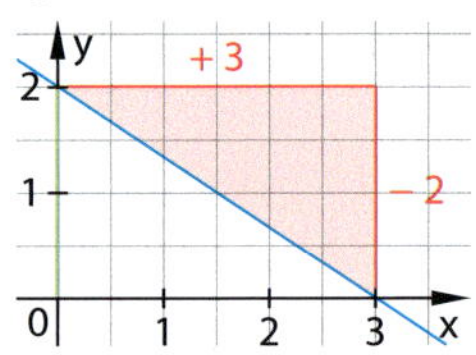

③ $y = -\frac{2}{3}x + 2$

Basisaufgaben

10 Bestimme die Steigung der Geraden.

a)

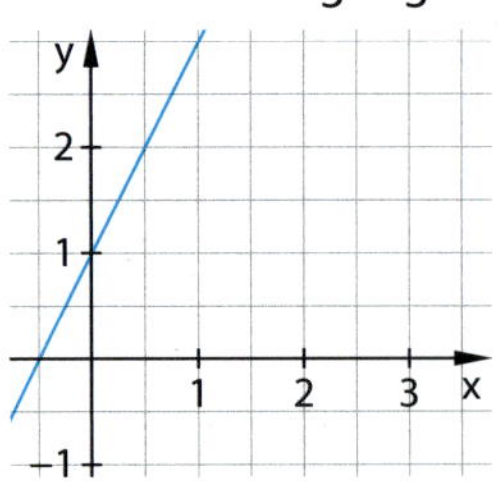

b)

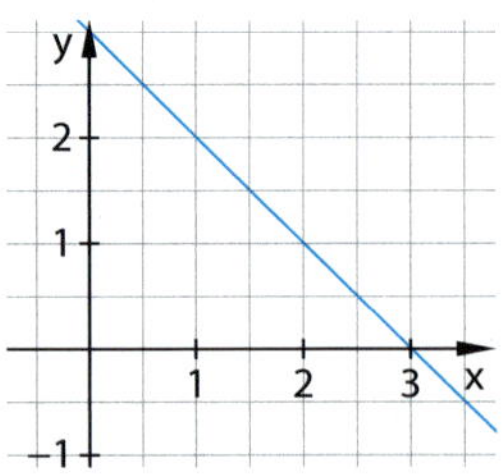

c)

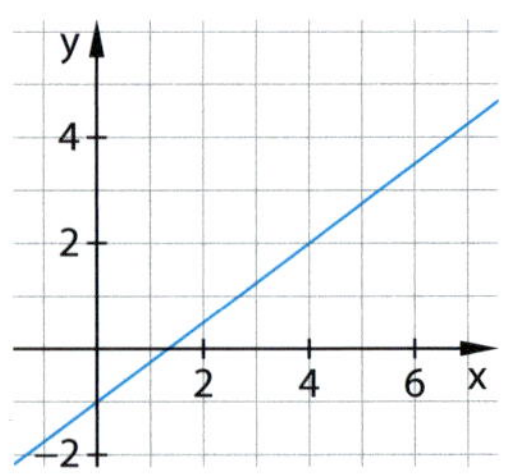

Lösungen zu 11

Hier findest du die Steigungen und y-Achsenabschnitte.

$-\frac{4}{3}$ 3 $-\frac{1}{5}$ 1 2 −4 −1,5 3 1 $\frac{7}{3}$ −1 $\frac{1}{3}$

11 Stelle zu der Geraden eine Funktionsgleichung auf.

a)
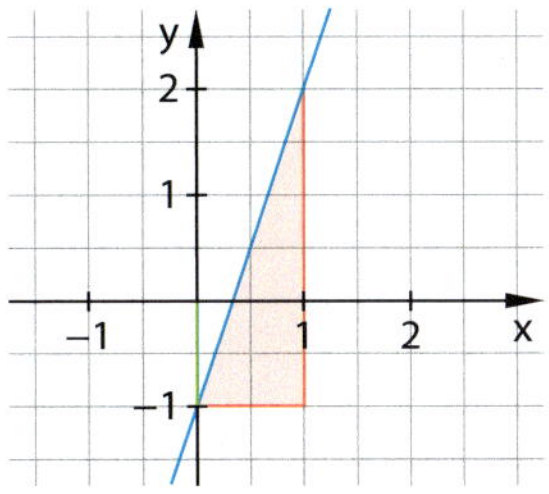

b)
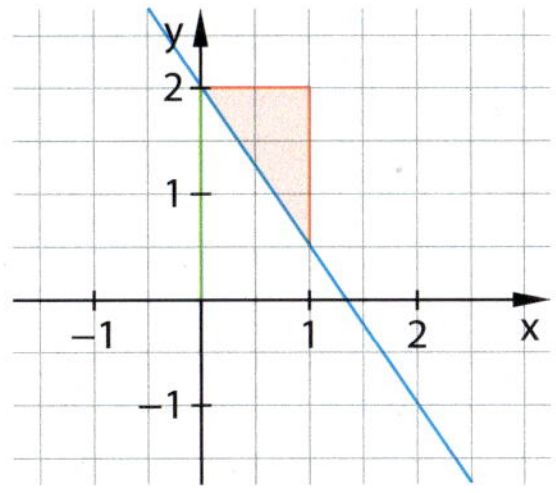

c)
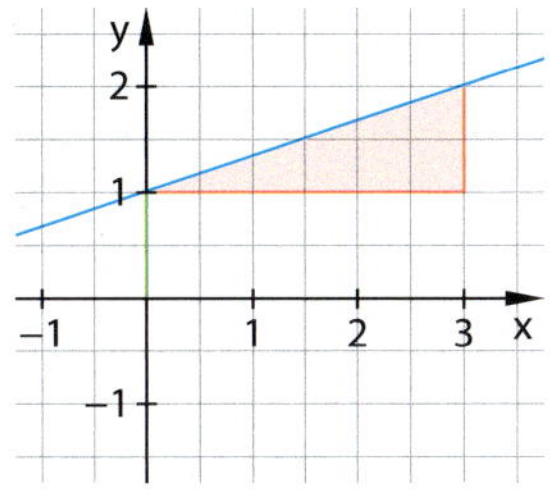

d)
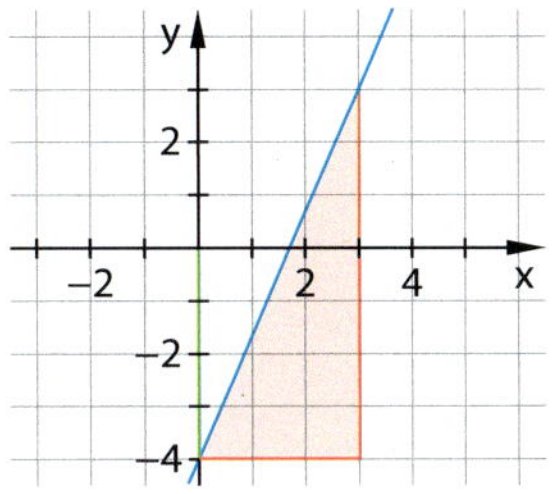

e)
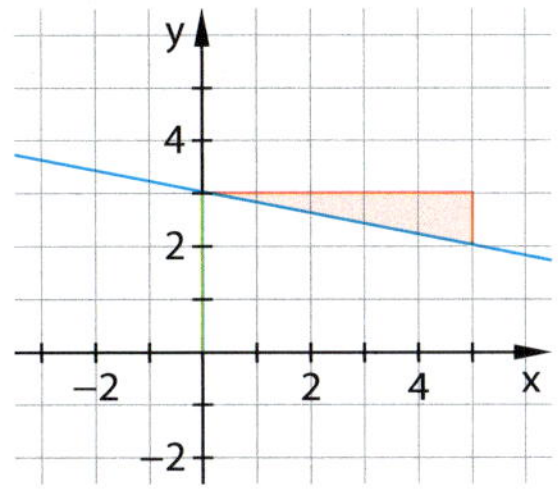

f)
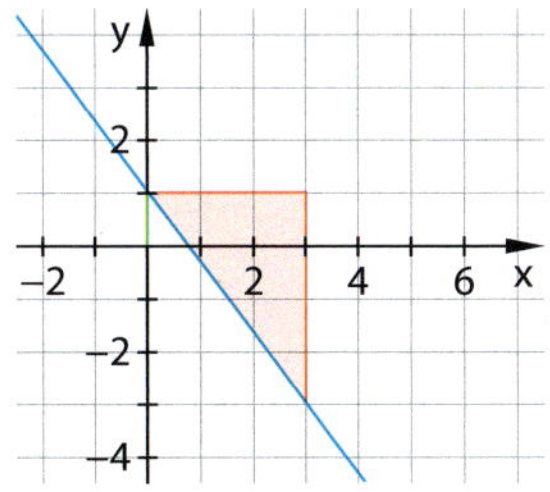

12 Stelle zu der Geraden eine Funktionsgleichung auf.

a)
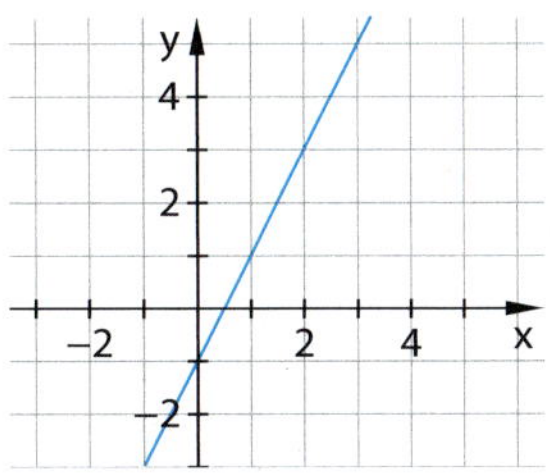

b)
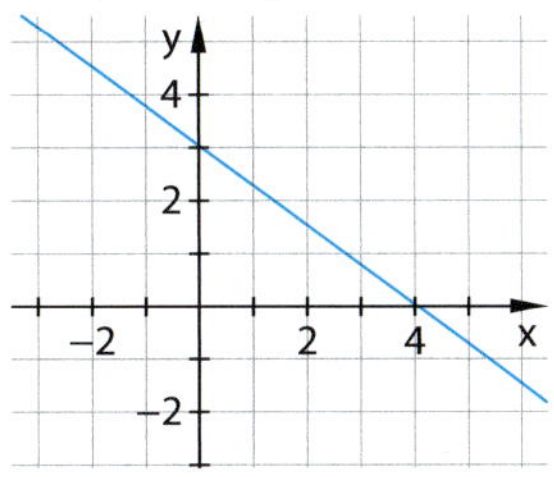

c)
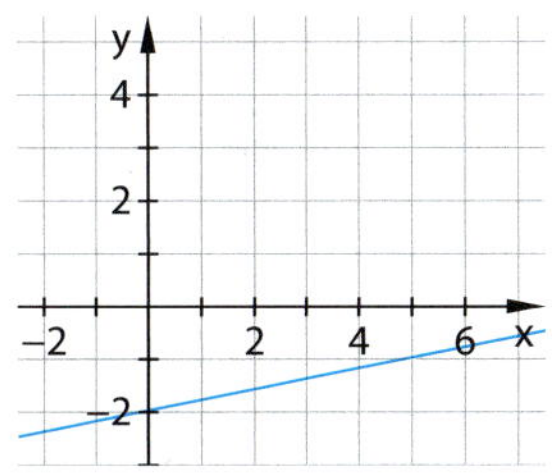

13 Zeichne die beiden Punkte in ein Koordinatensystem und verbinde sie durch eine Gerade. Stelle die Funktionsgleichung der Geraden auf.

a) $A(1|0)$; $B(3|1)$ b) $C(0|-2)$; $D(4|-4)$ c) $E(1|2)$; $F(-1|-2)$

d) $P(-3|5)$; $Q(2|-3)$ e) $R(1|-2{,}5)$; $S(3{,}5|3{,}75)$ f) $U\left(-\frac{1}{2}\middle|\frac{1}{2}\right)$; $V\left(3\frac{1}{2}\middle|0\right)$

14 a) Ordne jeder Funktionsgleichung den passenden Graphen zu.

$y = -25x + 85$ $y = -40x + 280$ $y = -5x + 600$

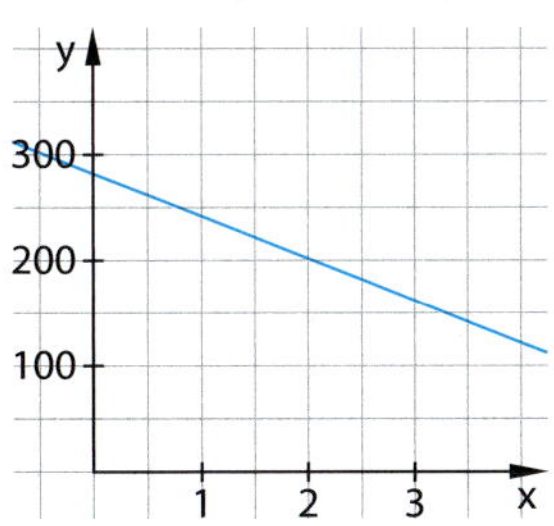

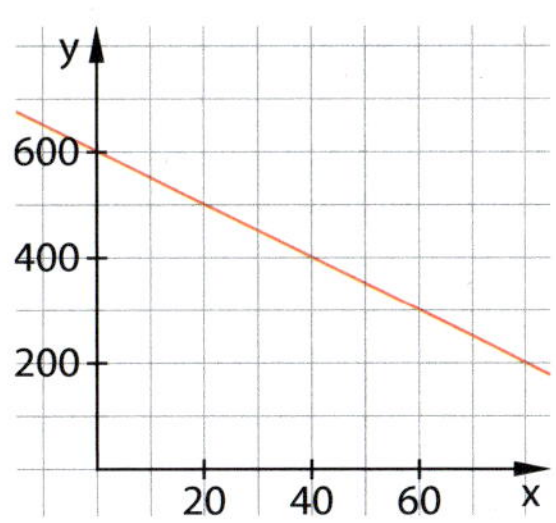

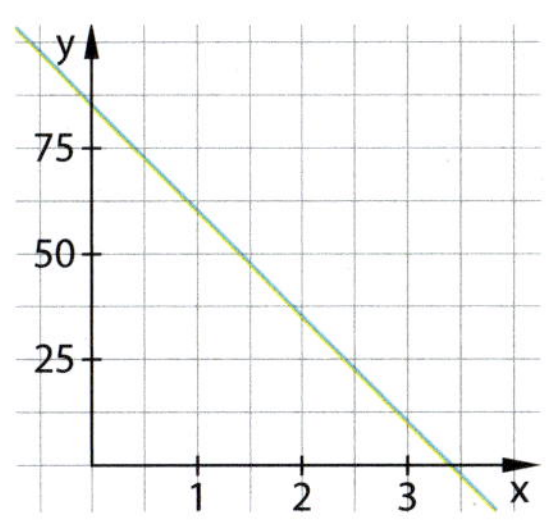

b) Begründe, welcher Graph die größte Steigung hat.

15 Zeichne den Graphen zur proportionalen Funktion mit der Gleichung $y = 0{,}5x$.

a) Verschiebe den Graphen um eine Einheit nach oben. Gib die Funktionsgleichung der neuen Geraden an.

b) Verschiebe den Graphen um eine Einheit nach rechts. Gib die Funktionsgleichung der neuen Geraden an.

Weiterführende Aufgaben

16 Beschreibe die besondere Lage der Geraden. Stelle zu jeder Geraden eine Funktionsgleichung auf. Vergleiche sie. Erzeuge die Bilder mit einem CAS.

a)
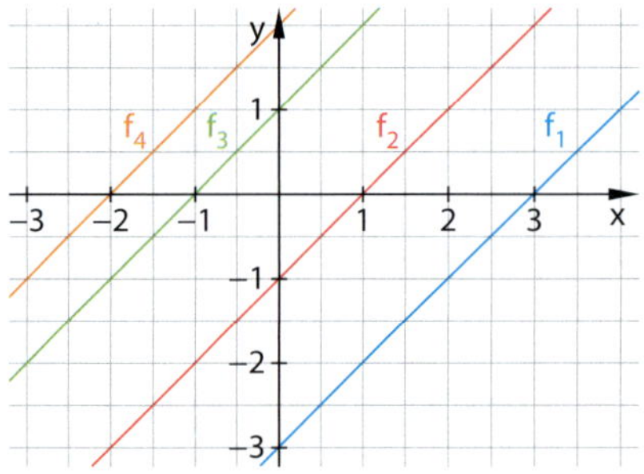

b)
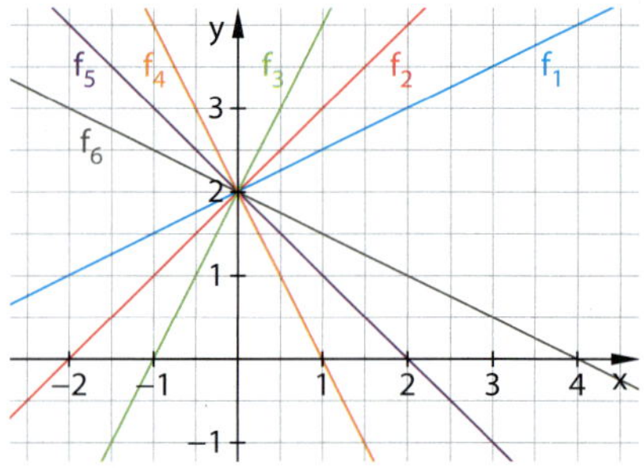

17 Zeichne den Graphen der linearen Funktion g. Zeichne den verschobenen Graphen der Funktion f. Gib für f eine Funktionsgleichung an.

a) g: $x \rightarrow 2x$ f ist gegenüber g um 3 Einheiten nach oben verschoben.
b) g: $x \rightarrow 1{,}5x$ f ist gegenüber g um 6 Einheiten nach unten verschoben.
c) g: $x \rightarrow -3x + 2$ f ist gegenüber g um 1 Einheit nach oben verschoben.

18 „Lineare Funktionen sind genau dasselbe wie proportionale Funktionen." Beurteile diese Aussage.

19 Gib einen Sachzusammenhang an, der durch die Funktionsgleichung beschrieben wird.

a) $y = 2x + 7$ b) $y = -3x + 12$ c) $y = 0{,}5x - 6$ d) $y = 11$

⚠ **20** **Stolperstelle:** David hat die Funktionsgleichung zum Graphen einer linearen Funktion aufgestellt. Korrigiere und erkläre seine Fehler.

a)
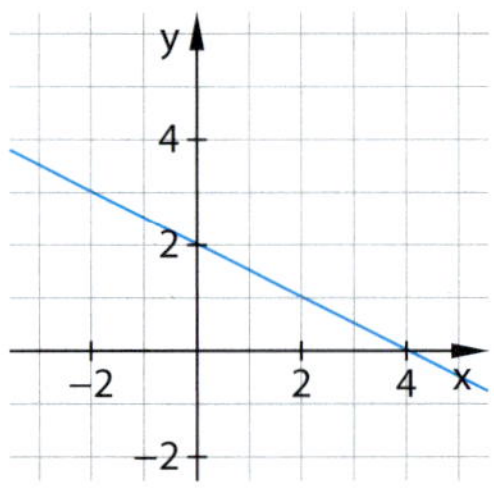

$y = -0{,}5 + 2x$

b)
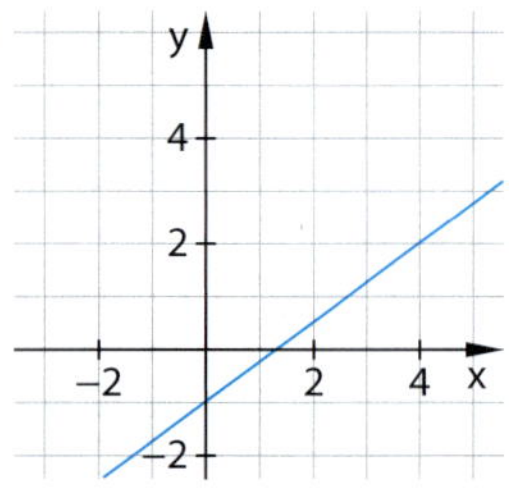

$y = \frac{4}{3}x - 1$

c)
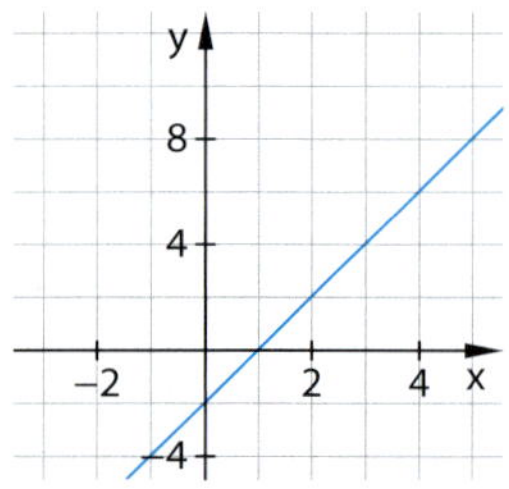

$y = x - 2$

21 Stelle die Gleichung der linearen Funktion auf, die zu der Wertetabelle gehört.

a)

x	−3	−2	−1	0	1	2
y	−2	−1,5	−1	−0,5	0	0,5

b)

x	−3	−2	−1	0	1	2
y	1,25	1	0,75	0,5	0,25	0

22 Die Wertetabelle gehört zu einer linearen Funktion. Ergänze die fehlenden Werte.

a)

x	−3	−2	−1	0	1	2
y	6			−3		−9

b)

x	−3	−1	0		2	5
y	−15	−7		1		17

Beispiel zu 23

P(2 | 0) liegt nicht auf der Geraden, denn:
$0 = 4 \cdot 2 - 6{,}5$
$0 = 1{,}5$ falsch

23 **Punktprobe:** Prüfe, ob der Punkt auf der Geraden zur Funktionsgleichung $y = 4x - 6{,}5$ liegt.

a) A(4 | 9,5) b) B(10 | 34) c) C(1,5 | 0,5) d) $D\left(-\frac{3}{4}\middle|-9{,}5\right)$

24 Die Schüler der 8a sollen Aussagen über die Funktion mit der Gleichung $y = 2$ treffen.

a) Diskutiert die Kommentare der Schüler.

Anna: *„y = 2 ist keine Funktion, da kommt rechts kein x vor."*

Kevin: *„Der Graph von y = 2 geht durch x = 2."*

Lisa: *„Ich zeichne:"*

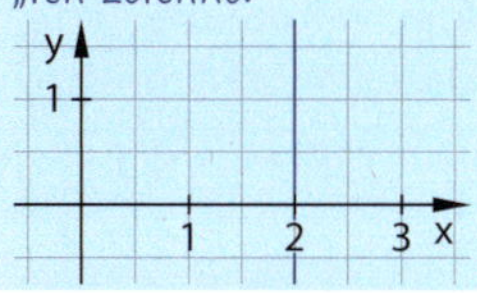

Hassan: *„Ich kann y = 2 doch als y = 0 · x + 2 schreiben."*

b) Zeichne den Graphen zu der Funktion und gib die Steigung an.

25 Vervollständige die Aussage.

a) Der Graph jeder proportionalen Funktion verläuft durch …

b) Die … einer linearen Funktion gibt an, um wie viel sich der zugeordnete Wert ändert, wenn der Ausgangswert um 1 erhöht wird.

c) Die Funktionsgleichungen von proportionalen Funktionen und linearen Funktionen unterscheiden sich durch …

d) Eine Funktion kann nicht proportional sein, wenn das Wertepaar … nicht zur Funktion gehört.

e) Die Graphen von proportionalen und linearen Funktionen sind …

f) Der Graph einer Funktion mit der Gleichung $y = mx + b$ verläuft immer durch den Punkt …

26 Beurteile die Aussage.

a) Lineare Funktionen sind proportional.

b) Proportionale Funktionen sind linear.

c) Eine Parallele zur y-Achse kann der Graph einer linearen Funktion sein.

d) Eine Parallele zur x-Achse kann der Graph einer linearen Funktion sein.

e) Steigungen beschreiben immer Höhenänderungen.

f) Wenn zwei lineare Funktionen die gleiche Steigung haben, dann sind ihre Graphen parallel zueinander.

27 Die Gerade f wird durch die Funktionsgleichung $y = -2x + 4$ beschrieben. Gib die Gleichung zur Geraden g an.

a) g ist gegenüber f um 4 Einheiten nach unten verschoben.

b) g ist parallel zu f und verläuft durch den Punkt $A(-3\,|\,5)$.

c) g schneidet die y-Achse an der gleichen Stelle wie f und verläuft durch $B(4\,|\,0)$.

d) g entsteht, wenn man f an der y-Achse (x-Achse) spiegelt.

28 Die Seilbahn „Unterstell" in Südtirol befördert Wanderer zur Bergstation am Meraner Höhenweg.
Bestimme eine lineare Funktion, die eine Fahrt hinauf beschreibt, und eine Funktion, die eine Fahrt hinab beschreibt. Dabei soll x die Minuten seit Fahrtbeginn und y die Höhe in Metern beschreiben.

Höhe Bergstation	1282 m
Höhenunterschied zwischen den Stationen	774,62 m
Länge der schrägen Fahrstrecke	1304,89 m
Fahrgeschwindigkeit	6 Meter pro Sekunde

29 **Ausblick:** Zeichne den Graphen der linearen Funktion und die dazu senkrechte Gerade durch den Punkt A. Diese Gerade heißt **Normale**. Bestimme die zugehörige Funktionsgleichung. Formuliere deine Beobachtung.

a) $y = 2x$; $A(0\,|\,0)$

b) $y = \frac{1}{3}x + 2$; $A(0\,|\,2)$

c) $y = -\frac{1}{2}x + 3$; $A(1\,|\,2{,}5)$

3.5 Geraden durch zwei Punkte

Die Wertetabelle zeigt die Anzahl der Infizierten bei einer Grippewelle in einem Dorf. Erläutere, warum die Ärzte optimistisch sind, dass das Schlimmste überstanden ist.

Tag	12.1.	14.1.	17.1.	21.1.
Anzahl	16	33	67	83

Sind zwei Punkte einer Geraden bekannt, kann man ihre Steigung berechnen.

Steigung zwischen zwei Punkten bestimmen

Wissen

Die Steigung m einer Geraden lässt sich aus jedem beliebig großen Steigungsdreieck berechnen. m ist der Quotient aus der Änderung der y-Werte und der Änderung der x-Werte. Dieser Term (Quotient aus zwei Differenzen) heißt **Differenzenquotient**.

$$m = \frac{y_2 - y_1}{x_2 - x_1} \text{ (für } x_2 \neq x_1\text{).}$$

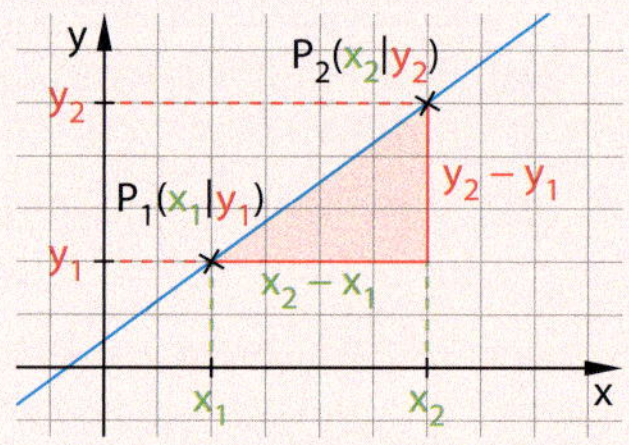

Beispiel 1 Bestimme die Steigung der Geraden durch die Punkte A(1 | 2) und B(3 | 3).

Lösung:

Setze die x- und y-Werte der Punkte A und B in die Formel $m = \frac{y_2 - y_1}{x_2 - x_1}$ ein.
Die Steigung ist m = 0,5.

Am Graphen kannst du dir die Rechnung veranschaulichen: Du bestimmst mit der Rechnung die Seitenlängen eines Steigungsdreiecks. Ihr Quotient entspricht der Steigung.

A(1 | 2), B(3 | 3)

$$m = \frac{y_2 - y_1}{x_2 - x_1} = \frac{3-2}{3-1} = \frac{1}{2} = 0{,}5$$

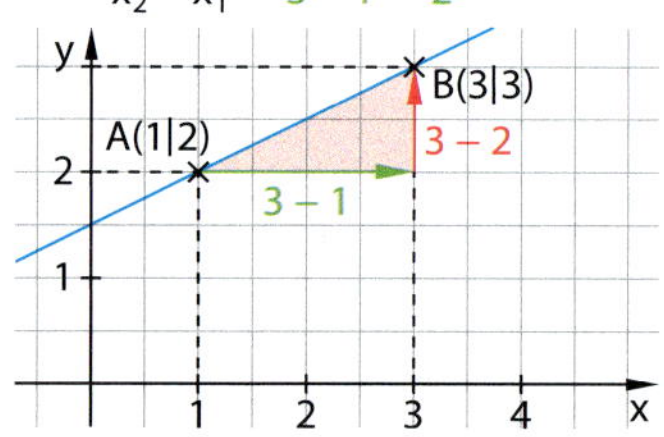

Basisaufgaben

Lösungen zu 1

3 −1 2 −0,75

1 Berechne die Steigung der Geraden durch die beiden Punkte.
a) A(1 | 5); B(4 | 14) b) A(1 | 10); B(7 | 4) c) P(−1 | 5,5); Q(1 | 9,5) d) $P_1(0 | -3)$; $P_2(4 | -6)$

2 Gegeben sind die Punkte A(2 | 12), B(10 | 6) und C(18 | 0).
a) Berechne die Steigung der Geraden durch A und B und der Geraden durch B und C.
b) Was kannst du über die Lage der drei Punkte aussagen? Prüfe zeichnerisch.

3 Annie und Laurent berechnen die Steigung der Geraden durch P(7 | 3) und Q(2 | 1).
Annie rechnet $m = \frac{1-3}{2-7} = \dots$ Laurent rechnet $m = \frac{3-1}{7-2} = \dots$
a) Setze beide Rechnungen fort. Erläutere Unterschiede in den Rechnungen.
b) Erkläre, warum beide Fälle zum selben Ergebnis führen.

Funktionsgleichung aus zwei Punkten bestimmen

Beispiel 2

Die Punkte A(1|4) und B(5|−4) liegen auf einer Geraden. Bestimme zu dieser Geraden rechnerisch eine Funktionsgleichung.

Lösung:

① Berechne die Steigung m. $m = \frac{y_2 - y_1}{x_2 - x_1} = \frac{-4-4}{5-1} = \frac{-8}{4} = -2$

Setze den Wert für m in $y = m \cdot x + b$ ein. $y = -2x + b$

② Berechne den y-Achsenabschnitt b. Setze dazu den x- und den y-Wert von einem der Punkte in die Gleichung ein und löse nach b auf. (A und B liegen auf dem Funktionsgraphen, deshalb müssen ihre Koordinaten die Funktionsgleichung erfüllen.)

$y = -2 \cdot x + b$ | x = 1, y = 4 von A(1|4) einsetzen

$4 = -2 \cdot 1 + b$

$4 = -2 + b$ | +2

$6 = b$

Setze den Wert für b in $y = -2x + b$ ein. $y = -2x + 6$

Basisaufgaben

4 Die beiden Punkte liegen auf einer Geraden. Bestimme zu dieser Geraden rechnerisch eine Funktionsgleichung.

a) A(−4|1); B(4|5)
b) A(−2|1); B(−4|2)
c) P(−2|5,5); Q(0|−1,5)
d) P_1(0,5|−1,5); P_2(2,5|0)

5 Die Graphen von linearen Funktionen verlaufen durch die gegebenen Punkte. Bestimme die zugehörigen Funktionsgleichungen im Kopf.

a) A(0|0) und B(1|1); A(0|0) und C(1|2); A(0|0) und D(2|1); A(0|0) und E(1|−1)
b) A(0|1) und B(1|1); A(0|1) und C(1|2); A(0|1) und D(2|0); A(0|1) und E(1|−1)
c) A(1|0) und B(0|1); A(1|0) und C(0|2); A(1|0) und D(2|1); A(1|0) und E(−1|−1)
d) A(1|1) und B(2|2); A(1|1) und C(2|1); A(1|1) und D(2|0); A(1|1) und E(−1|−1)

6 Das Dreieck ABC ist im Koordinatensystem durch die Punkte A(2|2), B(−4|1) und C(0|−2) gegeben. Bestimme die Gleichungen der Geraden, die das Dreieck begrenzen.

7 Prüfe, ob die drei Punkte A(2|3), $B\left(3\,\middle|\,\frac{8}{3}\right)$ und C(5|1) auf derselben Geraden liegen.

8 Der Graph einer linearen Funktion verläuft durch den Punkt A und hat die Steigung m. Berechne den y-Achsenabschnitt b.

a) A(1|−3); m = −1
b) A(4|0); m = 0,5
c) A(3|1); m = −0,5
d) A(−1,5|−1); m = 1,2
e) A(1|−1); m = −0,75
f) A(1|−1); m = 0,5

9 a) Ermittle die Steigungen der Geraden mithilfe geeigneter Steigungsdreiecke.
b) Überprüfe dein Ergebnis aus a), indem du die Steigungen rechnerisch aus den Koordinaten von zwei Punkten ermittelst.
c) Stelle die Funktionsgleichungen zu den Geraden auf.

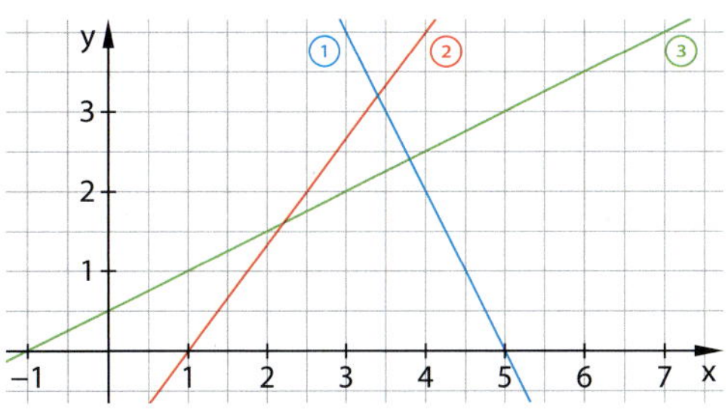

Weiterführende Aufgaben

10 Die Grafik zeigt das Streckenprofil einer Etappe bei der Tour de France.

a) Ermittle die durchschnittliche Steigung für den steilsten Anstieg (die steilste Abfahrt) der Etappe in $\frac{\text{m}}{\text{km}}$ (Meter pro Kilometer).

b) Berechne die durchschnittliche Steigung der Etappe. Vergleiche mit deinen Ergebnissen aus a). Erläutere.

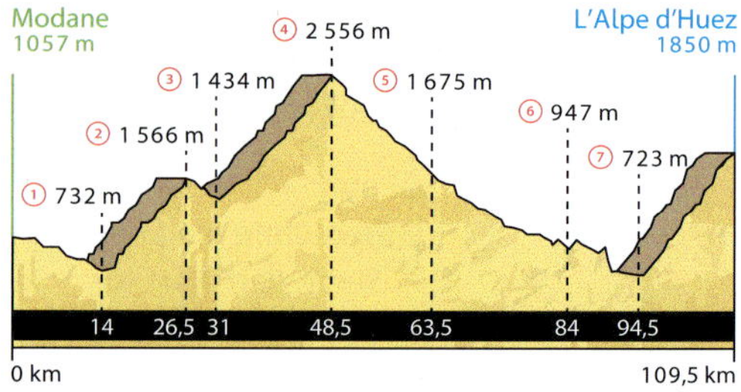

11 **Stolperstelle:** Gesucht ist die Steigung der Geraden durch die Punkte A(−2|5) und B(3|9). Nimm Stellung zu den Lösungen. Erläutere die Fehler.

Lara: $m = \frac{9-5}{3-2} = \frac{4}{1} = 4$ *Simon:* $m = \frac{-2-3}{5-9} = \frac{-5}{-4} = 1\frac{1}{4}$ *Lasse:* $m = \frac{9-5}{3-(-2)} = \frac{4}{5}$

12 Die Gerade g verläuft durch die Punkte A und B, die Gerade h durch die Punkte C und D. Prüfe rechnerisch, ob g und h parallel zueinander sind.

a) A(1|3); B(3|10); C(2|8); D(4|15)
b) A(4|0); B(1|6); C(0|3); D(−2|5)
c) A(2|7); B(5|9); C(−1|5); D(1|8)
d) A(14|42); B(11|33); C(9|27); D(16|6)

13 Der Graph einer linearen Funktion verläuft durch die Punkte A(−2|8) und B(5|0).

a) Bestimme die Funktionsgleichung der Funktion.
b) Spiegle A und B an der y-Achse. Ermittle die Funktionsgleichung zu der Geraden durch die Spiegelpunkte.
c) Vergleiche die Gleichungen aus a) und b). Formuliere deine Beobachtung. Stelle eine Vermutung auf, ob das auch für andere Punkte A und B gilt.

14 Die Wertetabelle zeigt die Anzahl der registrierten Accounts eines Computerspiels. Vermute begründet, wann das Spiel im Sonderangebot war.

Datum	1.3.	10.3.	15.3.	22.3.	31.3.	10.4.
Accounts	51 368	52 455	52 698	55 322	57 291	58 376

15 Eine Firma verleiht E-Scooter zu einem festen Minutenpreis. Dazu kommt eine Grundgebühr pro Fahrt.

a) Stelle eine Funktionsgleichung auf, mit der man die Kosten in Abhängigkeit von der Nutzungszeit berechnen kann.
b) Berechne die Kosten für eine halbstündige Fahrt.

16 **Ausblick:** Wenn eine Gerade durch zwei Punkte $A(x_1|y_1)$ und $B(x_2|y_2)$ verläuft, dann kann man die zugehörige Funktionsgleichung als $y = \frac{y_2 - y_1}{x_2 - x_1} \cdot x + \left(y_1 - \frac{y_2 - y_1}{x_2 - x_1} \cdot x_1\right)$ bestimmen.

a) Überprüfe die Formel am Beispiel der Punkte A(5|3) und B(7|−1).
b) Erkläre, warum die Formel allgemein gilt. Gib eine zweite mögliche Formel an, indem du den y-Achsenabschnitt auf eine andere Weise berechnest.

3.6 Nullstellen

Eine 18 MB große Datei wird mit einer Downloadgeschwindigkeit von 1,2 MB/s heruntergeladen.
Ermittle mithilfe einer Funktionsgleichung, wann der Download abgeschlossen ist.

Nullstellen ermitteln

In vielen Sachzusammenhängen ist die Stelle, an der eine Funktion den Wert 0 annimmt, besonders wichtig.

Erinnere dich

Statt $f(x) = \dots$ kann man auch $y = \dots$ schreiben.

Wissen

Eine Stelle x, an der eine Funktion f den Funktionswert 0 hat, heißt **Nullstelle**.
Es gilt: $f(x) = 0$

Beispiel 1 Ermittle die Nullstelle der Funktion f mit $f(x) = -\frac{4}{5}x + 3$

a) grafisch, b) rechnerisch.

Lösung:

a) Zeichne den Graphen der Funktion.

Lies die x-Koordinate des Punktes ab, an dem die Gerade die x-Achse schneidet. Du kannst das in diesem Fall nur näherungsweise tun.

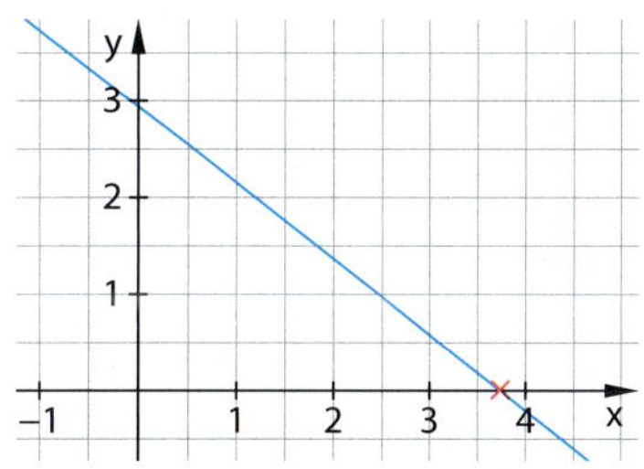

Die Nullstelle ist $x \approx 3{,}8$.

b) Berechne die Nullstelle exakt, indem du den Funktionswert $f(x) = 0$ in die Funktionsgleichung einsetzt. Löse die Gleichung nach x auf.

$$f(x) = -\frac{4}{5}x + 3$$
$$0 = -\frac{4}{5}x + 3 \qquad |-3$$
$$-3 = -\frac{4}{5}x \qquad |:\left(-\frac{4}{5}\right)$$
$$3{,}75 = x$$

Die Nullstelle ist $x = 3{,}75$.

Setze zur Probe 3,75 für x ein.

Probe: $f(3{,}75) = -\frac{4}{5} \cdot 3{,}75 + 3 = 0$ (wahr)

Basisaufgaben

1 Prüfe, ob die angegebene Zahl eine Nullstelle der Funktion mit der gegebenen Gleichung ist.
a) $f(x) = 3x - 9;\ x = 3$ b) $f(x) = 2x + 7;\ x = 3{,}5$ c) $g(x) = -x + 1;\ x = -1$

2 Ermittle die Nullstelle der Funktion mit der gegebenen Gleichung grafisch und rechnerisch.
a) $f(x) = 2x - 4$ b) $f(x) = -\frac{1}{2}x + 5$ c) $f(x) = 0{,}4x + 2{,}4$

3 Ermittle die Nullstelle der Funktion mit der gegebenen Gleichung.
a) $f(x) = -2x + 6$ b) $f(x) = \frac{1}{4}x - 1{,}5$ c) $f(x) = \frac{5}{3}x + 2$

4 Ermittle die Nullstelle der Funktion mit der gegebenen Gleichung. Überprüfe dein Ergebnis mit einer Probe.

a) $f(x) = 5x - 15$ b) $f(x) = 0{,}6x + 3$ c) $f(x) = -0{,}15x + 2{,}7$

d) $g(x) = \frac{3}{5}x - 2{,}4$ e) $g(z) = -7\frac{1}{3}z + 10$ f) $s(t) = -5t$

5 Ein Feuerlöschwagen enthält 3500 Liter Wasser. Pro Minute werden 175 Liter Wasser verspritzt. Stelle eine Funktionsgleichung zur Beschreibung des Wasservorrats in Abhängigkeit von der Zeit auf. Ermittle, wie lange der Vorrat reicht.

Zu einem beliebigen y-Wert die Stelle x bestimmen

Beispiel 2 Ermittle die Stelle, an der die Funktion f mit $f(x) = -2x + 1$ den Wert 5 hat,
a) grafisch, b) rechnerisch.

Lösung:

a) Gegeben ist der Funktionswert $y = 5$, gesucht ist die zugehörige Stelle x.
Zeichne den Graphen der Funktion f und eine Parallele g zur x-Achse durch den Punkt $(0|5)$.
Die Geraden schneiden sich im Punkt S.
Dort nimmt f den Wert 5 an.
Lies die x-Koordinate von S ab.

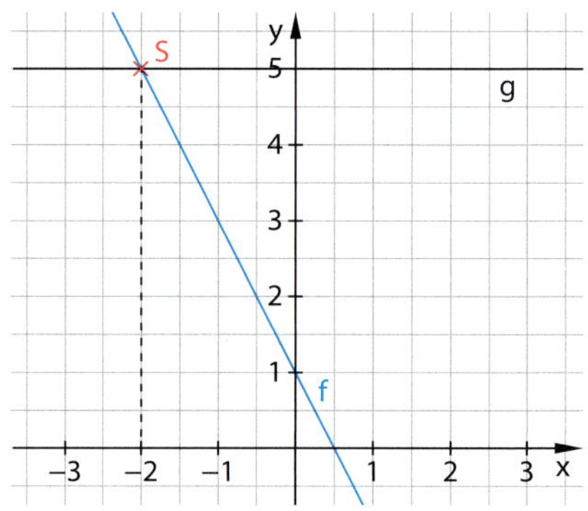

Lösung: $x \approx -2$

b) Setze den Funktionswert $f(x) = 5$ in die Funktionsgleichung ein. Löse dann nach x auf.

$f(x) = -2x + 1$
$5 = -2x + 1 \quad |-1$
$4 = -2x \quad |:(-2)$
$-2 = x$
Lösung: $x = -2$

Setze zur Probe –2 für x ein.

Probe: $-2 \cdot (-2) + 1 = 4 + 1 = 5$ (wahr)

Basisaufgaben

6 Ermittle grafisch und rechnerisch die Stelle x, an der die Funktion f mit der Gleichung

a) $f(x) = 3x - 2$ den Funktionswert 3 hat,

b) $f(x) = -2x + 7$ den Funktionswert 9 hat,

c) $f(x) = -0{,}5x - 1$ den Funktionswert 2 hat.

7 Eine Wunderkerze ist 40 cm lang, davon gehören 16 cm zum Griff. Nach 15 Sekunden Brenndauer hat die Kerze noch eine Länge von 37 cm. Berechne, wie lange die Wunderkerze insgesamt brennt.

Weiterführende Aufgaben

8 Gib die Bedeutung der Nullstelle im Sachkontext an.
a) Zeit seit Beginn der Landephase → Höhe des Hubschraubers
b) Fahrstrecke seit dem letzten Tanken → Benzin im Tank
c) Anzahl der bezahlten Fahrten mit dem Karussell → Geld im Portemonnaie

9 Bestimme zu jeder Funktion den x-Wert, der zu dem vorgegebenen Funktionswert a gehört. Finde Regelmäßigkeiten und erkläre sie.
a) $a = 0$; $f(x) = 2x + 1$; $g(x) = 2x + 2$; $h(x) = 2x + 3$; $k(x) = 2x + 4$
b) $a = 7$; $f(x) = 2x + 1$; $g(x) = 2x + 2$; $h(x) = 2x + 3$; $k(x) = 2x + 4$
c) $a = 0$; $f(x) = x - 12$; $g(x) = 2x - 12$; $h(x) = 3x - 12$; $k(x) = 4x - 12$

10 **Stolperstelle:** Luca, Mia und Sabia sollen Nullstellen bestimmen. Erkläre und korrigiere ihre Fehler.

Luca:
$f(x) = 5x + 6$
$f(0) = 5 \cdot 0 + 6$
$f(0) = 6$
Nullstelle: $x = 6$

Mia:
$f(x) = -0{,}5x + 5 = 0 \quad |-5$
$-0{,}5x = -5 \quad |:0{,}5$
$x = -10$

Sabia:
$f(x) = 2x - 1$
Der Graph schneidet die y-Achse in $S(0|-1)$.
Nullstelle: -1

Lösungen zu 11
2; $\frac{1}{5}$; 23; −2,5; 3; 2; 42; 10; $\frac{9}{2}$

11 Berechne die Stelle x, an der die Funktion den gegebenen Funktionswert a annimmt.
a) $f(x) = 3x - 2$; $a = 4$
b) $f(x) = \frac{1}{4}x - 1$; $a = 1\frac{1}{2}$
c) $f(x) = -\frac{2}{3}x + 5$; $a = 2$
d) $f(x) = 5x + 2$; $a = 12$
e) $f(x) = -2x + 3$; $a = -3$
f) $f(x) = 1{,}25x + 9$; $a = 5{,}875$
g) $f(x) = -15x + 21$; $a = 18$
h) $f(x) = -x$; $a = -23$
i) $f(x) = -1{,}3x + 50$; $a = -4{,}6$

12 Berechne die Steigung m oder den y-Achsenabschnitt b so, dass f die gegebene Nullstelle hat.
a) $f(x) = mx + 3$; Nullstelle $x = 1{,}5$
b) $f(x) = 2x + b$; Nullstelle $x = -2{,}5$
c) $f(x) = mx + 40$; Nullstelle $x = 8$
d) $f(x) = -\frac{6}{5}x + b$; Nullstelle $x = 4$
e) $f(x) = 0{,}3x + b$; Nullstelle $x = \frac{10}{3}$
f) $f(x) = mx$; Nullstelle $x = 0$

13 Ermittle mit einem Funktionenplotter die Anzahl der Nullstellen der Funktion.
a) $f(x) = 2$
b) $g(x) = 0$
c) $h(x) = -\frac{1}{100}x + 100$
d) $i(x) = x^2 - 1$

14 Gib drei Funktionsgleichungen linearer Funktionen an, die die Nullstelle 3 haben.

15 Begründe, ob die Aussage wahr oder falsch ist.
a) Die Nullstelle einer Funktion ist der Schnittpunkt des Graphen mit der x-Achse.
b) Die Nullstelle einer linearen Funktion ist die Zahl 0.
c) Jede Funktion hat mindestens eine Nullstelle.

16 **Ausblick:** Neben linearen Funktionen gibt es viele weitere Funktionen.
a) Die Funktion f mit $f(x) = |x|$ heißt **Betragsfunktion**. Zeichne den Graphen der Funktion und gib ihre Nullstelle an.
b) In bestimmten Bereichen ist die Betragsfunktion mit linearen Funktionen identisch. Gib diese linearen Funktionen und die zugehörigen Bereiche an.
c) In Funktionsgleichungen kann auch eine weitere Variable, ein **Parameter**, stehen. Zeichne mit einem Funktionenplotter den Graphen der Funktion g mit $g(x) = x^2 + a$ für verschiedene Werte von a.
Gib die Anzahl der Nullstellen in Abhängigkeit von a an.

3.7 Mit linearen Funktionen modellieren

Begründe, ob der Zusammenhang linear sein kann.

a) Zeit → Tankfüllung
b) Zeit → gegessene Chips
c) Länge eines Briefs → Porto für den Brief

Wissen **Modellierungskreislauf**

① Problem analysieren: Informationen zum Problem sammeln
② Modell bilden: die reale Situation in eine lineare Funktion übersetzen
③ Lösung im Modell bestimmen: den Funktionswert zu einer bestimmten Stelle oder die Stelle zu einem bestimmten Funktionswert bestimmen
④ Interpretation: die Lösung interpretieren und überprüfen, ob sie realistisch ist

Beispiel 1

Eine Seilbahn fährt von einer 220 m hoch gelegenen Plattform ins Tal. Pro Minute verliert sie 8 Meter an Höhe. Ermittle, wie lange die Fahrt bis zum Boden dauert.

Lösung:

① Problem analysieren:
Notiere die gegebenen Informationen.

Gegeben: Starthöhe: 220 m
Höhenverlust pro min: 8 m

② Modell bilden:
Stelle eine Funktionsgleichung auf, die die Fahrt der Seilbahn beschreibt.

t: Zeit in min seit dem Start
Ansatz: lineare Funktion f mit $f(t) = mt + b$
gegeben: $f(0) = 220$, also $b = 220$
Es gilt $f(1) = 212$, also $m = \frac{212 - 220}{1 - 0} = -8$
Funktionsgleichung: $f(t) = -8t + 220$

③ Lösung im Modell bestimmen:
Berechne die Nullstelle der Funktion. Sie entspricht dem Zeitpunkt, zu dem die Seilbahn am Boden ankommt.

$0 = -8t + 220 \quad | + 8t$
$8t = 220 \quad | : 8$
$t = 27{,}5$

④ Interpretation:
Gib an, was die Lösung im Modell für das Problem bedeutet. Überprüfe, ob die Lösung sinnvoll ist.

Die Seilbahn erreicht nach etwa 27,5 Minuten den Boden. Die Fahrt dauert rund eine halbe Stunde. Das ist realistisch.

Basisaufgaben

1 Die Zündschnur eines Silvesterböllers ist 3 cm lang. Pro Sekunde brennen 4 mm ab. Ermittle, wie viel Zeit man nach dem Zünden hat, um sich in Sicherheit zu bringen.

2 Der Tank eines Autos fasst 48 Liter Benzin. Das Auto verbraucht durchschnittlich 8,5 Liter Benzin auf 100 km. Ermittle, wie weit das Auto mit einer Tankfüllung fahren kann.

3 Leila lässt von einem Boot ihren Fuß ins Wasser hängen. Ein 450 m entfernter Delfin nimmt die Bewegung wahr und nimmt mit 12 km/h Kurs auf den Fuß. Ermittle, wann die Delfinnase gegen Leilas Fuß stupst.

Weiterführende Aufgaben

4 Eine Boeing 747 verbraucht beim Start und bei der Landung insgesamt ca. 3600 Liter Kerosin. Pro Flugstunde werden weitere 14 000 Liter Kerosin verbraucht.

a) Gib eine Funktionsgleichung an, mit der man den Kerosinverbrauch für den Flug einer Boeing 747 berechnen kann.

b) Berechne den Verbrauch für einen $2\frac{1}{2}$-stündigen Flug (für einen 8-stündigen Flug).

c) Der Tank einer Boeing 747 fasst 198 000 Liter Kerosin. Berechne, wie lange man damit fliegen kann, wenn zur Sicherheit 20 000 Liter Reserve im Tank bleiben müssen.

5 Sara verkauft alte Comichefte auf dem Flohmarkt. Die Standgebühr beträgt 12 €, für jedes Comicheft verlangt sie 0,70 €.

a) Stelle eine Funktionsgleichung auf, die Saras Verdienst in Abhängigkeit von der Anzahl verkaufter Hefte beschreibt.

b) Ermittle, wie viele Hefte Sara verkaufen muss, um Gewinn zu machen.

c) Ermittle, wie viele Hefte Sara verkaufen muss, um 10 € Gewinn zu machen.

6 Ein Handyspiel kostet 4,99 €. In dem Spiel gibt es eine In-Game-Währung, die man sich verdienen oder für echtes Geld kaufen kann. 100 Diamanten kosten dann 0,99 €.

a) Beschreibe die Situation durch eine Funktionsgleichung, die die Zuordnung *Anzahl der Diamanten → Kosten* beschreibt. Achte auf die Einheiten.

b) Berechne den Preis für das Spiel mit 300 Diamanten.

c) Wenn man sich eine Werbeanzeige anschaut, erhält man 100 Diamanten für nur 0,49 €. Berechne, wie viel man dann für das Spiel mit 300 Diamanten bezahlen muss.

d) Niclas hat einen 10-€-Gutschein, von dem er das Spiel kaufen möchte. Ermittle, wie viele Diamanten er dazu kaufen kann, wenn er keine Werbung ansieht (wenn er Werbung ansieht).

⚠ **7** **Stolperstelle:** Tara kocht Eier zum Abendessen. Ein Ei soll 5 Minuten kochen, außerdem dauert es 4 Minuten, bis das Wasser im Topf kocht. Tara meint: „Ich koche drei Eier, also habe ich noch 19 Minuten Zeit, bis sie fertig sind." Nimm Stellung.

8 Sinterröhrchen sind Tropfsteine, die durch Ablagerung aus kalkhaltigem Wasser entstehen. In einer Höhle wachsen sie 15 mm in 100 Jahren. Es gibt zwei Formen: Stalaktiten hängen von der Decke herab, Stalagmiten wachsen vom Boden hoch.

a) Ein Stalaktit und ein Stalagmit beginnen gleichzeitig zu wachsen, sodass sie sich irgendwann berühren werden. Ermittle, nach wie vielen Jahren sie sich berühren, wenn der Abstand zwischen Boden und Decke 1 m beträgt.

b) Ermittle, wann ein heute 11 cm langes Sinterröhrchen 2 cm lang war.

c) Ermittle, wie lang ein neues Sinterröhrchen nach 12 Jahren (nach 120 Jahren; nach 1200 Jahren) ist.

9 **Treppenformel:** Um eine bequeme Treppe zu bauen, muss der Wert des Terms $2h + t$ (h: Stufenhöhe in cm; t: Stufentiefe in cm) etwa 65 betragen.
In einem Haus soll eine 2,88 m hohe Treppe errichtet werden. Ermittle, wie lang die Treppe wird, wenn sie 16, 18 oder 20 Stufen haben soll.

10 Ein Fallschirmspringer sinkt nach dem Öffnen des Fallschirms jede Sekunde um 5 m. Er befindet sich 12 s nach dem Öffnen des Fallschirms in einer Höhe von 400 m über dem Landeplatz.

a) Berechne, wie hoch über dem Landeplatz der Fallschirmspringer beim Öffnen des Fallschirms war.
b) Ermittle eine Gleichung der Funktion, die den Zusammenhang zwischen der Zeit nach Öffnung des Fallschirms und der Höhe über dem Landeplatz beschreibt.
c) Stelle die Funktion aus b) grafisch dar.
d) Ermittle grafisch und rechnerisch die Zeit, die der Fallschirmspringer vom Öffnen des Fallschirms bis zur Landung braucht.
e) Erläutere, warum der Graph aus c) nicht der Flugbahn des Fallschirms entspricht.

11 Zuletzt stieg der Meeresspiegel auf der Erde durchschnittlich um 3,1 mm pro Jahr. Malé, die Hauptstadt der Malediven, liegt momentan einen Meter über dem Meeresspiegel.

a) Ermittle mithilfe einer Funktionsgleichung, wie lange es dauern würde, bis Malé überschwemmt wird, wenn der Meeresspiegel weiterhin gleichmäßig steigt.
b) Forscher gehen davon aus, dass der Meeresspiegel künftig schneller ansteigen wird. Nimm an, dass er noch für zehn Jahre um 3,1 mm pro Jahr ansteigt und danach um 5 mm pro Jahr. Ermittle, wie lange es dann noch dauert, bis Malé überschwemmt wird.

TK c) Ein weiterer Forscher sagt vorher, dass sich der Anstieg des Meeresspiegels alle 3 Jahre um 1 mm pro Jahr erhöhen wird. Ermittle mithilfe einer Tabellenkalkulation, wann Malé unter diesen Umständen überschwemmt wird.

MK **12** **Lineare Regression:** Die meisten Funktionenplotter haben die Möglichkeit, eine **Ausgleichsgerade** durch eine Menge von Punkten zu legen. Dabei wird versucht, eine Gerade zu finden, die möglichst gut zu den Punkten passt. Dieses Verfahren wird oft bei Messwerten verwendet.

a) Gib die Funktionsgleichung einer Ausgleichsgeraden durch die Punkte $A(1\,|\,-0{,}8)$, $B(2\,|\,1{,}2)$, $C(3\,|\,2{,}5)$ und $D(4\,|\,4{,}9)$ an.
b) Die Tabelle zeigt Messwerte einer Verkehrszählung. Gib eine passende Zuordnung in Worten an. Ermittle, wie viele Fahrzeuge pro Viertelstunde im betrachteten Zeitraum etwa auf der Straße fahren.

Uhrzeit	9:00	9:15	9:30	9:45	10:00	10:15	10:30
Anzahl Fahrzeuge	0	214	434	666	901	1134	1310

CAS **13** **Ausblick:** Eine spanische Galeone befindet sich 80 Meilen westlich und 20 Meilen nördlich von Tortuga und steuert auf den Hafen zu. Piratenkapitän Whitebeard befindet sich mit seinem Schiff 40 Meilen südlich und 10 Meilen östlich der Galeone. Er setzt Kurs Ostnordost.

a) Zeige, dass Whitebeard die Galeone mit diesem Kurs abfangen kann. Gib an, wie weit sie dann noch vom Hafen von Tortuga entfernt ist.
b) Die Galeone fährt mit einer Geschwindigkeit von 6 Meilen pro Stunde. Da der Wind ungünstig steht, schafft Kapitän Whitebeard nur 5 Meilen pro Stunde. Ermittle, ob Whitebeard die Galeone abfangen wird.

3.8 Vermischte Aufgaben

1 Elias, Dennis und Miran wollen einen Song herunterladen. Elias' Downloadgeschwindigkeit wurde während des Downloads gedrosselt. Dennis hatte zweimal eine schlechte Verbindung und Mirans Verbindung war gegen Ende am besten.

a) Ordne die Graphen den Downloads von Elias, Dennis und Miran zu. Begründe.

b) Erstelle jeweils eine Wertetabelle für $x = 0$ bis $x = 4$ in 0,5er-Schritten.

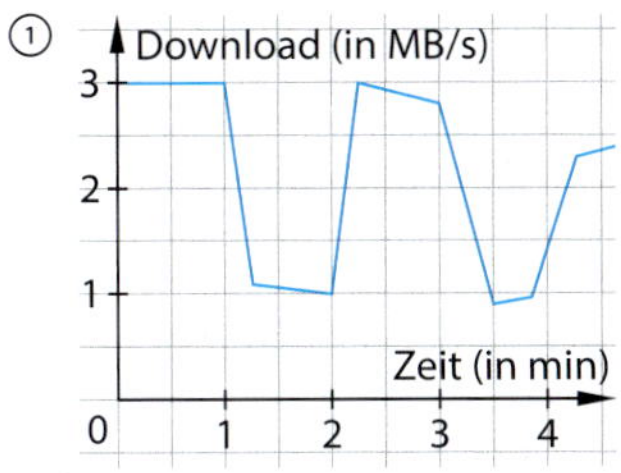

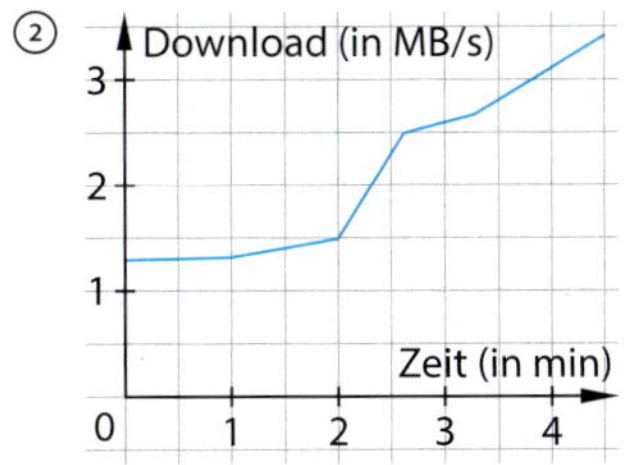

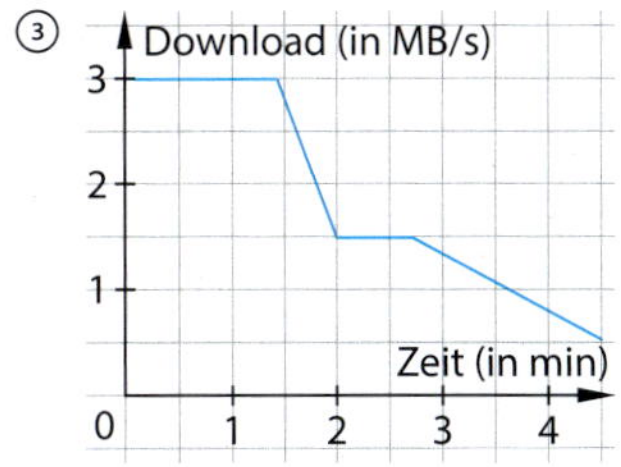

2 Ordne den Funktionen f mit $f(x) = 2x - 1$ und g mit $g(x) = x + 1$ alle passenden Darstellungsformen zu.

x	0	2	5	20
y	−1	3	9	39

$x \to x + 1$ $y = 2x - 1$ $y = x + 1$ $x \to 2x - 1$

Jeder Zahl wird ihr Nachfolger zugeordnet.

Eine lineare Funktion mit der Steigung 2 und dem y-Achsenabschnitt −1.

Der Graph ist eine um eine Einheit nach oben verschobene Ursprungsgerade mit der Steigung 1.

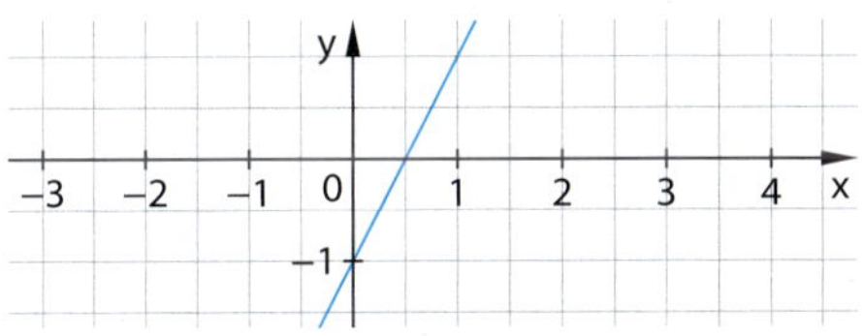

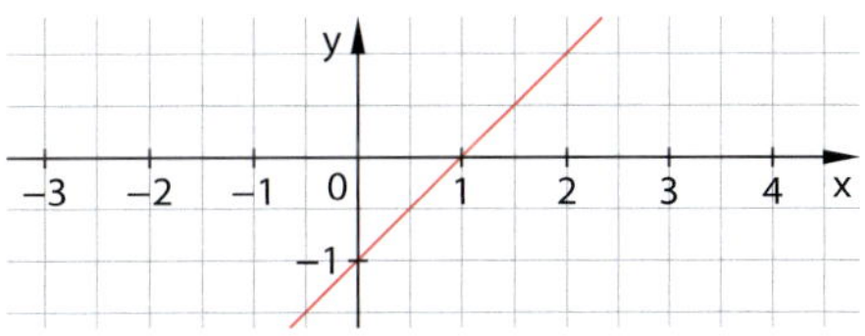

Info zu 3

In der Antike wurde die Klepshydra vor allem dazu verwendet, die Redezeit von sich streitenden Personen vor Gericht zu begrenzen.

3 Eine Klepshydra ist eine antike Wasseruhr. Aus dem oberen Behälter fließt Wasser in den unteren. Der untere Behälter ist 28 cm hoch und so geformt, dass der Wasserstand proportional zur verstrichenen Zeit ist.

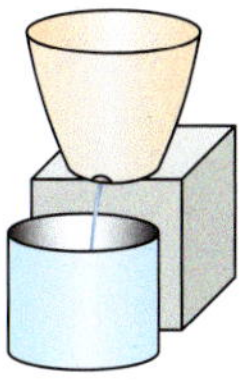

a) Der Wasserstand nimmt in 3 Minuten um 1 cm zu. Gib eine Funktionsgleichung zur Funktion *Zeit (in min) → Wasserstand (in cm)* an.

b) Berechne die Funktionswerte für die x-Werte 0, 1 und 9 und erkläre ihre Bedeutung.

c) Bestimme die Zeitspanne, in der sich der Wasserstand um 4 cm erhöht.

d) Berechne die längste Zeitdauer, die sich mit der Klepshydra messen lässt.

4 Entscheide und begründe, ob die Aussage wahr oder falsch ist.

a) Bei einer Funktion wird jedem y-Wert genau ein x-Wert zugeordnet.

b) Zu jeder Zuordnung lässt sich eine Funktionsgleichung aufstellen.

c) Zum Zeichnen einer proportionalen Funktion genügen zwei Wertepaare.

d) Der Punkt $P(0|1)$ liegt auf den Graphen aller proportionalen Funktionen.

e) Den y-Achsenabschnitt einer linearen Funktion kann man an der Gleichung ablesen.

5 a) Der Graph einer linearen Funktion verläuft durch die Punkte $A(2|4)$ und $B(-3|-12)$, der Graph einer zweiten linearen Funktion durch die Punkte $C(8{,}2|2{,}4)$ und $D(9{,}2|5{,}6)$. Gib die beiden Funktionsgleichungen an.

b) Gib an, wie die Graphen aus a) zueinander liegen. Gib ihre Steigungen an.

6 Gegeben ist die Funktionsgleichung $y = 5x + 7$.

a) Überprüfe, ob die folgenden Punkte auf dem Graphen der Funktion liegen.
A(1 | 2); B(0 | 7); C(12 | 67); D(−4,5 | −14,5)

b) Bestimme die fehlenden Koordinaten, sodass die Punkte E(2,5 | ■), F(■ | −3), G(20 | ■) und H(■ | 52) auf dem Graphen der Funktion liegen.

7 Stelle die Gleichung der linearen Funktion f auf, sodass die Bedingungen erfüllt sind.

a) f hat die Steigung $m = 2$ und die Nullstelle $x = -3$.

b) f hat die Nullstelle $x = 4$ und den y-Achsenabschnitt $b = -3$.

c) Der Graph von f schneidet die Achsen in den Punkten A(−4 | 0) und B(0 | 5).

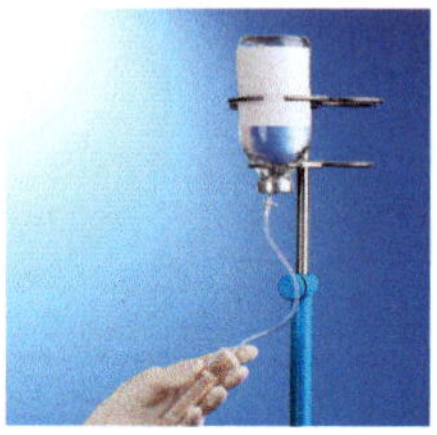

8 Bei Infusionen im Krankenhaus nimmt die Menge der Lösung in der Infusionsflasche gleichmäßig ab.

a) In einer Infusionsflasche sind zu Beginn 0,5 ℓ Lösung, nach 20 min sind es noch 0,4 ℓ. Stelle eine Funktionsgleichung der Funktion *Zeit (in Stunden) → Inhalt der Infusionsflasche (in Litern)* auf und zeichne den Funktionsgraphen.

b) Bei einer anderen Infusion sind nach 30 min noch 0,7 ℓ und nach 90 min noch 0,1 ℓ Lösung in der Flasche. Ermittle, wie lange es dauert, bis die Flasche leer ist.

9 Ein aufblasbarer Swimmingpool wird mit einem Gartenschlauch befüllt. Der Pool fasst 1200 Liter Wasser. Aus dem Schlauch kommen 9 Liter Wasser pro Minute.

a) Stelle eine Funktionsgleichung auf, mit der sich die Füllmenge des Pools berechnen lässt.

b) Berechne, wie viele Liter Wasser sich nach 10 min (30 min; 60 min) im Pool befinden.

c) Berechne, wann sich 225 ℓ Wasser (450 ℓ; 1000 ℓ; 3500 ℓ) im Pool befinden.

d) Ermittle, wann der Pool überläuft.

10 **Experiment:** Bohre in eine Plastikflasche ein kleines Loch, sodass der Inhalt in einem feinen Strahl austreten kann. Fange die Flüssigkeit mit einem Messbecher auf. Notiere, nach wie vielen Sekunden 100 mℓ, 200 mℓ, 300 mℓ, … Flüssigkeit ausgelaufen sind. Zeichne einen Graphen zu den Werten und prüfe, ob man den Vorgang mit einer proportionalen Funktion beschreiben kann.

11 **Blütenaufgabe:** Familie Johanssen fährt in den Urlaub nach Südtirol. Die Fahrstrecke (Autobahn) ist 831 km lang. Der durchschnittliche Benzinverbrauch ihres Wagens beträgt 6,4 ℓ pro 100 km.

Stelle eine Funktionsgleichung für den Zusammenhang *Gefahrene Kilometer → Benzinverbrauch (in ℓ)* auf.

Auf der Landstraße verbraucht das Auto durchschnittlich nur 5,9 ℓ pro 100 km. Berechne, wie lang der Weg über die Landstraßen höchstens sein dürfte, damit im Vergleich zur Autobahnstrecke weniger Benzin verbraucht wird.

Die Tankfüllung kann ungefähr durch die Funktionsgleichung $y = -6{,}4x + 50$ beschrieben werden. Erkläre die Bedeutung von x und y. Berechne, nach wie vielen Kilometern sich noch 30 ℓ im Tank befinden.

Nach 125 km sind noch 42 ℓ im Tank, nach 250 km sind es noch 34 ℓ. Berechne mithilfe einer geeigneten Funktionsgleichung, wie weit man mit dieser Tankfüllung bei konstantem Verbrauch noch fahren kann. Beschreibe die Schwächen einer solchen Prognose.

CAS-Einsatz bei Funktionen

Jan möchte mit einem CAS den Graphen der Funktion f mit f(x) = 0,001x zeichnen und wundert sich, dass der Graph nicht wie erwartet angezeigt wird.

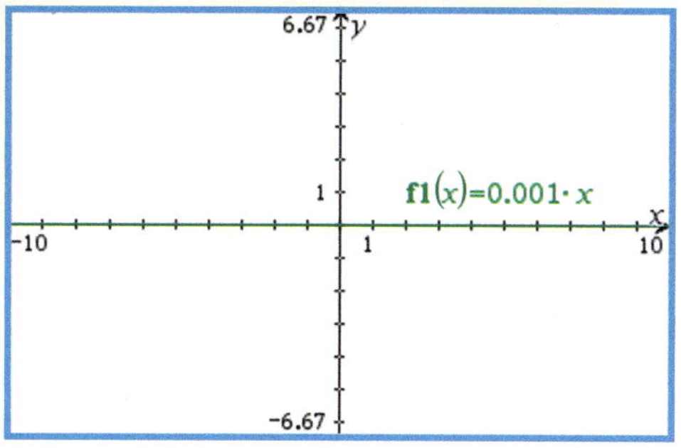

Wertetabellen und Graphen von Funktionen kann man mit einem CAS schnell erzeugen. Falls erforderlich, kann man die Einstellungen verändern.

Beispiel 1 **Wertetabelle, Funktionsgraph und Einstellungen**

Erstelle mithilfe eines CAS für die Funktion f mit f(x) = –0,02x + 1 eine Wertetabelle und lass einen Funktionsgraphen mit folgenden Einstellungen anzeigen:
xmin = –1, xmax = 10, ymin = 0.5, ymax = 1.2.

Hinweis

Die Bezeichnung **xmin** steht für den kleinsten (minimalen) x-Wert, der angezeigt wird, **xmax** für den größten (maximalen) Wert von x, analog für y.

Lösung:

Beim **Casio** wählt man das Menü *Grafik und Tabelle* und gibt auf einem Blatt zu (durchnummerierten) Funktionen den Term ein und kann eine Farbe auswählen. Wählt man oben so wird eine Wertetabelle angezeigt. Die Einstellungen der Tabelle kann man unter verändern. Wählt man oben so werden die mit einem Haken markierten Graphen angezeigt. Wählt man oben das Symbol , so kann man die Einstellungen des Fensters verändern: die minimalen und maximalen Werte sowie die Skaleneinteilung für x und für y.

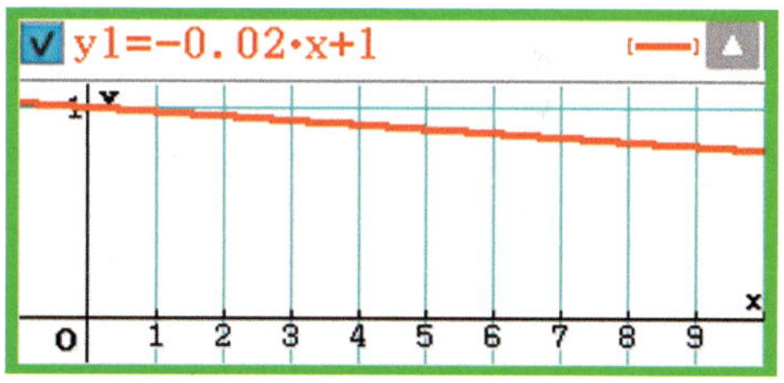

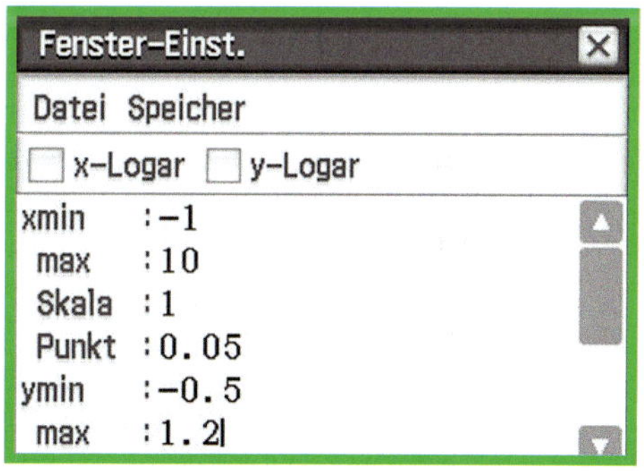

Hinweis

Das Zeichnen eines Graphen mit einem Rechner bzw. Programm wird häufig als **plotten** bezeichnet (von engl. to plot, zeichnen).

Beim **TI** kann man die Anwendung *Graphs* wählen und dort den Funktionsterm eingeben: Der Graph wird angezeigt. Unter *Menu, Fenster, Fenstereinstellungen* kann man die maximalen und minimalen Werte für x und y und die Skala verändern. Wählt man *Menu, Ansicht, Tabelle einblenden* – oder kurz *CTRL* und *T*, so wird eine Wertetabelle angezeigt.

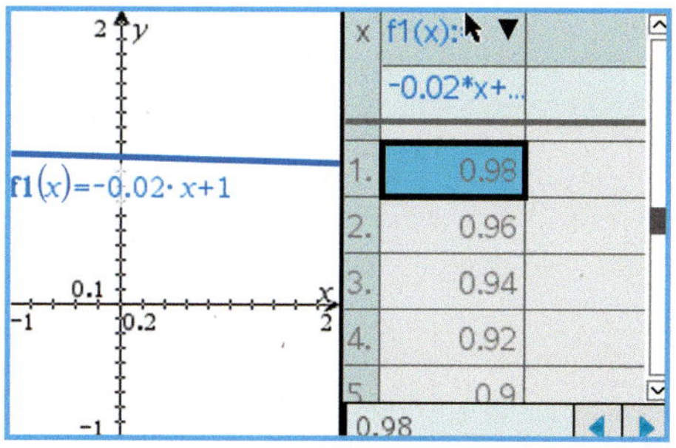

Aufgaben

CAS

1 Erzeuge Wertetabelle und Graph der Funktion f. Wähle $-4 \le x \le 4$ in 0,5-er Schritten.
a) $f(x) = 3x - 1$ b) $f(x) = -\frac{1}{4}x + 2$ c) $f(x) = \frac{1}{10}x$ d) $f(x) = \frac{1}{10}x - 3$

Erinnere dich CAS

Zum Lösen von Gleichungen verwendet man bei einem CAS den Befehl *solve*.

2 Koordinaten bestimmen: Zeichne den Graphen der Funktion $f(x) = 2x - 3$ mit einem CAS.
Beim **TI** kannst du mit dem Befehl *Grafikspur* einzelne Wertepaare für Punkte auf dem Funktionsgraphen ablesen oder Berechnungen, ggf. mit dem Befehl *solve*, durchführen. Beim **Casio** verwendest du *Analyse, Grafische Lösungen, x/y-Berech.* – oder den Befehl *solve*.

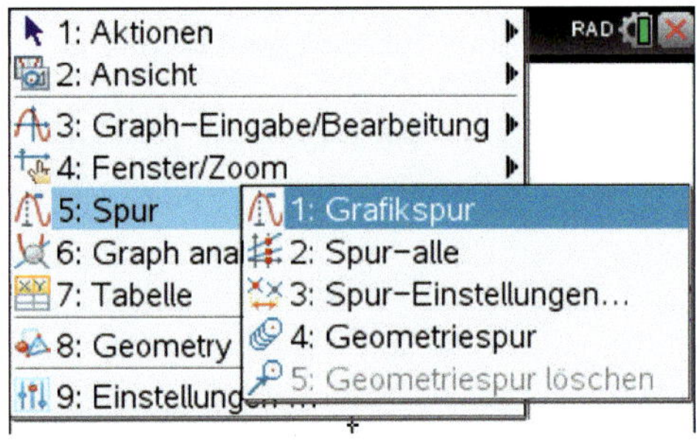

a) (1,5 | ■) b) (■ | 1,8) c) (■ | −3) d) (−1,5 | ■)

CAS

3 Überprüfe, ob der Punkt P auf dem Graphen der Funktion f liegt.
a) $f(x) = 3x^2 - 1$, $P(0{,}2 \mid -0{,}88)$ b) $f(x) = -\frac{1}{4}x + 2$, $P(100 \mid 2{,}3)$
c) $f(x) = \frac{1}{10}x^3 - 2x$, $P(2{,}7 \mid -0{,}88)$ d) $f(x) = -\frac{1}{4}x + 2$, $P\left(0{,}01 \,\middle|\, \frac{799}{400}\right)$

CAS

Hinweis zu 4a

Beachte, dass der Rechner dabei auf die Fenstereinstellungen zugreift und diese Methode sehr fehleranfällig ist.

4 Es soll geprüft werden, ob es rationale Zahlen gibt, die nicht zum **Definitionsbereich** einer Funktion gehören.
a) Erläutere Casimirs Screenshot rechts. Schreibe die Gleichung der Funktion und ihren Definitionsbereich auf.
b) Erläutere Tinas Screenshot.

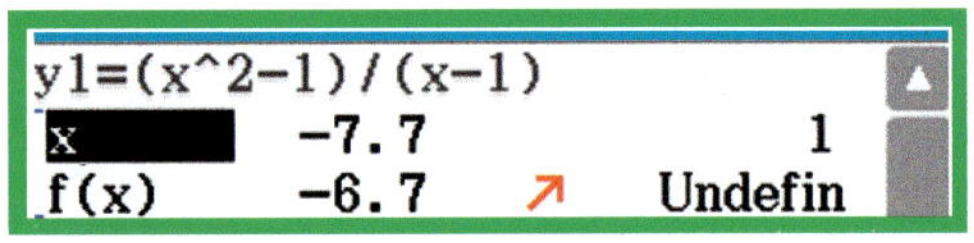

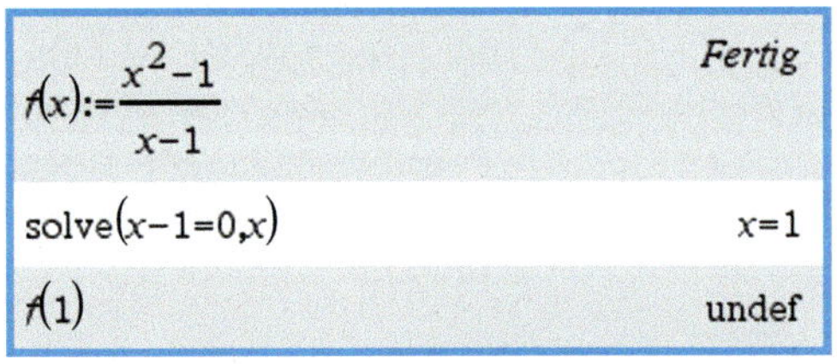

Hinweis zu 4c

Verwende beim TI den Befehl *domain*.

c) Verwende dein CAS und bestimme den Definitionsbereich folgender Funktionen:
$f_1(x) = \frac{x-1}{x^2-1}$; $f_2(x) = \frac{x-1}{x+2}$;
$f_3(x) = \frac{x-2}{x^2-4}$; $f_4(x) = \frac{x^2-4}{(x-2)(x+3)}$

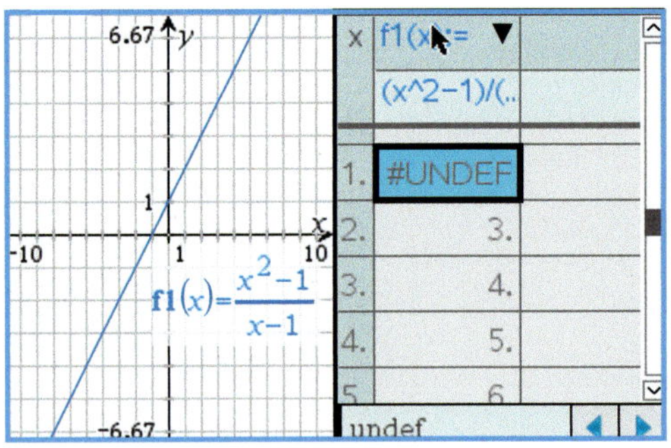

Beispiel 3 **Experimentieren mit Parametern**

Verwende ein CAS, erzeuge einen Schieberegler für Werte des Parameters n zwischen −1 und 1 mit Schrittweite 0,5. Lass die Gerade der Funktion f mit f(x) = x + n anzeigen.

Lösung:

Beim **Casio** kann man *Grafik & Tabelle* wählen, die Funktionsgleichung mit einem Parameter eingeben, der Parameter wird dabei als Variable (unter *Var)* gewählt. Wählt man dann oben das Symbol , so wird ein Schieberegler erstellt, bei dem man durch Tippen auf die Pfeile nach rechts und links die Werte verändert. Links oben kann man die Einstellungen des Schiebereglers verändern (Schrittweite, Name, Minimum, Maximum).

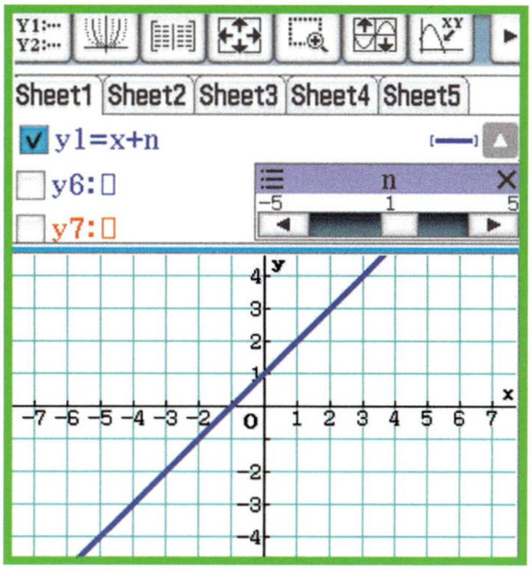

Beim **TI** kann man auf der Grafik-Seite die Funktionsgleichung mit dem Parameter eingeben, dann den Schieberegler mit *n* bezeichnen und bei Bedarf verschieben und den Zeiger dort mit dem Handsymbol greifen, um verschiedene Werte zu wählen. Der jeweilige Graph wird angezeigt. Mit *ctrl* und *menu* kann man die Einstellungen des Schieberegers verändern (Name, Anfangswert, Minimum, Maximum, Schrittweite, Stil). Mit der *esc*-Taste beendet man die Einstellung.

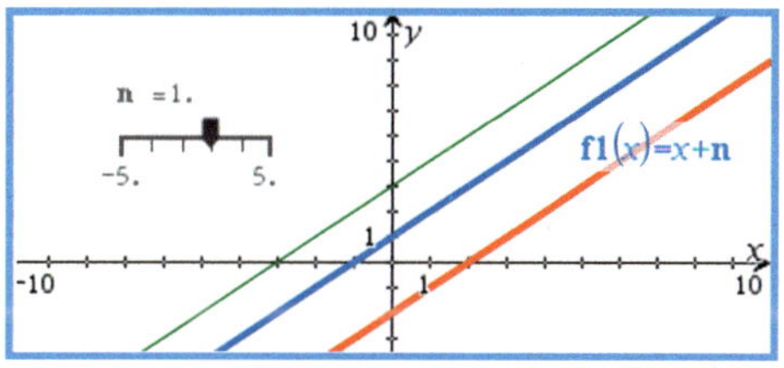

Hinweis

Beim **TI** kann man für den Schieberegler auch *menu, Aktionen, Schieberegler einfügen* wählen.

Aufgaben

CAS **5** Verwende ein CAS und einen Schieberegler.

a) Erzeuge eine zur x-Achse parallele Gerade für jeden vorgegebenen Abstand d.

b) Erzeuge eine zur y-Achse parallele Gerade für jeden vorgegebenen Abstand d.

c) Erzeuge eine Gerade durch den Koordinatenursprung und einen Punkt P(1; a).

CAS **6** Dargestellt sind Graphen von linearen Funktionen durch den Punkt P(3|4).

a) Erzeuge ein ähnliches Bild mit mindestens 5 Graphen.

b) Tina möchte alle Graphen linearer Funktionen zeichnen, die durch diesen Punkt verlaufen. Erläutere ihre Überlegungen und vollziehe sie nach:

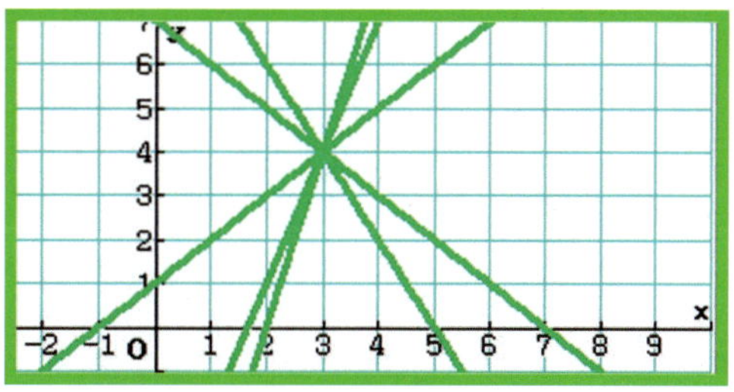

Zuerst schreibe ich mir die Gleichung der allgemeinen linearen Funktion f auf: f(x) = mx + n. Nun nutze ich den Punkt P(3|4), um die Variable n durch die Variable m auszudrücken. Ich erhalte eine neue Funktionsgleichung f(m, x) = mx + (4 − 3m). Jetzt kann ich für m beliebige Werte einsetzen oder auch einen Schieberegler nutzen, und erhalte beliebig viele Funktionsgraphen, die durch den Punkt P verlaufen.

CAS **7** Casimir verwendet beim **Casio** statt eines Schiebereglers eine Liste von Parametern und gibt Folgendes ein: y1 = 2 · x + {−1, −0.5, 0, 0.5, 1}. Erzeuge die Graphen mithilfe eines Schiebereglers. Beurteile, wann die Verwendung einer Parameterliste sinnvoll ist.

Beispiel 4 **Gerade durch zwei Punkte**

Zeichne in einem CAS die Gerade durch die Punkte A(−1 | −2) und B(2 | 3). Gib die zugehörige Funktionsgleichung an.

Hinweis

Auch mit linearer Regression kannst du die Gleichung einer Geraden durch die Punkte erhalten, siehe S. 159.

Lösung:

Beim **Casio** kann man auf einer Geometrie-Seite nacheinander zwei Punkte eingeben und zur gewünschten Position verschieben, dann eine Gerade durch die Punkte legen. Die Gleichung der markierten Gerade erhält man durch die Wahl von *Zeichnen, Messen, Gleichung*.

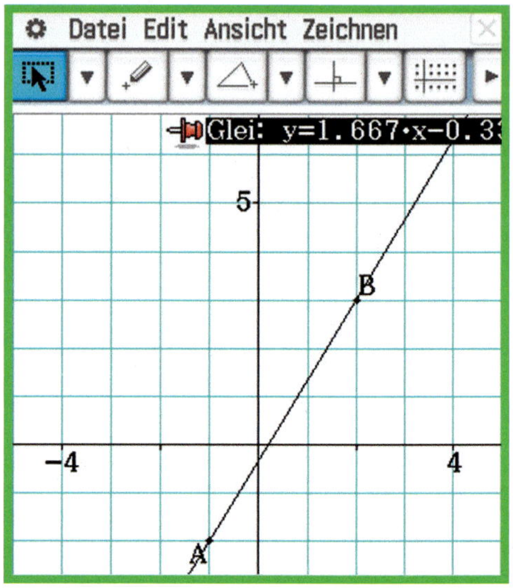

Beim **TI** kann man auf der Grafik-Seite *menu Geometry, Punkte&Geraden, Punkt nach Koordinaten* die Koordinaten des Punktes direkt eingeben (oder die Punkte einzeichnen und ihre Koordinaten korrigieren) und die Gerade durch diese beiden Punkte zeichnen lassen. Dann kann man die Gleichung unter *Menu, Aktionen, Koordinaten/ Gleichungen* ausgeben lassen.

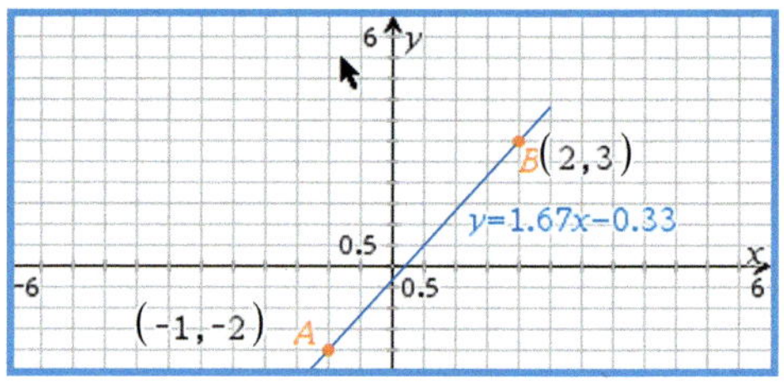

Aufgaben

CAS **8** Verbinde jeweils zwei Punkte durch eine Gerade. Gib die zugehörigen Gleichungen an.
A(2 | 5), B(5 | 2), C(3 | 0), D(5 | −2), E(0 | 0), F(−2 | −5).

CAS **9** Prüfe, ob der Punkt C auf der Geraden durch A und B liegt.
a) A(−4 | −6), B(2 | 2), C(6 | 4)
b) A(5 | 5), B(−5 | 1), C(0 | 3)

CAS **10** Die Gerade g verläuft durch die Punkte A(1 | 1) und B(3 | 7).
a) Bestimme eine Gleichung von g.
b) Die Gerade h verläuft durch A und senkrecht zu g. Bestimme eine Gleichung von h.
c) Die Gerade k verläuft durch B und parallel zu g. Bestimme eine Gleichung von k.

CAS **11** Durch die Punkte P(0 | 3) und Q(6 | 0) verläuft eine Gerade g.
Bestimme eine Gleichung von g. Überprüfe das Ergebnis durch inhaltliche Überlegungen.

Beispiel 5 **Nullstellen und Schnittpunkte mit den Koordinatenachsen grafisch ermitteln**

Bestimme Nullstelle und Schnittpunkt mit der y-Achse der Funktion f mit $f(x) = -\frac{1}{2}x + 3$.

Lösung:

Beim **Casio** wählt man *Grafik & Tabelle*, gibt den Funktionsterm ein, lässt durch Wahl der Taste mit dem Graphen diesen anzeigen, wählt *Analyse, Grafische Lösung, Nullstelle* bzw. *Analyse, Grafische Lösung, y-Achsen-Schnittpkt.*: Die Schnittpunkte mit den Koordinatenachsen werden durch ein Kreuz hervorgehoben und ihre Koordinaten angezeigt: $S_y(0|3)$ und $S_x(6|0)$, die Nullstelle ist also $x_N = 6$.

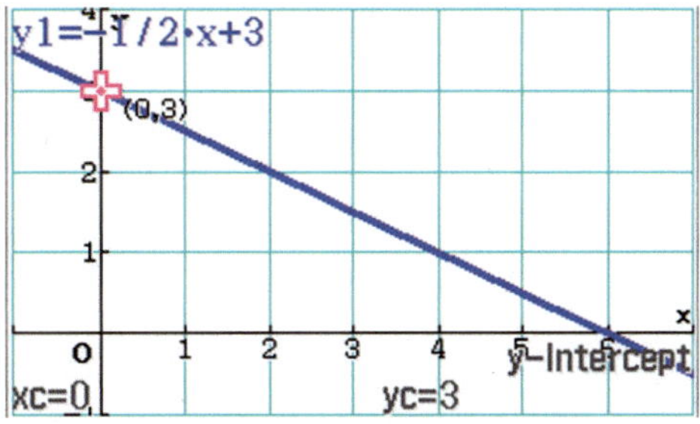

Beim **TI** lässt man auf einer Grafikseite die Gerade durch Eingabe des Funktionsterms anzeigen, wählt *menu, Graph analysieren, Nullstelle* und eine untere und obere Schranke für einen Bereich, in dem der Schnittpunkt mit der x-Achse liegt, für die Nullstelle. Die Koordinaten des Schnittpunkts werden angezeigt. Den Schnittpunkt mit der y-Achse kann man mit *Grafikspur* wie in Aufgabe 2 bestimmen, bei Bedarf auch die x-Koordinate 0 dort eingeben.

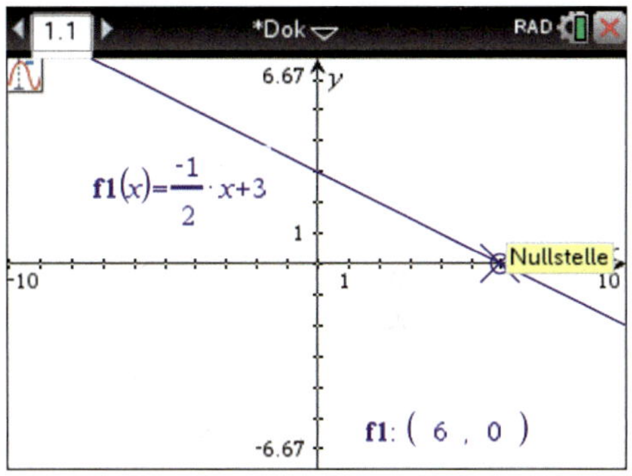

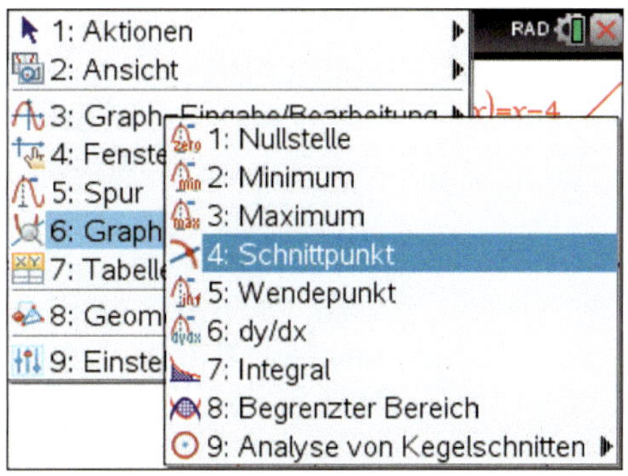

Sowohl beim Casio als auch beim TI kannst du die Ergebnisse rechnerisch überprüfen.

Hinweis

Beachte, dass Nullstellen wirklich nur in dem gewählten **Bereich** bestimmt werden, es aber weitere außerhalb davon geben kann.

Aufgaben

CAS **12** Erläutere, wie man Nullstellen einer Funktion mit einem CAS rechnerisch ermittelt.

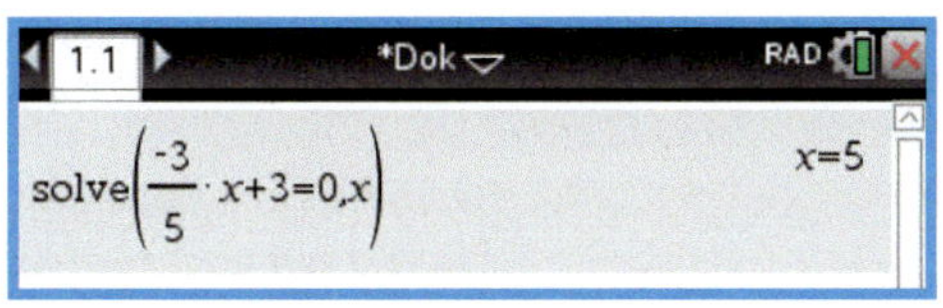

CAS **13** Begründe, wie viele Schnittpunkte eines Graphen einer- Funktion mit der y-Achse es geben kann.
Begründe, wie viele Nullstellen eine Gerade haben kann.
Experimentiere dazu.

Beispiel 6 **Schnittpunkte zweier Geraden**

Bestimme den Schnittpunkt der Graphen der Funktionen f und g mit
$f(x) = -\frac{1}{2}x + 3$, $g(x) = 2x + 1$.

Lösung:

Beim **Casio** lässt man die Graphen anzeigen, wählt *Analyse, Grafische Lösung, Schnittpunkt* und markiert zwei der Graphen: Ihr Schnittpunkt wird durch ein Kreuz hervorgehoben und seine Koordinaten angezeigt. Zur rechnerischen Lösung verwendet man den Befehl *solve*: Mit *solve* $\left(-\frac{1}{2}\cdot x + 3 = 2\cdot x + 1, x\right)$ erhält man die Ausgabe $\left\{x = \frac{4}{5}\right\}$.

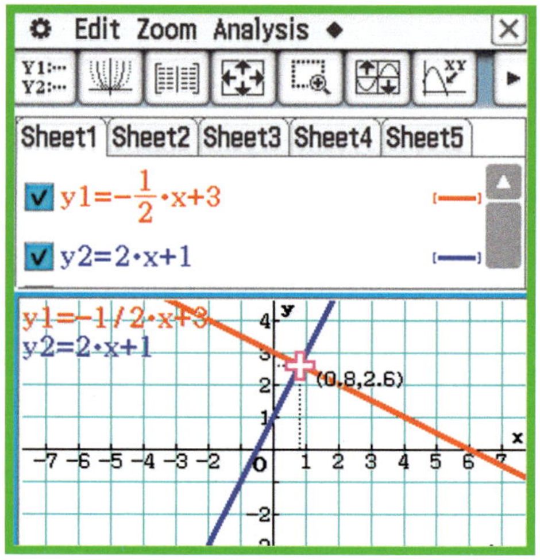

Hinweis

Beachte, dass Schnittpunkte wirklich nur in dem gewählten **Bereich** bestimmt werden, es aber weitere außerhalb davon geben kann.

Beim **TI** lässt man auf einer Grafikseite die Graphen anzeigen, wählt *menu, Graph analysieren, Schnittpunkt,* dann zwei Graphen sowie eine untere und eine obere Schranke für einen Bereich, in dem ihr Schnittpunkt liegt. Er wird mit seinen Koordinaten angezeigt.

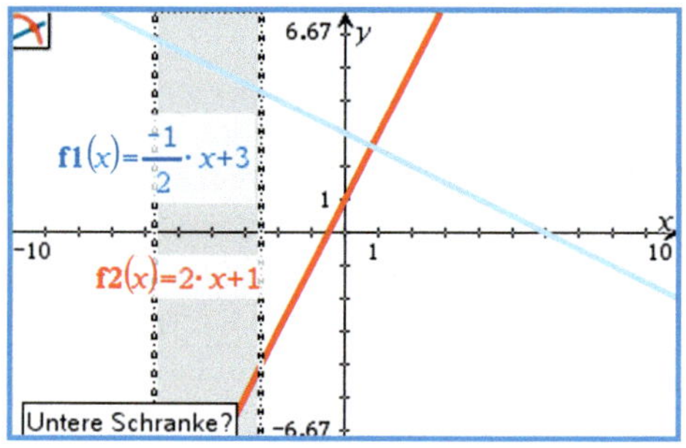

Rechnerisch bestimmt man beim **Casio** und beim **TI** die Lösung, indem man die Funktionsgleichungen eingibt und den Befehl *solve* verwendet:

$f(x) := -\frac{1}{2}\cdot x + 3$, $g(x) := 2\cdot x + 1$,

solve $(f(x) = g(x), x)$, Ausgabe: $x = \frac{4}{5}$

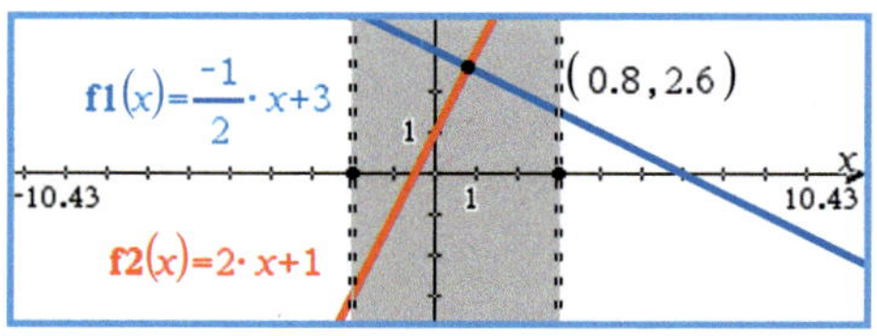

Aufgaben

CAS **14** Bestimme die Koordinaten der Schnittpunkte der Graphen von je zwei der Funktionen a, b, c und d mit $a(x) = -\frac{1}{2}x^2 + 1$, $b(x) = x - 3$, $c(x) = -7$, $d(x) = -\frac{1}{x}$.

CAS **15** Bestimme zwei lineare Funktionen f und g, die sich im Punkt $C(2\,|\,3)$ schneiden.

CAS **16** Gegeben sind drei Geraden. Ermittle, wie viele Schnittpunkte entstehen können.

CAS

17 Zeichne den Graphen der Funktion und bestimme einen Näherungswert für den Schnittpunkt mit der x-Achse durch Ablesen aus dem Graphen.
Bei c) und d) musst du die Fenstereinstellungen anpassen.

a) $f(x) = 2x - 3$ b) $f(x) = -\frac{1}{2}x - 2$
c) $f(x) = x + 12$ d) $f(x) = -x - 20$

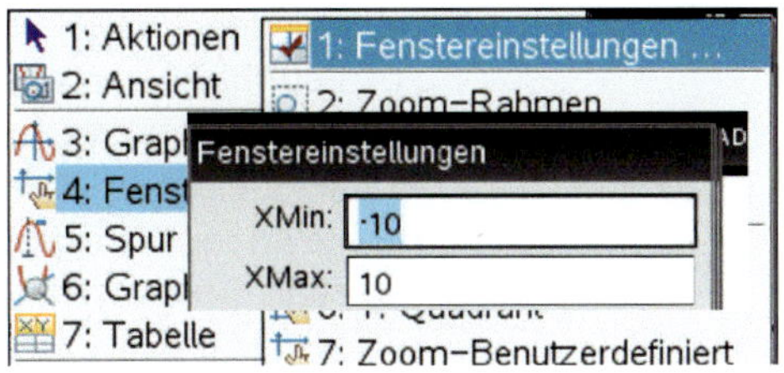

Beispiel 8 **Stückweise lineare Funktionen**

Stelle den Graphen der Funktion mit einem CAS dar und erläutere daran die Bedeutung des Begriffs „stückweise linear".

a) $f(x) = |x - 2|$, b) $g(x) = \begin{cases} 1 \text{ für } 0 \le x \le 2 \\ 2 \text{ für } 2 < x \le 4 \end{cases}$

Lösung:

Beim **Casio** wählst du für f unter *Keyboard* |■| und gibst |x – 2| ein. Für g gibst du zwei Funktionsterme ein, jeweils dahinter, durch | getrennt, die Bedingung. Dann lässt du die Graphen anzeigen.

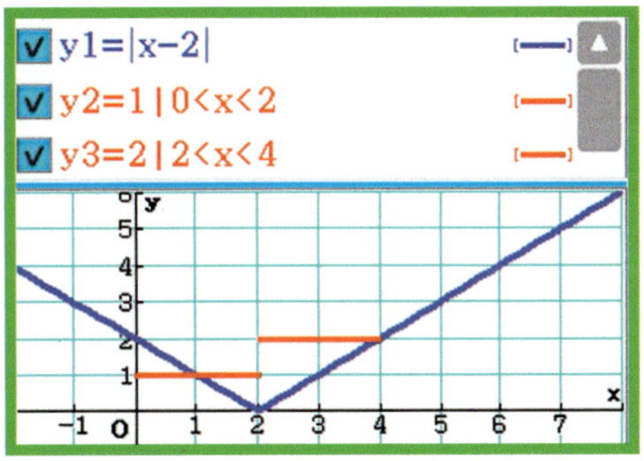

Beim **TI** kannst du für f ebenfalls |□| mithilfe der Taste, die auch dieses Symbol zeigt, wählen und für g kannst du zwei getrennte Funktionsterme, jeweils dahinter die Bedingung, durch | getrennt, eingeben. (Die Tasten *ctrl* und = liefern Relationszeichen und |.) Du kannst auch Symbole für Betrag sowie die Klammern für stückweise definierte Funktionen über die Katalogtaste mit dem Buch direkt daneben wählen.
Die Anzeige sieht anders aus als die Eingabe, mit einer geschweiften Klammer statt des langen Strichs.
Beide Graphen bestehen aus Stücken, die - auf verschiedenen Intervallen - lineare Funktionen darstellen.

f1(x) = |x|
f2(x) = 1 | 0 ≤ x ≤ 2
f3(x) = 2 | 2 < x ≤ 4

f1(x) = |x|
f2(x) = {1,0 ≤ x ≤ 2
f3(x) = {2,2 < x ≤ 4

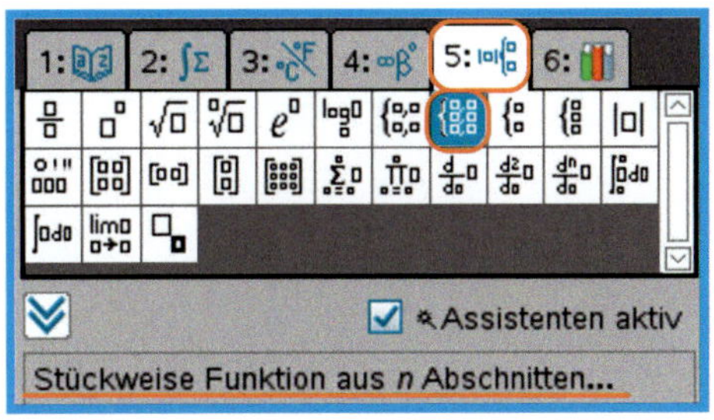

Hinweis

Beim **Casio** kannst du auch mit {⁝ eine stückweise definierte Funktion eingeben.
Beim **TI** kannst du auch das Template verwenden (*ctrl* und *menu*, *Mathematische Vorlagen*, die geschweifte Klammer mit zwei bzw. drei Zeilen und die Anzahl wählen.

CAS

18 Ermittle eine Funktionsgleichung zu dem Graphen. Überprüfe mit einem CAS.

a) 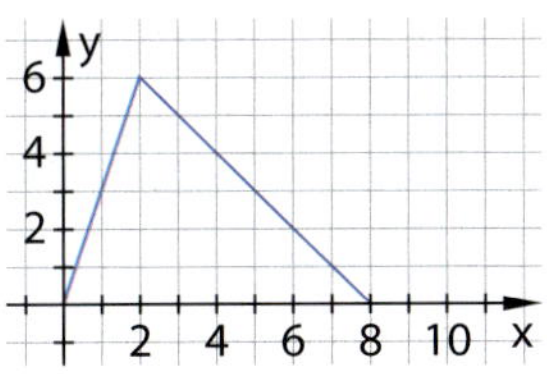

b) 

c) 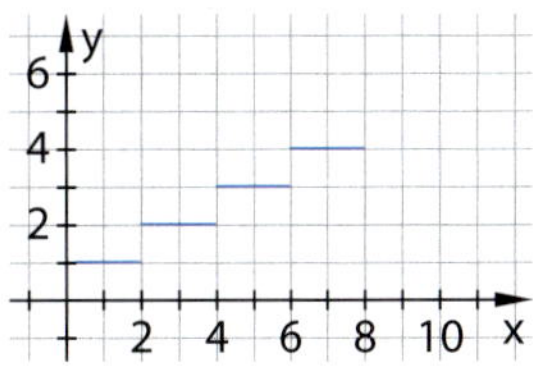

CAS **19** a) Überlege, welche Großbuchstaben sich nur mit linearen Funktionen darstellen lassen.

b) Begründe, warum sich das N mit Graphen linearer Funktionen nur darstellen lässt, wenn man die senkrechten Striche etwas schräg darstellt. Stelle das N dar, indem du für den linken „Strich" in der Grafik die Funktion f nutzt mit $f(x) = \{1000 \cdot x, 0 \leq x \leq 0.005$.

c) Kevin sagt: "Die Behauptung aus b) stimmt nicht. Ich kann die senkrechten Striche darstellen, indem ich den Funktionstyp „x =" auswähle. Die Eingabe
$x_1 = 1 \mid 0 <= y <= 2$ $\quad$ $y_2 = -2x + 4 \mid 1 <= x <= 2$ $\quad$ $x_3 = 2 \mid 0 <= y <= 2$
erzeugt ein N mit senkrechten Strichen." Nimm zu dieser Aussage Stellung.

CAS **20** Erzeuge mit deinem CAS das Bild.

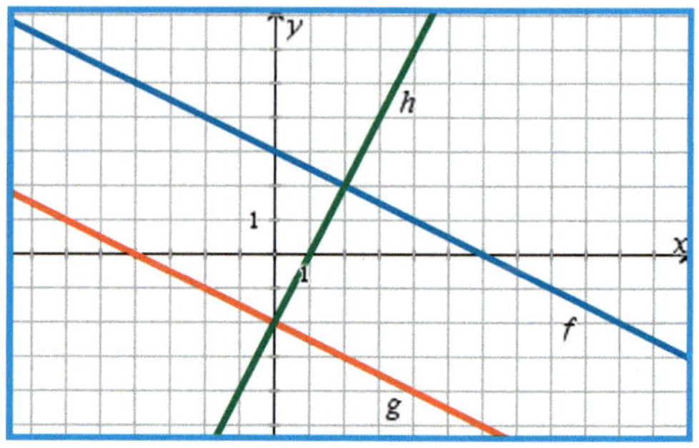

a) Verwende dabei jeweils zwei sinnvoll gewählte Punkte auf den Graphen.

b) Ermittle zur Kontrolle die Funktionsgleichungen unter Verwendung des Anstiegsdreiecks und des Schnittpunktes des Graphen mit der y-Achse und vergleiche die Ergebnisse mit denen aus a).

c) Bestimme eine Funktionsgleichung i, deren Graph durch den Punkt $(0 \mid 3)$ verläuft und parallel zum Graphen von h ist.

d) Der Graph von h steht senkrecht zu den Graphen von f und g. Woran könnte man dies erkennen? Überprüfe deine Vermutung, indem du einen weiteren Graphen durch den Punkt $(0 \mid 6)$ legst, der auch senkrecht zu g ist.

Hinweis zu 28

Ein **Parameter** ist eine besondere Variable, deren Wert systematisch geändert wird, um Veränder ungen im Verhalten der Funktion zu untersuchen.

CAS ● **21** Verwende ein CAS und einen Schieberegler. Untersuche jeweils die Auswirkung des Para meters auf den Graphen der Funktion f mit $f(x) = m \cdot x + n$.

a) Wähle $\frac{1}{2}$ für den einen Parameter und für den anderen Werte zwischen -5 und 5.

b) Experimentiere mit weiteren Werten für die Parameter. Formuliere dann eine Aussage über die Auswirkung der Parameter m und n auf die Gerade.

c) Formuliere eine Aussage zur Auswirkung der Parameter m und n auf den Graphen von a, b bzw. c mit $a(x) = m \cdot x^2 + n$, $b(x) = m \cdot \frac{1}{x} + n$, $c(x) = m \cdot \frac{1}{x^2} + n$.

CAS **22** Verwende abschnittsweise definierte Funktionen und erzeuge damit diese Bilder.

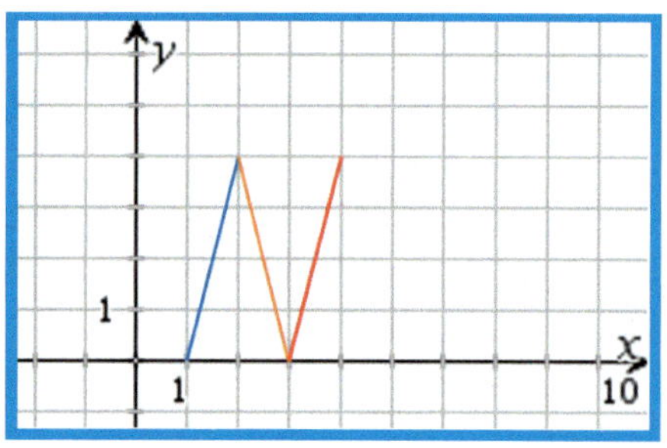

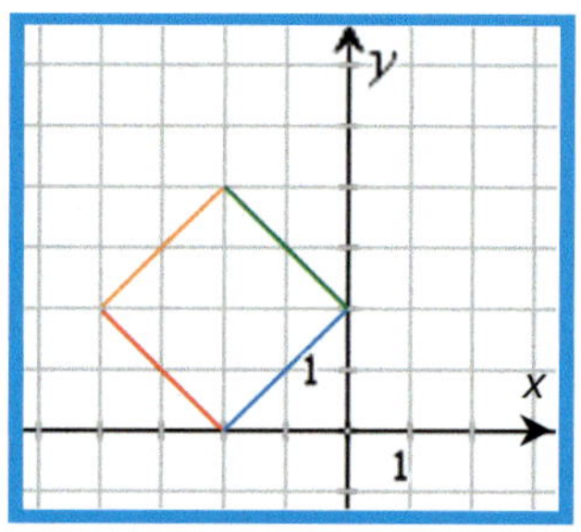

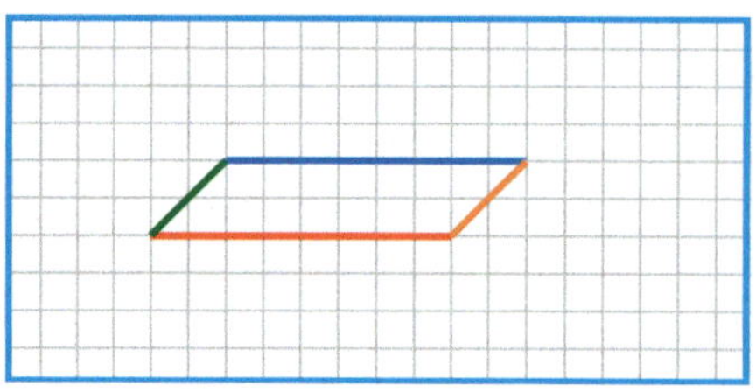

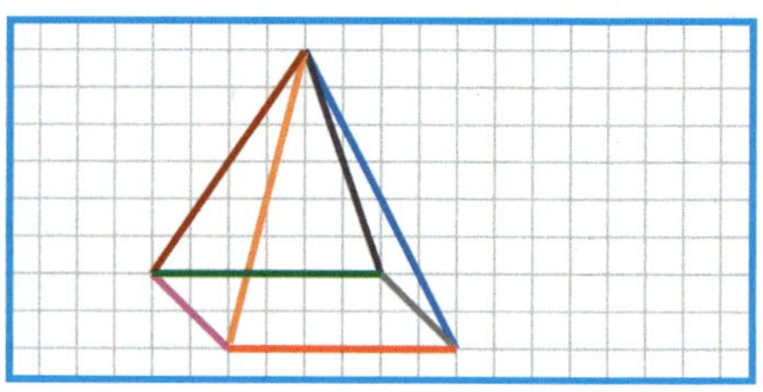

CAS **23** Gegeben sind vier Graphen linearer Funktionen. Bestimme zu jeder Funktion eine Funktionsgleichung sowie die Nullstelle.

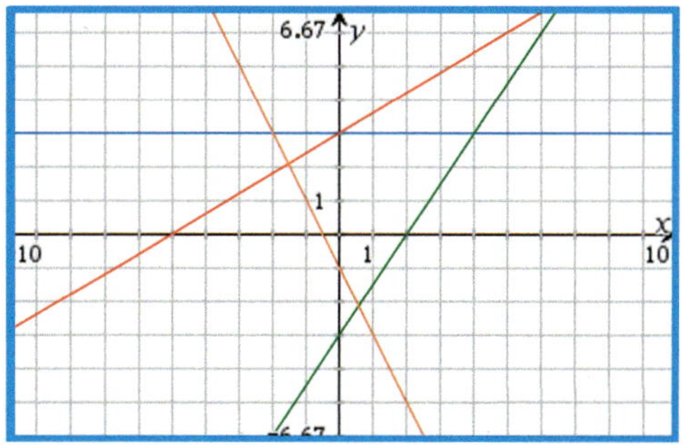

CAS **24** In der Abbildung sind die Graphen dreier abschnittsweise definierter Funktionen zu sehen.

a) Gib zu jedem Graphen die Definition der zugehörigen Funktion an.
b) Ändere die Definition der Funktionen dann so ab, dass sich die drei Graphen berühren, ohne dass der Anstieg verändert wird.

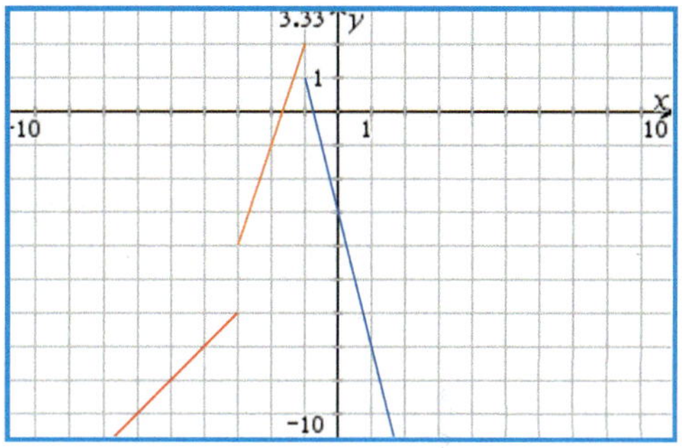

CAS **25** Gegeben ist eine Schar linearer Funktionen durch die Gleichung
$f_m(x) = m(x + 3) - 1$.

a) Begründe: Alle Geraden der Schar gehen durch einen gemeinsamen Punkt. Gib diesen Punkt an.
b) Bestimme den Wert von m, für den der Graph durch den Ursprung verläuft.
c) Bestimme den Wert von m, für den der Graph durch den Punkt P(0; 7) verläuft.
d) Erzeuge eine grafische Darstellung wie die rechts abgebildete.

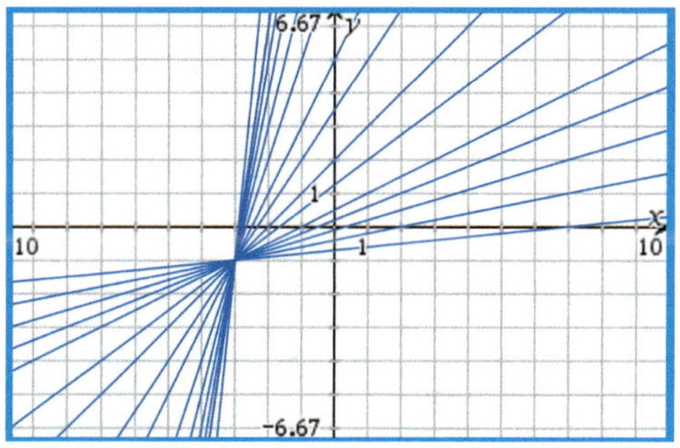

CAS **26** **Forschungsauftrag:** Einige Geraden schließen mit der positiven x-Achse und der positiven y-Achse ein Dreieck ein. Bestimme die Schar aller Geraden, für die dieses Dreieck den Flächeninhalt A = 20 FE hat. Überprüfe das Ergebnis auch mittels Schieberegler.

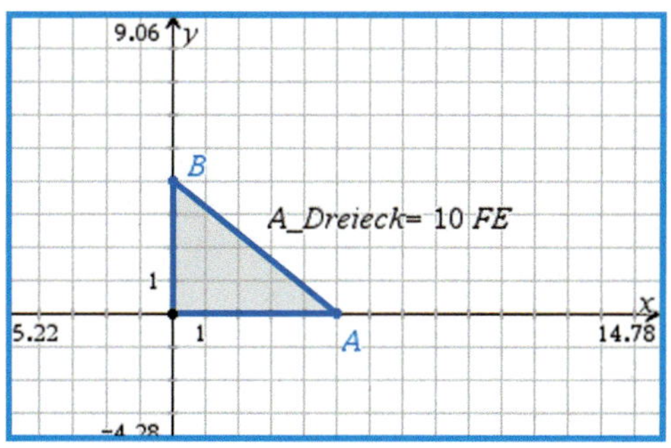

Lösungen
→ S. 220

1 Prüfe, ob die Zuordnung eine Funktion ist.
a) Sprunghöhe beim Hochsprung → Schüler, die diese Höhe gesprungen sind
b) Anzahl Eiskugeln → Preis für das Eis
c) Schüler einer Klasse → Nummer im Klassenbuch
d) Straße → Bewohner dieser Straße

2 Stelle für die Funktion eine Wertetabelle für $x = -2$ bis $x = 4$ auf und zeichne den Funktionsgraphen.
a) $y = 1{,}5x + 1$ b) $y = -2x + 1$ c) $y = 0{,}5x - 1$

3 Zeichne den Graphen der proportionalen Funktion mit der angegebenen Funktionsgleichung.
a) $y = 4x$ b) $y = 2x$ c) $y = 0{,}4x$ d) $y = -\frac{1}{3}x$ e) $y = -\frac{4}{5}x$

4 Ermittle die Steigung und stelle eine Funktionsgleichung zum Graphen auf.

a) 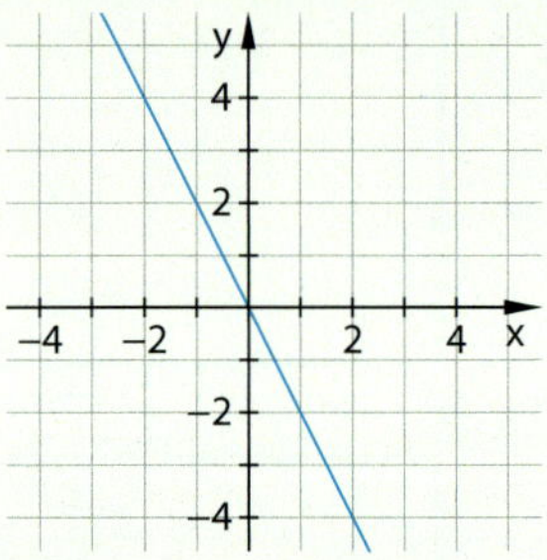

b) 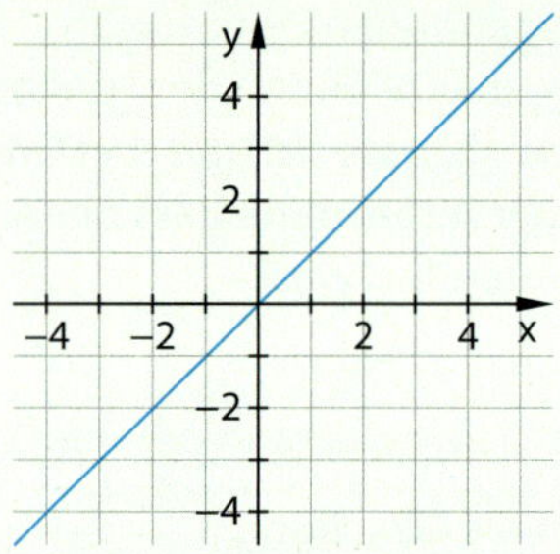

c) 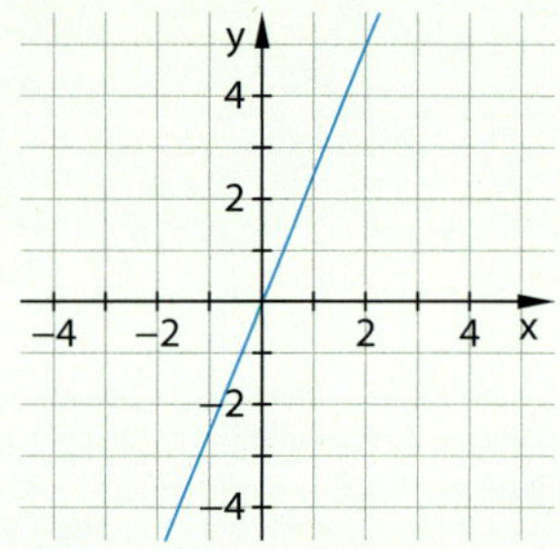

5 Drei unterschiedliche Autos haben auf der Autobahn folgenden durchschnittlichen Benzinverbrauch:
- 7 Liter Benzin auf 100 km
- 8 Liter Benzin auf 100 km
- 9 Liter Benzin auf 100 km

Die Tabelle und der Graph stellen jeweils den Benzinverbrauch eines dieser Autos dar.

Strecke (in km)	Verbrauch (in ℓ)
50	4,0
80	6,4
200	16,0
250	20,0
300	24,0
360	28,8

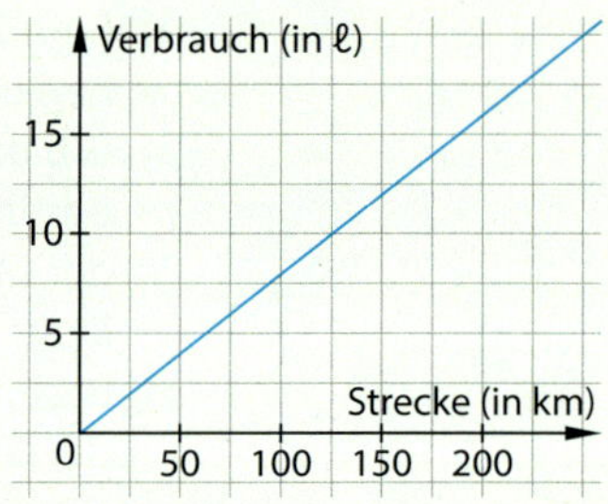

a) Gib an, zu welchem Auto die Tabelle passt.
b) Gib an, zu welchem Auto der Graph passt.

6 Zeichne den Graphen der Funktion mit der angegebenen Funktionsgleichung.
a) $y = 2x - 3$ b) $y = -\frac{1}{2}x + 2$ c) $y = -3x + 4$ d) $y = \frac{1}{4}x + \frac{1}{2}$

7 Stelle eine passende Funktionsgleichung zum Graphen auf.

a) 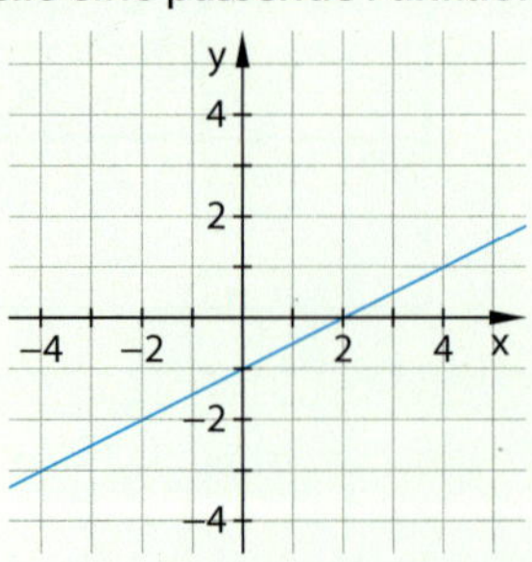

b) 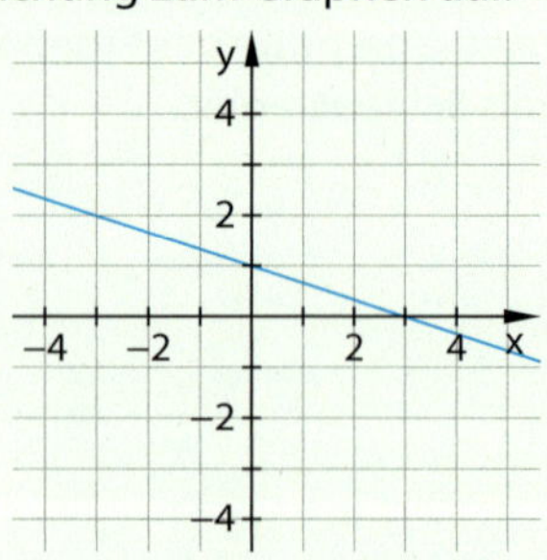

c) 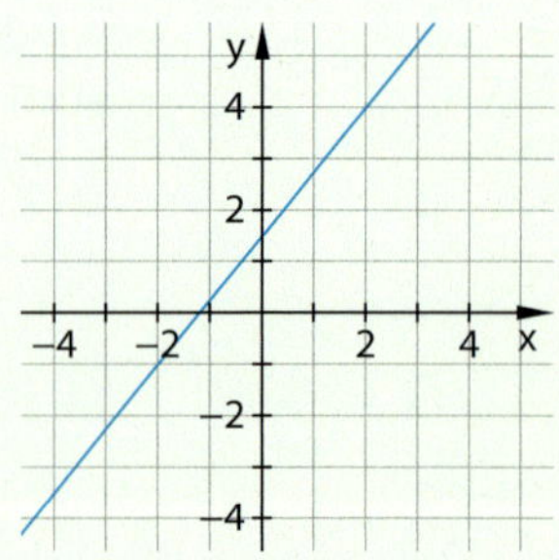

Lösungen → S. 221

8 Stelle eine Funktionsgleichung zur Geraden auf, auf der die Punkte A und B liegen.
a) A(−6 | 0); B(2 | 4) b) A(−6 | −4); B(6 | 1) c) A(−3 | 7); B(3 | −9) d) A(0 | −23); B(−10 | 3)

9 Ermittle sowohl grafisch als auch rechnerisch die Nullstelle der Funktion.
a) $f(x) = \frac{1}{3}x - 1,5$ b) $f(x) = \frac{5}{3}x + 5$ c) $f(x) = 0,875x - 3,5$ d) $f(x) = \frac{1}{6}x + \frac{1}{3}$

10 Ermittle sowohl grafisch als auch rechnerisch die Stelle, an der die Funktion f den angegebenen Funktionswert annimmt.
a) $f(x) = 2x + 1$; Funktionswert 7
b) $f(x) = -\frac{1}{5}x - 1$; Funktionswert −2
c) $f(x) = 2,5x + 2,5$; Funktionswert −2,5
d) $f(x) = 0,75x - 1\frac{1}{2}$; Funktionswert 3

11 Ein Jahrmarktstand verkauft Donuts für 1,30 € pro Stück. Die Standmiete beträgt 125 € pro Tag.
a) Gib eine Funktionsgleichung an, die den Gewinn des Stands darstellt.
b) Ermittle, wie viele Donuts pro Tag verkauft werden müssen, damit der Stand Gewinn macht.

12 Ein Flugzeug befindet sich in 12 000 m Höhe über seinem Zielflughafen. Die Funktionsgleichung $f(x) = -200x + 12\,000$ beschreibt die Flughöhe (in m) des Flugzeugs im Landeanflug, wobei x die vergangenen Minuten seit Beginn des Sinkflugs angibt.
a) Berechne die Nullstelle der Funktion. Interpretiere das Ergebnis.
b) Ermittle, wie viele Minuten vor der Landung sich das Flugzeug in 1000 m Höhe befindet.

13 Bestimme die Nullstelle der Funktion mit der Funktionsgleichung $y = 99x + 100$.

Wo stehe ich?

	Ich kann…	Aufgabe	Schlag nach
5.1	… Funktionen als eindeutige Zuordnungen charakterisieren. … Funktionen auf unterschiedliche Weise darstellen.	1, 2	S. 112 Beispiel 1, S. 113 Beispiel 2
5.2	… proportionale Funktionen erkennen und auf verschiedene Weise darstellen.	3, 5	S. 115 Beispiel 1, S. 116 Beispiel 2, S. 117 Beispiel 3, S. 118 Beispiel 4
5.3	… die Steigung einer proportionalen Funktion ermitteln.	4	S. 120 Beispiel 1, S. 121 Beispiel 2
5.4	… mit Funktionsgleichungen und Graphen linearer Funktionen arbeiten.	6, 7	S. 124 Beispiel 1, S. 125 Beispiel 2, S. 126 Beispiel 3
5.5	… die Gleichung einer Geraden zwischen zwei Punkten aufstellen.	8	S. 131 Beispiel 1, S. 132 Beispiel 2
5.6	… Nullstellen linearer Funktionen berechnen. … zum gegebenen y-Wert einer linearen Funktion die zugehörige Stelle x berechnen.	9, 10, 13	S. 134 Beispiel 1, S. 135 Beispiel 2
5.7	… Sachprobleme mit linearen Funktionen modellieren.	11, 12	S. 137 Beispiel 1

Funktionen

Eine **Funktion** ist eine eindeutige Zuordnung. Sie ordnet jeder Stelle x genau einen **Funktionswert** y zu.

Die Zuordnung *Zahl x → Quadratzahl von x* ist eine eindeutige Zuordnung, also eine Funktion. Sie ordnet z. B. der Zahl 4 eindeutig die Zahl 16 zu.

Darstellung von Funktionen

Funktionen lassen sich darstellen durch
- eine Beschreibung in Worten,
- eine Funktionsgleichung,
- eine Wertetabelle,
- einen Funktionsgraphen,
- ein Pfeildiagramm.

Jeder Zahl wird ihr Betrag zugeordnet.
$y = |x|$ bzw. $f(x) = |x|$

x	−3	−1,2	0	3
y	3	1,2	0	3

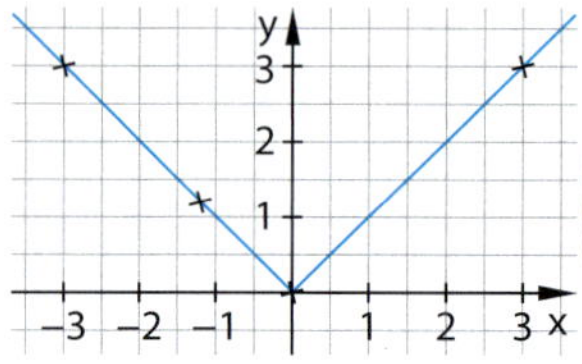

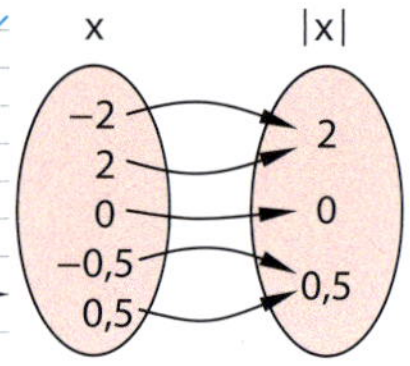

Lineare Funktionen

Funktionen mit Gleichungen der Form **$y = m \cdot x + b$** nennt man **lineare Funktionen**. Der Graph hat die **Steigung m** und schneidet die y-Achse im Punkt $(0|b)$. Der Wert **b** wird deshalb auch **y-Achsenabschnitt** genannt. Die Steigung ist das Verhältnis der Änderung der Funktionswerte zur Änderung der x-Werte.

Den Graphen einer linearen Funktion kann man zum Beispiel mithilfe des y-Achsenabschnitts b und der Steigung m zeichnen.

Zeichnen des Graphen zu $y = \frac{3}{4}x - 2$:

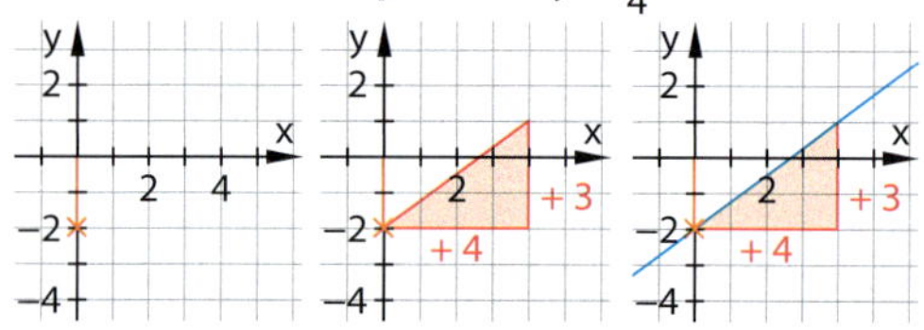

1. Schritt $b = -2$ | 2. Schritt $m = \frac{3}{4}$ | 3. Schritt

Sind zwei Punkte $P_1(x_1|y_1)$ und $P_2(x_2|y_2)$ auf dem Graphen einer linearen Funktion gegeben, so kann man die Steigung m wie folgt ermitteln: $m = \frac{y_2 - y_1}{x_2 - x_1}$ (**Differenzenquotient**)
Man kann m sowie die Koordinaten eines Punktes in die Gleichung $y = m \cdot x + b$ einsetzen, um b auszurechnen.

Aufstellen einer Funktionsgleichung:
Wenn $P_1(2|5)$ und $P_2(4|9)$ zwei Punkte einer linearen Funktion sind, gilt:

$$m = \frac{9-5}{4-2} = 2$$

P_1 liegt auf dem Graphen, also gilt $5 = 2 \cdot 2 + b$ und damit $b = 1$.

Nullstellen einer Funktion

Einen x-Wert einer Funktion, für den der zugehörige Funktionswert 0 ist, nennt man **Nullstelle**.
Im Koordinatensystem kann man die Nullstelle am Schnittpunkt des Funktionsgraphen mit der x-Achse ablesen.

$f(x) = -2x + 2$

Nullstelle: $x = 1$

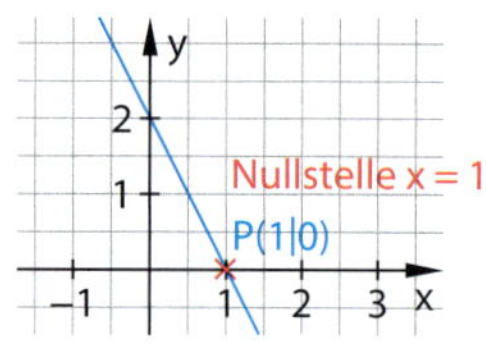

Exakt lassen sich Nullstellen einer Funktion f durch Lösen der Gleichung $f(x) = 0$ berechnen.

$$
\begin{aligned}
0 &= -2x + 2 \quad && |+2x \\
2x &= 2 && |:2 \\
x &= 1
\end{aligned}
$$

4

Quadratwurzeln – Reelle Zahlen

Nach diesem Kapitel kannst du

→ Quadratwurzeln berechnen,
→ Quadratwurzeln näherungsweise mit einem algorithmischen Verfahren bestimmen,
→ rationale und irrationale Zahlen unterscheiden.

Lösungen → S. 218

Produkte

1 Berechne.
a) $19 \cdot (-19)$ b) $-0{,}7 \cdot (-0{,}7)$ c) $-8 \cdot 8 \cdot (-8)$ d) $-0{,}2 \cdot 0{,}2 \cdot (-0{,}2)$

2 Ersetze den Platzhalter ■ durch die passende Zahl.
a) ■ $= 9 \cdot 1000$ b) $160 = 16 \cdot$ ■ c) $4900 =$ ■ $\cdot 100$ d) $40\,000 = 4 \cdot$ ■
e) ■ $= 17 \cdot 0{,}01$ f) $6{,}4 =$ ■ $\cdot 0{,}1$ g) $1{,}21 = 121 \cdot$ ■ h) $0{,}0025 = 25 \cdot$ ■

3 Zerlege in ein Produkt aus Primfaktoren.
Beispiel: $90 = 2 \cdot 3 \cdot 3 \cdot 5$
a) 12 b) 40 c) 98 d) 300 e) 225 f) 112

Quadratzahlen

4 Multipliziert man eine natürliche Zahl mit sich selbst, erhält man eine Quadratzahl.
Gib an, ob die gegebene Zahl eine Quadratzahl ist.
a) 36 b) 60 c) 81 d) 121 e) 164 f) 300

5 Berechne im Kopf.
a) 12^2 b) 14^2 c) 15^2 d) 18^2 e) 21^2 f) 25^2

6 Gib an, zwischen welchen beiden Quadratzahlen die gegebene Zahl liegt.
a) 2 b) 17 c) 50 d) 83 e) 99 f) 250

7 Eine Zahl ist genau dann eine Quadratzahl, wenn bei ihrer Primfaktorzerlegung jeder Primfaktor in gerader Anzahl vorkommt.
Zerlege die Zahlen auf den Kärtchen in Primfaktoren. Entscheide dann, welche Zahlen Quadratzahlen sind.

324 448 576
1350 1089 1881

8 Quadriere die Zahl.
Beschreibe, wie viele Nachkommastellen das Quadrat der Zahl im Vergleich zur Ausgangszahl hat.
a) 0,2 b) 0,4 c) 0,01 d) 0,12 e) 0,001 f) 0,011

Potenzen

9 Berechne. Schreibe zunächst die Potenzen als Produkte.
a) 7^2 b) $(-10)^3$ c) $0{,}2^3$ d) $(3+5)^2$ e) $(-1)^2 + (-1)^3$
f) $\left(\frac{1}{2}\right)^2$ g) $5^2 \cdot 5^2$ h) $\left(\frac{2}{3}\right)^2 \cdot \frac{2}{3}$ i) $3^4 : 3^2$ j) $\frac{5^2}{125}$

10 Berechne mit dem Taschenrechner. Gib zunächst einen Überschlag an.
a) $1{,}54^2$ b) $(-0{,}27)^2$ c) $0{,}19^3$ d) $8{,}005^2$ e) $0{,}029^2$

11 Berechne mit dem Taschenrechner. Beschreibe deine Beobachtung.
a) $2 - x^2$ für $x = 1{,}3$ (1,4; 1,41; 1,414) b) $5 - x^2$ für $x = 2{,}1$ (2,2; 2,23; 2,236)

Lösungen → S. 218

Flächeninhalt von Quadraten

12 Ermittle den Flächeninhalt eines Quadrats mit der angegebenen Seitenlänge.
a) 3 cm b) 0,5 m c) 1,2 km d) 1 m e) 1,1 dm

13 Gib die Seitenlänge eines Quadrats mit dem angegebenen Flächeninhalt an.
a) 25 cm^2 b) 100 m^2 c) 81 km^2 d) 144 dm^2 e) 1 ha

14 Ein Quadrat hat die Seitenlänge 6 cm, ein Rechteck die Seitenlängen 4 cm und 9 cm. Vergleiche Flächeninhalt und Umfang der Figuren.

15 Die farbige Figur besteht aus Quadraten.
Der Flächeninhalt des blauen Quadrats beträgt 1 cm^2, der des roten 9 cm^2.
Bestimme den Flächeninhalt des grünen Quadrats.
(Zeichnung nicht maßstabsgetreu)

Gleichungen

16 Überprüfe, ob die in den Klammern angegebenen Zahlen Lösungen der Gleichung sind.
a) $(x - 4) \cdot 7 = 0$ $(-7; -4; 0; 4; 7)$ b) $(x - 5) \cdot (x + 5) = 0$ $(-5; 0; 5)$
c) $x^2 = 81$ $(-9; 0; 9)$ d) $x \cdot (x + 1) = 0$ $(-1; 0; 1)$

17 Gib die Lösungsmenge der Gleichung an.
a) $2x + 3 = 17$ b) $5 + x = x - 4$ c) $3x - 3 = x - 1$ d) $-x - 4 = -4 - x$

Vermischtes

18 Überprüfe Pauls Behauptung: „60 ist durch alle natürlichen Zahlen von 1 bis 12 teilbar."

19 Gib drei natürliche Zahlen an, die nicht durch 4 teilbar sind, aber deren Quadrat durch 4 teilbar ist.

20 Vervollständige die Tabelle.

Zehnerprodukt	$10 \cdot 10 \cdot 10$				
Potenzschreibweise (Basis 10)			10^5		10^8
in Worten		eine Million		einhundert	

21 Ermittle durch Probieren die Seitenlängen eines Rechtecks, dessen eine Seite 2 cm länger als die andere ist und dessen Flächeninhalt 24 cm^2 beträgt.

22 Ein Quader ist 2 cm lang, 4 cm breit und 8 cm hoch. Berechne die Kantenlänge eines Würfels mit dem gleichen Volumen.

23 Kürze den Bruch so weit wie möglich.
a) $\frac{63}{28}$ b) $\frac{13}{52}$ c) $\frac{12}{196}$ d) $\frac{114}{200}$ e) $\frac{175}{84}$

24 Löse die Klammern mithilfe der binomischen Formeln auf.
a) $(3 + x)^2$ b) $(b - 4)^2$ c) $(a - 9)(a + 9)$ d) $(3y + 6)^2$ e) $(u - 4v)^2$

4.1 Quadrieren und Wurzelziehen

Auf den blauen Kärtchen stehen Flächeninhalte von Quadraten (in cm²), auf den roten Kärtchen Seitenlängen von Quadraten (in cm). Ordne die Kärtchen einander zu. Finde die fehlenden roten Kärtchen.

81	100	1,69
144	361	$\frac{1}{4}$
12	$\frac{1}{2}$	9

Viele Probleme lassen sich mithilfe der Umkehroperation lösen. Zum Beispiel ist die Subtraktion die Umkehroperation der Addition. Die Umkehroperation zum Quadrieren positiver Zahlen ist das **Ziehen der Quadratwurzel** oder **Wurzelziehen**.

Beispiel: Die Wurzel aus 49 ist 7, denn $7 \cdot 7 = 49$.
Schreibweise: $\sqrt{49} = 7$

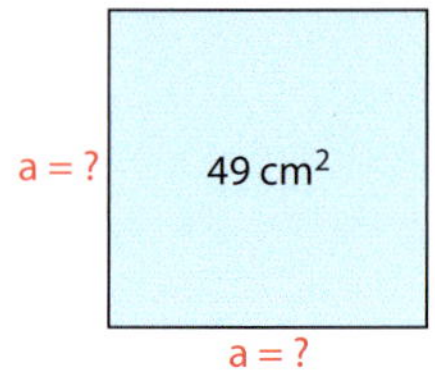

Anschaulich kann man sich vorstellen, dass die Seitenlänge eines Quadrats aus dem gegebenen Flächeninhalt berechnet wird.
Damit sich die Quadratwurzel eindeutig berechnen lässt, wurde festgelegt, dass nur die positive Zahl 7 Quadratwurzel von 49 ist, aber nicht die negative Zahl −7, obwohl auch $(-7)^2 = 49$ ist.

$a = \sqrt{49\,\text{cm}^2} = 7\,\text{cm}$

Wissen

Die **Quadratwurzel** $\sqrt{a}$ aus einer Zahl $a \geq 0$ ist die Zahl $b \geq 0$, für die gilt: $b^2 = a$
Für $a < 0$ existiert $\sqrt{a}$ nicht. Der Ausdruck unter dem Wurzelzeichen heißt **Radikand**.
$\sqrt{16} = 4$, denn $4 \cdot 4 = 16$. Es gilt $\sqrt{0} = 0$.

Beispiel 1 Gib die Wurzel an, falls möglich.

a) $\sqrt{36}$ b) $\sqrt{2500}$ c) $\sqrt{0{,}0064}$ d) $\sqrt{\frac{9}{25}}$ e) $\sqrt{-16}$

Lösung:

a) $36 = 6^2$ ist eine Quadratzahl. $\sqrt{36} = 6$, denn $6 \cdot 6 = 36$

b) 2500 enthält die Quadratzahl 25. Das Ergebnis hat halb so viele Nullen am Ende wie die Zahl unter der Wurzel.
Es gilt: $5^2 = 25$
$50^2 = 2500$
$\sqrt{2500} = 50$, denn $50 \cdot 50 = 2500$.

c) 0,0064 enthält die Quadratzahl 64. Das Ergebnis hat halb so viele Nachkommastellen wie die Zahl unter der Wurzel.
Es gilt: $8^2 = 64$
$0{,}8^2 = 0{,}64$
$0{,}08^2 = 0{,}0064$
$\sqrt{0{,}0064} = 0{,}08$, denn $0{,}08 \cdot 0{,}08 = 0{,}0064$.

d) Aus dem Zähler 9 und dem Nenner 25 kannst du einzeln die Wurzel ziehen. $\sqrt{\frac{9}{25}} = \frac{3}{5}$, denn $\frac{3}{5} \cdot \frac{3}{5} = \frac{9}{25}$.

e) Da das Quadrat einer Zahl nie negativ ist, gibt es keine Zahl, die quadriert -16 ist. $\sqrt{-16}$ existiert nicht.

Basisaufgaben

1 Bestimme die Wurzel im Kopf.

a) $\sqrt{25}$ b) $\sqrt{49}$ c) $\sqrt{1}$ d) $\sqrt{144}$ e) $\sqrt{324}$
f) $\sqrt{100}$ g) $\sqrt{8100}$ h) $\sqrt{10\,000}$ i) $\sqrt{640\,000}$ j) $\sqrt{25\,600}$

Lösungen zu 2

$\frac{1}{2}$ nicht lösbar
$\frac{1}{2}$ 0,04 $\frac{2}{3}$
0
0,9 $\frac{3}{2}$
nicht lösbar
1,6

2 Bestimme die Wurzel, falls möglich.

a) $\sqrt{0{,}81}$ b) $\sqrt{0{,}0016}$ c) $\sqrt{-0{,}01}$ d) $\sqrt{2{,}56}$ e) $\sqrt{0}$

f) $\sqrt{\frac{1}{4}}$ g) $\sqrt{\frac{81}{36}}$ h) $\sqrt{\frac{-4}{9}}$ i) $\sqrt{\frac{32}{128}}$ j) $\sqrt{\frac{20}{45}}$

3 Ergänze die Tabelle.

x	25		$\frac{4}{9}$	625		0,09			1,44
$\sqrt{x}$		3,5			0,03		$\frac{3}{5}$	$\sqrt{144}$	

4 Berechne die Seitenlänge eines Quadrats mit dem angegebenen Flächeninhalt.

a) $64\,m^2$ b) $1{,}21\,cm^2$ c) $400\,dm^2$ d) $2{,}89\,km^2$ e) 1,69 ha

Weiterführende Aufgaben

5 Begründe.

a) 0,8 ist die Quadratwurzel von 0,64.
b) 0,07 ist nicht die Quadratwurzel von 0,49.
c) $2\frac{1}{3}$ ist die Quadratwurzel von $5\frac{4}{9}$.
d) −5 ist nicht die Quadratwurzel von 25.
e) $\sqrt{(-3)^2} = 3$
f) $\sqrt{(-a)^2} = a \; (a \geq 0)$

6 Nimm Stellung zu Lauras Aussage:
„Da $(-3)^2 = 9$ ist und auch $3^2 = 9$ ist, gilt $\sqrt{9} = 3$ und $\sqrt{9} = -3$."

7 **Stolperstelle:** Erkläre den Fehler und korrigiere.

a) $\sqrt{-36} = 6$ b) $\sqrt{16} = 8$ c) $\sqrt{(-10)^2} = -10$ d) $\sqrt{0{,}04} = 0{,}02$

8 Man kann auch mehrfach nacheinander die Wurzel ziehen. Berechne.

a) $\sqrt{\sqrt{16}}$ b) $\sqrt{\sqrt{81}}$ c) $\sqrt{\sqrt{10\,000}}$ d) $\sqrt{\sqrt{1}}$

9 Berechne.

a) $\sqrt{14^2}$ b) $\left(\sqrt{9}\right)^2$ c) $\left(\sqrt{(-2)^2}\right)^2$ d) $\sqrt{\left(\sqrt{16}\right)^2}$

10 Herr Meyer hat ein rechteckiges Grundstück mit den Seitenlängen 25 m und 64 m. Herr Schulze hat ein quadratisches Grundstück mit gleichem Flächeninhalt. Zeige, dass Herr Schulze weniger Material zum Einzäunen des gesamten Grundstücks benötigt als Herr Meyer.

11 Berechne das Volumen des Würfels aus seinem Oberflächeninhalt.

a) $O = 600\,cm^2$ b) $O = 216\,cm^2$ c) $O = 0{,}24\,dm^2$ d) $O = 864\,m^2$

12 **Ausblick: Kubikwurzeln**

Um die Seitenlänge eines Quadrats aus dem Flächeninhalt zu bestimmen, zieht man die **Quadratwurzel** $\sqrt{x}$ oder $\sqrt[2]{x}$. Um die Kantenlänge eines Würfels aus dem Volumen zu bestimmen, zieht man die **Kubikwurzel** $\sqrt[3]{x}$.

a) Ermittle die Kantenlänge eines Würfels mit $V = 27\,cm^3$.

b) Berechne.

$\sqrt[3]{1000}$; $\sqrt[3]{8}$; $\sqrt[3]{64}$; $\sqrt[3]{7^3}$; $\sqrt[3]{\frac{27}{8}}$; $\sqrt[3]{8 \cdot 64}$

4.2 Quadratische Gleichungen der Form $x^2 = a$

Prüfe durch Einsetzen, welche der Zahlen auf den Kärtchen Lösungen der Gleichung $x^2 = 0{,}25$ sind.
Gib an, wie viele verschiedene Lösungen die Gleichung hat.

0,05	$\sqrt{0{,}25}$	0,5
$-\frac{1}{2}$	$x^2 = 0{,}25$	$\frac{1}{2}$
$\sqrt{0{,}5}$	−0,5	$-\sqrt{0{,}25}$

Die quadratische Gleichung $x^2 = 36$ wird von allen Zahlen gelöst, deren Quadrat 36 ist. Dies trifft auf die Quadratwurzel aus 36 zu, denn es gilt $(\sqrt{36})^2 = 6^2 = 36$. Aber auch die Gegenzahl der Quadratwurzel aus 36 ist Lösung, denn es gilt $(-\sqrt{36})^2 = (-6)^2 = 36$.

Die Gleichung $x^2 = 36$ hat genau zwei Lösungen $x_1 = \sqrt{36} = 6$ und $x_2 = -\sqrt{36} = -6$, sie unterscheiden sich nur im Vorzeichen.

Wissen

Die quadratische Gleichung $x^2 = a$ hat
– für $a > 0$ **die beiden Lösungen** $x_1 = \sqrt{a}$ und $x_2 = -\sqrt{a}$,
– für $a = 0$ nur **die Lösung** $x = 0$,
– für $a < 0$ **keine Lösung**.

Beispiel 1 Löse die Gleichung.

a) $x^2 = 1{,}44$ b) $x^2 = -64$

Lösung:

a) Gesucht sind alle Zahlen, die quadriert 1,44 ergeben. Als Lösungen ergeben sich die positive und die negative Wurzel aus 1,44.

$x^2 = 1{,}44$

$x_1 = \sqrt{1{,}44} = 1{,}2$ $x_2 = -\sqrt{1{,}44} = -1{,}2$

$L = \{1{,}2; -1{,}2\}$

b) Gesucht sind alle Zahlen, die quadriert −64 ergeben. Es gibt aber keine Zahl, deren Quadrat negativ ist.

$x^2 = -64$

Die Gleichung hat keine Lösung.
$L = \{\}$

Basisaufgaben

Lösungen zu 1

−10, nicht lösbar, 16, 25, 0, 10, −9, −70, 70, −25, nicht lösbar, 9, −16

1 Löse die Gleichung.

a) $x^2 = 81$ b) $x^2 = 100$ c) $x^2 = 4900$ d) $x^2 = -12\,100$
e) $x^2 = 256$ f) $x^2 = 625$ g) $x^2 = -4$ h) $x^2 = 0$

2 Löse die Gleichung.

a) $x^2 = 0{,}64$ b) $x^2 = 0{,}16$ c) $0{,}04 = x^2$ d) $x^2 = 1{,}69$
e) $x^2 = 6{,}25$ f) $x^2 = 0{,}0625$ g) $x^2 = 1{,}96$ h) $x^2 = 10{,}24$
i) $x^2 = 2{,}25$ j) $x^2 = 0{,}01$ k) $x^2 = 0{,}0289$ l) $x^2 = 4{,}41$

3 Forme zunächst um und löse dann die Gleichung.

a) $x^2 - 4 = 0$ b) $x^2 - 3{,}24 = 0$ c) $-121 = -x^2$ d) $x^2 + 144 = 0$
e) $x^2 + 14 = 63$ f) $37 - x^2 = -27$ g) $-14 + x^2 = -50$ h) $5^2 + x^2 = 25$

Weiterführende Aufgaben

4 Stelle zu den Lösungen eine passende quadratische Gleichung auf.
a) $x_1 = 7;\ x_2 = -7$ b) $x_1 = 0{,}1;\ x_2 = -0{,}1$ c) keine Lösung d) $x = 0$

5 Löse die Gleichung.
a) $x^2 = \frac{4}{9}$ b) $\frac{64}{121} = x^2$ c) $y^2 = -\frac{16}{25}$ d) $x^2 = 2\frac{1}{4}$

6 Ordne jeder Gleichung die passende Lösungsmenge zu.

$0 = 2 + x^2$ $4 = a^2$ $L = \{0{,}2; -0{,}2\}$ $L = \{\}$

$0{,}04 = x^2$ $x^2 + 2 = 2$ $L = \{2; -2\}$ $L = \{0\}$

7 Forme die Gleichung zunächst um. Gib dann die Lösungsmenge an.
a) $5x^2 = 45$ b) $4y^2 = 16$ c) $-1{,}92 = -3a^2$ d) $2(x^2 - 1{,}4) = 2{,}32$

8 **Stolperstelle:** Prüfe die Lösung. Korrigiere, falls nötig.
a) Marie löst die Gleichung $x^2 - 0{,}09 = 0$ durch Umformen.
$x^2 - 0{,}09 = 0$ | $+ 0{,}09$
$x^2 = 0{,}09$ | $\sqrt{\ }$
$x = 0{,}3$
b) Lilly löst die Gleichung $32 + 2x^2 = 0$ durch Umformen.
$32 + 2x^2 = 0$ | $-2x^2$
$32 = -2x^2$ | $: (-2)$
$-16 = x^2$ | $\sqrt{\ }$
$L = \{-4; 4\}$
c) Jaroslav ermittelt die Seitenlänge eines Quadrats mit dem Flächeninhalt $256\,cm^2$.
$a^2 = 256$
$L = \{-16; 16\}$; es gibt zwei mögliche Seitenlängen: $a_1 = -16$ cm und $a_2 = 16$ cm.

9 „Gleichungen der Form $x^2 = a$ zu lösen ist genau das Gleiche wie das Ziehen der Quadratwurzel." Nimm Stellung zu der Aussage.

10 Ein Würfel hat einen Oberflächeninhalt von $216\,cm^2$.
a) Stelle eine quadratische Gleichung für den Zusammenhang zwischen Kantenlänge und Oberflächeninhalt auf. Berechne damit die Kantenlänge.
b) Ein anderer Würfel hat einen viermal so großen Flächeninhalt. Vergleiche die Kantenlängen beider Würfel.

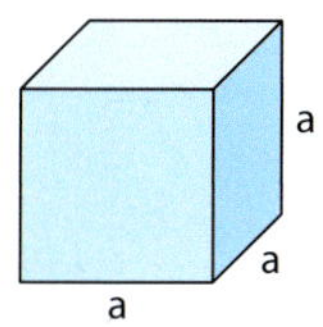

11 Finde durch Probieren alle Zahlen, die die Gleichung erfüllen.
a) $x^2 = x$ b) $x^2 - x = 0$ c) $x^2 + x = 0$ d) $x^2 + x = \frac{3}{4}$

MK **12** **Ausblick:** Quadratische Gleichungen können auch grafisch gelöst werden.
a) Löse die Gleichung $x^2 - 4 = 0$.
b) Gib den Term $x^2 - 4$ in einen Funktionenplotter ein. Beschreibe den Zusammenhang zwischen deiner Lösung aus a) und der Gestalt des Graphen.
c) Gib eine passende Gleichung zum abgebildeten Graphen an.

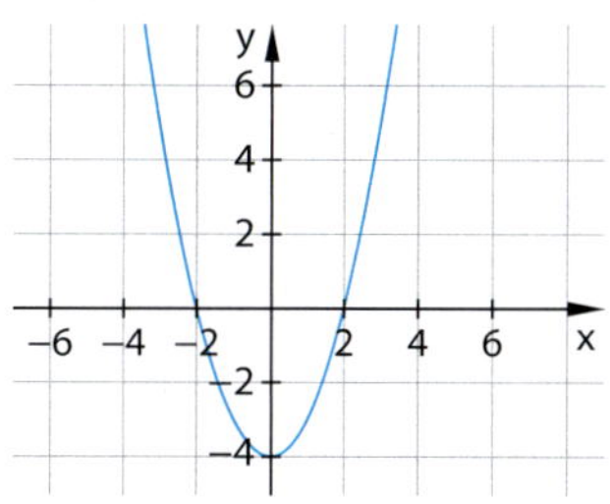

4.3 Rationale und irrationale Zahlen

Frank tippt $\sqrt{2}$ in seinen Taschenrechner. Quadriere die abgebildete Zahl und beschreibe, was dir auffällt.
Berechne $\sqrt{2}$ mit einem Computerprogramm, z. B. einer Tabellenkalkulation. Schreibe die Zahl ab und quadriere sie mit dem gleichen Programm. Stelle eine Vermutung auf, wie das exakte Ergebnis von $\sqrt{2}$ als Dezimalzahl aussieht.

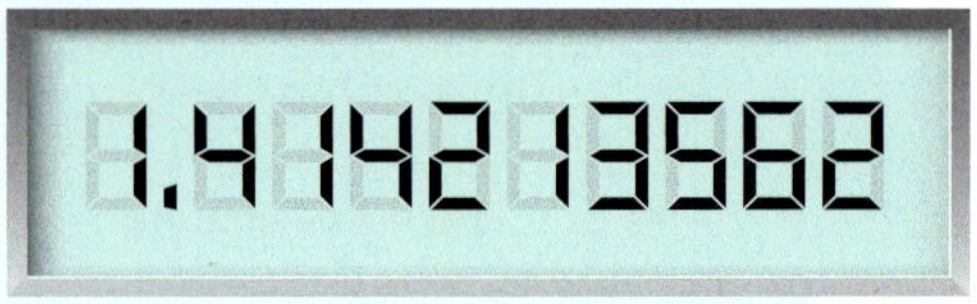

Die Menge der rationalen Zahlen umfasst alle Zahlen, die sich als Bruch schreiben lassen. Bei der Umwandlung von Brüchen in Dezimalzahlen gibt es zwei Fälle:

1. Fall: Ein Bruch entspricht einer abbrechenden Dezimalzahl, zum Beispiel $\frac{1}{10} = 1 : 10 = 0{,}1$.
2. Fall: Ein Bruch entspricht einer nicht abbrechenden periodischen Dezimalzahl, zum Beispiel $\frac{2}{3} = 2 : 3 = 0{,}666\ldots = 0{,}\overline{6}$.

Es gibt aber auch Zahlen, die in Dezimalschreibweise nicht abbrechen und keine Periode haben. Sie heißen **irrationale Zahlen**. Wurzeln aus natürlichen Zahlen sind entweder natürliche oder irrationale Zahlen.

Hinweis

Wurzeln aus Zahlen, die keine Quadratzahl sind, sind irrational.

Wissen

Alle Brüche lassen sich als abbrechende oder periodische Dezimalzahlen schreiben. Sie bilden die **rationalen Zahlen $\mathbb{Q}$**.

Die **irrationalen Zahlen** sind Dezimalzahlen, die nicht abbrechen und nicht periodisch sind. Rationale und irrationale Zahlen bilden gemeinsam die **reellen Zahlen $\mathbb{R}$**.

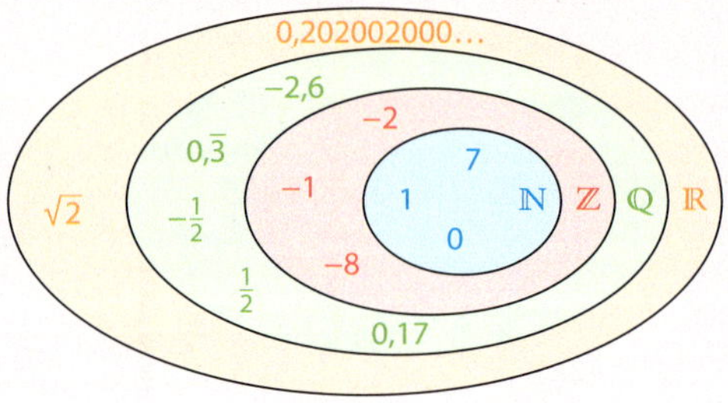

Hinweis

Es gibt auch Quadratwurzeln, die zu den natürlichen Zahlen (z. B. $\sqrt{4} = 2$) oder zu den rationalen Zahlen $\left(\text{z. B. } \sqrt{\frac{16}{25}} = \frac{4}{5}\right)$ gehören.

Beispiel 1 Entscheide begründet, ob die angegebene Zahl rational oder irrational ist.

a) $1{,}\overline{234}$ b) $\sqrt{5}$ c) $\frac{1}{3}$ d) $\sqrt{121}$ e) 0,666

Lösung:

a) $1{,}\overline{234}$ ist rational, denn die Dezimalzahl ist periodisch.
b) $\sqrt{5}$ ist irrational, denn 5 ist keine Quadratzahl: Es gilt: die Dezimaldarstellung 2,236067977499789... bricht nicht ab und ist nicht periodisch.
c) $\frac{1}{3}$ ist ein Bruch und damit rational.
d) $\sqrt{121} = 11$. Die Zahl $\sqrt{121}$ ist rational, denn 11 ist eine natürliche Zahl und die natürlichen Zahlen sind eine Teilmenge der rationalen Zahlen.
e) 0,666 ist rational, denn 0,666 bricht nach der dritten Nachkommastelle ab.

Basisaufgaben

1 Entscheide begründet, ob die angegebene Zahl rational oder irrational ist.

a) 0,256 b) $\sqrt{7}$ c) $\sqrt{16}$ d) $\sqrt{21}$
e) 0,34343434... f) $\frac{2}{5}$ g) $\sqrt{56}$ h) $3{,}\overline{148}$

2 a) Erkläre, nach welchem Muster die Zahl 1,2345678910111213… aufgebaut ist.
b) Erläutere, warum diese Zahl irrational ist.

3 Setze die Zahl so zu einer nicht abbrechenden Dezimalzahl fort, dass eine rationale (irrationale) Zahl entsteht. Erkläre dein Vorgehen.
a) 2,1717… b) 3,494499… c) 0,2468… d) 0,1491625…

4 Gib eine Zahl zwischen 0 und 1 an, die
a) eine abbrechende Dezimalzahl ist, b) eine periodische Dezimalzahl ist,
c) eine nicht abbrechende und nicht periodische Dezimalzahl ist.

Weiterführende Aufgaben

5 Entscheide begründet, zu welchen Zahlbereichen die Zahl in der oberen Zeile gehört.

	0,175	$\sqrt{17}$	$\sqrt{21+4}$	$-\sqrt{169}$	$9{,}10\overline{4}$	$\sqrt{\frac{1}{9}}$	$\sqrt{\frac{4}{7}}$	$\sqrt{2{,}5}$
natürliche Zahlen								
ganze Zahlen								
rationale Zahlen								
irrationale Zahlen								
reelle Zahlen								

6 **Stolperstelle:** Mario begründet, dass einige Zahlen irrational sind. Korrigiere und erkläre seine Fehler.
a) *0,324234532245 ist irrational, weil hinter dem Komma so viele Zahlen sind.*
b) *$\sqrt{9}$ ist irrational, weil es eine Quadratwurzel ist.*
c) *92,2134231323232… ist irrational, weil es hinter dem Komma ohne Periode immer weitergeht.*
d) *$3{,}\overline{34}$ ist irrational, weil es eine nicht abbrechende Dezimalzahl ist.*

7 Beschrifte das Mengendiagramm mit den Zahlbereichen $\mathbb{N}$, $\mathbb{Z}$, $\mathbb{Q}$ und $\mathbb{R}$ und trage die Zahlen $-\frac{4}{5}$, $\sqrt{3}$, $\sqrt{\frac{50}{2}}$, $-\sqrt{9}$, $\sqrt{1{,}21}$, 2^2 und -7 richtig ein.

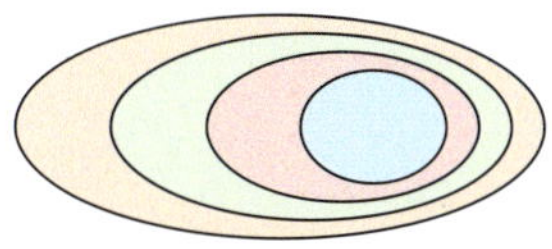

8 **Ausblick:** Entscheide, ob die Rechenoperation für natürliche Zahlen a und b jeweils im Zahlbereich uneingeschränkt ausführbar ist und ob das Ergebnis zum selben Zahlbereich gehört.
Widerlege ggf. durch Gegenbeispiele.

	a + b	a – b	a · b	$\frac{a}{b}$; b ≠ 0	$\sqrt{a}$; a ≥ 0
natürliche Zahlen $\mathbb{N}$	ja	Nein, denn z. B. gilt 3 – 5 = –2 und –2 ist keine natürliche Zahl.			
ganze Zahlen $\mathbb{Z}$					
rationale Zahlen $\mathbb{Q}$					
reelle Zahlen $\mathbb{R}$					

Widerspruchsbeweise

„Mein Mandant kann unmöglich die Bank überfallen haben", führt der Anwalt vor Gericht aus. „Er wurde um 7:40 Uhr gesehen, wie er seine Wohnung verlassen hat. Der Alarm wurde um 7:58 Uhr ausgelöst. Der Bus braucht 20 Minuten, und im Laufschritt braucht man mindestens 3 Minuten von der Bushaltestelle bis zur Bank. Wenn er die Bank überfallen hätte, hätte er also den Bus um 7:35 Uhr nehmen müssen – zu dem Zeitpunkt war er aber noch in der Wohnung."
Nimm Stellung zu der Aussage des Anwalts.

Beim direkten Beweis wird eine Aussage durch Schlussfolgerungen aus bekannten Aussagen bewiesen. Beim indirekten Beweis nimmt man das Gegenteil von dem an, was man zeigen möchte, und zeigt dann, dass dies zu einem Widerspruch führt.

Wissen

Ein **indirekter Beweis** oder **Widerspruchsbeweis** ist nach folgendem Schema aufgebaut:
① Formulieren der **Voraussetzung** und der **Behauptung**.
② **Annahme des Gegenteils** der Behauptung
③ **Folgerungen** aus der Annahme
④ Führen der Folgerungen zu einem **Widerspruch**
⑤ Ziehen der **Schlussfolgerung** durch Widerlegung der Annahme

Beispiel 1

Beweise die Aussage mit einem Widerspruchsbeweis: Wenn das Quadrat einer natürlichen Zahl ungerade ist, dann ist auch die Zahl selbst ungerade.

Lösung:

1. Formuliere die Voraussetzung und die Behauptung.	Voraussetzung: a ist eine natürliche Zahl, für die a^2 ungerade ist. Behauptung: Dann ist a ungerade.
2. Nimm das Gegenteil der Behauptung an. Die Voraussetzung bleibt gleich.	Angenommen, es gibt ein a, sodass a^2 ungerade ist und a gerade, also $a = 2n$ mit $n \in \mathbb{N}$.
3. Überlege, was aus der Annahme folgt.	Dann ist $a^2 = (2n)^2 = 4n^2$ durch 2 teilbar, weil das Vierfache einer natürlichen Zahl immer durch 2 teilbar ist.
4. Finde einen Widerspruch zur Voraussetzung.	Also ist a^2 gerade. Das ist ein Widerspruch zur Voraussetzung, dass a^2 ungerade ist.
5. Ziehe eine Schlussfolgerung.	Also muss a ungerade sein.

Aufgaben

1 Ordne die Beweisführung des Anwalts aus dem Einstieg den einzelnen Beweisschritten zu.

2 Beweise die Aussage durch einen indirekten Beweis.
a) Wenn das Quadrat einer natürlichen Zahl gerade ist, dann ist die Zahl auch gerade.
b) Für $a \in \mathbb{N}$ und eine Primzahl m gilt: Wenn $m \mid a^2$ gilt, dann gilt auch $m \mid a$.

3 a) Vollziehe den folgenden Beweis nach.

> **Behauptung:** $\sqrt{2}$ ist eine irrationale Zahl.
> **Beweis:** Angenommen, $\sqrt{2}$ ist rational. Dann gibt es zwei Zahlen $p, q \in \mathbb{Z}$, sodass sich $\sqrt{2}$ als vollständig gekürzter Bruch schreiben lässt: $\sqrt{2} = \frac{p}{q}$. Dann gilt $\left(\frac{p}{q}\right)^2 = \frac{p^2}{q^2} = 2$, also $p^2 = 2q^2$.
> $2q^2$ ist gerade, also ist p^2 auch gerade. Wenn das Quadrat einer Zahl gerade ist, muss auch die Zahl selbst gerade sein. Also ist auch p gerade. Es gibt also ein $n \in \mathbb{N}$ mit $p = 2n$. Dann folgt:
> $$p^2 = 2q^2$$
> $$(2n)^2 = 2q^2$$
> $$4n^2 = 2q^2 \quad |:2$$
> $$2n^2 = q^2$$
> Also ist auch q^2 gerade und somit auch q. Die Zahl 2 teilt sowohl p als auch q. Das ist aber ein Widerspruch zur Annahme, dass der Bruch $\frac{p}{q}$ vollständig gekürzt ist.
> Die Annahme, dass $\sqrt{2}$ rational ist, ist also falsch. Daher ist $\sqrt{2}$ irrational. q. e. d.

Hinweis

Das Ende eines mathematischen Beweises wird oft mit „q.e.d." angezeigt. Es steht für „quod erat demonstrandum", lateinisch für „was zu beweisen war".

b) Bringe die Beweisschritte in die richtige Reihenfolge.

- Forme um, dann gilt $q^2 = 3r^2$.
- p und q sind durch 3 teilbar.
- Das ist ein Widerspruch dazu, dass $\frac{p}{q}$ vollständig gekürzt ist.
- Annahme: $\sqrt{3}$ ist eine rationale Zahl.
- $\sqrt{3}$ ist keine rationale Zahl.
- und $\frac{p}{q}$ ist vollständig gekürzt.
- Einsetzen ergibt: $3q^2 = (3r)^2 = 9r^2$
- Umformen ergibt: $3q^2 = p^2$
- Also gilt $\sqrt{3} = \frac{p}{q}$…
- Quadrieren der Gleichung ergibt $3 = \frac{p^2}{q^2}$.
- Dann ist $p = 3r$.
- Also ist die Annahme falsch und das Gegenteil richtig.
- Damit ist auch p durch 3 teilbar.
- Dann ist auch q durch 3 teilbar.
- Also ist q^2 durch 3 teilbar.
- Also ist p^2 durch 3 teilbar.

4 a) Zeige, dass $\sqrt{5}$ und $\sqrt{10}$ irrational sind.
b) Zeige, dass die Beweise aus Aufgabe a) für $\sqrt{4}$ nicht funktionieren.

5 Beweise, dass die Quadratwurzel aus einer Primzahl irrational ist.

6 Beweise, dass Quadratwurzeln aus natürlichen Zahlen entweder natürliche oder irrationale Zahlen sind.

7 Beweise, dass es unendlich viele Primzahlen gibt. Nimm dafür an, dass es endlich viele Primzahlen gibt, und bilde dann die Summe aus dem Produkt aller Primzahlen und 1.

4.4 Intervallschachtelung

Gesucht ist eine Zahl, die quadriert 22 ergibt. Wer aus der Klasse findet den besten Näherungswert, ohne die Wurzeltaste auf dem Taschenrechner zu benutzen?

Beschreibe dein Vorgehen, um einen möglichst genauen Wert zu ermitteln.

Irrationale Zahlen wie $\sqrt{2}$ können nur näherungsweise als Dezimalzahl geschrieben werden. Solche Näherungswerte kann man mit einer **Intervallschachtelung** bestimmen. Dabei nähert man sich schrittweise einem immer besseren Näherungswert an.

Wissen

Ein **Intervall** $[a; b]$ ist die Menge aller Zahlen x, für die gilt: $a \le x \le b$
Bei der **Intervallschachtelung** werden Schritt für Schritt Intervalle um eine gesuchte Zahl x gebildet, sodass gilt:
- Jedes Intervall enthält die gesuchte Zahl x.
- Jedes Intervall ist im vorherigen Intervall enthalten.
- Die Intervalllänge $b - a$ wird beliebig klein.

Beispiel 1 Berechne $\sqrt{2}$ mit einer Intervallschachtelung auf drei Nachkommastellen genau.

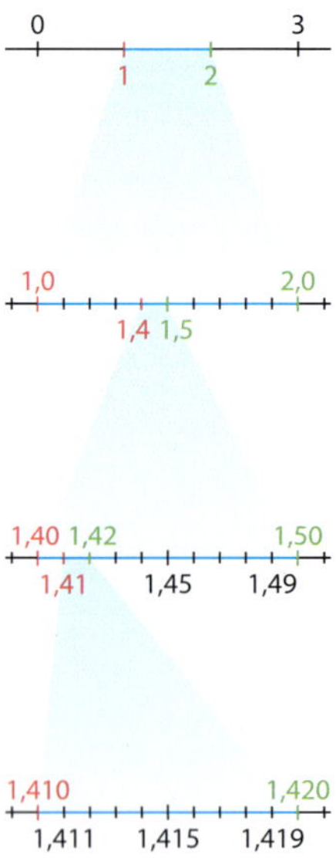

Lösung:

Bestimme zwei aufeinanderfolgende ganze Zahlen, zwischen denen $\sqrt{2}$ liegt. Betrachte dazu die Quadratzahlen.

1. Schritt
Es gilt: $1 < \sqrt{2} < 2$
Denn: $1^2 = 1 < \sqrt{2}^2 = 2 < 2^2 = 4$.

Bestimme zwei Zahlen zwischen 1 und 2 mit einer Nachkommastelle, zwischen denen $\sqrt{2}$ liegt. Prüfe dazu, zwischen welchen der Quadrate $1{,}1^2, 1{,}2^2, \ldots, 1{,}9^2$ der Wert $\sqrt{2}^2 = 2$ liegt.

2. Schritt:

x	1,1	1,2	1,3	1,4	1,5
x^2	1,21	1,44	1,69	1,96	2,25

Es ist: $1{,}4 < \sqrt{2} < 1{,}5$
Denn: $1{,}4^2 = 1{,}96 < \sqrt{2}^2 = 2 < 1{,}5^2 = 2{,}25$

Bestimme zwei Zahlen zwischen 1,4 und 1,5 mit zwei Nachkommastellen, zwischen denen $\sqrt{2}$ liegt.

3. Schritt:

x	1,41	1,42
x^2	1,9881	2,0164

Es ist: $1{,}41 < \sqrt{2} < 1{,}42$

Gehe in jedem Schritt eine Nachkommastelle weiter. Der linke Intervallrand gibt stets die nächste Nachkommastelle des gesuchten Näherungswerts an.

4. Schritt:

x	…	1,413	1,414	1,415
x^2	…	1,996569	1,999396	2,002225

Es ist: $1{,}414 < \sqrt{2} < 1{,}415$

Um auf 3 Stellen zu runden, musst du die ersten 4 Stellen bestimmen. $\sqrt{2}$ liegt im Intervall $[1{,}4142; 1{,}4143]$, jede Zahl in diesem Intervall wird auf 1,414 gerundet.

5. Schritt:
Es ist: $1{,}4142 < \sqrt{2} < 1{,}4143$
Gerundet ergibt sich: $\sqrt{2} \approx 1{,}414$

Basisaufgaben

1 Gib an, zwischen welchen aufeinanderfolgenden natürlichen Zahlen die Wurzel liegt.
a) $\sqrt{6}$ b) $\sqrt{12}$ c) $\sqrt{80}$ d) $\sqrt{96}$ e) $\sqrt{200}$ f) $\sqrt{0,5}$

2 Berechne mit einer Intervallschachtelung auf drei Nachkommastellen genau.
a) $\sqrt{3}$ b) $\sqrt{5}$ c) $\sqrt{7}$ d) $\sqrt{10}$ e) $\sqrt{111}$ f) $\sqrt{300}$

3 Beschreibe das Verfahren der Intervallschachtelung am Beispiel von $\sqrt{12}$ mit eigenen Worten. Führe die Intervallschachtelung durch und gib $\sqrt{12}$ auf drei Nachkommastellen genau an.
Tipp: Nutze als Startwerte $\sqrt{9} = 3$ und $\sqrt{16} = 4$.

4 Berechne mit einer Intervallschachtelung auf drei Nachkommastellen genau. Kontrolliere anschließend mit der Wurzeltaste.
a) $\sqrt{19}$ b) $\sqrt{24}$ c) $\sqrt{60}$ d) $\sqrt{999}$ e) $\sqrt{0,19}$ f) $\sqrt{0,9}$

Weiterführende Aufgaben

5 Drei Schüler sollen $\sqrt{26}$ durch eine Intervallschachtelung annähern.
Verena sagt: „Ich fange mit dem Intervall [1; 100] an."
Max sagt: „Das ist dann doch keine Intervallschachtelung!"
Anya sagt: „Doch, es ist eine, aber sie hilft nicht, um die Wurzel zu berechnen."
Nimm Stellung.

6 Gegeben sind die ersten beiden Intervalle einer Intervallschachtelung für die Quadratwurzel aus einer natürlichen Zahl. Bestimme die Zahl.
a) [3;4] [3,3;3,4]
b) [9;10] [9,0;9,1]
c) [6;7] [6,8;6,9]
d) [7;8] [7,6;7,7]

7 **Stolperstelle:** Drei Schüler sollen $\sqrt{5}$ mithilfe der Intervallschachtelung berechnen. Nimm zu den Aussagen der Schüler Stellung.
Leon: „Ich wähle die Startzahlen 4 und 6, da 5 dazwischenliegt."
Joel: „Ich wähle $\sqrt{4}$ und $\sqrt{6}$, da $\sqrt{5}$ dazwischen liegt."
Mark: „Ich wähle die Zahlen 1 und 2,5, weil die Wurzel immer kleiner als die Hälfte der Zahl ist."

8 Bestimme ohne Taschenrechner, welche Zahl größer ist.
a) $\sqrt{28}$ oder 5 b) $\sqrt{2}$ oder 1,4 c) $\sqrt{5}$ oder $\frac{5}{2}$ d) $\sqrt{8}$ oder $\frac{31}{11}$

9 Ordne die Zahlen der Größe nach, ohne einen Taschenrechner zu nutzen.
a) $\sqrt{8}$; $\frac{9}{4}$; 1; $\sqrt{2}$; 2 b) $\frac{1}{3}$; 0,33333; 0,3; $\sqrt{\frac{1}{3}}$ c) 1,444; $\frac{13}{9}$; $\sqrt{2}$; $\sqrt{2,1}$; $-1,\overline{4}$

10 **Ausblick: Quadratwurzeln auf der Zahlengeraden**
a) Beschreibe anhand der Zeichnungen, wie sich $\sqrt{2}$ auf der Zahlengeraden mit dem Zirkel konstruieren lässt. Betrachte den Flächeninhalt der linken Figur.
b) Konstruiere auf ähnliche Weise $\sqrt{8}$, $\sqrt{18}$ und $\sqrt{50}$ auf der Zahlengeraden.

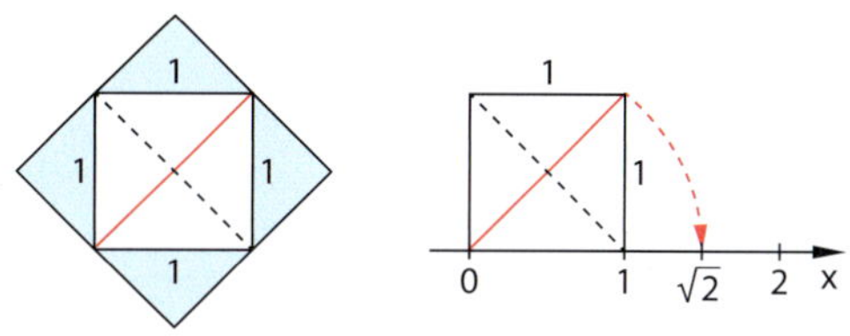

Heron-Verfahren

Irina hat eine Idee, um ein Quadrat mit demselben Flächeninhalt wie das Rechteck zu konstruieren: Sie rechnet $(8 + 4) : 2$ und teilt dann 32 durch das Ergebnis. Führe dieses Verfahren dreimal durch.

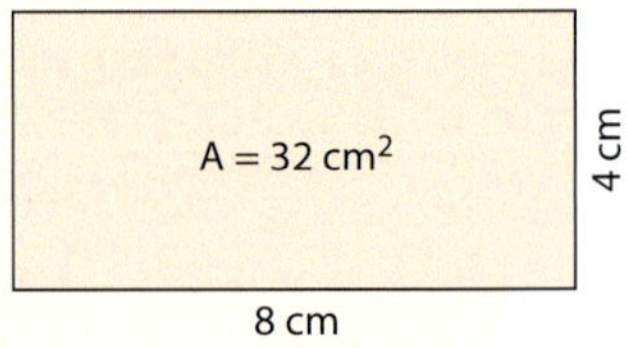

Neben dem Intervallschachtelungsverfahren kann man Quadratwurzeln auch mit dem **Heron-Verfahren** ermitteln: Hier nutzt man aus, dass bei einem Quadrat die Seitenlänge die Wurzel aus seinem Flächeninhalt A ist. Die Idee des Heron-Verfahrens ist es, ein Rechteck mit dem Flächeninhalt A zu konstruieren und die Seitenlängen des Rechtecks so zu verändern, dass näherungsweise ein Quadrat entsteht.

Dazu wird der Mittelwert der beiden Rechtecksseiten im nächsten Schritt als neue Seitenlänge gewählt. Die zweite Seitenlänge ergibt sich, indem man den Flächeninhalt durch die neue Seitenlänge teilt. Die Seitenlängen sind in jedem Schritt ein besserer Näherungswert für $\sqrt{A}$.

Beispiel 1

Berechne $\sqrt{3}$ näherungsweise mit dem Heron-Verfahren. Runde auf die dritte Nachkommastelle.

Lösung:

Wähle die Seitenlängen a und b eines Rechtecks so, dass sich der Flächeninhalt 3 ergibt.

$a = 3$ und $b = 1$
$A = a \cdot b = 3 \cdot 1 = 3$

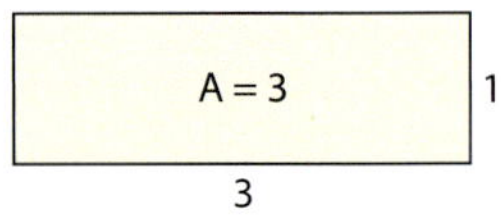

Bilde nun den Mittelwert von a und b. Der Mittelwert ist die Länge der neuen Seite a.

1. Veränderung der Seitenlänge a:
$\frac{a+b}{2} = \frac{3+1}{2} = \frac{4}{2} = 2$

Die Seite b muss so angepasst werden, dass der Flächeninhalt dabei weiterhin den Wert 3 annimmt. Für die neuen Seitenlängen von a und b muss also weiterhin gelten:
$a \cdot b = 3$ und somit $b = \frac{3}{a}$.

Mit der veränderten Seitenlänge $a = 2$ erhält man für die Seitenlänge b:
$\frac{3}{a} = \frac{3}{2} = 1{,}5$

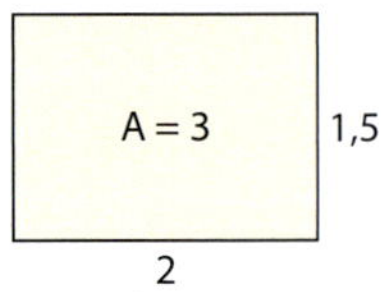

Wiederhole das Vorgehen mit den neuen Seitenlängen. Je öfter du es wiederholst, desto mehr nähern sich die Seitenlängen von a und b an und desto mehr nähert sich die Rechteckform einem Quadrat an.

2. Veränderung der Seitenlängen a und b:
$\frac{2+1{,}5}{2} = \frac{3{,}5}{2} = 1{,}75$
$\frac{3}{a} = \frac{3}{1{,}75} \approx 1{,}714$

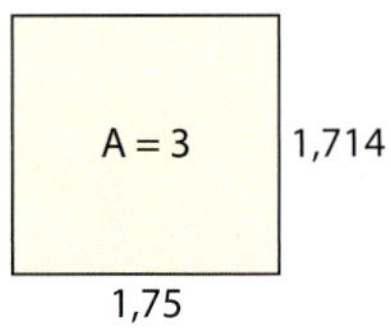

Nach dem dritten Schritt sind die Längen der beiden Seiten gerundet an der dritten Nachkommastelle gleich: $\sqrt{3} = 1{,}732\ldots$

3. Veränderung der Seitenlängen a und b:
$\frac{1{,}75+1{,}714}{2} = \frac{3{,}464}{2} = 1{,}732$
$\frac{3}{a} = \frac{3}{1{,}732} \approx 1{,}732101$

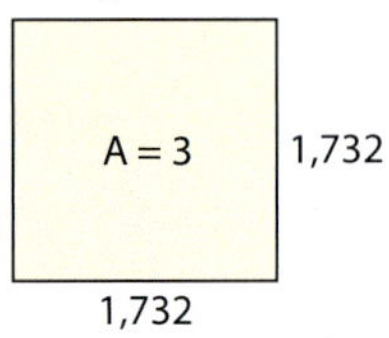

Mit diesem Verfahren kannst du den Wert für $\sqrt{3}$ beliebig genau annähern.

$\sqrt{3} = 1{,}732\ldots$

Aufgaben

1 Berechne näherungsweise mit dem Heron-Verfahren. Runde auf die dritte Nachkommastelle.

a) $\sqrt{6}$ b) $\sqrt{12}$ c) $\sqrt{21}$ d) $\sqrt{11}$

2 a) Berechne $\sqrt{8}$ $(\sqrt{15}; \sqrt{24}; \sqrt{63})$ näherungsweise mit dem Intervallschachtelungs- und mit dem Heron-Verfahren. Runde auf die dritte Nachkommastelle.

b) Vergleiche beide Verfahren. Beurteile, für welches du dich entscheiden würdest, wenn du „von Hand" Wurzeln berechnen müsstest.

TK

3 Du kannst auch mit einer Tabellenkalkulation Quadratwurzeln nach dem Heron-Verfahren bestimmen.

a) Übertrage den Bildschirmausschnitt in Form einer Tabelle. Gib an, welche Formel in welches Feld gehört.

b) Berechne mit einer Tabellenkalkulation $\sqrt{120}$, $\sqrt{156}$ und $\sqrt{2048}$.

c) Prüfe, wie viele Schritte in b) jeweils benötigt werden, um die Wurzeln mit einer höheren Genauigkeit zu bestimmen als mit deinem Taschenrechner.

	A	B	C
1	Seite a	Seite b	Flächeninhalt
2	12	10	120
3	11	10,90909091	
4	10,95454545	10,95435685	

= C2/A4 = (A2 + B2)/2

= (A3 + B3)/2 = C2/A3

4 Das Heron-Verfahren kann mithilfe einer Formel beschrieben werden. Dabei wird aus einem gegebenen Näherungswert der nachfolgende Näherungswert berechnet.

a) $\sqrt{10}$ soll mit dem Heron-Verfahren berechnet werden. Nach dem dritten Schritt hat man den Näherungswert 3,162. Begründe, dass der folgende Näherungswert durch $\left(3{,}162 + \frac{10}{3{,}162}\right) : 2 \approx 3{,}1622$ beschrieben wird.

CAS

b) Allgemein lässt sich bei der Berechnung der Quadratwurzel einer Zahl a zu einem Näherungswert a_n der nächste Näherungswert durch $a_{n+1} = \left(a_n + \frac{a}{a_n}\right) : 2$ finden. Berechne mit dieser Formel einen Näherungswert für $\sqrt{7}$. Starte mit $a_1 = 3$ und berechne auf 5 Nachkommastellen genau.

5 Mit dem **Intervallhalbierungsverfahren** soll näherungsweise $\sqrt{11}$ bestimmt werden. Die ersten Schritte des Verfahrens verlaufen so:

① $\sqrt{11}$ liegt zwischen 3 und 4, da $3^2 < 11 < 4^2$.

② Mitte des Intervalls zwischen 3 und 4: $\frac{3+4}{2} = 3{,}5$

③ $3{,}5^2 = 12{,}25$; da $11 < 3{,}5^2$, liegt $\sqrt{11}$ zwischen 3 und 3,5 und nicht zwischen 3,5 und 4.

④ Mitte des Intervalls zwischen 3 und 3,5: $\frac{3+3{,}5}{2} = 3{,}25$

⑤ $3{,}25^2 \approx 10{,}56$; da $11 > 3{,}25^2$, liegt $\sqrt{11}$ zwischen 3,25 und 3,5 und nicht zwischen 3 und 3,25.

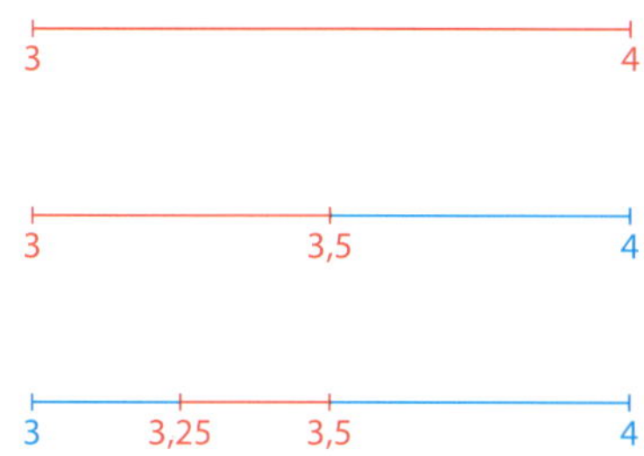

a) Beschreibe das Verfahren mit eigenen Worten. Führe es so weit fort, bis du $\sqrt{11}$ gerundet auf eine Nachkommastelle angeben kannst.

b) Bestimme mit dem Intervallhalbierungsverfahren $\sqrt{5}$ gerundet auf eine Nachkommastelle.

MK

c) Bestimme $\sqrt{31}$ mit dem Intervallhalbierungsverfahren und dem Heron-Verfahren auf zwei Nachkommastellen. Nutze ein geeignetes Hilfsmittel. Vergleiche die beiden Verfahren.

4.5 Rechnen mit Quadratwurzeln

Führe die Rechnungen auf der Tafel zu Ende. Welche Regeln für das Rechnen mit Wurzeln vermutest du? Suche weitere Beispiele und überprüfe.

a) $\sqrt{\frac{9}{81}} = \sqrt{\frac{1}{9}} = \frac{1}{3}$ b) $\frac{\sqrt{9}}{\sqrt{81}} = \dots$
c) $\sqrt{9 \cdot 16} = \dots$ d) $\sqrt{9} \cdot \sqrt{16} = \dots$
e) $\sqrt{9 + 16} = \dots$ f) $\sqrt{9} + \sqrt{16} = \dots$
g) $\sqrt{25 - 9} = \dots$ h) $\sqrt{25} - \sqrt{9} = \dots$

Wurzelgesetze

Produkte und Quotienten von Wurzeln kann man mit den Wurzelgesetzen vereinfachen. Beispielsweise gilt $\sqrt{4} \cdot \sqrt{9} = \sqrt{4 \cdot 9}$ und $\frac{\sqrt{100}}{\sqrt{25}} = \sqrt{\frac{100}{25}}$, wie man leicht nachrechnen kann:

$\sqrt{4} \cdot \sqrt{9} = 2 \cdot 3 = 6$; $\sqrt{4 \cdot 9} = \sqrt{36} = 6$ $\frac{\sqrt{100}}{\sqrt{25}} = \frac{10}{5} = 2$; $\sqrt{\frac{100}{25}} = \sqrt{4} = 2$

Dadurch lässt sich das Rechnen mit Wurzeln oft vereinfachen und z. B. der Taschenrechner vermeiden.

Hinweis

$\sqrt{a} : \sqrt{b} = \frac{\sqrt{a}}{\sqrt{b}}$

Wissen

Für alle Zahlen $a \geq 0$ und $b \geq 0$ gilt:

$\sqrt{a} \cdot \sqrt{b} = \sqrt{a \cdot b}$ $\frac{\sqrt{a}}{\sqrt{b}} = \sqrt{\frac{a}{b}}$ $(b \neq 0)$

Achtung, für Summen und Differenzen gibt es solche Regeln **nicht!**
$\sqrt{a} + \sqrt{b} \neq \sqrt{a + b}$; $\sqrt{a} - \sqrt{b} \neq \sqrt{a - b}$

Beispiel 1 Vereinfache so weit wie möglich.

a) $\sqrt{3} \cdot \sqrt{12}$ b) $\frac{\sqrt{2}}{\sqrt{32}}$ c) $\sqrt{25 \cdot 9}$ d) $\sqrt{\frac{9}{121}}$

Lösung:

a) Schreibe erst unter eine gemeinsame Wurzel und ziehe dann die Wurzel. $\sqrt{3} \cdot \sqrt{12} = \sqrt{3 \cdot 12} = \sqrt{36} = 6$

b) Schreibe erst unter eine gemeinsame Wurzel, kürze und ziehe dann die Wurzel. $\frac{\sqrt{2}}{\sqrt{32}} = \sqrt{\frac{2}{32}} = \sqrt{\frac{1}{16}} = \frac{1}{4}$

c) Ziehe erst die Wurzel aus den einzelnen Faktoren und multipliziere dann. $\sqrt{25 \cdot 9} = \sqrt{25} \cdot \sqrt{9} = 5 \cdot 3 = 15$

d) Ziehe erst die Wurzel aus Zähler und Nenner und dividiere dann. $\sqrt{\frac{9}{121}} = \frac{\sqrt{9}}{\sqrt{121}} = \frac{3}{11}$

Basisaufgaben

1 Schreibe unter eine Wurzel und berechne.
a) $\sqrt{2} \cdot \sqrt{32}$ b) $\sqrt{3} \cdot \sqrt{27}$ c) $\sqrt{6} \cdot \sqrt{150}$ d) $\sqrt{28} \cdot \sqrt{7}$ e) $\sqrt{0{,}2} \cdot \sqrt{320}$

2 Schreibe als Produkt zweier Wurzeln und berechne.
a) $\sqrt{16 \cdot 9}$ b) $\sqrt{25 \cdot 49}$ c) $\sqrt{121 \cdot 36}$ d) $\sqrt{36 \cdot 169}$ e) $\sqrt{0{,}25 \cdot 16}$

Lösungen zu 3

$\frac{1}{5}$ $\frac{6}{5}$ $\frac{2}{5}$ $\frac{1}{2}$ $\frac{2}{5}$

3 Schreibe unter eine Wurzel, kürze den Bruch und berechne.

a) $\frac{\sqrt{3}}{\sqrt{12}}$ b) $\frac{\sqrt{2}}{\sqrt{50}}$ c) $\frac{\sqrt{20}}{\sqrt{45}}$ d) $\frac{\sqrt{12}}{\sqrt{75}}$ e) $\frac{\sqrt{108}}{\sqrt{75}}$

4 Schreibe als Quotient zweier Wurzeln und berechne. Manchmal musst du zuerst kürzen.

a) $\sqrt{\frac{16}{81}}$ b) $\sqrt{\frac{4}{121}}$ c) $\sqrt{\frac{18}{32}}$ d) $\sqrt{\frac{225}{400}}$ e) $\sqrt{\frac{700}{63}}$

5 Wende ein Wurzelgesetz an und berechne.

a) $\sqrt{\frac{1}{3}} \cdot \sqrt{48}$ b) $\sqrt{9 \cdot 36 \cdot 64}$ c) $\sqrt{84} : \sqrt{21}$ d) $\sqrt{3} : \sqrt{147}$ e) $\sqrt{5\frac{1}{16}}$

6 Berechne und vergleiche die Ergebnisse. Erkläre deinem Nachbarn, wann man Wurzelterme zusammenfassen darf und wann nicht.

a) $\sqrt{16} + \sqrt{16}$ b) $\sqrt{2} \cdot \sqrt{32}$ c) $\sqrt{72} : \sqrt{8}$ d) $\sqrt{121} - \sqrt{100}$ e) $\frac{\sqrt{9}}{\sqrt{4}}$

$\sqrt{16 + 16}$ $\sqrt{2 \cdot 32}$ $\sqrt{72 : 8}$ $\sqrt{121 - 100}$ $\sqrt{\frac{9}{4}}$

Wurzelziehen durch Zerlegen

Mithilfe der Wurzelgesetze können oft auch komplexe Wurzeln vereinfacht werden. Dadurch kann man auch ohne Taschenrechner eine Größenvorstellung erhalten oder Terme leichter zusammenfassen.

Beispiel 2 Ziehe die Wurzel so weit wie möglich.

a) $\sqrt{45}$ b) $\sqrt{\frac{16}{7}}$

Lösung:

a) Prüfe, ob die Zahl unter der Wurzel durch kleine Quadratzahlen wie 4, 9, … teilbar ist, und schreibe sie als Produkt. — $45 = 9 \cdot 5$

Schreibe die Faktoren einzeln mit Wurzeln und ziehe die Wurzel aus der Quadratzahl. — $\sqrt{45} = \sqrt{9 \cdot 5} = \sqrt{9} \cdot \sqrt{5} = 3 \cdot \sqrt{5}$

b) Prüfe, ob Zähler und Nenner Quadratzahlen sind. Ziehe aus der Quadratzahl einzeln die Wurzel. — $16 = 4 \cdot 4$; 7 ist eine Primzahl

$\sqrt{\frac{16}{7}} = \frac{\sqrt{16}}{\sqrt{7}} = \frac{4}{\sqrt{7}} = 4 \cdot \frac{1}{\sqrt{7}}$

Basisaufgaben

7 Ziehe die Wurzel so weit wie möglich.

a) $\sqrt{12}$ b) $\sqrt{18}$ c) $\sqrt{27}$ d) $\sqrt{44}$ e) $\sqrt{48}$

f) $\sqrt{63}$ g) $\sqrt{112}$ h) $\sqrt{147}$ i) $\sqrt{432}$ j) $\sqrt{30\,000}$

8 Ziehe die Wurzeln so weit wie möglich.

a) $\sqrt{25}$; $\sqrt{50}$; $\sqrt{75}$; $\sqrt{100}$; $\sqrt{125}$; …; $\sqrt{25 \cdot n}$

b) $\sqrt{100}$; $\sqrt{200}$; $\sqrt{300}$; $\sqrt{400}$; $\sqrt{500}$; …; $\sqrt{100 \cdot n}$

c) $\sqrt{16}$; $\sqrt{32}$; $\sqrt{48}$; $\sqrt{64}$; $\sqrt{80}$; …; $\sqrt{16 \cdot n}$

9 Ziehe die Wurzel so weit wie möglich.

a) $\sqrt{\frac{81}{4}}$ b) $\sqrt{\frac{1}{4900}}$ c) $\sqrt{\frac{10\,000}{144}}$ d) $\sqrt{\frac{324}{2500}}$ e) $\sqrt{\frac{1225}{576}}$

f) $\sqrt{\frac{3}{49}}$ g) $\sqrt{\frac{144}{20}}$ h) $\sqrt{\frac{25}{45}}$ i) $\sqrt{\frac{128}{64}}$ j) $\sqrt{\frac{100}{288}}$

Wurzeln zusammenfassen

Wenn man Terme vereinfachen möchte, ist es oft hilfreich, so weit wie möglich die Wurzel zu ziehen.

Beispiel 3 Fasse so weit wie möglich zusammen.

a) $2\sqrt{3} + 4\sqrt{3}$ b) $\sqrt{63} + 6\sqrt{7}$

Lösung:

a) Fasse die Terme durch Ausklammern zusammen. $2\sqrt{3} + 4\sqrt{3} = (2+4)\sqrt{3} = 6\sqrt{3}$

b) Ziehe so weit wie möglich die Wurzel. Klammere dann $\sqrt{7}$ aus.

$\sqrt{63} + 6\sqrt{7} = \sqrt{9 \cdot 7} + 6\sqrt{7}$
$= 3\sqrt{7} + 6\sqrt{7}$
$= 9\sqrt{7}$

Erinnere dich

$ab + ac = a(b + c)$
Den Malpunkt zwischen Zahl und Wurzel kann man weglassen:
$2\sqrt{3} = 2 \cdot \sqrt{3}$

Basisaufgaben

10 Fasse zusammen, indem du die Wurzel ausklammerst.
a) $4\sqrt{2} + 7\sqrt{2}$ b) $19\sqrt{5} - 2\sqrt{5}$ c) $0{,}25\sqrt{6} + \sqrt{6}$ d) $\frac{1}{3}\sqrt{3} + \frac{3}{2}\sqrt{3}$ e) $1\frac{1}{5}\sqrt{7} - \frac{4}{5}\sqrt{7}$

11 Ziehe so weit wie möglich die Wurzel und fasse dann zusammen.
a) $\sqrt{5} + \sqrt{20}$ b) $4\sqrt{2} + \sqrt{32}$ c) $7\sqrt{3} + 2\sqrt{27}$ d) $\sqrt{50} - \sqrt{2}$ e) $8\sqrt{7} + \sqrt{28}$
f) $\sqrt{32} - \sqrt{8}$ g) $\sqrt{180} + \sqrt{20}$ h) $-4\sqrt{3} + \sqrt{75}$ i) $\sqrt{200} - \sqrt{2}$ j) $\sqrt{162} + 7\sqrt{2}$

12 Fasse so weit wie möglich zusammen.
a) $\sqrt{5} + 2\sqrt{5} + \sqrt{25}$ b) $\sqrt{12} - \sqrt{2} + \sqrt{8}$ c) $\sqrt{9 \cdot 72} - \sqrt{242}$ d) $\sqrt{17} + \frac{8\sqrt{17}}{\sqrt{16}} + \sqrt{153}$

13 Ordne äquivalente Terme einander zu.

$\sqrt{96}$ $4\sqrt{6}$ $2\sqrt{24}$ $8\sqrt{10}$ $\sqrt{75} + \sqrt{125} - \sqrt{625}$
$5\sqrt{2 - 25}$ $\sqrt{2} \cdot 5 \cdot \sqrt{7}$ $\sqrt{90} + \sqrt{250}$ $\sqrt{350}$ $5\sqrt{3} + 5\sqrt{5} - 25$

Weiterführende Aufgaben

14 Berechne im Kopf.
a) $\sqrt{3} \cdot \sqrt{12}$ b) $\sqrt{3} \cdot \sqrt{48}$ c) $\sqrt{13} \cdot \sqrt{13}$ d) $\sqrt{144} \cdot \sqrt{0{,}01}$ e) $\sqrt{0{,}5} \cdot \sqrt{98}$
f) $\frac{\sqrt{100}}{\sqrt{9}}$ g) $\frac{\sqrt{63}}{\sqrt{28}}$ h) $\sqrt{500} : \sqrt{20}$ i) $\frac{\sqrt{0{,}25}}{\sqrt{4}}$ j) $\frac{\sqrt{0{,}18}}{\sqrt{8}}$

15 Berechne geschickt im Kopf.
a) $\sqrt{1600}$ b) $\sqrt{2{,}25}$ c) $\sqrt{729}$ d) $\sqrt{0{,}0025}$ e) $\sqrt{0{,}000001}$
f) $\sqrt{(-36) \cdot (-9)}$ g) $\sqrt{64} \cdot \sqrt{49}$ h) $\sqrt{242} : \sqrt{2}$ i) $\sqrt{75} \cdot \sqrt{12}$ j) $\sqrt{0{,}49 \cdot 81}$
k) $\sqrt{\frac{800}{18}}$ l) $\sqrt{\frac{32}{5000}}$ m) $\frac{\sqrt{0{,}008}}{\sqrt{0{,}002}}$ n) $\frac{\sqrt{7} \cdot \sqrt{28}}{\sqrt{49}}$ o) $\frac{4\sqrt{3}}{\sqrt{75}}$

16 **Stolperstelle:** Erkläre und korrigiere den Fehler.
a) $\sqrt{20} - \sqrt{4} = \sqrt{16} = 4$ b) $\sqrt{7 \cdot 25} = 7 \cdot \sqrt{25} = 7 \cdot 5 = 35$ c) $\sqrt{9 + \frac{1}{4}} = 3 + \frac{1}{2}$

17 Untersuche, welche Wurzeln ganzzahlige Vielfache von $\sqrt{3}$ sind.

$\sqrt{75}$ $\sqrt{9}$ $\sqrt{27}$ $\sqrt{33}$ $\sqrt{12}$ $\sqrt{48}$ $\sqrt{300}$ $\sqrt{45}$

18 **Unter die Wurzel ziehen:** Forme zu einer Wurzel um.
Beispiel: $5\sqrt{2} = \sqrt{25} \cdot \sqrt{2} = \sqrt{50}$

a) $2\sqrt{3}$ b) $8\sqrt{10}$ c) $0{,}1\sqrt{700}$ d) $10\sqrt{3{,}3}$ e) $\frac{1}{3}\sqrt{\frac{3}{4}}$ f) $3{,}5\sqrt{\frac{2}{7}}$

19 Ersetze den Platzhalter $\square$, sodass die Gleichung stimmt.

a) $\sqrt{(-3) \cdot \square} = 3$ b) $\square \cdot \sqrt{15} = \sqrt{240}$ c) $\sqrt{16 \cdot \square} = 32$ d) $\sqrt{5} \cdot \sqrt{\square} = -5$
e) $\sqrt{\square} : \sqrt{7} = 5$ f) $3\sqrt{\square} = 6\sqrt{3}$ g) $\sqrt{\square}^2 = 231$ h) $2\sqrt{5} + \sqrt{\square} = 5\sqrt{5}$

20 **Nenner rational machen:** Es ist oft hilfreich, Wurzeln im Nenner von Brüchen zu vermeiden, um besser rechnen zu können. Durch geschicktes Erweitern lassen sich Nenner mit Wurzeln vermeiden: $\frac{1}{\sqrt{2}} = \frac{\sqrt{2}}{\sqrt{2} \cdot \sqrt{2}} = \frac{\sqrt{2}}{2}$
Forme den Term so um, dass im Nenner keine Wurzel steht.

a) $\frac{\sqrt{56}}{\sqrt{8}}$ b) $\frac{5}{\sqrt{6}}$ c) $\frac{21}{\sqrt{7}}$ d) $\frac{1}{2\sqrt{2}}$ e) $\frac{\sqrt{3}}{\sqrt{33}}$ f) $\frac{\sqrt{13}}{\sqrt{65}}$

21 Prüfe, welche Brüche den gleichen Wert haben. Sortiere der Größe nach.

$\frac{1}{\sqrt{7}}$ $\frac{234}{351}$ $\frac{2\sqrt{45}}{\sqrt{324}}$ $\frac{\sqrt{7}}{7}$ $\frac{\sqrt{45}}{\sqrt{81}}$ $\frac{\sqrt{20}}{\sqrt{9}}$ $\frac{2}{3}$

$\frac{2}{3}\sqrt{5}$ $\frac{1}{3}\sqrt{5}$ $\frac{\sqrt{80}}{\sqrt{36}}$ $\frac{6}{\sqrt{252}}$ $\frac{\sqrt{256}}{\sqrt{576}}$ $\frac{10\sqrt{7}}{14\sqrt{25}}$ $\frac{5}{\sqrt{45}}$

22 Gib die Zwischenschritte der Rechnung an.

a) $\frac{\sqrt{50}}{5} = \sqrt{2}$ b) $\frac{1}{3}\sqrt{117} = \sqrt{13}$ c) $\sqrt{\frac{147}{16}} = \frac{7}{4}\sqrt{3}$ d) $\sqrt{\frac{32}{9}} = \frac{4}{3}\sqrt{2}$ e) $\sqrt{\frac{18}{75}} = \frac{3}{5}\sqrt{\frac{2}{3}}$

23 **Wurzelterme mit Variablen:** Vereinfache den Term ($a > 0, b > 0$).

a) $\sqrt{4a^2}$ b) $\sqrt{2a^2} \cdot \sqrt{32}$ c) $\sqrt{\frac{75a^2}{3}}$ d) $\frac{\sqrt{12}}{\sqrt{3a^2}}$
e) $\sqrt{3a^2}$ f) $\sqrt{64a^3}$ g) $\sqrt{36a^2b}$ h) $\sqrt{18ab^2}$

24 **Definitionsbereich von Wurzeltermen:** Bei Wurzeltermen muss zunächst angegeben werden, welche Zahlen für die Variable eingesetzt werden dürfen.
Ordne zu, für welche Zahlen der Term definiert ist.

$\sqrt{x} \cdot \sqrt{3x}$ $\frac{5\sqrt{x}}{3\sqrt{x}}$ $-4\sqrt{x}$
$\sqrt{x^3}$ $\frac{\sqrt{2x}}{x}$ $\sqrt{x^2}$
$\frac{6}{\sqrt{x}}$ $\frac{\sqrt{-x}}{x}$ $2(\sqrt{x})^2$ $\sqrt{-2x}$

$x \leq 0$ $x > 0$ $x < 0$ $x \geq 0$

25 Gib an, für welche Zahl der Term definiert ist, und vereinfache.
Beispiel: $\sqrt{16a} = 4\sqrt{a}$ für $a \geq 0$

a) $\sqrt{5x^2}$ b) $\sqrt{36a^3}$ c) $\sqrt{27xy^2}$ d) $\sqrt{\frac{s^3}{t}}$
e) $3\sqrt{a} - 2\sqrt{a}$ f) $\sqrt{36x} + \sqrt{x}$ g) $3\sqrt{9b} + 5\sqrt{16b}$ h) $2\sqrt{x} - \sqrt{4x^3}$

26 Gib an, für welche Zahlen der Term definiert ist, und schreibe ohne Wurzel.

a) $\sqrt{x^2 - 16x + 64}$ b) $\sqrt{144 + 48a + 4a^2}$ c) $(\sqrt{2} + \sqrt{z}) \cdot (\sqrt{2} - \sqrt{z})$

27 **Ausblick:** Die **Kubikwurzel** $\sqrt[3]{a}$ aus einer Zahl a ist die Zahl x, für die $x^3 = a$ gilt. Wende die Wurzelgesetze auf die Kubikwurzel an.

a) $\sqrt[3]{\frac{27}{125}}$ b) $\sqrt[3]{4} \cdot \sqrt[3]{54}$ c) $\sqrt[3]{8 \cdot 64}$ d) $\sqrt[3]{32} : \sqrt[3]{4}$ e) $\sqrt[3]{\frac{128}{27}}$

4.6 Vermischte Aufgaben

1 Berechne ohne Taschenrechner.

a) $\sqrt{\sqrt{81}}$ b) $\sqrt{600-276}$ c) $\sqrt{2\cdot 0{,}08}$ d) $\sqrt{32}\cdot\sqrt{4}$

e) $\sqrt{0{,}1\cdot\sqrt{0{,}01}}$ f) $\sqrt{100\cdot\sqrt{0{,}0001}}$ g) $\sqrt{\frac{2}{9}+\frac{4}{18}}$ h) $\sqrt{(-3^2)^2}$

2 Ergänze die Tabelle, ohne den Taschenrechner zu verwenden.

$\sqrt{x}$		4	1			$\frac{1}{3}$	$\sqrt{10}$
x	9			25	0,16		
x^2							

3 Finde ohne Taschenrechner eine Dezimalzahl, deren Quadrat zwischen den angegebenen Zahlen liegt.

a) 15 und 17 b) 26 und 28 c) 34,9 und 35,1 d) 1,99 und 2,01

4 Es gilt $3+\sqrt{3}\approx 4{,}732$ und $3\cdot\sqrt{3}\approx 5{,}196$.
Erkläre, wie du die Ergebnisse von $3-\sqrt{3}$ und $3:\sqrt{3}$ ohne Taschenrechner herleiten kannst.

5 **Blütenaufgabe: Rechnen mit Wurzeln**

Berechne im Kopf.

a) $\sqrt{6400}$ b) $\sqrt{(-9)^2}$

c) $\sqrt{10^2-8^2}$ d) $\sqrt{0{,}0001\cdot 25}$

e) $(\sqrt{3{,}34})^2$ f) $(-\sqrt{40})^2$

Begründe durch eine Zeichnung, dass $\sqrt{4a}=2\sqrt{a}$ ist.

Schreibe die Wurzelgesetze für Produkte und Quotienten auf ein Plakat. Schreibe auch möglichst vielfältige Rechenbeispiele dazu, bei denen die Anwendung der Gesetze sinnvoll ist.

Ermittle, welche Zahlen für den Platzhalter ■ eingesetzt werden dürfen.

a) $\sqrt{■}=0{,}09$ b) $\sqrt{16}=■^2$

c) $\sqrt{8}\cdot\sqrt{■}=8$ d) $\sqrt{-18\cdot■}=36$

e) $\sqrt{■}:\sqrt{3}=3$ f) $\sqrt{50}:\sqrt{■}=\sqrt{5}$

6 Löse das Zahlenrätsel.

a) Multipliziert man eine Zahl mit der Summe aus der Zahl und 1, so erhält man die Summe aus der Zahl und 49.

b) Subtrahiert man 9 von dem Quadrat der um 2 vergrößerten Zahl, so erhält man das Produkt der Zahl und 4.

7 Das blaue Quadrat hat einen Flächeninhalt von $1\,dm^2$. Vom darunter liegenden roten Quadrat ist noch $1\,dm^2$ zu sehen. Das grüne Quadrat hat den doppelten Flächeninhalt des roten Quadrats.

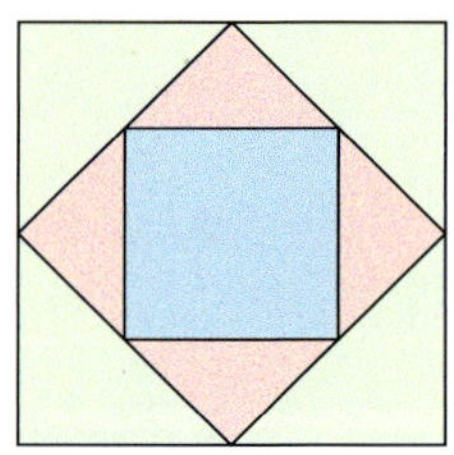

a) Berechne die Seitenlängen aller drei Quadrate.

b) In das blaue Quadrat wird ein neues, kleineres Quadrat eingepasst, sodass das Muster fortgesetzt wird. Berechne die Seitenlänge und den Flächeninhalt dieses Quadrats.

8 a) In einem Quadrat ist die Diagonale $\sqrt{2}$-mal so lang wie eine Seite. Erkläre, weshalb in der Zeichnung die roten Strecken $\sqrt{2}$ cm und die blauen Strecken $\sqrt{18}$ cm lang sind.

b) Bestimme den Flächeninhalt des Rechtecks rechts durch Abzählen der Kästchen. Gib ihn in cm^2 an.

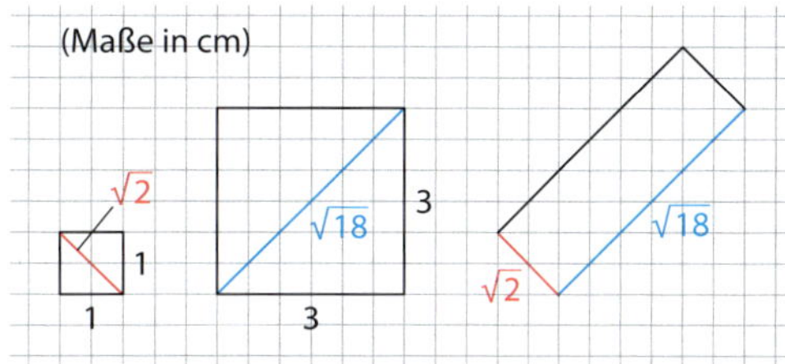

c) Überprüfe dein Ergebnis aus b) mit der Formel für den Flächeninhalt eines Rechtecks. Erläutere, für welches Wurzelgesetz dies eine Veranschaulichung ist.

9 Berechne die Kantenlänge eines kleinen Würfels und das Volumen der Würfelfigur.

a)

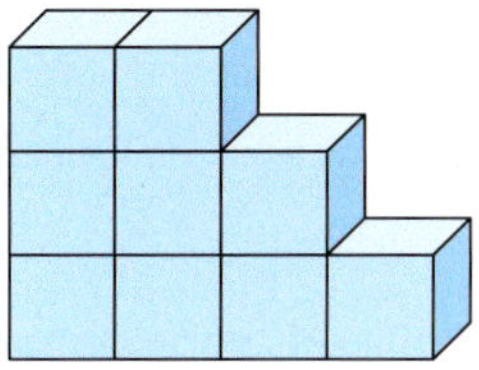

$O = 72\,cm^2$

b)

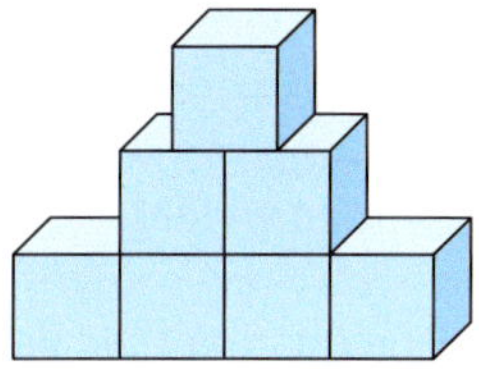

$O = 56\,cm^2$

Hinweis zu 10

$1\,cm^3$ Eisen wiegt 7,874 g.

10 Ein Quader aus Eisen hat die Seitenlängen $a = 6\,dm$, $b = 4\,dm$ und $c = 3\,dm$. Berechne das Gewicht des Eisenquaders und eines Eisenwürfels, der den gleichen Oberflächeninhalt wie der Quader hat.

11 Berechne und beschreibe Regelmäßigkeiten.

a) $\sqrt{100\,000}$; $\sqrt{10\,000}$; $\sqrt{1000}$; $\sqrt{100}$; $\sqrt{10}$; $\sqrt{1}$; $\sqrt{0{,}1}$; $\sqrt{0{,}01}$; $\sqrt{0{,}001}$

b) $\sqrt{3600}$; $\sqrt{360}$; $\sqrt{36}$; $\sqrt{3{,}6}$; $\sqrt{0{,}36}$; $\sqrt{0{,}036}$; $\sqrt{0{,}0036}$

12 Ordne der Größe nach.

a) 1,72; $\sqrt{3}$; 1,732051; 1,733; 1,732050807568; $1{,}7\overline{3}$

b) 3,162; $\sqrt{10}$; 3,16228; 3,162277660168; 3,162277660169; $3{,}1\overline{6}$; $\sqrt{9}$; $\sqrt{11}$

13 Löse die Klammern auf und vereinfache.

a) $\sqrt{3} \cdot (\sqrt{48} + \sqrt{5})$
b) $(\sqrt{800} - \sqrt{2}) \cdot \sqrt{2}$
c) $\sqrt{11} \cdot (6 + \sqrt{44}) + \sqrt{1100}$
d) $(\sqrt{6} + \sqrt{3})^2$
e) $(10 - 5\sqrt{2})^2$
f) $(2\sqrt{7} + \sqrt{5}) \cdot (2\sqrt{7} - \sqrt{5})$

14 Fasse so weit wie möglich zusammen.

a) $\sqrt{5} + 3\sqrt{20}$
b) $\sqrt{7} + 3 \cdot \left(\sqrt{63} + \sqrt{\frac{784}{7}}\right)$
c) $\sqrt{200} - (4\sqrt{32} + 9\sqrt{8 \cdot 7})$
d) $\sqrt{108} - \sqrt{\frac{156}{13}} + 1{,}5 \cdot (\sqrt{15 \cdot 5} + \sqrt{3 \cdot 25})$
e) $\sqrt{6} \cdot \sqrt{48} + \sqrt{288} + \sqrt{3} \cdot (\sqrt{6} + \sqrt{66})$

15 Die Zeit T (in Sekunden), in der ein Pendel einmal hin und her schwingt, hängt von der Länge l (in Meter) des Pendels ab. Es gilt: $T = 2\pi\sqrt{\frac{l}{g}}$ mit $g = 9{,}81\,\frac{m}{s^2}$ und $\pi \approx 3{,}14$. Ein Pendel schwingt 30-mal in einer Minute hin und her. Berechne die Länge des Pendels.

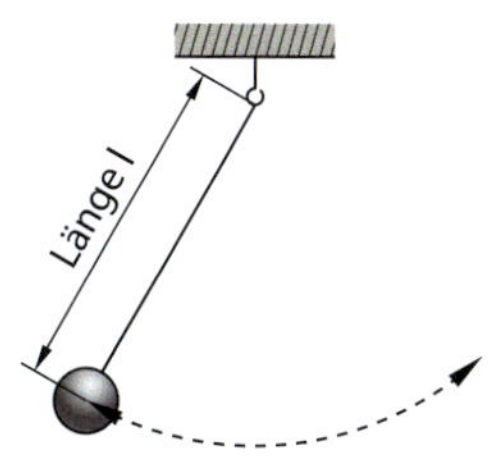

16 Die DIN-Papierformate sind so aufgebaut, dass beim Halbieren eines DIN A3-Blatts zwei DIN A4-Blätter entstehen, beim Halbieren eines DIN A4-Blatts zwei DIN A5-Blätter usw. Zeige, dass die Länge eines DIN-Blatts $\sqrt{2}$-mal so lang ist wie seine Breite.

Lösungen → S. 219

1 Berechne ohne Taschenrechner.
a) $\sqrt{81}$ b) $\sqrt{400}$ c) $\sqrt{0{,}16}$ d) $\sqrt{-9}$ e) $\sqrt{9+40}$ f) $\sqrt{360\,000}$ g) $0{,}4 \cdot 0{,}1$

2 Ordne die Kärtchen einer der Zahlen zu. Verwende keinen Taschenrechner.
(A) 2
(B) 4
(C) 6
(D) 8

$\sqrt{4}$ $\sqrt{2+2}$ $\sqrt{64:4}$ $\sqrt{16}$ $\sqrt{4\cdot4}$ $\sqrt{4\cdot9}$
$\sqrt{2\cdot2}$ $\sqrt{4^3}$ $\sqrt{64}$ $\sqrt{\sqrt{16}}$ $\sqrt{\frac{7^2+23}{2}}$ $\sqrt{36}$

3 Ein Rechteck hat die Länge a = 12,5 cm und die Breite b = 8 cm. Ermittle die Seitenlänge eines Quadrats mit dem gleichen Flächeninhalt.

4 Begründe, ob die Aussage für alle Zahlen gilt.
a) Die Quadratwurzel aus einer Zahl ist nicht negativ.
b) Wenn man eine Zahl quadriert und aus dem Ergebnis die Quadratwurzel zieht, erhält man wieder die ursprüngliche Zahl.

5 Eine quadratische Viehweide von 40 000 m^2 Größe soll eingezäunt werden. Berechne, wie viele Rollen Drahtzaun man mindestens benötigt, wenn auf einer Rolle 30 m sind.

6 Navina will ein quadratisches Bild mit einem Flächeninhalt von 2500 cm^2 mit einem Lichtschlauch einrahmen. Berechne die Anzahl der Lämpchen im Lichtschlauch, wenn alle 4 cm ein Lämpchen angebracht ist.

7 Eine rechteckige Wand besteht aus 225 cm^2 großen quadratischen Fliesen. Es befinden sich jeweils 15 Fliesen nebeneinander und 7 Fliesen übereinander. Bestimme die Breite und die Höhe der Wand.

8 Löse die quadratische Gleichung.
a) $9 = x^2$ b) $x^2 = 169$ c) $x^2 + 81 = 0$ d) $x^2 - 7 = 42$ e) $(x+4)^2 = 16 + 8x$

9 Erläutere anhand von selbst gewählten Beispielen, wie viele Lösungen eine quadratische Gleichung der Form $x^2 = a$ haben kann.

10 Gib eine quadratische Gleichung mit den Lösungen $x_1 = 21$ und $x_2 = -21$ an.

11 Begründe, ob die Zahl rational oder irrational ist.
a) $\sqrt{11}$ b) $\frac{\sqrt{4}}{\sqrt{25}}$ c) $-\sqrt{\frac{48}{3}}$ d) $-0{,}14916253649\ldots$

12 Erkläre, wie du erkennen kannst, ob eine Dezimalzahl rational oder irrational ist.

13 Ermittle ohne Taschenrechner, zwischen welchen beiden benachbarten natürlichen Zahlen die Quadratwurzel liegt.
a) $\sqrt{22}$ b) $\sqrt{107}$ c) $\sqrt{13{,}7}$ d) $\sqrt{2{,}1 \cdot 2{,}9}$ e) $\sqrt{\frac{100}{3}}$

14 Berechne mithilfe einer Intervallschachtelung den Wert der Wurzel auf drei Nachkommastellen genau.
a) $\sqrt{17}$ b) $\sqrt{26}$ c) $\sqrt{42}$ d) $\sqrt{65}$

Lösungen → S. 219

15 Vereinfache ohne Taschenrechner so weit wie möglich.
a) $\sqrt{29 \cdot 29}$ b) $\sqrt{3{,}4} \cdot \sqrt{3{,}4}$ c) $\frac{\sqrt{0{,}7}}{\sqrt{0{,}7}}$ d) $\sqrt{2} + \sqrt{2}$ e) $\sqrt{12} - \sqrt{3}$

16 Vereinfache ohne Taschenrechner.
a) $\sqrt{2} \cdot \sqrt{8}$ b) $\sqrt{-3} \cdot \sqrt{27}$ c) $\sqrt{200} \cdot \sqrt{0{,}5}$ d) $\sqrt{125} \cdot \sqrt{5}$ e) $\sqrt{800} \cdot \sqrt{50}$
f) $\sqrt{25 \cdot 4}$ g) $\sqrt{100 \cdot 49}$ h) $\sqrt{36 \cdot 64}$ i) $\sqrt{2500}$ j) $\sqrt{484}$

17 Vereinfache ohne Taschenrechner.
a) $\frac{\sqrt{300}}{\sqrt{3}}$ b) $\frac{\sqrt{125}}{\sqrt{500}}$ c) $\frac{\sqrt{-100}}{\sqrt{-4}}$ d) $\frac{\sqrt{12}}{\sqrt{147}}$ e) $\frac{\sqrt{121}}{\sqrt{361}}$
f) $\sqrt{\frac{16}{100}}$ g) $\sqrt{7\frac{1}{9}}$ h) $\sqrt{\frac{121}{169}}$ i) $\sqrt{\frac{-63}{-28}}$ j) $\sqrt{\frac{45}{245}}$

18 Ziehe so weit wie möglich die Wurzel.
a) $\sqrt{52}$ b) $\sqrt{96}$ c) $\sqrt{\frac{27}{36}}$ d) $\sqrt{\frac{8}{256}}$ e) $\sqrt{\frac{160}{147}}$

19 Fasse so weit wie möglich zusammen.
a) $4\sqrt{13} - 2\sqrt{13}$ b) $\sqrt{3} + 3\sqrt{3} + \sqrt{9}$ c) $\sqrt{8} - \sqrt{32}$ d) $\sqrt{5} + \sqrt{10} + \sqrt{50}$
e) $\sqrt{28} \cdot \sqrt{7} + \sqrt{14}$ f) $5\sqrt{5} + \sqrt{125}$ g) $2\sqrt{25 \cdot 20} + 3\sqrt{5}$ h) $\frac{9\sqrt{11}}{\sqrt{81}} + \sqrt{99} - \sqrt{\frac{198}{8}}$

20 In einem Quadrat mit der Seitenlänge a soll die Länge der Diagonale bestimmt werden.
Gib mithilfe der Zeichnung einen Term an, wie man d in Abhängigkeit von a berechnen kann.

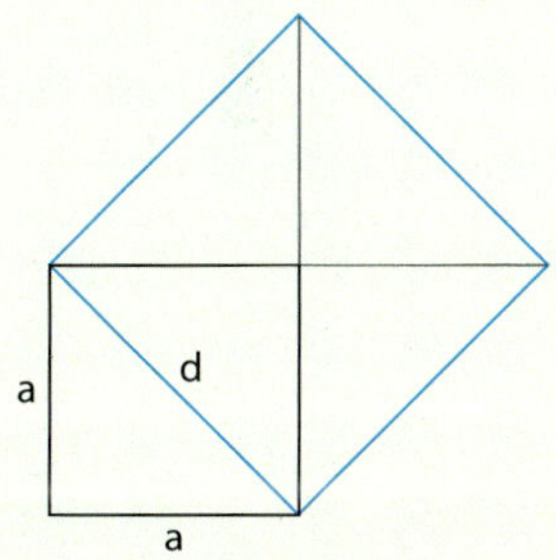

21 Eine kleine Raupe frisst sich durch mehrere Süßspeisen. Der Zuckerwürfel hat ein Volumen von 1 cm^3. Die Seitenflächen des Schokoladenwürfels sind doppelt so groß wie die des Zuckerwürfels, und die Seitenflächen des würfelförmigen Stücks Zitronenkuchen sind doppelt so groß wie die des Schokoladenwürfels.
Die Raupe frisst sich in geraden Bahnen durch das Essen. Berechne die Gesamtlänge der Tunnel, die die Raupe hinterlässt.

	Ich kann…	Aufgabe	Schlag nach
2.1	… Quadratwurzeln aus natürlichen Zahlen ziehen.	1, 2, 3, 4, 5, 6, 7	S. 36 Beispiel 1
2.2	… Gleichungen der Form $x^2 = a$ lösen.	8, 9, 10	S. 38 Beispiel 1
2.3	… rationale und irrationale Zahlen unterscheiden.	11, 12	S. 40 Beispiel 1
2.4	… Wurzeln durch Intervallschachtelungen annähern.	13, 14	S. 44 Beispiel 1
2.5	… Wurzelgesetze für Produkte und Quotienten anwenden. … Wurzeln durch Zerlegen teilweise ziehen. … Wurzeln zusammenfassen.	15, 16, 17, 18, 19, 20, 21	S. 48 Beispiel 1, S. 49 Beispiel 2, S. 50 Beispiel 3

4 Zusammenfassung

Quadratwurzel

Die **Quadratwurzel** aus einer Zahl $a \geq 0$ ist diejenige Zahl $b \geq 0$, für die $b^2 = a$ gilt.
Schreibweise: $\sqrt{a} = b$

$\sqrt{9} = 3$, denn $3^2 = 9$ und $3 \geq 0$
$\sqrt{0} = 0$, denn $0^2 = 0$

Für $a \geq 0$ gilt: $(\sqrt{a})^2 = a$ und $\sqrt{a^2} = a$

$(\sqrt{7})^2 = 7$ und $\sqrt{7^2} = 7$

Beachte: Aus negativen Zahlen kann man keine Quadratwurzel ziehen.

$\sqrt{-4}$ ist nicht definiert.

Lösungen quadratischer Gleichungen der Form $x^2 = a$

Die quadratische Gleichung $x^2 = a$ hat
- für $a > 0$ die beiden Lösungen $x_1 = \sqrt{a}$ und $x_2 = -\sqrt{a}$, denn $(\sqrt{a})^2 = a$ und $(-\sqrt{a})^2 = a$,
- für $a = 0$ nur die Lösung $x = 0$,
- für $a < 0$ keine Lösung.

$x^2 = 25$ $\quad x_1 = \sqrt{25} = 5;\ x_2 = -\sqrt{25} = -5$
$\quad L = \{5; -5\}$
$x^2 = 0$ $\quad L = \{0\}$
$x^2 = -9$ $\quad L = \{\,\}$

Irrationale Zahlen, reelle Zahlen

Irrationale Zahlen lassen sich nicht durch einen Bruch oder eine abbrechende oder periodische Dezimalzahl darstellen.

Beispiele für irrationale Zahlen:
$\sqrt{2};\ \sqrt{3};\ \sqrt{10}$
1,0103050709011013…

Die Menge der **reellen Zahlen** $\mathbb{R}$ setzt sich aus der Menge der rationalen Zahlen $\mathbb{Q}$ und der Menge der irrationalen Zahlen zusammen.

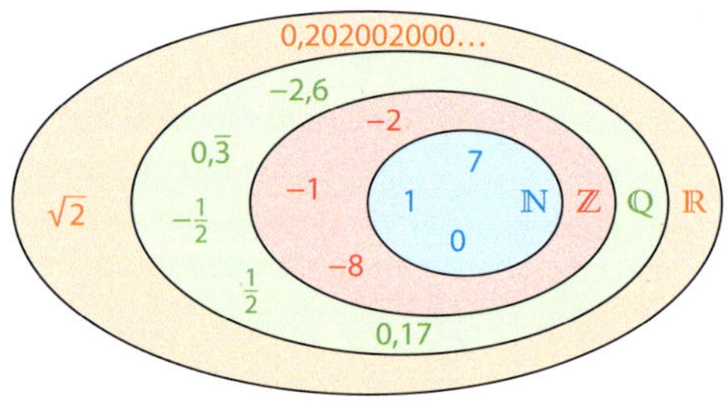

Intervallschachtelung

Viele Quadratwurzeln haben **unendlich** viele Stellen nach dem Komma.

$\sqrt{2} = 1{,}414213562\ldots$

Man kann sie **näherungsweise** mit einer **Intervallschachtelung** bestimmen. Dabei sucht man Schritt für Schritt immer kleinere Intervalle, in denen die Quadratwurzel liegt.

$1 < \sqrt{2} < 2$, da $1^2 < 2 < 2^2$
$1{,}4 < \sqrt{2} < 1{,}5$, da $1{,}4^2 < 2 < 1{,}5^2$
$1{,}41 < \sqrt{2} < 1{,}42$, da $1{,}41^2 < 2 < 1{,}42^2$
$1{,}414 < \sqrt{2} < 1{,}415\ldots$

Rechnen mit Quadratwurzeln - Wurzelgesetze

Beim Rechnen mit Quadratwurzeln gelten folgende Gesetze:

$\sqrt{a} \cdot \sqrt{b} = \sqrt{a \cdot b}$ mit $a, b \geq 0$

$\sqrt{3} \cdot \sqrt{12} = \sqrt{3 \cdot 12} = \sqrt{36} = 6$
$\sqrt{16 \cdot 36} = \sqrt{16} \cdot \sqrt{36} = 4 \cdot 6 = 24$

$\frac{\sqrt{a}}{\sqrt{b}} = \sqrt{\frac{a}{b}}$ mit $a \geq 0$, $b > 0$.

$\frac{\sqrt{12}}{\sqrt{75}} = \sqrt{\frac{12}{75}} = \sqrt{\frac{4}{25}} = \frac{2}{5}$
$\sqrt{\frac{49}{81}} = \frac{\sqrt{49}}{\sqrt{81}} = \frac{7}{9}$

Die Quadratwurzel einer Zahl kann man durch **Zerlegen** der Zahl in **Quadratzahlen** berechnen oder vereinfachen.

$\sqrt{225} = \sqrt{9 \cdot 25} = \sqrt{9} \cdot \sqrt{25} = 3 \cdot 5 = 15$
$\sqrt{108} = \sqrt{36 \cdot 3} = \sqrt{36} \cdot \sqrt{3} = 6\sqrt{3}$

In manchen Termen lassen sich Wurzeln zusammenfassen oder teilweise ziehen.

$5\sqrt{7} + 4\sqrt{7} = (5 + 4)\sqrt{7} = 9\sqrt{7}$
$\sqrt{12} - \sqrt{8} = 3\sqrt{2} - 2\sqrt{2} = \sqrt{2}$

5

Satzgruppe des Pythagoras

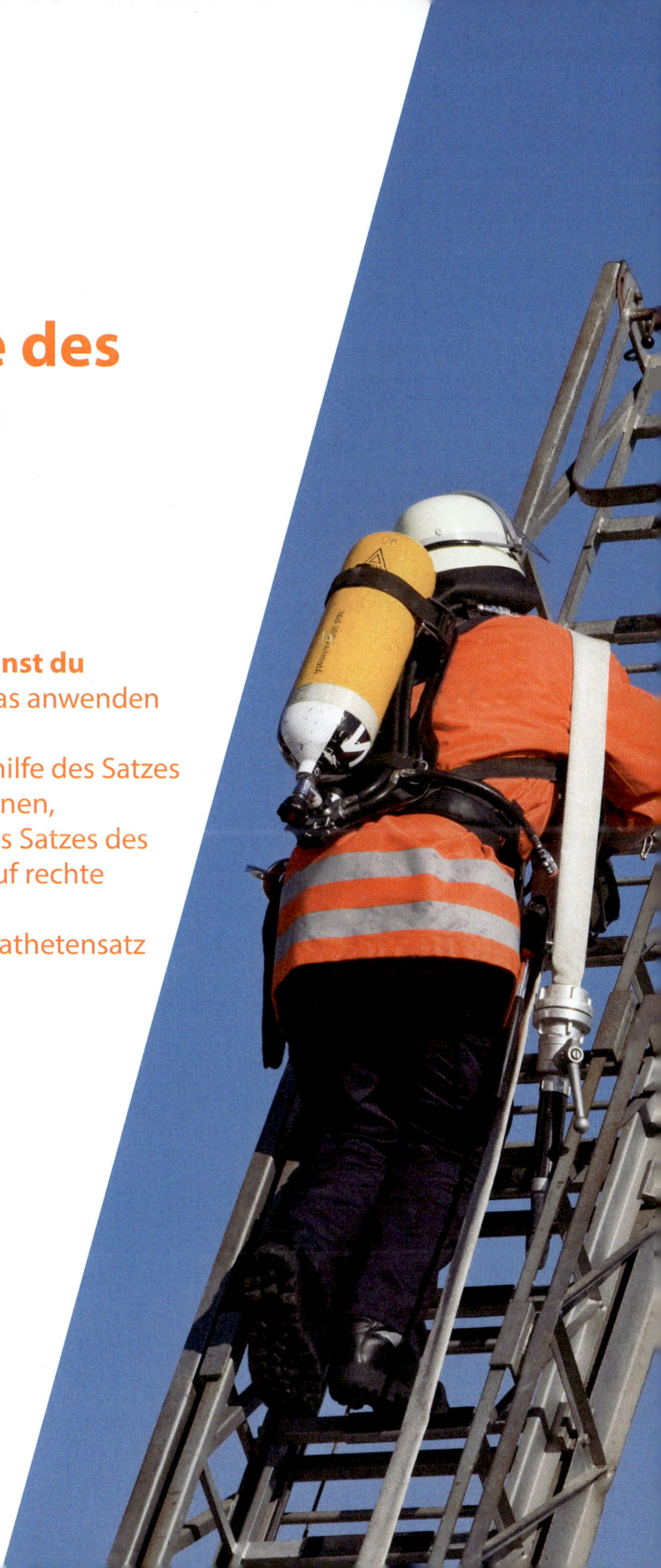

Nach diesem Kapitel kannst du
→ den Satz des Pythagoras anwenden und beweisen,
→ Längen in Figuren mithilfe des Satzes des Pythagoras berechnen,
→ mit der Umkehrung des Satzes des Pythagoras Dreiecke auf rechte Winkel prüfen,
→ den Höhen- und den Kathetensatz anwenden.

Lösungen
→ S. 220

Winkel

1 Zeichne
a) einen spitzen Winkel, b) einen stumpfen Winkel, c) einen rechten Winkel.

2 Zeichne den Winkel ab. Gib die Winkelgröße und die Winkelart an.
a) b) c) d)

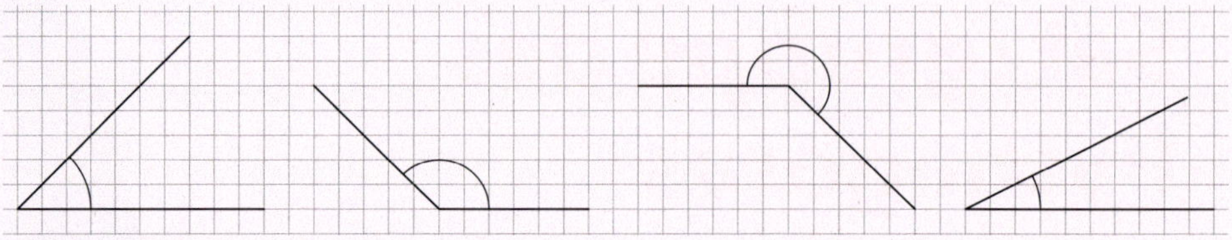

3 Begründe dein Vorgehen mit Fachbegriffen und ermittle die Größe
a) aller Winkel, wenn $\alpha_1 = 110°$ ist,
b) des Winkels α_4, wenn $\beta_2 = 76°$ ist,
c) des Winkels β_1, wenn $\alpha_1 = 100°$ ist.

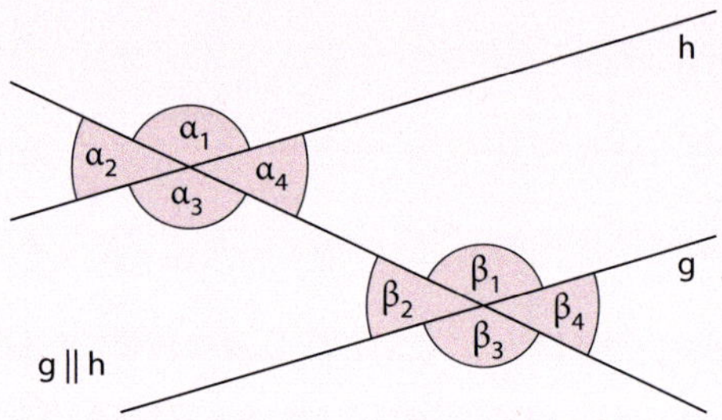

Dreiecke und Vierecke

4 Berechne Umfang und Flächeninhalt
a) eines Rechtecks mit a = 3 cm und b = 7 cm,
b) eines Quadrats mit a = 11 cm,
c) eines Dreiecks mit a = 6 cm, b = 8 cm, c = 10 cm und $\gamma = 90°$.

5 Gib an, welche Dreiecke
a) gleichseitig, gleichschenklig oder unregelmäßig sind,
b) spitzwinklig, rechtwinklig oder stumpfwinklig sind.
① ② ③ ④ ⑤ ⑥

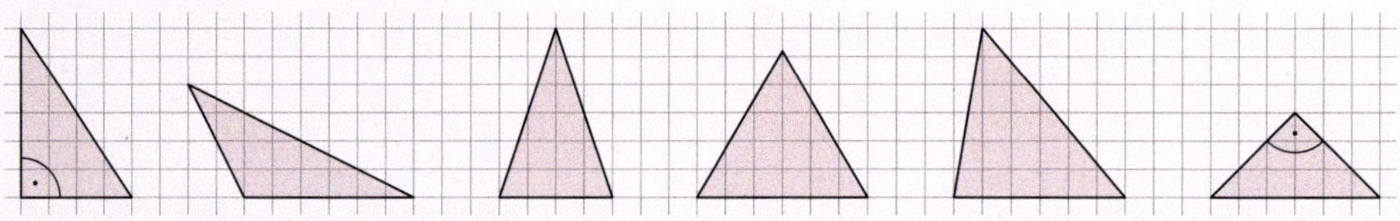

6 Ermittle die Größen aller Innenwinkel des Dreiecks. Gib jeweils an, welche Dreiecksseite am längsten ist.
a) $\alpha = 43°$; $\beta = 65°$ b) $\alpha = 40°$; $\beta = 90°$ c) $\beta = \gamma = 60°$
d) $\alpha = 90°$; $\beta = \gamma$ e) $\beta = 2\alpha$; $\gamma = 3\alpha$

7 Konstruiere das Dreieck ABC.
a) a = 3 cm; b = 4 cm; c = 5 cm b) $\alpha = 30°$; b = 2 cm; c = 3 cm

8 Gib die Seitenlängen eines Quadrats mit dem angegebenen Flächeninhalt an.
a) $A = 25\,cm^2$ b) $A = 1{,}69\,dm^2$ c) $A = 0{,}81\,m^2$ d) $A = 0{,}04\,km^2$

Lösungen → S. 220

Terme und Gleichungen

9 Löse die Gleichung.
a) $3x + 5 = 2x + 0{,}5$ b) $x^2 + 16 = 25$ c) $x + 4 = \sqrt{2 \cdot 18}$ d) $x^2 + 3x - 5 = x^2 + 4$

10 Stelle die Gleichung nach den in Klammern angegebenen Variablen um.
a) $a + c^2 = b$ (a; c) b) $a^2 = b \cdot c$ (b; c) c) $a \cdot b^2 = 25$ (a; b) d) $a^2 + b = 25$ (a; b)

11 Gib alle Lösungen der Gleichung an.
a) $x^2 = 36$ b) $x^2 + 9 = 5$
c) $x^2 = 2x^2 - 0{,}5$ d) $-x^2 - 4x - 3 = 3x^2 - 4x - 15$

12 Löse die Klammern auf.
a) $(x + 2)(x + 5)$ b) $(x + 7)(y - 3)$ c) $(a - 6)(b + 4)$ d) $(2a + b)(3 - 3b)$

13 Forme mit einer binomischen Formel um.
a) $(x + 4)^2$ b) $(y - 3)^2$ c) $(a + 5)(a - 5)$ d) $(2x + 3y)^2$
e) $p^2 + 12x + 36$ f) $4t^2 - 16t + 16$ g) $81a^2 - 49b^2$ h) $(3c - \sqrt{2})^2$

14 Berechne ohne Taschenrechner.
a) $\sqrt{16}$ b) $\sqrt{196}$ c) $\sqrt{0{,}25}$ d) $\sqrt{\frac{1}{49}}$
e) $\sqrt{\frac{25}{144}}$ f) $\sqrt{10 + 15}$ g) $\sqrt{2 \cdot 32}$ h) $\sqrt{-4}$

15 Gib die Lösungsmenge an. Runde auf zwei Nachkommastellen, falls nötig.
a) $x^2 = 4$ b) $a^2 = 49$ c) $b^2 - 64 = 0$ d) $c^2 + 36 = 0$
e) $y^2 + 7 = 32$ f) $p - p^2 = 121 + p$ g) $z^2 + 9 = 49$ h) $64 + q^2 = 169$

Vermischtes

16 Rechne die Größen in die Einheit Klammern um.
a) 1 dm; 1 m; 1 mm; 1 km; 50 mm; 0,75 m; $\frac{3}{4}$ dm; 0,015 km (in cm)
b) $1\,dm^2$; $1\,mm^2$; $1\,m^2$; $12\,dm^2$; $0{,}05\,m^2$; $25\,mm^2$; $\frac{1}{10}\,dm^2$; $\frac{3}{100}\,m^2$ (in cm^2)

17 Ordne die Größen. Beginne mit der kleinsten.
a) 20 cm; 350 mm; 0,25 dm; 0,15 m; $\frac{1}{100}$ km; 12 m; 140 dm; 1350 cm
b) $10\,dm^2$; $200\,cm^2$; $\frac{3}{10}\,m^2$; $150\,dm^2$; $0{,}07\,m^2$; $2500\,mm^2$; $\frac{1}{10}\,dm^2$; $5000\,cm^2$

18 a) Berechne die Flächeninhalte der Figuren.

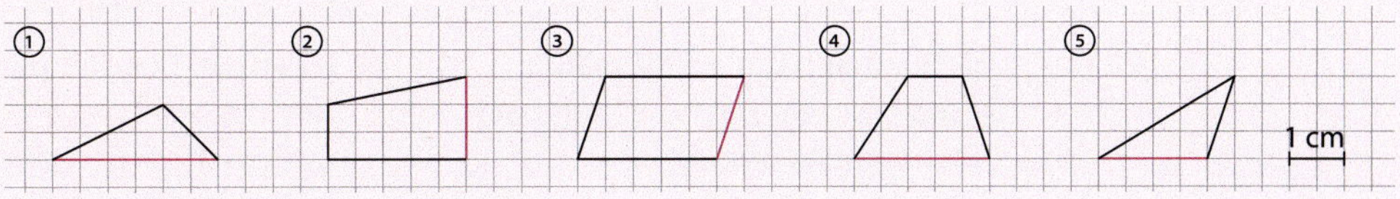

b) Zeichne die Figuren im Maßstab 2 : 1 ab. Zeichne in jede Figur eine Höhe zur markierten Seite ein.

19 Finde durch Probieren heraus, ob es zwei verschiedene Zahlen zwischen 2 und 10 gibt, für die die Summer ihrer Quadrate ebenfalls eine Quadratzahl ist.

5.1 Satz des Pythagoras

Die Länge der Seite b soll berechnet werden. Konstruiere das Dreieck und miss die Seitenlängen.
Quadriere die Seitenlängen und beschreibe, was dir auffällt.

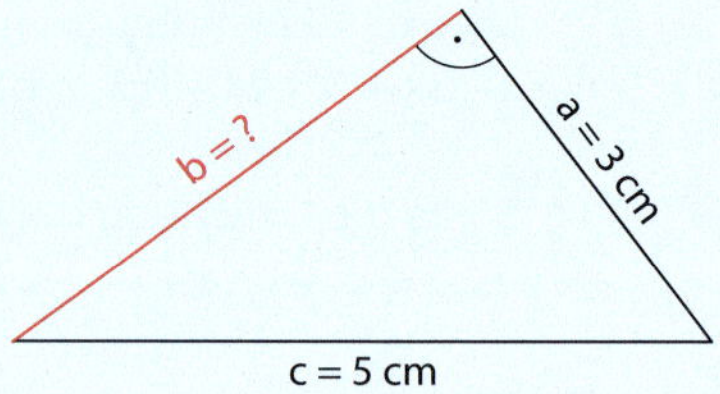

Wissen

Im rechtwinkligen Dreieck nennt man die Seiten, die den rechten Winkel einschließen, **Katheten**. Die Seite, die dem rechten Winkel gegenüber liegt, heißt **Hypotenuse**.

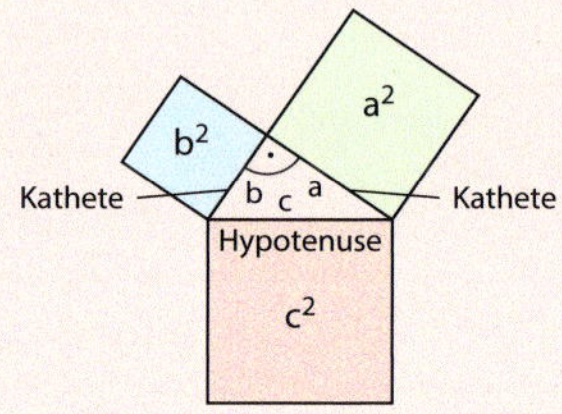

Wenn ein Dreieck rechtwinklig ist, dann haben die Quadrate über den Katheten zusammen denselben Flächeninhalt wie das Quadrat über der Hypotenuse.

Also gilt für jedes rechtwinklige Dreieck ABC mit $\gamma = 90°$:
$\mathbf{a^2 + b^2 = c^2}$ (Satz des Pythagoras)

Allgemeine mathematische Aussagen wie den Satz des Pythagoras muss man beweisen.

Beweis des Satzes des Pythagoras:
Voraussetzung: In einem Dreieck ABC gilt $\gamma = 90°$.
Behauptung: $a^2 + b^2 = c^2$

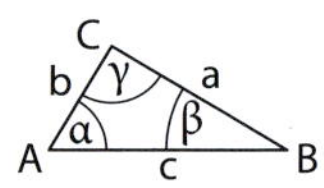

Beweis: Wenn man an die Hypotenuse c des Dreiecks ein Quadrat und an jede Seite dieses Quadrats erneut ein Ausgangsdreieck ABC legt, dann entsteht ein neues großes Quadrat. Sein Flächeninhalt kann auf zwei verschiedene Weisen berechnet werden:

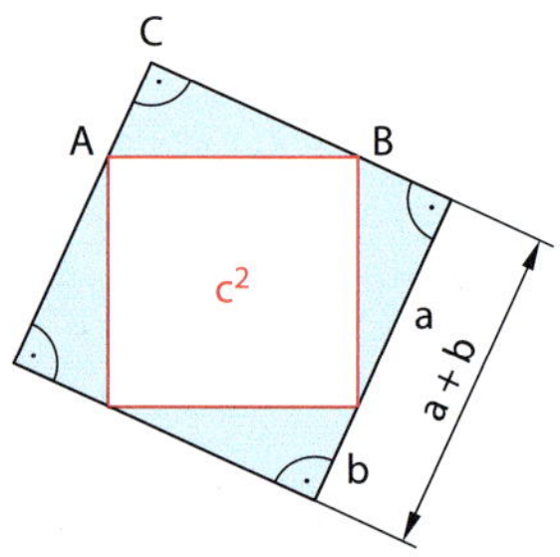

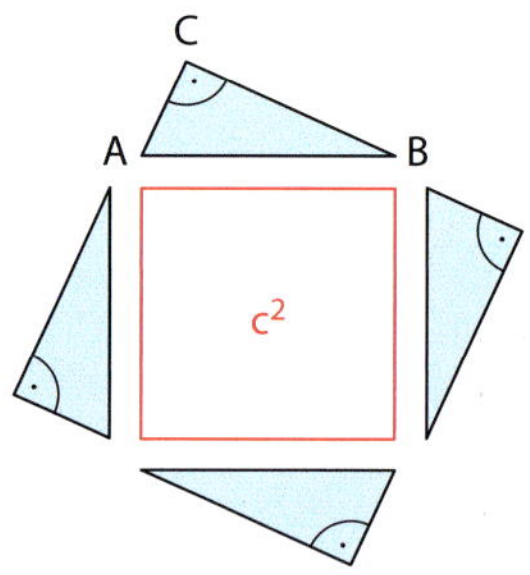

1. Das neue Quadrat hat die Seitenlänge a + b. Deshalb ist sein Flächeninhalt nach der 1. binomischen Formel:
   $A = (a + b)^2 = a^2 + 2ab + b^2$

2. Das neue Quadrat besteht aus der Fläche des Hypotenusenquadrats und den vier Dreiecksflächen. Da ABC rechtwinklig ist, ist a die Höhe auf der Grundseite b (oder umgekehrt), und es gilt:
   $A = c^2 + 4 \cdot \frac{a \cdot b}{2} = c^2 + 2ab$

Info

Das Ende eines mathematischen Beweises wird oft mit „q.e.d." angezeigt. Manchmal wird auch das Zeichen ■ verwendet.

Die Terme $a^2 + 2ab + b^2$ und $c^2 + 2ab$ beschreiben den gleichen Flächeninhalt, man kann sie also gleichsetzen.

$a^2 + 2ab + b^2 = c^2 + 2ab$ | −2ab
$a^2 + b^2 = c^2$

q.e.d. (*quod erat demonstrandum* – lateinisch für „was zu beweisen war")

Beispiel 1 Ermittle die Länge der dritten Seite des rechtwinkligen Dreiecks ABC.

a) $\gamma = 90°$; $a = 8\,cm$; $b = 15\,cm$ b) $\alpha = 90°$; $a = 10\,cm$; $c = 6\,cm$

Lösung:

a) Zeichne eine Planfigur mit den gegebenen Größen. Da γ der rechte Winkel ist, ist c die Hypotenuse. Markiere das gesuchte Stück farbig.

Planfigur:

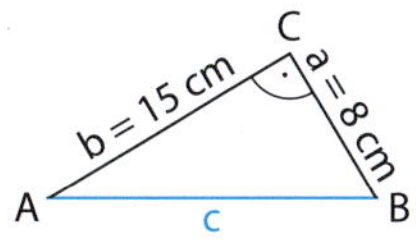

Setze die Werte für a und b in die Formel für den Satz des Pythagoras ein und berechne. Die Seite c ist 17 cm lang.

$a^2 + b^2 = c^2$
$(8\,cm)^2 + (15\,cm)^2 = c^2$
$c^2 = 64\,cm^2 + 225\,cm^2 = 289\,cm^2$
$c = \sqrt{289\,cm^2} = 17\,cm$

b) Zeichne eine Planfigur. Da α der rechte Winkel ist, ist a die Hypotenuse.

Planfigur:

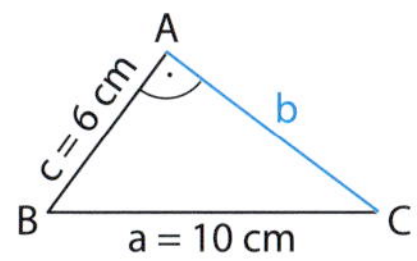

Stelle die Formel für den Satz des Pythagoras nach b^2 um. Setze die Werte für a und c ein und berechne. Die Seite b ist 8 cm lang.

$b^2 + c^2 = a^2 \quad | - c^2$
$b^2 = a^2 - c^2$
$b^2 = (10\,cm)^2 - (6\,cm)^2 = 64\,cm^2$
$b = \sqrt{64\,cm^2} = 8\,cm$

Basisaufgaben

1 Gib die Hypotenuse an, falls vorhanden. Stelle eine Gleichung nach dem Satz des Pythagoras auf, falls möglich.

a)
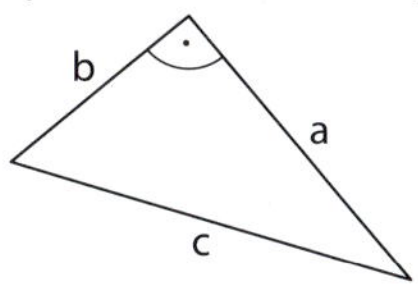

b)
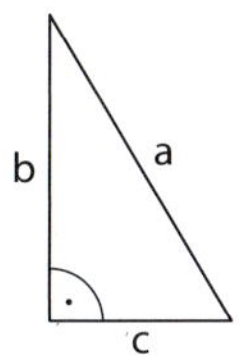

c)
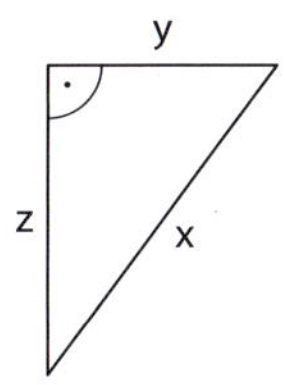

d)
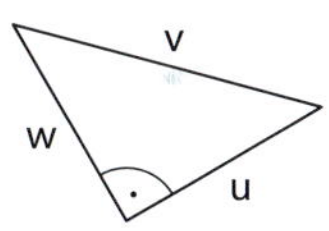

e)
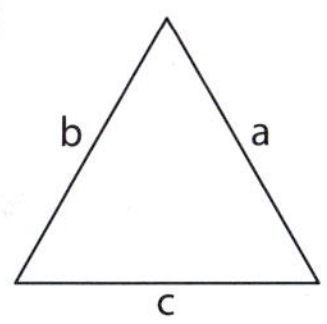

2 Berechne die fehlenden Seitenlängen.

a)
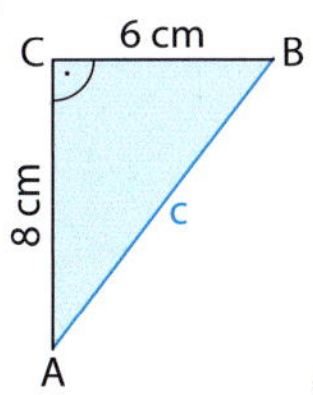

b)
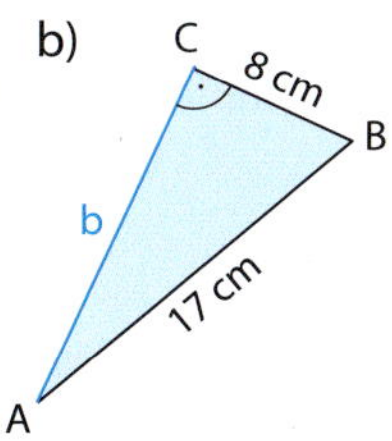

c)
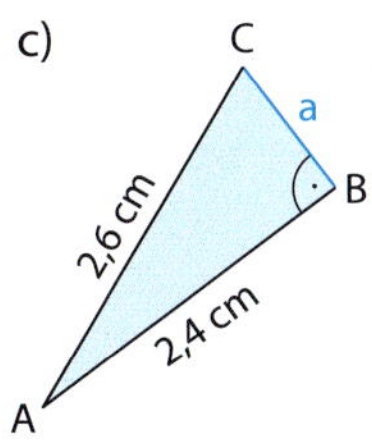

d)
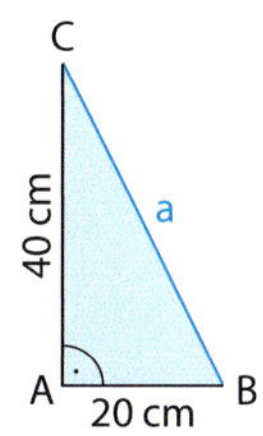

e)
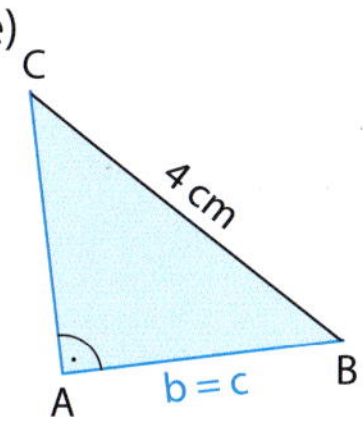

3 Ermittle mit einer Planfigur die dritte Seitenlänge des rechtwinkligen Dreiecks ABC.

a) $a = 3\,m$; $b = 4\,m$; $\gamma = 90°$
b) $a = 12\,cm$; $c = 20\,cm$; $\gamma = 90°$
c) $a = 6{,}0\,cm$; $b = 4{,}8\,cm$; $\alpha = 90°$
d) $a = 3{,}0\,dm$; $c = 1{,}6\,dm$; $\beta = 90°$
e) $a = 2{,}9\,m$; $b = 2{,}1\,m$; $\alpha = 90°$

4 A_1 und A_2 sind die Flächeninhalte der Quadrate über den Katheten eines rechtwinkligen Dreiecks. Ermittle die Seitenlängen des Dreiecks.

a) $A_1 = 144\,cm^2$; $A_2 = 256\,cm^2$ b) $A_1 = 81\,cm^2$; $A_2 = 400\,cm^2$

5 Gegeben sind die Flächeninhalte von sieben Quadraten.
$A_1 = 25\,cm^2$; $A_2 = 144\,cm^2$; $A_3 = 9\,cm^2$; $A_4 = 169\,cm^2$; $A_5 = 16\,cm^2$; $A_6 = 64\,cm^2$; $A_7 = 49\,cm^2$

a) Finde Quadrate, die zusammen eine Figur nach dem Satz des Pythagoras ergeben.

b) Ermittle die Seitenlängen der beiden zugehörigen Dreiecke und zeichne diese.

Weiterführende Aufgaben

6 Berechne die Länge der Strecke x.

a)

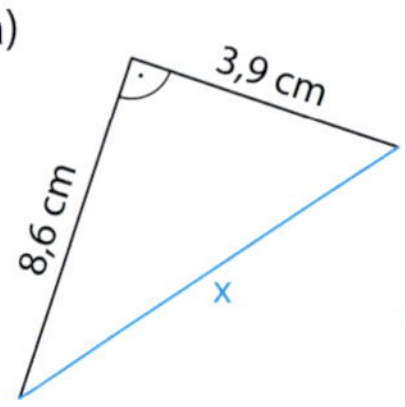

b)

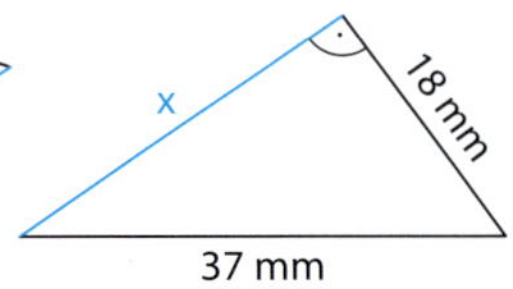

c)

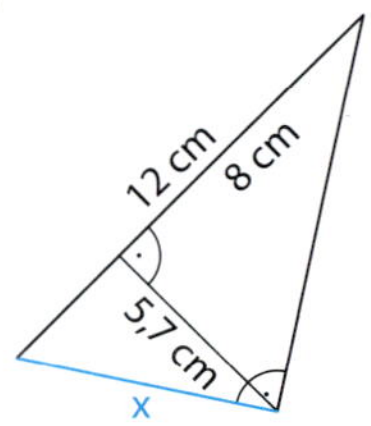

d)

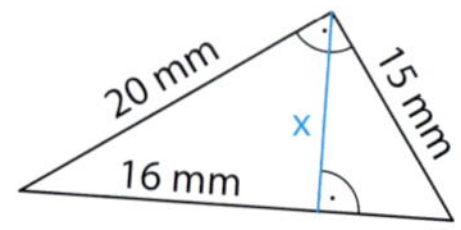

7 **Stolperstelle:** Prüfe die Aussage. Erkläre die Fehler.

a)

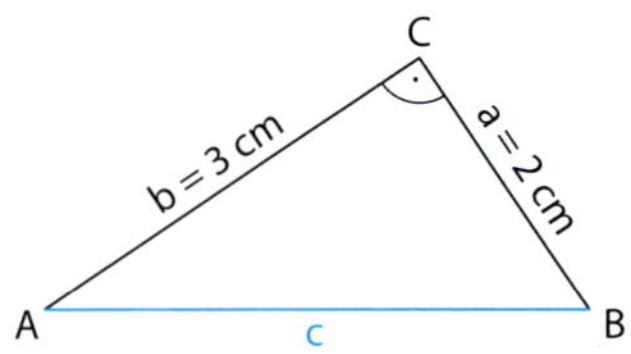

Jonas: „Es gilt $(2 + 3)^2 = 25$, also ist die Hypotenuse c = 5 cm lang."

b)

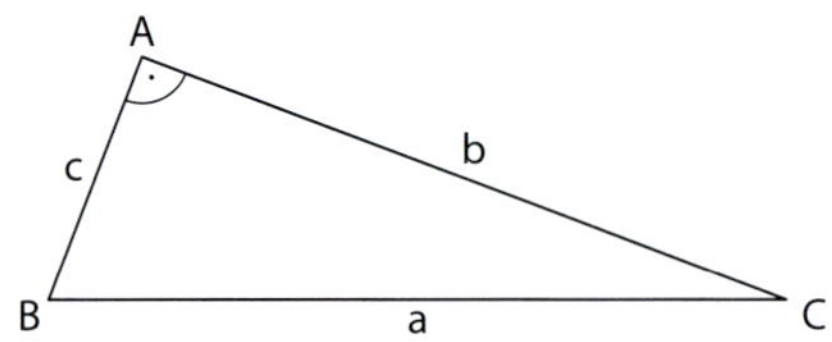

Mara: „Nach dem Satz des Pythagoras gilt: $a^2 + b^2 = c^2$."

8 Begründe, warum man in einem Dreieck ABC mit a = 3 cm und b = 2 cm nicht die Länge von c bestimmen kann, ohne weitere Angaben zum Dreieck zu kennen.

9 Ermittle die Länge der Seite c im Dreieck ABC mit dem Satz des Pythagoras, falls möglich.

a) $\alpha = 90°$; a = 2,5 cm; b = 1,5 cm

b) a = b = 3 cm; $\alpha = \beta = 45°$

c) a = 3 cm; b = 4 cm; $\alpha = 37°$; $\beta = 53°$

d) a = 4 cm; $\alpha = \beta = \gamma = 60°$

e) $\alpha = 45°$; b = 3 cm; a = 6 cm

f) a = b = 8 cm; $\beta = 45°$

10 Berechne den Flächeninhalt und den Umfang des rechtwinkligen Dreiecks.

a)

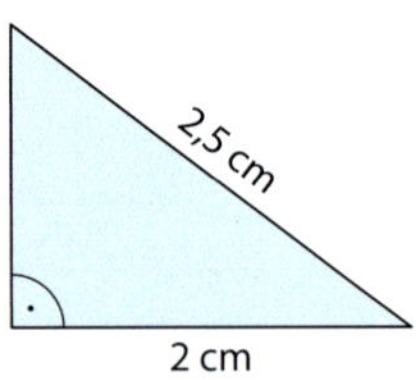

b)

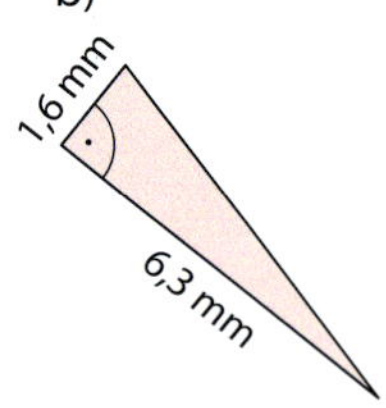

c)

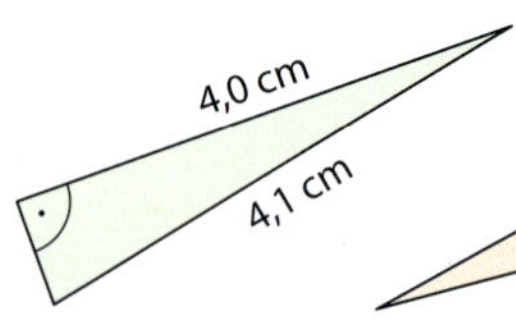

d)

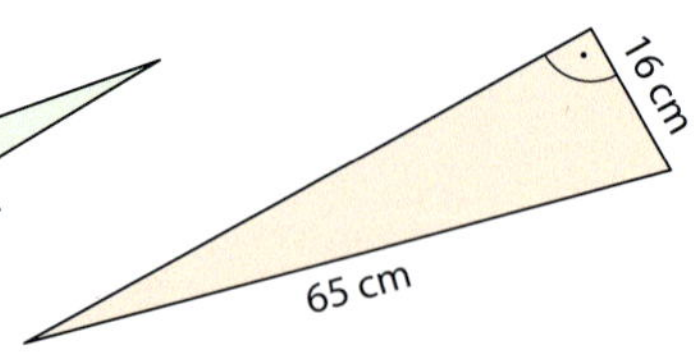

11 Vervollständige die Tabelle für ein Dreieck mit $\beta = 90°$.

	a	b	c	u	A
a)		3,4 m	3,0 m		
b)	12 cm				96 cm²
c)	4,8 m	6,0 m		14,4 m	
d)			8 cm		64 cm²

12 Skizziere die Figur. Finde rechtwinklige Dreiecke und markiere die rechten Winkel. Stelle möglichst viele Gleichungen nach dem Satz des Pythagoras auf.

a)
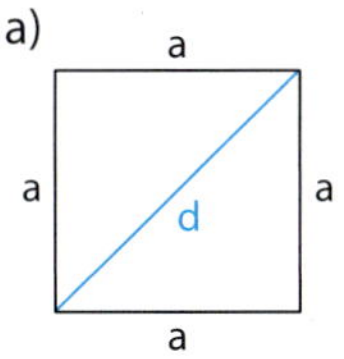

b)
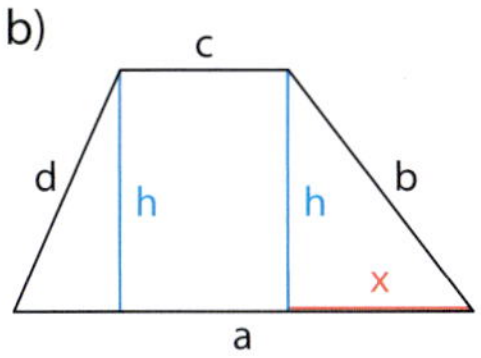

c)
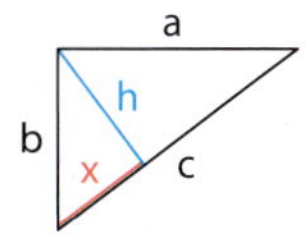

d)
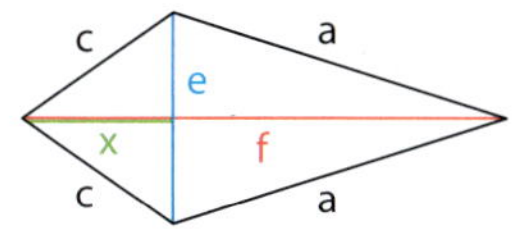

13 Berechne die Längen der blau markierten Strecken.

a)
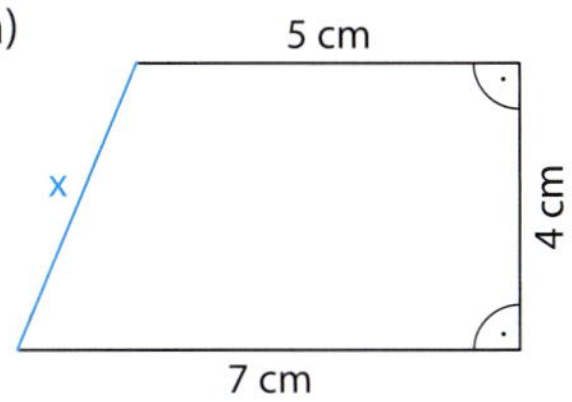

b)
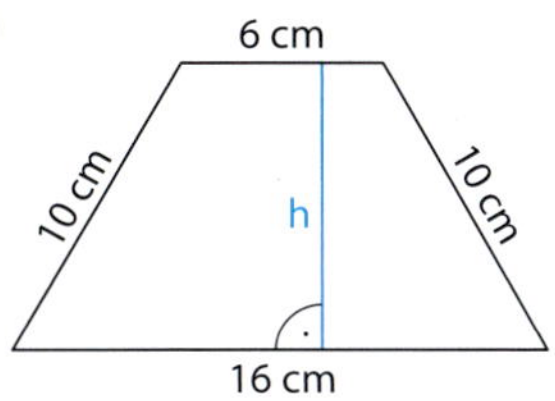

c)
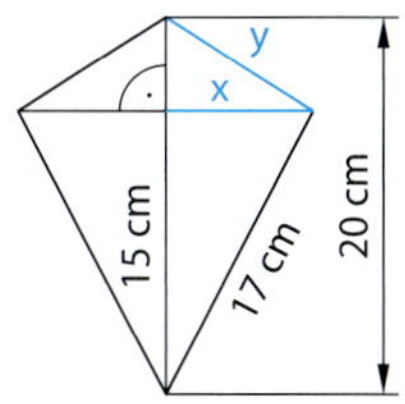

14 **Höhe im gleichschenkligen Dreieck:**
Berechne die Höhe und den Flächeninhalt des gleichschenkligen Dreiecks.

a)
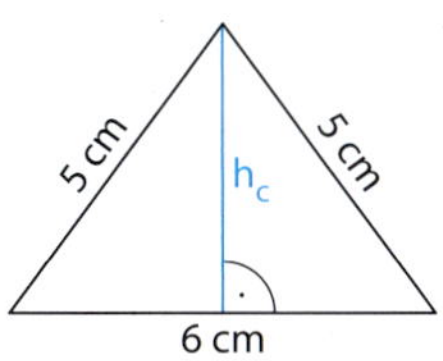

b)
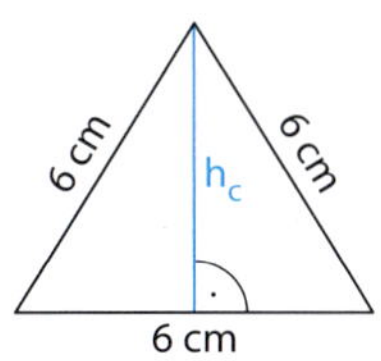

c)
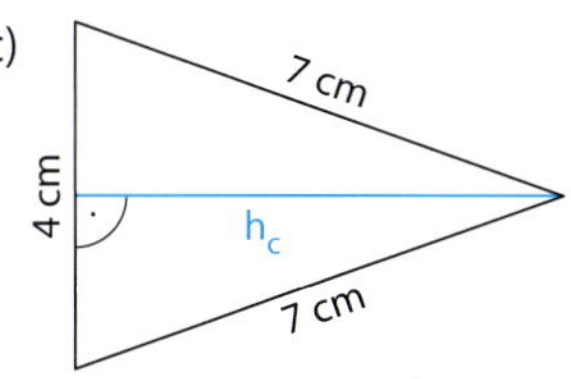

15 **Höhe im gleichseitigen Dreieck:**

a) Zeige, dass für die Höhe eines gleichseitigen Dreiecks mit der Seitenlänge a die Formel $h = \frac{\sqrt{3}}{2} \cdot a$ gilt.
b) Berechne die Höhe eines gleichseitigen Dreiecks mit der Seitenlänge 9 cm.
c) Berechne die Seitenlänge eines gleichseitigen Dreiecks mit der Höhe 8 cm.

16 **Diagonalen im Rechteck und Quadrat:**

a) Beweise: Für die Diagonale in einem Rechteck mit den Seitenlängen a und b gilt $d = \sqrt{a^2 + b^2}$.
b) Beweise: Für die Diagonale in einem Quadrat mit Seitenlänge a gilt $d = a \cdot \sqrt{2}$.
c) Berechne die Diagonalenlänge eines Rechtecks mit a = 7 cm und b = 12 cm.
d) Berechne die Seitenlänge eines Quadrats mit der Diagonale $d = \sqrt{50}$ cm.

17 **Abstände von zwei Punkten im Koordinatensystem:**

a) Berechne den Abstand d der Punkte A(1 | 0,5) und B(4 | 3).
b) Begründe, dass man den Abstand von zwei Punkten $A(x_A | y_A)$ und $B(x_B | y_B)$ mithilfe der folgenden Formel berechnen kann:
$d = \sqrt{(x_B - x_A)^2 + (y_B - y_A)^2}$
c) Die Punkte A(2 | −3), B(7 | 5), C(−7 | −1) und D(−1 | 9) sind gegeben. Berechne den Abstand von A zu B und von C zu D.

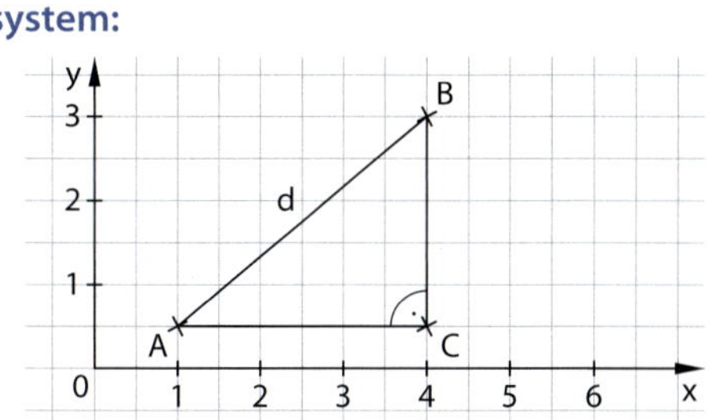

18 Raumdiagonale:

a) Beweise: Die Raumdiagonale d eines Quaders mit den Kantenlängen a, b und c ist $d = \sqrt{a^2 + b^2 + c^2}$.

b) Beweise: Die Raumdiagonale d eines Würfels mit der Kantenlänge a ist $d = a \cdot \sqrt{3}$.

c) Berechne die Länge der Raumdiagonale eines Quaders mit a = 4 cm, b = 3 cm und c = 5 cm.

d) Berechne die Kantenlänge eines Würfels mit d = 10 cm.

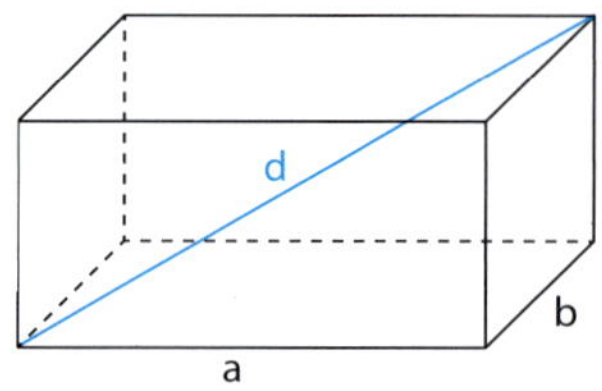

19 Berechne die Längen der blau markierten Strecken.

a)

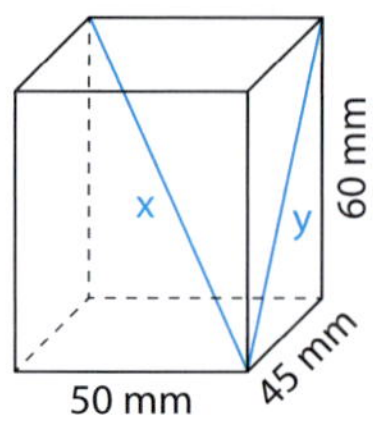

b)

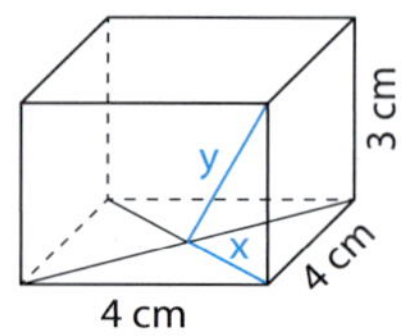

c)

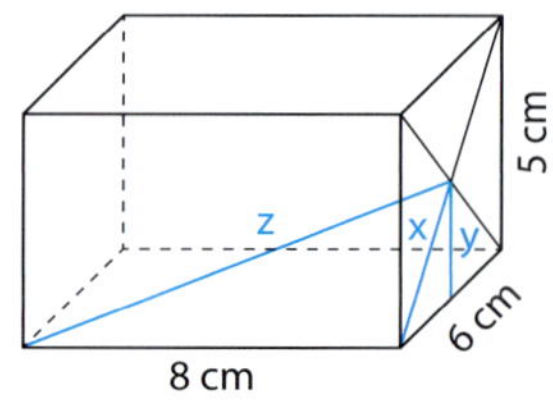

20 Berechne die Längen der blau markierten Strecken.

a) Prisma

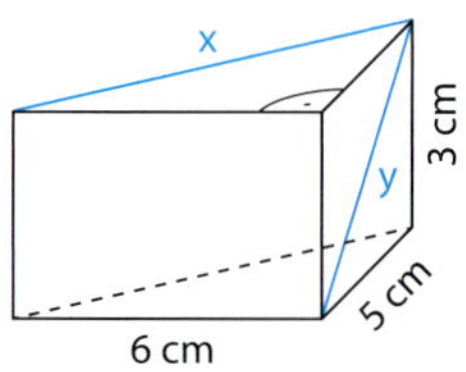

b) Zylinder

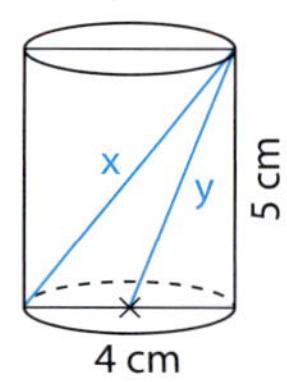

c) Prisma

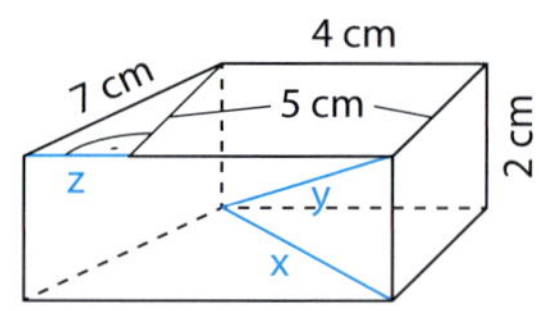

21 Die Grundfläche eines 6 cm hohen Prismas ist ein rechtwinkliges Dreieck mit den Katheten a = 6,3 cm und b = 1,6 cm.

a) Berechne die dritte Seite der Grundfläche des Prismas.

b) Prüfe, ob aus 45 cm Draht ein Kantenmodell des Prismas gebaut werden kann.

22 Eine Pyramide hat eine quadratische Grundfläche mit der Kantenlänge a = 15 m. Die Kante s ist 20 m lang. Berechne die Höhe h der Pyramide und die Höhe h_a der dreieckigen Seitenfläche.

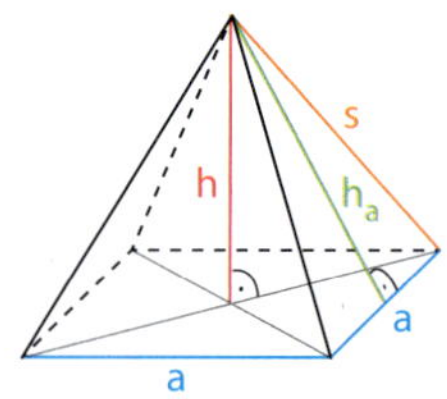

23 Eine Pyramide mit der Spitze S hat eine rechteckige Grundfläche ABCD mit $\overline{AB} = 4{,}8$ cm und $\overline{BC} = 3{,}1$ cm. Die Pyramide ist 10 cm hoch. Berechne die Länge der Kante $\overline{AS}$.

24 Im rechtwinkligen Dreieck ABC mit den Seitenlängen 6 cm, 8 cm und 10 cm wird an jeder Dreiecksseite ein Quadrat mit einer Diagonalen konstruiert. Gesucht ist der längste Streckenzug mit diesen Regeln:

1. Starte in einem beliebigen Punkt der Figur.
2. Setze den Finger oder Stift nicht ab.
3. Du darfst keine Strecke zweimal durchlaufen (die Punkte aber schon).

Berechne die Länge deines Streckenzugs. Vergleicht in der Klasse.

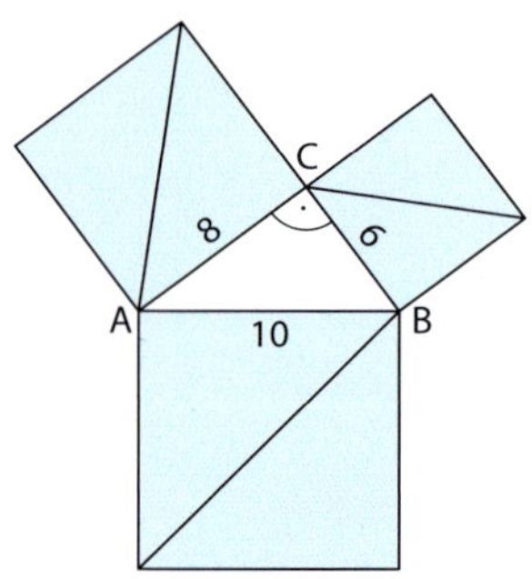

25 Ermittle den Flächeninhalt des gefärbten Dreiecks.

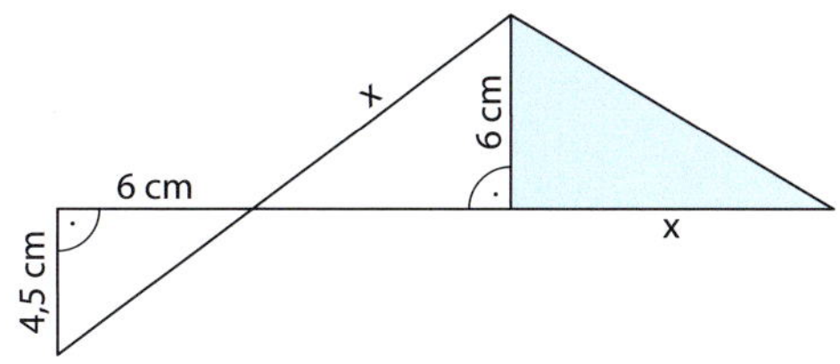

26 Beweise die Parallelogrammgleichung für ein Parallelogramm mit den Seitenlängen a und b und den Diagonalen e und f:
$2(a^2 + b^2) = e^2 + f^2$

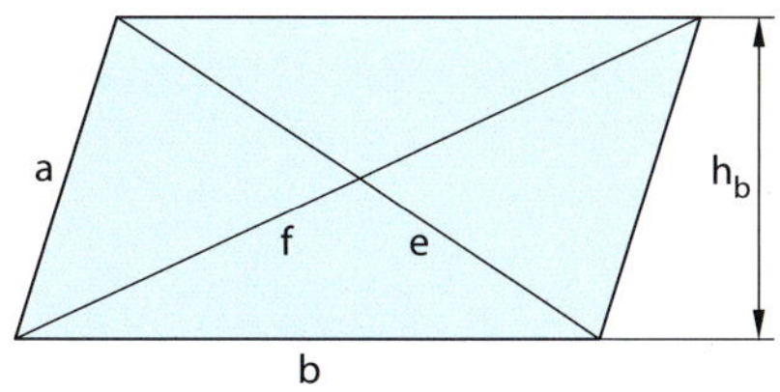

Info

Die griechische Vorsilbe tri bedeutet drei, z. B. in Triathlon und Triangel. Ein **Tripel** besteht aus drei Zahlen

27 Drei natürliche Zahlen, z. B. $(3|4|5)$, die die Gleichung $a^2 + b^2 = c^2$ erfüllen $(3^2 + 4^2 = 5^2)$, nennt man ein **pythagoreisches Zahlentripel**. Die Zahlen $(1|2|3)$ sind kein pythagoreisches Zahlentripel, denn $1^2 + 2^2 \neq 3^2$.

a) Gib an, welche der folgenden Zahlentripel pythagoreische Zahlentripel sind.
① $(8|15|17)$ ② $(5|7|9)$ ③ $(20|21|29)$ ④ $(13|19|23)$

b) Ersetze den Platzhalter ▪ so durch eine natürliche Zahl, dass ein pythagoreisches Zahlentripel entsteht. (Die größte Zahl des Tripels steht rechts.)
① $(6|8|$▪$)$ ② $(5|$▪$|13)$ ③ $($▪$|35|37)$ ④ $(8|13|$▪$)$ ⑤ $($▪$|99|101)$

c) Gib zwei weitere pythagoreische Zahlentripel an.

d) Beweise: Ist n eine natürliche Zahl und $(a|b|c)$ ein pythagoreisches Zahlentripel, dann ist auch $(n \cdot a|n \cdot b|n \cdot c)$ ein pythagoreisches Zahlentripel.

28 a) Beweise die Aussage:
Für natürliche Zahlen u und v mit $u > v$ ist $(u^2 - v^2|2uv|u^2 + v^2)$ ein pythagoreisches Zahlentripel.

b) Gib mithilfe der Formeln aus a) fünf pythagoreische Zahlentripel an.

29 a) Setze fünf verschiedene Zahlenpaare $(x|y)$ aus natürlichen Zahlen in die Gleichung $x^3 + y^3 = z^3$ ein und prüfe, ob die Gleichung durch eine natürliche Zahl z gelöst wird.

MK b) Recherchiere zum Großen Fermatschen Satz. Erkläre dein Ergebnis aus a).

30 Erläutere, welche Streckenlängen mit dem Verfahren in der Zeichnung konstruiert werden. Wandle das Verfahren so ab, dass du $\sqrt{2}, \sqrt{3}, \sqrt{4}, \ldots$ konstruieren kannst, und erläutere dein Vorgehen.

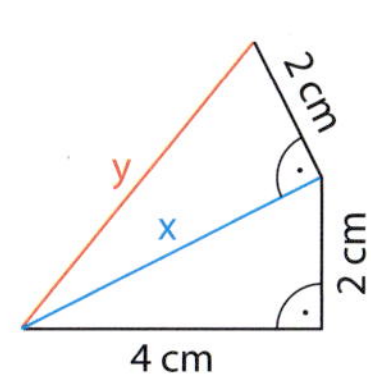

31 **Ausblick:** Um einen sechszackigen Stern kann ein regelmäßiges Sechseck konstruiert werden. Innerhalb des Sterns befindet sich ebenfalls ein regelmäßiges Sechseck. Bestimme das Verhältnis der Seitenlängen der beiden Sechsecke.

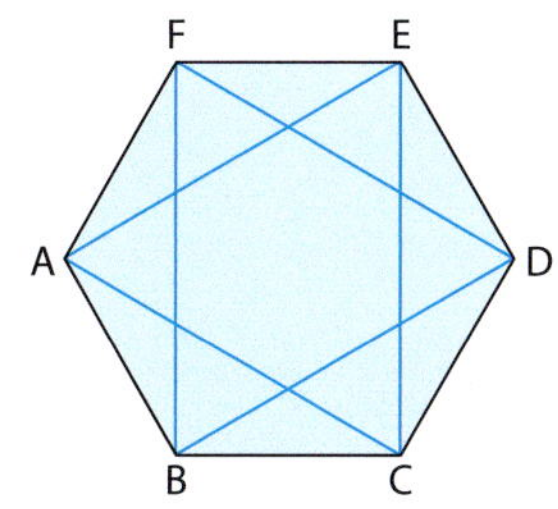

Beweise rund um den Satz des Pythagoras

Die Abbildung illustriert einen chinesischen Beweis des Satzes des Pythagoras, der ungefähr 200 v. Chr. entstanden ist. Erklärt gemeinsam in der Klasse den Beweis.

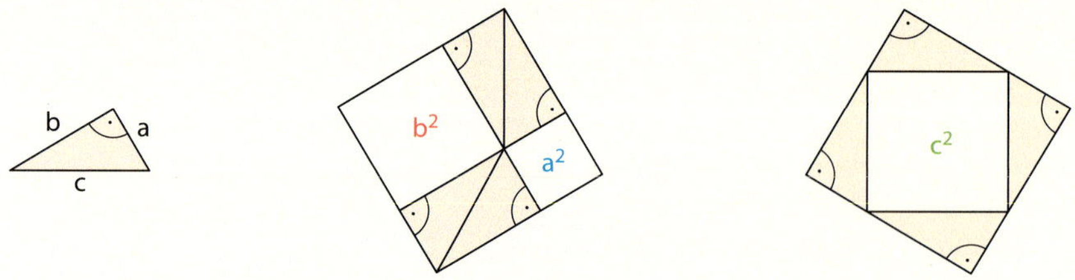

Für den Satz des Pythagoras gibt es zahllose Beweise. Viele davon verwenden Zerlegungen von Flächen, die unterschiedlich kompliziert sein können.

Aufgaben

1 **Beweis durch Flächenzerlegung:** Beweise den Satz des Pythagoras, indem du den Flächeninhalt des blauen Quadrats auf zwei unterschiedliche Arten berechnest. (Die roten Dreiecke sind alle kongruent.)

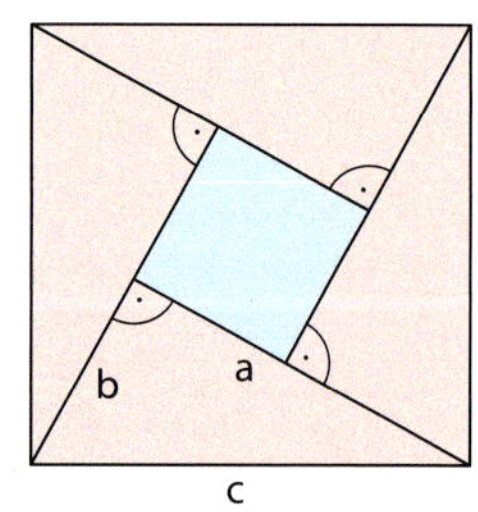

2 **Beweis mit Ähnlichkeit:** Beweise den Satz des Pythagoras mithilfe der Ähnlichkeitssätze für Dreiecke. Zerlege dazu das Dreieck ABC durch die Höhe h in die Dreiecke AFC und BCF. Der Punkt F teilt die Seite c in die Abschnitte p und q. Finde ähnliche Dreiecke und leite daraus Gleichungen her.

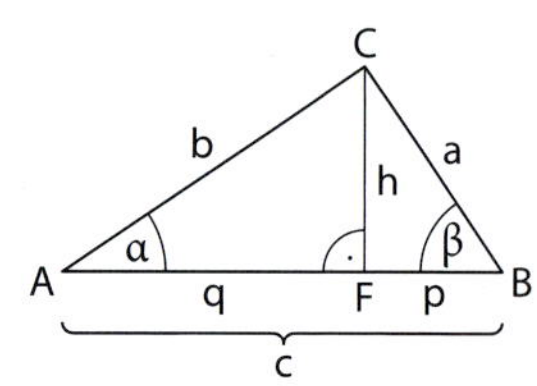

3 **Beweis von Euklid:** Der griechische Mathematiker Euklid verfasste im 3. Jh. v. Chr. die „Elemente", eines der wichtigsten Lehrbücher für Mathematik. Darin findet sich der wohl berühmteste Beweis des Satzes des Pythagoras.

a) Vervollständige den ersten Teil des Beweises:
Die Dreiecke ABF und AEC sind kongruent, denn … . Die Höhe im Dreieck ABF auf die Seite $\overline{AF}$ hat die Länge …, weil … . Daher hat das Dreieck den Flächeninhalt … . Analog sieht man, dass die Höhe im Dreieck AEC auf die Seite $\overline{AE}$ die Länge … hat, daher hat das Dreieck den Flächeninhalt …, ist also halb so groß wie das Rechteck AELM. Daraus folgt: … = c · $\overline{AM}$.

b) Führe den Beweis zu Ende.

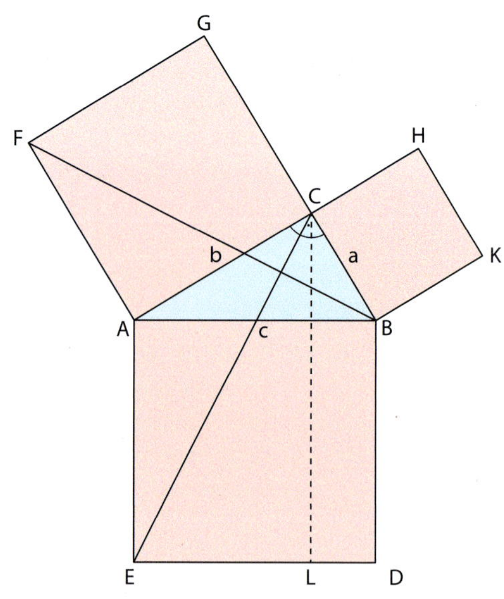

4 Beweis eines Schülers: Beweise den Satz des Pythagoras mithilfe des Trapezes.
(Dieser Beweis wurde 1995 von Jamie deLamos gefunden, der damals noch zur Schule ging.)

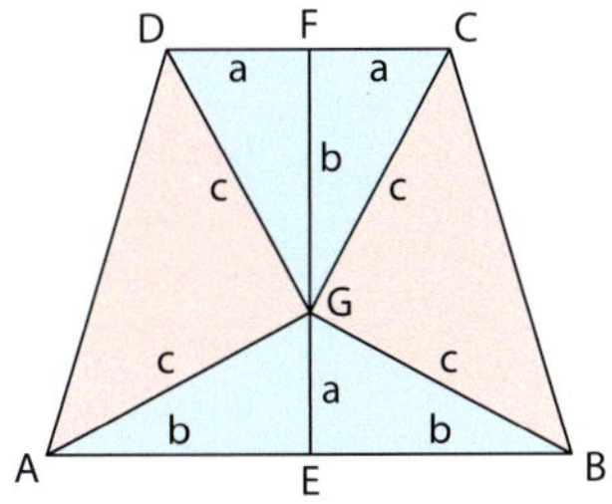

5 Pythagoras mit Dreiecken:
Über jeder Seite eines rechtwinkligen Dreiecks ABC mit $\gamma = 90°$ werden gleichseitige Dreiecke A_1, A_2 und A_3 mit den Seitenlängen c, b und a gebildet.
Beweise die Gleichung: $A_1 = A_2 + A_3$

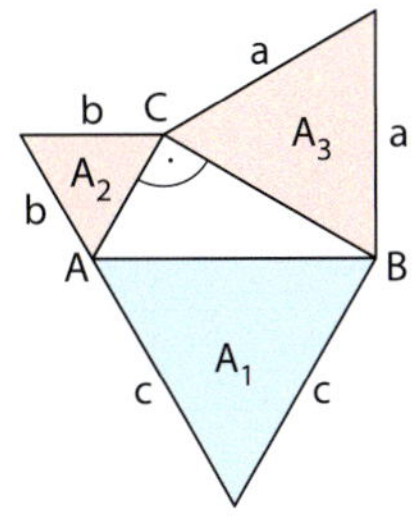

6 Satz von Heron: Der Mathematiker Heron von Alexandria gab schon im 1. Jh. n. Chr. eine allgemeine Formel für den Flächeninhalt von Dreiecken an: Im Dreieck ABC mit dem halben Umfang $s = \frac{a+b+c}{2}$ gilt $A = \sqrt{s \cdot (s-a) \cdot (s-b) \cdot (s-c)}$.
Beweise diese Formel. Zerlege dazu das Dreieck ABC durch die Höhe auf c in zwei rechtwinklige Dreiecke und wende den Satz des Pythagoras auf diese an.

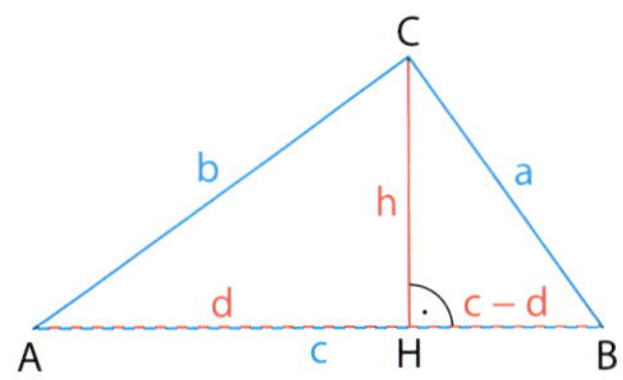

7 Die Zwillingskreise des Archimedes:
Die beiden blauen Kreise bezeichnet man als Zwillingskreise des Archimedes.

a) Beschreibe, wie die Zwillingskreise gebildet werden.
b) Skizziere die Figur.
c) Beweise, dass die Zwillingskreise den gleichen Radius haben. Gehe dazu wie folgt vor:
   ① Betrachte zuerst nur den Kreis um P. Finde zwei rechtwinklige Dreiecke mit der gleichen Kathete.
   ② Stelle Gleichungen für die Längen der zweiten Kathete und der Hypotenuse der beiden Dreiecke aus ① auf, die nur die Variablen a, b und p enthalten.
   ③ Verwende den Satz des Pythagoras und die binomischen Formeln, um aus den Gleichungen einen Term für p zu ermitteln.
   ④ Wiederhole die Schritte ① bis ③ für den Kreis um R.

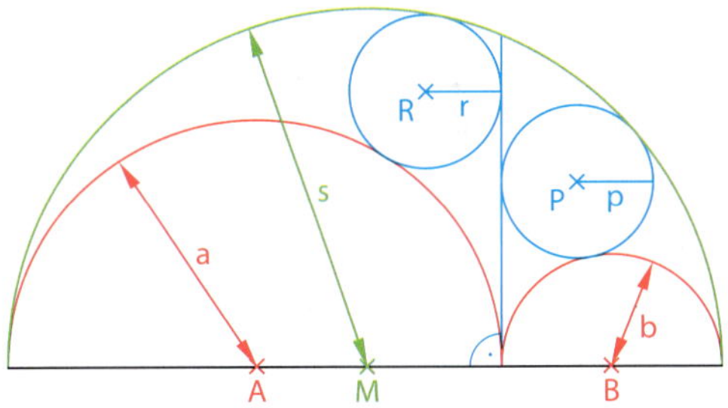

MK **8 Forschungsauftrag:** Für den Satz des Pythagoras gibt es mehrere hundert verschiedene Beweise.

a) Recherchiere im Internet nach weiteren Beweisen.
b) Sortiert die Beweise nach der Herangehensweise.
c) Begründe, welcher Beweis dir am besten gefällt. Diskutiert darüber.
d) Diskutiert, ob die vielen Beweise den Satz sicherer machen.

5.2 Probleme lösen mit dem Satz des Pythagoras

Ein Schiff muss wegen einer Havarie in einem zu kleinen Hafen anlegen. Es kann sich der Hafenmauer dort nur bis auf 1,5 m nähern. Die Reling befindet sich 1 m über dem Kai. Berechne, wie lang die Gangway mindestens sein muss, mit der die Passagiere das Schiff verlassen können.

Wissen

Bestimmte Probleme im Alltag kann man mit dem Satz des Pythagoras lösen.

① Erstelle eine Skizze und markiere die gesuchte Größe.

② Ergänze die Skizze um bekannte Strecken (zum Beispiel Entfernungen zwischen zwei Punkten) und finde einen oder mehrere rechte Winkel, damit du den Satz des Pythagoras anwenden kannst.

③ Berechne mithilfe des Satzes des Pythagoras die gesuchte Größe.

④ Prüfe, ob die Lösung sinnvoll sein kann.

Beispiel 1

Lucy lässt eine Drohne in 70 m Höhe über dem Erdboden fliegen. Damit Lucy die Drohne noch steuern kann, darf sie nicht weiter als 220 m vom Controller entfernt sein, den Lucy etwa 1,2 m über dem Boden hält. Ermittle, welche horizontale Entfernung von Lucy die Drohne in dieser Höhe maximal erreichen kann.

Lösung:

① Erstelle eine Skizze. Markiere die horizontale Entfernung x der Drohne zu Lucy.

② Markiere die Flughöhe der Drohne, ihre Entfernung zu Lucy und die Höhe des Controllers über dem Boden. Die eingezeichnete Flughöhe der Drohne trifft im rechten Winkel auf den Erdboden.

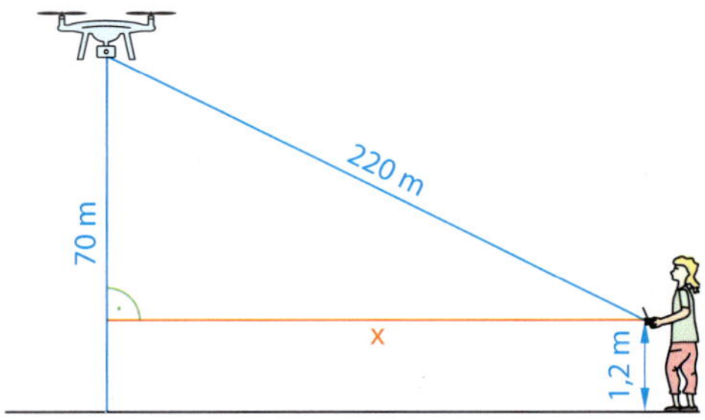

③ Berechne mit dem Satz des Pythagoras die maximale horizontale Entfernung der Drohne zu Lucy.

④ Prüfe, ob die Lösung sinnvoll sein kann.

Pythagoras: $220^2 = (70 - 1{,}2)^2 + x^2$
Auflösen ergibt $x \approx 208{,}97$. Die Drohne kann eine horizontale Entfernung von ca. 209 m zu Lucy erreichen. Dieser Wert ist realistisch und liegt unter der maximalen Reichweite von 220 m, die Lösung ist also sinnvoll.

Basisaufgaben

1 Eine Leiter ist 5,20 m lang. Sie wird an eine Hauswand gestellt. Dabei steht sie am Boden 1,80 m von der Hauswand entfernt. Berechne, wie hoch die Leiter an der Hauswand reicht.

2 Am Beginn einer Achterbahn werden die Passagiere über einen 71,5 m langen geraden Streckenabschnitt auf eine Höhe von 54,5 m über dem Erdboden befördert. Dabei befindet sich der Startpunkt 1,5 m über dem Boden. Ermittle, welche horizontale Entfernung die Passagiere auf dem ersten Streckenabschnitt zurücklegen.

3 Eine Seilbahn überwindet auf einer horizontalen Entfernung von 3,7 km einen Höhenunterschied von 1,5 km. Dabei legt sie nach einer horizontalen Entfernung von 1,4 km einen Zwischenstopp auf einer Höhe von 0,6 km über der Talstation ein. Ermittle, welche Strecke die Seilbahn auf einer Fahrt von der Talstation zur Bergstation insgesamt zurücklegt. Gehe davon aus, dass die Seile nahezu gerade verlaufen.

Weiterführende Aufgaben

4 Ein zylindrisches Trinkglas hat den Durchmesser 6 cm und eine Innenhöhe von 12,5 cm. Berechne, wie weit ein 20 cm langer Trinkhalm mindestens aus dem Trinkglas ragt.

5 Typische Spielkarten sind ca. 6 cm × 9 cm groß. Ermittle die ungefähre Höhe eines Kartenhauses aus drei Etagen. Gib auch die Höhe eines Kartenhauses mit n Etagen an.

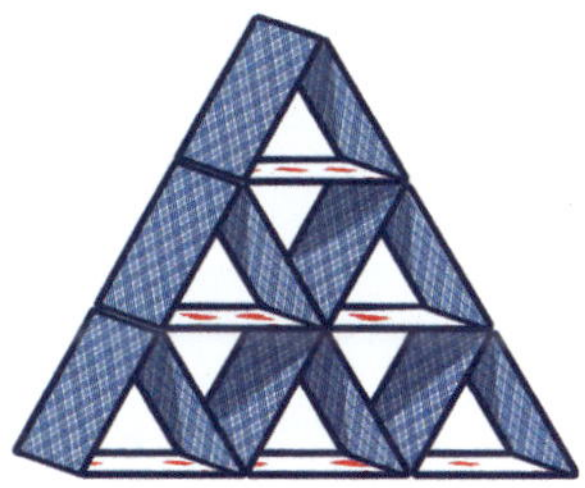

⚠ 6 **Stolperstelle:** Louis berechnet die Länge des Wegs w im Stadtpark. Erkläre seinen Fehler und ermittle die richtige Länge.
Mit Pythagoras gilt: $20^2 + 70^2 = w^2$, also $w \approx 72{,}80$, also ist der Weg w etwa 73 m lang.

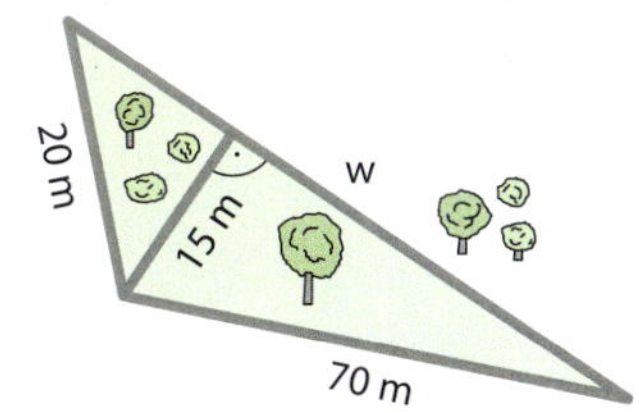

7 Eine Bahnstrecke überwindet auf einer horizontalen Entfernung von 12 km einen Höhenunterschied von 300 m. Nimm an, dass die Bahnstrecke überall die gleiche Steigung hat. Schätze begründet die Länge des Schienenstrangs.
(A) ca. 12,290 km (B) ca. 11,9 km (C) ca. 12,004 km (D) ca. 12,5 km

8 a) Erkläre anhand der Skizze, wie man mit dem Satz des Pythagoras die Sichtweite auf der Erde bestimmen kann.
b) Berechne, wie weit ein Mensch mit der Augenhöhe 1,50 m auf der Erde ungefähr sehen kann. Bestimme auch die Sichtweiten von einem 30 m hohen Leuchtturm und vom Mount Everest (8848 m). Vergleiche.

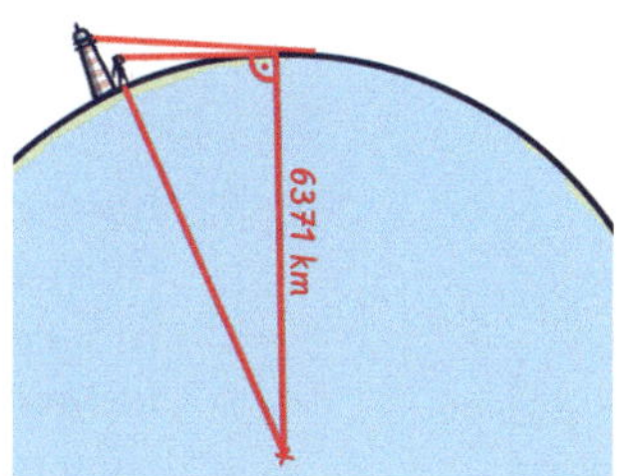

9 Felix möchte eine rechteckige Holzplatte (210 cm × 250 cm) in sein Zimmer bringen. Die Tür des Zimmers ist 2,00 m hoch und 0,80 m breit. Entscheide, ob die Holzplatte durch die Tür passt. Begründe durch eine Rechnung.

10 Ein LED-TV hat eine Bildschirmdiagonale von 178 cm und einen 0,5 cm breiten Rand. Das Verhältnis aus Breite und Höhe beträgt 16 : 9. Prüfe, ob der Fernseher in die Regalwand passt.

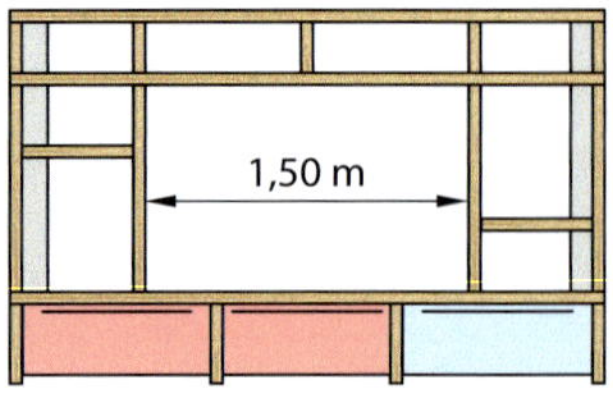

11 Ein 2,00 m hoher, 1,50 m breiter und 0,80 m tiefer Schrank steht in einem Zimmer mit einer Deckenhöhe von 2,20 m. Beim Umzug soll der Schrank nicht zerlegt werden. Damit er durch die Tür passt, muss der Schrank im Zimmer gekippt werden.

a) Erkläre anhand der Skizze, wie man berechnen kann, ob der Schrank im Zimmer gekippt werden kann.
b) Prüfe, ob der Schrank im Zimmer zur Seite (nach vorn) gekippt werden kann.

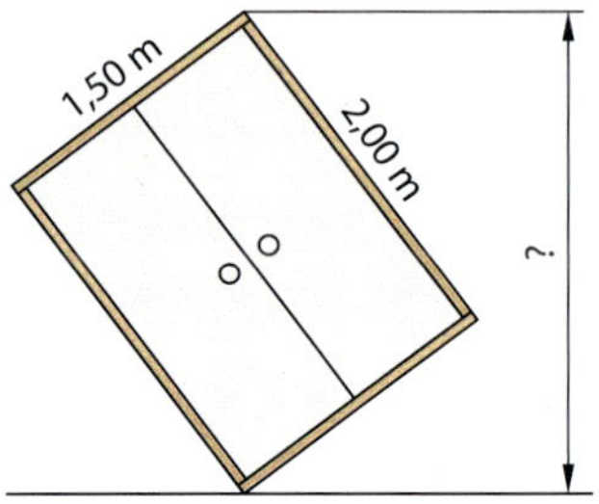

12 Die Raumschiffe SpaceStar und Sunrise starten gleichzeitig von einer Raumstation. Die SpaceStar fliegt mit einer Geschwindigkeit von 120 000 km/h, die Sunrise mit 180 000 km/h. Beide fliegen nur geradeaus.

a) Ermittle, wie weit die beiden Raumschiffe nach 15 Minuten voneinander entfernt sind.
b) Beide erreichen nach 20 Minuten ihre Zielasteroiden. Berechne die Entfernung dieser Asteroiden.
c) Am nächsten Tag starten die beiden Raumschiffe im Abstand von 3 Minuten von ihren Asteroiden in Richtung Raumstation. Die Sunrise fliegt diesmal mit 200 000 km/h. Berechne, wie schnell die 3 Minuten zuvor gestartete SpaceStar fliegen muss, damit beide gleichzeitig die Raumstation erreichen.

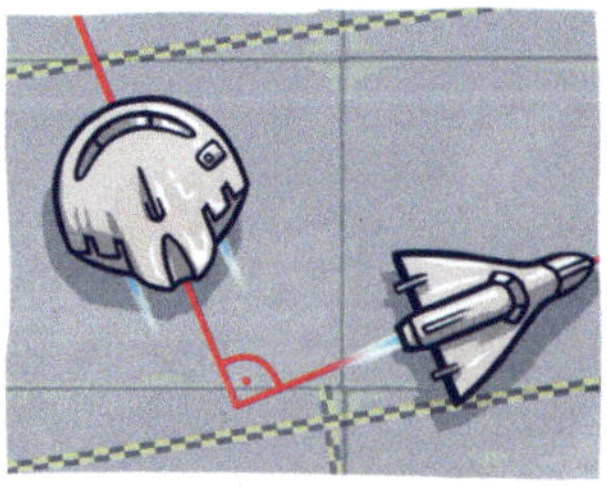

13 Ein Käfer krabbelt auf dem eingezeichneten bzw. kürzesten möglichen Weg von einem eingezeichneten Punkt zum anderen. Berechne, wie weit er krabbelt.

a) 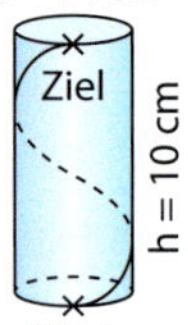

b) 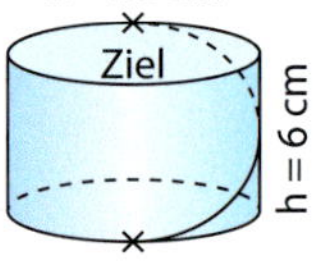

c) 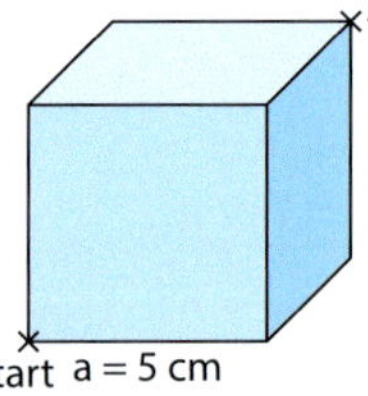

14 Aus einem Baumstamm mit einem kreisförmigen Querschnitt (d = 50 cm) soll ein Balken mit einem möglichst großen quadratischen Querschnitt herausgesägt werden. Fertige eine Skizze an und ermittle die Maße des quadratischen Querschnitts.

15 **Ausblick:** Lisa spielt mit ihrer kleinen Schwester mit Bausteinen. Sie möchte mit zylindrischen Bauklötzen (d = 1 cm) eine Fläche in der Form eines gleichschenkligrechtwinkligen Dreiecks eingrenzen. Beweise, dass das nicht möglich ist.

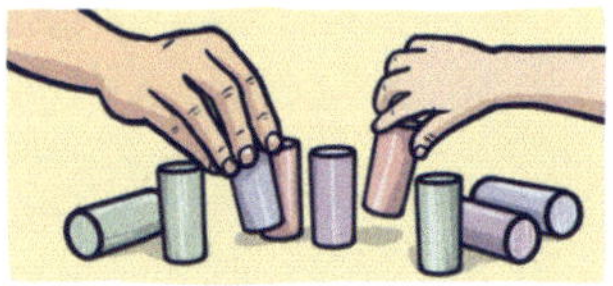

5.3 Umkehrung des Satzes des Pythagoras

Schon im Jahr 2300 v. Chr. nutzten die alten Ägypter Eigenschaften von Dreiecken, um auf ihren Feldern rechte Winkel abzustecken. Dazu verwendeten sie ein geschlossenes Seil, das 12 Knoten in gleichmäßigen Abständen enthielt. Erkläre, wie mit diesem Seil rechte Winkel abgesteckt werden konnten.

Der Satz des Pythagoras besagt: Wenn ein Dreieck ABC den Winkel $\gamma = 90°$ hat, dann gilt die Gleichung $a^2 + b^2 = c^2$. Auch die Umkehrung dieses Satzes lässt sich beweisen.

Merke

Wenn $b^2 + c^2 = a^2$, dann ist $\alpha = 90°$.
Wenn $a^2 + c^2 = b^2$, dann ist $\beta = 90°$.

Wissen **Umkehrung des Satzes des Pythagoras**

Wenn in einem Dreieck die Quadrate über zwei Seiten zusammen den gleichen Flächeninhalt haben wie das Quadrat über der dritten Seite, dann ist das Dreieck rechtwinklig.
Also gilt für jedes Dreieck ABC: Wenn $a^2 + b^2 = c^2$, dann ist $\gamma = 90°$.

Beweis der Umkehrung:

Voraussetzung: Im Dreieck ABC gilt $a^2 + b^2 = c^2$.

Behauptung: Das Dreieck ABC ist rechtwinklig mit $\gamma = 90°$.

Beweis: Für das Dreieck $A_1B_1C_1$ mit $a_1 = a$, $b_1 = b$ und $\gamma = 90°$ gilt nach dem Satz des Pythagoras $a_1^2 + b_1^2 = a^2 + b^2 = c_1^2$.
Aus der Voraussetzung $a^2 + b^2 = c^2$ folgt dann $c_1^2 = c^2$. Daher sind die Dreiecke ABC und $A_1B_1C_1$ nach dem Kongruenzsatz sss kongruent. Somit ist auch das Dreieck ABC rechtwinklig mit $\gamma = 90°$. q.e.d.

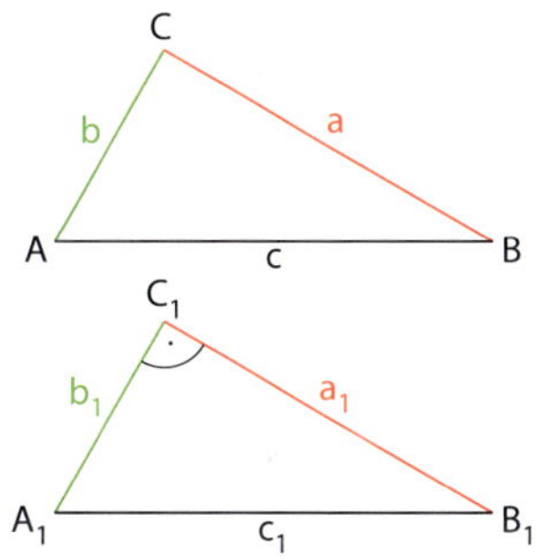

Beispiel 1 Entscheide, ob das Dreieck ABC rechtwinklig ist.

a) $a = 8\,cm$; $b = 6\,cm$; $c = 10\,cm$ b) $a = 6\,cm$; $b = 5\,cm$; $c = 4\,cm$

Lösung:

a) Prüfe, ob die Gleichung $a^2 + b^2 = c^2$ gilt. Wende dann die Umkehrung des Satzes des Pythagoras an.

$(8\,cm)^2 + (6\,cm)^2 = 64\,cm^2 + 36\,cm^2$
$= 100\,cm^2 = (10\,cm)^2$
Das Dreieck ist rechtwinklig.

b) Die längste Seite ist a. Prüfe deshalb, ob die Gleichung $b^2 + c^2 = a^2$ gilt. Wende den Satz des Pythagoras an: Bei einem rechtwinkligen Dreieck wäre die Gleichung erfüllt.

$(5\,cm)^2 + (4\,cm)^2 = 25\,cm^2 + 16\,cm^2$
$= 41\,cm^2 \neq 36\,cm^2 = (6\,cm)^2$
Das Dreieck ist nicht rechtwinklig.

Basisaufgaben

1 Entscheide, ob das Dreieck rechtwinklig ist. Wenn ja, gib den rechten Winkel und die Hypotenuse an.

a)	b)	c)	d)	e)
$a = 9\,cm$	$a = 10\,cm$	$a = 1{,}8\,m$	$a = 6{,}0\,dm$	$a = 1{,}6\,cm$
$b = 12\,cm$	$b = 4\,cm$	$b = 3{,}0\,m$	$b = 3{,}6\,dm$	$b = 3{,}0\,cm$
$c = 15\,cm$	$c = 6\,cm$	$c = 1{,}2\,m$	$c = 4{,}8\,dm$	$c = 3{,}5\,cm$

2 Begründe, ob die Aussage zum Dreieck ABC richtig ist. Korrigiere, falls nötig.
a) Wenn $a^2 + c^2 = b^2$ gilt, dann ist $\gamma = 90°$.
b) Wenn $b^2 + c^2 = a^2$ gilt, dann ist $\alpha = 90°$.
c) Wenn $a^2 + c^2 = b^2$ gilt, dann ist b die Hypotenuse im Dreieck.
d) Wenn $a^2 + b^2 = c^2$ gilt, dann ist $\beta = 90°$.

3 Mit dem „Maurerdreieck" kann man rechte Winkel abstecken. Dazu schlägt man drei Pflöcke in die Erde, die Abstände von 60 cm, 80 cm und 1,00 m voneinander haben. Begründe das Vorgehen.

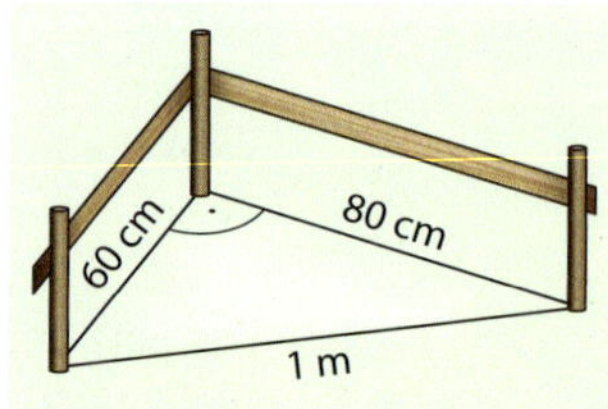

Weiterführende Aufgaben

4 Aus dem Satz des Pythagoras und seiner Umkehrung folgt die Äquivalenz: Im Dreieck ABC gilt $a^2 + b^2 = c^2$ genau dann, wenn $\gamma = 90°$ gilt. Daraus ergeben sich insgesamt vier Aussagen. Vervollständige die Übersicht.

Satz des Pythagoras:
Wenn $\gamma = 90°$, dann ...
Wenn $a^2 + b^2 \neq c^2$, dann ...

Umkehrung des Satzes des Pythagoras:
Wenn $a^2 + b^2 = c^2$, dann ...
Wenn $\gamma \neq 90°$, dann ...

5 Gib eine dritte Seitenlänge an, sodass das Dreieck ABC mit a = 12 cm und b = 15 cm rechtwinklig ist. Finde alle Lösungen und nenne jeweils die Katheten, die Hypotenuse und den rechten Winkel.

6 Aus 12 Büroklammern kann man ein rechtwinkliges Dreieck legen. Prüfe, ob das auch mit 9 Büroklammern (24 Büroklammern) möglich ist. Finde zwei weitere Anzahlen von Büroklammern, mit denen das möglich ist.

7 **Stolperstelle:** Luca prüft, ob das Dreieck ABC mit a = 5 cm, b = 13 cm und c = 12 cm rechtwinklig ist. Nenne seinen Fehler und prüfe das Dreieck auf Rechtwinkligkeit.
$a^2 + b^2 = 25\,cm^2 + 169\,cm^2 = 194\,cm^2 \neq 144\,cm^2 = c^2$, also ist das Dreieck nicht rechtwinklig.

8 Prüfe, ob ein Viereck ABCD mit den Seiten $\overline{AB} = 7$ cm, $\overline{BC} = 9$ cm und der Diagonalen $\overline{AC} = 11$ cm ($\overline{AC} = 11{,}4$ cm) ein Rechteck sein kann.

DGS 9 Zeichne mit einer dynamischen Geometrie-Software ein Dreieck ABC mit festen Seitenlängen a und b. Erstelle dabei einen Schieberegler für den Winkel γ.
a) Ermittle, für welche Winkel γ die Beziehung $a^2 + b^2 > c^2$ (die Beziehung $a^2 + b^2 < c^2$) gilt. Vermute begründet, ob das immer so ist.
b) Erkläre, wie du anhand der Seitenlängen überprüfen kannst, ob ein Dreieck spitzwinklig ist.

DGS 10 **Ausblick:** Zeichne mit einer dynamischen Geometrie-Software ein Dreieck ABC mit den Eckpunkten $A(0|0)$, $B(8|0)$ und $C(8|6)$ in ein Koordinatensystem. Verschiebe den Punkt B entlang der x-Achse in beide Richtungen und zeichne den Punkt C ein, sodass im Dreieck ABC weiterhin b = 10 Längeneinheiten und $\beta = 90°$ gilt. Beschreibe die Bahn, auf der sich der Punkt C bewegt. Erkläre, warum das so ist.

Höhensatz und Kathetensatz

Vergleiche die Flächeninhalte des blauen Quadrats und des roten Rechtecks (Angaben in cm).
Beschreibe, aus welchen Größen im Dreieck sich das Quadrat und das Rechteck ergeben.

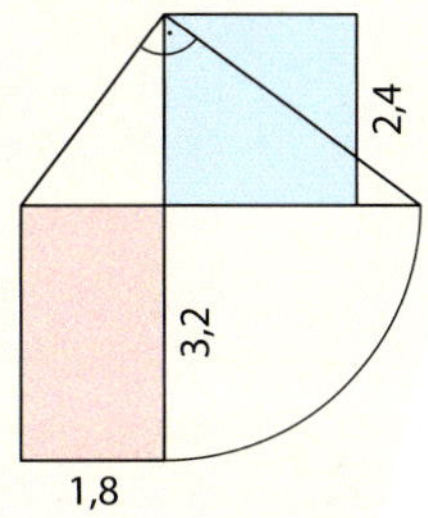

Der Höhensatz

In einem rechtwinkligen Dreieck teilt die Höhe h auf der Hypotenuse die Hypotenuse in zwei Teilstrecken. Diese nennt man **Hypotenusenabschnitte** und bezeichnet sie mit p und q.

Wissen

In einem rechtwinkligen Dreieck sind das Quadrat über der Höhe auf der Hypotenuse und das Rechteck aus den Längen der Hypotenusenabschnitte p und q flächengleich.

Es gilt: $\mathbf{h^2 = q \cdot p}$

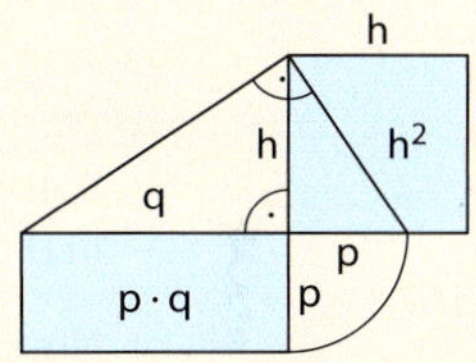

Beispiel 1 Berechne im Dreieck ABC mit $\gamma = 90°$ die gesuchte Länge.

a) $p = 4{,}5\,\text{cm}$, $q = 2\,\text{cm}$; gesucht: h

b) $p = 1{,}2\,\text{cm}$, $h = 4\,\text{cm}$; gesucht: q

Lösung:

a) Wende den Höhensatz im rechtwinkligen Dreieck an. Setze die Werte für p und q in die Formel ein und berechne h.

Höhensatz: $h^2 = p \cdot q$
$h^2 = 4{,}5\,\text{cm} \cdot 2\,\text{cm} = 9\,\text{cm}^2$
$h = +\sqrt{9\,\text{cm}^2} = 3\,\text{cm}$

b) Stelle die Formel für den Höhensatz nach q um. Berechne dann.

$h^2 = p \cdot q \quad | : p$
$q = \frac{h^2}{p} = \frac{(4\,\text{cm})^2}{1{,}2\,\text{cm}} \approx 13{,}33\,\text{cm}$

Basisaufgaben

1 Berechne die Länge der blau markierten Strecke.

a)

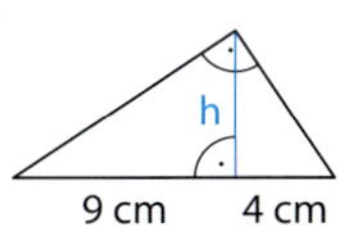

b)

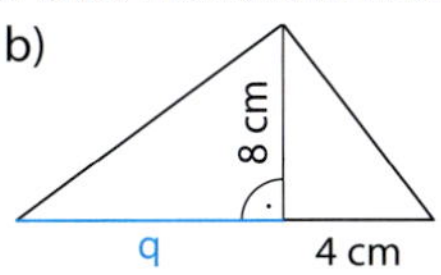

c)

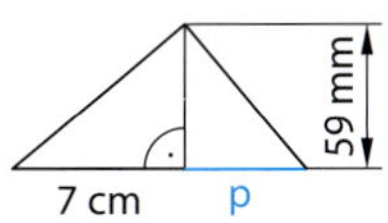

d)

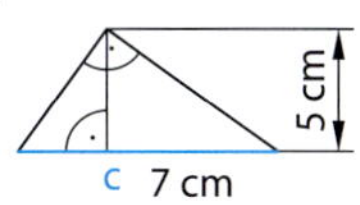

2 Stelle möglichst viele Gleichungen nach dem Höhensatz auf.

a)

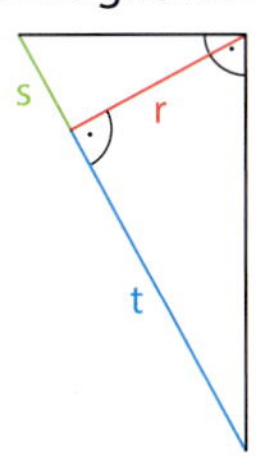

b)

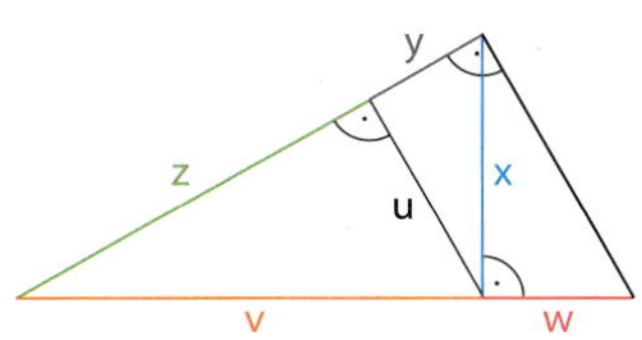

c)

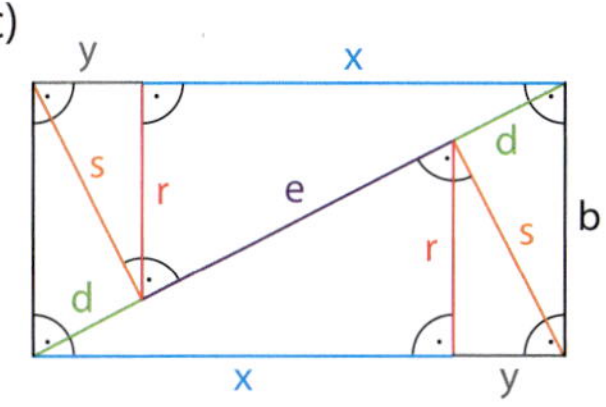

Der Kathetensatz

Merke

Im Alphabet steht a vor b sowie p vor q. Also gehört p zu a und q zu b.

Wissen

In einem rechtwinkligen Dreieck sind das Quadrat über einer Kathete und das Rechteck aus der Hypotenuse und dem an der Kathete anliegenden Hypotenusenabschnitt flächengleich.

Es gilt:
$\mathbf{a^2 = p \cdot c}$
$\mathbf{b^2 = q \cdot c}$

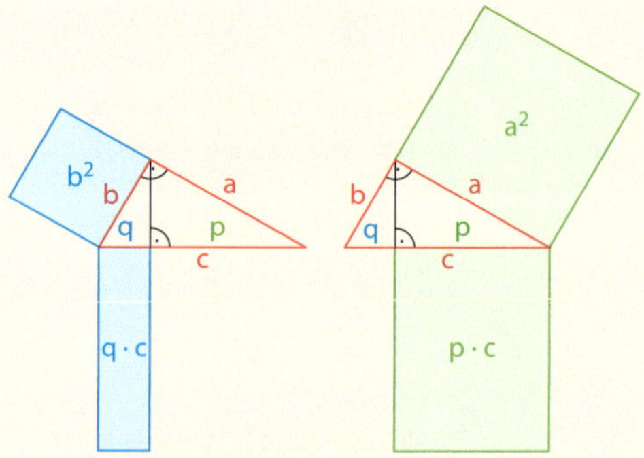

Beispiel 2 Berechne im Dreieck ABC mit $\gamma = 90°$ die gesuchte Länge.

a) $c = 1{,}6\,m$, $p = 0{,}4\,m$; gesucht: a

b) $b = 4\,cm$, $c = 8{,}2\,cm$; gesucht: q

Lösung:

a) Wende die den Kathetensatz für die Kathete a an. Setze die Werte für p und c in die Formel ein und berechne a.

Kathetensatz: $a^2 = p \cdot c$
$a^2 = 1{,}6\,m \cdot 0{,}4\,m = 0{,}64\,m^2$
$a = +\sqrt{0{,}64\,m^2} = 0{,}8\,m$

b) Nutze den Kathetensatz für die Kathete b. Stelle die Formel nach q um und berechne dann.

Kathetensatz: $b^2 = q \cdot c \quad |:c$
$q = \frac{b^2}{c} = \frac{(4\,cm)^2}{8{,}2\,cm} \approx 1{,}95\,cm$

Basisaufgaben

3 Berechne die Länge der blau markierten Strecke.

a)

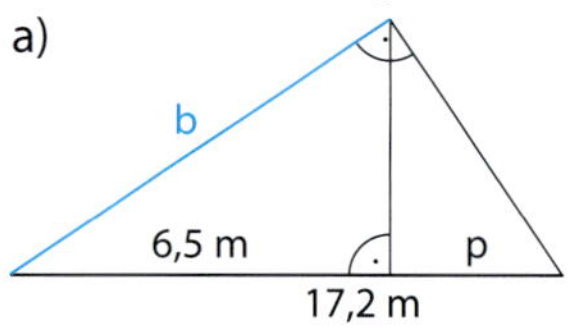

b)

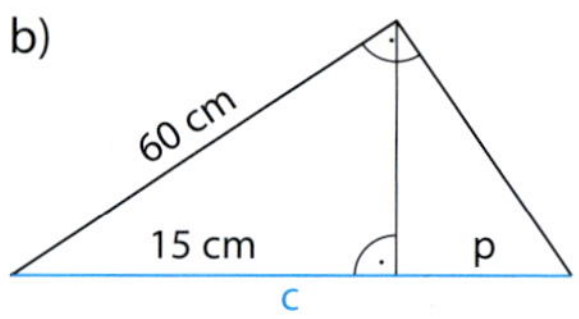

c)

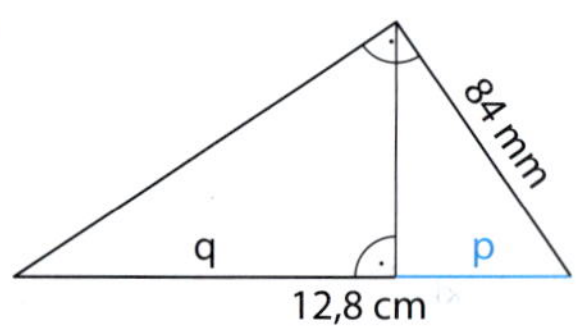

4 Stelle möglichst viele Gleichungen nach dem Kathetensatz auf.

a)

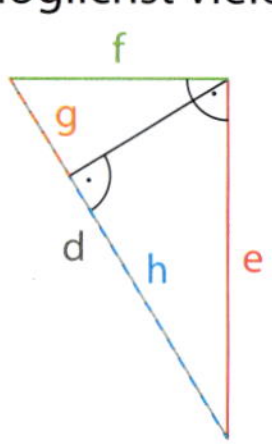

b)

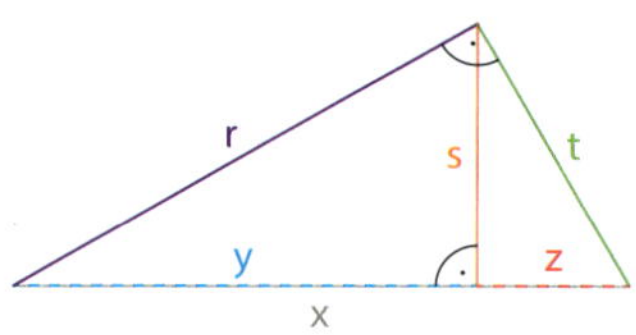

c)

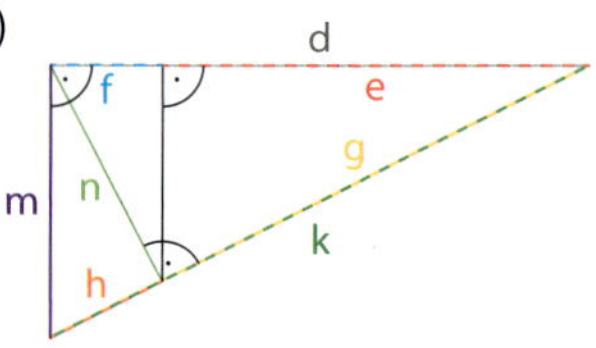

5 Das Dreieck ABC hat einen rechten Winkel in C.

a) Berechne die Länge der Kathete a für $b = 6\,cm$ und $q = 2\,cm$.

b) Berechne die Länge der Hypotenuse für $a = 12\,cm$ und $p = 3\,cm$.

c) Berechne die Länge des Hypotenusenabschnitts q für $a = 10\,cm$ und $c = 25\,cm$.

Weiterführende Aufgaben

6 Berechne für ein Dreieck ABC mit $\gamma = 90°$ die fehlenden Größen.

	a	b	c	p	q	h
a)			6 m	2 m		
b)	0,5 dm	12 cm			11,08 cm	
c)			9 cm		1 cm	

7 Begründe, ob die Gleichung auf das Dreieck zutrifft.

a) $c^2 - a^2 = b^2$ b) $y^2 = h^2 + x^2$
c) $y^2 = x \cdot z$ d) $h^2 = b \cdot p$
e) $h^2 = x \cdot y$ f) $q^2 = a \cdot z$
g) $p = h^2 : q$ h) $h^2 = p \cdot b$
i) $ax = h^2$ j) $a^2 = b^2 - q^2$

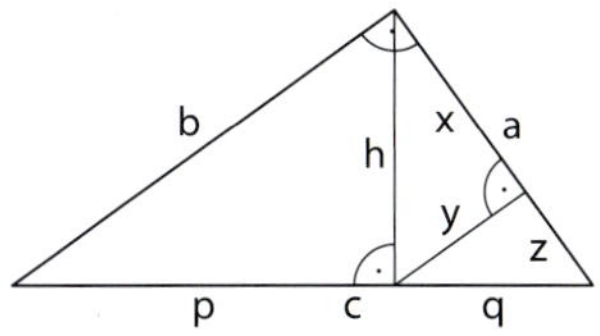

8 **Beweis des Höhensatzes:**
Beweise den Höhensatz. Wende dazu den Satz des Pythagoras auf die Dreiecke ABC, AHC und HBC an. Setze dann geschickt ineinander ein.

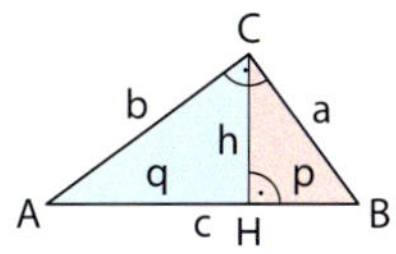

9 **Beweis des Kathetensatzes:**
Beweise den Kathetensatz. Wende dazu den Höhensatz auf das Dreieck ABC und den Satz des Pythagoras auf das Dreieck AHC an. Setze dann geschickt ineinander ein.

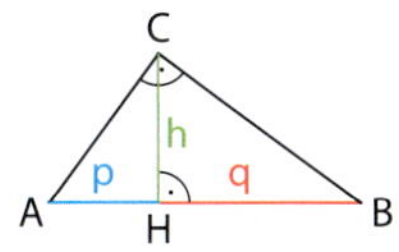

10 Die Abbildung zeigt einen Hausgiebel.
a) Berechne die Längen der Dachschrägen.
b) Berechne die Fläche des dreieckigen Teils des Hausgiebels.

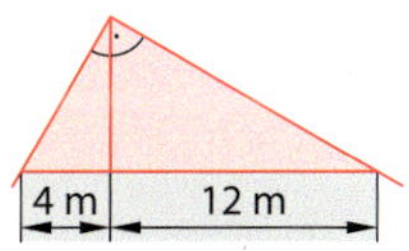

Erinnere dich

Satz des Thales:
Wenn der Punkt C eines Dreiecks ABC auf dem Kreis mit dem Durchmesser AB liegt, dann hat das Dreieck einen rechten Winkel bei C.

11 Ein halbkreisförmiges Fenster mit der unteren Breite 60 cm soll durch drei Metallstäbe gesichert werden. Die Stäbe sollen einen Abstand von je 15 cm zueinander und zum Rand des Fensters haben. Oben und unten werden sie je 5 cm tief ins Mauerwerk eingelassen. Berechne die Längen der Stäbe.

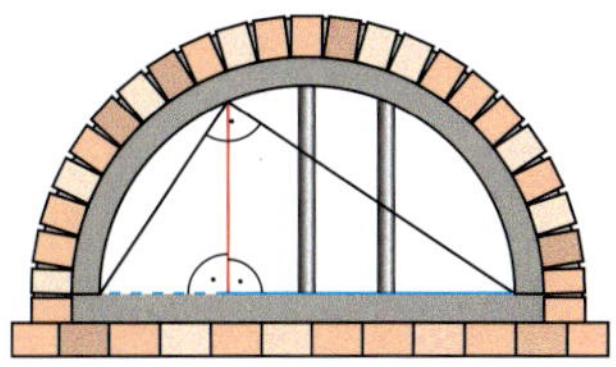

12 Ein rechtwinkliges Dreieck hat eine Höhe von 36 mm. Für die Längen der Hypotenusenabschnitte p und q gilt p : q = 1 : 4. Gib die Längen der Hypotenusenabschnitte an.

13 **Forschungsauftrag:**
Erkläre anhand der Abbildung, wie man zu jedem Rechteck ein flächengleiches Quadrat konstruieren kann. Kontrolliere deine Konstruktion mit einer DGS.

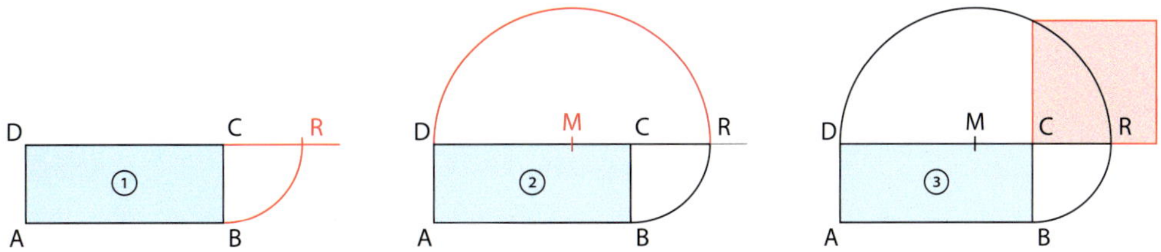

5.4 Vermischte Aufgaben

1 a) Ein Fußballfeld ist 105 m lang und 68 m breit. Berechne die Länge der Diagonalen des Spielfelds.

b) Fußballtore sind 7,32 m breit und 2,44 m hoch. Der Elfmeterpunkt befindet sich zentral 11 m vor dem Tor. Berechne, welche Entfernung der Ball zurücklegt, wenn er beim Elfmeter flach in die linke untere Ecke (hoch in die obere rechte Ecke; hoch mittig direkt unter die Latte) geschossen wird.

2 Tim baut mit seinem jüngeren Bruder einen Drachen.

a) Berechne die Längen der Holzleisten und der Schnur, die die Begrenzung des Drachens darstellt.

b) Die Vorderseite des Drachens soll mit reißfester Folie überzogen werden. Berechne, wie viel Folie die Brüder dafür benötigen.

c) Da noch Material übrig ist, wollen die Brüder einen zweiten kleineren Drachen bauen. Die Holzleisten haben die Längen e = 1 m und f = 40 cm. Tim befestigt die Leisten so aneinander, dass die längere Leiste im Verhältnis 2 : 3 geschnitten wird. Fertige eine Skizze an und berechne die Längen der Seitenkanten. Prüfe dann rechnerisch, ob rechte Winkel vorliegen.

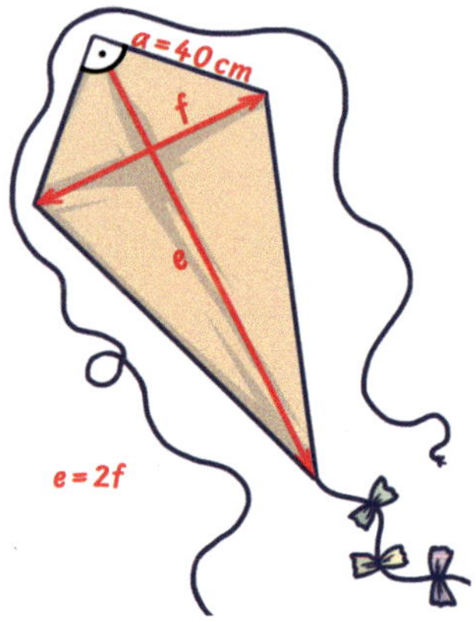

3 **Blütenaufgabe:** Quaderförmige Holzbalken sollen aus einem Baumstamm gesägt werden.

Der Querschnitt des Balkens soll quadratisch sein. Der Baumstamm hat den Radius r = 20 cm. Ermittle die maximalen Maße des Querschnitts des Balkens.

Finde zwei Möglichkeiten für den Querschnitt eines Balkens, der aus einem Baumstamm mit dem Radius r = 25 cm gefertigt werden kann.

Ein Balken hat eine quadratische Querschnittsfläche von $0{,}25\,m^2$. Berechne, wie groß der Durchmesser des Baumstamms mindestens war.

Der Balken soll diagonal halbiert werden. Gib mögliche ganzzahlige Seitenlängen des Balkens an, sodass die Länge der Diagonale ebenfalls ganzzahlig ist. Es stehen Baumstämme mit Durchmessern zwischen 5 cm und 40 cm zur Verfügung. Finde möglichst viele Lösungen.

4 Die Cheops-Pyramide ist 139 m hoch und hat eine quadratische Grundfläche mit der Seitenlänge 230 m.

a) Berechne ihre Kantenlänge.

b) Die Außenseite der Pyramide wurde mit Steinen verkleidet. Berechne die Fläche dieser Verkleidung.

c) Ursprünglich war die Cheops-Pyramide rund 147 m hoch. Berechne die damalige Kantenlänge und die mit Steinen verkleidete Fläche.

5 Erkläre den Unterschied zwischen dem Satz des Pythagoras und seiner Umkehrung. Gib an, für welche Fragestellungen man den Satz verwendet und wann seine Umkehrung.

6 Ein Echolot wird in der Schifffahrt benutzt, um die Wassertiefe zu bestimmen. Auch Fischer nutzen es, um Fischschwärme oder große Fische aufzuspüren. Das Echolot besteht aus einem Sender, der die Schallwellen erzeugt, und einem 8 m entfernten Empfänger. Aus der Laufzeit der Schallwellen und ihrer Geschwindigkeit von 1500 m/s in Wasser kann man den zurückgelegten Weg und die Wassertiefe bestimmen.

a) Die Schallwellen legen einen Weg von 50 m zurück. Berechne die Wassertiefe an dieser Stelle.
b) Die Schallwellen erreichen nach genau 1 s wieder das Schiff. Ermittle die Wassertiefe an dieser Stelle.
c) Die durchschnittliche Tiefe der Ostsee liegt bei 52 m. Berechne, wie lange die Schallwellen bei einer Messung dieser Tiefe unterwegs wären.

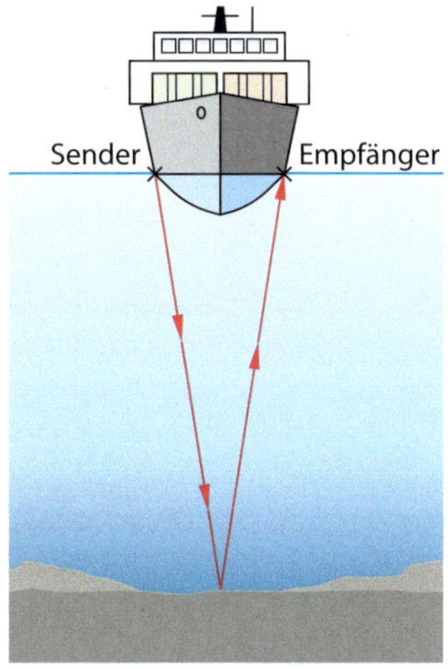

Info

Quidditch wird auf fliegenden Besen gespielt. Jede Mannschaft hat einen Sucher. Wenn der Sucher den Schnatz fängt, ist das Spiel beendet.

7 Zwei Sucher beim Quidditch entdecken gleichzeitig den goldenen Schnatz, der 5 m über dem Boden flattert. Der eine Sucher fliegt auf einem Nimbus 2001 in einer horizontalen Entfernung von 40 m vom Schnatz 16 m über dem Boden. Er nimmt mit einer Geschwindigkeit von 47 m/s Kurs auf den Schnatz. Der andere Sucher auf einem Feuerblitz (66 m/s) fliegt nur 12 m über dem Boden, aber in einer horizontalen Entfernung von 72 m zum Schnatz. Beide Sucher rasen auf kürzestem Weg auf den Schnatz zu. Ermittle, welcher Sucher zuerst beim Schnatz ankommt.

8 Berechne den Umfang eines gleichseitigen Dreiecks mit einem Flächeninhalt von $100\,cm^2$.

9 Berechne Umfang und Flächeninhalt der Figur.

a)

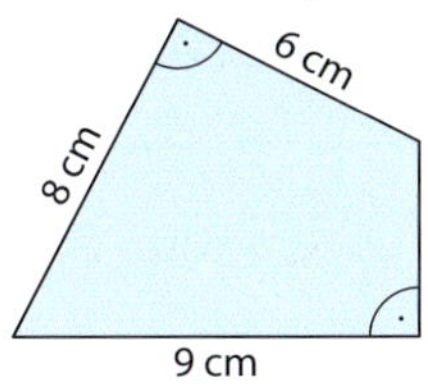

b)

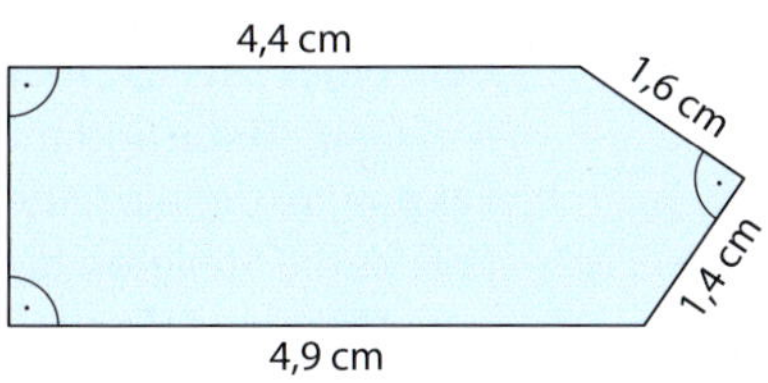

10 In einem quaderförmigen Raum sitzen zwei Spinnen (S_1 und S_2) und eine Fliege (F). S_1 sitzt genau in der Mitte der vorderen Bodenkante, S_2 sitzt mittig auf der linken Seitenkante.

a) Berechne, welche Spinne den kürzeren Weg zur Fliege hat. Beachte, dass Spinnen nur entlang der Wände laufen können.
b) Ermittle, zu welcher Spinne die Fliege den kürzeren Weg hat. Beachte, dass die Fliege quer durch den Raum fliegen kann.

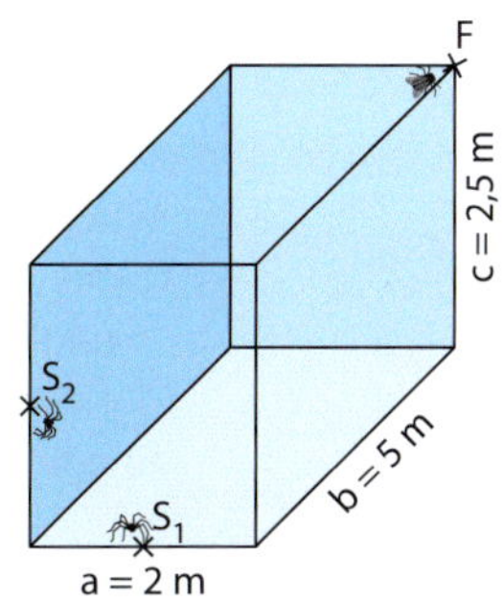

CAS Einsatz bei rechtwinkligen Dreiecken

Eine 5 m lange Leiter soll in einer Entfernung von 1,0 m bis 1,5 m an einer senkrechten Wand aufgestellt werden.
Prüfe, welche Höhe an der Wand damit mindestens und höchstens erreichbar ist.
Verwende ein CAS für die Konstruktion und Berechnung.

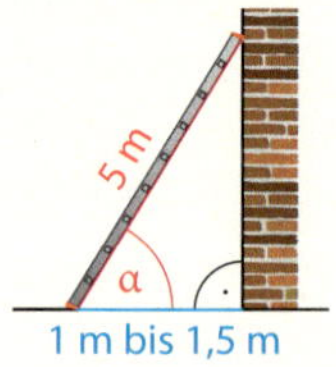

Beispiel 1 **Geometrische Erkundungen mit einem CAS**

Im Dreieck ABC ist γ ein a) spitzer, b) stumpfer Winkel. Stelle mithilfe einer Geometrieseite eine Vermutung auf, wie sich $a^2 + b^2$ im Vergleich zu c^2 verhält

Lösung:

Beim **CASIO** erhältst du im *Geometrie*-Menü durch Drücken des Dreieckssymbols (markiert) und anschließendes Drücken in die Zeichenfläche ein beliebiges Dreieck. Markiere durch Anklicken die einzelnen Seiten und erhalte über *Zeichnen, Messen, Länge* die Länge der Dreiecksseiten. Markiere nun $\overline{BC}$ und $\overline{AC}$ und erhalte über *Zeichnen, Messen, Winkel* die Größe des Winkels bei C. Klicke auf *Zeichnen, Formelterm,* anschließend auf das eingerahmte Dreieckssymbol. Es erscheint eine Formelzeile, und alle Größen erhalten Nummern. Durch Anklicken der Zahlen können die benötigten Formeln eingegeben werden. Durch Markieren und Verschieben von C erhält man eine Vermutung zu den Teilaufgaben.

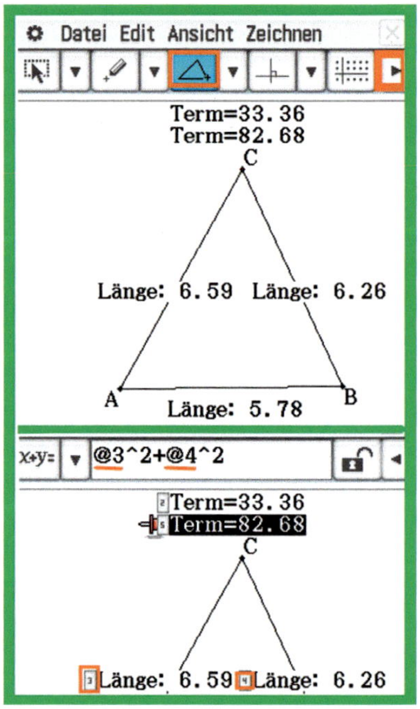

Beim **TI** erhältst du im Menü *Geometry* über *Menu, Formen, Dreieck* ein beliebiges Dreieck. Wähle *Menu, Messung, Länge* und markiere die Eckpunkte der einzelnen Seiten. Wähle jeweils die Stelle, an der die Länge angezeigt wird. Bestätige mit *Enter.* Wähle nun *Menu, Messung, Winkel* und markiere die Eckpunkte A, C, B, um die Größe des Winkels bei B zu erhalten, ebenso für die beiden anderen Winkel. Notiere über *Aktion, Text* die Formeln. Führe über *Aktion, Berechnungen* die Formeln aus. Wähle wieder eine Stelle für die Ergebnisanzeige und bestätige mit *Enter.* Durch Markieren und Verschieben von C erhältst du eine Vermutung.

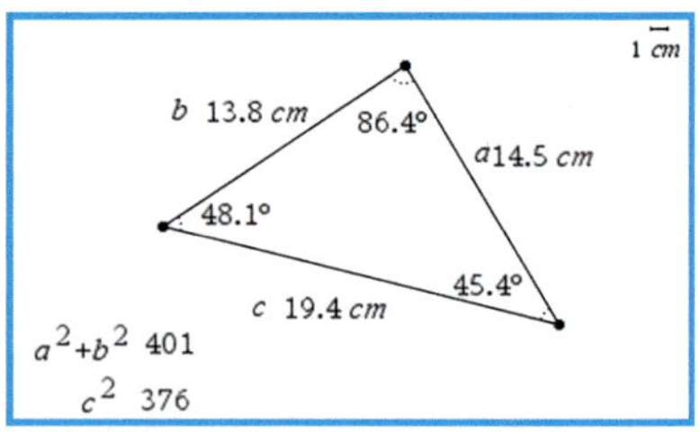

Vermutung:
In einem Dreieck ABC mit bei C
a) spitzem Winkel gilt $a^2 + b^2 > c^2$,
b) stumpfem Winkel gilt $a^2 + b^2 < c^2$.

Aufgaben

CAS **1** Bestimme mit einem CAS für das Dreieck ABC mit a = 3 cm, b = 4 cm und c = 6 cm die Größen der Innenwinkel.
Häufig wiederkehrende Berechnungen kann man nicht nur in Programmen, sondern auch in *eActivitys* (Casio) bzw. *Notes* (TI) abspeichern, später wieder aufrufen und bearbeiten.

Beispiel 2 **Berechnungen an rechtwinkligen Dreiecken mit *eActivity* bzw. *Notes***

Erstelle zur Berechnung einer Dreiecksseite im rechtwinkligen Dreieck aus zwei gegebenen Seiten eine *eActivity* (CASIO) bzw. *Notes* (TI).

Lösung:

a) Beim **CASIO** nutzt man das Menü *eActivity*. Über *Datei, Neu* erhält man eine leere Seite. Mit der markierten Schaltfläche wechselt man zwischen Formelzeile (aktiv) und Textzeile. Für die ersten drei Zeilen wurde der Textmodus verwendet. Sie erklären, was mit der *eActivity* berechnet wird. Jede Dreiecksseite wird einer Variablen zugewiesen. Dabei wird die Standardbezeichnung verwendet. Für die gesuchte Seitenlänge wird x eingegeben. Der Befehl *solve* löst die Gleichung nach x auf. Durch den Zusatz „|x > 0" wird nur die positive Lösung angezeigt.
Über *Datei, Speichern* kannst du die *eActivity* in einem Ordner speichern und später über *Datei, Öffnen* wieder aufrufen und bearbeiten.

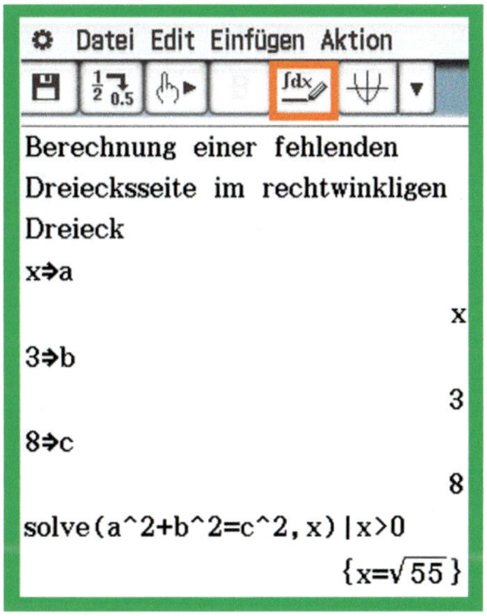

b) Beim **TI** kann man *über Dokumente, Neu, Notes hinzufügen* ein neues Dokument erstellen und dort allgemein Texte sowie in einer *MathBox (ctrl + M)* Eingaben und Berechnungen eingeben. Über *Datei, Speichern* kann das Dokument in einem Ordner hinterlegt und mit einem sinnvollen Namen bezeichnet werden. Will man die Berechnungen erneut ausführen, so ändert man die Zuordnung der Variable x und die Werte.

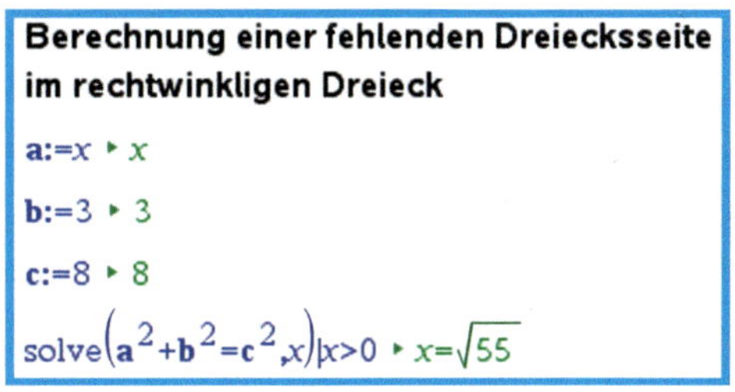

Aufgaben

CAS **2** Erstelle eine *eActivity* (Casio) bzw. *Notes*-Seite (TI) zur Berechnung im rechtwinkligen Dreieck. Verwende dabei
a) den Kathetensatz, b) den Höhensatz.

CAS **3** Prüfe, welche weiteren Aufgabentypen aus den bisher behandelten Kapiteln sich mit einer *eActivity* bzw. mit einer *Notes*-Seite komfortabler lösen lassen.

4 Abstandsberechnung im Koordinatensystem

a) Erläutere, weshalb man den Abstand der Punkte $A(x_a | y_a)$ und $B(x_b | y_b)$ (d. h. die Länge der Strecke $\overline{AB}$) durch den folgenden Term berechnen kann:
$|\overline{AB}| = \sqrt{(x_b - x_a)^2 + (y_b - y_a)^2}$
Bestimme auf diese Weise rechnerisch den Abstand der beiden Punkte A und B im Bild.
Überprüfe dein Ergebnis durch eine Messung.

b) Erstelle eine Zeichnung des Dreiecks ABC mit $A(-3; 3)$, $B(1; -3)$ und $C(3; 1)$. Überprüfe sowohl rechnerisch als auch zeichnerisch, ob das Dreieck ABC rechtwinklig ist.

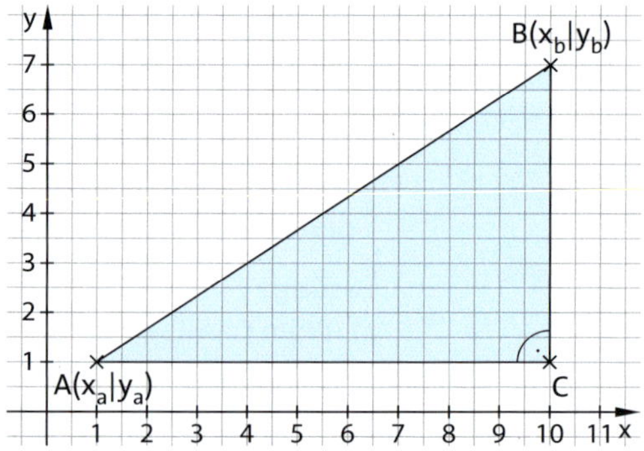

CAS **5** Casimir hat mit seinem CAS folgende Aufgabe gelöst:
In einem rechtwinkligen Dreieck ABC mit rechtem Winkel bei C sind die Höhe $h_c = \sqrt{5}$ cm und der Hypotenusenabschnitt p = 1 cm gegeben.
Berechne die Dreiecksseiten.
Als Lösung notiert er: c = 5,97 cm, a = 2,44 cm, b = 6,44 cm.

a) Prüfe Casimirs Lösung und berichtige Fehler.

b) Gib ihm Tipps zum sinnvolleren Einsatz seines CAS.

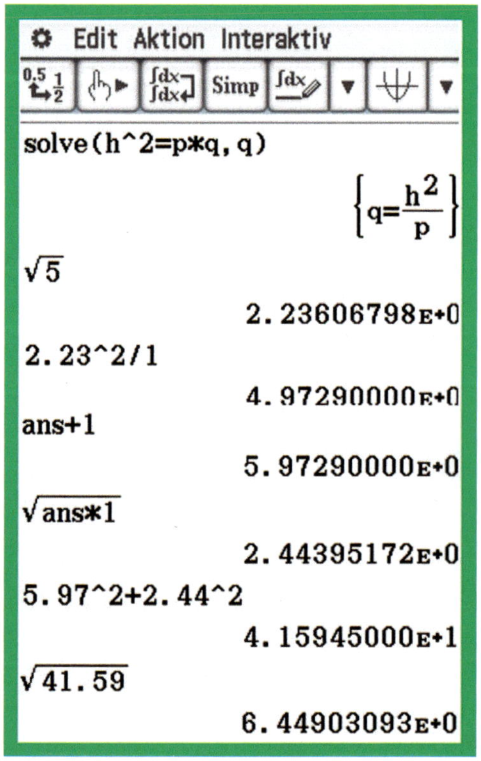

CAS **6** Betrachte Tinas Screenshot unten und erläutere ihren Fehler.

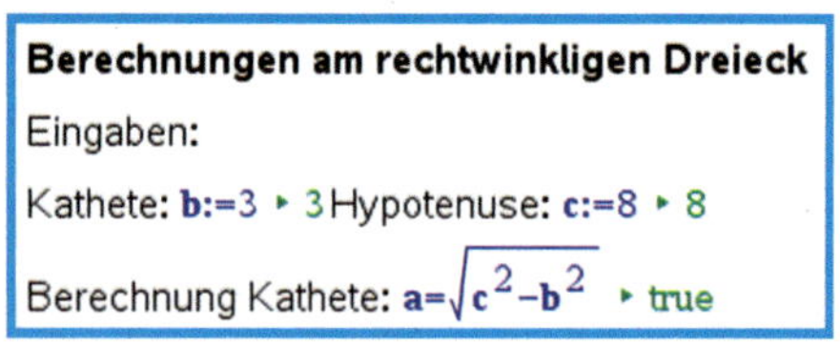

CAS **7** Debora, Gonald und Radka vergleichen ihre Ergebnisse zu folgender Aufgabe:
In einem rechtwinkligen Dreieck ABC mit rechtem Winkel bei B gilt b = 7 cm, a = 3 cm.
Berechne die Größe der Innenwinkel und die Länge der Seite c.
Für α erhalten sie verschiedene Werte: Gonald 28,2°, Debora 25,4° und Radka 0,4°, obwohl alle drei genau das gleiche eingegeben haben.

a) Gib an, wer richtig gerechnet hat, und erkläre die Fehler.

b) Berechne die fehlenden Innenwinkel und die Länge der Seite c.

CAS

8 Quadratur des Rechtecks: Es geht um Verfahren, mit dem man zu einer rechteckigen Fläche ein flächengleiches Quadrat erzeugen kann.

a) Entwickle ein Verfahren mit Lineal und Zirkel. Verwende hierzu deine Kenntnisse über rechtwinklige Dreiecke.

b) Entwickle ein rechnerisches Verfahren mit einem CAS.

c) Vergleiche die Umfänge der beiden Vierecke miteinander.

CAS

9 Raumdiagonalen

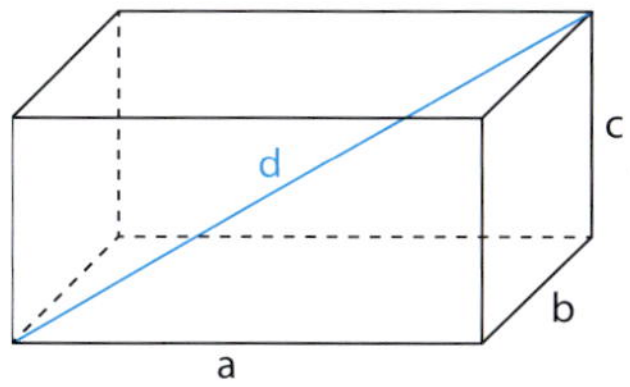

a) Berechne die Länge der Raumdiagonalen d in einem Quader mit den folgenden Maßen:
$a = 50\,cm$, $b = 45\,cm$ und $c = 60\,cm$.

b) Berechne, wie hoch ein rechteckiges Zimmer sein müsste, dessen Grundfläche ein Rechteck mit den Maßen $4{,}50\,m \cdot 6{,}25\,m$ ist, damit die Raumdiagonale mindestens 8 m beträgt.

c) Ein Quader mit einer Oberfläche von 8800 cm hat eine Raumdiagonale der Länge 90 cm.
Berechne, wie lang die 12 Kanten des Quaders zusammen sind.

CAS

10 Wassertiefe: Eine Wasserlilie ragt 25 cm über die Oberfläche des Wassers hinaus. Sie verschwindet genau dann unter der Wasseroberfläche, wenn man sie zur Seite zieht, 50 cm vom ursprünglichen Standort entfernt. Berechne die Tiefe des Wassers.

CAS

11 Forschungsauftrag: Ein **Pythagoräisches Zahlentripel** ist ein geordnetes Tripel $(a\,|\,b\,|\,c)$ natürlicher Zahlen, die die Gleichung $a^2 + b^2 = c^2$ erfüllen.
Dies gilt zum Beispiel für die Zahlentripel $(3\,|\,4\,|\,5)$ und $(7\,|\,24\,|\,25)$.
Die Formeln $a = u^2 - v^2$, $b = 2uv$ und $c = u^2 + v^2$ liefern für beliebige u, v und $u, v > 0$ sowie $u > v$ genau ein pythagoreisches Tripel; falls u und v teilerfremd und nicht beide ungerade sind, ist es ein **primitives pythagoreischesTripel.**

a) Ermittle für $u = 2, 3, 4$ und $v = 1, 2, 3$ die möglichen primitiven pythagoreischen Zahlentripel.

b) Schreibe ein Basic- oder Pythonprogramm zur Bestimmung aller pythagoreischen Tripel für $c < 300$ bzw. $u < 20$.

c) Gib, falls möglich, ein Beispiel für ein „superpythagoreisches Dreieck" an, gemeint ist ein rechtwinkliges Dreieck, bei dem neben den drei Dreieckseiten auch die Höhe auf der Hypotenuse ganzzahlig ist.

Hinweis

Überprüfe, ob die Hypotenusenabschnitte ebenfalls ganzzahlig sind.

Lösungen
→ S. 221

1 Berechne die dritte Seitenlänge des Dreiecks.

a) $a = 8\,cm$, $b = 6\,cm$, $\gamma = 90°$
b) $a = 288\,mm$, $c = 34\,mm$, $\alpha = 90°$
c) $a = 5\,cm$, $b = 3{,}2\,cm$, $\alpha = 90°$
d) $a = 4\,dm$, $c = 3{,}5\,dm$, $\beta = 90°$
e) $a = 6{,}9\,cm$, $b = 4{,}1\,cm$, $\alpha = 90°$
f) $a = 10{,}05\,cm$, $c = 10{,}05\,cm$, $\beta = 90°$

2 a) Berechne die Höhe eines Dreiecks mit den Seitenlängen $a = b = 5\,cm$ und $c = 4\,cm$.
b) Berechne den Flächeninhalt eines gleichseitigen Dreiecks mit der Seitenlänge $a = 6\,cm$.

3 Berechne die Länge der Diagonalen in einem Quader mit den Kantenlängen $a = 11\,cm$, $b = 14\,cm$ und $c = 9\,cm$.

4 Ein Zylinder hat die Höhe $h = 12\,cm$ und den Umfang $u = 24\,cm$.
a) Der vorderste Punkt auf halber Höhe wird mit dem hintersten Punkt ganz oben auf kürzestem Wege verbunden. Berechne die Länge der Verbindungslinie.
b) Der Punkt ganz unten rechts wird mit dem vordersten Punkt ganz oben auf kürzestem Wege verbunden. Berechne die Länge der Verbindungslinie.

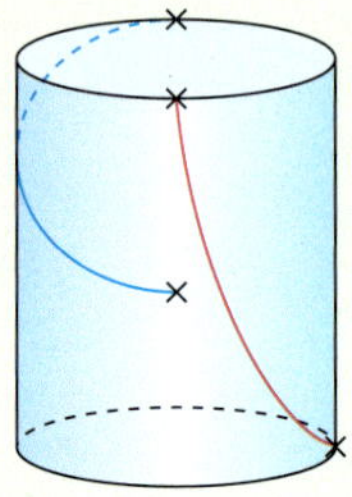

5 Ein rechteckiger Sportplatz ist 100 m lang und 50 m breit. Erik und Mohammed machen ein Wettrennen von einer Eckfahne zur schräg gegenüberliegenden Eckfahne. Mohammed läuft über die Diagonale. Erik ist etwas älter als Mohammed und nimmt daher den längeren Weg an den Außenlinien entlang.
a) Ermittle, wie lang die Laufstrecken von Erik und Mohammed sind.
b) Erik läuft mit 20 km/h, Mohammed schafft 16 km/h. Ermittle, wer als Erster die Eckfahne erreicht.

6 Eine Straße mit einer Steigung von 20 % nimmt auf einer waagerechten Entfernung von 100 m um 20 m an Höhe zu.
a) Ermittle die Länge einer Straße mit einer Steigung von 10 %, die einen Höhenunterschied von 300 m überwindet.
b) Gib die Steigung einer Straße an, die auf einer waagerechten Strecke von 2 km einen Höhenunterschied von 180 m überwindet. Berechne, wie lang die Straße mindestens ist.

7 Die Drehleiter eines Feuerwehrautos kann bis auf 30 m Länge ausgefahren werden. Sie beginnt in 3,4 m Höhe über dem Boden.
a) Eine hilflose Person soll aus einer Höhe von 21 m aus dem 8. Stockwerk eines Hauses gerettet werden. Berechne, wie nah der Drehkranz mindestens am Haus stehen muss, um die Person zu erreichen.
b) Berechne, wie hoch die Leiter bei einem Anstiegswinkel von 45° reicht.

8 Zu später Stunde kommt ein Reiter an das Südtor einer Stadt. Der Nachtwächter erklärt, dass um diese Zeit nur noch das Nordtor geöffnet ist. Der Reiter kann einen geradlinigen Weg über das Ost- oder über das Westtor nehmen. Ermittle, welcher Weg kürzer ist. (1 Einheit ≙ 200 m)

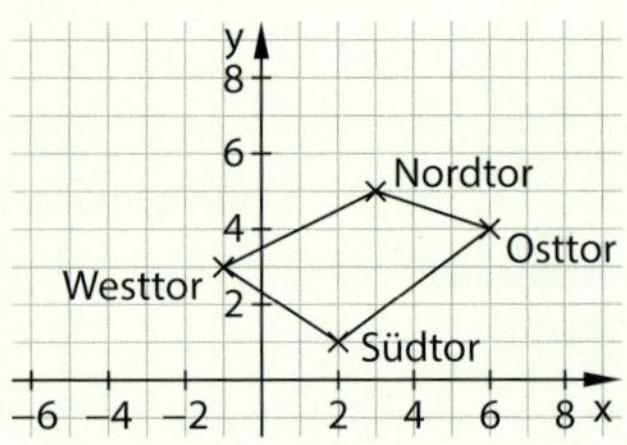

Lösungen
→ S. 221

9 Begründe, ob das Dreieck rechtwinklig ist. Falls ja, gib den rechten Winkel an.

a)	b)	c)	d)	e)	f)
a = 8 cm	a = 2 cm	a = 13 dm	a = 3,8 m	a = 4,1 cm	a = 0,5 m
b = 15 cm	b = 5 cm	b = 85 dm	b = 4,5 m	b = 5,7 cm	b = 0,7 m
c = 17 cm	c = 4 cm	c = 84 dm	c = 5,89 m	c = 5,34 cm	c = 0,29 m

10 Ein Segelboot fährt an einem Leuchtturm in einer Entfernung von 15 km vorbei. Zu diesem Zeitpunkt befindet es sich genau südlich des Leuchtturms. Einige Zeit später ist es 19 km vom Leuchtturm entfernt und hat geradlinig eine Strecke von 8 km zurückgelegt.

a) Begründe, ob das Segelschiff genau nach Westen gefahren ist.

b) Nimm an, das Segelschiff wäre nach 8 km Fahrstrecke genau 17 km vom Leuchtturm entfernt gewesen. Ermittle die Fahrtrichtung.

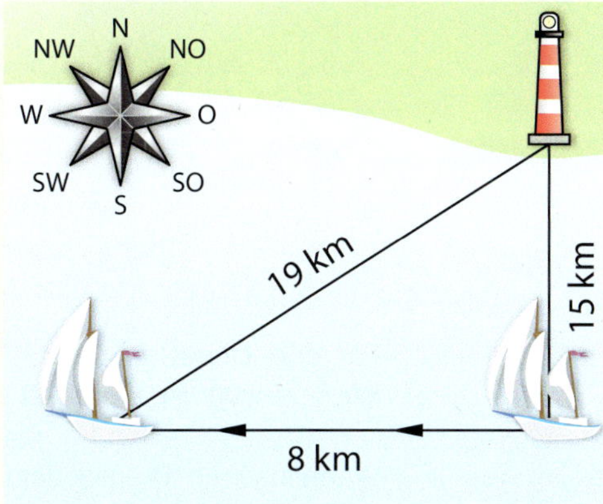

11 Begründe, ob die Aussage stimmt.

a) In einem Dreieck ABC mit $a^2 = b^2 + c^2$ gilt $\gamma = 90°$.

b) Wenn ein rechtwinkliges Dreieck ABC die Seitenlängen a = 3 cm und b = 4 cm hat, dann muss die dritte Seite c = 5 cm sein.

c) In einem spitzwinkligen Dreieck ABC gilt $a^2 + b^2 \neq c^2$.

d) Ein Dreieck ABC mit $a^2 + b^2 \neq c^2$ kann keinen rechten Winkel haben.

12 Berechne die Seitenlänge des Quadrats. Skizziere dazu die Figur und zeichne eine geeignete Hilfslinie ein.

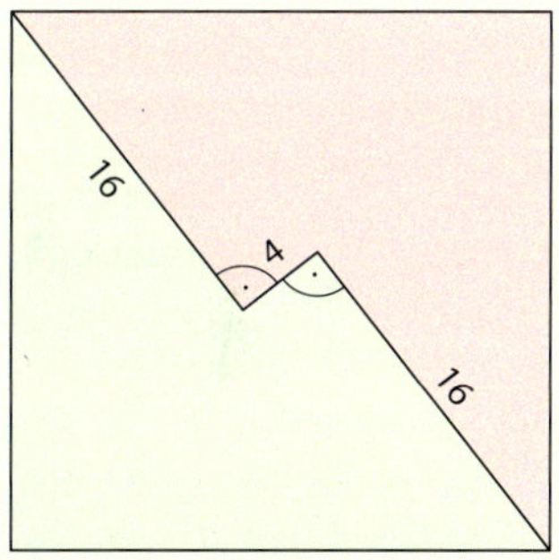

13 a) Erkläre, wie man mit einem Geodreieck eine Strecke der Länge $\sqrt{2}$ cm konstruieren kann.

b) Konstruiere mit einem Geodreieck eine Strecke der Länge $\sqrt{3}$ cm und erkläre dein Vorgehen. Nutze dein Ergebnis aus a).

Wo stehe ich?

	Ich kann …	Aufgabe	Schlag nach
3.1	… mit dem Satz des Pythagoras Seitenlängen im rechtwinkligen Dreieck berechnen. … mit dem Satz des Pythagoras Längen in geometrischen Figuren berechnen.	1, 2, 3, 4, 12, 13	S. 61 Beispiel 1
3.2	… Anwendungsprobleme mit dem Satz des Pythagoras lösen.	5, 6, 7, 8	S. 68 Beispiel 1
3.3	… mit der Umkehrung des Satzes des Pythagoras prüfen, ob ein Dreieck rechtwinklig ist.	9, 10, 11	S. 71 Beispiel 1

Satz des Pythagoras

In jedem rechtwinkligen Dreieck ist die Summe der Flächeninhalte der beiden Quadrate über den Katheten gleich dem Flächeninhalt des Quadrats über der Hypotenuse.

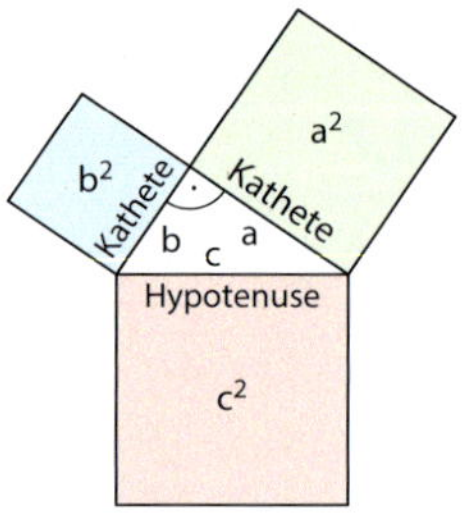

Für jedes Dreieck ABC gilt:
Wenn $\gamma = 90°$ ist, dann gilt $a^2 + b^2 = c^2$.

gegeben:
Dreieck ABC
$\gamma = 90°$; $c = 10\,cm$; $b = 8\,cm$

gesucht: a
$a = \sqrt{c^2 - b^2} = \sqrt{(10\,cm)^2 - (8\,cm)^2}$
$= \sqrt{36\,cm^2} = 6\,cm$

Umkehrung des Satzes des Pythagoras

Wenn in einem Dreieck der Flächeninhalt des Quadrats über einer Seite genauso groß ist wie die Summe der Flächeninhalte der Quadrate über den anderen beiden Seiten, dann ist das Dreieck rechtwinklig.

Für jedes Dreieck ABC gilt:
Wenn $a^2 + b^2 = c^2$ gilt, dann ist $\gamma = 90°$.

Ist das Dreieck ABC rechtwinklig?
$a = 2\,cm$, $b = 3\,cm$ und $c = 4\,cm$

Lösung:
Die längste Seite ist c, also kann nur in C ein rechter Winkel liegen.
$2^2 = 4$; $3^2 = 9$; $4^2 = 16$
$4\,cm^2 + 9\,cm^2 \neq 16\,cm^2$
Also ist das Dreieck nicht rechtwinklig.

Formeln in geometrischen Figuren

Mit dem Satz des Pythagoras lassen sich Formeln für Größen in geometrischen Figuren herleiten.

Höhe im gleichseitigen Dreieck mit der Seitenlänge a:
$h = \frac{\sqrt{3}}{2} \cdot a$

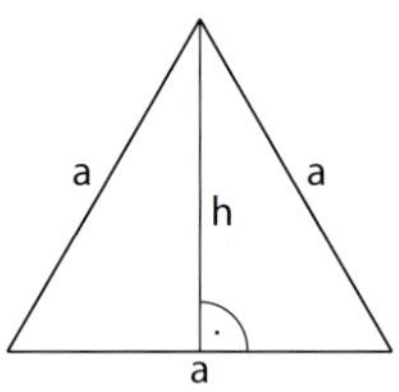

Höhe im gleichschenkligen Dreieck mit den Schenkeln a und der Basis c:
$h_c = \sqrt{a^2 - \frac{c^2}{4}}$

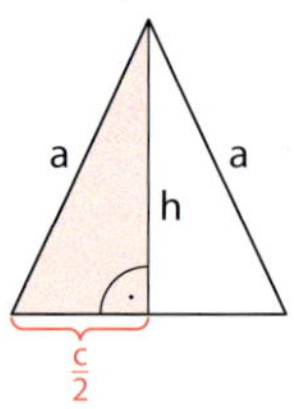

Länge der Diagonalen eines Quadrats mit der Seitenlänge a:
$d = a \cdot \sqrt{2}$

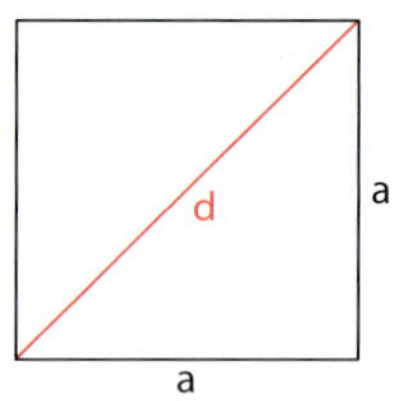

Raumdiagonale eines Würfels mit der Kantenlänge a:
$d = a \cdot \sqrt{3}$

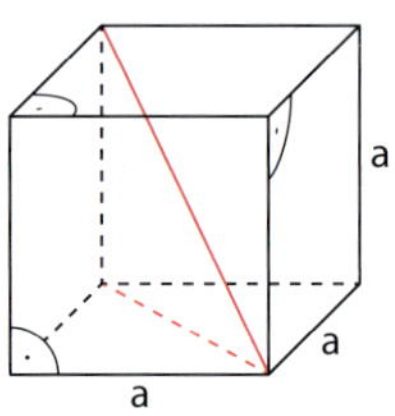

Raumdiagonale eines Quaders mit den Seitenlängen a, b und c:
$d = \sqrt{a^2 + b^2 + c^2}$

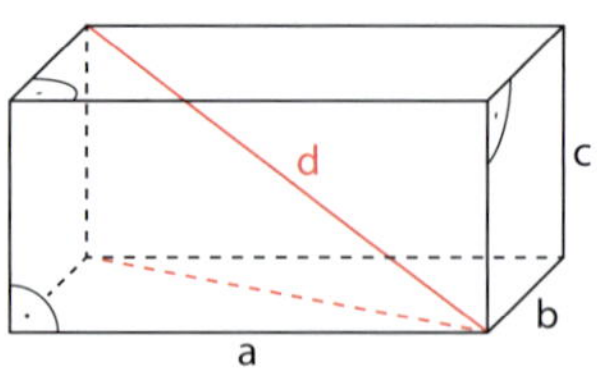

Kantenlänge einer quadratischen Pyramide mit der Höhe h und der Grundseitenlänge a:
$s = \sqrt{h^2 + \frac{a^2}{2}}$

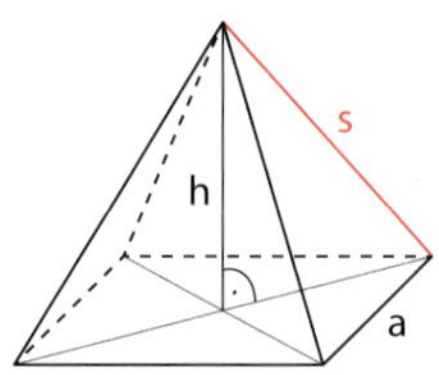

6

Kreisberechnungen

Nach diesem Kapitel kannst du
→ Umfang und Flächeninhalt eines Kreises berechnen,
→ Flächeninhalte von Kreissektoren und Längen von Kreisbögen berechnen,
→ Näherungswerte für Pi bestimmen.

Lösungen
→ S. 224

Rund um den Kreis

1 Ermittle Radius und Durchmesser des Kreises.

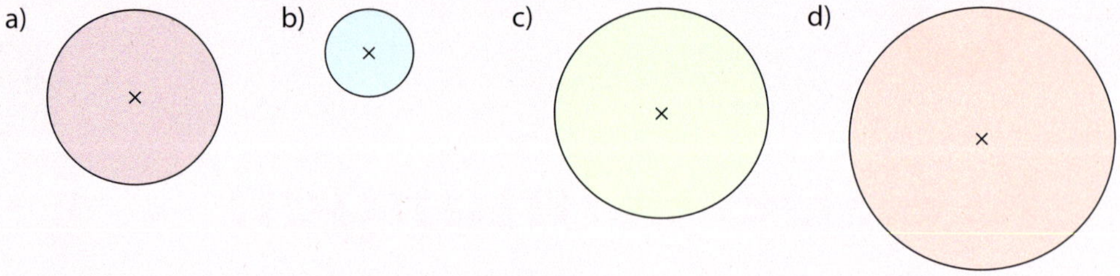

2 Gib den Zusammenhang zwischen dem Durchmesser und dem Radius eines Kreises an.

3 Zeichne ein Quadrat mit der Seitenlänge a = 4 cm.
a) Zeichne in das Quadrat einen Kreis, der die Seiten in ihren Mittelpunkten berührt.
b) Zeichne einen Kreis durch alle vier Eckpunkte des Quadrats.
c) Beschreibe die Lage der Mittelpunkte beider Kreise. Miss und vergleiche ihre Radien.

4 Zeichne einen Kreis mit $r_1 = 5{,}5\,cm$ und einen zweiten Kreis mit $r_2 = 3\,cm$ mit der folgenden Bedingung.
a) Der Abstand der beiden Mittelpunkte beträgt 5,5 cm. Beschreibe die Lage der Kreise.
b) Die Kreise schneiden einander nicht. Beschreibe in Worten, welche Möglichkeiten es für die Lage der Mittelpunkte gibt.

5 Zeichne ein gleichseitiges Dreieck mit der Seitenlänge 5 cm.
a) Konstruiere den Umkreis und den Inkreis des Dreiecks mithilfe der Mittelsenkrechten und Winkelhalbierenden.
b) Beschreibe die Lage beider Kreise zueinander.
c) Untersuche, ob das Ergebnis aus b) auch bei beliebigen Dreiecken zutrifft.

Flächeneinheiten umrechnen

6 Suche aus den Angaben alle Flächeneinheiten heraus.

mm^3 a dm t ℓ ha
mℓ km^2 m h m^2 dm^3

7 Rechne in die gegebene Einheit um.
a) 14 m in cm b) $2{,}4\,cm^2$ in mm^2 c) $1800\,cm^2$ in m^2 d) $15\,mm^2$ in cm^2

8 Vervollständige die Tabelle.

mm^2	cm^2	dm^2	m^2	a	ha
					0,1
50 000 000					
		101,5			
	1200				
			15		
				10,4	

Lösungen
→ S. 224

Umfang und Flächeninhalt von Figuren

9 Berechne den Umfang und den Flächeninhalt der Figur.
a) Rechteck mit den Seitenlängen a = 3 cm und b = 2,5 cm
b) Quadrat mit der Seitenlänge a = 1,1 cm
c) Dreieck mit den Seitenlängen a = 3 cm, b = 4 cm, c = 50 mm und dem Innenwinkel $\gamma = 90°$
d) Parallelogramm mit den Seitenlängen a = 3 cm, b = 2,5 cm und der Höhe $h_a = 2$ cm

10 a) Ermittle den Umfang eines Quadrats mit dem Flächeninhalt 144 cm^2.
b) Gib drei mögliche Paare von Seitenlängen eines Rechtecks an, das den Flächeninhalt 30 cm^2 hat.

11 Zwei Kästchenlängen entsprechen 1 cm. Gib den Flächeninhalt der Figur an.

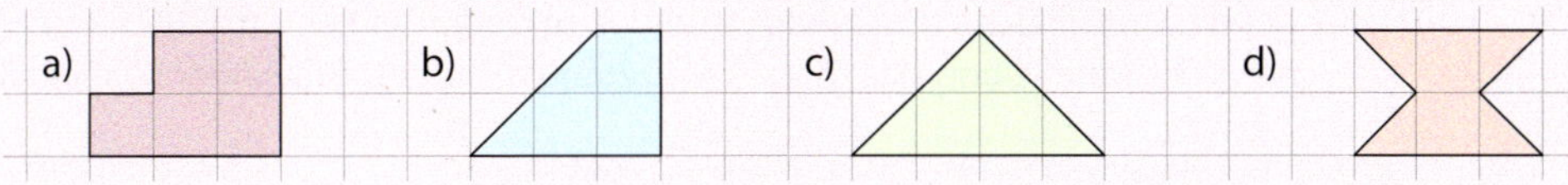

12 Die Quadrate haben die Seitenlängen 1,5 cm und 2,5 cm.
Berechne den Flächeninhalt der gefärbten Figur.

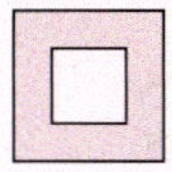

Vermischtes

13 Berechne im Kopf.
a) 14^2 b) 17^2 c) $1{,}5^2$ d) $0{,}25^2$ e) $3 \cdot 2{,}78$
f) $5 \cdot 3{,}14$ g) $2 \cdot 3 \cdot 1{,}45$ h) $2 \cdot 3{,}14 \cdot 3$ i) 29^2 j) $3{,}14 \cdot 4^2$

14 Berechne im Kopf.
a) $\sqrt{4}$ b) $\sqrt{25}$ c) $\sqrt{0{,}01}$ d) $\sqrt{0{,}81}$ e) $\sqrt{196}$

15 Löse die Gleichung nach der angegebenen Variablen auf.
a) $2ab = c$ nach a b) $2pr = 18$ nach r c) $\frac{n}{12} = \frac{1}{4}m$ nach n
d) $\frac{4}{a} = 3b$ nach a $(a \neq 0)$ e) $r^2p = 36$ nach r f) $st^2 = \frac{1}{4}s$ nach t $(s \neq 0)$
g) $\frac{x+3}{4} = -12$ nach x h) $\frac{2}{t-1} = 7$ nach t $(t \neq 1)$ i) $(v+3)(v-3) = 16$ nach v

16 Die Tabelle gehört zu einer proportionalen Zuordnung. Gib den Proportionalitätsfaktor an und vervollständige die Tabelle.

a)

0,5	1	2	3	4
		6,2		

b)

1	1,5	2		5	7
			9,42	15,7	

17 Gib den Anteil des gefärbten Ausschnitts am Kreis als Bruch an. Bestimme den zugehörigen Winkel α.

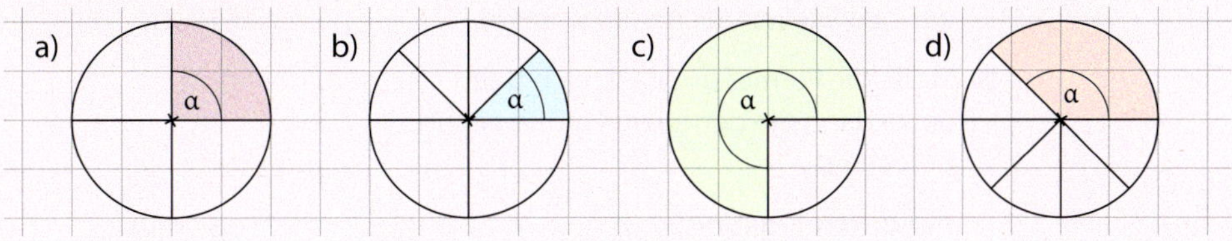

6.1 Umfang eines Kreises

Zeichne drei Kreise mit unterschiedlichen Durchmessern auf Pappe und schneide sie aus.

a) Ermittle mit einem Faden oder Maßband die Umfänge der Kreise.

b) Bilde für jeden Kreis das Verhältnis aus Umfang und Durchmesser. Vergleicht eure Ergebnisse in der Klasse.

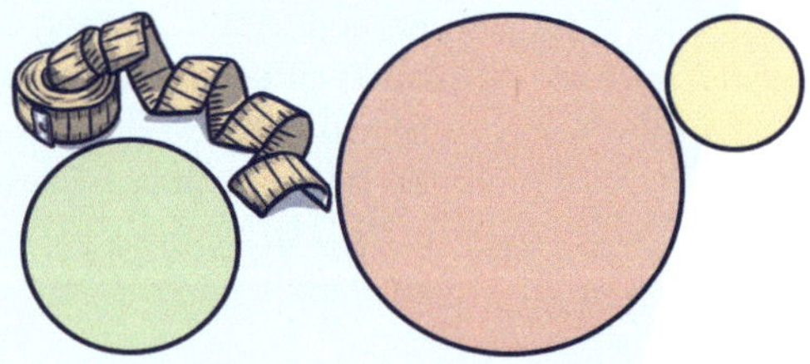

Da ein Kreis von einer gekrümmten Linie begrenzt wird, kann man seinen Umfang nicht so einfach bestimmen wie bei einem Vieleck. An einem Zylinder lässt sich der Umfang des Kreises, der die Grundfläche des Zylinders bildet, ungefähr mit einem Faden oder Maßband bestimmen. Die Tabelle und das Diagramm zeigen die Ergebnisse einer solchen Messung.

Durchmesser d (in cm)	Umfang u (in cm)
2,0	6,3
9,5	29,8
5,3	16,6
12,8	40,0
7,9	24,8
18,2	57,1

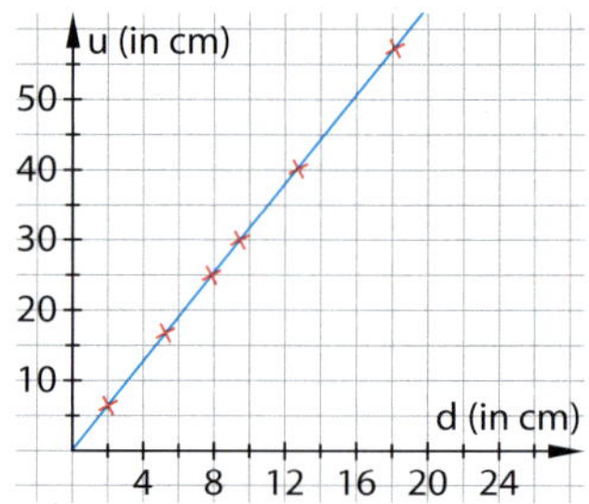

Hinweis

Als **Näherungswert** für π kann man 3,14 oder $\frac{22}{7}$ verwenden.

Die Messwerte liegen auf einer Ursprungsgeraden. Der Durchmesser d und der Umfang u des Kreises sind also proportional zueinander mit dem Proportionalitätsfaktor $\frac{u}{d}$. Der Quotient $\frac{u}{d}$ ist daher unabhängig von der Größe des Kreises immer gleich groß. Dadurch wird die **Kreiszahl** π (gesprochen: Pi) bestimmt: $\frac{u}{d} = \pi$. Die Zahl π ist eine irrationale Zahl, also eine nicht abbrechende, nicht periodische Dezimalzahl. Es gilt: $\pi = 3{,}14159265\ \ldots$

Formt man $\frac{u}{d} = \pi$ nach u um, so erhält man eine Formel für den Umfang eines Kreises.

Wissen

Für den Umfang u eines Kreises mit dem Radius r und dem Durchmesser d gilt:

$\mathbf{u = \pi \cdot d}$

$\mathbf{u = 2 \cdot \pi \cdot r}$

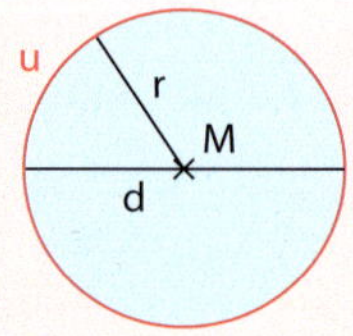

Hinweis

Verwende auf dem Taschenrechner die Taste $\boxed{\pi}$.

Beispiel 1 Berechne die gesuchte Größe. Runde auf zwei Nachkommastellen.

a) Kreis mit dem Radius r = 38 cm; gesucht: Umfang u

b) Kreis mit dem Umfang u = 730 mm; gesucht: Durchmesser d

Lösung:

a) Setze r = 38 cm in die Formel $u = 2 \cdot \pi \cdot r$ ein und berechne. Runde das Ergebnis auf zwei Stellen nach dem Komma.

$u = 2 \cdot \pi \cdot r$

$u = 2 \cdot \pi \cdot 38\,\text{cm}$

$u \approx 238{,}76\,\text{cm}$

b) Stelle die Formel $u = \pi \cdot d$ nach d um. Setze dann die gegebene Größe ein und berechne.

Runde das Ergebnis.

$u = \pi \cdot d \quad |:\pi$

$d = \frac{u}{\pi}$

$d = \frac{730\,\text{mm}}{\pi}$

$u \approx 232{,}37\,\text{mm}$

Basisaufgaben

Hinweis

Runde immer auf zwei Nachkommastellen, wenn nichts anderes angegeben ist.

1 Berechne den Umfang des Kreises. Runde auf zwei Nachkommastellen.
a) d = 25 mm b) r = 8 cm c) r = 1,3 km d) d = 174 m

2 Ein Kreis hat den Umfang u. Berechne den Durchmesser d und den Radius r.
a) u = 60 cm b) u = 960 mm c) u = 1,6 m d) u = 3,7 km

3 Berechne.
a) Länge der Tischkante eines kreisrunden Tischs mit dem Radius r = 70 cm
b) Länge des Rands einer Pizza mit dem Radius r = 9 cm
c) Länge eines Hula-Hoop-Reifens mit dem Durchmesser d = 60 cm
d) Länge des Rands einer Frisbeescheibe mit dem Durchmesser d = 21 cm

4 Auf den blauen Karten stehen Radien, auf den roten Karten Durchmesser und auf den grünen Karten Umfänge von Kreisen. Ordne die Karten, die zum gleichen Kreis gehören, einander zu.

7,13 cm | 6,52 cm | 2,47 cm | 1,81 cm | 4,36 cm | 8,72 cm | 3,62 cm | 14,26 cm

4,94 cm | 13,04 cm | 11,37 cm | 27,39 cm | 40,97 cm | 44,80 cm | 15,52 cm

Weiterführende Aufgaben

5 Der Abstoßkreis beim Kugelstoßen hat einen Durchmesser von 2,135 m. Er wird ringsum von einem Blechstreifen begrenzt. Berechne die Länge des Blechstreifens.

6 **Stolperstelle:** Korrigiere die Aussage und erkläre den Fehler.
a) Verena erklärt: *Von hier bis zum Erdmittelpunkt sind es 6371 km. Also müsste ich 2 · 6371 km = 12742 km laufen, um einmal die Erde zu umrunden.*
b) Tim sagt: *Wenn ich einen Schlüsselbund an einer 60 cm langen Schnur kreisen lasse, dann legt der Schlüsselbund pro Umdrehung knapp zwei Meter zurück.*

7 Schätze den Umfang des Gegenstands. Berechne ihn dann.
a) 2 Euro-Münze d = 25,75 mm b) Verkehrsschild d = 420 mm c) Autoreifen d = 0,64 m d) CD d = 12 cm

8 a) Ermittle die Umfänge des blauen und des roten Quadrats. Miss dafür die Seitenlängen mit dem Geodreieck.
b) Bilde das arithmetische Mittel der beiden Umfänge aus a). Erläutere, warum dieser Mittelwert ein Schätzwert für den Umfang des Kreises im Bild ist. Gib den Radius an.
c) Verbessere den Schätzwert aus b) mit einem geeigneten digitalen Hilfsmittel. Recherchiere dazu das Näherungsverfahren von Archimedes.

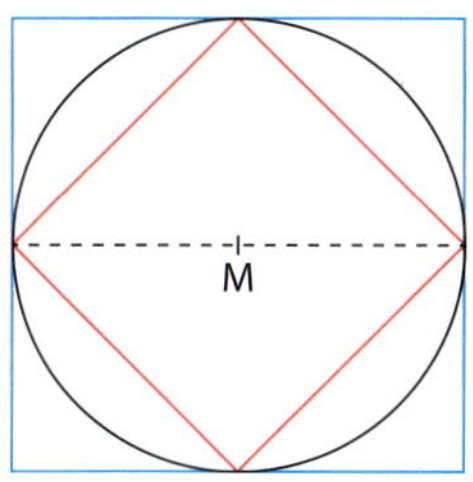

9 Der blaue Kreis hat einen Durchmesser von 24 cm. Die rote Linie besteht aus Halbkreisbögen. Berechne ihre Länge.

a)

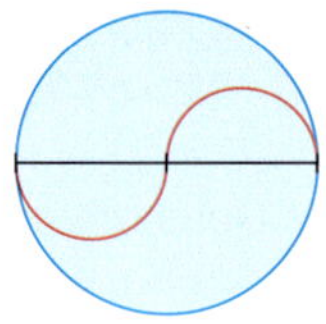

b)

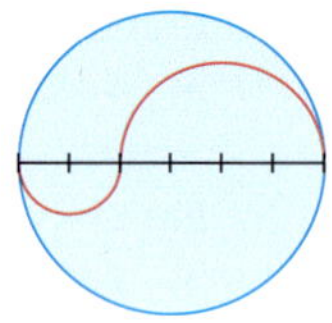

10 Die blaue Linie besteht aus Halbkreisbögen. Ermittle ihre Länge.

a)

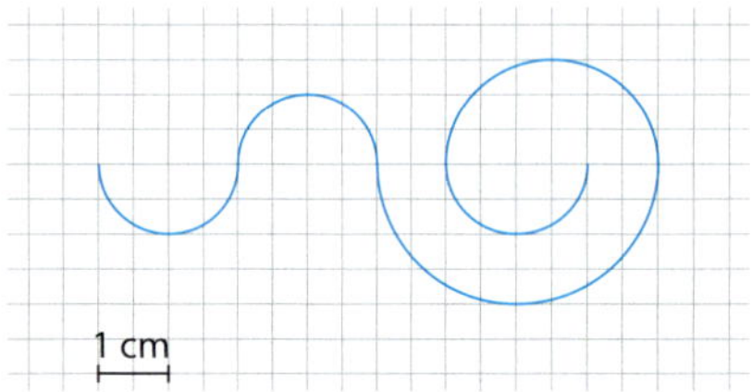

b)

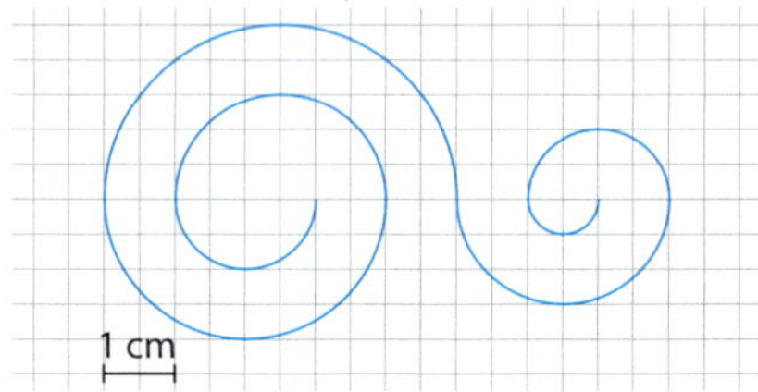

11 Beim Voltigieren wird eine 8 m lange Longierleine zum Führen des Pferds verwendet. Das Pferd bewegt sich auf einer kreisförmigen Bahn.

a) Berechne die Weglänge, die das Pferd bei einer Runde maximal zurücklegt.

b) Begründe, warum die tatsächlich zurückgelegte Strecke kürzer sein kann.

c) Mit einer anderen Leine werden bei 25 Runden insgesamt 1492 m zurücklegt. Berechne die Länge dieser Leine.

12 Um ein kreisförmiges Blumenbeet mit dem Durchmesser 10 m verläuft ein 4 m breiter Weg. Am äußeren und inneren Rand des Wegs sollen die Randsteine erneuert werden.
Ein Randstein ist 30 cm lang. Auf 6 m Länge des äußeren Rands gibt es keine Randsteine, da dort Nebenwege abgehen.
Berechne die ungefähre Anzahl der Randsteine, die benötigt werden.

a) Berechne die ungefähre Anzahl der benötigten Randsteine. Erkläre, warum eine exakte Angabe nicht möglich ist.

b) Jeder Stein kostet 2,55 €, dazu kommen 75 € Lohn für den Gärtner. Ermittle die Kosten für die Umrandung des Beets.

13 Ein etwa kreisförmiger Eichenstamm hat einen Umfang von 530 cm, ein kreisförmiger Fichtenstamm hat einen Umfang von 610 cm. Bei der Eiche beträgt die durchschnittliche Dicke eines Jahresrings 3 mm, bei der Fichte sind es 5 mm. Entscheide, welcher der beiden Bäume älter ist.

14 a) Stell dir vor, dass ein 40 000 km langes Seil straff um den Erdäquator gespannt wird. Dann wird das Seil um einen Meter verlängert und so gehalten, dass der Abstand zwischen dem Seil und der Erde überall gleich ist. Kann eine Maus unter diesem Seil hindurchkriechen? Schätze erst ab und rechne dann.

b) Berechne, wie sich der Abstand zwischen Seil und Erdoberfläche ändern würde, wenn man das Seil um weitere 1 m (2 m; 3 m) verlängern würde.

c) Berechne, wie lang das Seil sein müsste, damit du aufrecht unter dem Seil hindurchgehen kannst.

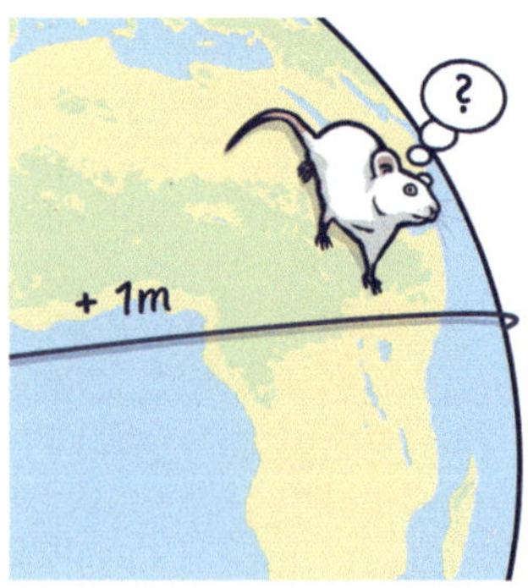

15 Der dickste Baum der Welt ist der Árbol del Tule in Mexiko. Sein Stamm hat einen Durchmesser von rund 11,52 m. Schätze, wie viele Schüler aus deiner Klasse nötig wären, um den Baum zu umarmen. Prüfe dann mit einer Rechnung.

16 Die Laufbahn eines Sportplatzes führt um eine Fläche, die aus einem Rechteck und zwei Halbkreisen zusammengesetzt ist. Die Innenbahn ist 400 m lang.

a) Berechne die Breite des Fußballfelds.

b) Die Laufbahn ist insgesamt rund 9,8 m breit. Vergleiche die Länge der äußeren Bahn mit der Länge der Innenbahn. Erkläre, warum die Läufer bei Wettbewerben auf den unterschiedlichen Bahnen versetzt starten.

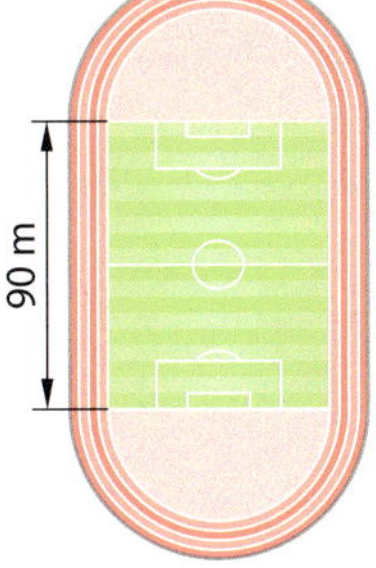

17 Florian hat ein 28-Zoll-Fahrrad. Der Durchmesser der Räder beträgt 68 cm.

a) Auf Florians Schulweg drehen sich die Räder durchschnittlich 95-mal pro Minute. Berechne Florians Geschwindigkeit.

b) Florian benötigt für seinen Schulweg mit dem Fahrrad 20 Minuten. Berechne die Länge des Schulwegs.

c) Berechne, wie oft sich die Räder pro Minute bei einer Geschwindigkeit von 15 km/h drehen. Berechne, wie viele Minuten Florian bei dieser Geschwindigkeit früher in der Schule wäre.

18 Paula denkt sich ein Verfahren zur Bestimmung des Kreisumfangs aus:
„Wenn ich auf einem Raster einen Kreis zeichne und alle Kästchen färbe, die vollständig im Kreis liegen, erhalte ich ein ‚gezacktes' Vieleck, dessen Umfang ich bestimmen kann. Je kleiner ich die Karos mache, desto mehr nähert sich das Vieleck dem Kreis an, sodass sich auch der Umfang des Vielecks dem des Kreises annähern muss."
Beurteile dieses Verfahren.

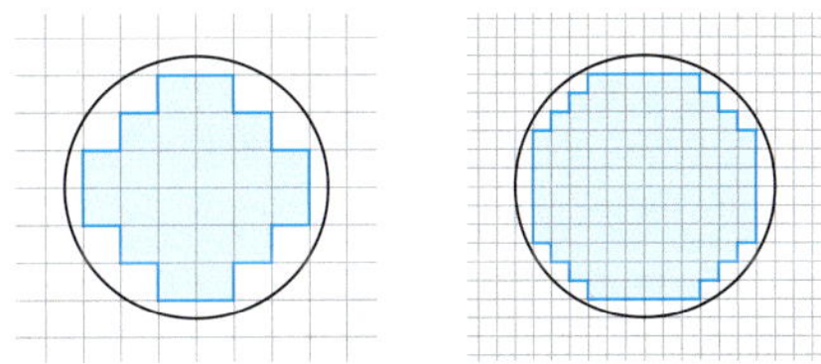

19 Bei einem Kunstprojekt soll ein Hamsterrad für einen Menschen gebaut werden.

a) Berechne, welchen Umfang das Hamsterrad haben müsste.

MK b) Recherchiere die Maße und Preise von Holzlatten, aus denen das Rad gebaut werden könnte. Erstelle daraus eine Bauskizze und eine Kostenübersicht.

20 **Ausblick:** Ein Zylinder besteht aus zwei Kreisen und einer gewölbten Fläche, der sogenannten **Mantelfläche**.

a) Ein Zylinder hat den Radius r und die Höhe h. Leite eine Formel für den Flächeninhalt seiner Mantelfläche her. Stell dir dazu vor, dass die Mantelfläche zu einer flachen Figur abgerollt wird.

b) Eine Litfaßsäule ist 3 m hoch und hat einen Umfang von 4 m. Berechne, wie viel Werbefläche auf der Litfaßsäule zur Verfügung steht.

6.2 Flächeninhalt eines Kreises

Zeichne drei Kreise mit unterschiedlichen Radien auf kariertem Papier.

a) Bestimme durch Abzählen der Kästchen näherungsweise die Flächeninhalte der Kreise.

b) Vergleicht eure Ergebnisse in der Klasse. Versucht eure Näherungswerte durch eine Formel, die die Kreiszahl π enthält, zu beschreiben.

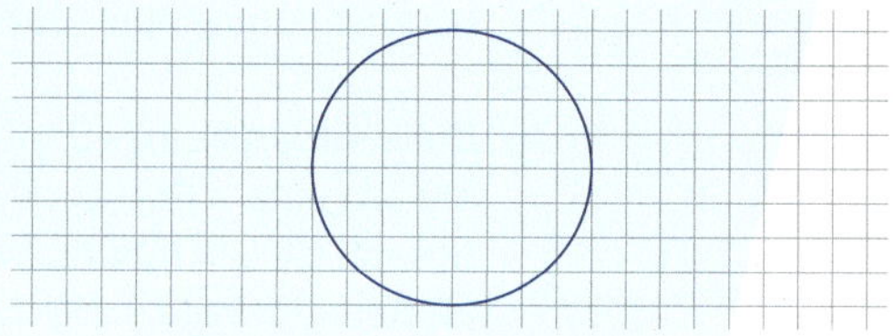

Eine Flächeninhaltsformel für Kreise kann mithilfe der Formel für den Kreisumfang ($u = 2 \cdot \pi \cdot r$) hergeleitet werden.

Ein in gleich große Teile zerlegter Kreis kann näherungsweise zu einem Rechteck zusammengesetzt werden. Die Breite dieses Rechtecks entspricht dann etwa dem Kreisradius und die Länge etwa dem halben Kreisumfang.

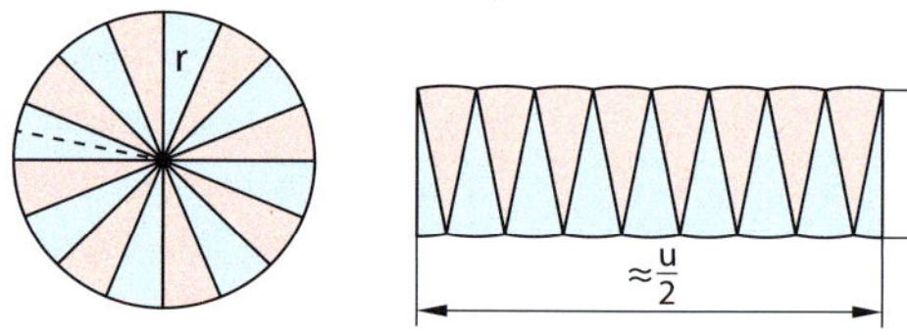

Je schmaler die Kreisteile werden, desto genauer wird die Annäherung an ein Rechteck.

Es gilt: $A_{\text{Rechteck}} \approx \frac{u}{2} \cdot r = \frac{2 \cdot \pi \cdot r}{2} \cdot r = \pi \cdot r^2$

Da die Flächeninhalte des näherungsweise zusammengesetzten Rechtecks und des Kreises gleich groß sind, gilt diese Formel auch für den Kreis.

Wissen

Für den **Flächeninhalt A eines Kreises** mit dem Radius r und dem Durchmesser d gilt:

$A = \pi \cdot r^2$

$A = \frac{\pi}{4} \cdot d^2$

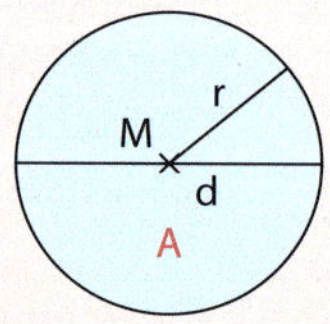

Beispiel 1 Berechne die gesuchte Größe. Runde auf zwei Nachkommastellen.

a) Kreis mit dem Radius r = 4 cm; gesucht: Flächeninhalt A

b) Kreis mit dem Flächeninhalt A = 63,675 km²; gesucht: Radius r

Hinweis

Maßzahl <u>und</u> Einheit müssen quadriert werden.

Lösung:

a) Setze r = 4 cm in die Formel $A = \pi \cdot r^2$ ein und berechne. Runde das Ergebnis auf zwei Stellen nach dem Komma.

$$A = \pi \cdot r^2 = \pi \cdot (4\,\text{cm})^2 = \pi \cdot 16\,\text{cm}^2 \approx 50{,}27\,\text{cm}^2$$

b) Stelle die Formel $A = \pi \cdot r^2$ nach r um. Nur die positive Lösung der quadratischen Gleichung ist eine Lösung, da der Radius nicht negativ sein kann. Setze $A = 63{,}675\,\text{km}^2$ ein und berechne. Runde dann das Ergebnis sinnvoll.

$$A = \pi \cdot r^2 \quad |:\pi$$
$$r^2 = \frac{A}{\pi} \quad |\sqrt{}$$
$$r = +\sqrt{\frac{A}{\pi}}$$
$$r = \sqrt{\frac{63{,}675\,\text{km}^2}{\pi}} \approx 4{,}50\,\text{km}$$

Basisaufgaben

1 Berechne den Flächeninhalt des Kreises mit der angegebenen Größe.
a) $r = 2\,cm$ b) $r = 10\,dm$ c) $d = 2\,m$ d) $d = 20\,mm$

2 Berechne den Flächeninhalt des Kreises.

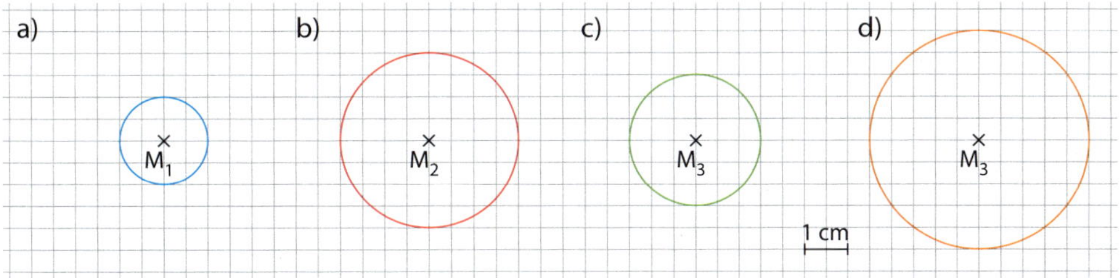

Lösungen zu 3

Hier findest du die gerundeten Maßzahlen der Flächeninhalte.

0,79 153,94 113,10 8494,87 0,00049 4417,86

3 Vervollständige die Tabelle.

	a)	b)	c)	d)	e)	f)
Radius r	6 cm		52 mm		0,5 m	
Durchmesser d		14 cm		75 dm		0,025 km
Flächeninhalt A						

4 Berechne den Radius r und den Durchmesser d des Kreises.
a) $A = 200\,cm^2$ b) $A = 314{,}159\,m^2$ c) $A = 61\,mm^2$

5 a) Ein Mobilfunksender hat eine Reichweite von 7 km. Berechne die Größe des Gebiets, in dem der Sender empfangen wird.
b) Ein Mobilfunksender versorgt ein Gebiet von $180\,km^2$. Berechne seine Reichweite.

6 Beweise, dass für einen Kreis mit dem Durchmesser d gilt: $A = \frac{\pi}{4}d^2$

Weiterführende Aufgaben

7 a) Berechne den Flächeninhalt eines Kreises mit dem Umfang 100 cm.
b) Berechne den Umfang eines Kreises mit dem Flächeninhalt $75\,cm^2$.

8 Berechne die gesuchten Größen des Kreises.
a) $d = 3{,}2\,m$; gesucht: r, u, A b) $r = 14{,}5\,cm$; gesucht: d, u, A
c) $u = 24\,cm$; gesucht: r, d, A d) $A = 12\,m^2$; gesucht: r, d, u

9 **Stolperstelle:** Erkläre und korrigiere den Fehler.
a) *gegeben:* $d = 6\,cm$; $A = \pi \cdot r^2 = \pi \cdot (6\,cm)^2 = \pi \cdot 36\,cm^2 \approx 113\,cm^2$
b) *gegeben:* $d = 4\,cm$; $A = \pi \cdot r^2 = \pi \cdot \frac{d^2}{2} = \pi \cdot 8 \approx 25{,}13\,cm^2$
c) *gegeben:* $r = 5\,cm$; $A = 2 \cdot \pi \cdot r = 2 \cdot \pi \cdot 5 \approx 31{,}41\,cm^2$

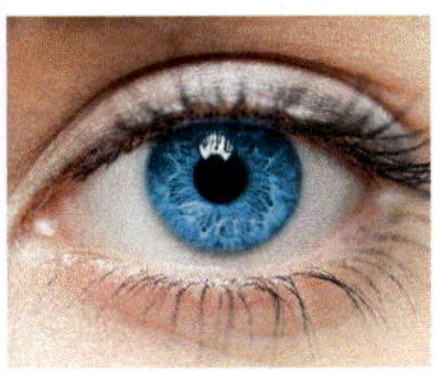

10 Über die etwa kreisförmige Pupille gelangt Licht ins menschliche Auge. Am Tag hat die Pupille einen Durchmesser von etwa 1,5 mm. Bei Dunkelheit wächst dieser auf bis zu 8 mm an.
a) Berechne, auf wie viel Fläche das Licht am Tag (bei Nacht) ins Auge eintreten kann.
b) Die Pupillen von Katzen erreichen bei Dunkelheit Durchmesser von bis zu 14 mm. Vergleiche die Fläche, auf der bei Nacht Licht in ein Katzenauge eintreten kann, mit der des menschlichen Auges.

11 Mit einem 25 m langen Seil wird ein Kreis gelegt. Schätze begründet, ob alle Schüler deiner Klasse in dem Kreis stehen (sitzen; liegen) können.

12 Prüfe, ob die Aussage wahr oder falsch ist. Begründe deine Entscheidung.
a) Wenn man den Radius eines Kreises verdreifacht, verdreifacht sich auch der Umfang.
b) Wenn man den Radius eines Kreises drittelt, drittelt sich auch der Flächeninhalt.
c) Wenn man den Umfang eines Kreises halbiert, halbiert sich auch der Flächeninhalt.

13 **Kreisringe:** Berechne den Flächeninhalt des Kreisrings.
a) $r_1 = 6\,cm$; $r_2 = 5\,cm$ b) $r_1 = 10\,cm$; $r_2 = 2\,cm$
c) $r_1 = 3{,}7\,cm$; $r_2 = 2{,}4\,cm$ d) $r_1 = 0{,}7\,cm$; $r_2 = 3\,mm$
e) Gib eine allgemeine Formel für den Flächeninhalt eines Kreisrings an.

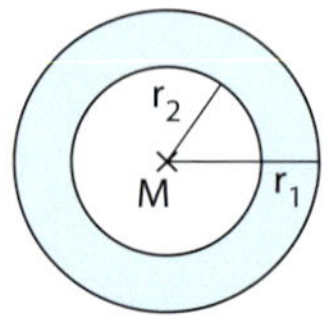

14 Vlad hat zwei blaue Kreisscheiben mit den Radien 8 cm und 4 cm sowie zwei rote Kreisscheiben mit den Radien 6 cm und 2 cm übereinandergelegt. Berechne den Flächeninhalt der sichtbaren blauen Fläche.

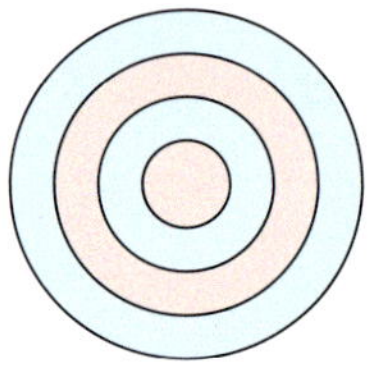

15 Mammutbäume halten den Weltrekord für die dickste Baumrinde: Sie kann bis zu 121 cm dick werden. Der gesamte Mammutbaum hat dann einen Querschnitt von rund $50\,m^2$. Berechne den Querschnitt des Baums ohne die Rinde.

16 Bei einem Spiel werden kleine mit Sand gefüllte Säckchen auf ein kreisrundes Ziel geworden, das in fünf Metern Entfernung auf dem Boden liegt. Für einen Treffer im roten Kreis erhält man fünf Punkte, für den grünen Ring drei Punkte und für den blauen Ring einen Punkt. Das Zielfeld hat einen Gesamtdurchmesser von 60 cm, jeder Ring ist 10 cm breit.
Beurteile, ob die Verteilung der Punkte sinnvoll ist.

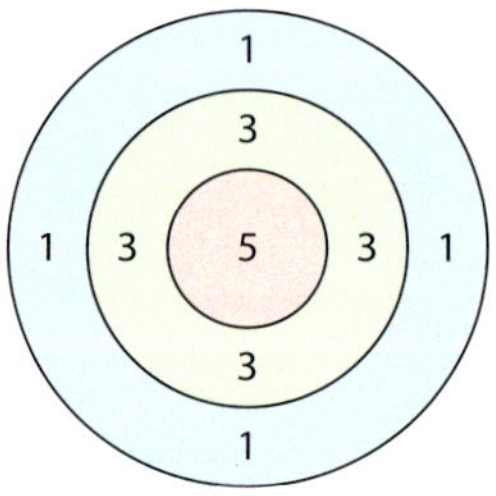

17 Die Pizzeria Gianni bietet Pizzen in drei Größen an.
a) Prüfe, bei welcher Größe man die meiste Pizza pro Euro bekommt.
b) Hannah mag den Rand von Pizzen nicht. Der Rand ist bei allen Pizzagrößen 2 cm breit. Prüfe, bei welcher Größe Hannah am meisten Pizza ohne Rand pro Euro bekommt.

18 Berechne den Flächeninhalt der gefärbten Figur.

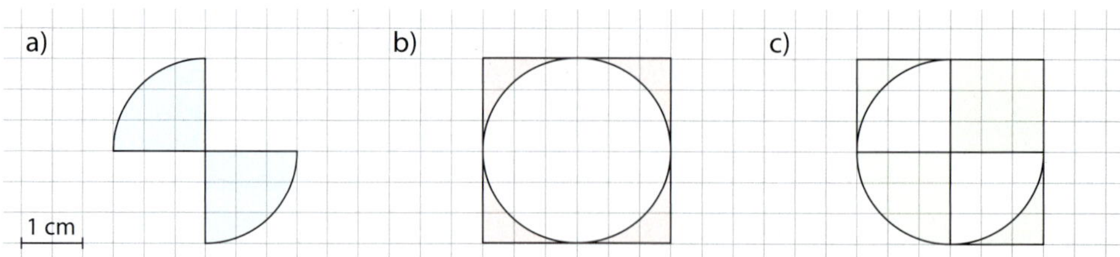

19 Gib einen Term an, der den Flächeninhalt der gefärbten Figur beschreibt.

a)
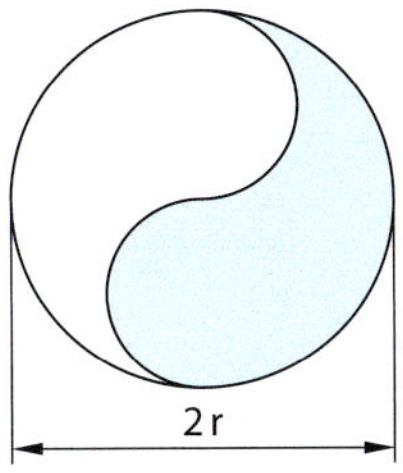

b)
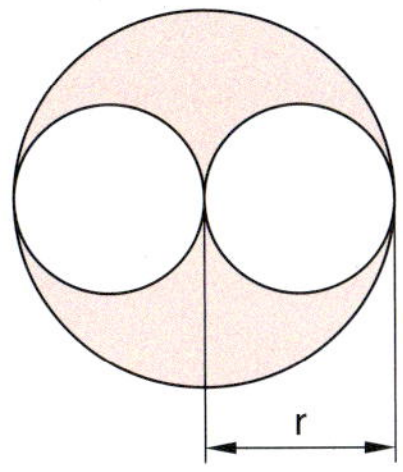

c)
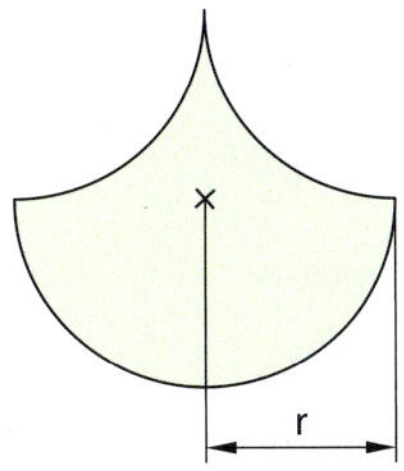

d)
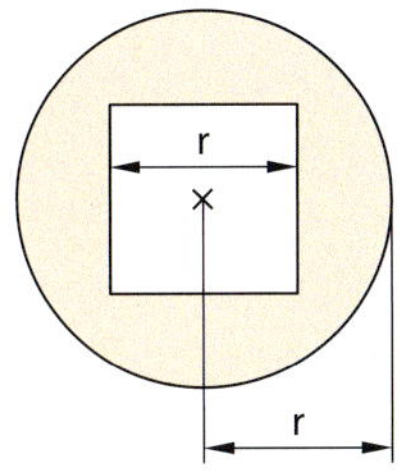

20 In einem Park soll ein Beet angelegt werden, das die Form eines Kleeblatts hat. Es besteht aus einem Quadrat und vier Halbkreisen.

a) Der Durchmesser der Halbkreise beträgt 2 m. Fertige eine maßstäbliche Zeichnung des Beets an.

b) Das Beet soll mit einer Umzäunung ausgestattet werden, die pro Meter 82 € kostet. Berechne die Gesamtkosten für die Umzäunung.

c) Die Pflanzen für das Beet kosten etwa 30 € pro m^2. Insgesamt ist für das Beet ein Budget von 1500 € eingeplant. Prüfe, ob das Budget für die Pflanzen und die Umzäunung ausreicht.

21 Berechne den Umfang und den Flächeninhalt der zusammengesetzten Figur.

a)
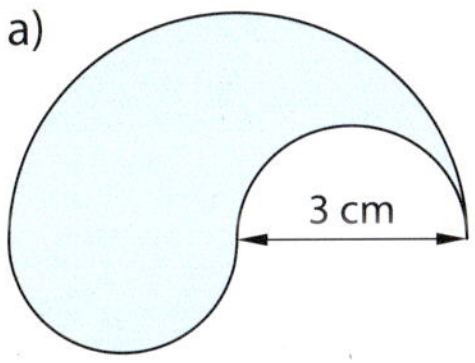

b)
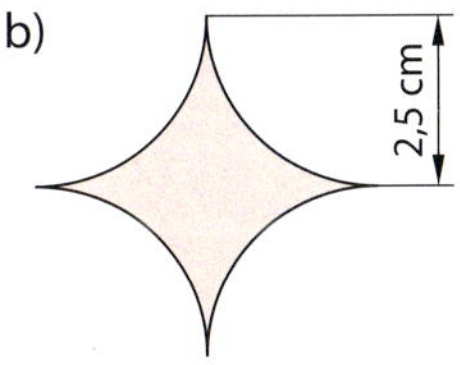

c)
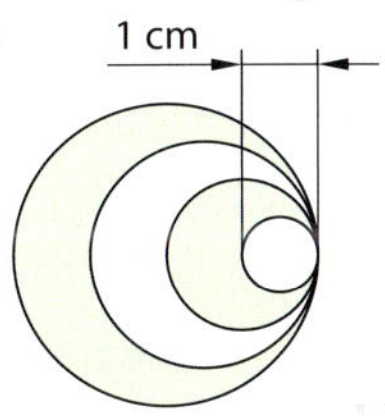

d)
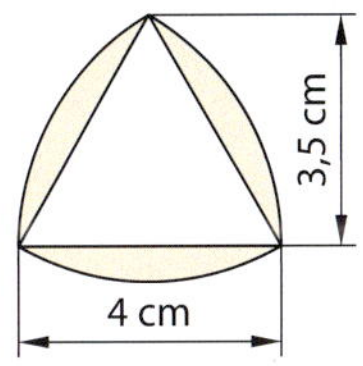

22 Berechne möglichst geschickt den Umfang und den Flächeninhalt der blauen Figur. Erkläre dein Vorgehen.

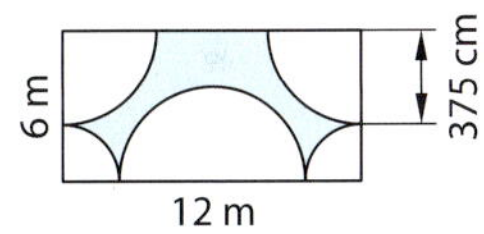

23 **Ausblick: Möndchen des Hippokrates**

Der griechische Mathematiker Hippokrates von Chios entdeckte im 5. Jahrhundert v. Chr. verschiedene Beziehungen zwischen Flächeninhalten von Figuren, die durch Kreisbögen begrenzt sind.

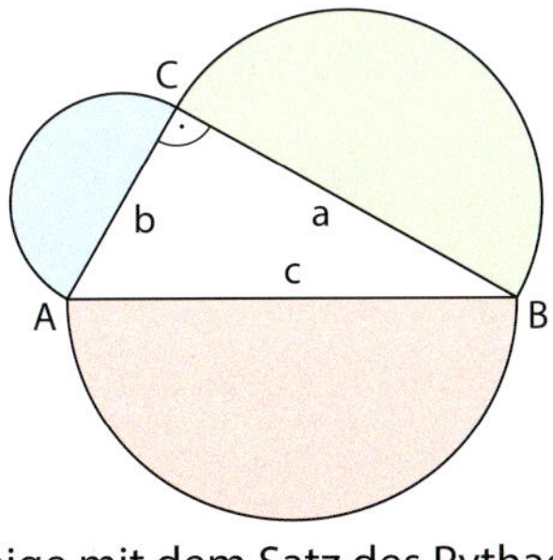

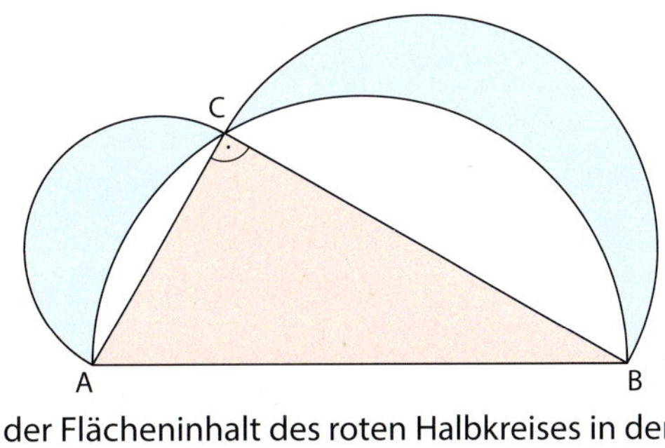

a) Zeige mit dem Satz des Pythagoras, dass der Flächeninhalt des roten Halbkreises in der linken Figur ebenso groß ist wie die Summe der Flächeninhalte des blauen und des grünen Halbkreises.

b) Zeige mithilfe von a), dass in der rechten Figur die blauen Flächen (die „Möndchen des Hippokrates") den gleichen Flächeninhalt haben wie das rote Dreieck.

6.3 Kreissektor, Kreisbogen

Begründe, welche der drei Pizzaportionen am größten ist.

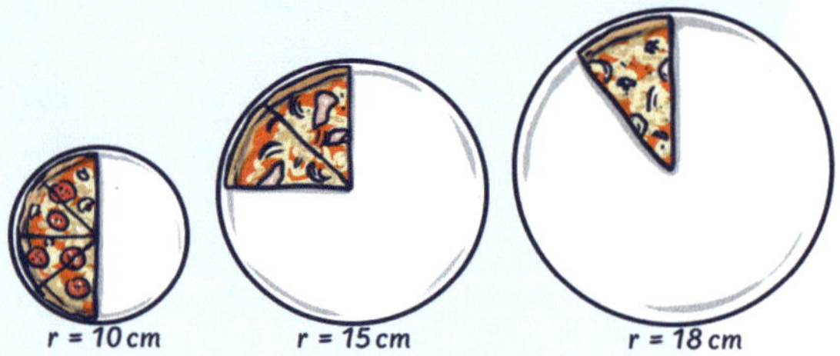

Kreissektor

Hinweis

Statt Öffnungswinkel sagt man auch Zentriwinkel oder Mittelpunktswinkel.

Verbindet man den Mittelpunkt eines Kreises durch zwei Strecken mit zwei Punkten, die auf der Kreislinie liegen, so wird die Kreisfläche in zwei **Kreissektoren** (auch: Kreisausschnitte) geteilt.

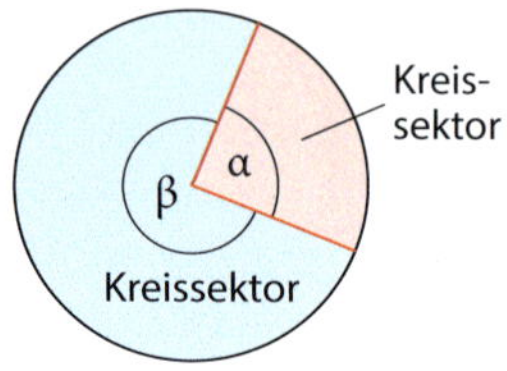

Jeder Kreissektor wird durch den Radius des Kreises und durch den zugehörigen Winkel am Mittelpunkt des Kreises bestimmt. Dieser Winkel heißt **Öffnungswinkel**.

Ein Kreissektor hat den gleichen Radius r wie der volle Kreis. Der Flächeninhalt A_α des Kreissektors entspricht deshalb dem Anteil am Flächeninhalt A des gesamten Kreises, den der Öffnungswinkel α am Vollwinkel 360° hat:

$$\frac{A_\alpha}{A} = \frac{\alpha}{360°}$$

$$\frac{A_\alpha}{\pi \cdot r^2} = \frac{\alpha}{360°} \quad | \cdot \pi \cdot r^2$$

$$A_\alpha = \frac{\alpha}{360°} \cdot \pi \cdot r^2$$

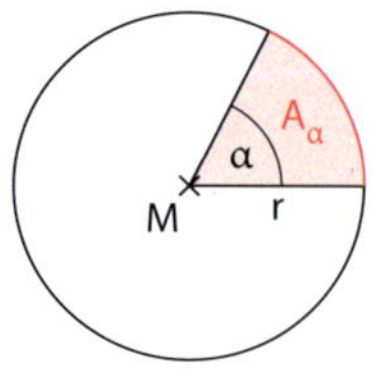

Wissen

Für den Flächeninhalt A_α eines Kreissektors mit dem Radius r und dem Öffnungswinkel α gilt: $\mathbf{A_\alpha = \frac{\alpha}{360°} \cdot \pi \cdot r^2}$

Beispiel 1 Ein Kreis hat den Radius r = 5 cm.

a) Berechne den Flächeninhalt des Kreissektors mit dem Öffnungswinkel α = 54°.
b) Berechne den Öffnungswinkel des Kreissektors mit dem Flächeninhalt $A_\alpha = 22{,}9\,\text{cm}^2$.

Lösung:

a) Setze α = 54° und r = 5 cm in die Formel ein. Berechne dann. Runde das Ergebnis.

$$A_\alpha = \frac{\alpha}{360°} \cdot \pi \cdot r^2$$

$$A_\alpha = \frac{54°}{360°} \cdot \pi \cdot (5\,\text{cm})^2 \approx 11{,}78\,\text{cm}^2$$

b) Stelle die Formel nach α um. Setze nun die gegebenen Größen ein. Berechne dann. Runde das Ergebnis.

$$A_\alpha = \frac{\alpha}{360°} \cdot \pi \cdot r^2 \quad | \cdot 360° \,|\, : \pi \,|\, : r^2$$

$$\alpha = \frac{A_\alpha \cdot 360°}{\pi \cdot r^2}$$

$$\alpha = \frac{22{,}9\,\text{cm}^2 \cdot 360°}{\pi \cdot (5\text{cm})^2} \approx 104{,}97°$$

Basisaufgaben

1 Ein Kreis hat den Radius r = 8 cm. Berechne den Flächeninhalt des Kreissektors mit dem Öffnungswinkel α.

a) α = 36° b) α = 60° c) α = 90° d) α = 120° e) α = 172° f) α = 250°

2 Berechne die Flächeninhalte der gefärbten Kreissektoren.

a) 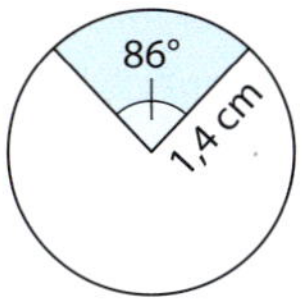

b) 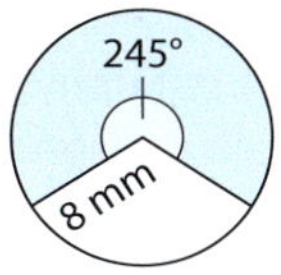

c) 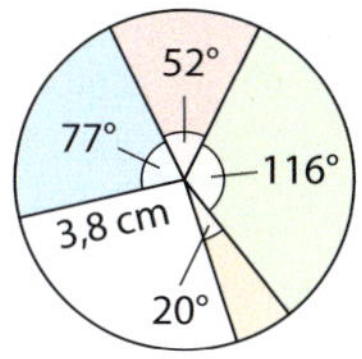

3 Berechne die gesuchte Größe des Kreissektors.

a) $r = 4{,}5\,\text{cm};\ \alpha = 220°;\ A_\alpha \approx$ ■
b) $d = 25\,\text{cm};\ \alpha = 2°;\ A_\alpha \approx$ ■
c) $r = 18{,}2\,\text{cm};\ A_\alpha = 208{,}1\,\text{cm}^2;\ \alpha \approx$ ■
d) $A_{\text{Kreis}} = 468\,\text{cm}^2;\ A_\alpha = 139{,}1\,\text{cm}^2;\ \alpha \approx$ ■

Kreisbogen

Die zu Kreissektoren gehörigen Abschnitte der Kreislinien werden **Kreisbögen** b_α genannt. Sie werden durch den Radius und den Öffnungswinkel bestimmt. Ist u der Umfang des ganzen Kreises, so gilt:

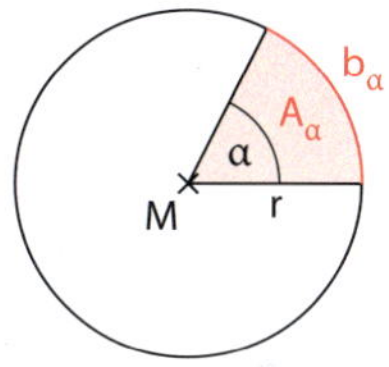

$$\frac{b_\alpha}{u} = \frac{\alpha}{360°}$$

$$\frac{b_\alpha}{2 \cdot \pi \cdot r} = \frac{\alpha}{360°} \qquad | \cdot 2 \cdot \pi \cdot r$$

$$b_\alpha = \frac{\alpha}{360°} \cdot 2 \cdot \pi \cdot r = \frac{\alpha}{180°} \cdot \pi \cdot r$$

Wissen

Für die Länge eines Kreisbogens b_α mit dem Radius r und dem Öffnungswinkel α gilt:
$$\mathbf{b_\alpha = \frac{\alpha}{180°} \cdot \pi \cdot r}$$

Beispiel 2

a) Ein Kreis hat den Radius 5 cm. Berechne die Länge des Kreisbogens mit $\alpha = 54°$.
b) Ein Kreisbogen b_α ist 8 cm lang. Der Öffnungswinkel ist $\alpha = 72°$. Berechne den Radius r.

Lösung:

a) Setze $\alpha = 54°$ und $r = 5\,\text{cm}$ in die Formel ein. Berechne dann. Runde das Ergebnis.

$$b_\alpha = \frac{\alpha}{180°} \cdot \pi \cdot r$$
$$b_\alpha = \frac{54°}{180°} \cdot \pi \cdot 5\,\text{cm} \approx 4{,}71\,\text{cm}$$

b) Stelle die Formel nach r um. Setze nun die gegebenen Größen ein. Berechne dann. Runde das Ergebnis.

$$b_\alpha = \frac{\alpha}{180°} \cdot \pi \cdot r \qquad | \cdot 180° \;|\; : \pi \;|\; : \alpha$$
$$r = \frac{b_\alpha \cdot 180°}{\pi \cdot \alpha}$$
$$r = \frac{8\,\text{cm} \cdot 180°}{\pi \cdot 72°} \approx 6{,}37\,\text{cm}$$

Basisaufgaben

Lösungen zu 4

24,02 cm; 5,03 cm; 34,91 cm; 12,57 cm; 16,76 cm; 8,38 cm

4 Ein Kreis hat den Radius $r = 8\,\text{cm}$. Berechne die Länge des Kreisbogens b_α.

a) $\alpha = 36°$
b) $\alpha = 60°$
c) $\alpha = 90°$
d) $\alpha = 120°$
e) $\alpha = 172°$
f) $\alpha = 250°$

5 Berechne die gesuchte Größe des Kreisbogens.

a) $r = 7\,\text{cm};\ \alpha = 72°;\ b_\alpha \approx$ ■
b) $r = 2{,}24\,\text{km};\ b_\alpha = 156{,}4\,\text{m};\ \alpha \approx$ ■
c) $d = 10\,\text{cm};\ \alpha = 14°;\ b_\alpha \approx$ ■
d) $\alpha = 45°;\ b_\alpha = 9{,}42\,\text{m};\ r \approx$ ■

Weiterführende Aufgaben

6 Zeichne einen Kreissektor mit den gegebenen Größen. Berechne seinen Flächeninhalt und die Länge des zugehörigen Kreisbogens.

a) $r = 6\,cm;\ \alpha = 36°$
b) $r = 4\,cm;\ \alpha = 85°$
c) $d = 8{,}4\,cm;\ \alpha = 112°$
d) $r = 0{,}42\,dm;\ \alpha = 45°$

7 Vervollständige die Tabelle.

	a)	b)	c)	d)	e)
Öffnungswinkel α	30°		210°		
Radius r	7 cm	5 m	50 cm	18 dm	12 cm
Bogenlänge b_α		1 m		6 m	
Flächeninhalt A_α					45,2 cm^2

8 **Stolperstelle:** Liza und Ben berechnen Größen eines Kreises mit dem Radius $r = 4\,cm$ und dem Öffnungswinkel $\alpha = 110°$. Erkläre und korrigiere ihre Fehler.

Liza:
$b_\alpha = \frac{110°}{360°} \cdot \pi \cdot 4\,cm \approx 3{,}84\,cm$

Ben:
$A_\alpha = 110\pi \cdot (4\,cm)^2 \approx 5529{,}20\,cm^2$

9 Sarah lässt den abgebildeten Spiegel anfertigen.

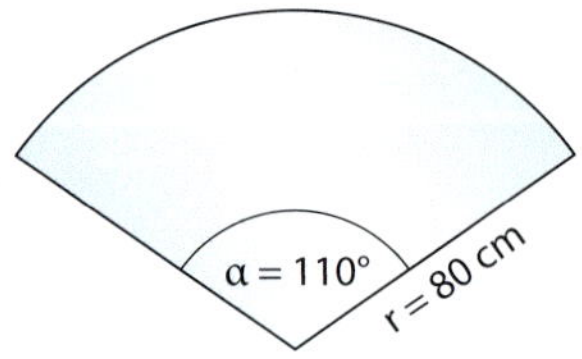

a) Berechne die Größe der Spiegelfläche.

b) Das Spiegelglas kostet 60 € pro m^2. Außerdem soll der Spiegel einen Rahmen bekommen, der 35 € pro m kostet.
Berechne den Gesamtpreis für den Spiegel.

c) Entwirf einen eigenen Spiegel, der aus Kreissektoren und Rechtecken zusammengesetzt ist. Tauscht untereinander und berechnet gegenseitig die Kosten für eure Spiegel.

10 Berechne den Flächeninhalt der Treppenstufe einer Wendeltreppe.

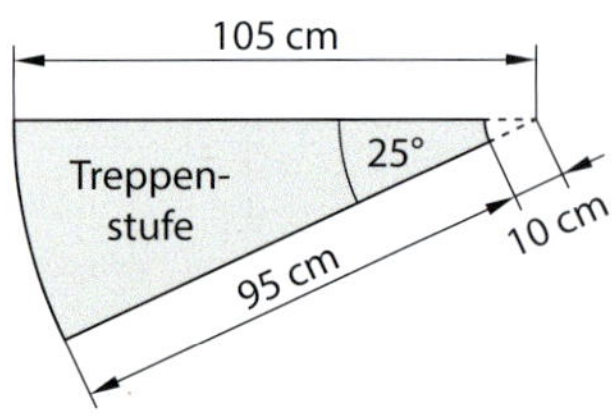

11 Ein Glaser muss für die Restaurierung eines Kirchenfensters mit Buntglas acht verschiedene Farben verwenden. Der innere Durchmesser des Fensters beträgt 40 cm, der äußere Durchmesser beträgt 1 m. Berechne den Flächeninhalt des Glases für jede Farbe.

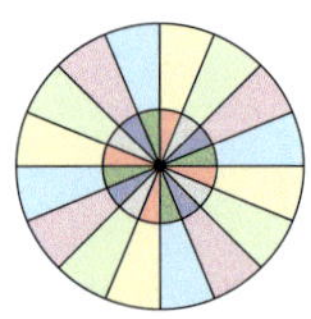

12 Berechne den Umfang und den Flächeninhalt der zusammengesetzten Figur.

a)
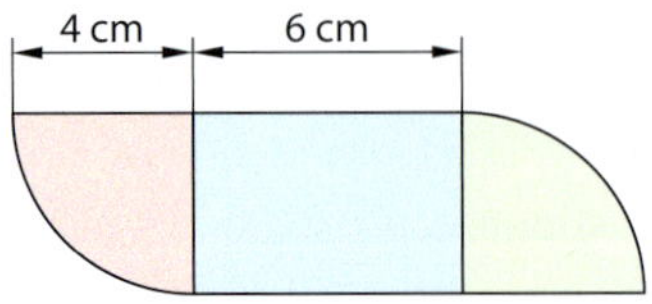

b)
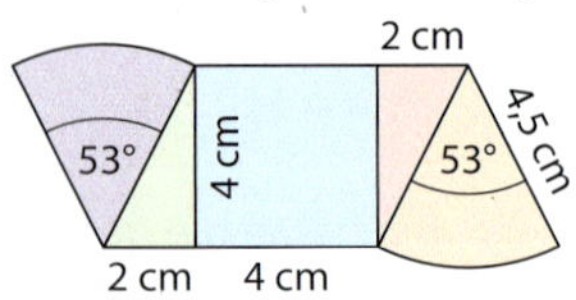

13 Berechne die Länge der roten Linie und den Flächeninhalt der eingeschlossenen Fläche.

a)

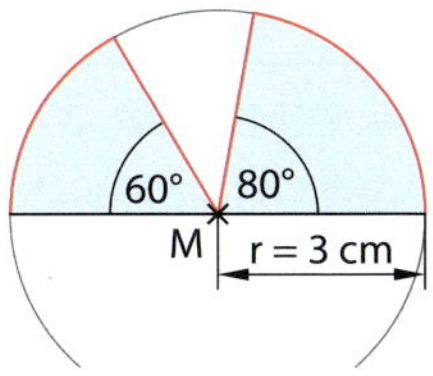

b)

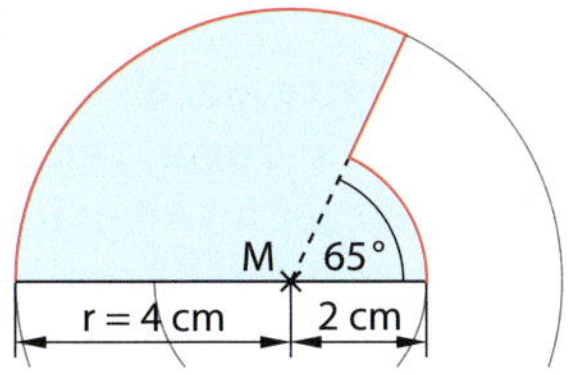

14 Die Bühne eines Freilichttheaters hat die Form eines Halbkreises mit einem Durchmesser von 41 m. Berechne, wie viele Quadratmeter die Bühnenfläche hat. Begründe, dass du dazu nicht die Formel für einen Kreissektor benötigst.

15 Prinzessin Anisa lässt sich einen edlen Fächer anfertigen.

a) Der Fächer soll beidseitig mit Feenstaub verziert werden, der 15 Taler pro Quadratzentimeter kostet. Berechne die Kosten für den Feenstaub.

b) Der Rand des Fächers soll mit Wunschperlen besetzt werden, die jeweils einen Abstand von 1 cm zueinander haben sollen. Eine Wunschperle kostet 25 Taler. Berechne die Kosten für die Wunschperlen.

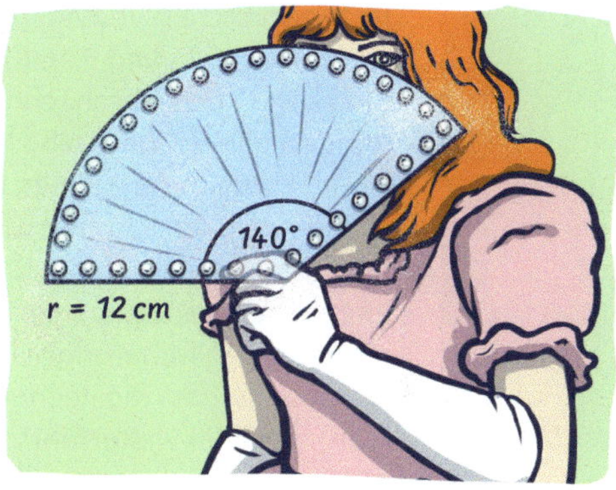

16 Den Flächeninhalt eines Kreissektors mit dem Radius r und dem Öffnungswinkel α kann man auch mit der Formel $A_\alpha = \frac{1}{2} \cdot b_\alpha \cdot r$ berechnen.

a) Überprüfe die Formel für einen Kreissektor mit dem Radius r = 9 cm und dem Öffnungswinkel α = 33°.

b) Begründe, dass die Formel allgemein gilt.

17 a) Ermittle die Maße eines Kreissektors, der den Flächeninhalt $A_\alpha = 100\,cm^2$ hat.

b) Passe die Maße des Kreissektors aus a) so an, dass die Länge seines Kreisbogens 16 cm beträgt.

c) Begründe, ob der Kreissektor in b) eindeutig bestimmt ist. Falls nein, gib die Maße eines zweiten Kreissektors an, der die Bedingungen erfüllt.

d) Finde die Maße von zwei Kreissektoren mit den Öffnungswinkeln α und 360° – α, die den gleichen Flächeninhalt haben.

Info

Die exakte Bahn der Erde um die Sonne wird durch eine Ellipse beschrieben.

18 Die Erde bewegt sich auf einer annähernd kreisförmigen Bahn in einem Abstand von rund 149 598 023 km um die Sonne. Für eine ganze Sonnenumrundung benötigt die Erde 365,25 Tage. Ermittle, welche Strecke die Erde an einem Tag (in einer Stunde; in einem Monat) ungefähr zurücklegt.

19 **Ausblick:** Eine Fläche, die von einem Kreisbogen und einer Strecke (Kreissehne) begrenzt wird, nennt man **Kreissegment.** Ermittle den Flächeninhalt des Kreissegments.

a) r = 7 cm; α = 90° b) r = 2 cm; α = 60°

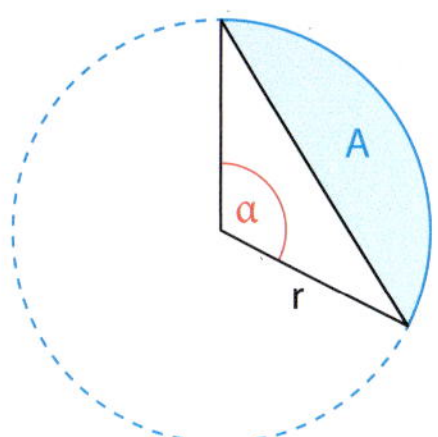

Wege zu π

Die Zahl π taucht als Verhältnis von Durchmesser und Umfang eines Kreises indirekt in der Bibel auf. Im Alten Testament wird im ersten Buch der Könige vom Bau des Jerusalemer Tempels unter König Salomo berichtet. Ermittle, welcher Wert für π sich aus diesem Zitat ergeben würde.

> Der Kupferschmied Hiram stellte ein rundes Wasserbecken her. Es wurde „Meer" genannt. Dazu heißt es (1. Kön. 7, 23): „Und er machte das Meer, gegossen von einem Rand zum anderen zehn Ellen weit und fünf Ellen hoch, und eine Schnur von dreißig Ellen war das Maß ringsherum."

Archimedes-Statue in Rom

Portrait von Leonhard Euler

In babylonischen und ägyptischen Quellen aus der Zeit vor 1600 v. Chr. findet man Näherungswerte von 3,125 und 3,16 für die Kreiszahl π. Der Grieche **Archimedes von Syrakus** (3. Jh. v. Chr.) kam durch Einschachtelung auf einen Wert zwischen etwa 3,141 und 3,143. Im 15. Jahrhundert gab der persische Mathematiker al-Kaschi 16 Nachkommastellen von π an, der Niederländer Ludolph van Ceulen berechnete im 16. Jahrhundert 32 Nachkommastellen. 1761 zeigte Johann Heinrich Lambert, dass π unendlich viele Nachkommastellen hat, ohne dass sich eine Periode einstellt.
Im Laufe der Jahrhunderte haben Mathematiker unterschiedliche Formeln entwickelt, mit deren Hilfe man Näherungswerte von π berechnen kann. **Leonhard Euler** fand im 18. Jahrhundert heraus, dass die Rechnung $\frac{1}{2\cdot3\cdot4}-\frac{1}{4\cdot5\cdot6}+\frac{1}{6\cdot7\cdot8}-\frac{1}{8\cdot9\cdot10}+\ldots$ den Wert $\frac{\pi-3}{4}$ ergibt, wenn man sie immer weiterführt. Damit gilt:
$\pi=3+\frac{4}{2\cdot3\cdot4}-\frac{4}{4\cdot5\cdot6}+\frac{4}{6\cdot7\cdot8}-\frac{4}{8\cdot9\cdot10}+\ldots$

Beispiel 1 Bestimme einen Näherungswert für π mit den ersten drei Brüchen in Eulers Formel. Vergleiche den Näherungswert mit π.

Lösung:

Berechne die Brüche $\frac{4}{2\cdot3\cdot4}$, $\frac{4}{4\cdot5\cdot6}$, $\frac{4}{6\cdot7\cdot8}$ mit dem Taschenrechner.	$\frac{4}{2\cdot3\cdot4}\approx0{,}16667$ $\frac{4}{4\cdot5\cdot6}\approx0{,}03333$ $\frac{4}{6\cdot7\cdot8}\approx0{,}01190$
Schreibe die Ergebnisse als Dezimalzahlen und setze sie in Eulers Formel ein.	$3+0{,}16667-0{,}03333+0{,}01190=3{,}14524$
Vergleiche das Ergebnis mit π.	$3{,}14524-\pi\approx0{,}00365$ (recht genau)

Aufgaben

1 Bestimme einen Näherungswert für π mit den ersten vier Brüchen (den ersten fünf Brüchen) in Eulers Formel. Vergleiche den Näherungswert mit π.

2 Bestimme mit den ersten Faktoren bzw. Summanden der Formel einen Näherungswert für π. Beurteile, wie gut sich die Formel zur Berechnung von π eignet und ob die Qualität der Näherung von der Anzahl der Faktoren bzw. Summanden abhängt.
a) Francois Viète, 1593: $\pi=2\cdot\frac{2}{\sqrt{2}}\cdot\frac{2}{\sqrt{2+\sqrt{2}}}\cdot\frac{2}{\sqrt{2+\sqrt{2+\sqrt{2}}}}\cdot\ldots$
b) John Wallis, 1625: $\pi=2\cdot\frac{2}{1}\cdot\frac{2}{3}\cdot\frac{4}{3}\cdot\frac{4}{5}\cdot\frac{6}{5}\cdot\frac{6}{7}\cdot\frac{8}{7}\cdot\frac{8}{9}\cdot\ldots$
c) Gottfried Wilhelm Leibniz, 1682: $\pi=4\cdot\left(\frac{1}{1}-\frac{1}{3}+\frac{1}{5}-\frac{1}{7}+\frac{1}{9}-\frac{1}{11}\pm\ldots\right)$
d) Leonhard Euler, 1748: $\frac{\pi^2}{6}=\frac{1}{1^2}+\frac{1}{2^2}+\frac{1}{3^2}+\ldots$, d.h. $\pi=\sqrt{6\cdot\left(\frac{1}{1^2}+\frac{1}{2^2}+\frac{1}{3^2}+\ldots\right)}$

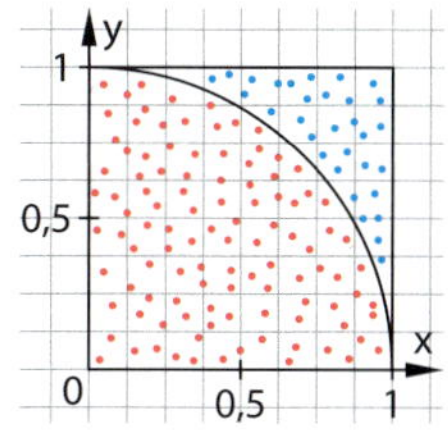

Eine andere Möglichkeit, Näherungswerte für π zu bestimmen, ist die **Monte-Carlo-Methode**. Dazu zeichnet man einen Viertelkreis mit dem Radius 1 LE in ein Koordinatensystem, sodass der Kreismittelpunkt im Koordinatenursprung liegt. Um diesen Kreis zeichnet man ein Quadrat der Seitenlänge 1 LE.
In dem Quadrat werden zufällig Punkte verteilt, z. B. als Zufallszahlen mithilfe eines Computers.
Das Verhältnis der Anzahlen der Punkte innerhalb des Viertelkreises und innerhalb des ganzen Quadrats nähert sich dann dem Verhältnis der Flächeninhalte des Viertelkreises und des Quadrats an, wenn genug Punkte eingetragen wurden.

Das Quadrat hat den Flächeninhalt 1 FE, der Viertelkreis hat den Flächeninhalt
$\frac{1}{4} \cdot 1^2 \cdot \pi \text{ FE} = \frac{\pi}{4} \text{ FE}$, also folgt: $\frac{\text{Flächeninhalt Viertelkreis}}{\text{Flächeninhalt Quadrat}} = \frac{\frac{\pi}{4}}{1} = \frac{\pi}{4}$
Diese Formel kann man nach π umstellen: $\pi = 4 \cdot \frac{\text{Flächeninhalt Viertelkreis}}{\text{Flächeninhalt Quadrat}}$

Da das Verhältnis der Flächeninhalte durch das Verhältnis der Punkte angenähert werden kann, ergibt sich daraus ein Näherungswert für π:

$$\pi \approx 4 \cdot \frac{\text{Anzahl der Punkte im Viertelkreis}}{\text{Anzahl der Punkte im gesamten Quadrat}}$$

Beispiel 2

Bestimme mit der Monte-Carlo-Methode einen Näherungswert für π. Zähle dafür die zufällig im Quadrat verteilten Punkte.

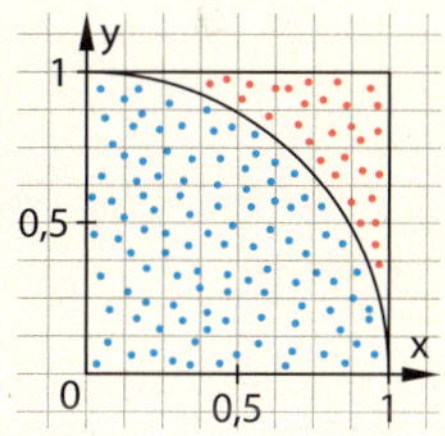

Lösung:

Zähle die Punkte im Viertelkreis und im gesamten Quadrat.
Viertelkreis: 107 Punkte
Quadrat: 138 Punkte

Bilde den Näherungswert für π mit der Formel der Monte-Carlo-Methode.
$\pi \approx 4 \cdot \frac{107}{138} \approx 3{,}101449$

Aufgaben

TK **3** Nutze eine Tabellenkalkulation, um mit der Monte-Carlo-Methode aus Beispiel 1 einen Näherungswert für π zu ermitteln. Erzeuge dazu zufällige Punkte mit $0 < x < 1$ und $0 < y < 1$.
a) Erläutere, wie du feststellen kannst, ob die zufällig erzeugten Punkte innerhalb oder außerhalb des Viertelkreises liegen.
Tipp: Nutze den Satz des Pythagoras.
b) Erzeuge 1000 zufällige Punkte und ermittle damit einen Näherungswert für π.
c) Stelle grafisch dar, wie sich der Näherungswert mit steigender Anzahl der Punkte verändert.

MK **4** **Forschungsauftrag:**
a) Recherchiere, warum der 14. März für Fans der Zahl π ein Feiertag ist.
b) Recherchiere, wie viele Nachkommastellen von π bislang gefunden wurden.
c) Ermittle die Höhe eines Stapels aus DIN-A4-Blättern, auf denen alle bekannten Nachkommastellen geschrieben stehen.

6.4 Vermischte Aufgaben

1 Vervollständige die Tabelle.

	a)	b)	c)	d)	e)	f)	g)
Radius r	12 cm					$\frac{3}{5}$ cm	
Durchmesser d				6 m			
Umfang u			22,62 mm				4,4 dm
Flächeninhalt A		19,63 dm^2			272,89 m^2		

2 Ermittle den Radius des Kreises. Überschlage zunächst im Kopf.
a) $u = 72$ cm b) $A = 24$ dm^2 c) $u = 180$ mm d) $A = 192$ m^2

3 Die Augen von Riesenkalmaren können einen Durchmesser von bis zu 27 cm haben. Berechne den Umfang und den Flächeninhalt eines solchen Auges.

4 Lena hat zum Geburtstag ein kreisförmiges Trampolin mit einem Durchmesser von 2,05 m geschenkt bekommen, das am Rand eine 20 cm breite Sicherheitsabdeckung hat.

a) Berechne den Flächeninhalt der Sprungfläche und den des gesamten Trampolins.
b) Das von Lena gewünschte Trampolin mit einem Durchmesser von 270 cm war den Eltern zu teuer – es kostete 40 % mehr als Lenas Geschenk. Beurteile, ob dieser Mehrpreis gerechtfertigt ist.

5 Eine Ziege auf einer Weide ist mit einem 8 m langen Band an einen Pflock gebunden. Sobald sie die Fläche, die sie so erreichen kann, komplett abgegrast hat, setzt der Bauer den Pflock um. Die Ziege grast die erreichbare Fläche in 18 Stunden ab und erweist sich damit als gefräßiger, als der Bauer vermutet hat. Er will deshalb das Band um 3 m verlängern. Ermittle, wie oft er die Ziege nun umstellen muss.

6 Marie und Jonas backen Plätzchen. Sie haben den Teig zu einem 28 cm langen und 20 cm breiten Rechteck ausgerollt. Ihre Ausstecher haben einen Durchmesser von 4 cm.

a) Marie und Jonas stechen die Plätzchen in geraden Reihen nebeneinander und untereinander aus. Dabei lassen sie etwa 0,5 cm Teig zwischen den Plätzchen übrig. Ermittle, wie viele Plätzchen sie auf diese Weise ausstechen können.
b) Berechne den Flächeninhalt des Teigs, der übrig bleibt.
c) Berechne, für wie viele weitere Plätzchen gleicher Dicke der Teig maximal noch reicht.
d) Überprüfe zeichnerisch, ob die beiden beim ersten Ausrollen des Teigs mehr Plätzchen hätten ausstechen können, wenn sie den Ausstecher versetzt angelegt hätten.
e) Marie möchte die Plätzchen am Rand mit einem dünnen Marzipanstreifen verzieren. Berechne, wie lang dieser Streifen sein müsste, damit er für 20 Plätzchen reicht.

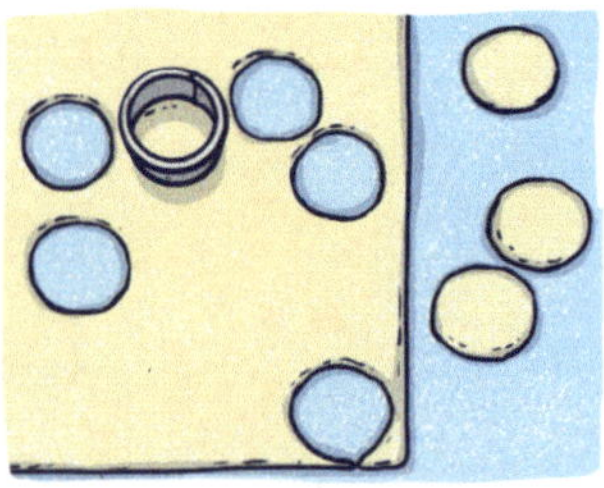

Hinweis zu 6d

Hier kann dynamische Geometrie-Software nützlich sein.

7 a) Schätze, welcher der beiden roten Kreise den größeren Flächeninhalt hat.

b) Der rote Kreis in der linken Abbildung hat einen Radius von 3 mm, der rote Kreis im rechten Bild hat einen Umfang von 6π mm. Überprüfe deine Schätzung aus a) mit einer Rechnung. Erkläre dein Ergebnis.

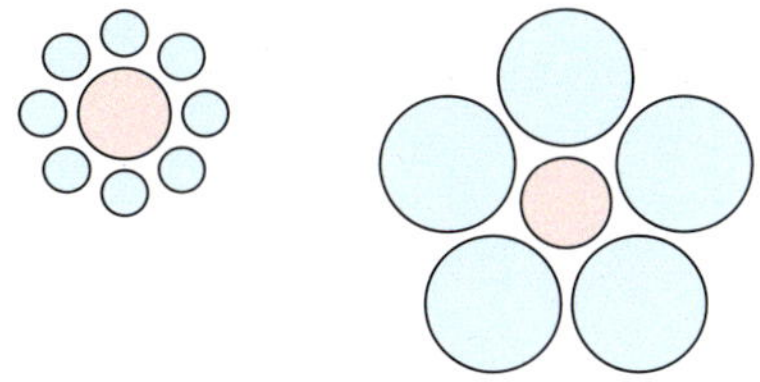

8 Der Ätna ist der höchste aktive Vulkan Europas. Er stößt die weltweit größten Dampfringe aus. Sie können einen Umfang von knapp 630 m erreichen und einen Kilometer über dem Vulkan schweben. Der Airbus A380 ist mit 72,8 m Länge das größte Passagierflugzeug der Welt. Ermittle, ob ein Dampfring des Ätnas einen Airbus A380 vollständig umschließen kann.

9 **Blütenaufgabe:** Das London Eye ist mit einer Höhe von 135 m und einem Durchmesser von 121 m das höchste Riesenrad Europas.

Berechne den Weg, den die Besucher bei einer Umrundung zurücklegen.

Das Riesenrad wurde vor dem Aufrichten liegend auf Schwimmkähnen zusammengebaut. Berechne die Kreisfläche, die es liegend einnahm.

Das London Eye hat 32 Kabinen, deren Aufhängungen außen auf dem Rad gleich weit voneinander entfernt sind. Bestimme den Abstand zweier Kabinen.

Das London Eye hält nur an, wenn beispielsweise Rollstuhlfahrer ein- oder aussteigen wollen. Nimm an, du steigst in das London Eye ein und fährst 10 Minuten mit einer Geschwindigkeit von $0{,}26\,\frac{m}{s}$, bis es anhält. Ermittle den Winkel, um den sich das Riesenrad bis dahin gedreht hat.

Die Kabinen bewegen sich mit einer Geschwindigkeit von $0{,}26\,\frac{m}{s}$ auf einer Kreisbahn. Berechne die Zeitdauer für eine Umrundung.

10 Der Halbkreis hat den Radius $r = 4$ cm. Das Dreieck ABC ist gleichseitig.

a) Gib die Seitenlängen und Innenwinkel des Dreiecks BDC an.

b) Berechne den Flächeninhalt der blauen Fläche.

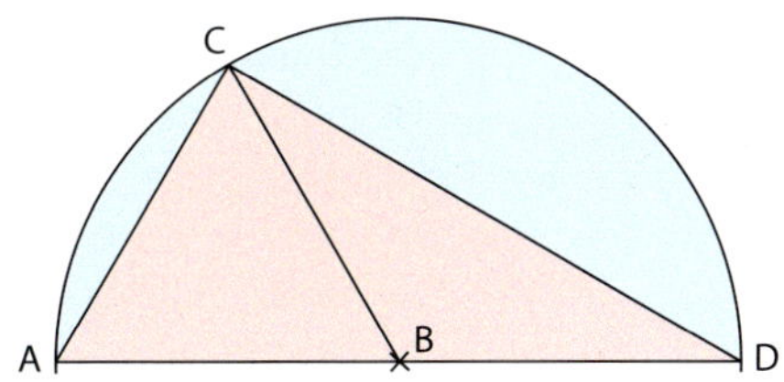

11 Berechne den Flächeninhalt der gefärbten Figur.

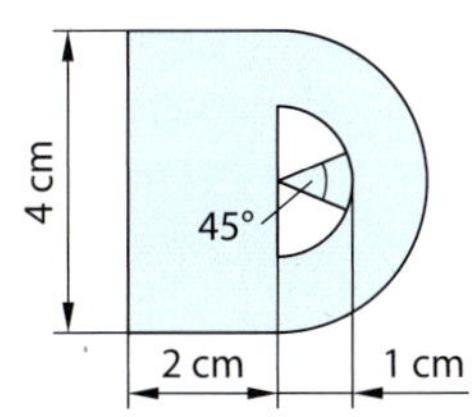

MK **12** Ein Mobilfunkmast hat eine Reichweite von rund 9 km. Ermittle, wie viele Masten mindestens in Deutschland aufgestellt werden müssten, damit die Menschen überall Handyempfang haben.

6 Prüfe dein neues Fundament

Lösungen
→ S. 225

1 Berechne den Umfang des Kreises. Überschlage zunächst im Kopf.

a) $r = 25\,cm$ b) $r = 14\,mm$ c) $d = 2{,}8\,km$
d) $d = 4{,}65\,m$ e) $r = 0{,}095\,km$ f) $d = 2\pi\,m$

2 Berechne den Radius r und den Durchmesser d eines Kreises mit dem Umfang $u = 500\,m$.

3 Vervollständige die Tabelle zu Planeten unseres Sonnensystems. Gehe davon aus, dass die Planeten die Form von Kugeln haben. Runde auf ganze Kilometer.

Planet	Venus	Erde	Mars	Jupiter	Neptun
Durchmesser	12 104 km		6790 km		49 528 km
Länge des Äquatorkreises		40 074 km		449 197 km	

4 Zeichne einen Kreis und ein gleichseitiges Dreieck in den Kreis. Erläutere, wie du nun ein regelmäßiges Sechseck im Kreis konstruieren kannst und wie du damit ein Näherungsverfahren zur Ermittlung des Flächeninhalts des Kreises erhältst.

5 Berechne den Flächeninhalt des Kreises mit dem Radius r bzw. mit dem Durchmesser d. Überschlage zunächst im Kopf. Runde sinnvoll.

a) $r = 4\,cm$ b) $r = 7{,}8\,m$ c) $d = 2\,cm$
d) $r = 23{,}75\,dm$ e) $d = 10{,}34\,km$ f) $d = 2\sqrt{3}\,cm$

6 Berechne Umfang und Flächeninhalt.

a) 1-Cent-Münze $d = 16{,}25\,mm$ b) Schallplatte $d = 30\,cm$ c) Steinkreis $d = 41{,}5\,dm$ d) kreisförmiges Fenster $d = 1{,}66\,m$

7 Ermittle den Radius des Kreises.

a) $u = 36\,cm$ b) $A = 48\,cm^2$ c) $u = 90\,mm$ d) $A = 363\,m^2$

8 Die Sendereichweite eines Sprechfunkgeräts beträgt 5 km. Berechne, wie groß das Gebiet ist, in dem man die Signale des Funkgeräts empfangen kann.

9 a) Zeichne einen Kreisausschnitt mit dem Radius 2,8 cm und dem Öffnungswinkel 60°. Markiere darin den Kreisbogen b_α farbig.
b) Zeichne einen Kreisausschnitt, dessen Kreisbogen b_α die Länge 4 cm hat. Ermittle vorher rechnerisch passende Maße.

10 Berechne zu dem Kreisausschnitt mit dem Radius r und dem Öffnungswinkel α den Flächeninhalt A_α und die Länge des Kreisbogens b_α. Runde sinnvoll.

a) $r = 5\,cm;\ \alpha = 16°$ b) $r = 11\,mm;\ \alpha = 58°$

11 a) Gegeben ist ein Kreisausschnitt mit dem Radius 2,8 cm und der Länge des Kreisbogens $b_\alpha = 3{,}91\,cm$. Berechne den Öffnungswinkel α.
b) Gegeben ist ein Kreisausschnitt mit dem Öffnungswinkel $\alpha = 36°$ und dem Flächeninhalt $A_\alpha = 60\,cm^2$. Berechne den Radius.

Lösungen
→ S. 225

12 Der Durchmesser des Halbkreises beträgt 6 cm. Der Fußpunkt der Höhe h_c teilt den Durchmesser des Halbkreises im Verhältnis 3 : 1. Die Strecke BC ist 3 cm lang. Berechne den Inhalt der grün gefärbten Fläche.

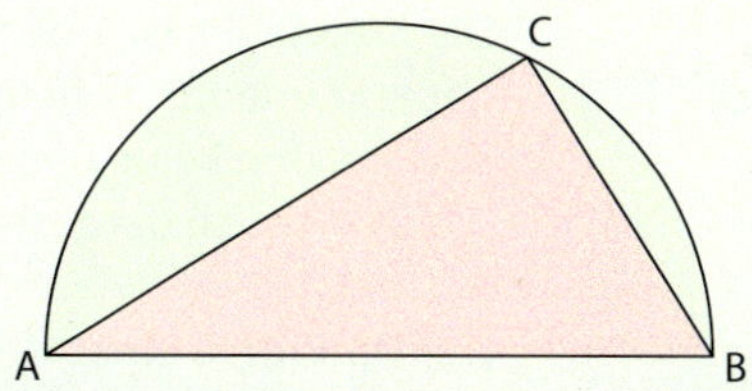

13 Das runde Zielfeld bei einem Wettkampf im Bogenschießen hat den Durchmesser 122 cm. Es besteht aus vier Kreisringen gleicher Breite (von außen nach innen: weiß, schwarz, blau, rot) und einem gelben Kreis in der Mitte, dessen Radius der Breite der Kreisringe entspricht. Berechne den Flächeninhalt des roten Rings.

14 Ein Beet hat die Form eines Kreissektors mit dem Radius r = 0,8 m und dem Öffnungswinkel α = 120°.

a) Das Beet soll mit Stiefmütterchen bepflanzt werden. Jede Pflanze benötigt 20 cm² Platz. Berechne die Anzahl der Stiefmütterchen, die in das Beet passen.

b) Das Beet soll mit Steinen umrandet werden, von denen jeder 9 cm lang ist. Ermittle die Anzahl der benötigten Steine.

c) Ein Stiefmütterchen kostet 1,90 €, ein Stein kostet 1,30 €. Berechne die Kosten für das Beet.

d) Für das Beet steht ein zweiter möglicher Platz zur Verfügung. Dort könnte es den Öffnungswinkel α = 140°, aber nur den Radius r = 0,65 m haben. Ermittle, ob dieses Beet preiswerter ist als das andere.

15 Ein Künstler hat das abgebildete Mosaik entworfen. Für 10 cm² Fläche benötigt er rund 40 Mosaiksteine. 100 Steine kosten 4,49 €. Berechne die Kosten für das Mosaik.

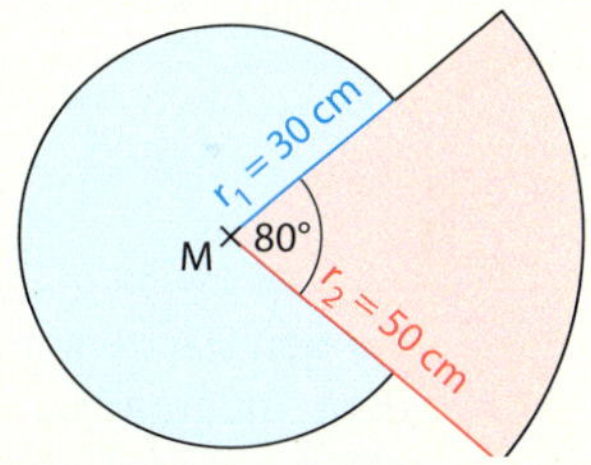

Wo stehe ich?

	Ich kann…	Aufgabe	Schlag nach
5.1	… durch ein geeignetes Verfahren einen Näherungswert für die Zahl π bestimmen. … den Umfang eines Kreises berechnen. … den Radius und Durchmesser eines Kreises aus dem gegebenen Umfang berechnen.	1, 2, 3, 4, 6, 7	S. 134 Beispiel 1
5.2	… den Flächeninhalt eines Kreises berechnen. … den Radius und Durchmesser eines Kreises aus dem gegebenen Flächeninhalt berechnen.	5, 6, 7, 8, 13	S. 138 Beispiel 1
5.3	… den Flächeninhalt eines Kreissektors berechnen. … die Bogenlänge eines Kreissektors berechnen. … aus dem Flächeninhalt oder der Bogenlänge eines Kreissektors den Öffnungswinkel oder den Radius berechnen.	9, 10, 11, 12, 14	S. 142 Beispiel 1, S. 143 Beispiel 2

Kreiszahl π

Die Kreiszahl π ist eine irrationale Zahl, sie hat also unendlich viele Stellen nach dem Komma und keine Periode. Deshalb kann sie nicht als Bruch dargestellt werden.

$\pi = 3{,}1415926535897932384626433832795028841 97\ldots$

Umfang eines Kreises

Der **Umfang u eines Kreises** ist proportional zu seinem Durchmesser d bzw. Radius r.

Es gilt: $u = \pi \cdot d = 2 \cdot \pi \cdot r \quad (\pi \approx 3{,}14)$

Ermittle den Umfang u eines Kreises mit dem Radius r = 12 cm.
$u = 2 \cdot \pi \cdot r$
$u = 2 \cdot \pi \cdot 12\,\text{cm}$
$u \approx 75{,}40\,\text{cm}$

Flächeninhalt eines Kreises

Für den **Flächeninhalt A eines Kreises** mit dem Radius r gilt:
$A = \pi \cdot r^2 = \frac{\pi}{4} \cdot d^2 \quad (\pi \approx 3{,}14)$

Ermittle den Flächeninhalt A eines Kreises mit dem Radius r = 3 cm.
$A = \pi \cdot r^2$
$A = \pi \cdot (3\,\text{cm})^2$
$A \approx 28{,}27\,\text{cm}^2$

Kreissektor

Für den **Flächeninhalt eines Kreissektors A_α** mit dem Radius r und dem Öffnungswinkel α gilt:
$A_\alpha = \frac{\alpha}{360°} \cdot \pi \cdot r^2$

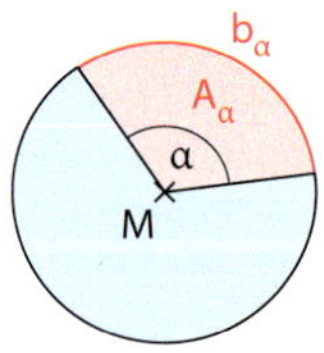

Berechne den Flächeninhalt A_α des Kreissektors mit dem Radius 6 m und dem Öffnungswinkel 120°.
$A_\alpha = \frac{\alpha}{360°} \cdot \pi \cdot r^2$
$A_\alpha = \frac{120°}{360°} \cdot \pi \cdot (6\,\text{m})^2$
$A_\alpha \approx 37{,}70\,\text{m}^2$

Kreisbogen

Für die **Länge eines Kreisbogens** b_α mit dem Radius r und dem Öffnungswinkel α gilt:
$b_\alpha = \frac{\alpha}{180°} \cdot \pi \cdot r$

Berechne die Bogenlänge b_α des Kreissektors mit dem Radius 6 m und dem Öffnungswinkel 120°.
$b_\alpha = \frac{\alpha}{180°} \cdot \pi \cdot r$
$b_\alpha = \frac{120°}{180°} \cdot \pi \cdot 6\,\text{m}$
$b_\alpha \approx 12{,}57\,\text{m}$

Kreisring

Für den Flächeninhalt eines Kreisrings mit dem Außenradius r_1 und dem Innenradius r_2 gilt: $A = \pi \cdot (r_1^2 - r_2^2)$

Berechne den Flächeninhalt des Kreisrings mit $r_1 = 5\,\text{cm}$ und $r_2 = 3\,\text{cm}$.
$A = \pi \cdot (25\,\text{cm}^2 - 9\,\text{cm}^2)$
$= \pi \cdot 16\,\text{cm}^2$
$\approx 50{,}27\,\text{cm}^2$

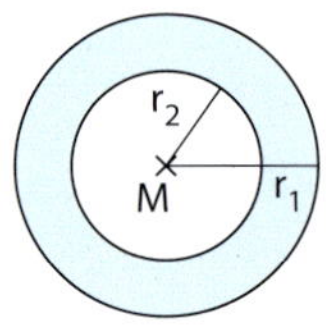

7

Körperberechnungen

Nach diesem Kapitel kannst du

→ das Netz eines Prismas zeichnen,
→ Oberflächeninhalt und Volumen eines Prismas berechnen,
→ Oberflächeninhalt und Volumen eines Zylinders berechnen,
→ Längen in Prismen und Zylindern berechnen,
→ Oberflächeninhalte und Volumina von Teilkörpern und zusammengesetzten Körpern berechnen,
→ die Gleichheit von Volumina mit dem Prinzip von Cavalieri begründen.

Lösungen → S. 226

Volumen- und Flächeneinheiten

1 Rechne in die in Klammern angegebene Einheit um.
a) $3\,m^2$ (dm^2) b) $0{,}3\,cm^2$ (mm^2) c) $98\,908\,cm^2$ (m^2) d) $0{,}5\,m^2$ (cm^2)
e) $559\,cm^3$ (ℓ) f) $0{,}07\,m^3$ (cm^3) g) 7890 ℓ (m^3) h) 0,12 ℓ (mℓ)

2 a) Ordne alle Flächeninhaltsangaben der Größe nach.
b) Ordne alle Volumenangaben der Größe nach.

$2\,m^3$ | $2\,m^2$ | 0,5 ha | $17\,dm^3$ | 10 mℓ | $2153\,cm^2$
$0{,}025\,dm^3$ | 1,5 a | 0,5 ℓ | $0{,}02\,m^2$

3 Berechne. Wandle zunächst in die gleiche Einheit um.
a) $5\,mm^2 + 3\,cm^2$ b) $200\,m^2 + 0{,}1\,km^2$ c) $5000\,cm^3 + 0{,}2\,m^3$ d) $3\,m^2 \cdot 50\,cm$

Berechnungen am Quader

4 Berechne das Volumen und den Oberflächeninhalt des Körpers.
a) Würfel mit der Kantenlänge 2 cm
b) Quader mit den Kantenlängen a = 3 cm, b = 1 cm und c = 2 cm

5 Ein Quader hat ein Volumen von $60\,cm^3$. Ermittle die Höhe des Quaders mit der angegebenen Grundfläche.

a)
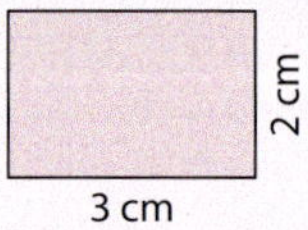

b)
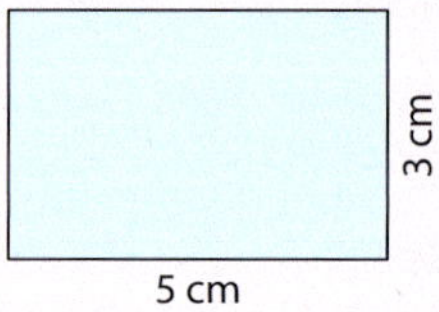

c)
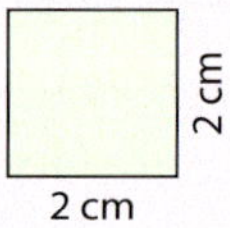

6 Gib die gesamte Länge aller Kanten eines Würfels mit einem Volumen von $1000\,cm^3$ an.

7 Gustav will für sein neues Aquarium (50 cm lang, 30 cm breit und 35 cm hoch) Fische kaufen. Ein Fisch der gewünschten Art benötigt im Aquarium etwa 2 ℓ Wasser als Lebensraum.
Ermittle, wie viele Fische dieser Art Gustav in seinem Aquarium maximal halten sollte, wenn das Wasser im Becken 28 cm hoch steht.

Körper

8 Gib an, um welchen mathematischen Körper es sich handelt. Bei welchem Körper gibt es keinen passenden Fachbegriff? Begründe.

a)

b)
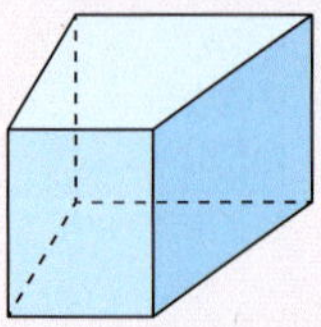

c)
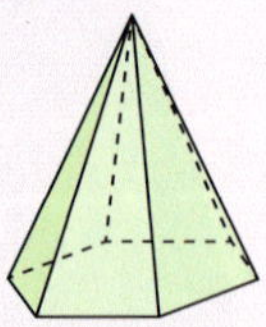

d)
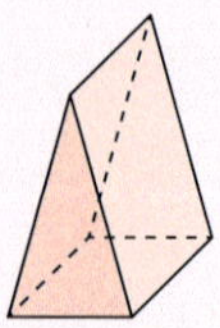

e)
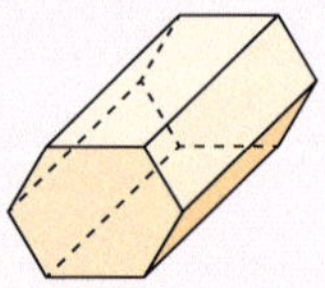

f)
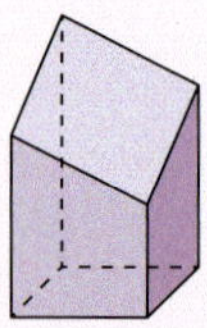

Lösungen
→ S. 226

9 Zeichne ein Netz und ein Schrägbild des Körpers.
a) Würfel mit einer Kantenlänge von 2 cm
b) Quader mit den Kantenlängen a = 2 cm, b = 3 cm, c = 1 cm

Berechnungen an Dreiecken und Vierecken

Erinnere dich

Parallelogramm:
$A = g \cdot h$
Trapez mit a || c:
$A = \frac{(a+c) \cdot h}{2}$

10 Berechne den Flächeninhalt der Figur.
a) Dreieck mit g = 6 cm, h = 5 cm
b) Parallelogramm mit g = 10 cm, h = 85 mm
c) Trapez mit a = 60 mm, c = 3 cm, h = 4,2 cm

11 Gib den Flächeninhalt der Figur an. Entnimm erforderliche Maße der Zeichnung.

a) 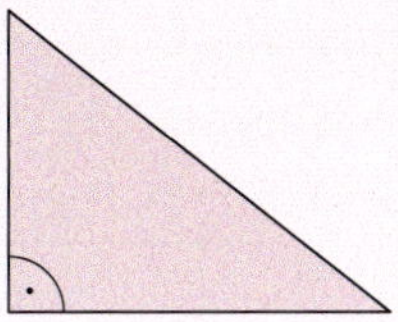
b) 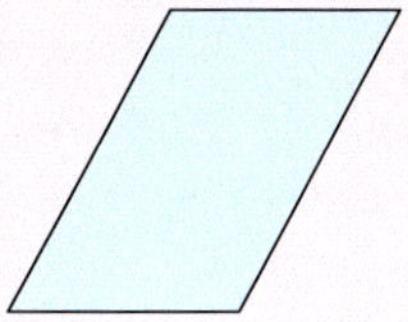
c) 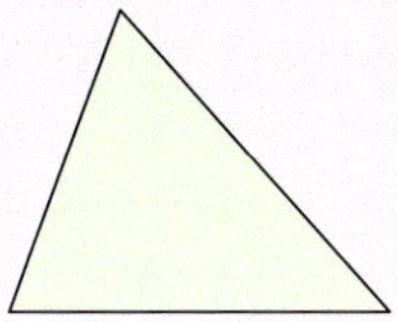
d) 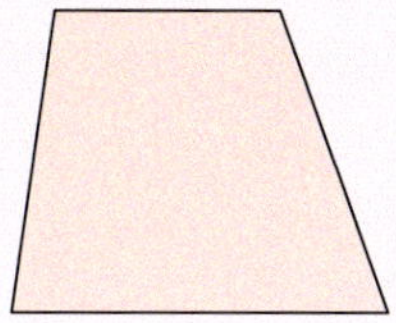

12 Gib den Flächeninhalt der Figur an.

a) 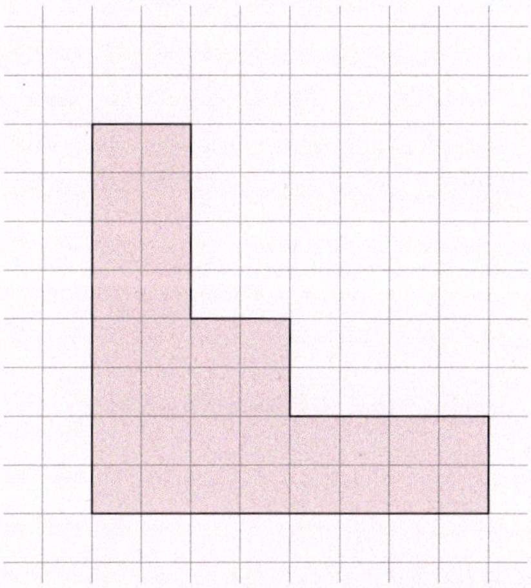
b) 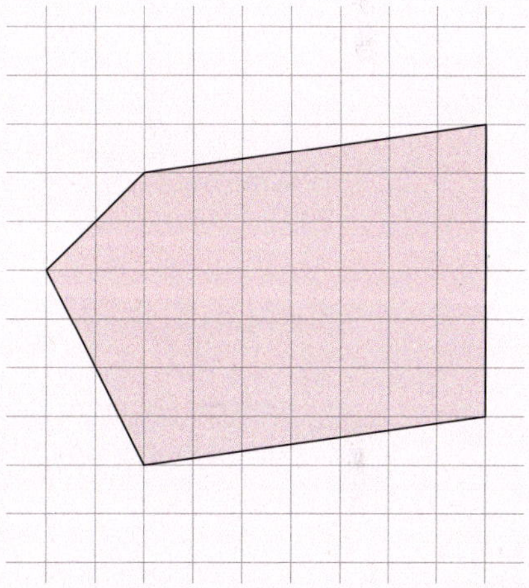

Berechnungen am Kreis

13 Berechne den Umfang und den Flächeninhalt des Kreises.
a) r = 1 cm b) d = 4 cm c) r = 1,4 cm d) d = 2,6 cm

14 Berechne den Radius des Kreises.
a) Umfang: 42 cm b) Flächeninhalt: 314 cm^2

15 Berechne den Flächeninhalt und den Umfang der Figur.

a) 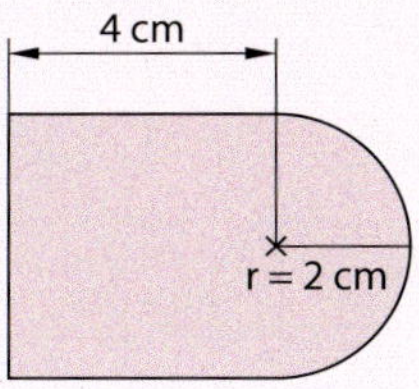

b) 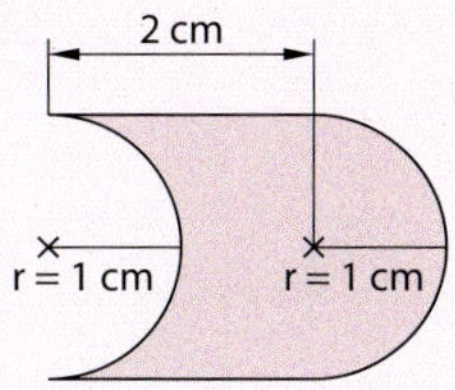

7.1 Prisma – Netz und Oberflächeninhalt

Faruk bastelt mit seiner kleinen Schwester Laternen als Weihnachtsgeschenke. Beschreibe die Teile, aus denen die Laterne besteht. Erläutere, wie man eine solche Laterne herstellen kann.

Erinnere dich

Kongruent bedeutet deckungsgleich.

Wissen

Ein Prisma ist ein Körper, der durch zwei kongruente und parallele Vielecke und rechteckige Seitenflächen begrenzt wird.

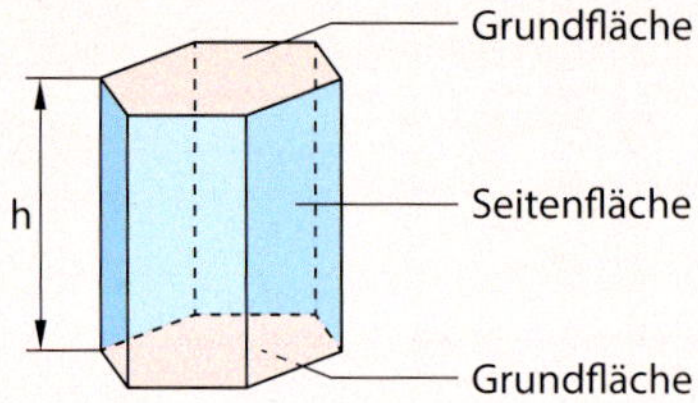

Prisma mit sechseckiger Grundfläche

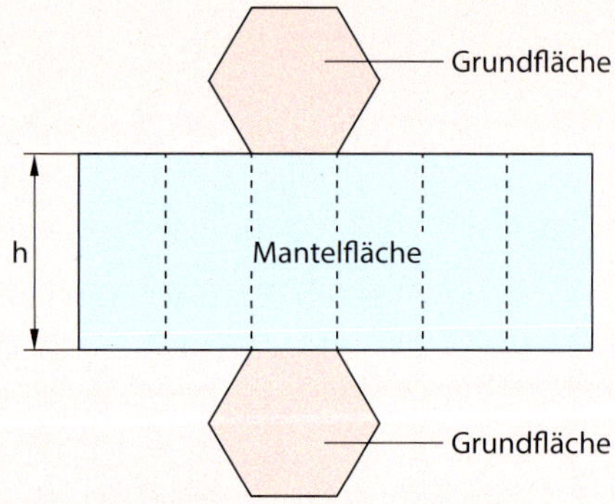

Netzdarstellung

Basisaufgaben

Hinweis

Ein Prisma kann auf seiner Grundfläche stehen oder auf einer Seitenfläche liegen. Bei einem liegenden Prisma zeigt die Grundfläche nach vorn.

1 Entscheide begründet, ob es sich bei dem Körper um ein Prisma handelt. Falls ja, gib die Form der Grundfläche an.

a) 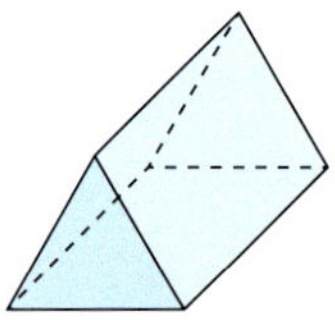
b) 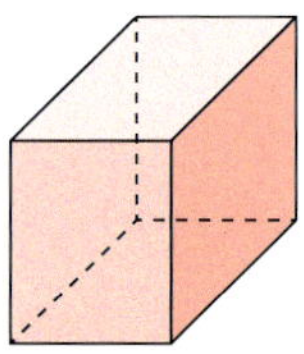
c) 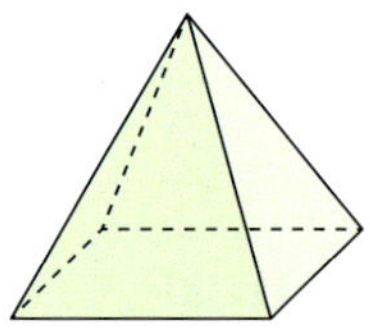
d) 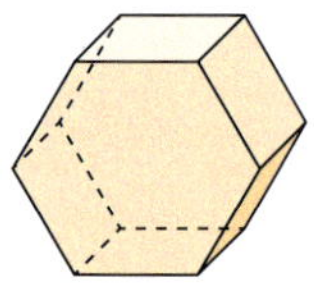
e) 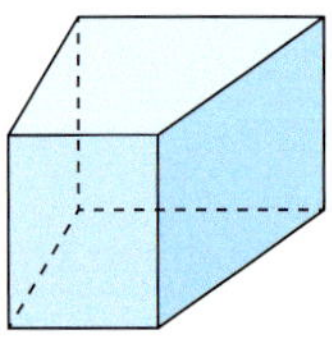
f) 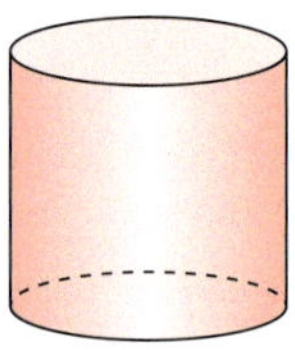
g) 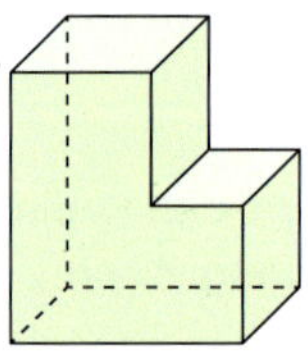
h) 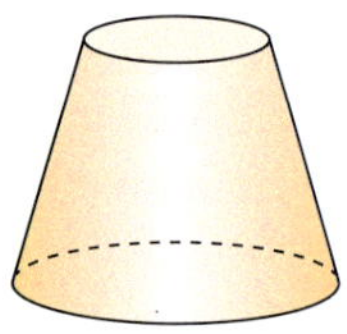

2 Begründe, ob die Abbildung das Netz eines Prismas zeigt.

a) 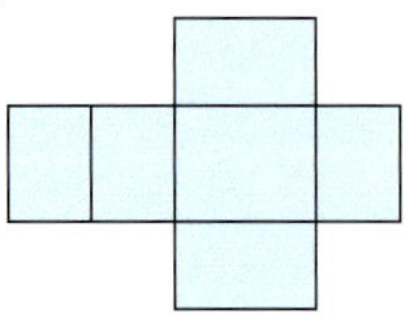
b) 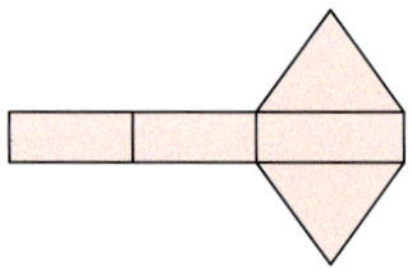
c) 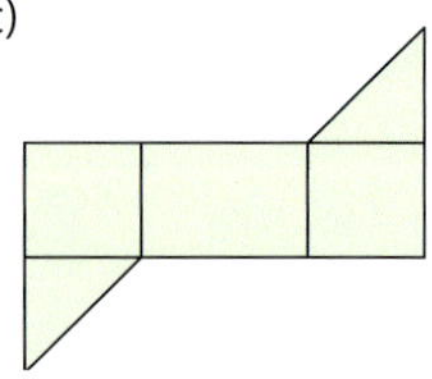
d) 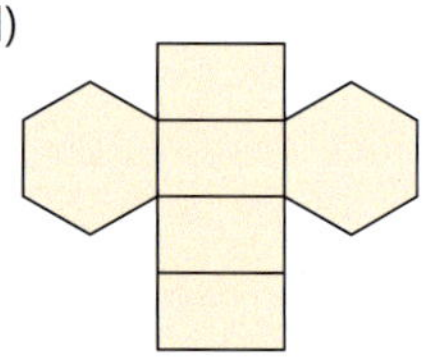

Oberflächeninhalt

Der Oberflächeninhalt eines Quaders ist der Flächeninhalt seines Netzes. Das gilt ebenso für den Oberflächeninhalt von Prismen. Das Netz eines Prismas besteht aus der Mantelfläche und zweimal der Grundfläche.

Wissen

Für den Oberflächeninhalt O eines Prismas mit dem Grundflächeninhalt G und dem Mantelflächeninhalt M gilt: $\mathbf{O = 2 \cdot G + M}$

Beispiel 1

a) Zeichne ein Netz des Prismas (Maße in cm).
b) Berechne den Oberflächeninhalt des Prismas.

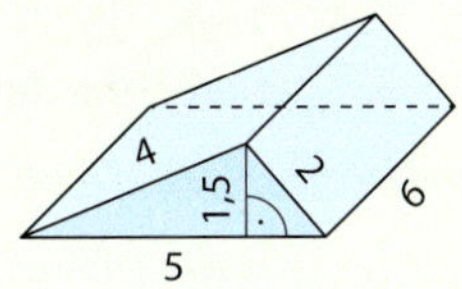

Lösung:

a) Zeichne zuerst die Mantelfläche. Die Maße der Mantelfläche ergeben sich aus der Höhe 6 cm und den drei Seitenlängen des Dreiecks (4 cm, 5 cm, 6 cm). Ergänze dann die beiden Dreiecke der Grundflächen. Den fehlenden dritten Punkt der Dreiecke kannst du konstruieren, indem du die Längen der Seiten mit einem Zirkel abträgst.

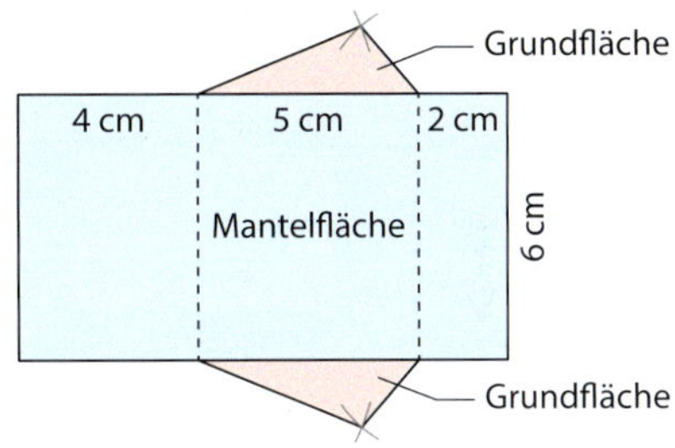

b) Berechne zuerst den Mantelflächeninhalt und den Grundflächeninhalt.

Länge der Mantelfläche:
$4\,\text{cm} + 5\,\text{cm} + 2\,\text{cm} = 11\,\text{cm}$

Der Mantelflächeninhalt ergibt sich aus dem Flächeninhalt der rechteckigen Seitenflächen.

Mantelflächeninhalt:
$M = 11\,\text{cm} \cdot 6\,\text{cm} = 66\,\text{cm}^2$

Der Grundflächeninhalt ist der Inhalt des Dreiecks mit der Grundseite 5 cm und der Höhe 1,5 cm.

Grundflächeninhalt:
$G = \frac{5\,\text{cm} \cdot 1{,}5\,\text{cm}}{2} = 3{,}75\,\text{cm}^2$

Setze die Werte für G und M in $O = 2 \cdot G + M$ ein.

Oberflächeninhalt:
$O = 2 \cdot G + M$
$= 2 \cdot 3{,}75\,\text{cm}^2 + 66\,\text{cm}^2$
$= 73{,}5\,\text{cm}^2$

Der Oberflächeninhalt beträgt $73{,}5\,\text{cm}^2$.

Basisaufgaben

3 Zeichne ein Netz des Prismas und berechne den Oberflächeninhalt (Maße in cm).

a)

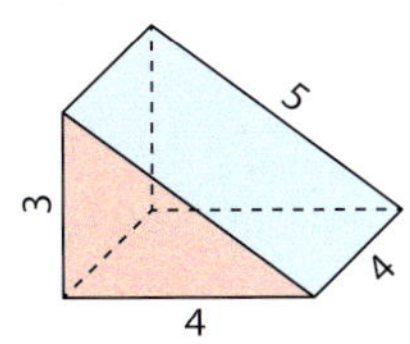

b)

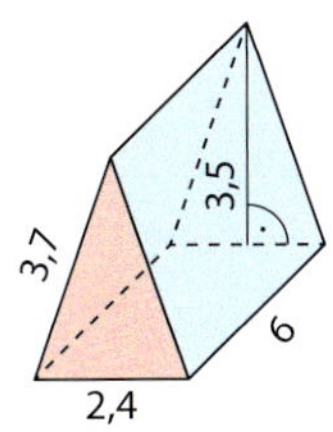

c)

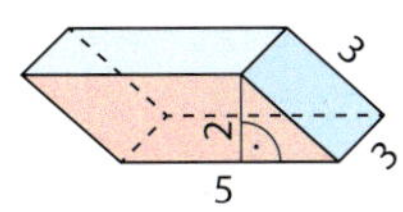

d)

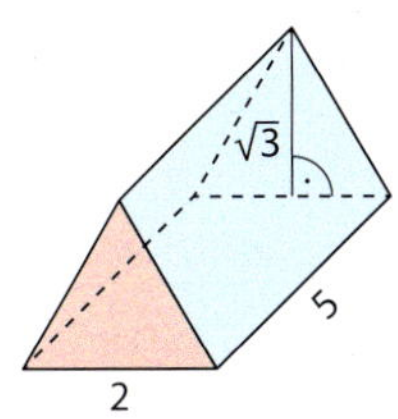

4 Berechne den Oberflächeninhalt des Prismas (Maße in cm).

a)
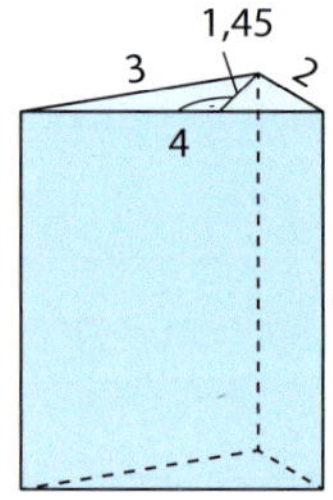

b)
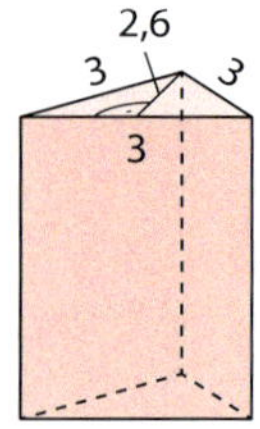

c)
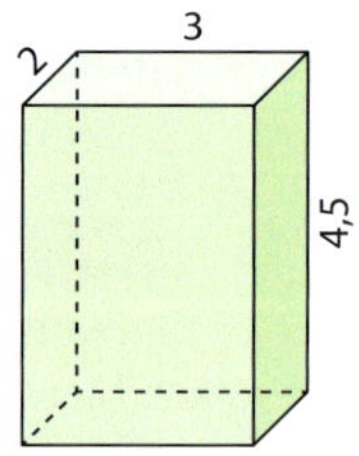

5 Prüfe, ob die Abbildung das Netz eines Prismas zeigt. Korrigiere das Netz, falls nötig, und berechne den Oberflächeninhalt des Prismas.

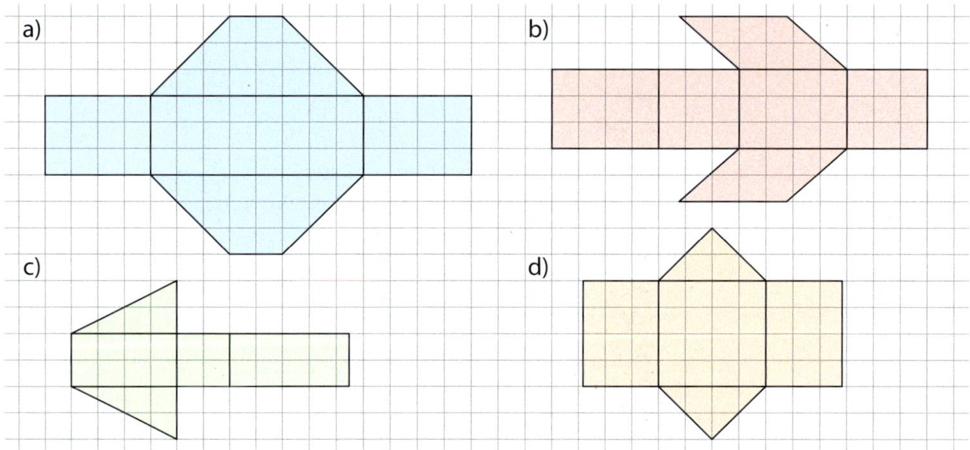

Weiterführende Aufgaben

6 a) Lukas hat im Internet die Formel $O = 2G + u \cdot h$ für den Oberflächeninhalt eines Prismas gefunden. Gib an, wofür u und h stehen. Erkläre die Formel anhand einer Skizze, in der du die Größen u und h einzeichnest.

b) Ein Prisma hat eine Grundfläche von $75\,cm^2$ und eine Höhe von 8 cm. Die Grundfläche hat einen Umfang von 35 cm. Berechne den Oberflächeninhalt.

c) Ein Prisma hat einen Oberflächeninhalt von $200\,cm^2$ und ist 5 cm hoch. Die Grundfläche ist $50\,cm^2$ groß. Berechne den Umfang des Prismas.

Lösungen zu 7

$464\,cm^2$

$380{,}8\,cm^2$

$480\,cm^2$

7 Ein Prisma ist 8 cm hoch und hat die dargestellte Grundfläche (Maße in cm). Berechne den Oberflächeninhalt des Prismas.

a)
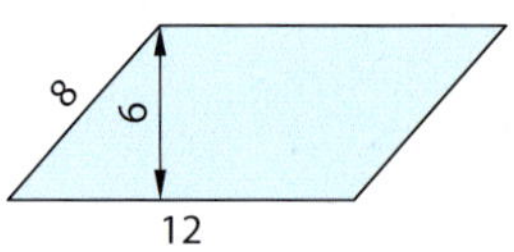

b)
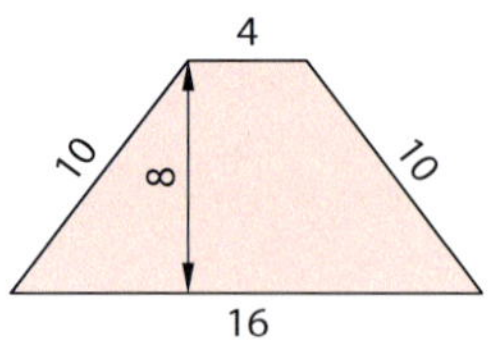

c)
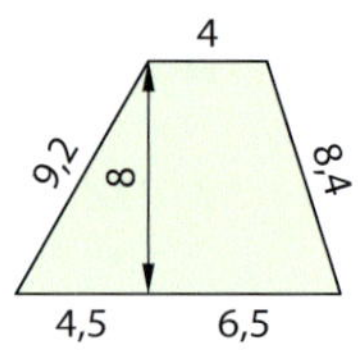

8 Berechne den Oberflächeninhalt der abgebildeten Figur (Maße in m).

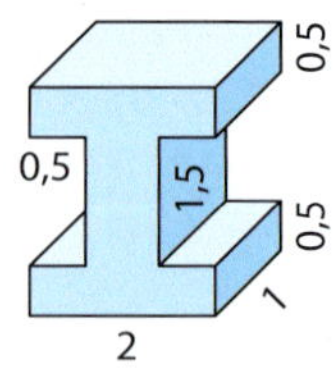

⚠ ◐ 9 **Stolperstelle:** Clara und Sven haben den Flächeninhalt des Prismas mit dem abgebildeten Netz berechnet. Erkläre ihre Fehler.

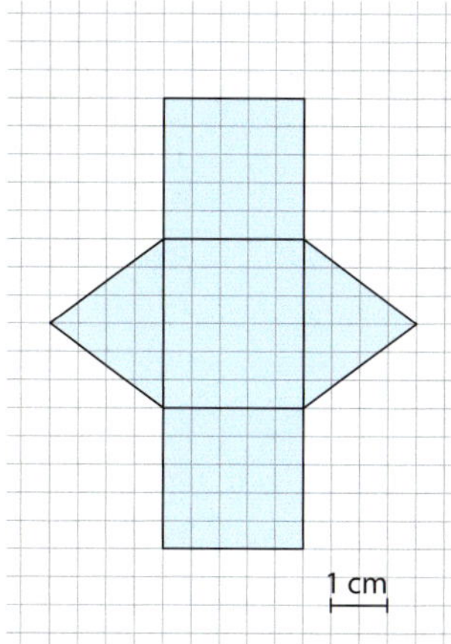

Clara:

$M = 2{,}5\,cm \cdot 2{,}5\,cm + 3\,cm \cdot 2{,}5\,cm + 2{,}5\,cm \cdot 2{,}5\,cm$

$M = 20\,cm^2$

$G = \frac{3\,cm \cdot 2\,cm}{2} = 3\,cm^2$

$O = 20\,cm^2 + 3\,cm^2 = 23\,cm^2$

Sven:

$M = 2 \cdot \frac{3\,cm \cdot 2\,cm}{2} + 3\,cm \cdot 2{,}5\,cm = 13{,}5\,cm^2$

$G = 2{,}5\,cm \cdot 2{,}5\,cm = 6{,}25\,cm^2$

$O = 2 \cdot 6{,}25\,cm^2 + 13{,}5\,cm^2 = 26\,cm^2$

◐ 10 Begründe, ob die Aussage richtig ist. Falls nein, gib ein Gegenbeispiel an.
a) Ein Würfel ist ein Prisma.
b) Die Oberfläche eines Prismas setzt sich aus sechs Flächen zusammen.
c) Die beiden Grundflächen eines Prismas sind gleich groß.
d) Alle Seitenflächen eines Prismas sind gleich groß.
e) Die Seitenflächen eines Prismas sind rechteckig.
f) In einem Prisma gibt es zwei Seitenflächen, die parallel zueinander sind.

● 11 Das angegebene Prisma wurde aus Holz hergestellt und dann bis zu einem Drittel seiner Höhe in rote Farbe getaucht. Skizziere ein passendes Netz und markiere darin die rot gefärbten Teile farbig. Berechne die rot markierte Fläche in cm^2.
a) Grundfläche: rechtwinkliges Dreieck mit $a = b = 25\,mm$, $\gamma = 90°$; $h_{Prisma} = 4{,}5\,cm$
b) Grundfläche: achsensymmetrisches Trapez mit $a = 4\,cm$, $c = 3\,cm$, $h_{Trapez} = 2\,cm$; $h_{Prisma} = 1{,}5\,cm$

◐ 12 a) Zeichne ein Netz der Verpackung (Maße in cm).
b) Berechne, wie viel Pappe für die Verpackung benötigt wird. Ermittle die Höhe der Grundfläche mit einer Zeichnung, in der du die Höhe mit dem Geodreieck misst.
c) Für die Klebelaschen und den Verschnitt sind 12 % mehr Material erforderlich als in b) berechnet. Berechne, wie viel Material benötigt wird.

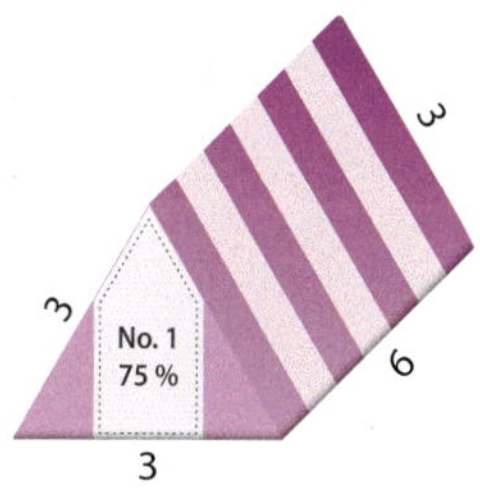

● 13 a) Ermittle die prozentuale Veränderung des Oberflächeninhalts eines Prismas, wenn man seine Höhe verdoppelt (halbiert; verdreifacht).
b) Erkläre, warum du die prozentuale Veränderung des Oberflächeninhalts eines Prismas nicht ohne Weiteres angeben kannst, wenn sich der Grundflächeninhalt verändert.

● 14 **Ausblick:** Wenn man die Mittelpunkte der Flächen eines Körpers miteinander verbindet, erhält man einen neuen Körper. Dieser heißt **dualer Körper** zum ursprünglichen Körper.
a) Ermittle mithilfe einer Zeichnung den dualen Körper eines Quaders.
b) Ermittle den dualen Körper eines dreiseitigen Prismas.
Hinweis: Der Schwerpunkt (Mittelpunkt) eines Dreiecks ist der Schnittpunkt der Seitenhalbierenden.
c) Begründe mithilfe von b), wie der duale Körper eines beliebigen Prismas aussieht. Finde eine Bezeichnung für diesen Körper.

Schrägbild eines Prismas

Lara und Janis sprechen über die Abbildung. Janis meint, dass zwei unterschiedliche Prismen dargestellt sind. Lara behauptet, dass beide Bilder das gleiche Prisma zeigen. Nimm Stellung.

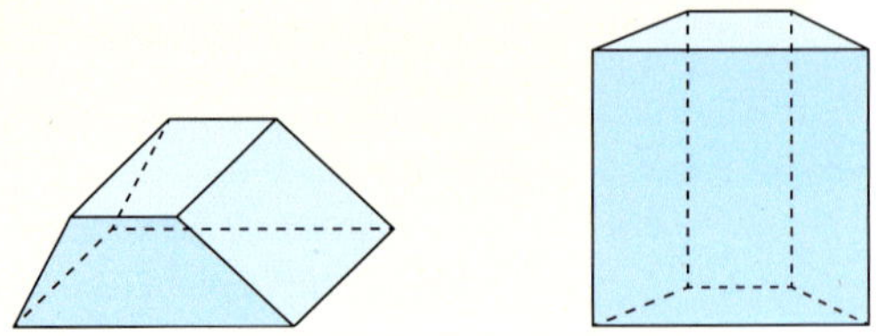

Schrägbild eines liegenden Prismas

Beispiel 1

Zeichne auf Karopapier das Schrägbild eines Prismas mit der dargestellten Grundfläche und der Höhe h = 4 cm. Das Prisma soll auf einer Seitenfläche liegen.

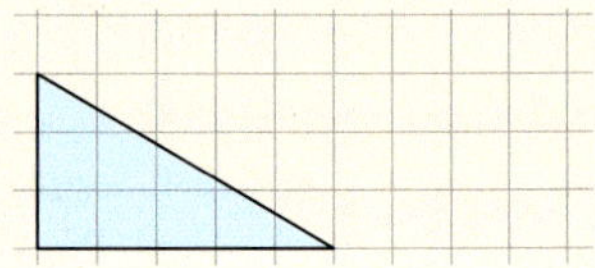

Lösung:

Zeichne die Grundfläche in tatsächlicher Größe.

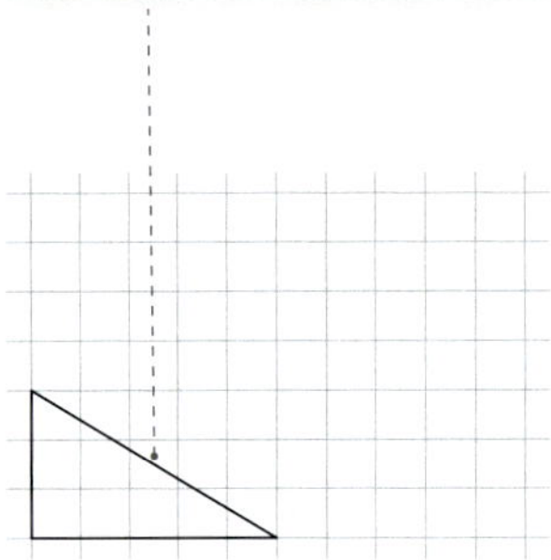

Zeichne von jedem Eckpunkt aus eine Strecke der Länge 4 Kästchendiagonalen nach hinten (denn h = 4 cm).

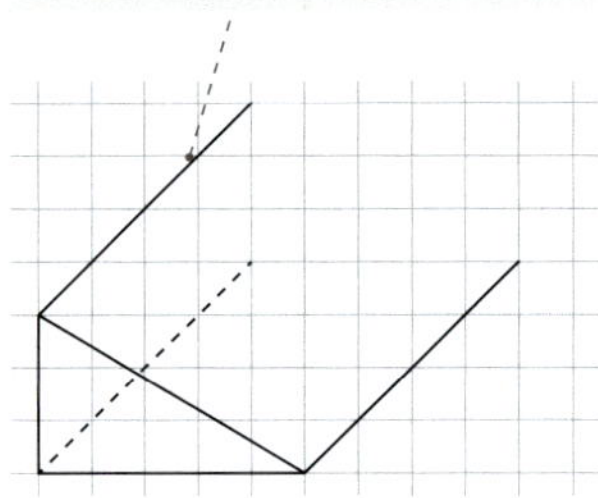

Verbinde die Endpunkte der Strecken zur hinteren Grundfläche.

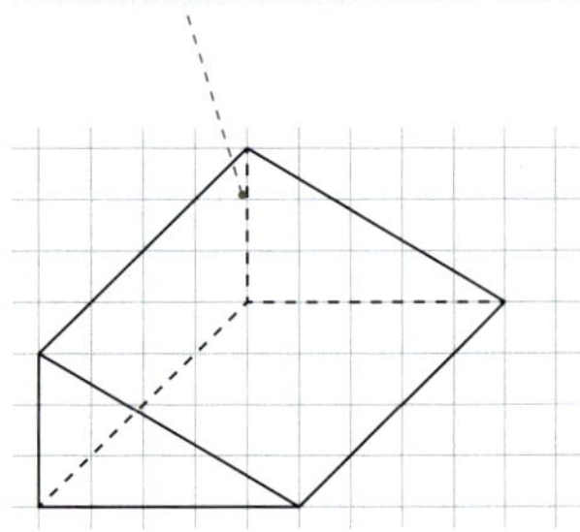

Hinweis

Verdeckte Kanten werden in einem Schrägbild gestrichelt gezeichnet. Kanten in Tiefenrichtung werden verkürzt gezeichnet, i.d.R. halb so lang; der Einfachheit halber wird für 1 cm eine Kästchendiagonale gewählt, also etwas mehr als 0,5 cm.

Aufgaben

1 Zeichne ein Schrägbild des Prismas mit der dargestellten Grundfläche. Das Prisma soll auf einer Seitenfläche liegen.

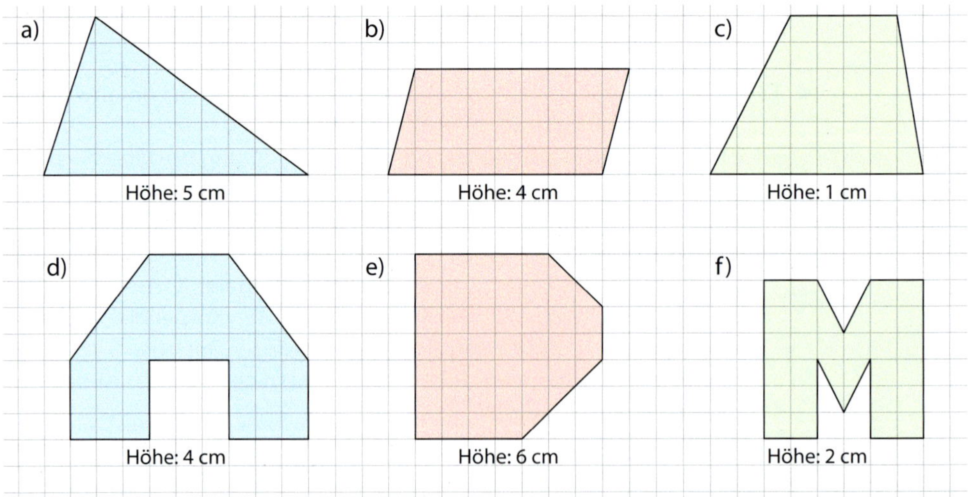

Schrägbild eines stehenden Prismas

Beispiel 2

Zeichne ein Schrägbild des Prismas mit der dargestellten Grundfläche und der Höhe 2 cm.
Das Prisma soll auf einer Grundfläche stehen.

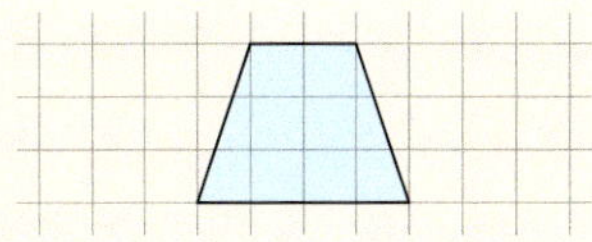

Lösung:

Zeichne dünne senkrechte Hilfslinien in die Grundfläche ein.

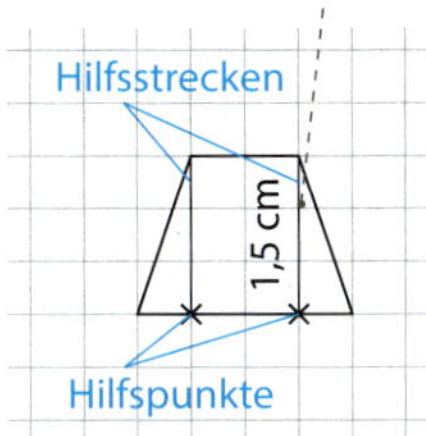

Trage die Hilfslinien entlang der Kästchendiagonalen nach hinten ab (1 cm ≙ 1 Kästchendiagonale).

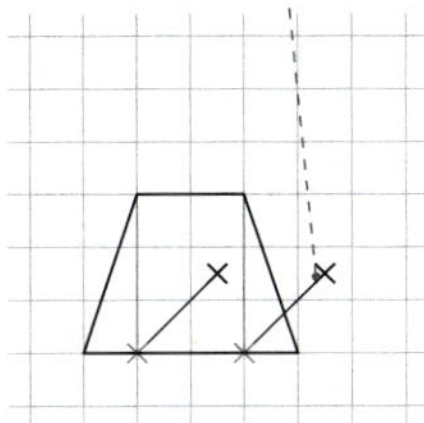

Verbinde die Endpunkte der Hilfslinien zur unteren Grundfläche.

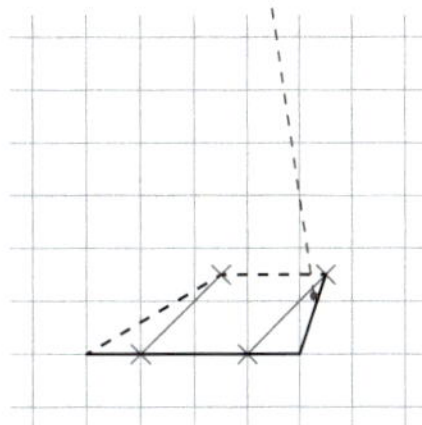

Trage die Höhe des Prismas ab und ergänze die obere Grundfläche.

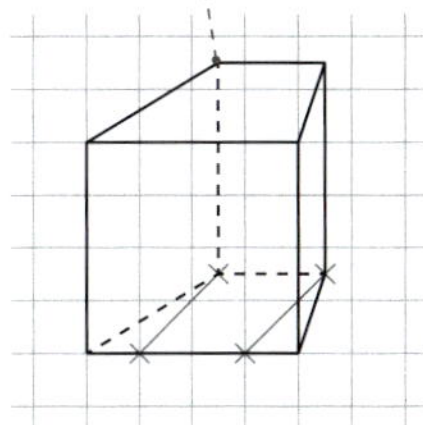

Hinweis

Darstellung eines Quadrats mit einer Seitenlänge von 1 cm:

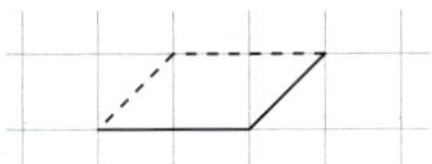

Aufgaben

2 Zeichne ein Schrägbild des Prismas mit der dargestellten Grundfläche und der Höhe 2 cm. Das Prisma soll auf einer Grundfläche stehen.

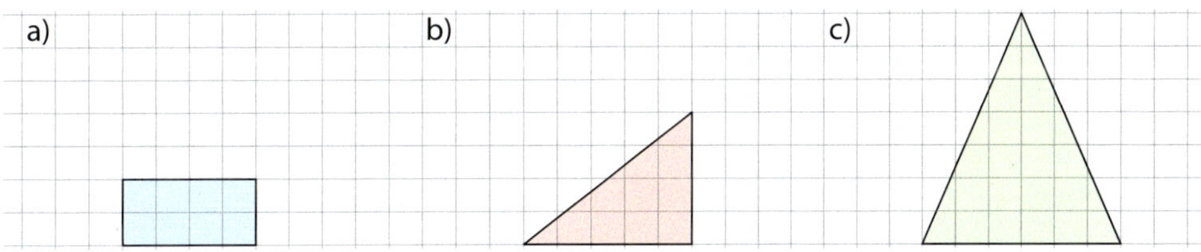

3 Das Prisma wurde aus einem Quader herausgeschnitten. Übertrage das Schrägbild und ergänze die abgeschnittenen Stücke, sodass wieder ein Quader entsteht.

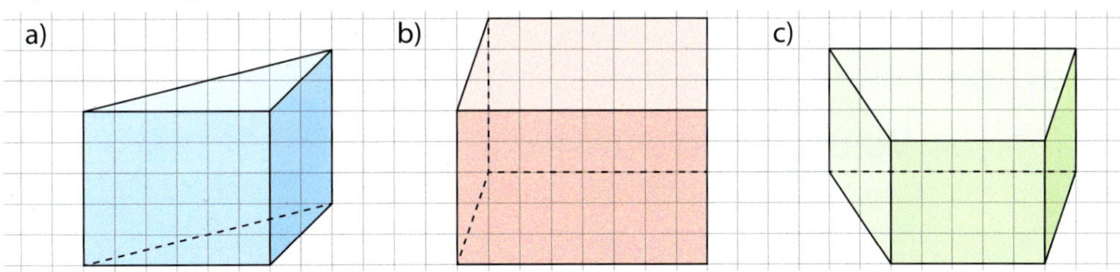

4 Ein 4 cm hohes Prisma hat eine dreieckige Grundfläche mit den Seitenlängen 4,5 cm, 6 cm und 7,5 cm. Zeichne ein Schrägbild des liegenden Prismas und ein Schrägbild des stehenden Prismas.

5 **Forschungsauftrag:** Fotografiere unterschiedlich große Gegenstände, die die Form eines Prismas haben, jeweils aus unterschiedlichen Perspektiven so, dass du sie als Vorlage für ein Schrägbild verwenden kannst. Drucke die Fotos aus und zeichne die Kanten der jeweiligen Gegenstände auf dem Foto nach. Stelle auch die nicht sichtbaren Kanten dar. Vergleiche die so entstandenen Schrägbilder mit den Schrägbildern in diesem Streifzug.

7.2 Volumen eines Prismas

Daniel hat mehrere Prismen, die alle das gleiche rechtwinklige Dreieck als Grundfläche haben. Er überlegt: „Das Volumen eines Prismas kann ich nicht berechnen, aber wenn ich zwei Prismen zusammensetze, dann …" Setze Daniels Überlegung fort.

Das Volumen eines **Quaders** mit den Kantenlängen a, b und h lässt sich mit der Formel $V_{Quader} = a \cdot b \cdot h$ berechnen. Für die Grundfläche G_{Quader} des Quaders gilt dabei $G_{Quader} = a \cdot b$, also folgt $V_{Quader} = G_{Quader} \cdot h$.

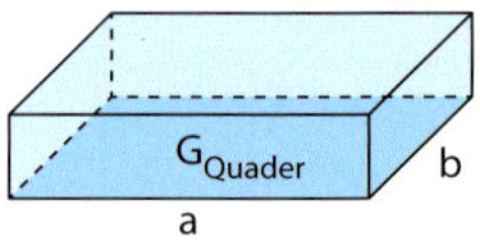

Jedes **Prisma mit einer dreieckigen Grundfläche** G kann zu einem Quader mit einer doppelt so großen Grundfläche $(2 \cdot G)$ ergänzt werden. Das Volumen des Prismas ist dann die Hälfte des Quadervolumens:

$V_{Dreiecksprisma} = \frac{1}{2} \cdot V_{Quader} = \frac{1}{2} \cdot (2 \cdot G) \cdot h = G \cdot h$

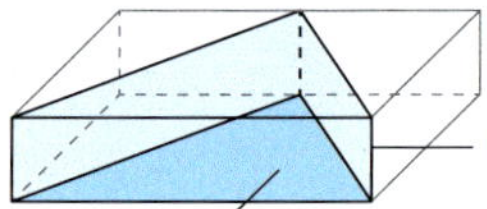

Jedes **Prisma mit einem beliebigen Vieleck als Grundfläche** G kann in Dreiecksprismen mit den Grundflächen $G_1, G_2, \ldots$ zerlegt werden, die zusammen die Grundfläche G des Prismas ergeben. Das Volumen des gesamten Prismas ist die Summe der Volumina der Dreiecksprismen:

$V_{Prisma} = G_1 \cdot h + G_2 \cdot h + ... = (G_1 + G_2 + ...) \cdot h = G \cdot h$

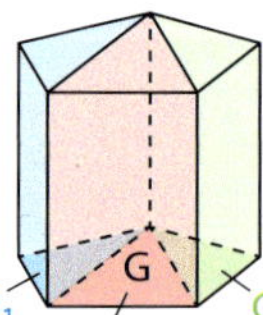

Wissen

Für das Volumen V eines Prismas mit dem Grundflächeninhalt G und der Höhe h gilt:

$$\mathbf{V = G \cdot h}$$

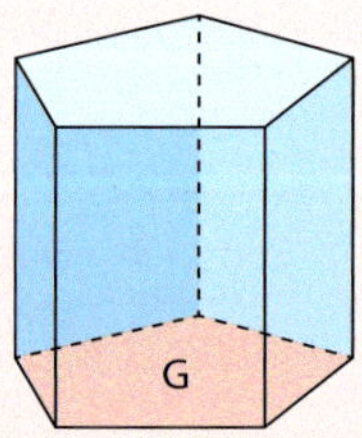

Volumen berechnen

Beispiel 1

Berechne das Volumen des Prismas.

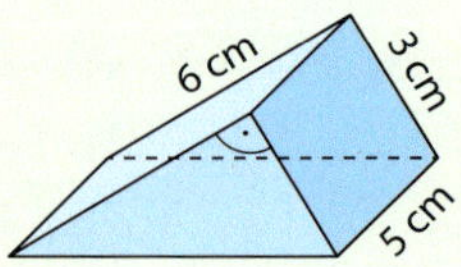

Lösung:

① Die Grundfläche des Prismas ist ein rechtwinkliges Dreieck. Berechne ihren Flächeninhalt. $G = \frac{6\,cm \cdot 3\,cm}{2} = 9\,cm^2$

② Multipliziere den Grundflächeninhalt mit der Höhe h = 5 cm des Prismas. $V = G \cdot h = 9\,cm^2 \cdot 5\,cm = 45\,cm^3$

Erinnere dich

Der Flächeninhalt eines rechtwinkligen Dreiecks mit den den rechten Winkel einschließenden Seiten a und b ist $\frac{a \cdot b}{2}$.

Basisaufgaben

1 Entscheide, ob das Volumen des Körpers mit der Formel $V = G \cdot h$ berechnet werden kann. Falls ja, gib die Form der Grundfläche an.

a) 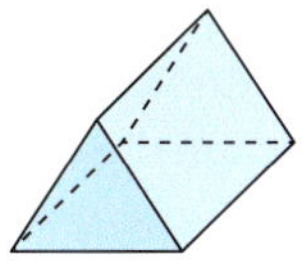
b) 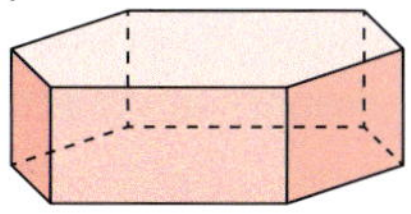
c) 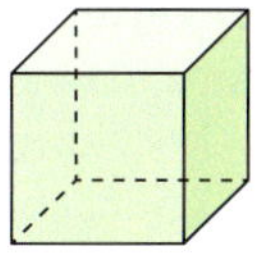
d) 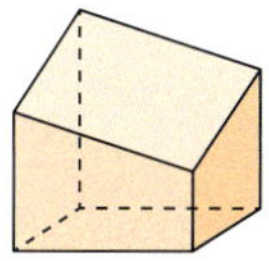
e) 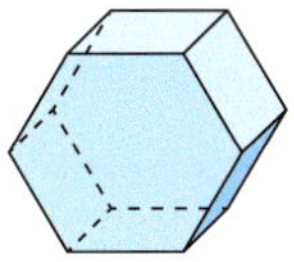
f) 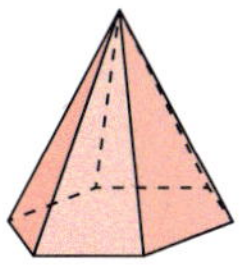
g) 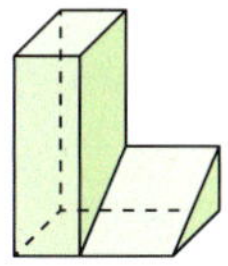
h) 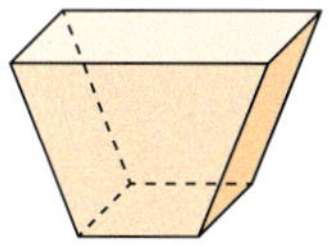

2 Berechne das Volumen des Prismas.

a) $G = 35\,cm^2$; $h = 3\,cm$ b) $G = 7200\,cm^2$; $h = 0{,}4\,m$ c) $G = 0{,}54\,m^2$; $h = 60\,cm$

3 Berechne das Volumen des Prismas.

a) 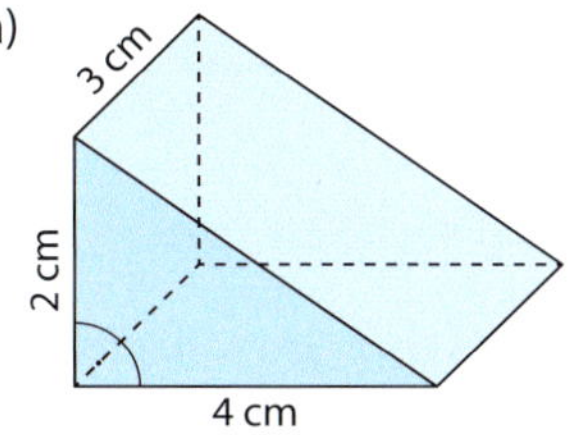

b) 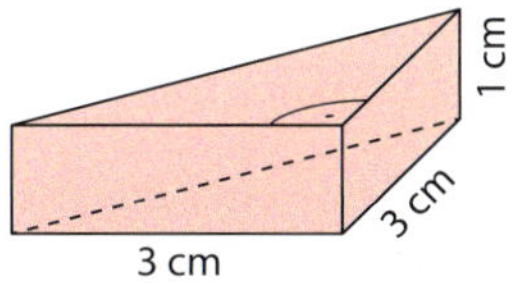

c) 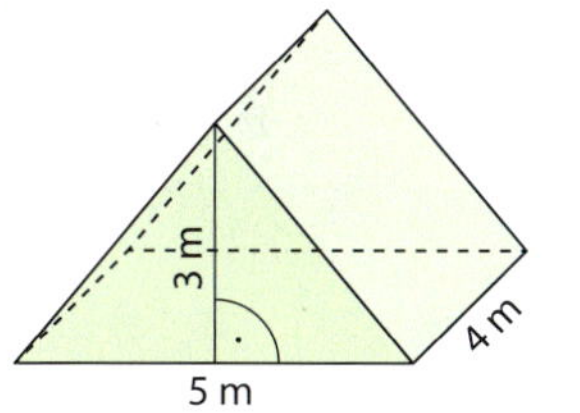

Lösungen zu 4

Hier findest du die Maßzahlen der Volumina.

141 36 20,352 8,625 43 750

4 Berechne das Volumen des Dreiecksprismas.

	a)	b)	c)	d)	e)
Grundseite Dreieck	6 cm	7,5 m	1,6 dm	0,23 m	0,4 km
Höhe Dreieck	3 cm	4 m	4,8 dm	5 dm	125 m
Höhe Prisma	4 cm	9,4 m	5,3 dm	15 cm	1,75 m

5 Berechne das Volumen des Prismas.

a) 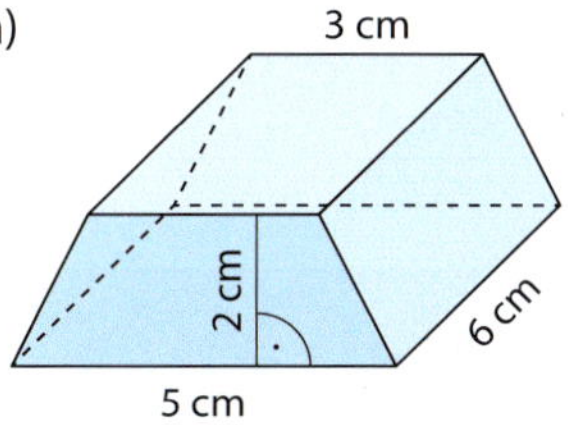

b) 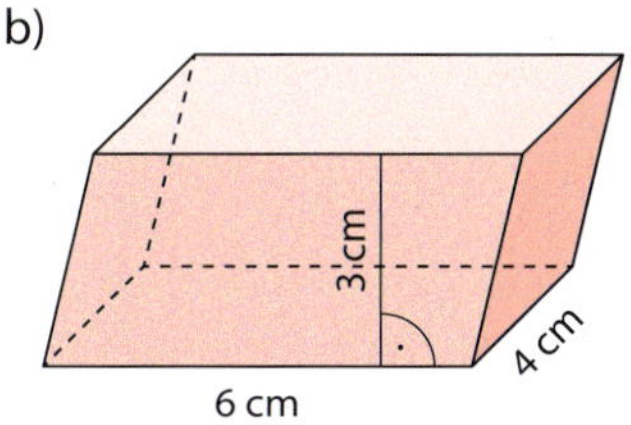

c) 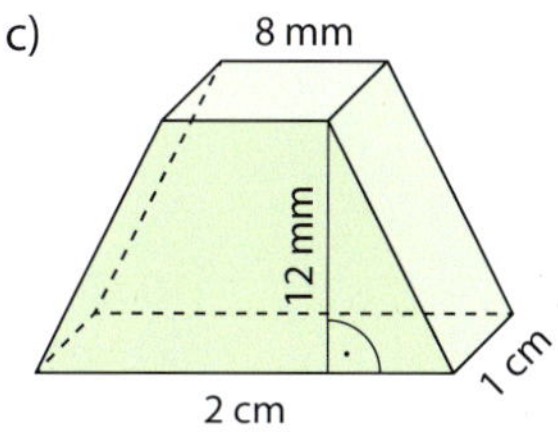

6 a) Ein Prisma ist 5 cm hoch. Seine Grundfläche ist ein gleichschenkliges Trapez mit den Maßen $a = 6\,cm$, $c = 2\,cm$ und $h_{Trapez} = 3\,cm$. Berechne das Volumen des Prismas.

b) Ein Prisma ist 5 cm hoch. Seine Grundfläche ist ein Parallelogramm mit den Maßen $g = 4\,cm$ und $h_{Parallelogramm} = 3\,cm$. Berechne das Volumen des Prismas.

7 Berechne das Fassungsvermögen der Verpackung in Millilitern (Maße in cm).

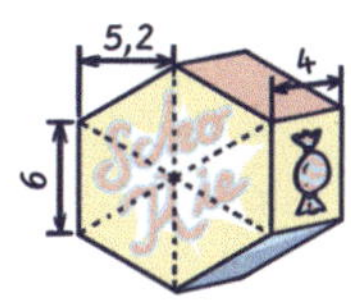

Höhe oder Grundfläche berechnen

Beispiel 2

a) Ein Prisma hat ein Volumen von $104\,cm^3$ und eine Grundfläche von $13\,cm^2$. Berechne die Höhe des Prismas.
b) Ein Prisma hat ein rechtwinkliges Dreieck mit einer Kathete $a = 5\,cm$ als Grundfläche. Es ist 8 cm hoch und hat ein Volumen von $120\,cm^3$. Berechne die Länge der anderen Kathete b der Grundfläche.

Lösung:

a) Stelle die Formel $V = G \cdot h$ nach der Höhe h um. Setze die gegebenen Werte ein und berechne.

Formel umstellen: $h = \frac{V}{G}$

Werte einsetzen: $h = \frac{104\,cm^3}{13\,cm^2} = 8\,cm$

b) Berechne zuerst den Grundflächeninhalt des Prismas. Stelle dazu die Formel $V = G \cdot h$ nach G um.

Formel für G aufstellen: $G = \frac{V}{h}$

G berechnen: $G = \frac{120\,cm^3}{8\,cm} = 15\,cm^2$

Berechne nun die Kathetenlänge b. Nutze dazu die Formel $G = \frac{ab}{2}$ für das rechtwinklige Dreieck mit den Katheten a und b.

Formel für b aufstellen: $b = \frac{2G}{a}$

b berechnen: $b = \frac{2 \cdot 15\,cm^2}{5\,cm} = 6\,cm$

Basisaufgaben

8 a) Ein Prisma hat ein Volumen von $144\,cm^3$ und eine Grundfläche von $12\,cm^2$. Berechne die Höhe des Prismas.
b) Ein Prisma hat ein Volumen von $220\,cm^3$. Das Prisma ist 40 mm hoch. Berechne den Inhalt der Grundfläche.
c) Ein Prisma hat ein Dreieck mit der Grundseite $a = 4\,cm$ als Grundfläche. Es ist 6 cm hoch und hat ein Volumen von $72\,cm^3$. Berechne die Länge der Höhe des Grundflächendreiecks.

9 Berechne die fehlende Größe des Prismas.

	a)	b)	c)	d)	e)	f)
Grundfläche G	$34\,cm^2$		$14\,dm^2$	$21\,dm^2$		$20\,cm^2$
Höhe h	5 cm	8 m		70 cm	900 cm	
Volumen V		$96\,m^3$	$98\,dm^3$		$135\,m^3$	$30\,cm^3$

10 Die Grundfläche eines Aquariums ist ein rechtwinkliges Dreieck. Bei einer Füllhöhe von 80 cm enthält das Aquarium 144 Liter Wasser.
a) Gib die Maße der Grundfläche des Beckens an, wenn das Dreieck gleichschenklig ist.
b) Gib die Maße der Grundfläche des Beckens an, wenn eine Kathete des Dreiecks 4-mal so lang wie die andere ist.
c) Gib Maße für ein quaderförmiges Aquarium mit gleichem Fassungsvermögen bei gleicher Füllhöhe an.

Weiterführende Aufgaben

11 Bauer Hartmann legt um seine Felder einen Entwässerungsgraben an.

a) Berechne, wie viel Erde Bauer Hartmann für einen 100 m langen Graben ausheben muss.

b) Insgesamt wird ein 1,2 km langer Graben angelegt. Berechne, wie viele Liter Wasser maximal in den gesamten Graben passen.

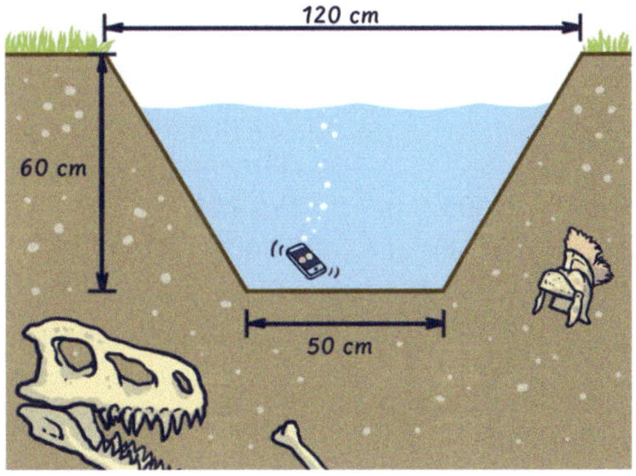

12 **Stolperstelle:** Erkläre die Fehler und korrigiere die Rechnung.

a) Ein Dreiecksprisma hat die Maße $g_{Dreieck} = 4\,cm$, $h_{Dreieck} = 2{,}5\,cm$ und $h_{Prisma} = 7\,cm$.

$V = 4\,cm \cdot 2{,}5\,cm \cdot 7\,cm = 70\,cm^3$

b) Ein Prisma hat die im Bild angegebenen Maße.

$V = G \cdot h$

$G = 9\,cm \cdot 6\,cm = 54\,cm^2$

$h = 4\,cm$

$V = 54\,cm^2 \cdot 4\,cm = 216\,cm^3$

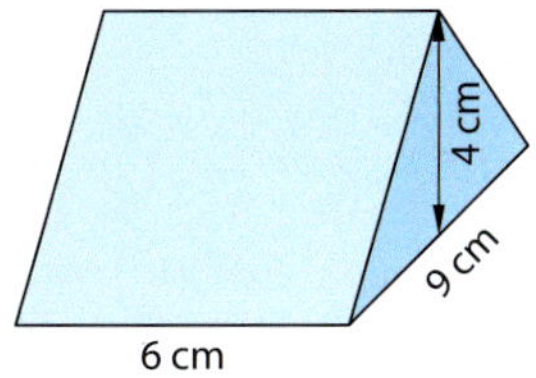

13 Die Schaufel eines Baustellenfahrzeugs hat den abgebildeten Querschnitt und ist 2 m breit. Berechne näherungsweise, wie viele Kubikmeter Erde die Schaufel fasst.

a)

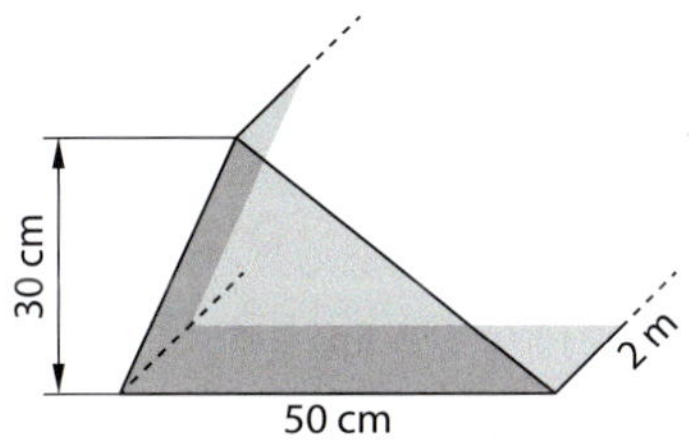

b)

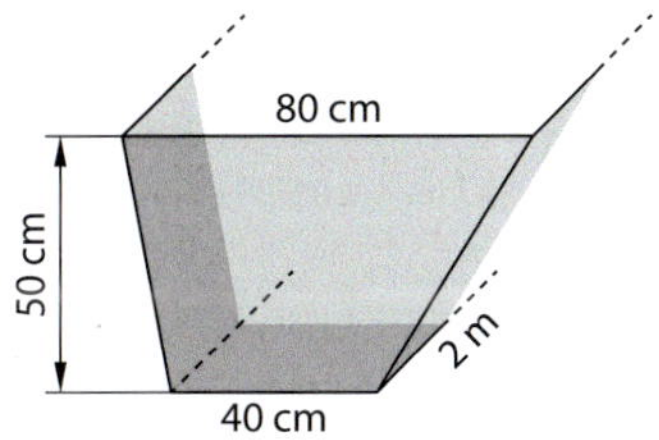

14 Berechne das Volumen des Prismas.

a)

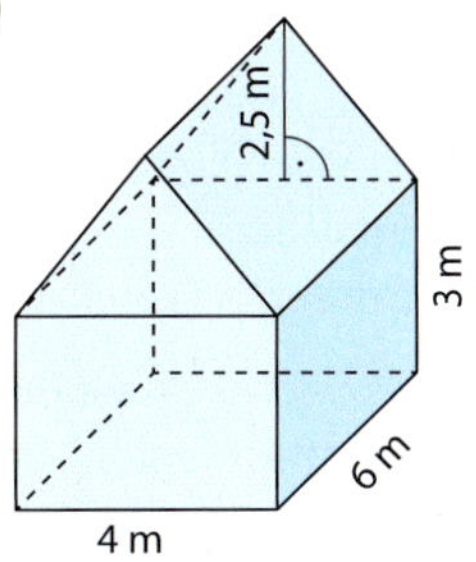

b)

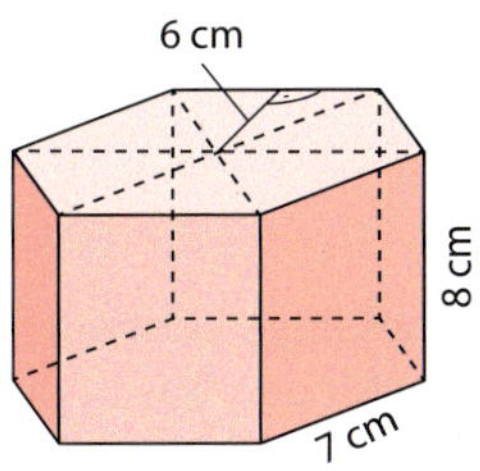

c)

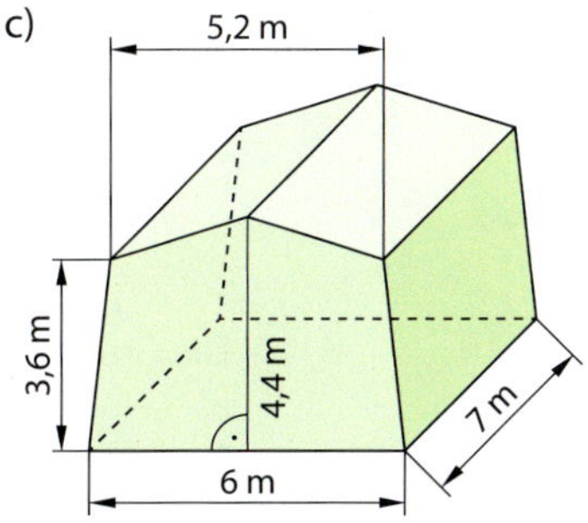

15 Berechne, wie viele Kubikmeter Bauschutt der Container fasst.

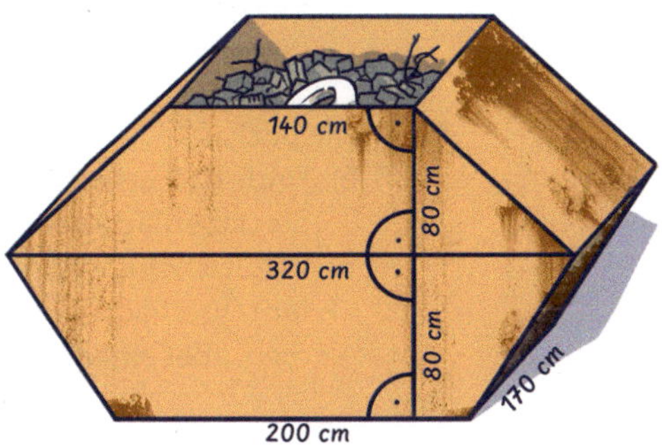

16 Ein Prisma hat die Höhe 10 cm und die abgebildete Grundfläche (Maße in cm).

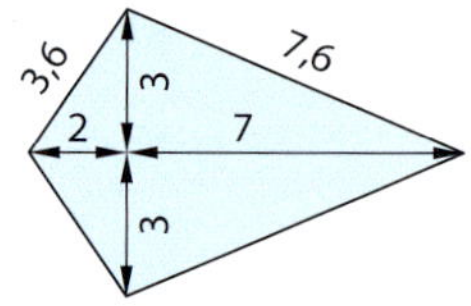

a) Zeichne ein Netz des Prismas.
b) Berechne den Oberflächeninhalt und das Volumen des Prismas.

17 Neben geraden Prismen gibt es auch schiefe Prismen. Bei einem schiefen Prisma stehen die Grundflächen versetzt übereinander. Die Mantelfläche besteht aus Parallelogrammen.
a) Ein schiefes Prisma entsteht zum Beispiel, wenn man einen Zettelstapel am oberen Rand zunächst nach rechts und dann nach hinten drückt. Der Zettelstapel ① ist 4 cm hoch, die Zettel sind quadratisch und 9 cm lang. Berechne die Volumina der drei Zettelstapel.

①

②

③

b) Das Prinzip von Cavalieri besagt: Wenn alle zur Grundfläche parallelen Schnittflächen zweier Körper auf der gleichen Höhe den gleichen Flächeninhalt haben, dann haben diese Körper das gleiche Volumen.
Erkläre, wann ein gerades Prisma und ein schiefes Prisma mit gleicher Grundfläche das gleiche Volumen haben.
c) Gib an, welches Prisma das gleiche Volumen hat wie das blaue Prisma.

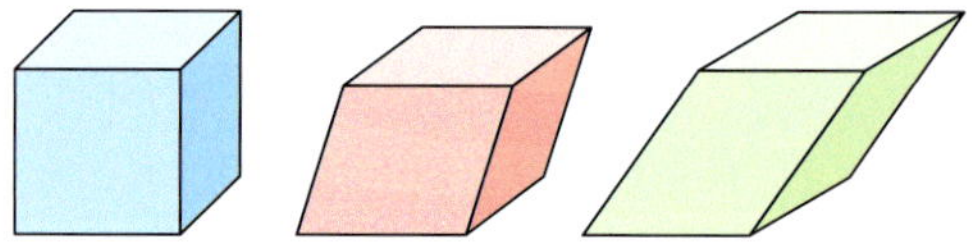

18 Eine Firma stellt Verpackungen mit dem Fassungsvermögen 1 ℓ her. Ermittle, für welche der beiden Verpackungen man mehr Material benötigt.

①
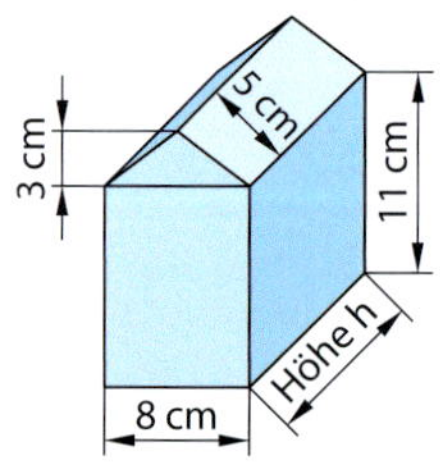

②
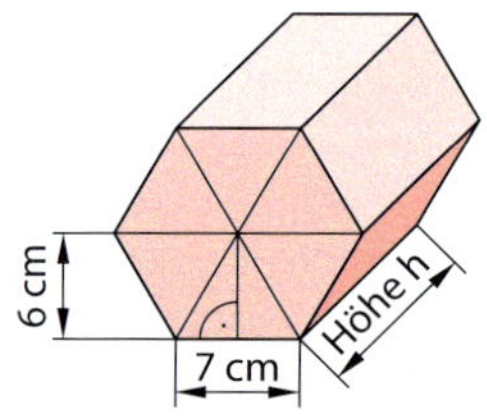

Hinweis zu 19

Ein regelmäßiges Sechseck ist aus sechs gleichseitigen Dreiecken zusammengesetzt.

19 Die Grundfläche eines Prismas ist ein regelmäßiges Sechseck mit der Seitenlänge a.
a) Leite eine Formel für den Flächeninhalt der Grundfläche her.
b) Das Prisma ist 5 cm hoch. Die Grundfläche hat eine Seitenlänge von 3 cm. Berechne das Volumen des Prismas.
c) Das Prisma ist 7 cm hoch und hat ein Volumen von 105 cm³. Berechne die Seitenlänge a der Grundfläche.

20 Ausblick:
a) Finde drei unterschiedliche Prismen mit einem Volumen von 120 cm³. Berechne jeweils den Oberflächeninhalt.
b) Vergleicht eure Prismen in der Klasse. Wer hat das Prisma mit dem kleinsten (dem größten) Oberflächeninhalt gefunden? Versucht, ein weiteres Prisma mit dem gleichen Volumen, aber einem noch kleineren (größeren) Oberflächeninhalt zu finden.

7.3 Zylinder – Netz und Oberflächeninhalt

Eine Konservendose hat die Höhe 110 mm und den Durchmesser 73 mm. Sie soll mit einem Papieretikett beklebt werden. Gib die Maße des Etiketts an. Rechne für das Kleben mit einer Überlappung von 8 mm.

Die Oberfläche eines Zylinders besteht aus zwei Kreisen und der Mantelfläche. Wenn man die Mantelfläche des Zylinders abrollt, ergibt sich ein Rechteck.

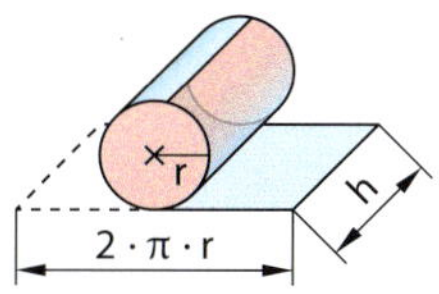

Wissen

Ein Zylinder ist ein Körper, der durch zwei gleich große und parallele Kreise und die gekrümmte Mantelfläche begrenzt wird.

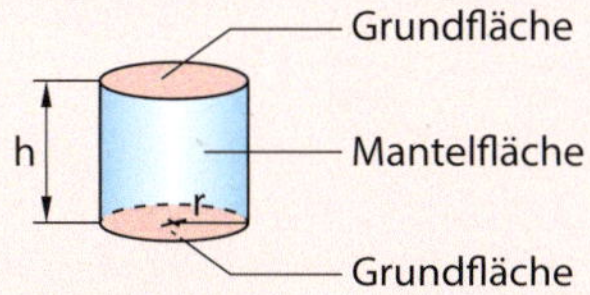

Gerader Zylinder

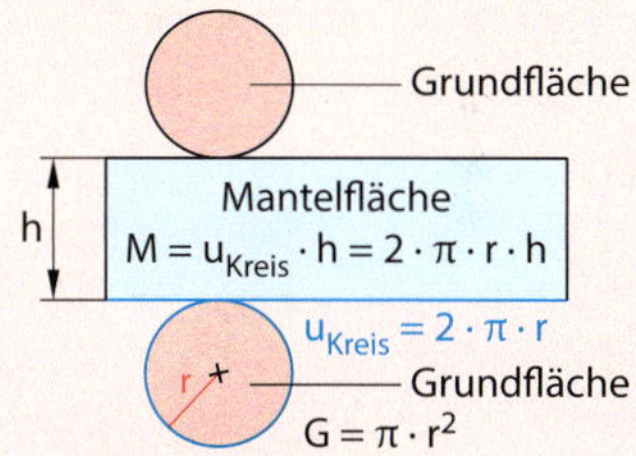

Netz eines Zylinders

Für den Oberflächeninhalt eines Zylinders gilt: $\mathbf{O = 2 \cdot G + M}$

$\mathbf{O = 2 \cdot \pi \cdot r^2 + 2 \cdot \pi \cdot r \cdot h}$

Netz und Oberflächeninhalt

Beispiel 1 Ein Zylinder hat eine Höhe von 8 cm und einen Radius von 4 cm.

a) Zeichne ein Netz des Zylinders.
b) Berechne den Oberflächeninhalt.

Lösung:

a) Zeichne zuerst ein Rechteck mit der Höhe 8 cm für die Mantelfläche. Berechne die Breite als Umfang der Grundfläche mit der Formel $u = 2\pi r$.
Zeichne oben und unten die Grundflächen an die Mantelfläche. Konstruiere ihre Mittelpunkte, indem du den Radius senkrecht von der Mantelfläche abträgst.

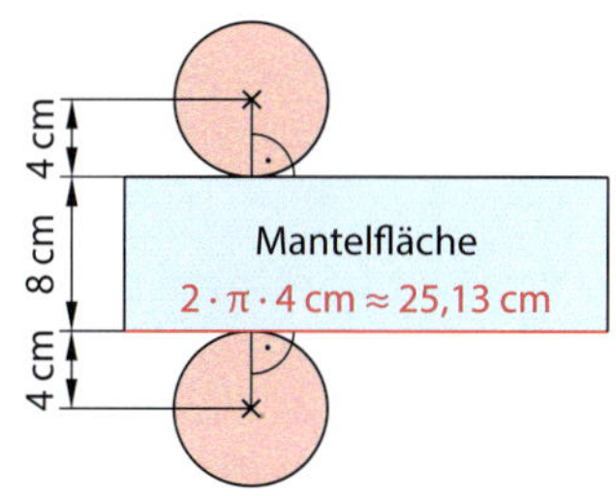

b) Berechne den Mantelflächeninhalt M und den Grundflächeninhalt G.

$M = 2 \cdot \pi \cdot r \cdot h = 2 \cdot \pi \cdot 4\,\text{cm} \cdot 8\,\text{cm}$
$\approx 201{,}06\,\text{cm}^2$
$G = \pi \cdot r^2 = \pi \cdot (4\,\text{cm})^2 \approx 50{,}27\,\text{cm}^2$

Berechne dann den Oberflächeninhalt mit der Formel $O = 2G + M$.

$O = 2G + M \approx 2 \cdot 50{,}27\,\text{cm}^2 + 201{,}06\,\text{cm}^2$
$= 301{,}33\,\text{cm}^2$

Basisaufgaben

1 Ein Zylinder hat eine Höhe von 2 cm und einen Radius von 3 cm.
a) Zeichne das Netz des Zylinders.
b) Berechne den Oberflächeninhalt des Zylinders.

2 Zeichne ein Netz und berechne den Oberflächeninhalt des Zylinders.

a)
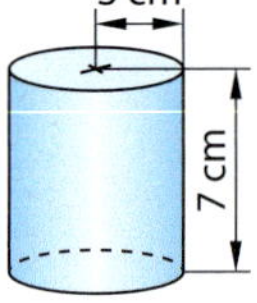

b)
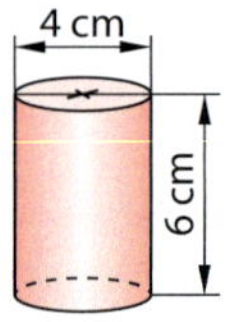

c)
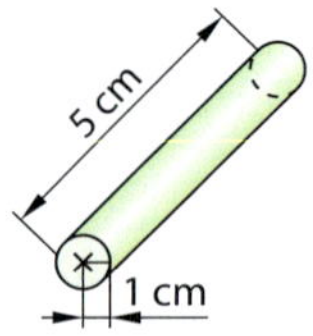

3 Zeichne ein maßstäbliches Netz des Zylinders. Berechne den Oberflächeninhalt.
a) $h = 2{,}5\,m$; $r = 0{,}5\,m$
b) $h = 1\,m$; $d = 36\,cm$

4 Berechne den Oberflächeninhalt der zylinderförmigen Dose. Lies die erforderlichen Maße aus der Zeichnung ab.

a)
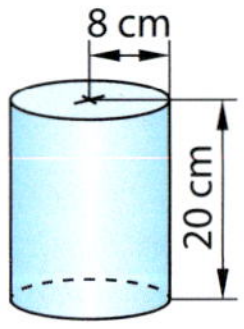

b)
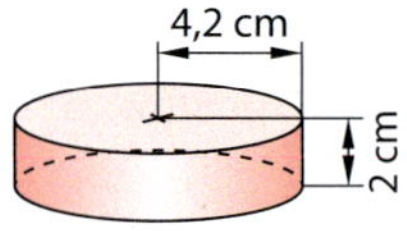

c)
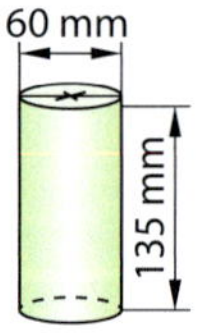

5 Eine 2,80 m hohe Werbesäule hat einen Durchmesser von 1,10 m. Berechne die Werbefläche der Werbesäule.

Höhe und Radius berechnen

Beispiel 2 Ein Zylinder hat einen Oberflächeninhalt von $500\,cm^2$.
a) Der Radius ist 4 cm. Berechne die Höhe des Zylinders.
b) Die Höhe ist 9 cm. Berechne den Radius des Zylinders.

Lösung:

a) Stelle die Formel $O = 2 \cdot \pi \cdot r^2 + 2 \cdot \pi \cdot r \cdot h$ nach h um.

$O = 2 \cdot \pi \cdot r^2 + 2 \cdot \pi \cdot r \cdot h \quad | -2\pi r^2 | : (2\pi r)$

$\frac{O}{2 \cdot \pi \cdot r} - \frac{2 \cdot \pi \cdot r^2}{2 \cdot \pi \cdot r} = h \quad |$ kürzen

Setze dann $O = 500\,cm^2$ und $r = 4\,cm$ ein. Berechne. Gib das gerundete Ergebnis an.

$h = \frac{O}{2 \cdot \pi \cdot r} - r$

$= \frac{500\,cm^2}{2 \cdot \pi \cdot 4\,cm} - 4\,cm \approx 15{,}89\,cm$

b) Setze die bekannten Größen in die Formel ein. Löse die quadratische Gleichung. Nur die positive Lösung ist hier sinnvoll, da ein Radius nicht negativ sein kann.

$O = 2 \cdot \pi \cdot r^2 + 2 \cdot \pi \cdot r \cdot h$

$500\,cm^2 = 2 \cdot \pi \cdot r^2 + 2 \cdot \pi \cdot r \cdot 9\,cm$

$\frac{500\,cm^2}{2\pi} = r^2 + r \cdot 9\,cm$

$r \approx 5{,}49\,cm$

Basisaufgaben

6 Berechne die Höhe des Zylinders mit den gegebenen Größen.
a) $O = 6300\,cm^2$; $r = 20\,cm$
b) $O = 829\,cm^2$; $d = 10\,cm$

7 Berechne den Radius eines Zylinders mit $O = 50{,}4\,cm^2$ und $h = 12\,cm$.

8 a) Eine Konservendose hat einen Durchmesser von 8 cm. Ihre Mantelfläche ist $226\,cm^2$ groß. Berechne die Höhe der Dose.
b) Die Grundfläche eines zylinderförmigen Metallbolzens hat einen Umfang von 151 mm. Der Bolzen hat eine Oberfläche von $18\,690\,mm^2$. Berechne seine Höhe.

9 Eine zylinderförmige Dose hat einen Oberflächeninhalt von $550\,cm^2$ und einen Radius von 6 cm. Berechne die Höhe der Dose.

10 Der Oberflächeninhalt eines Zylinders beträgt $2000\,cm^2$. Berechne h.
a) $r = 7{,}4\,cm$ b) $r = 86\,mm$ c) $d = 0{,}22\,m$

Weiterführende Aufgaben

11 Berechne den Oberflächeninhalt des Zylinders. Entnimm die Maße dem Netz.

a)

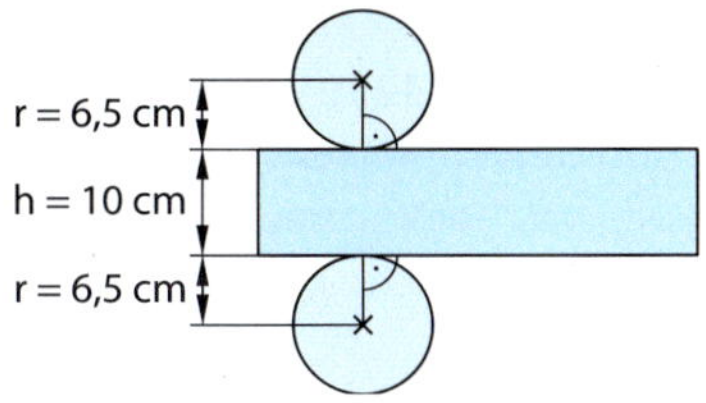

b)

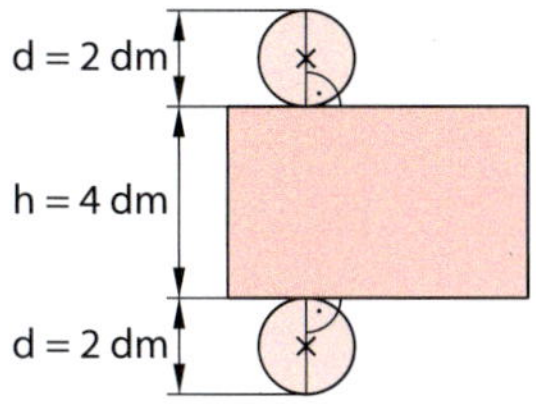

12 Vervollständige die Tabelle.

	a)	b)	c)	d)	e)
Radius r	2 cm		3 cm		
Durchmesser d		6 m			12 m
Höhe h	5 cm	4 m		7,5 mm	
Oberflächeninhalt O			$10\,cm^2$	$90\,mm^2$	$300\,m^2$

13 **Stolperstelle:** Ein Zylinder ist 20 cm hoch und hat einen Radius von 12 cm. Korrigiere Annas Rechnung.

$G = 2\pi r^2 = 2\pi \cdot (12\,cm)^2 \approx 904{,}78\,cm^2$

$M = 2\pi rh = 2\pi \cdot 12\,cm \cdot 20\,cm \approx 1507{,}96\,cm^2$

$O = 2G + M \approx 2 \cdot 904{,}78\,cm^2 + 1507{,}96\,cm^2 = 3317{,}52\,cm^2$

14 Hendrik möchte eine zylinderförmige Schachtel farbig streichen. Die Schachtel ist 6 cm hoch und hat einen Durchmesser von 24 cm. Mit einer Tube Farbe kann man ungefähr $1\,m^2$ Fläche streichen. Berechne, ob eine Tube Farbe zum Streichen der Schachtel reicht.

15 Ein Zylinder hat einen Radius von 5 cm und eine Höhe von 10 cm.
a) Berechne den Oberflächeninhalt des Zylinders.
b) Die Höhe des Zylinders wird verdoppelt. Prüfe, ob sich der Oberflächeninhalt ebenfalls verdoppelt.
c) Der Radius des Zylinders wird halbiert. Prüfe, ob sich der Oberflächeninhalt ebenfalls halbiert.
d) Ein Zylinder hat den Radius r und die Höhe h. Zeige anhand einer allgemeinen Formel, wie sich der Oberflächeninhalt verändert, wenn man die Höhe verdoppelt (den Radius halbiert).

16 Ein Baustellenfahrzeug mit Walze wird beim Straßenbau zur Verdichtung von Asphalt eingesetzt. Die Walze hat eine Breite von 1820 mm und einen Durchmesser von 1220 mm. Es wird ein 500 m langer Straßenabschnitt erneuert.

a) Berechne, wie viele Walzenumdrehungen für die Erneuerung notwendig sind.

b) Berechne die Fläche in Quadratmetern, die bei einer Umdrehung gewalzt wird.

17 Schrägbild eines Zylinders:
Zeichne das Schrägbild des Quaders ab. Zeichne darin das Schrägbild eines Zylinders ein, der den Quader möglichst komplett ausfüllt. Beschreibe dein Vorgehen.

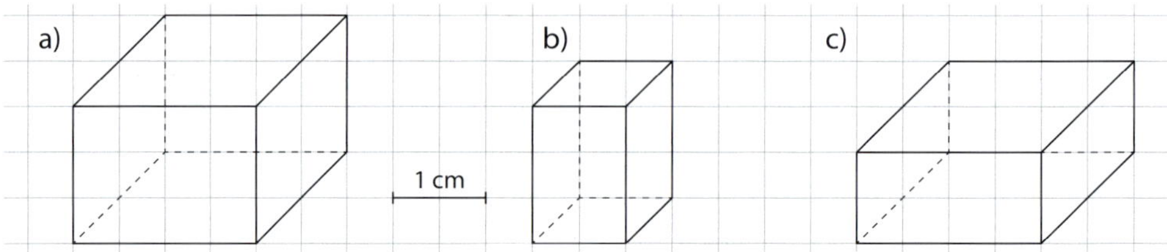

18 Eine Firma hat zwei Vorschläge für die Maße einer Konservendose entwickelt. Die Füllmenge soll jeweils 425 mℓ sein.

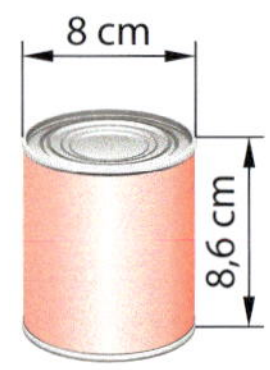

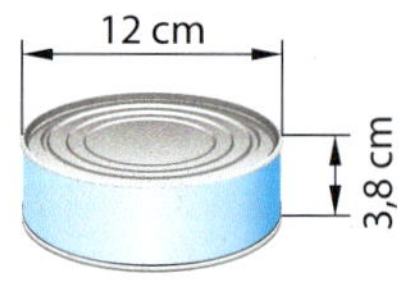

a) Vergleiche den Blechverbrauch und den Papierverbrauch für die Etiketten. Begründe, welcher Verbrauch möglichst gering sein sollte. Entscheide, welche Dose die Firma produzieren sollte.

b) Testweise sollen aus 20 m² Blech Dosen mit dem geringeren Materialverbrauch produziert werden. Für Rand und Verschnitt werden 14 % zusätzlich pro Dose benötigt. Berechne die Anzahl der Dosen, die aus dem Blech hergestellt werden können.

Hinweis zu 19

Plakatsäulen werden auch Litfaßsäulen genannt, weil sie vom Berliner Drucker Ernst Litfaß Ende des 19. Jahrhunderts erfunden wurden.

19 Eine Firma vermietet 68 Litfaßsäulen. Sie haben jeweils eine Höhe von 3,60 m und einen Umfang von 4 m.

a) DIN-A1-Plakate sind 594 mm breit und 841 mm hoch. Berechne, wie viele DIN-A1-Plakate maximal auf die Litfaßsäulen der Firma passen.

b) Für ein Konzert wird mit 50 Plakaten der Größe DIN A1 geworben. 1 m² Werbefläche kostet 70 € zuzüglich 19 % Mehrwertsteuer. Berechne, wie teuer die Plakatwerbung wird.

20 Jede Schicht der Hochzeitstorte ist 8 cm hoch. Die einzelnen Torten haben die Radien 21 cm, 17 cm, 13 cm und 9 cm. 100 g Zuckerglasur reichen, um 500 cm² Torte zu bestreichen. Berechne die benötigte Menge an Zuckerglasur.

21 Ausblick: Ein Ring wurde komplett vergoldet. Der Ring ist 1 mm dick, 5 mm breit und hat einen inneren Umfang von 59,5 mm.

a) Berechne die Größe der vergoldeten Oberfläche.

b) Stelle eine allgemeine Formel für den Oberflächeninhalt eines Rings mit dem Innenradius r_1, dem Außenradius r_2 und der Breite b auf.

7.4 Volumen eines Zylinders

Familie Meier hat im Garten ein rundes Schwimmbecken mit dem Durchmesser 3 m aufgestellt. Es wird bis zu einer Höhe von 1,10 m mit Wasser gefüllt.
Welcher Wert könnte die Wassermenge angeben? Begründe mithilfe von Vergleichskörpern, dass die anderen drei Werte nicht stimmen können.

Ein Zylinder mit der Höhe h kann durch Prismen gleicher Höhe angenähert werden. Für jedes Prisma gilt $V_{Prisma} = G_{Prisma} \cdot h$, wobei sich die Grundflächen der Grundfläche G des Zylinders annähern.

Das Volumen des Zylinders erhält man als Näherungswert aus den Volumina der Prismen. Also gilt auch für den Zylinder die Formel $V = G \cdot h$.

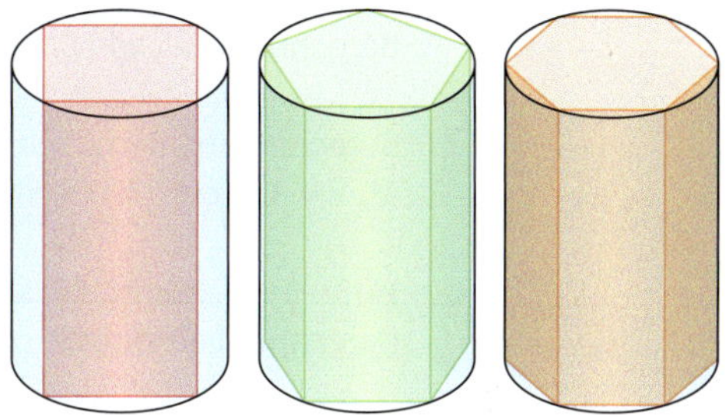

Wissen

Für das Volumen V eines Zylinders mit dem Radius r, dem Grundflächeninhalt G und der Höhe h gilt:

$$\mathbf{V = G \cdot h}$$
$$\mathbf{V = \pi \cdot r^2 \cdot h}$$

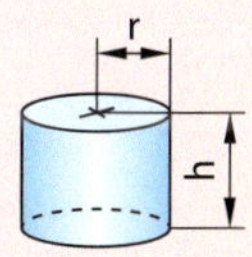

Beispiel 1

a) Ein Zylinder hat den Radius r = 10 cm und die Höhe h = 30 cm. Berechne sein Volumen.
b) Ein Zylinder hat das Volumen $V = 500\,cm^3$ und die Höhe h = 13 cm. Berechne seinen Radius.

Lösung:

a) Setze r und h und die Formel für das Volumen ein. Berechne.

$V = \pi \cdot r^2 \cdot h$
$= \pi \cdot (10\,cm)^2 \cdot 30\,cm \approx 9424{,}78\,cm^3$

b) Stelle die Formel $V = \pi \cdot r^2 \cdot h$ nach r um. Da der Radius nicht negativ sein kann, brauchst du die positive Wurzel.

$V = \pi \cdot r^2 \cdot h \quad |:(\pi \cdot h)$
$r^2 = \frac{V}{\pi \cdot h} \quad |$ Wurzel ziehen
$r = \sqrt{\frac{V}{\pi \cdot h}}$

Setze V und h in die Formel ein und berechne.

$r = \sqrt{\frac{500\,cm^3}{\pi \cdot 13\,cm}} \approx 3{,}50\,cm$

Basisaufgaben

1 a) Ein Zylinder hat den Radius r = 6 cm und die Höhe h = 14 cm. Berechne sein Volumen.
b) Ein Zylinder hat das Volumen $V = 72\,cm^3$ und die Höhe h = 4 cm. Berechne seinen Radius.

2 Berechne das Volumen des Zylinders mit den gegebenen Größen.
a) $r = 5\,cm$; $h = 20\,cm$ b) $r = 2{,}5\,cm$; $h = 2\,cm$ c) $d = 8\,m$; $h = 1{,}5\,m$

3 Berechne das Volumen des Zylinders.

a)
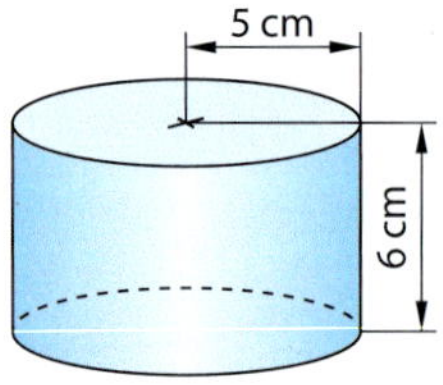

b)
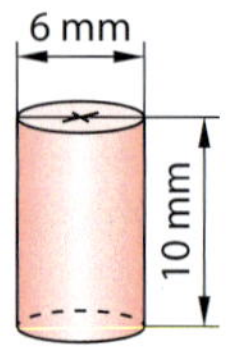

c)
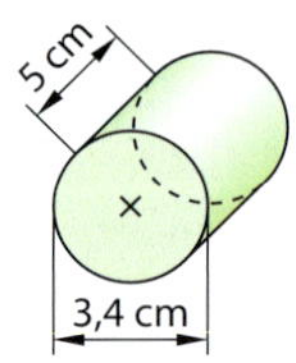

4 Eine zylinderförmige Thermoskanne hat einen Innendurchmesser von 7 cm und eine Füllhöhe von 18 cm. Die zugehörigen Becher haben einen Innendurchmesser von $d = 6\,cm$. Berechne, wie viele Becher man mit dem Inhalt der Thermoskanne 5 cm hoch füllen kann.

5 Berechne den Radius des Zylinders mit den gegebenen Größen.
a) $V = 120\,cm^3$; $h = 4\,cm$ b) $V = 2500\,cm^3$; $h = 15\,cm$ c) $V = 2\,m^3$; $h = 0{,}2\,m$

6 **Höhe berechnen:** Ein Zylinder hat ein Volumen von $200\,cm^3$ und einen Radius von 2 cm. Berechne die Höhe des Zylinders. Erkläre dein Vorgehen.

7 Ein zylinderförmiger Turm hat bei einem Durchmesser von 12,5 m ein Volumen von $45\,000\,m^3$. Berechne die Höhe des Turms.

Weiterführende Aufgaben

8 Vervollständige die Tabelle.

	a)	b)	c)	d)	e)	f)
Radius r	5 cm					3,2 cm
Durchmesser d		2,5 cm		1,1 m		
Höhe h	7,8 cm		8 cm	35 dm	10 cm	
Volumen V		$6{,}25\,cm^3$	$1200\,cm^3$		$10\,000\,mm^3$	$7{,}18\,cm^3$

9 Erkläre, wie sich das Volumen eines Zylinders ändert, wenn
a) die Höhe h verdoppelt wird und der Radius r gleich bleibt,
b) die Höhe h gleich bleibt und der Radius r verdoppelt wird,
c) die Höhe h verdoppelt und der Radius r halbiert wird,
d) die Höhe h halbiert und der Radius r verdoppelt wird,
e) die Höhe h vervierfacht und der Radius r halbiert wird.

10 Gib drei verschiedene Maße für einen Zylinder mit einem Volumen von $1\,m^3$ an.

11 a) Ein Zylinder hat den Radius 6 cm und die Höhe 3 cm.
Der Zylinder wird halbiert. Berechne das Volumen der beiden Teilstücke.
b) Skizziere zwei Möglichkeiten, einen Zylinder zu halbieren.

12 Getränkedosen werden in zwei verschiedenen Größen angeboten: 330 mℓ und 500 mℓ.
a) Beide Varianten haben einen Durchmesser von 6,7 cm. Bestimme die Höhen der Dosen.
b) Beide Varianten haben eine Höhe von 8 cm. Berechne die Durchmesser der Dosen.

Erinnere dich

$1\,\ell = 1\,dm^3$
$1\,m\ell = 1\,cm^3$

13 Eine zylinderförmige Regentonne hat einen Innendurchmesser von 82 cm und eine Höhe von 95 cm.
a) Berechne, wie viel Liter Wasser höchstens in die Tonne passen.
b) In der Tonne sind 300 ℓ Wasser. Berechne, wie hoch das Wasser in der Tonne steht.
c) Nach einem Gewitter ist die Tonne zu 80 % gefüllt. Berechne, wie hoch das Wasser in der Tonne steht.

⚠ **14** **Stolperstelle:** Erkläre und korrigiere den Fehler.
a) Paul berechnet das Volumen des Zylinders.
$V = \pi \cdot r^2 \cdot h = \pi \cdot 5\,cm^2 \cdot 8\,cm \approx 125{,}66\,cm^3$
b) Verena berechnet für einen Zylinder mit dem Volumen $V = 300\,cm^3$ und dem Radius $r = 6\,cm$ die Höhe mit der Formel $h = \frac{V}{\pi r^2}$. Sie tippt in den Taschenrechner ein:

3 0 0 ÷ π × 6 x^2 =

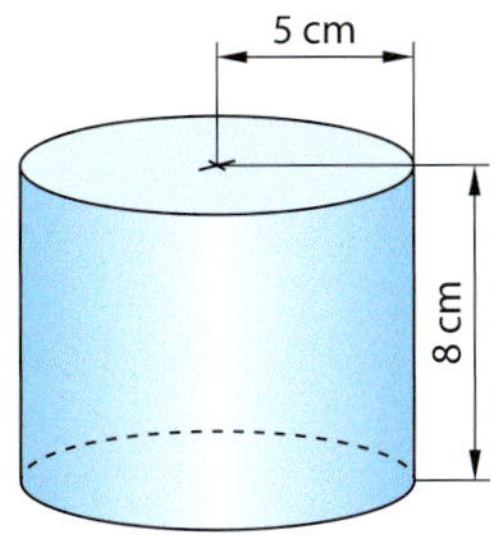

15 Zwanzig zylinderförmige Waffelröllchen mit $d = 3{,}6\,cm$ und $h = 5{,}8\,cm$ sollen in zwei Schichten in eine quaderförmige Verpackung gelegt werden. Bestimme die Packungsgröße.

16 Eine zylinderförmige Verpackung enthält rund 1125 mℓ Pulver für Zitronentee.
a) Die Packung hat einen Umfang von 28 cm. Berechne ihre Höhe.
b) Das Pulver reicht für 4 ℓ Tee. Berechne, wie hoch die Packung sein müsste, damit sie bei gleichem Umfang das fertige Getränk enthalten könnte.

17 Die Verbraucherzentrale Hamburg untersucht Produkte auf das Verhältnis von Fassungsvermögen und Verpackungsinhalt. Falls die Größe der Verpackung um mehr als 30 % von der Füllmenge abweicht, also eine größere Füllmenge durch die Verpackung vorgetäuscht wird, spricht man von einer Mogelpackung.
a) Ermittle, welche der Verpackungen rechts eine Mogelpackung ist.
b) Wie hoch dürfte die Verpackung aus a) höchstens sein, damit es sich nicht um eine Mogelpackung handelt? Erläutere deinen Lösungsweg.

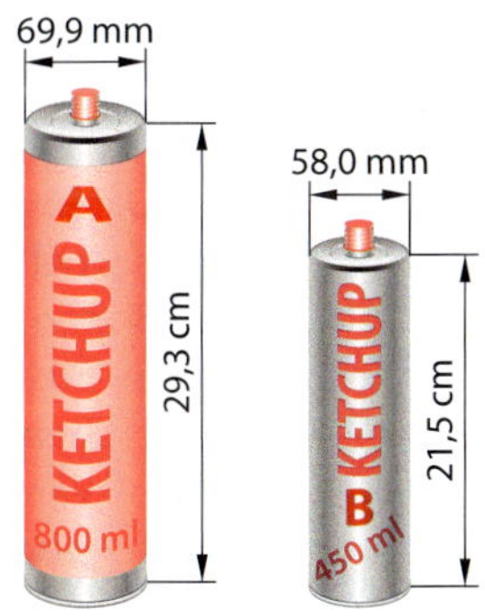

18 Auf dem Münchner Oktoberfest wird das Bier in unterirdischen Pipelines zu den Zapfhähnen transportiert. Eine Pipeline hat einen Durchmesser von 24 cm.
a) Bei einer Geschwindigkeit von 25 cm pro Sekunde braucht das Bier 16 Minuten vom Tank bis zum Zapfhahn. Berechne die Länge der Pipeline.
b) Berechne, wie viel Bier die gesamte Pipeline fasst.

19 Die Bielefelder Sparrenburg hat einen 42 m tiefen zylinderförmigen Brunnen mit dem Durchmesser 1,5 m. In dem Brunnen steht das Wasser 5 m hoch. Ein Kubikmeter Wasser wiegt 1000 kg.
a) Berechne, wie viele Kubikmeter Wasser im Brunnen sind.
b) Bestimme das Gewicht des Wassers im Brunnen.

Hinweis zu 20

$m = \rho \cdot V$
m: Masse
ρ: Dichte

● **20** Ein Hersteller stellt Hanteln aus Stahl her. Der Stahl hat eine Dichte ρ von $7{,}85\,\frac{g}{cm^3}$.

a) Berechne die Masse m der Hantel.

b) Der Hersteller möchte eine weitere Hantel anbieten, die genau 5 kg wiegen soll. Die Maße der Scheiben und die Länge der Stange sollen gleich bleiben. Berechne die Dicke der Stange für die neue Hantel.

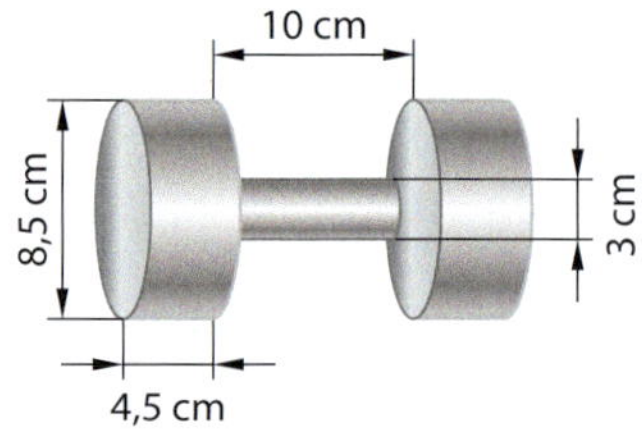

MK ● **21** Das Glas ist zu 90 % mit 1-€-Münzen und zu 10 % mit 2-€-Münzen gefüllt.

a) Schätze, wie viel Geld das Glas enthält. Vergleicht eure Schätzungen in der Klasse.

b) Das Glas ist etwa 12 cm hoch und hat einen Durchmesser von rund 6 cm. Recherchiere die Maße der Euromünzen und überprüfe mit einer Rechnung deine Schätzung aus a).

◐ **22** Eine angebrochene Rolle Toilettenpapier hat noch einen Durchmesser von 8 cm. Eine volle Rolle der gleichen Sorte hat einen Durchmesser von 14 cm, wobei die Papprolle in der Mitte einen Durchmesser von 4 cm hat. Die Rollen sind 10 cm hoch, jedes Blatt ist 14 cm lang.

a) Eine volle Rolle Toilettenpapier hat 160 Blatt. Ermittle, wie viele Blatt Toilettenpapier noch auf der angebrochenen Rolle sind.

b) Schätze, ob alle Schüler deiner Klasse auf dem ausgerollten Papier der angebrochenen Rolle (der vollen Rolle) Platz finden würden. Überprüfe rechnerisch.

● **23** Die Regentanks sind aus verschiedenen Körpern zusammengesetzt und in den Boden eingelassen.

a) Erkläre, wie du die Volumina der Tanks berechnen kannst.

b) Berechne, wie viele Liter Wasser in jeden Tank passen.

c) Die Tanks sind nur zu $\frac{2}{3}$ mit Wasser gefüllt. Bestimme jeweils, wie hoch das Wasser in den Tanks steht.

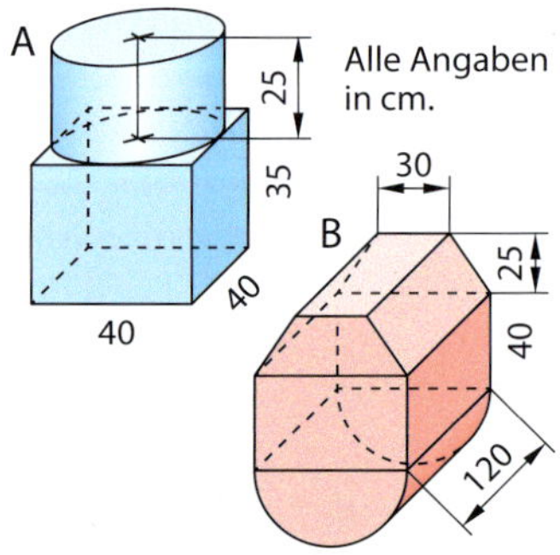

● **24** **Ausblick:** Ein schräg abgeschnittener Zylinder hat zwei verschiedene Höhen. Die Höhe h_1 bezeichnet die Höhe an der höchsten Stelle und h_2 die Höhe an der tiefsten Stelle. Das Volumen eines schräg abgeschnittenen Zylinders ist:

$$V_{abgeschnitten} = \pi \cdot r^2 \cdot \frac{h_1 + h_2}{2}$$

a) Berechne das Volumen eines schräg abgeschnittenen Zylinders mit $r = 2\,cm$, $h_1 = 8\,cm$ und $h_2 = 3\,cm$.

b) Berechne das Volumen eines herkömmlichen Zylinders mit $r = 2\,cm$ und $h = 5{,}5\,cm$. Vergleiche das Ergebnis mit dem Ergebnis aus a). Beschreibe, was dir auffällt.

c) Begründe, warum für das Volumen eines schräg abgeschnittenen Zylinders die obige Formel gilt.

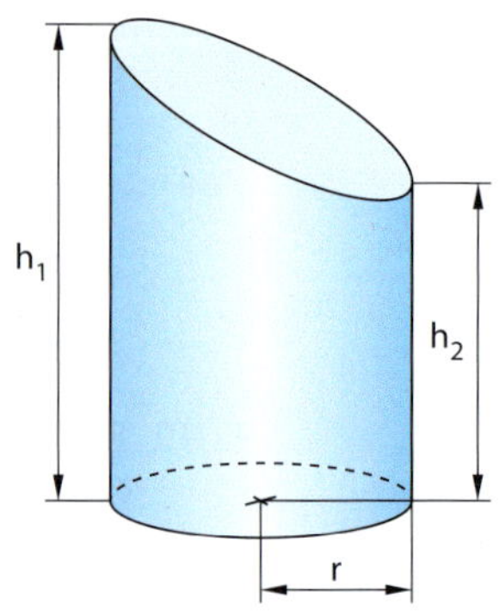

7.5 Netz und Oberflächeninhalt einer Pyramide

Den Haupteingang zum Louvre in Paris bildet eine Glaspyramide. Die Pyramide ist etwa 22 m hoch und 35 m breit. Ihre Grundfläche ist ein Quadrat.
Beschreibe, wie du mit diesen Maßangaben den Gesamtflächeninhalt der vier Seitenflächen bestimmen kannst.

Netz und Oberflächeninhalt von Pyramiden

Wissen

Eine Pyramide ist ein Körper mit folgenden Eigenschaften:
- Die **Grundfläche G** ist ein beliebiges Vieleck.
- Die **Seitenflächen** sind Dreiecke. Sie bilden zusammen die **Mantelfläche M.**

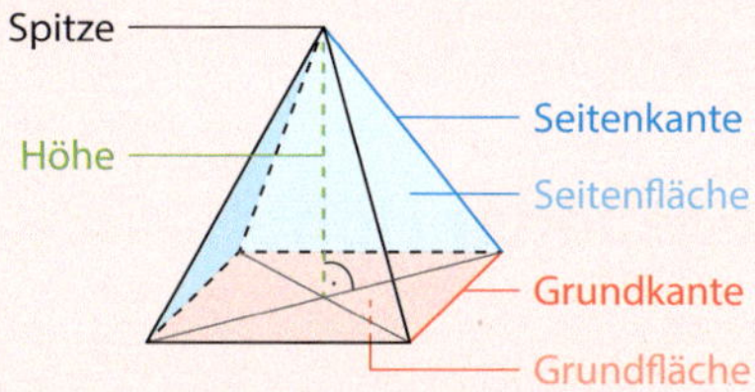

Pyramide mit quadratischer Grundfläche

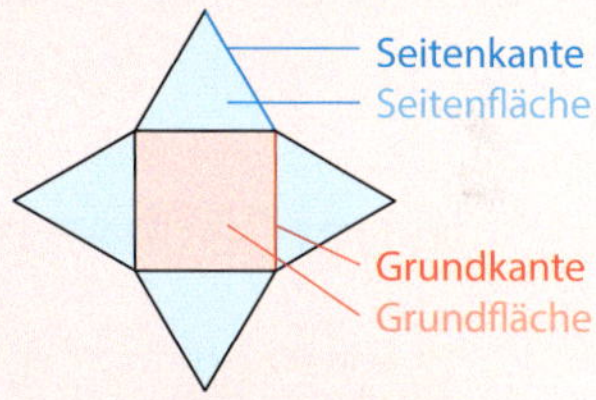

Netzdarstellung

Für den Oberflächeninhalt O einer Pyramide gilt: $\mathbf{O = G + M}$

Beispiel 1

Berechne den Oberflächeninhalt der Pyramide.

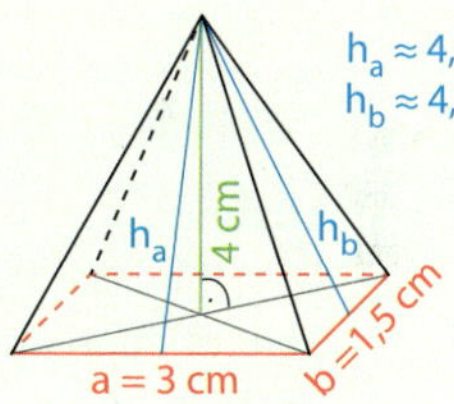

Lösung:

Die Oberfläche setzt sich aus den vier Seitenflächen und der Grundfläche zusammen. Je zwei gegenüberliegende Seitenflächen haben den gleichen Flächeninhalt.

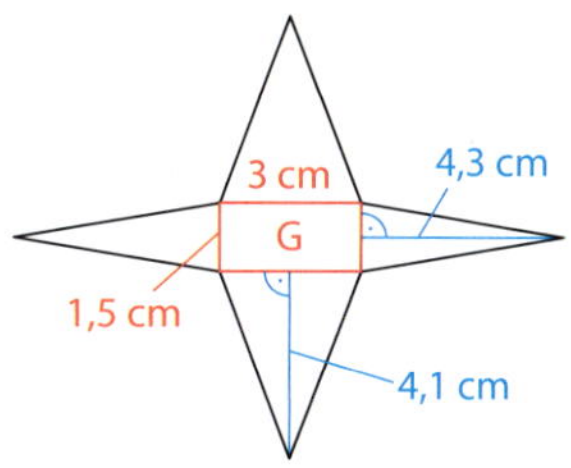

Berechne zuerst diese Flächeninhalte. Nutze dazu die Formel für den Flächeninhalt eines Dreiecks.

$$A_a = \frac{a \cdot h_a}{2} \approx \frac{3\,\text{cm} \cdot 4{,}1\,\text{cm}}{2} = 6{,}15\,\text{cm}^2$$
$$A_b = \frac{b \cdot h_b}{2} \approx \frac{1{,}5\,\text{cm} \cdot 4{,}3\,\text{cm}}{2} = 3{,}225\,\text{cm}^2$$

Bestimme daraus M und berechne den Inhalt G der Grundfläche.

$$M = 2 \cdot A_a + 2 \cdot A_b \approx 18{,}75\,\text{cm}^2$$
$$G = 3\,\text{cm} \cdot 1{,}5\,\text{cm} = 4{,}5\,\text{cm}^2$$

Setze M und G in die Formel für den Oberflächeninhalt ein und berechne.

$$O = G + M \approx 4{,}5\,\text{cm}^2 + 18{,}75\,\text{cm}^2 = 23{,}25\,\text{cm}^2$$

Basisaufgaben

1 Berechne den Oberflächeninhalt der Pyramide mit quadratischer Grundfläche.

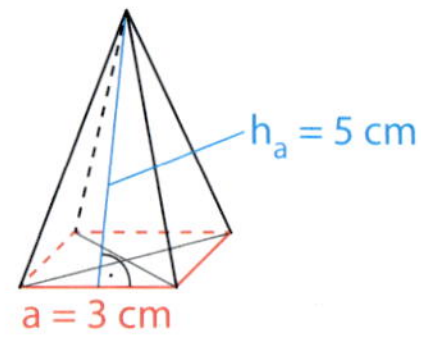

2 Eine Pyramide hat eine rechteckige Grundfläche mit den Seitenlängen a = 6 cm und b = 4 cm. Die Höhen der Seitenflächen sind $h_a = 8{,}2$ cm und $h_b = 8{,}5$ cm.
a) Fertige eine Skizze an. Markiere die bekannten Größen farbig.
b) Berechne den Oberflächeninhalt der Pyramide.

Lösungen zu 3

Maßzahlen der Lösungen

84
15,6
69,375

3 Berechne den Oberflächeninhalt der Pyramide mit dem abgebildeten Netz.

a)
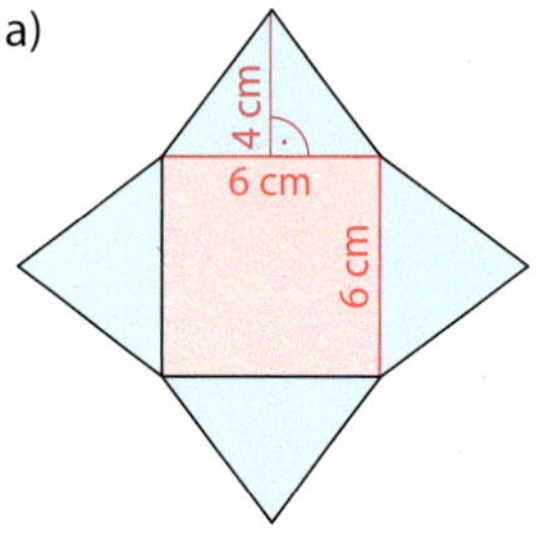

b)
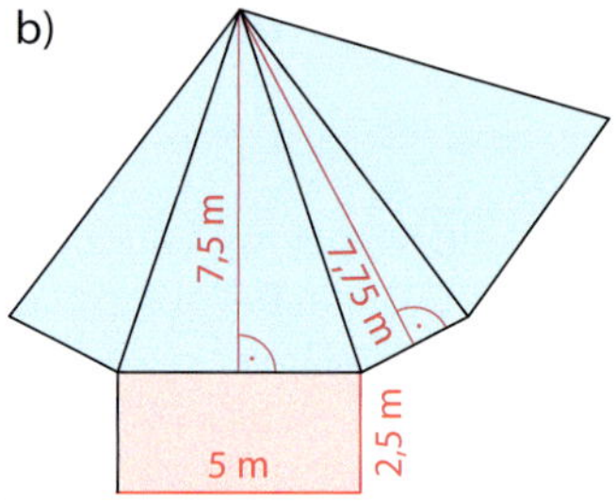

c)
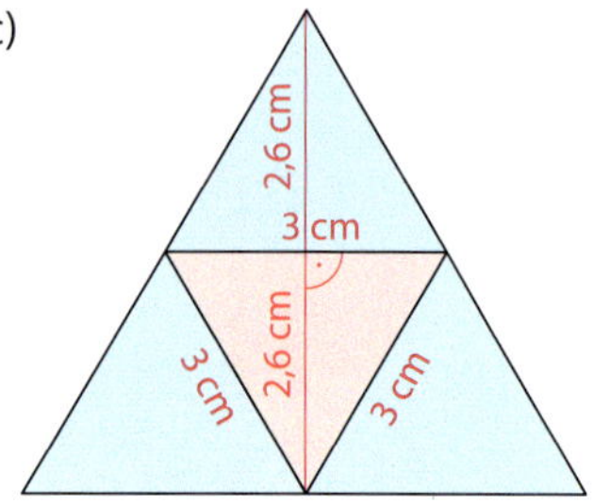

Oberflächeninhalt bei gegebener Höhe

Beispiel 2

Berechne den Oberflächeninhalt der Pyramide.

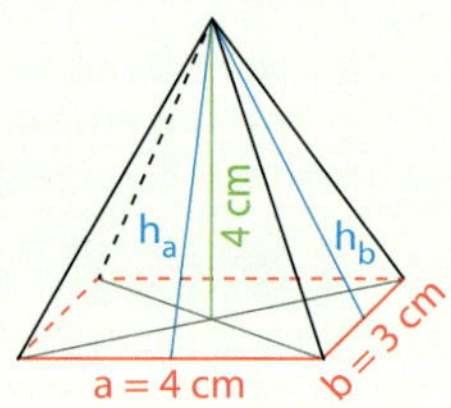

Lösung:

Die Höhe der Pyramide, die Höhe einer Seitenfläche und die Verbindung der unteren Enden der beiden Höhen bilden ein rechtwinkliges Dreieck. Berechne mit dem Satz des Pythagoras die Höhen h_a und h_b.

$h_a^2 = (1{,}5\,\text{cm})^2 + (4\,\text{cm})^2 = 18{,}25\,\text{cm}^2 \quad |\sqrt{\ }$
$h_a = \sqrt{18{,}25\,\text{cm}^2} \approx 4{,}27\,\text{cm}$

$h_b^2 = (2\,\text{cm})^2 + (4\,\text{cm})^2 = 20\,\text{cm}^2 \quad |\sqrt{\ }$
$h_b = \sqrt{20\,\text{cm}^2} \approx 4{,}47\,\text{cm}$

Berechne damit den Inhalt M der Mantelfläche.

$M \approx 2 \cdot \frac{3\,\text{cm} \cdot 4{,}47\,\text{cm}}{2} + 2 \cdot \frac{4\,\text{cm} \cdot 4{,}27\,\text{cm}}{2}$
$= 30{,}49\,\text{cm}^2$

Berechne anschließend G und damit den Oberflächeninhalt der Pyramide.

$G = 4\,\text{cm} \cdot 3\,\text{cm} = 12\,\text{cm}^2$
$O = G + M \approx 42{,}49\,\text{cm}^2$

Basisaufgaben

4 Eine Pyramide hat eine quadratische Grundfläche mit a = 6 cm und eine Körperhöhe von 12 cm. Berechne den Oberflächeninhalt.

5 Die Chefren-Pyramide in Ägypten hat eine quadratische Grundfläche mit einer Kantenlänge von 215 m und eine Körperhöhe von 143,5 m. Berechne den Mantelflächeninhalt.

6 Berechne den Oberflächeninhalt der Pyramide.

a)

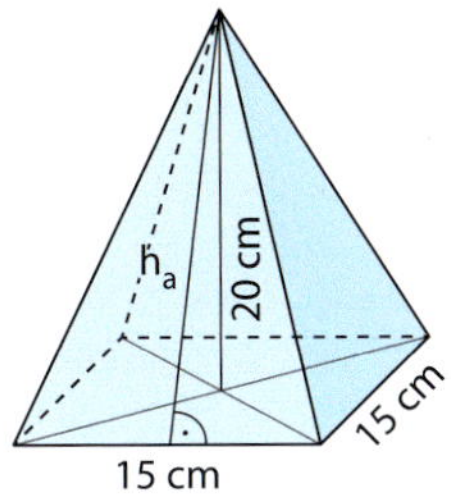

b)

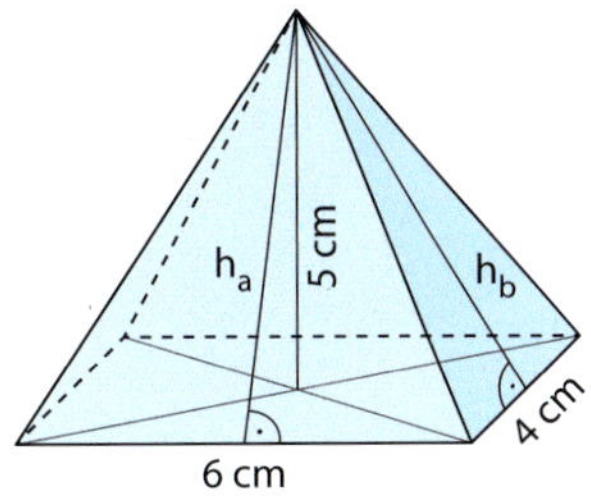

Weiterführende Aufgaben

⚠ **7** **Stolperstelle:** Melissa berechnet den Oberflächeninhalt der Pyramide mit quadratischer Grundfläche. Beschreibe und korrigiere ihren Fehler.

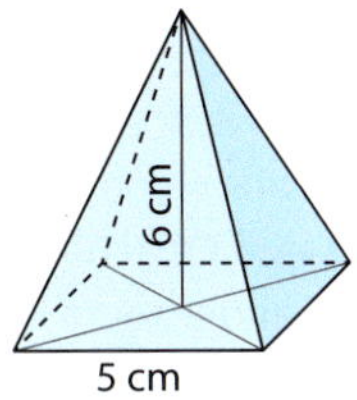

$O = G + M$
$O = (5\,cm)^2 + 4 \cdot \frac{1}{2} \cdot 5\,cm \cdot 6\,cm$
$= 25\,cm^2 + 60\,cm^2$
$= 85\,cm$

8 Eine Pyramide hat eine quadratische Grundfläche mit a = 4 cm und eine Seitenkantenlänge von s = 3 cm. Berechne den Oberflächeninhalt und erkläre dein Vorgehen.

Hinweis zu d)

Flächeninhalt eines regelmäßigen Sechsecks:
$A = \frac{3}{2} \cdot \sqrt{3} \cdot a^2$

9 Berechne den Oberflächeninhalt der Pyramide.

a) Grundfläche: Quadrat

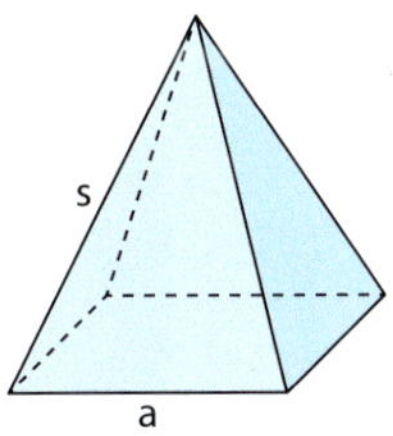

a = 5,5 cm
s = 7 cm

b) Grundfläche: Rechteck

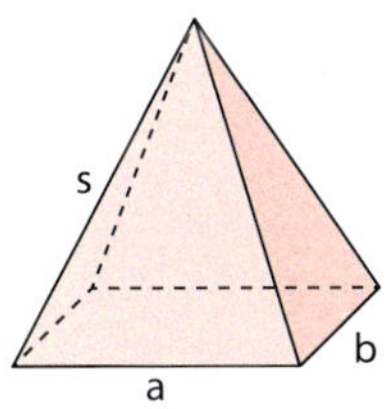

a = 4,2 cm
b = 3,3 cm
s = 6,4 cm

c) Grundfläche: gleichseitiges Dreieck

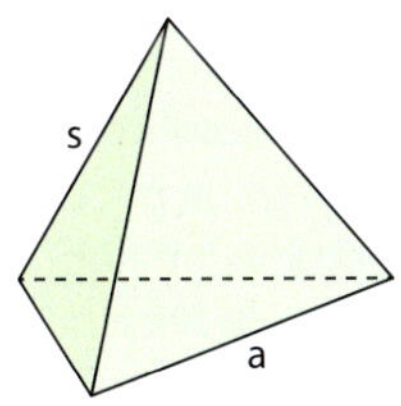

a = 45 mm
s = 40,4 mm

d) Grundfläche: regelmäßiges Sechseck

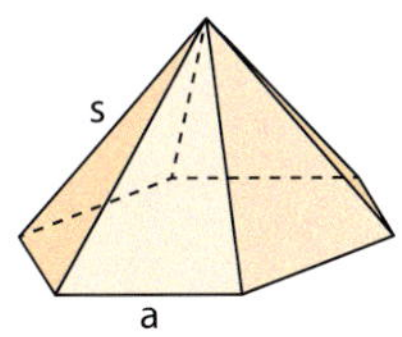

a = 29 mm
s = 3 cm

10 Berechne die fehlenden Größen der Pyramide mit quadratischer Grundfläche. s bezeichnet die Seitenkante.

	a	s	h	h_a	O
a)	8 cm			12 cm	
b)			10 m	15 m	
c)		12 cm		90 mm	
d)	12 mm				473,9 mm²

11 Ermittle aus den gegebenen Größen die Höhe h der quadratischen Pyramide.

a) a = 6 cm; h_a = 5 cm
b) a = 2 m; O = 16,65 m²
c) a = 10 cm; s = 18 cm
d) s = 12 mm; h_a = 9 mm

12 **Pyramide basteln:**
Stelle aus Zeichenkarton eine 8 cm hohe Pyramide mit einer quadratischen Grundfläche der Seitenlänge 4 cm her.

Hinweis

Beachte, dass in ① nicht alle Eckpunkte auf Kästchenschnittpunkten liegen.

13 a) Ergänze die Zeichnung zu einem Pyramidennetz.

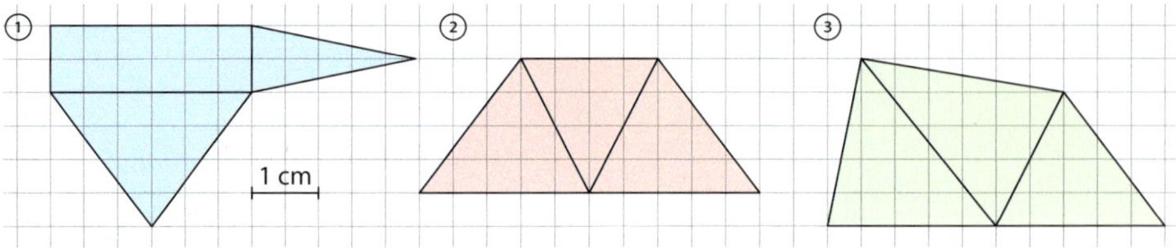

b) Berechne den Oberflächeninhalt jeder Pyramide aus a). Entnimm die Maße der Zeichnung.

14 Netz und Oberflächeninhalt eines Tetraeders:
Ein regelmäßiges Tetraeder ist eine Pyramide, die aus vier gleichseitigen Dreiecken besteht.

a) Zeichne das Netz eines Tetraeders mit der Kantenlänge $a = 4\,\text{cm}$.

b) Berechne den Oberflächeninhalt des Tetraeders aus a).

c) Stelle eine allgemeine Formel für den Oberflächeninhalt eines Tetraeders mit der Kantenlänge a auf.

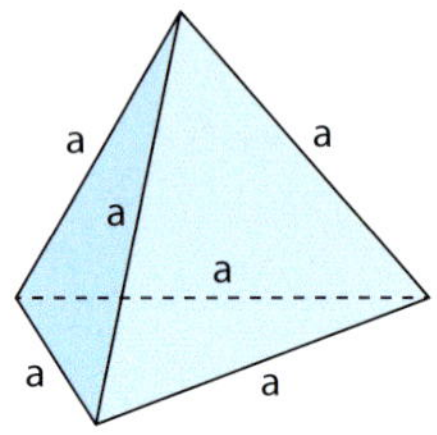

15 Für ihren Urlaub möchte Familie Terzic ein Moskitonetz mit Boden nähen. Die quadratische Grundfläche soll 220 cm lang sein, die Höhe soll 2 m betragen. Berechne, wie viel Stoff Familie Terzic für das Moskitonetz benötigt.

16 Das Dach eines Kirchturms hat die Form einer quadratischen Pyramide mit den Maßen $a = 7{,}2\,\text{m}$ und $h = 6{,}3\,\text{m}$. Das Dach soll mit Kupferplatten gedeckt werden. Dabei entstehen 5 % Verschnitt.
Berechne, wie viele Quadratmeter Kupferplatten man benötigt.

17 Eine quadratische Pyramide hat einen Oberflächeninhalt von $236{,}325\,\text{cm}^2$. Für die Höhe h und die Grundkante a gilt $h = \frac{5}{4}a$. Bestimme die Höhe der Pyramide.

18 Die Grundfläche einer 12 cm hohen Pyramide ist eine Raute mit den Diagonalenlängen $e = 6\,\text{cm}$ und $f = 8\,\text{cm}$. Berechne den Mantelflächeninhalt dieser Pyramide.

19 Eine 9 cm hohe Pyramide hat ein gleichseitiges Dreieck als Grundfläche, dessen Inkreis einen Radius von 2,5 cm hat. Ermittle den Oberflächeninhalt der Pyramide.

20 Ausblick: Eine Pyramide aus Holz hat eine quadratische Grundfläche ($a = 40\,\text{cm}$, $h_a = 30\,\text{cm}$). Sie wird auf der halben Körperhöhe parallel zur Grundfläche zersägt. Die Spitze wird entsorgt.

a) Berechne, um wie viel Prozent sich der Oberflächeninhalt dadurch verkleinert hat.

b) Untersuche, ob es eine Kombination aus den beiden gegebenen Größen a und h_a gibt, bei der eine Oberflächenvergrößerung eintritt.

Der Satz von Cavalieri

Ein Papierstapel wird verschoben. Begründe, dass alle Stapel das gleiche Volumen haben.

Hinweis

Bonaventura Francesco Cavalieri lebte im 17. Jahrhundert in Italien.

Wissen **Satz von Cavalieri**

Das Volumen zweier Körper ist gleich groß, wenn beide Körper
1. den gleichen Grundflächeninhalt,
2. die gleiche Höhe und
3. in jeder beliebigen Höhe jeweils gleich große Querschnittsflächen besitzen.

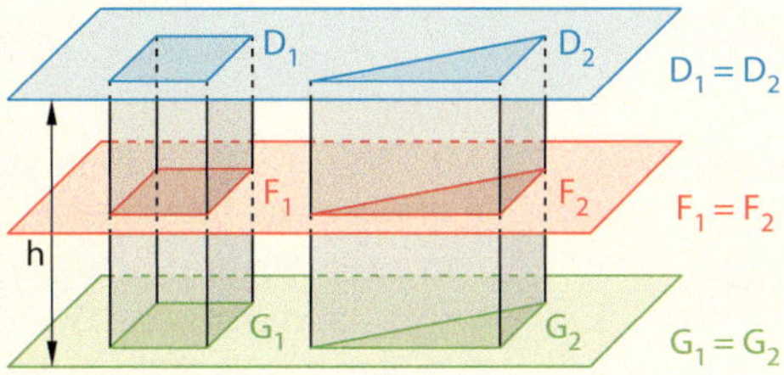

Aufgaben

1 Ein schiefes und ein gerades Prisma haben jeweils die Höhe h = 5,3 cm und als Grundfläche ein rechtwinkliges Dreieck ABC mit a = 4 cm, b = 6 cm und $\gamma = 90°$. Begründe, warum beide Prismen das gleiche Volumen haben. Berechne das Volumen.

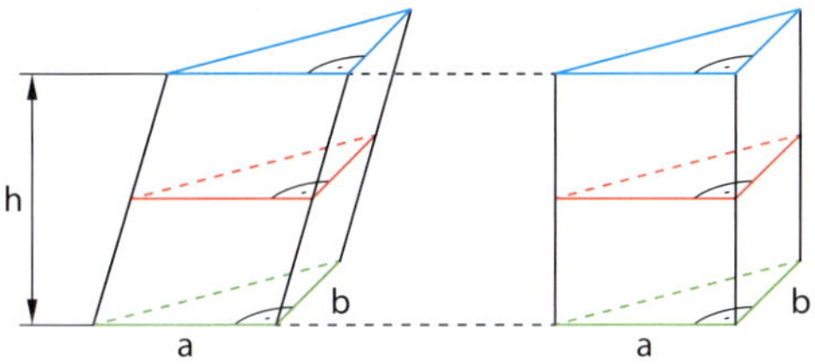

2 Berechne das Volumen des Körpers.

a)

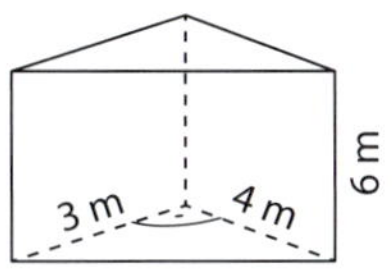

b)

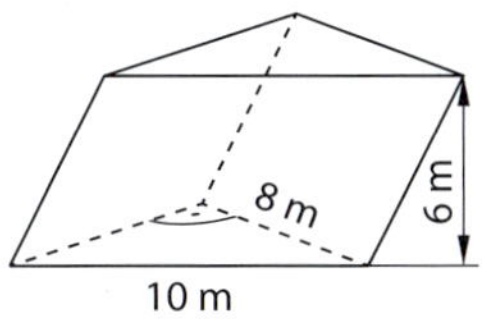

c)

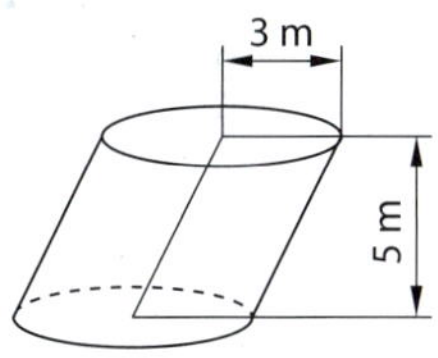

3 Begründe, ob für das Körperpaar der Satz von Cavalieri anwendbar ist oder nicht.

a)

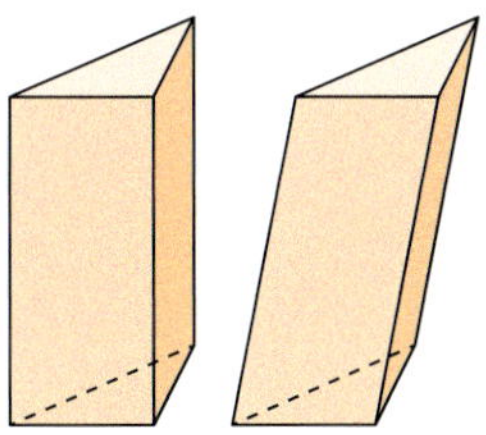

b)

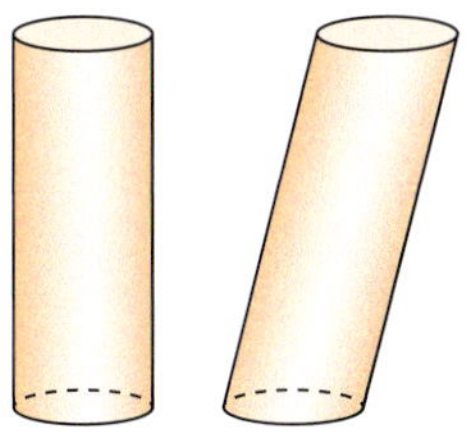

c)

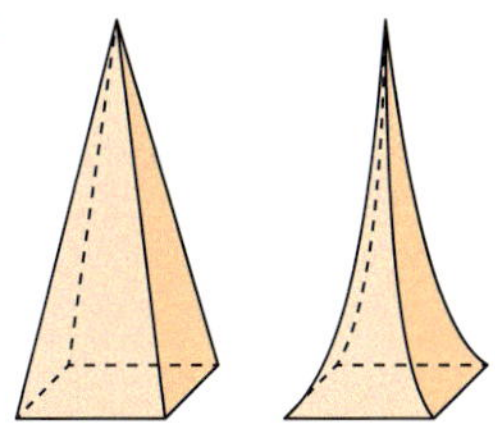

4 **Forschungsauftrag:** Konstruiere eine Pyramide mit dreieckiger Grundfläche, die das gleiche Volumen wie die abgebildete Pyramide hat. Skizziere ihr Schrägbild und begründe, dass die Pyramiden volumengleich sind.

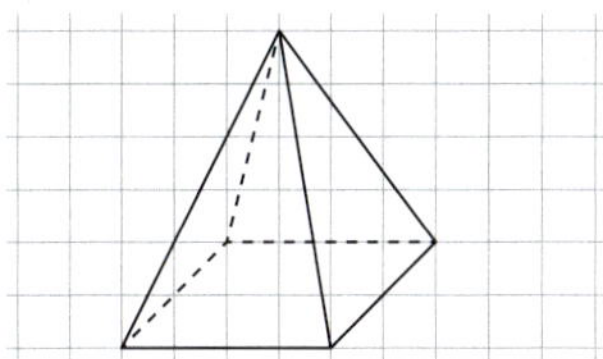

7.6 Volumen einer Pyramide

Die drei Pyramiden haben die gleichen Maße. Beschreibe, wie man sie zu einem Prisma zusammenlegen kann. Fertige eine Skizze an.

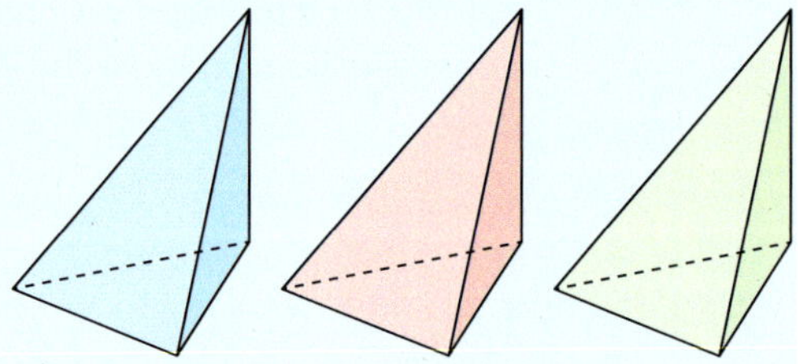

Je drei gleiche Pyramiden mit dreieckiger Grundfläche G kann man zu einem (ggf. schiefen) Prisma zusammensetzen. Das Prisma hat die gleiche Grundfläche G wie die Pyramiden und auch die gleiche Höhe h. Für das Volumen einer Pyramide gilt daher:

$V_{Pyramide} = \frac{1}{3} \cdot V_{Prisma} = \frac{1}{3} \cdot G \cdot h$

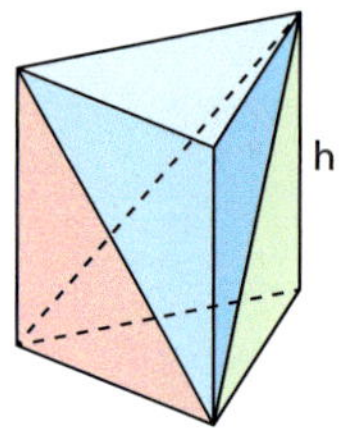

Da man jede Pyramide in Pyramiden der gleichen Höhe mit dreieckiger Grundfläche zerlegen kann, lässt sich diese Formel auf alle Pyramiden verallgemeinern.

Wissen

Für das Volumen einer Pyramide mit der Grundfläche G und der Körperhöhe h gilt:

$\mathbf{V = \frac{1}{3} \cdot G \cdot h}$

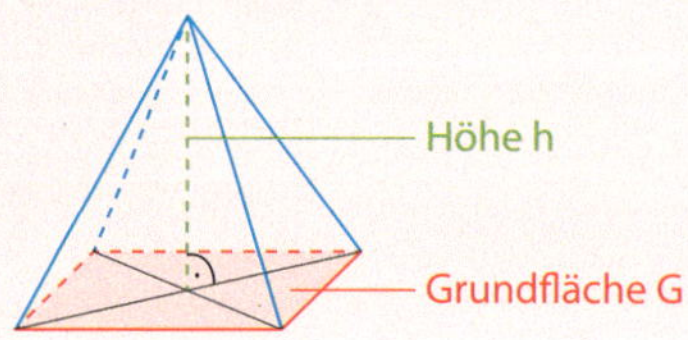

Beispiel 1

Berechne das Volumen der Pyramide.

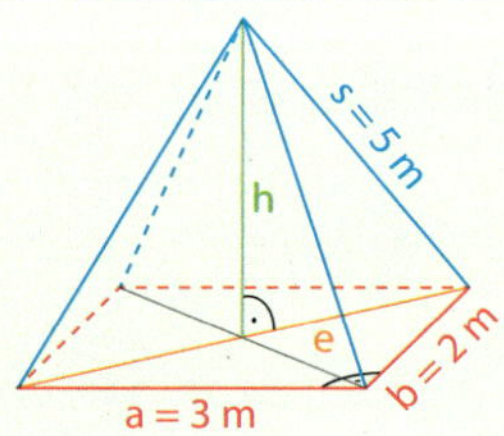

Lösung:

Berechne den Grundflächeninhalt G.	$G = a \cdot b = 3\,m \cdot 2\,m = 6\,m^2$
Berechne dann mit dem Satz des Pythagoras die Diagonalenlänge e der Grundfläche.	$e = \sqrt{a^2 + b^2} = \sqrt{(3\,m)^2 + (2\,m)^2} \approx 3{,}61\,m$
Bestimme daraus mit dem Satz des Pythagoras die Körperhöhe h.	$h = \sqrt{s^2 - \left(\frac{e}{2}\right)^2} \approx \sqrt{(5\,m)^2 - \left(\frac{3{,}61\,m}{2}\right)^2} \approx 4{,}66\,m$
Setze G und h in die Formel für das Volumen ein und berechne.	$V = \frac{1}{3} \cdot G \cdot h \approx \frac{1}{3} \cdot 6\,m^2 \cdot 4{,}66\,m = 9{,}32\,m^3$

Basisaufgaben

Lösungen zu 1

19,2 cm³
32,9 cm³
48 cm³

1 Berechne das Volumen der Pyramide.

a)

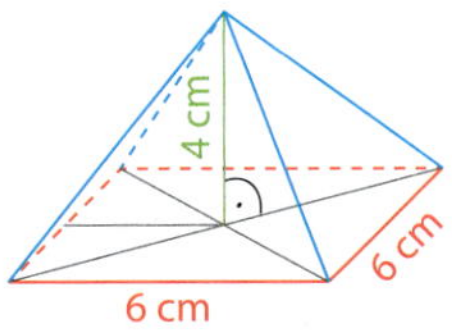

b)

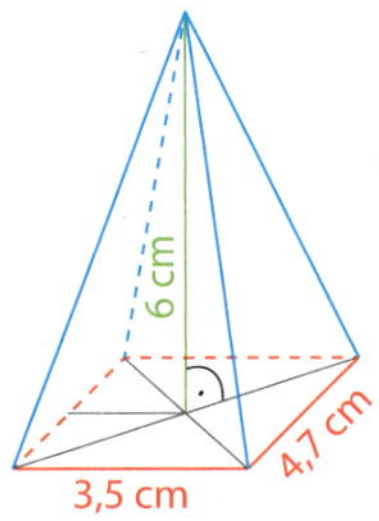

c)

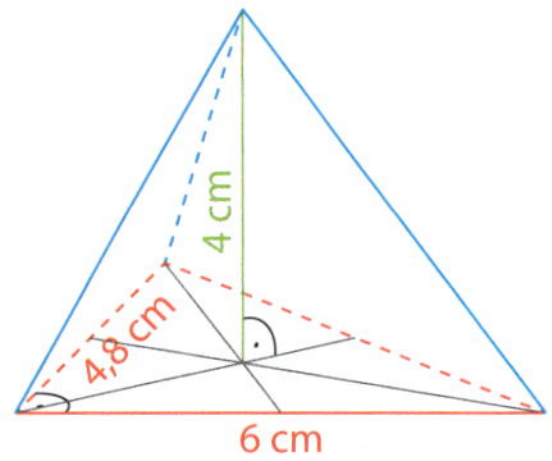

2 Berechne das Volumen der Pyramide.
a) Grundfläche: Quadrat mit $a = 9\,\text{cm}$; Körperhöhe $h = 10\,\text{cm}$
b) Grundfläche: Rechteck mit $a = 3\,\text{m}$, $b = 7\,\text{m}$; Körperhöhe $h = 10\,\text{m}$
c) Grundfläche: gleichschenkliges Dreieck mit $a = b = 4\,\text{cm}$, $c = 5\,\text{cm}$; Körperhöhe $h = 8{,}5\,\text{cm}$

3 Berechne das Volumen der Pyramide.
a) Grundfläche: Quadrat mit $a = 5\,\text{cm}$; Seitenhöhe $h_a = 3\,\text{cm}$
b) Grundfläche: Rechteck mit $a = 3{,}5\,\text{cm}$, $b = 4{,}6\,\text{cm}$; Seitenkante $s = 4\,\text{cm}$

4 **Höhe einer Pyramide berechnen:**
a) Stelle die Formel für das Volumen einer Pyramide nach der Höhe um.
b) Eine quadratische Pyramide hat ein Volumen von $80\,\text{cm}^3$ und eine Grundkantenlänge von $a = 4\,\text{cm}$. Berechne die Höhe der Pyramide.

5 Berechne die Höhe der Pyramide.
a) $V = 36\,\text{cm}^3$; Grundfläche: Quadrat mit $a = 3\,\text{cm}$
b) $V = 60\,\text{m}^3$; Grundfläche: Rechteck mit $a = 3\,\text{m}$ und $b = 5\,\text{m}$
c) $V = 120\,\text{mm}^3$; Grundfläche: rechtwinkliges Dreieck mit den Katheten $a = 5\,\text{mm}$ und $b = 6\,\text{mm}$

6 Eine 8 cm hohe Pyramide mit quadratischer Grundfläche hat ein Volumen von $24\,\text{cm}^3$. Berechne die Grundkantenlänge der Pyramide.

Weiterführende Aufgaben

7 Berechne die fehlenden Größen der quadratischen Pyramide.

	a)	b)	c)	d)	e)	f)
a	32 cm		21,0 cm			
s						
h	63 cm					
h_a	65 cm	65 m				
V			19913,5 cm³		600 m³	
G		5184 m²		25 m²	36 m²	
M						800 m²
O				85 m²		1200 m²

8 Berechne das Volumen der Pyramide.

a) Grundfläche:

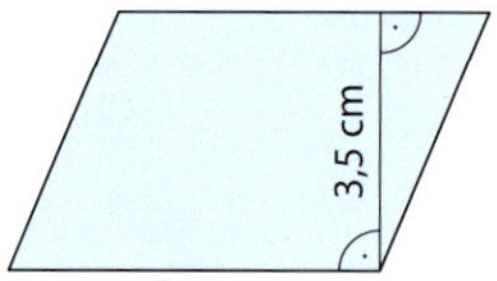

Körperhöhe: 4 cm

b) Grundfläche:

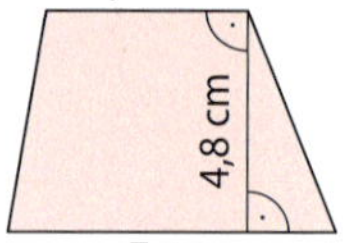

Körperhöhe: 8,5 cm

c) Grundfläche:

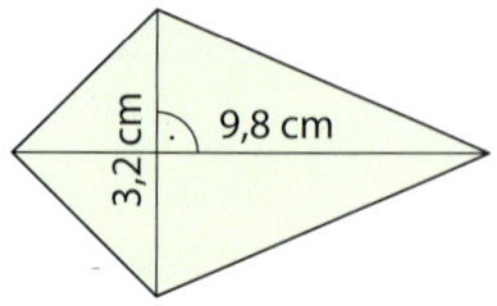

Körperhöhe: 11,4 cm

9 Die Cheops-Pyramide war ursprünglich 147 m hoch. Ihre quadratische Grundfläche hatte eine Kantenlänge von 230 m. Heute ist sie nur noch 139 m hoch. Ihre Kantenlänge beträgt noch 225 m.
a) Berechne das ursprüngliche und das heutige Volumen der Pyramide.
b) Gib den Volumenunterschied in Prozent an.

10 Gib an, wie sich das Volumen einer Pyramide verändert, wenn man
a) den Grundflächeninhalt verdoppelt (verdreifacht; verzehnfacht),
b) die Höhe verdoppelt (halbiert; verdreifacht).

11 Eine Pyramide ist 11 cm hoch und hat als Grundfläche ein regelmäßiges Sechseck der Seitenlänge a = 5 cm. Berechne das Volumen der Pyramide.

12 Stelle die Formel nach den in der Klammer gegebenen Größen um.
a) $V = \frac{1}{3} \cdot G \cdot h$ (h; G) b) $O = G + 2 \cdot a \cdot h_a$ (a; h_a) c) $V = \frac{1}{3} \cdot a^2 \cdot h$ (h; a)

13 Von einer Pyramide mit quadratischer Grundfläche sind die Maße a = 12 m und h_a = 20 m gegeben. Berechne ihr Volumen und ihren Oberflächeninhalt.

14 **Stolperstelle:** Von einer Pyramide mit einem Rechteck als Grundfläche sind a = 3 cm, b = 5 cm und h_a = 6 cm bekannt. Beschreibe und korrigiere Piets Fehler.

a) *h berechnen:* $h = \sqrt{h_a^2 - \left(\frac{a}{2}\right)^2} = \sqrt{(6\,cm)^2 - (1{,}5\,cm)^2} \approx 6{,}2\,cm$

b) *V berechnen:* $V \approx \frac{1}{3} \cdot 3\,cm \cdot 5\,cm \cdot 6\,cm = 30\,cm^3$

15 Eine 20 cm hohe Pyramide hat als Grundfläche ein Rechteck, bei dem eine Seite doppelt so lang ist wie die andere Seite. Ihr Volumen beträgt 1080 cm³. Berechne den Oberflächeninhalt der Pyramide.

16 Der abgebildete Quader wurde in drei Pyramiden zerlegt. Begründe, dass die drei Pyramiden das gleiche Volumen haben.

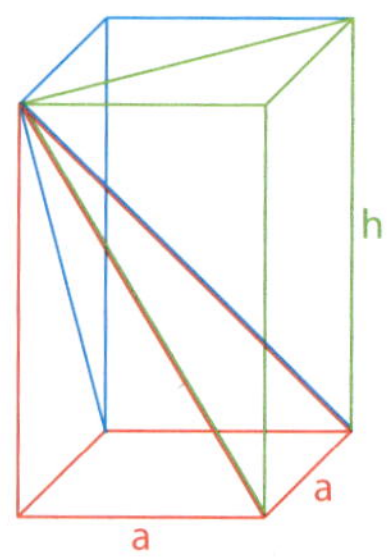

17 Aus einem quaderförmigen Stein (a = 5 cm, b = 3 cm und c = 6 cm) soll eine Pyramide mit rechteckiger Grundfläche mit möglichst großem Volumen herausgearbeitet werden. Beschreibe, wie man eine solche Pyramide erhält, und gib ihr Volumen an.

18 Das Bürogebäude „Transamerica Pyramid" in San Francisco ist 260 m hoch. Seine quadratische Grundfläche hat eine Seitenlänge von 45 m.
a) Berechne den laut diesen Angaben umbauten Raum des Gebäudes.
b) Begründe, dass das Ergebnis aus a) nicht den in der Wirklichkeit umbauten Raum angibt.
c) Bestimme die Höhe eines quaderförmigen Gebäudes, das die gleiche Grundfläche und den gleichen umbauten Raum hat wie die Transamerica Pyramid.

Hinweis

Für die Dichte ρ gilt: $\rho = \frac{\text{Masse}}{\text{Volumen}}$

19 Eine Pyramide aus Gold hat eine quadratische Grundfläche der Kantenlänge 5 cm und ist 12 cm hoch. Eine Pyramide aus Silber mit der gleichen Grundfläche ist 20 cm hoch. Schätze, welche Pyramide schwerer ist. Prüfe deine Schätzung rechnerisch.

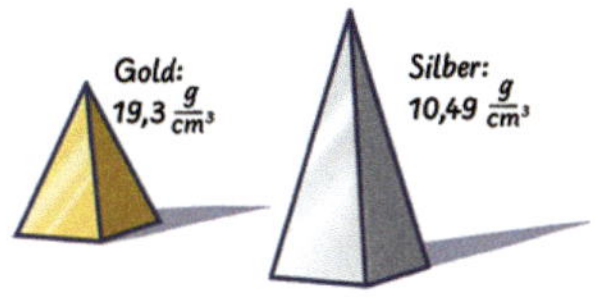

Hinweis zu 20

Die Grundkantenlänge der Pyramidenspitze ist halb so groß wie die der ganzen Pyramide.

20 Die quadratische Pyramide wurde durch einen zur Grundfläche parallelen Schnitt in halber Höhe in zwei Teilkörper zerlegt.
a) Berechne den Anteil, den jeder Teilkörper am Volumen der Ausgangspyramide hat.
b) Bestimme die Anteile aus a) für eine Pyramide mit der Grundkantenlänge a und der Höhe a.

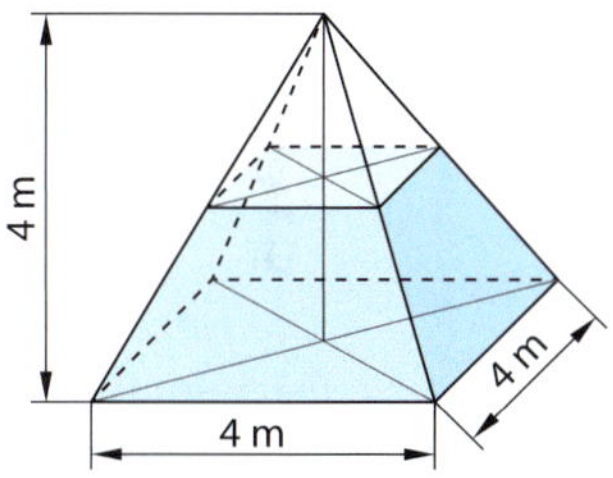

21 Volumen eines Tetraeders:
a) Stelle eine Formel für das Volumen eines Tetraeders mit der Kantenlänge a auf.
b) Ein Tetraeder hat ein Volumen von 100 m³. Berechne seine Kantenlänge.

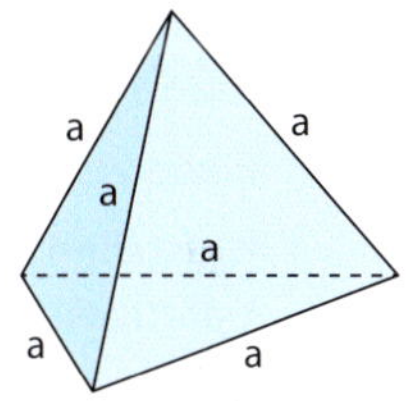

22 Eine Pyramide mit quadratischer Grundfläche wird mit der Spitze nach unten schrittweise ins Wasser getaucht. Bei jedem Schritt wird das verdrängte Wasservolumen gemessen.
a) Begründe, dass die Eintauchtiefe und das verdrängte Wasservolumen nicht proportional zueinander sind.
b) Man verdoppelt (verdreifacht) die Eintauchtiefe. Berechne, um das Wievielfache sich das Volumen des verdrängten Wassers vergrößert.

Hinweis zu 22b

Recherchiere zum Thema Strahlensatz.

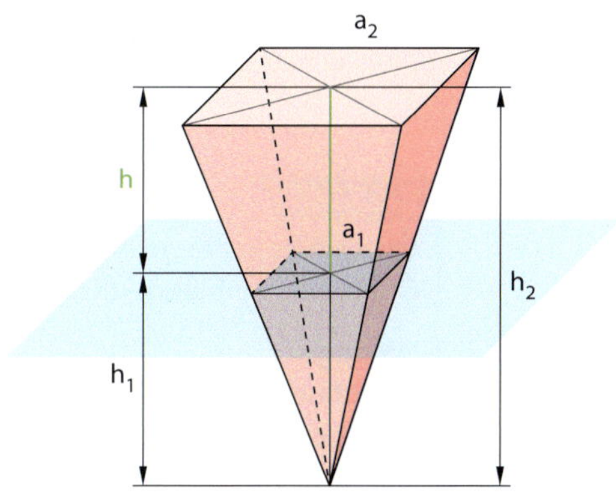

23 Ausblick: Juri hat zur Berechnung des Volumens Folgendes probiert:
$V = \frac{1}{3} \cdot 64 \cdot 10 - \frac{1}{2} \cdot \left(\frac{1}{3} \cdot 25 \cdot 6{,}25 + \frac{1}{3} \cdot 36 \cdot 7{,}5\right)$
a) Erkläre Juris Idee.
b) Erläutere, warum Juris Idee nicht richtig ist.

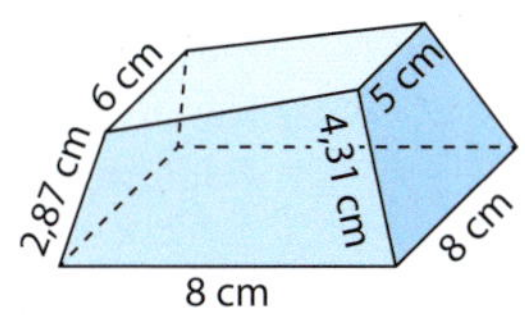

7.7 Netz und Oberflächeninhalt eines Kegels

Aus Filz wird ein Hut gebastelt.
a) Skizziere ein passendes Schnittmuster.
b) Eine Person mit einem Kopfumfang von 55 cm soll den Hut tragen. Begründe, welche Länge im Schnittmuster dadurch gegeben ist.

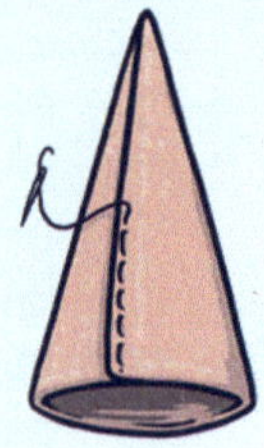

Bei einer Pyramide bildet ein Vieleck die Grundfläche. Ist die Grundfläche stattdessen ein Kreis, so bezeichnet man den Körper als **Kegel**.

Wissen

Ein **Kegel** ist ein Körper mit einem Kreis als **Grundfläche** und einer Spitze, die senkrecht über dem Mittelpunkt der Grundfläche liegt.
Die **Mantelfläche** ist gewölbt.
Das Netz des Kegels ist ein Kreis mit einem angelegten Kreisausschnitt.

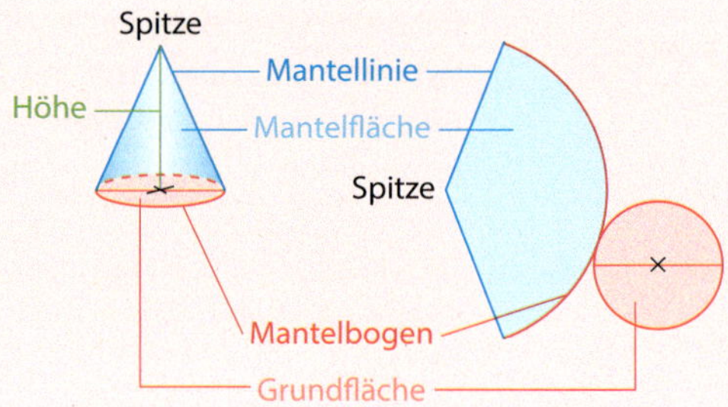

Das Netz der Mantelfläche M eines Kegels mit dem Grundflächenradius r ist ein Kreissektor. Der Kreisbogen entspricht dem Mantelbogen und ist genauso lang wie der Umfang der Grundfläche des Kegels: $2 \cdot \pi \cdot r$
Der Radius von M ist die Mantellinie s. Für M und einen Kreis mit dem Radius s gilt das Verhältnis: $\frac{2 \cdot \pi \cdot r}{u_{Kreis}} = \frac{M}{A_{Kreis}}$
Einsetzen der Formeln für den Kreis liefert: $\frac{2 \cdot \pi \cdot r}{2 \cdot \pi \cdot s} = \frac{M}{\pi \cdot s^2}$
Umstellen nach M führt zu: $M = \frac{2 \cdot \pi \cdot r \cdot \pi \cdot s^2}{2 \cdot \pi \cdot s} = \pi \cdot r \cdot s$
Daraus ergibt sich die Formel für den Oberflächeninhalt eines Kegels.

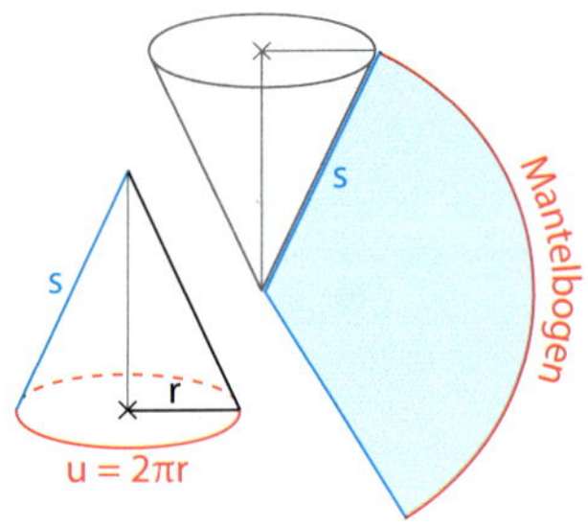

Wissen

Für den Oberflächeninhalt O eines Kegels mit dem Grundflächenradius r und der Mantellinie s gilt: $\mathbf{O} = G + M$
$= \pi \cdot r^2 + \pi \cdot r \cdot s = \pi \cdot r \cdot (r + s)$

Beispiel 1

Ein 4 cm hoher Kegel hat eine Grundfläche mit einem Radius von 2 cm. Berechne den Oberflächeninhalt des Kegels.

Lösung:
Berechne zuerst die Länge der Mantellinie s mit dem Satz des Pythagoras.

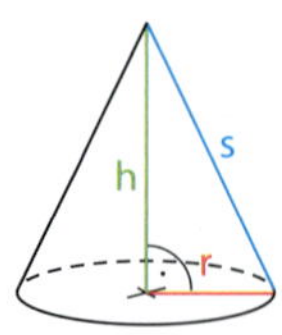

$s^2 = r^2 + h^2$
$= (2\,\text{cm})^2 + (4\,\text{cm})^2$
$= 20\,\text{cm}^2$
$s = \sqrt{20\,\text{cm}^2} \approx 4{,}47\,\text{cm}$

Berechne damit den Flächeninhalt der Mantelfläche (Kreissektor) und dann den Flächeninhalt der Grundfläche (Kreis). Addiere die Flächeninhalte G und M.

$M = \pi \cdot r \cdot s \approx \pi \cdot 2\,\text{cm} \cdot 4{,}47\,\text{cm} \approx 28{,}10\,\text{cm}^2$
$G = \pi \cdot r^2 \approx \pi \cdot (2\,\text{cm})^2 \approx 12{,}57\,\text{cm}^2$
$O = G + M \approx 12{,}57\,\text{cm}^2 + 28{,}10\,\text{cm}^2$
$= 40{,}67\,\text{cm}^2$

Basisaufgaben

Lösungen zu 1

237,98 cm²

157,93 cm²

320,54 cm²

1 Berechne den Oberflächeninhalt des Kegels.

a)
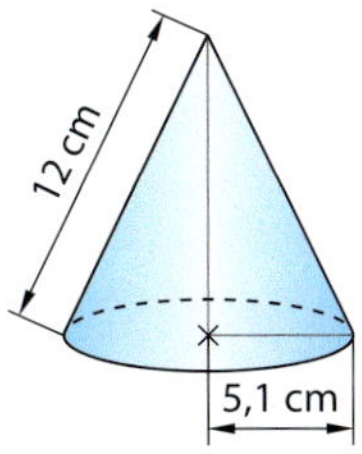

b)
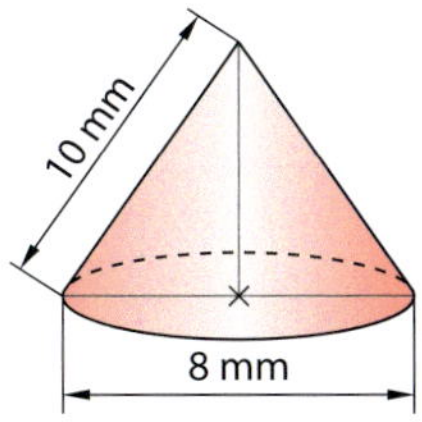

c)
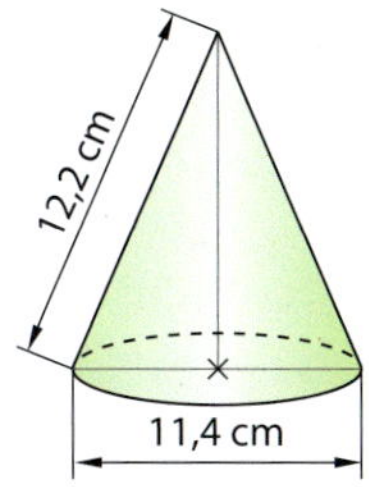

2 Berechne den Oberflächeninhalt des Kegels mit den gegebenen Maßen.

a) $r = 3\,cm$; $h = 4\,cm$ b) $r = 1{,}5\,cm$; $h = 2{,}5\,cm$
c) $r = 5\,cm$; $h = 5\,cm$ d) $r = 1\,cm$; $h = 3\,cm$

3 **Mantellinie berechnen:** Berechne die Länge der Mantellinie s eines Kegels mit $O = 20\,cm^2$ und $r = 1\,cm$. Erkläre dein Vorgehen.

4 Eine Schultüte soll eine Höhe von 45 cm und einen Durchmesser von 20 cm an der Öffnung haben. Sie soll von außen mit Glitzerfarbe bemalt werden. Berechne, für welche Fläche die Farbe ausreichen muss.

Weiterführende Aufgaben

5 **Stolperstelle:** Ein Kegel hat die Höhe 10 cm und den Grundflächenradius 6 cm. Henry berechnet den Oberflächeninhalt. Beschreibe seinen Fehler und berechne den Oberflächeninhalt des Kegels.

$G = \pi \cdot (6\,cm)^2 \approx 113{,}10\,cm^2$
$M = \pi \cdot 6\,cm \cdot 10\,cm \approx 188{,}50\,cm^2$
$O = G + M \approx 301{,}60\,cm^2$

6 Berechne den Oberflächeninhalt eines Kegels mit der Mantelfläche $M = 1000\,cm^2$ und der Mantellinie $s = 10\,cm$.

7 Berechne den Radius des Kegels mit den gegebenen Maßen.

a) $O = 219{,}91\,cm^2$; $s = 9\,cm$ b) $O = 573{,}53\,mm^2$; $s = 15{,}3\,mm$
c) $O = 23\,926{,}37\,m^2$; $s = 80\,m$ d) $O = 225\,m^2$; $s = 17{,}5\,m$

8 Das Dach eines Turms hat die Form eines Kegels mit der Höhe 6 m und dem Grundflächenradius 3 m. Berechne die Materialkosten für die Neueindeckung des Dachs, wenn der Preis pro Quadratmeter 87 € beträgt.

9 Eine Firma stellt aus Blech Lampenschirme her, die etwa die Form eines Kegels haben. Die Höhe eines Lampenschirms beträgt 30 cm, der Umfang der Grundfläche 80 cm.

a) Ermittle, wie viel Blech für die Herstellung eines Lampenschirms benötigt wird.
b) Die Materialkosten für $1\,cm^2$ Blech betragen 0,275 €. Berechne die Materialkosten für die Herstellung eines Lampenschirms.

10 Begründe, ob es sich um das Netz eines Kegels handelt.

a) 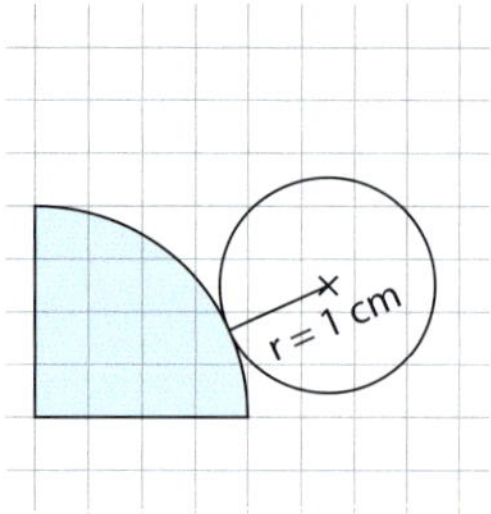

b) 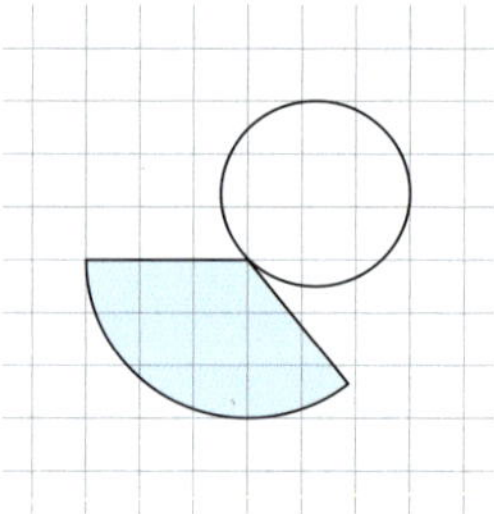

c) 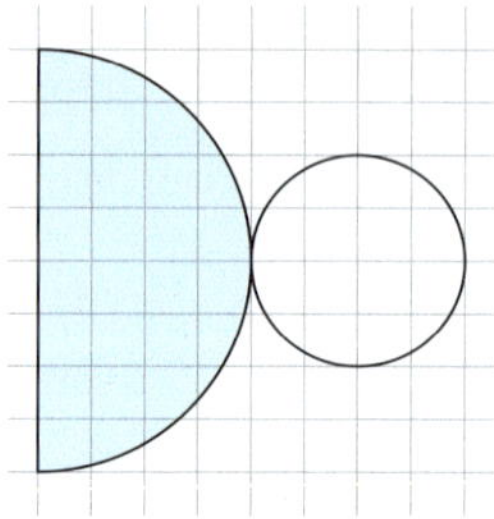

11 **Netz und Mittelpunktswinkel:**
Um das Netz eines Kegels zu zeichnen, benötigt man den Mittelpunktswinkel α der Mantelfläche.

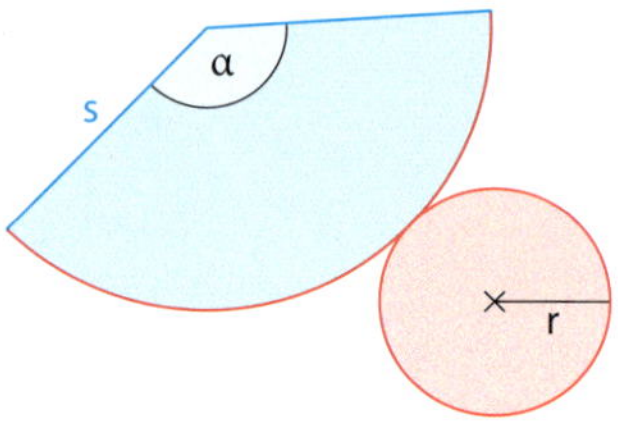

a) Begründe, dass für den Mittelpunktswinkel gilt:
$\alpha = \frac{360° \cdot r}{s}$

b) Zeichne das Netz eines Kegels mit der Höhe 7 cm und dem Grundflächenradius 3 cm. Berechne dann den Oberflächeninhalt.

12 a) Zeichne die Mantelfläche eines Kegels mit der Mantellinie s = 6 cm und dem Grundflächenradius r = 2 cm.

b) Zeichne das Netz eines 5 cm hohen Kegels mit dem Durchmesser d = 8 cm der Grundfläche.

13 **Kegel basteln:** Stelle aus Zeichenkarton einen 8 cm hohen Kegel mit einem Grundflächenradius von 3 cm her.

14 Bei einem kegelförmigen Sandhaufen ist das Verhältnis Höhe : Radius = 3 : 5 = 0,6. Seine Mantellinie ist 5 m lang.

a) Schätze, in welchem Winkel der Sandhaufen ungefähr ansteigt.
(A) α = 10° (B) α = 31° (C) α = 85° (D) α = 113°
Prüfe deine Schätzung durch eine Zeichnung.

b) Berechne die Höhe und den Mantelflächeninhalt des Sandhaufens.

c) Zeige, dass man den Mantelflächeninhalt eines Kegels mit dem Verhältnis Höhe : Radius = 0,6 nur aus dem Radius berechnen kann. Gib eine passende Formel an.

d) Stelle für Kegel mit dem Verhältnis Höhe : Radius = 0,6 den Zusammenhang *Radius r (in cm) → Mantelflächeninhalt (in cm^2)* grafisch dar. Gib an, welche Art von Funktion diesen Zusammenhang beschreibt.

15 **Ausblick:** Aus der blauen Stofffläche soll ein Lampenschirm gefertigt werden (Angaben in cm).

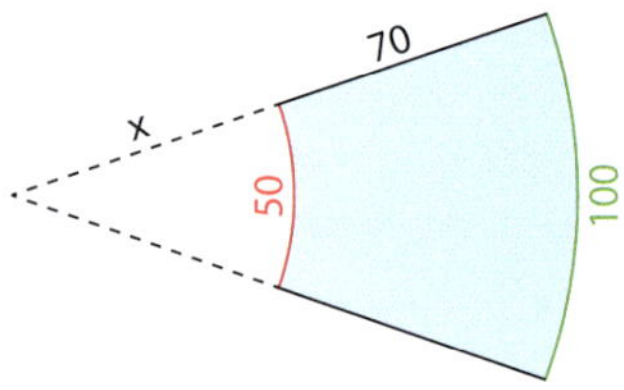

a) Beschreibe die geometrische Form des Schirms.

b) Bestimme den Wert für x.

c) Berechne, wie viel Stoff für die Herstellung mindestens benötigt wird.

d) Bestimme den Anteil des gestrichelten Kreissektors an der Gesamtfläche.

e) Bestimme das Längenverhältnis des grünen und des roten Kreisbogens, wenn der gestrichelt markierte Teil denselben Flächeninhalt wie der Schirm haben soll.

f) Recherchiere, was ein Rotationskörper ist. Erläutere, welche geometrische Figur den Lampenschirm erzeugt.

7.8 Volumen eines Kegels

Eine kegelförmige Eiswaffel ist 13 cm hoch und hat an der Öffnung den Durchmesser 5 cm. Welcher Wert könnte angeben, wie viel Eis in die Waffel passt? Begründe, dass die anderen drei Werte nicht stimmen können.

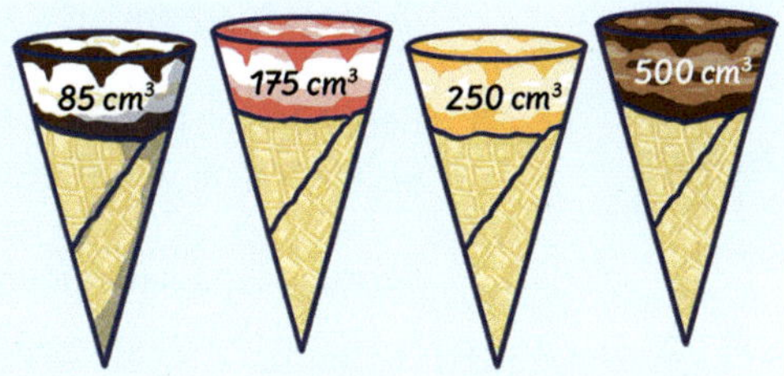

Ein Kegel mit der Höhe h kann durch Pyramiden gleicher Höhe angenähert werden, deren Grundflächen immer mehr Ecken haben. Daraus ergibt sich die Volumenformel eines Kegels:

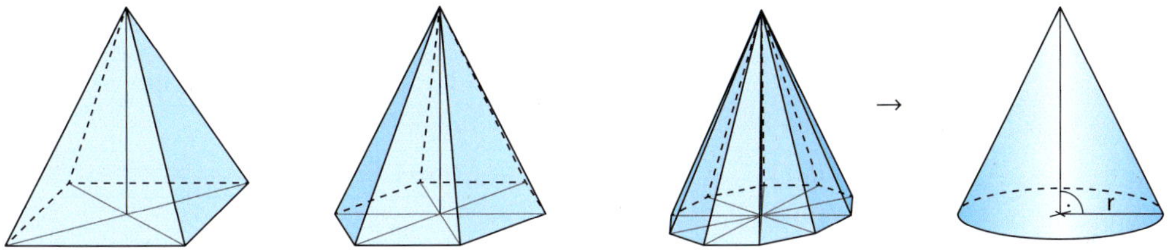

$V = \frac{1}{3} \cdot G \cdot h$ $\quad V = \frac{1}{3} \cdot G \cdot h$ $\quad V = \frac{1}{3} \cdot G \cdot h$ $\quad \rightarrow \quad V = \frac{1}{3} \cdot G \cdot h$

Wissen

Für das Volumen eines Kegels mit der Grundfläche G, dem Grundflächenradius r und der Höhe h gilt:

$\mathbf{V = \frac{1}{3} \cdot G \cdot h}$ bzw. $\mathbf{V = \frac{1}{3} \cdot \pi \cdot r^2 \cdot h}$

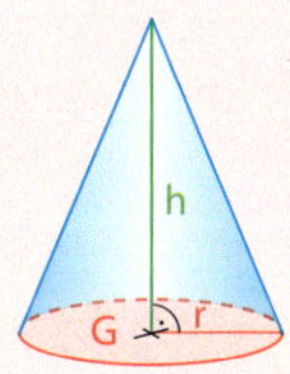

Beispiel 1

Berechne das Volumen eines Kegels mit der Höhe h = 18 cm und dem Grundflächenradius r = 6 cm.

Lösung:

Setze den Radius r und die Höhe h in die Formel für das Volumen ein.
Berechne und runde das Ergebnis.

$V = \frac{1}{3} \cdot \pi \cdot r^2 \cdot h$

$= \frac{1}{3} \cdot \pi \cdot (6\,\text{cm})^2 \cdot 18\,\text{cm}$

$\approx 678{,}58\,\text{cm}^3$

Basisaufgaben

1 Berechne das Volumen des Kegels mit den gegebenen Größen.

a) r = 2 cm; h = 7 cm
b) r = 1,8 m; h = 1,5 m
c) r = 25 cm; h = 30 cm
d) r = 1 mm; h = 2 mm
e) d = 18 cm; h = 8 cm
f) d = 22 mm; h = 14 mm

2 Eine Kerze hat die Form eines geraden Kegels mit Radius r = 3 cm und Höhe h = 10 cm. Berechne das Volumen an Wachs, das zur Herstellung der Kerze benötigt wird.

3 Stelle die Formel $V = \frac{1}{3} \cdot \pi \cdot r^2 \cdot h$ für das Volumen eines Kegels nach h und nach r um.

Lösungen zu 4

4,89 cm
6,00 cm
2300 cm
95,0 cm

4 Berechne den Grundflächenradius des Kegels mit den gegebenen Größen.
a) $V = 500\,cm^3$; $h = 20\,cm$
b) $V = 188{,}5\,cm^3$; $h = 5\,cm$
c) $V = 689{,}92\,dm^3$; $h = 7{,}3\,dm$
d) $V = 6647{,}61\,m^3$; $h = 1200\,cm$

5 Berechne die Höhe des Kegels mit den gegebenen Größen.
a) $V = 50\,cm^3$; $r = 3\,cm$
b) $V = 7{,}2\,cm^3$; $d = 6{,}4\,cm$

6 Begründe, dass für einen Kegel mit dem Grundflächendurchmesser d und der Höhe h gilt:
$V = \frac{1}{12} \cdot \pi \cdot d^2 \cdot h$

Weiterführende Aufgaben

7 Berechne die fehlenden Größen des Kegels.

	a)	b)	c)	d)	e)
Radius r	3,5 cm			12 cm	
Körperhöhe h	8,2 cm	14 mm	50 mm		
Mantellinie s		17 mm			
Grundflächeninhalt G			22,9 cm²		172 dm²
Volumen V				2262 cm³	
Oberflächeninhalt O					379 dm²

8 Berechne Volumen und Oberflächeninhalt eines Kegels mit den gegebenen Größen.
a) $r = 2\,m$; $h = 5\,m$
b) $d = 7\,dm$; $h = 5{,}7\,dm$
c) $d = 38{,}2\,cm$; $h = 24\,cm$
d) $r = \pi\,m$; $h = 2\pi\,m$

9 **Stolperstelle:** Sofia hat das Volumen des Kegels berechnet:

$$V = \frac{1}{3} \cdot 3\,cm^2 \cdot 4\,cm = 4\,cm^3$$

Erkläre ihren Fehler und berechne das Volumen des Kegels.

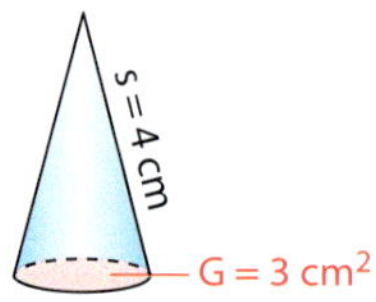

10 Beschreibe, wie sich das Volumen eines Kegels ändert, wenn
a) der Radius verdoppelt bzw. verdreifacht wird und die Höhe konstant bleibt,
b) die Höhe halbiert wird und der Radius konstant bleibt,
c) der Radius verdoppelt und die Höhe halbiert wird,
d) der Radius und die Höhe verdoppelt werden.

11 Stelle mit einem Graphen die Abhängigkeit des Volumens eines Kegels von seinem Radius dar. Beachte, welche Größe des Kegels dabei konstant bleiben muss. Beschreibe den Graphen und gib eine passende Funktionsgleichung an.

12 Aus einem zersprungenen, ursprünglich vollen Glas tritt Wasser aus. Nach einer Stunde ist der Wasserstand nur noch halb so hoch wie zu Beginn.
a) Begründe, warum das Glas nach weniger als einer weiteren Stunde leer ist.
b) Gib eine Vermutung über den Zusammenhang zwischen der Höhe des Wasserstands und dem Volumen an und begründe.

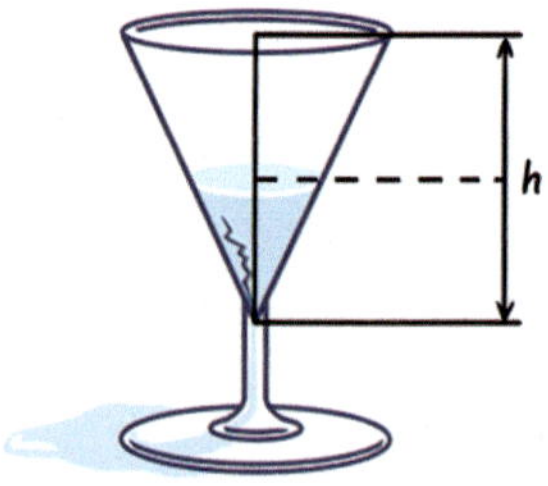

13 Schätzt zu zweit, in welchen der beiden Pokale mehr Sekt passt. Prüft eure Schätzungen, indem ihr jeweils das Volumen eines Pokals berechnet und die Ergebnisse vergleicht.

14 **Kegelstumpf:** Ein Kegelstumpf entsteht durch Abtrennen eines Kegels parallel zur Grundfläche des Ausgangskegels.

a) Zeige, dass für das Volumen eines Kegelstumpfs gilt:
$V = \frac{\pi}{3} \cdot h \cdot \left(r_2^2 + r_2 \cdot r_1 + r_1^2\right)$

b) Berechne das Volumen eines Kegelstumpfs mit $r_1 = 44\,mm$, $r_2 = 28\,mm$ und $h = 32\,mm$.

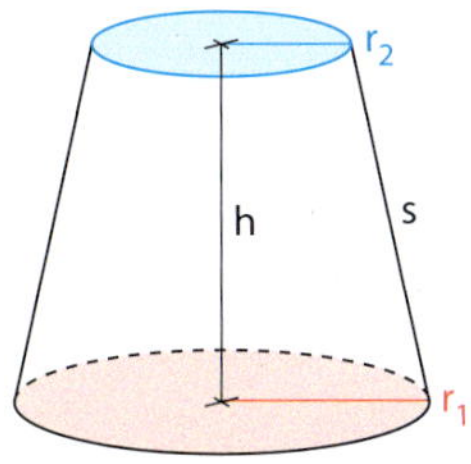

15 Ein Messbecher soll die Form eines 35 cm hohen Kegelstumpfs mit einem Volumen von mindestens 1 ℓ haben. Dabei soll der Radius der Öffnung 5 cm betragen.

a) Berechne den Radius der unteren Grundfläche des Messbechers.

b) Berechne, in welcher Höhe die Markierung für $\frac{1}{4}$ ℓ angebracht werden muss.

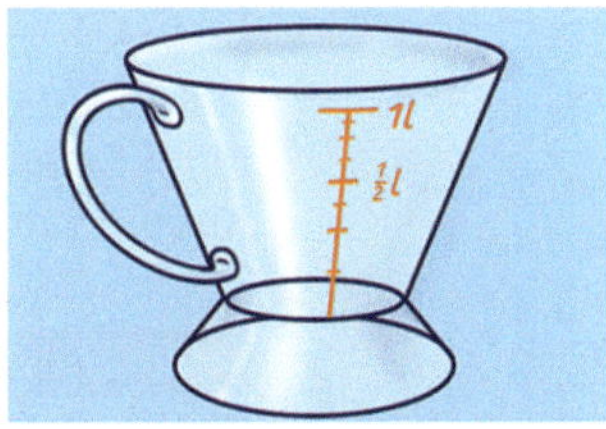

16 Ein Salzkegel hat eine Mantellinie von 2,4 m und an der Basis einen Umfang von 7,5 m.
Salz hat eine Dichte von $2{,}17\,g/cm^3$.

a) Berechne, wie viel Kilogramm Salz der Salzkegel enthält.

b) Berechne, wie viele Salzstreuer mit 0,05 ℓ Inhalt mit dem Salz dieses Salzkegels befüllt werden könnten.

17 **Ausblick: Rotationskörper**

a) Der Kegel entsteht, indem der Graph der Funktion f mit $f(x) = \frac{1}{2}x$ für $0 \le x \le 6$ um die x-Achse rotiert. Berechne das Volumen des Kegels.

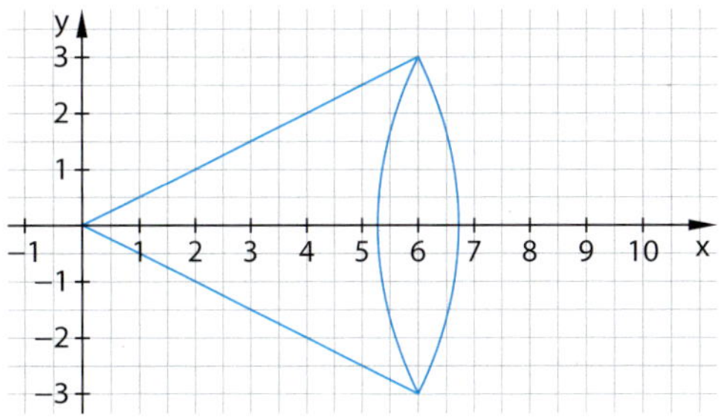

b) Entscheide, ob die folgenden Körper durch die Rotation eines Funktionsgraphen um die x-Achse entstanden sein können.

①

②
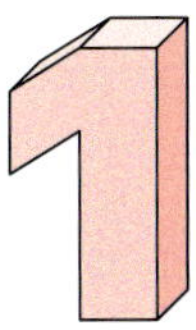

③

④
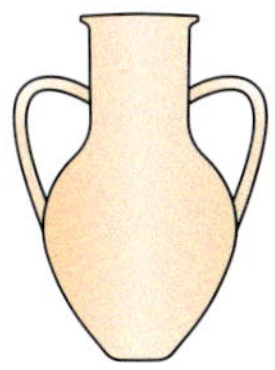

7.9 Volumen einer Kugel

Schon 225 v. Chr. untersuchte Archimedes das Verhältnis des Volumens einer Kugel zum Volumen eines Zylinders mit dem gleichen Radius r und der Höhe 2r. Aus Freude über seine Entdeckung wünschte er sich die Abbildung einer Kugel im Zylinder auf seinem Grab. Schätze anhand der Abbildung, welchen Anteil des Zylindervolumens die Kugel einnimmt.

Wissen

Alle Punkte im Raum, die zu einem festen Punkt M den gleichen Abstand r haben, bilden eine **Kugel**.

M ist der **Mittelpunkt**, r der **Radius** und d der **Durchmesser** der Kugel.

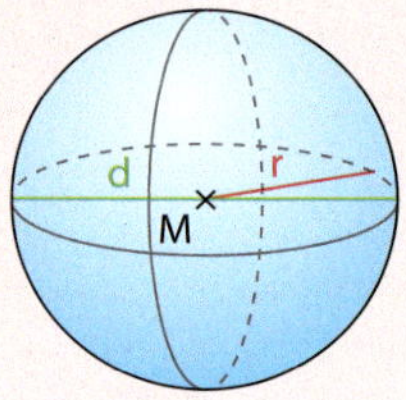

Das Volumen einer Halbkugel kann man mithilfe des Satzes von Cavalieri aus dem Volumen eines Kegels und eines Zylinders herleiten. Daraus folgt eine Formel für das Volumen einer Kugel. Zum Beweis der Formel siehe Aufgabe 16.

Wissen

Für das Volumen einer Kugel mit dem Radius r gilt: $\mathbf{V = \frac{4}{3} \cdot \pi \cdot r^3}$

Beispiel 1

a) Berechne das Volumen einer Kugel mit dem Radius r = 5 cm.
b) Eine Kugel hat das Volumen V = 500 cm³. Berechne den Radius r der Kugel.

Lösung:

a) Setze 5 cm für r in die Formel $V = \frac{4}{3} \cdot \pi \cdot r^3$ ein, berechne und runde das Ergebnis.

$$V = \frac{4}{3} \cdot \pi \cdot r^3 = \frac{4}{3} \cdot \pi \cdot (5\,\text{cm})^3 \approx 523{,}60\,\text{cm}^3$$

b) Löse die Formel für das Volumen der Kugel nach r auf.

$$V = \frac{4}{3} \cdot \pi \cdot r^3 \quad | \cdot 3 \quad | : 4\pi$$

$$\frac{3 \cdot V}{4 \cdot \pi} = r^3 \quad | \sqrt[3]{}$$

$$r = \sqrt[3]{\frac{3 \cdot V}{4 \cdot \pi}}$$

Setze 500 cm³ für V in die umgestellte Formel ein und berechne das Ergebnis.

$$= \sqrt[3]{\frac{3 \cdot 500\,\text{cm}^3}{4 \cdot \pi}} \approx 4{,}92\,\text{cm}$$

Lösungen zu 1

8,31 cm³
33,51 cm³
65 449,85 cm³
268,08 cm³

Basisaufgaben

1 Berechne das Volumen der Kugel mit dem Radius r.

a) r = 2 cm b) r = 4 cm c) r = 25 cm d) r = 4π mm

2 Berechne den Radius der Kugel mit dem Volumen V.

a) V = 1872 cm³ b) V = 120,5 cm³ c) V = 1 m³ d) V = 189 mm³

3 a) Stelle eine Formel auf, mit der das Volumen einer Kugel aus ihrem Durchmesser berechnet werden kann.
b) Berechne das Volumen der Kugel mit dem Durchmesser d.
① $d = 2\,cm$ ② $d = 4{,}5\,dm$ ③ $d = 12{,}2\,cm$ ④ $d = 3\pi\,mm$

4 Ein Fußball hat einen Durchmesser von 24 cm. Berechne sein Volumen.

5 Auf dem Weg zu einem Kindergarten stehen Betonhalbkugeln mit einem Durchmesser von 80 cm.
Berechne die Menge an Beton, die für die Herstellung einer Halbkugel benötigt wird.

Weiterführende Aufgaben

6 a) Beschreibe, wie sich das Volumen einer Kugel verändert, wenn man den Radius verdoppelt (verdreifacht).
b) Begründe, wie sich der Radius einer Kugel verändern muss, damit sich das Volumen verdoppelt (verzehnfacht; halbiert).

7 **Stolperstelle:** Aline berechnet die fehlende Größe einer Kugel. Korrigiere ihren Fehler.

a) $r = 3\,cm$
$V = \frac{4}{3}\pi \cdot (3\,cm)^2$
$V \approx 37{,}70\,cm^2$

b) $r = 5\,cm$
$V = \frac{1}{3}\pi \cdot (5\,cm)^3$
$V \approx 130{,}90\,cm^3$

c) $V = 200\,cm^3$
$r = \sqrt{\frac{3 \cdot 200\,cm^3}{4\pi}} \approx 6{,}91\,cm$

8 Ein Wasserhahn tropft ununterbrochen 72 Stunden lang. Alle zwei Sekunden fällt ein nahezu kugelförmiger Tropfen mit einem Durchmesser von 5 mm. Berechne, wie viel Wasser dadurch insgesamt verloren geht.

9 Durch Umschmelzen sollen aus einer Metallplatte gleich große Kugeln mit $d = 4\,cm$ hergestellt werden. Die Platte ist 2,30 m lang, 0,45 m breit und 0,008 m dick.
Berechne, wie viele Kugeln hergestellt werden können.

Hinweis

Für die Dichte ρ gilt: $\rho = \frac{\text{Masse}}{\text{Volumen}}$

10 In der Leichtathletik werden beim Kugelstoßen Kugeln mit einer Masse von 7,25 kg verwendet. Sie werden aus Stahl mit der Dichte $\rho = 7{,}5\,g/cm^3$ hergestellt. Ermittle den Radius einer solchen Kugel.

11 Schätzt, welche der Kugeln am schwersten ist. Teilt euch in vier Gruppen auf und überprüft eure Schätzungen, indem jede Gruppe die Masse einer Kugel berechnet.

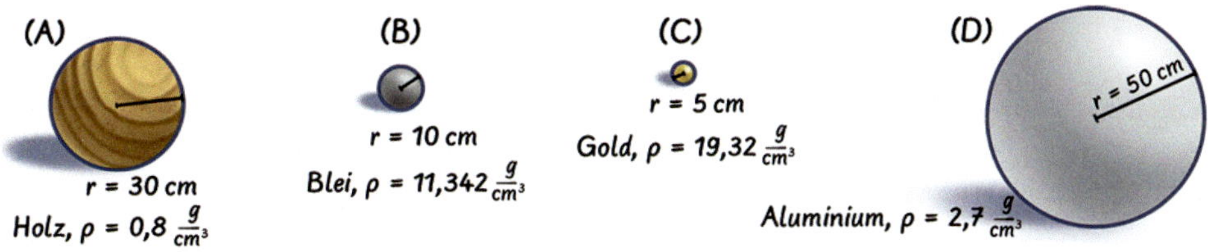

12 Der Durchmesser einer Kugel wird um 1 cm vergrößert. Dadurch vergrößert sich ihr Volumen um $100\,cm^3$. Berechne den ursprünglichen Durchmesser.

13 Eine Kugel hat einen Umfang von 2 m. Berechne ihr Volumen.

14 Der Äquator der Erde ist etwa 40 000 km lang.
a) Berechne mit dieser Größe den Erdradius und das Volumen der Erde.
b) In einem Lexikon wird das Volumen der Erde mit $1{,}0833 \cdot 10^{12}\,km^3$ angegeben. Vergleiche mit deinem Ergebnis aus a). Erkläre den Unterschied.

15 Aus einer Holzkugel mit $r = 5\,cm$ wird der größtmögliche Würfel herausgeschnitten.
a) Schätze, wie viel Prozent des Kugelvolumens beim Ausschneiden des Würfels als Abfall anfallen.
b) Berechne die Volumina von Kugel und Würfel. Prüfe damit deine Schätzung aus a).

16 **Beweis der Formel für das Kugelvolumen:**
a) Eine Halbkugel mit Radius r wird von einem Zylinder mit dem Radius r und der Höhe r umschlossen. Aus diesem Zylinder wird ein Kegel mit dem Grundflächenradius r und der Höhe h herausgeschnitten. Begründe, dass für das Volumen des entstehenden Restkörpers gilt: $V_{Restkörper} = \frac{2}{3} \cdot \pi \cdot r^3$

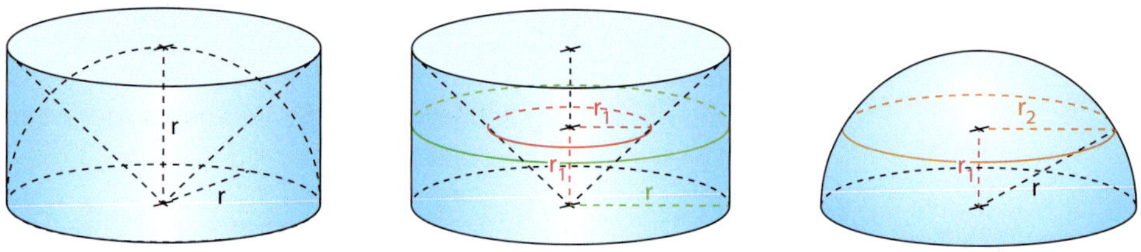

Hinweis

Den Satz von Cavalieri findest du im Streifzug auf S. 36.

b) Zeige, dass der Satz von Cavalieri auf die Halbkugel und den Restkörper anwendbar ist. Betrachte dafür eine beliebige Schnittebene. Sie schneidet den Restkörper in der Fläche A_1 und die Halbkugel in der Fläche A_2. A_1 ist ein Kreisring mit den Radien r und r_1 (mittleres Bild). A_2 ist ein Kreis mit dem Radius r_2 (rechtes Bild). Zeige, dass $A_1 = A_2$ gilt.
c) Leite mithilfe der Ergebnisse aus a) und b) die Volumenformel für Kugeln her.

17 **Hohlkugeln:** Eine Hohlkugel ist eine Kugel, aus der eine kleinere Kugel mit dem gleichen Mittelpunkt entfernt wurde. r_1 bezeichnet den inneren Radius der Hohlkugel, r_2 den äußeren Radius und w die Wanddicke.

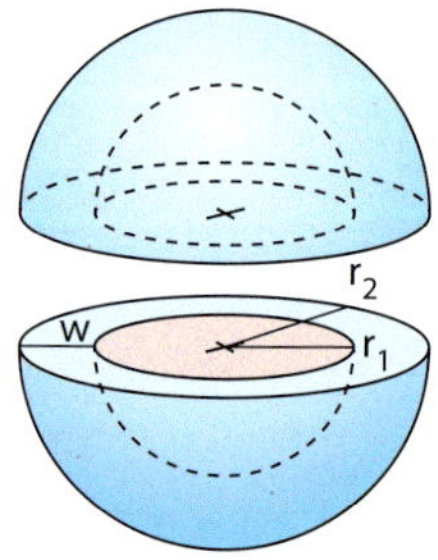

a) Leite eine Formel für das Volumen der Hohlkugel her.
b) Berechne das Volumen einer Hohlkugel mit $r_1 = 8\,cm$ und $r_2 = 10\,cm$.
c) Berechne das Volumen einer Hohlkugel mit $r_1 = 12\,cm$ und $w = 2\,cm$.

18 Ein Tischtennisball hat einen Durchmesser von 40 mm und wiegt etwa 2,7 g. Er besteht aus Kunststoff mit der Dichte $1{,}1\,g/cm^3$.
a) Sechs Tischtennisbälle werden in einem quaderförmigen Karton verpackt. Der Karton hat die Innenmaße $40\,mm \times 40\,mm \times 240\,mm$. Berechne die Differenz zwischen dem Volumen des Kartons und dem Raum, den die sechs Bälle insgesamt einnehmen.
b) Berechne die Wanddicke eines Tischtennisballs.

19 **Ausblick:** Ein **Torus** besteht aus allen Punkten, die von einem Kreis mit Radius R den gleichen Abstand r haben. Für das Volumen eines Torus gilt: $V = 2\pi^2 r^2 R$

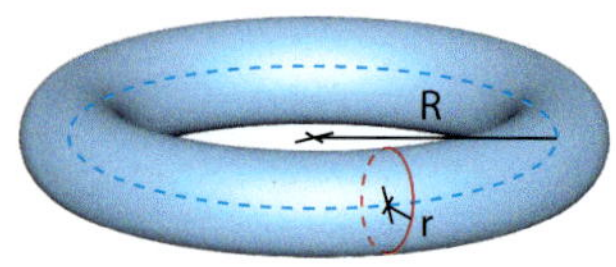

a) Berechne das Volumen eines Torus mit $r = 1$ cm und $R = 6\,cm$.
b) Beschreibe, wie man einen Torus aus einem Kreis mit dem Radius r erzeugen kann.

7.10 Oberflächeninhalt einer Kugel

Tauscht euch darüber aus, welche Darstellungen von Weltkarten ihr kennt.
Erklärt, dass es keine richtige Darstellung einer Weltkarte geben kann.

Die Oberfläche einer Kugel ist eine gekrümmte Fläche, die sich nicht in die Ebene abwickeln lässt. Daher haben Kugeln keine Netze, aus denen man ihren Oberflächeninhalt bestimmen kann. Dazu muss ein anderer Ansatz verfolgt werden:

Man stellt sich vor, dass ein kugelähnlicher Körper aus sehr vielen gleichen Pyramiden mit dreieckiger Grundfläche zusammengesetzt ist. Bei einer Kugel mit dem Radius r haben die Pyramiden annähernd die Höhe r.

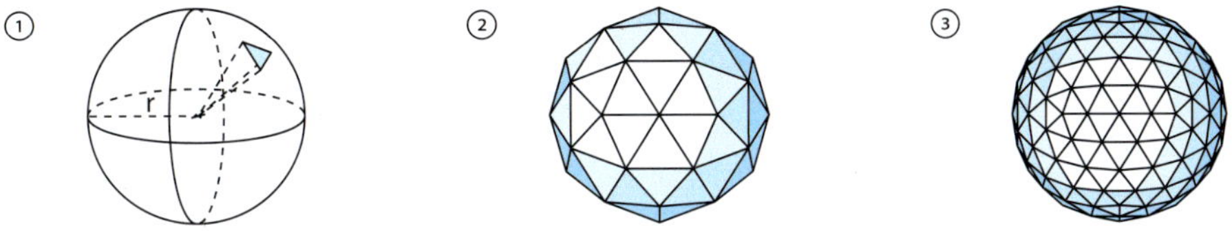

Sind $G_1, G_2, \dots, G_n$ die Grundflächen der Pyramiden und $V_1, V_2, \dots, V_n$ ihre Volumina, so gilt für das Gesamtvolumen V des Körpers: $V = V_1 + V_2 + \dots + V_n$

$$\approx \frac{1}{3} \cdot G_1 \cdot r + \frac{1}{3} \cdot G_2 \cdot r + \dots + \frac{1}{3} \cdot G_n \cdot r$$
$$= \frac{1}{3} \cdot r \cdot (G_1 + G_2 + \dots + G_n)$$

Der Term $G_1 + G_2 + \dots + G_n$ beschreibt den Oberflächeninhalt O des Körper. Daraus folgt: $V = \frac{1}{3} \cdot r \cdot O$. Wählt man immer kleinere Dreiecke als Grundflächen der Pyramiden, so nähert sich die Form des Körpers immer mehr einer Kugel an. Also gilt annähernd $V \approx \frac{4}{3} \cdot \pi \cdot r^3$.
Durch Gleichsetzen ergibt sich: $\frac{4}{3} \cdot \pi \cdot r^3 = \frac{1}{3} \cdot r \cdot O$.
Nach O aufgelöst ergibt sich die Formel für den Oberflächeninhalt einer Kugel: $O = 4 \cdot \pi \cdot r^2$.

Wissen

Für den Oberflächeninhalt O einer Kugel mit dem Radius r gilt: $\mathbf{O = 4 \cdot \pi \cdot r^2}$

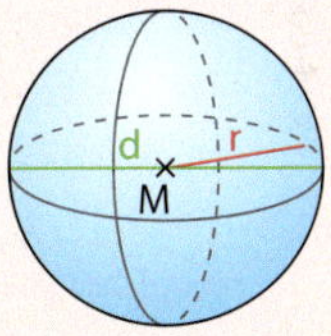

Beispiel 1

a) Berechne den Oberflächeninhalt einer Kugel mit dem Radius r = 8 m.
b) Eine Kugel hat den Oberflächeninhalt 201 cm². Berechne ihren Radius.

Lösung:

a) Setze 8 m für r in die Formel $O = 4 \cdot \pi \cdot r^2$ ein, berechne und runde das Ergebnis.

$$O = 4 \cdot \pi \cdot r^2$$
$$= 4 \cdot \pi \cdot (8\,\text{m})^2$$
$$\approx 804{,}25\,\text{m}^2$$

b) Löse die Formel für den Oberflächeninhalt der Kugel nach r auf.

$$O = 4 \cdot \pi \cdot r^2 \quad |:4\pi$$
$$\frac{O}{4\pi} = r^2 \quad |\sqrt{}$$
$$r = \sqrt{\frac{O}{4\pi}}$$

Setze den Wert 201 cm² für O in die umgestellte Formel ein und berechne.

$$r = \sqrt{\frac{201\,\text{cm}^2}{4\pi}} \approx 4{,}00\,\text{cm}$$

Basisaufgaben

1 Berechne den Oberflächeninhalt der Kugel mit dem Radius r.
a) $r = 4\,m$ b) $r = 3{,}5\,cm$ c) $r = 12{,}5\,mm$ d) $r = 2\pi\,m$

Lösungen zu 2

18,49 cm
74,37 cm
7,97 cm
3,79 cm

2 Berechne den Radius der Kugel mit dem Oberflächeninhalt O.
a) $O = 798\,cm^2$ b) $O = 4294\,cm^2$ c) $O = 6{,}95\,m^2$ d) $O = 180{,}24\,cm^2$

3 a) Stelle eine Formel auf, mit der sich der Oberflächeninhalt einer Kugel aus ihrem Durchmesser d berechnen lässt.
b) Berechne den Oberflächeninhalt der Kugel mit dem Durchmesser d.
① $d = 1{,}5\,cm$ ② $d = 6\,dm$ ③ $d = 7{,}4\,m$ ④ $d = \pi\,mm$

4 Ein kugelförmiger Gaskessel hat den Durchmesser 43 m. Er soll außen mit Rostschutzfarbe gestrichen werden. Berechne die Größe der Fläche, die gestrichen werden muss.

Weiterführende Aufgaben

5 Berechne die fehlenden Größen der Kugel.

	a)	b)	c)	d)	e)	f)
Radius r	12,6 cm	3,14 m				
Durchmesser d				120 dm		
Volumen V					$650\,m^3$	
Oberflächeninhalt O			$1000\,m^2$			$314\,cm^2$

6 a) Beschreibe, wie sich der Oberflächeninhalt einer Kugel verändert, wenn man den Radius verdoppelt (verdreifacht).
b) Begründe, wie sich der Radius einer Kugel verändern muss, damit sich der Oberflächeninhalt verdoppelt (verzehnfacht; halbiert).

7 **Stolperstelle:** Korrigiere die Berechnung des Oberflächeninhalts einer Kugel.

a) $r = 6\,cm$
$O = 4\pi \cdot 6\,cm$
$O \approx 75{,}40\,cm$

b) $r = 3\,cm$
$O = 4\pi \cdot (3\,cm)^3$
$O \approx 339{,}29\,cm^3$

c) $r = 4\,cm$
$O = \frac{4}{3}\pi \cdot (4\,cm)^2$
$O \approx 67{,}02\,cm^2$

d) $d = 10\,cm$
$O = 4\pi \cdot (10\,cm)^2$
$O \approx 1256{,}64\,cm^2$

MK **8** Schätze den Oberflächeninhalt, das Volumen und den Durchmesser des Objekts. Recherchiere und prüfe dann durch eine Rechnung.
a) Tennisball b) Basketball c) Erbse d) Orange e) Melone

9 Eine Kugel, ein Zylinder und ein Kegel haben denselben Radius r.
Berechne die Höhe des Zylinders und des Kegels, wenn alle drei Körper
a) das gleiche Volumen, b) den gleichen Oberflächeninhalt haben.

10 Die Innenfläche eines kugelförmigen Öltanks, der 25 000 Liter fasst, wird neu beschichtet. Die Beschichtung kostet 187 € pro Quadratmeter. Berechne die Kosten für die neue Beschichtung.

11 Das Foto zeigt überdimensionale Billardkugeln mit einem Durchmesser von jeweils 3,5 m.

a) Berechne den Oberflächeninhalt einer dieser Kugeln. Vergleiche mit dem Oberflächeninhalt einer normalen Billardkugel mit einem Durchmesser von 57 mm.

b) Die Kugeln bestehen aus massivem Beton mit der Dichte $\rho \approx 2{,}1\,\text{g/cm}^3$. Berechne, wie viele Kilogramm Beton man für die Herstellung der drei Kugeln benötigt.

MK c) Recherchiere die Länge eines normalen Queues. Schätze, wie groß ein Queue und ein Spieler für ein Spiel mit den Betonkugeln sein müssten.

12 Ein Fabrikgebäude hat als Dach eine halbkugelförmige Kuppel von 23 m Durchmesser. Das verzinkte Blech der Kuppelhaube soll erneuert werden. Berechne, wie viel Blech für die Erneuerung nötig ist, wenn 8 % Blech für Überlappungen hinzugefügt werden müssen.

13 Die Erde hat einen Radius von ca. 6370 km. Rund 360 Millionen Quadratkilometer der Erdoberfläche sind mit Wasser bedeckt.

a) Berechne den ungefähren Anteil der Wasserfläche an der gesamten Erdoberfläche.

MK b) Recherchiere die realen Werte. Vergleiche mit deinem Ergebnis aus a) und erkläre mögliche Abweichungen.

14 Aus einem Holzwürfel der Kantenlänge 10 cm wird eine möglichst große Kugel hergestellt.

a) Berechne Radius und Oberflächeninhalt der Kugel.

b) Vergleiche die Oberflächeninhalte von Kugel und Würfel.

Erinnere dich

Tetraeder:

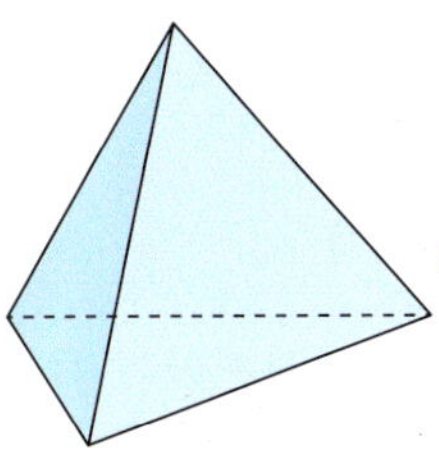

15 a) Ermittle die Maße eines Würfels, eines Tetraeders und einer Kugel mit einem Oberflächeninhalt von je 100 cm².

b) Berechne die Volumina der Körper aus a) und vergleiche.

c) Stelle eine begründete Vermutung auf, welcher Körper bei gleichem Oberflächeninhalt das größte Volumen erreicht.

16 **Ausblick:** Zerschneidet man eine Kugel, so entsteht ein **Kugelabschnitt.** Er ist kuppelförmig und hat als Grundfläche einen Kreis. Für den Oberflächeninhalt des Kugelabschnitts gilt: $O = \pi \cdot (2rh + r_1^2)$

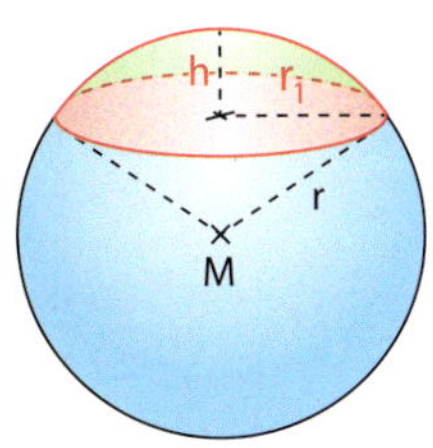

a) Eine Kugel hat den Radius r = 10 cm. Berechne den Oberflächeninhalt eines Kugelabschnitts mit h = 3 cm.

b) Die Kuppel des Reichstags in Berlin hat den Durchmesser d = 38 m und die Höhe 23,5 m. Ermittle ihren ungefähren Oberflächeninhalt.

7.11 Zusammengesetzte Körper

Für die Kuschelhöhle eines Meerschweinchens wurde aus dem Würfel mit Kantenlänge 30 cm ein Zylinder mit dem Durchmesser 10 cm und der Höhe 20 cm entfernt. Das „Dach“ ist eine Pyramide mit der Höhe 10 cm. Berechne das Volumen des benötigten Füllmaterials für die Kuschelhöhle.

Das Volumen von einigen zusammengesetzten Körpern kann man berechnen, indem man sie in Quader zerlegt oder zu Quadern ergänzt. Genauso kann man das Volumen bestimmter Körper bestimmen, indem man sie in Prismen zerlegt oder zu Prismen ergänzt.

Beispiel 1

Berechne das Volumen des Körpers
a) durch Zerlegen,
b) durch Ergänzen.

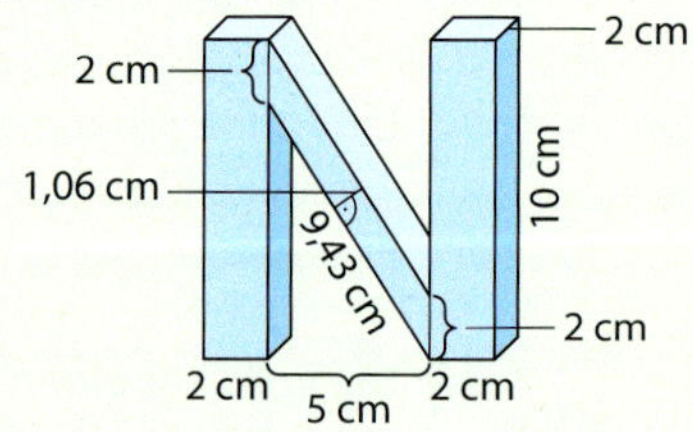

Lösung:

a) Zerlege die Grundfläche des Körpers in zwei Rechtecke und ein Parallelogramm. Berechne die Flächeninhalte dieser Figuren.

$G_R = 2\,cm \cdot 10\,cm = 20\,cm^2$

$G_P = 1{,}06\,cm \cdot 9{,}43\,cm \approx 10{,}00\,cm^2$

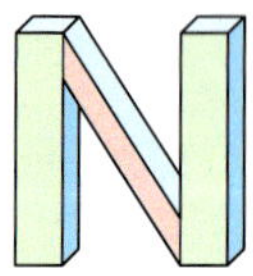

Berechne die Volumina der einzelnen Prismen.
Addiere die Volumina der Teilkörper.

$V_R = 20\,cm^2 \cdot 2\,cm = 40\,cm^3$

$V_P \approx 10{,}00\,cm^2 \cdot 2\,cm = 20{,}00\,cm^3$

$V \approx 2 \cdot 40\,cm^3 + 20{,}00\,cm^3 = 100{,}00\,cm^3$

b) Ergänze die Grundfläche des Körpers zu einem Rechteck. Berechne die Flächeninhalte des Rechtecks und der ergänzten Dreiecke. Die Dreiecke sind rechtwinklig.

$G_R = 10\,cm \cdot 9\,cm = 90\,cm^2$

$G_D = \frac{1}{2} \cdot 5\,cm \cdot 8\,cm = 20\,cm^2$

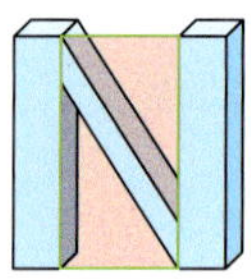

Berechne die Volumina des gesamten Quaders und der einzelnen Prismen. Subtrahiere die Volumina der ergänzten Prismen vom Volumen des Quaders.

$V_R = 90\,cm^2 \cdot 2\,cm = 180\,cm^3$

$V_D = 20\,cm^2 \cdot 2\,cm = 40\,cm^3$

$V = 180\,cm^3 - 2 \cdot 40\,cm^3 = 100\,cm^3$

Basisaufgaben

1 Berechne das Volumen des Körpers
a) durch Zerlegen,
b) durch Ergänzen.

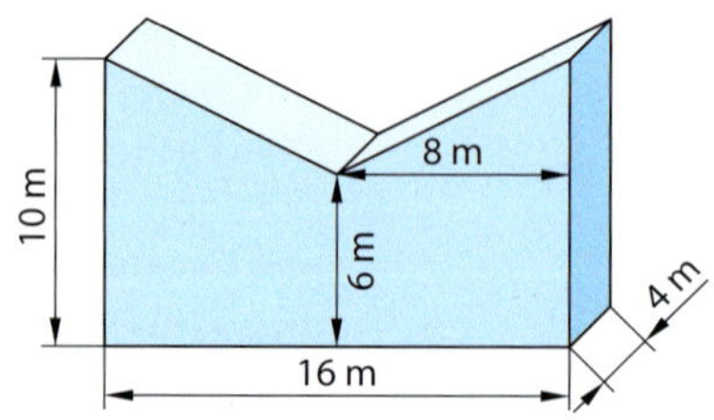

2 Berechne das Volumen des Körpers durch Zerlegen.

a)

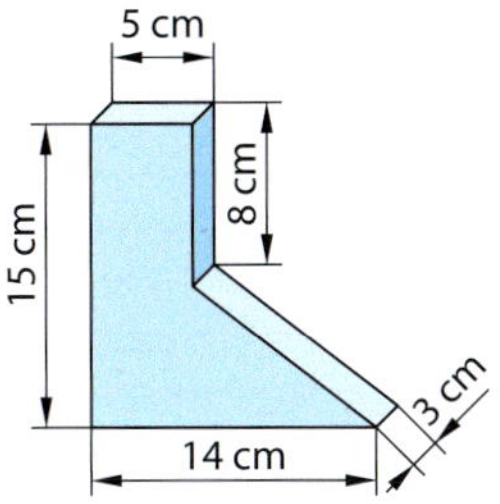

b)

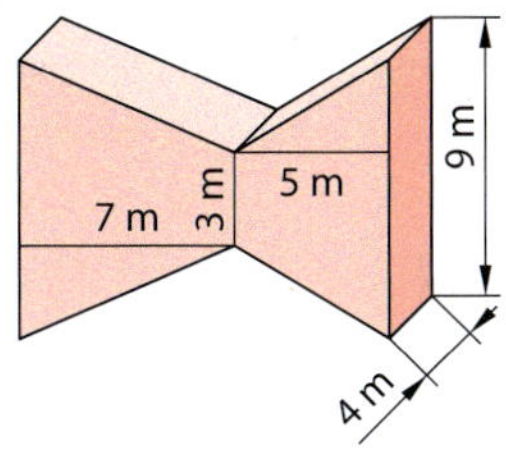

c)

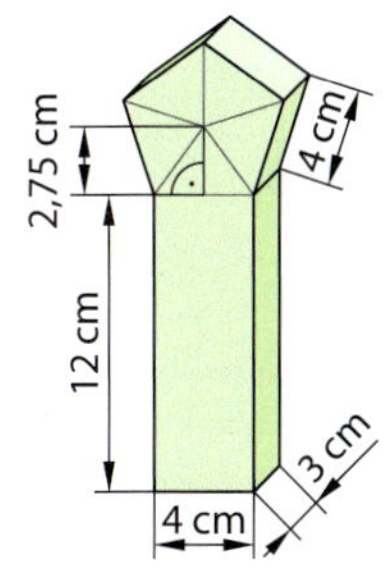

3 Berechne das Volumen des Körpers durch Ergänzen.

a)

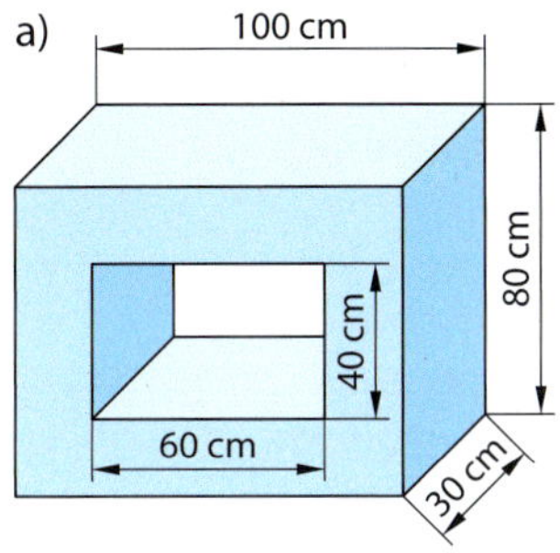

b)

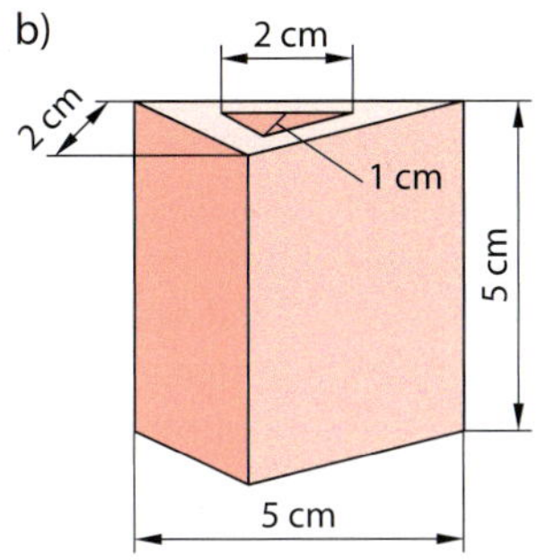

c)

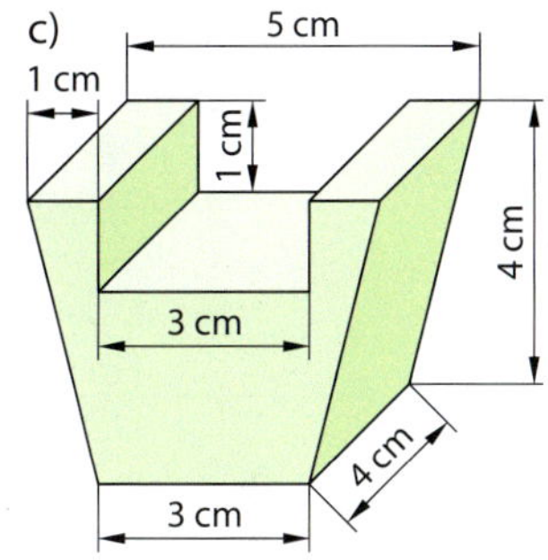

Beispiel 2

Berechne für den zusammengesetzten Körper
a) das Volumen,
b) den Oberflächeninhalt.

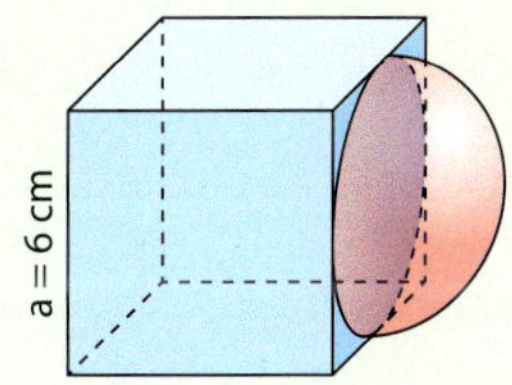

Lösung:

a) Zerlege den Körper in Teilkörper.

Würfel (a = 6 cm); Halbkugel (r = 3 cm)

Berechne die Volumina der Teilkörper.

$V_{Würfel} = a^3 = (6\,cm)^3 = 216\,cm^3$

$V_{Halbkugel} = \frac{1}{2} \cdot \frac{4}{3} \cdot \pi \cdot r^3$

$= \frac{2}{3} \cdot \pi \cdot (3\,cm)^3 \approx 56{,}55\,cm^3$

Berechne das Gesamtvolumen V durch Addition der Volumina der Teilkörper.

$V = V_{Würfel} + V_{Halbkugel}$

$\approx 216\,cm^3 + 56{,}55\,cm^3 = 272{,}55\,cm^3$

b) Die Oberfläche besteht aus der Oberfläche des Würfels, von der ein Kreis mit dem Radius 3 cm verdeckt wird, und der Mantelfläche der Halbkugel. Berechne die einzelnen Oberflächeninhalte.

$O_{Würfel} = 6 \cdot a^2$

$= 6 \cdot (6\,cm)^2 = 216\,cm^2$

$O_{Mantelfläche} = \frac{1}{2} \cdot 4 \cdot \pi \cdot r^2$

$= 2 \cdot \pi \cdot (3\,cm)^2 \approx 56{,}55\,cm^2$

Addiere dann den Oberflächeninhalt des Würfels zum Mantelflächeninhalt der Halbkugel und ziehe den Flächeninhalt des Kreises davon ab.

$A_{Kreis} = \pi \cdot r^2 = \pi \cdot (3\,cm)^2 \approx 28{,}27\,cm^2$

$O = O_{Würfel} + O_{Mantelfläche} - A_{Kreis}$

$\approx 216\,cm^2 + 56{,}55\,cm^2 - 28{,}27\,cm^2$

$= 244{,}28\,cm^2$

Basisaufgaben

4 Berechne Volumen und Oberflächeninhalt des Körpers (Maße in cm).

a)

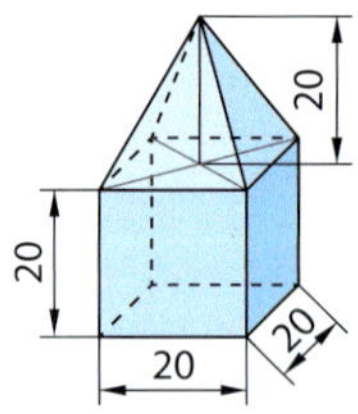

b)

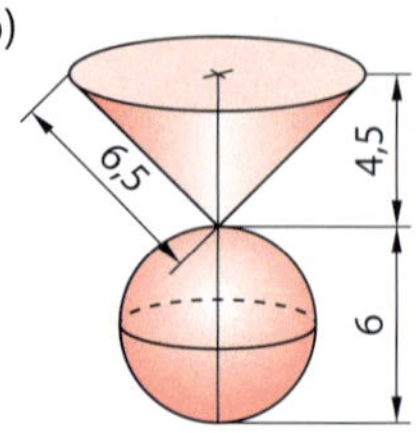

c)

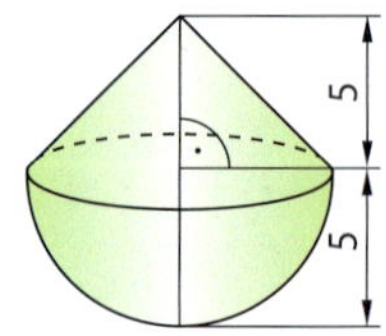

d)

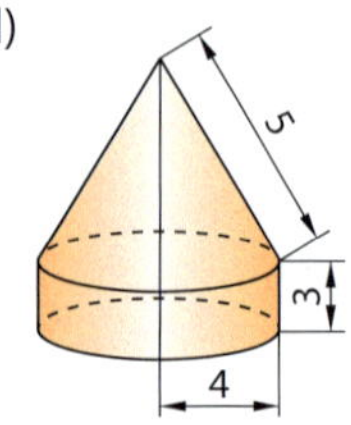

5 Ein Würfel hat eine Kantenlänge von 60 cm. Auf allen sechs Seitenflächen ist mittig eine Halbkugel mit dem Radius 19 cm aufgebracht worden.
Berechne Volumen und Oberflächeninhalt des zusammengesetzten Körpers.

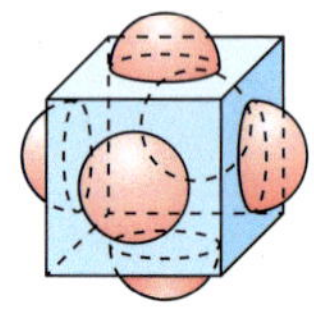

6 **Oberflächeninhalt von Restkörpern:**
Ein Restkörper entsteht, indem aus einem Körper ein kleinerer Körper herausgeschnitten wird. Beschreibe, wie man den Oberflächeninhalt des abgebildeten Restkörpers berechnen kann.

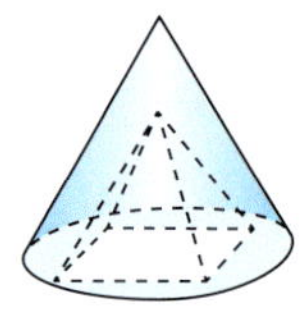

Lösungen zu 7

gerundete Oberflächeninhalte

106,05 cm²

6374,93 cm²

108 244,84 cm²

7 Berechne Volumen und Oberflächeninhalt des Körpers (Maße in cm).

a)

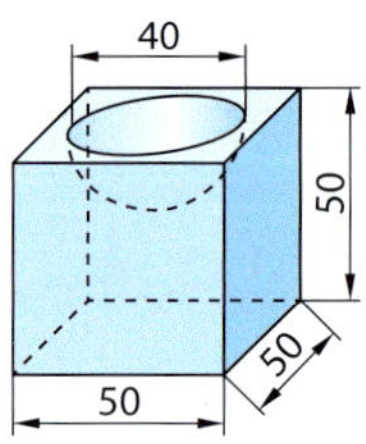

b)

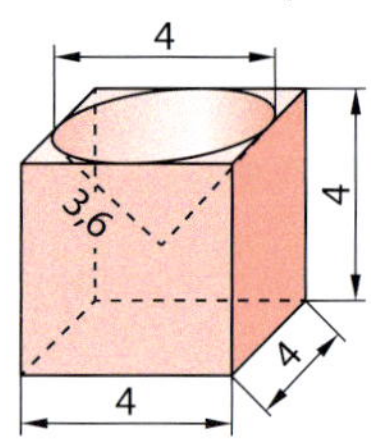

c)

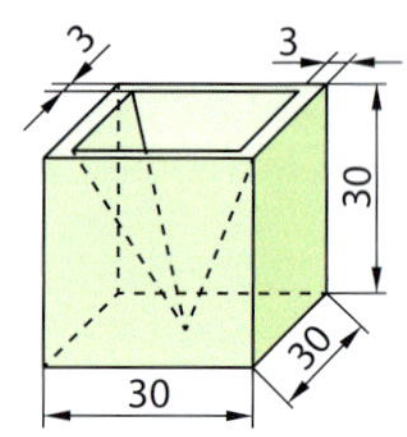

Weiterführende Aufgaben

8 Ein Körper hat die abgebildete Grundfläche und eine Höhe von 6 cm. Entscheide, ob sich das Volumen des Körpers einfacher durch Zerlegen oder durch Ergänzen bestimmen lässt. Berechne dann.

a)

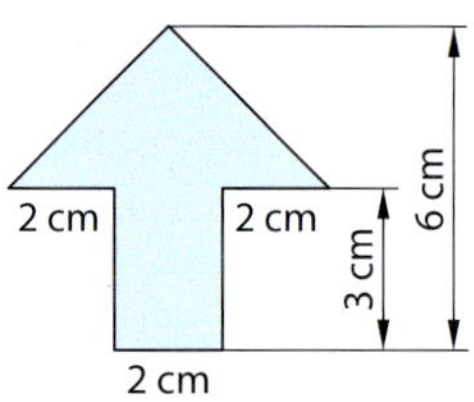

b)

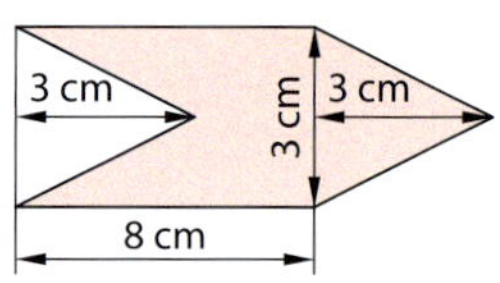

c)

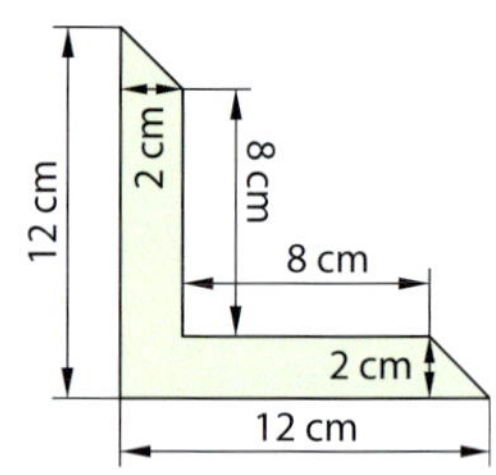

9 Oberflächeninhalt:

a) Berechne den Oberflächeninhalt der Figur.

b) Schreibe eine Anleitung, wie man den Oberflächeninhalt eines Körpers berechnen kann, dessen Grundfläche aus Vielecken zusammengesetzt ist.

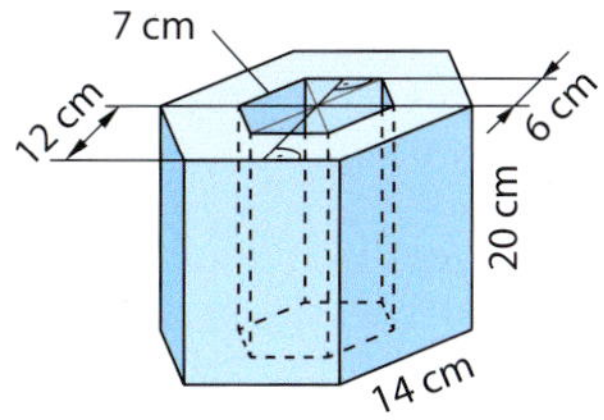

10 Prüfe die Rechnung. Erkläre und korrigiere den Fehler.

a) Max berechnet das Volumen des Körpers:

$V_1 = 3\,cm \cdot 1\,cm \cdot 9\,cm = 27\,cm^3$

$V = 4 \cdot V_1 = 4 \cdot 27\,cm^3 = 108\,cm^3$

b) Alina berechnet den Oberflächeninhalt des Körpers:

$O_{Quader} = 2 \cdot 81\,cm^2 + 4 \cdot 9\,cm^2 = 198\,cm^2$

$O_{Prisma} = O_{Quader} - 9\,cm^2 - 9\,cm^2 = 180\,cm^2$

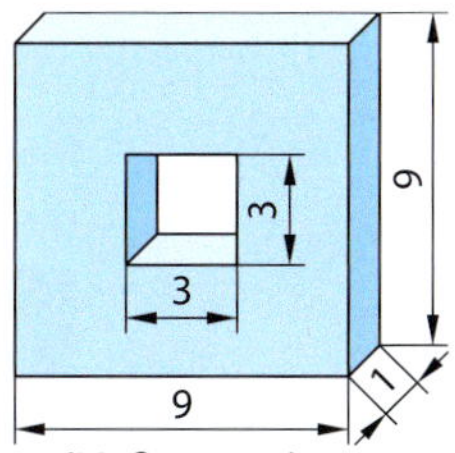

(Maße in cm.)

11 Aluminium-Profile sind Stangen, die überall den gleichen Querschnitt haben. Die Abbildung zeigt die Querschnitte unterschiedlicher Ausführungen (Maße in mm).

a) Schätze, welches Profil den geringsten (den höchsten) Materialeinsatz erfordert.

b) Berechne die Volumina der verschiedenen Profile pro Meter Länge. Überprüfe damit dein Ergebnis aus a).

c) Recherchiere die Dichte von Aluminium. Berechne damit die Gewichte der verschiedenen Profile pro Meter.

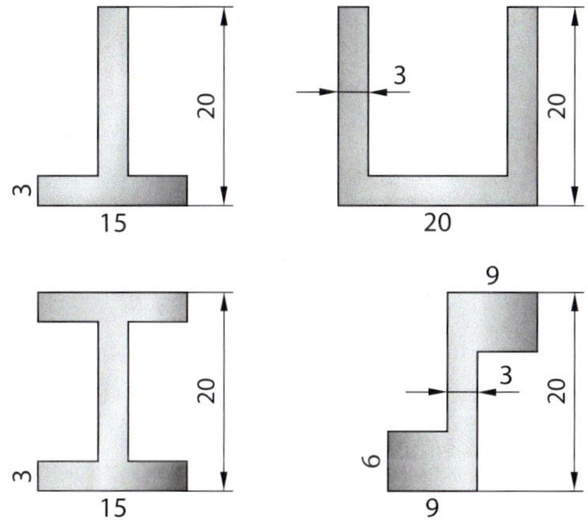

12 Jonas hat vier der abgebildeten Bausteine aus Holz (Maße in cm).

a) Skizziere auf Karopapier drei unterschiedliche Prismen, die man aus diesen vier Bausteinen zusammensetzen kann.

b) Berechne die Länge der Hypotenuse des Dreiecks.

c) Berechne den Oberflächeninhalt eines Bausteins.

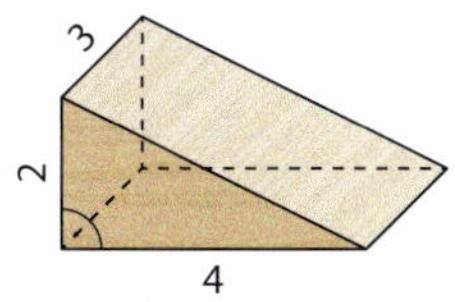

13 Aus einem gleichseitigen Dreiecksprisma wurde ein kleineres gleichseitiges Dreiecksprisma ausgestanzt. Der entstandene Körper hat ein Volumen von 33,7 cm³.

a) Berechne die Höhe der Prismen.

b) Berechne den Oberflächeninhalt des Körpers.

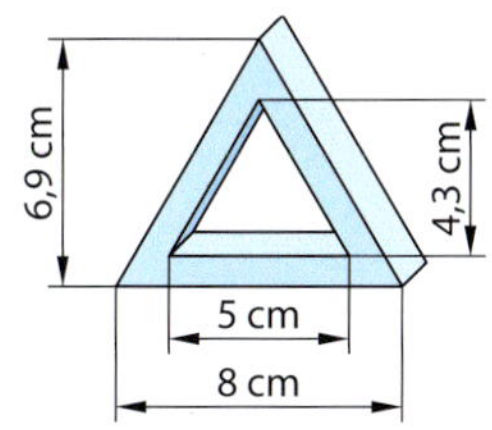

14 Der Körper ist aus zwei Prismen zusammengesetzt.

a) Berechne das Volumen des Körpers.

b) Berechne den Oberflächeninhalt des Körpers.

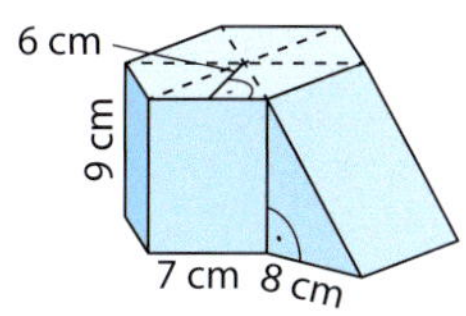

15 Berechne Volumen und Oberflächeninhalt des Körpers (Maße in cm).

a) 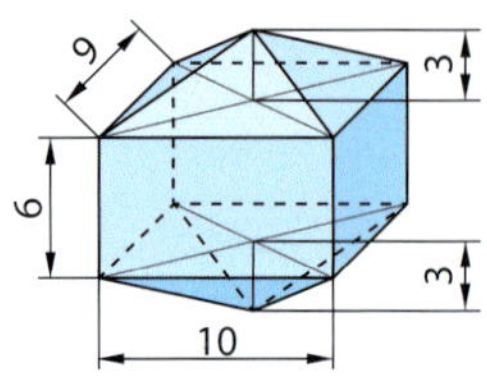

b) 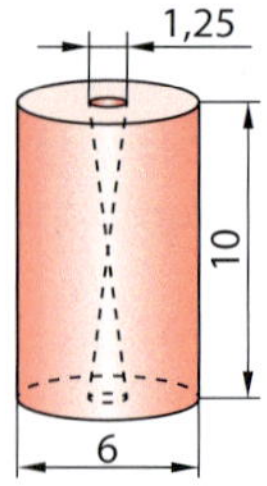

c) 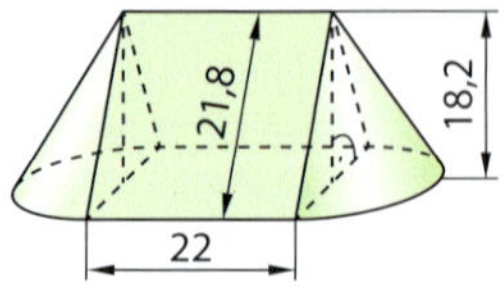

16 Interpretiert die Gebäude und Gegenstände als zusammengesetzte Körper. Tragt zusammen, aus welchen geometrischen Grundformen sie bestehen.

17 Ein Zylinder hat einen Radius von 15 cm und eine Höhe von 35 cm. Auf die Deckfläche des Zylinders wird ein Kegel mit dem Radius 15 cm und der Höhe 20 cm gesetzt. Auf die Grundfläche des Zylinders wird unten eine Halbkugel mit dem Radius 15 cm gesetzt.

a) Skizziere den zusammengesetzten Körper.

b) Berechne Volumen und Oberflächeninhalt des zusammengesetzten Körpers.

18 **Stolperstelle:** Jannis hat den Oberflächeninhalt des Körpers berechnet. Korrigiere seine Rechnung.

Der Körper besteht aus zwei gleichen Pyramiden.

$O_{Pyramide} = (6\,cm)^2 + 4 \cdot \frac{1}{2} \cdot 6\,cm \cdot 4\,cm = 84\,cm^2$

Also: $O_{Körper} = 2 \cdot O_{Pyramide} = 168\,cm^2$

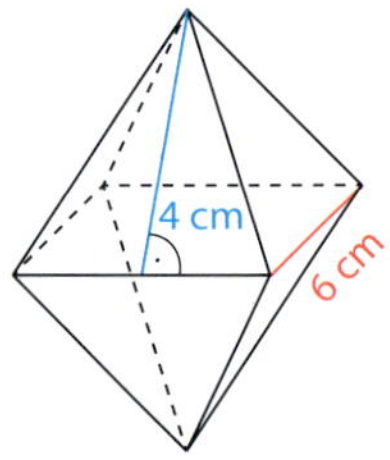

19 a) Berechne Volumen und Oberflächeninhalt des zusammengesetzten Körpers (Maße in cm).

b) Skizziere ein Netz des Körpers.

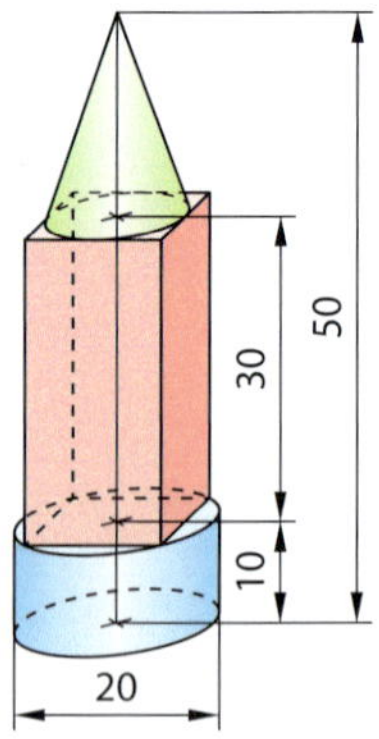

20 Begründe, ob die Aussage wahr oder falsch ist.

a) Ein zusammengesetzter Körper hat immer ein größeres Volumen als jeder seiner einzelnen Teilkörper.

b) Das Volumen eines zusammengesetzten Körpers ist immer gleich der Summe der Volumina aller Teilkörper.

c) Der Oberflächeninhalt eines zusammengesetzten Körpers ist immer gleich der Summe der Oberflächeninhalte aller Teilkörper.

d) Der Oberflächeninhalt eines Restkörpers ist immer größer als der Oberflächeninhalt des Ausgangskörpers.

21 Von einem Würfel der Kantenlänge 10 cm wird eine Ecke durch einen Schnitt durch die drei benachbarten Ecken entfernt. Berechne Volumen und Oberflächeninhalt des Restkörpers.

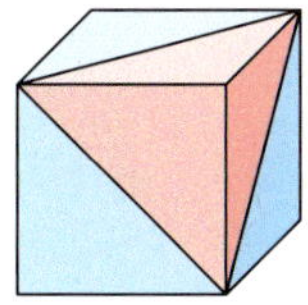

22 Ein Senklot ist ein Werkzeug zur Bestimmung einer Senkrechten. Es besteht aus zwei aneinandergesetzten Stahlkegeln mit einer Dichte von 7,8 g/cm³. Berechne das Volumen, den Oberflächeninhalt und die Masse des Senklots.

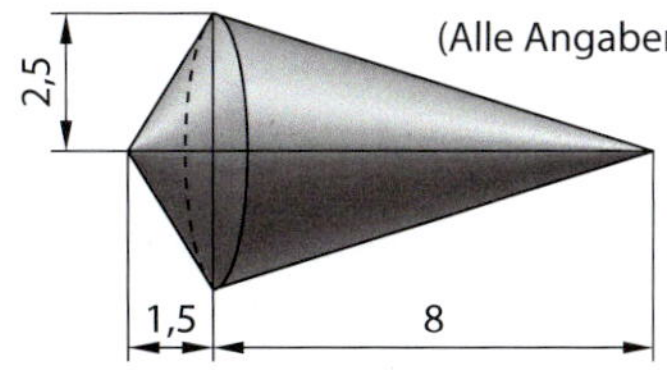

23 Ein Stahlbolzen wurde aus Rundstahl mit einem Durchmesser von 20 mm und einer Länge von 79 mm gedreht.
a) Berechne Volumen und Oberflächeninhalt des Bolzens.
b) Berechne das Volumen des Abfalls.

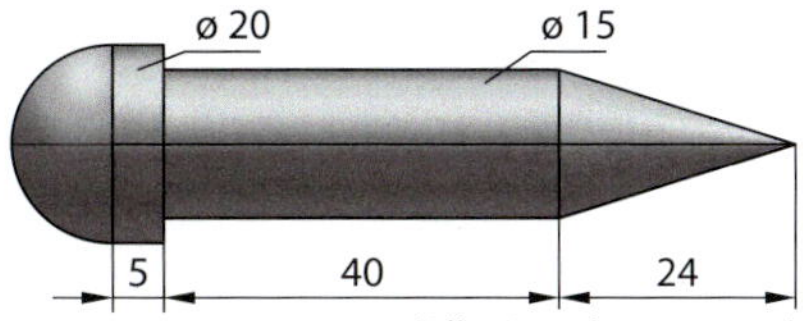

24 In Chichén Itza (Mexiko) steht eine **Stufenpyramide.** Dort wurden quadratische Platten gleicher Höhe mit immer kleinerer Seitenlänge übereinander gebaut.

a) Eine Stufenpyramide aus 6 Platten ist 120 m hoch und hat am Boden eine Kantenlänge von 200 m. Die oberste Platte ist 50 m lang, die Kantenlängen der Platten nehmen gleichmäßig ab. Berechne das Volumen der Stufenpyramide.
b) Bestimme, wie sich das Volumen der Stufenpyramide verändern würde, wenn sie aus doppelt so vielen Platten mit der halben Höhe bestünde.
DGS c) Berechne mithilfe einer DGS die Volumina weiterer Stufenpyramiden mit der Höhe 120 m und der unteren Kantenlänge 200 m, die sich der Form einer echten Pyramide annähern. Ermittle daraus das Volumen einer quadratischen Pyramide mit der Höhe 120 m und der unteren Kantenlänge 200 m.

25 Ausblick: Kegelschnitte
Wenn man einen Kegel parallel zur Grundfläche schneidet, erhält man einen Kreis als Schnittfläche. Schneidet man nicht parallel zur Grundfläche, entstehen andere Formen.

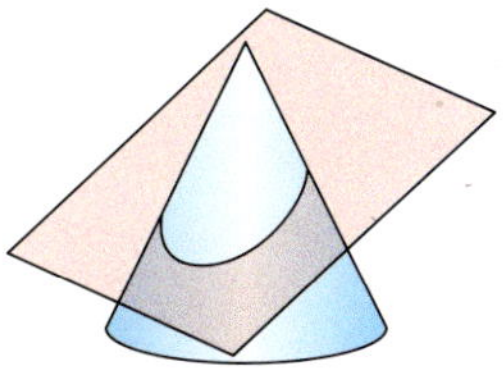

a) Beschreibe die Schnittfläche im abgebildeten Kegel.
b) Stelle eine Vermutung auf, wie viele unterschiedliche Schnittflächen bei Kegeln entstehen können. Fertige Skizzen dazu an.
MK c) Recherchiere in einer Formelsammlung oder im Internet nach Kegelschnitten.

7.12 Vermischte Aufgaben

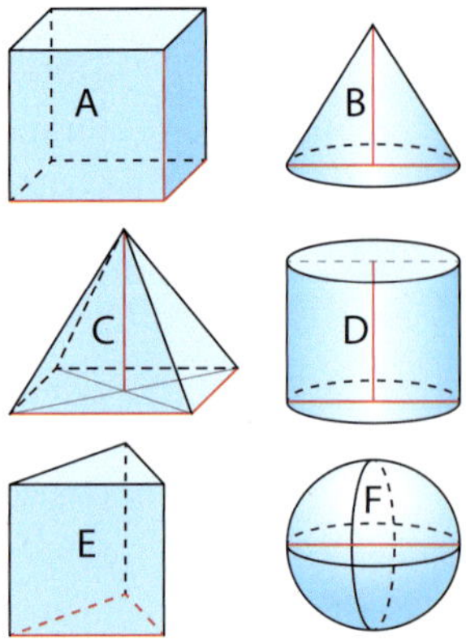

1 Die roten Linien in den Körpern sind jeweils 5 cm lang.

a) Prüfe, welche der folgenden Aussagen wahr sind:
   ① Die Körper A und E sind Prismen.
   ② Körper E passt durch keine kreisförmige Öffnung, durch die Körper F gerade noch so hindurchpasst.
   ③ Die Volumina der Körper B, D und E können mit der Formel $V = G \cdot h$ berechnet werden.

b) Skizziere von den Körpern A, D und E die in eine Ebene abgewickelte Mantelfläche.

c) Berechne von den Körpern A und D das Volumen und den Oberflächeninhalt.

2 Gib die Form der Grundfläche des Prismas an und notiere die Größen, die du zur Berechnung des Flächeninhalts der Grundfläche benötigst. Berechne dann das Volumen des Prismas.

a)
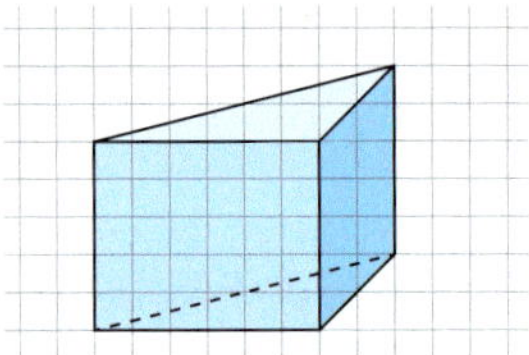

b)
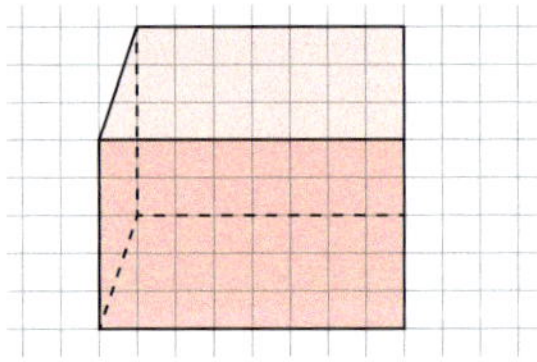

c)
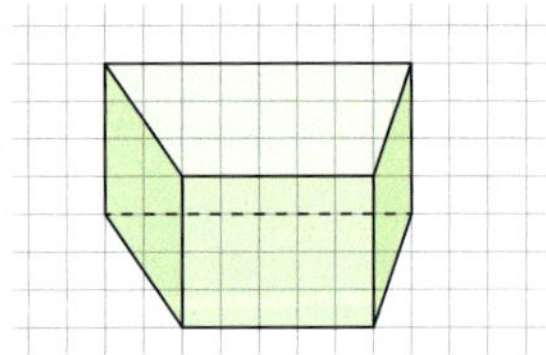

3 Zeichne ein Netz des Prismas (Maße in cm). Berechne den Oberflächeninhalt und das Volumen des Prismas.

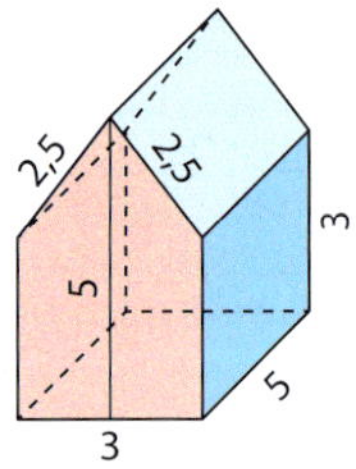

4 Familie Scholz hat sich als Ferienhaus ein Dachhaus gekauft. Das Haus besteht bis auf insgesamt sechs Glasfenster an der Front- und Rückseite komplett aus Holz. Das Haus ist 9 m lang. Jedes der sechs Fenster hat die Maße 1,5 m × 2 m. Das Dach steht vorn und hinten um 70 cm über.

a) Berechne das Volumen des Hauses.

b) Berechne, wie viel Quadratmeter Holz an den Außenwänden mit Holzschutzlasur behandelt werden müssen.

c) Bestimme, welcher Anteil der abgebildeten Giebelwand aus Glas ist.

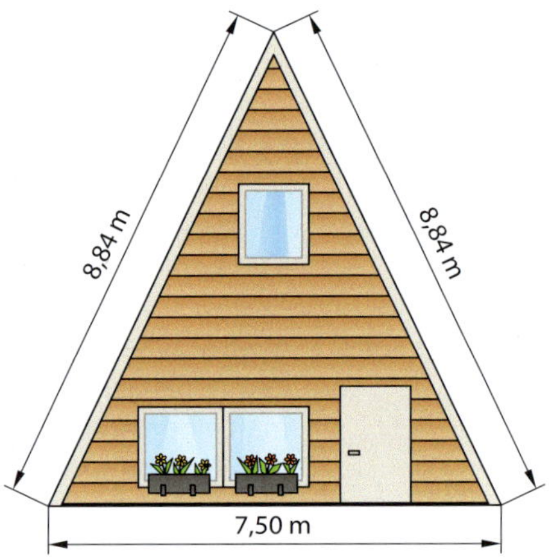

5 Ein Kakaohersteller bietet Kakaopulver in zylinderförmigen Dosen an. Die Dosen sind 11,5 cm hoch und haben einen Durchmesser von 10 cm. Jede Packung soll 500 g Kakaopulver enthalten.

a) Kakaopulver hat eine Dichte von 0,56 kg/ℓ. Berechne das Volumen von 500 g Kakao.

b) Beurteile das Angebot.

6 Die schwerste Goldmünze der Welt kommt aus Australien und heißt Red Kangaroo. Sie hat einen Durchmesser von 80 cm und wiegt 1 t.

a) Gold hat eine Dichte von 19,302 g/cm³. Berechne die Höhe des Red Kangaroos.

b) Die zweitschwerste Goldmünze Big Maple Leaf aus Kanada wiegt nur 100 kg bei einem Durchmesser von 53 cm. Berechne die Höhe dieser Münze.

MK c) Recherchiere den aktuellen Goldpreis. Berechne den Wert des Red Kangaroo und des Big Maple Leaf.

7 Aus einem Zylinder wurde ein kleinerer Zylinder ausgestanzt. Dann wurde ein Stück aus dem Ringkörper ausgeschnitten.

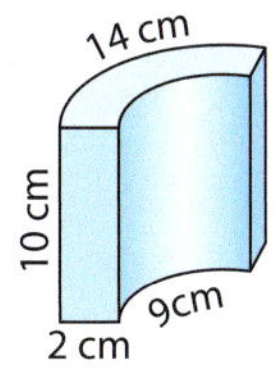

a) Berechne den Radius des inneren Zylinders und den Öffnungswinkel des ausgeschnittenen Ringstücks.

b) Berechne das Volumen des Körpers.

8 **Blütenaufgabe:** Die Grundfläche eines Schwimmbeckens hat die Form eines Rechtecks mit angesetztem Halbkreis. Das Rechteck ist 10 m breit und 15 m lang, das Becken ist 2 m tief.

Am oberen Ende des Rechtecks soll das Becken um einen Halbkreis wie unten erweitert werden. Berechne, um wie viel Prozent sich dadurch das Volumen des Beckens erhöht.

Im Laufe eines Sommers verdunsten etwa 3000 Liter Wasser. Berechne, um wie viele Zentimeter der Wasserstand im Becken sinken würde, wenn kein Wasser nachlaufen würde.

Während der Renovierungen im Winter wird das Becken von innen neu gestrichen. Es sind zwei Streichvorgänge notwendig. 6 Liter Farbe reichen für 15 m². Berechne, wie viel Farbe zum Streichen benötigt wird.

Das Becken ist bis 20 cm unterhalb des Beckenrands mit Wasser gefüllt. Berechne das Volumen des Wassers im Becken.

9 Aus einem Zylinder wird ein regelmäßiges Sechsecksprisma herausgeschnitten. Bestimme in Abhängigkeit von der Variablen x

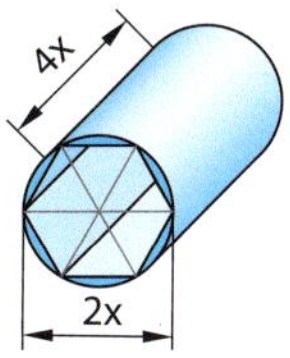

a) den Oberflächeninhalt und das Volumen des Zylinders,

b) das Volumen des Körpers, der als Rest übrig bleibt.

10 Ein Dreher produziert Maschinenteile aus Hartmetall.

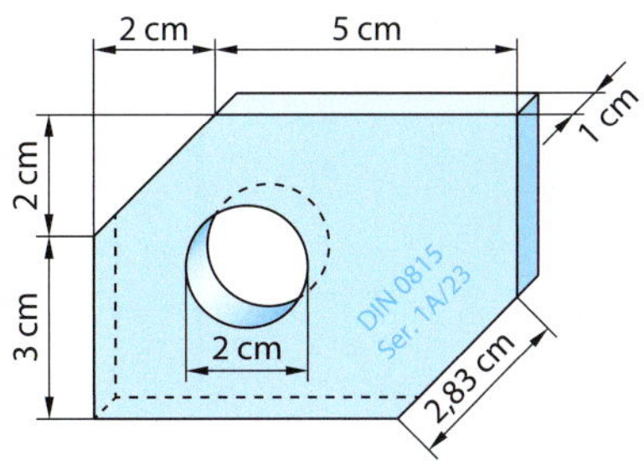

a) Hartmetall hat eine Dichte von 14,9 g/cm³. Bestimme das Gewicht des Maschinenteils.

b) Die Maschinenteile sollen lackiert werden. Für 1 m² werden 150 mℓ Lack benötigt. Berechne, wie viel Lack pro Maschinenteil nötig ist.

11 Ein Pralinenhersteller produziert kugelförmige und kegelförmige Pralinen. Beide Sorten haben den gleichen Durchmesser d = 18 mm. Die Höhe der kegelförmigen Praline beträgt das Doppelte ihres Durchmessers.

a) Schätze, welche der Pralinen das größere Volumen hat.
b) Berechne die Volumina und vergleiche mit deiner Schätzung aus a).
c) Ermittle, wie hoch die kegelförmige Praline sein müsste, um das doppelte Volumen der kugelförmigen Praline zu haben.

12 Eine Marmorkugel mit einem Durchmesser von 10 cm wiegt etwa 1,4 kg. Schätze die Masse von Marmorkugeln mit Durchmessern von 12 cm, 20 cm und 1 m. Überprüfe deine Schätzung mit einer Rechnung.

13 Ein Öltropfen hat einen Durchmesser von 0,5 cm. Er verteilt sich als kreisförmiger Ölfleck mit 1 m Durchmesser auf einer Wasseroberfläche.
Berechne das Volumen des Tropfens und gib die Dicke des Ölflecks an.

14 Ein Wetterballon steigt in die Atmosphäre auf. Die angehängte Sonde sammelt Wetterdaten. Am Boden hat der Ballon einen Radius von 2,10 m. In der dünner werdenden Atmosphäre nimmt das Volumen des Ballons zu, bis er schließlich in 30 bis 35 km Höhe zerplatzt. Die Sonde segelt mit einem Fallschirm zurück zum Boden.

a) Berechne die Masse der dünnen Hülle, von der 1 dm^2 etwa 1,1 g wiegt.
b) Bis zum Zerplatzen wächst das Volumen auf das 500-Fache an. Berechne den Oberflächeninhalt des Wetterballons kurz vor dem Zerplatzen.

15 Mit den Magdeburger Halbkugeln zeigte Otto von Guericke im 17. Jahrhundert die Existenz des Vakuums. Dazu wurden zwei Halbkugelschalen aus Kupfer mit einem inneren Durchmesser von etwa 42 cm zusammengelegt. Seit 2002 wird der Versuch in einem Denkmal aus Bronze auf dem Magdeburger Ratswaageplatz dargestellt.

a) Kupfer hat eine Dichte von 8,92 g/cm^3, Bronze nur von 8,7 g/cm^3. Berechne, wie viel leichter als die echten Kugeln die Kugeln im Denkmal sind. Gehe von einer Wanddicke von 0,5 cm aus.
b) Inzwischen gibt es Magdeburger Kugeln auch als Pralinen. Eine 12,5 g schwere Praline hat einen Durchmesser von 26 mm. Berechne, wie viele Pralinen man einschmelzen müsste, um eine kupferne Kugel vollständig damit zu füllen. Berechne auch die Masse der mit Schokolade gefüllten Kugel.

16 Gegeben ist die Grundfläche einer Pyramide bzw. eines Kegels. Der Körper hat ein Volumen von 9 cm^3. Berechne seine Höhe.

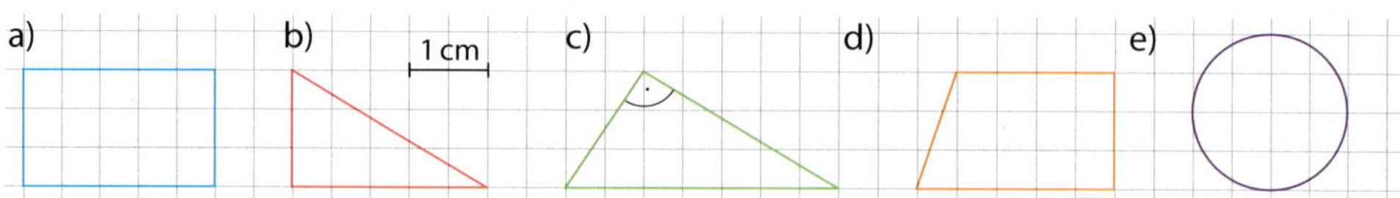

17 Aus einem Würfel wird zunächst eine größtmögliche Pyramide hergestellt. Aus der Pyramide wird danach ein größtmöglicher Kegel hergestellt.

a) Begründe, warum im ersten Schritt rund 66,7 % Abfall entstehen.

b) Berechne, wie viel Prozent Abfall insgesamt beim Schneiden des Kegels entstehen.

c) Berechne, um wie viel Prozent sich der Oberflächeninhalt mit jedem Herstellungsschritt verkleinert. (Gehe davon aus, dass die Pyramide und der Kegel gerade sind.)

d) Begründe, warum sich an den Ergebnissen aus a) und b) nichts verändert, wenn ein Quader mit quadratischer Grundfläche als Ausgangswerksstück verwendet wird.

18 **Blütenaufgabe:** Die Menge von Speiseeis wird häufig in mℓ angegeben. 100 mℓ Speiseeis wiegen ungefähr 50 g und enthalten etwa 10 g Zucker.

Eine 13 cm hohe Eiswaffel hat an der Öffnung einen Durchmesser von 5 cm. Auf die mit Eis gefüllte Waffel wird noch eine Halbkugel aus Eis gesetzt. Berechne, wie viel Zucker das Eis enthält.

Ein kegelförmiger Eisbecher ist 10 cm hoch und hat an der Öffnung einen Radius von 4 cm. Er ist zu zwei Dritteln seines Volumens mit Eis gefüllt. Berechne, wie hoch das Eis im Becher reicht.

Ein Feinkosthersteller bietet Eispyramiden an. Eine solche Pyramide enthält etwa 65 g Eis und hat eine quadratische Grundfläche der Seitenlänge 5 cm. Berechne die Höhe einer Eispyramide.

Ein Anbieter von Tiefkühlprodukten verkauft halbkugelförmige Eisküchlein mit einem Durchmesser von 11 cm, die außen vollständig mit einer Schokoglasur überzogen sind. Eine Packung enthält 6 Eisküchlein. Berechne, welche Fläche Eis in einer Packung insgesamt glasiert werden muss.

19 Die Große Halle sollte unter den Nationalsozialisten eine Kongresshalle für bis zu 180 000 Besucher werden. Das geplante Gebäude sollte eine Kuppel mit einem äußeren Grundflächendurchmesser von 250 m erhalten. Bis heute wird bezweifelt, dass das Gebäude gehalten hätte.

a) Nimm an, dass die Kuppel eine Halbkugel mit einer Wanddicke von 2 m gewesen wäre. Berechne die Masse dieser Kuppel, wenn sie aus Beton der Dichte 2400 kg/m³ bestanden hätte.

b) Unter der Kuppel war ein 74 m hoher quaderförmiger Gebäudeteil mit den äußeren Grundflächenmaßen 315 m x 315 m geplant. Darüber sollte ein 24 m hoher Zylinder mit einem äußeren Durchmesser von 250 m liegen. Berechne, welches Volumen das Gebäude bei einer Wanddicke von 2 m insgesamt umschlossen hätte.

Hinweis zu b)

Beachte, dass der Quader unterhalb des Zylinders offen ist, dass sich also unter dem Zylinder keine Deckenwand befindet.

20 Der Graph zeigt die Abhängigkeit der Füllhöhe von der Zeit beim Füllen eines zusammengesetzten Hohlkörpers mit Wasser. Beschreibe mögliche Körperformen.

a)

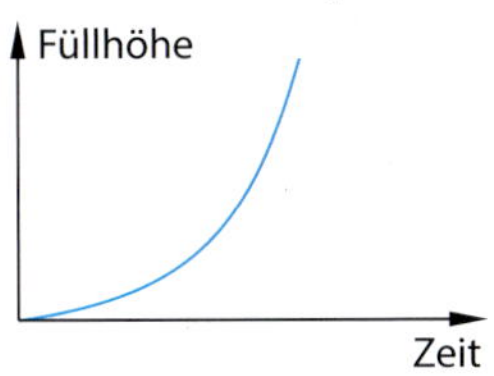

b)

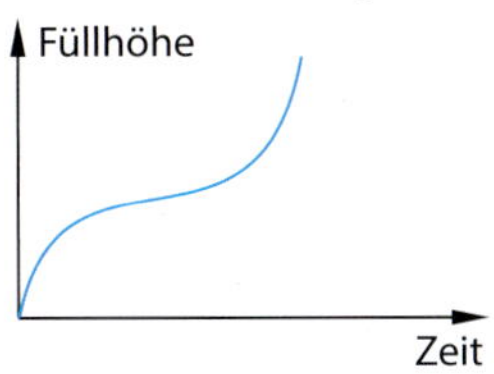

c)

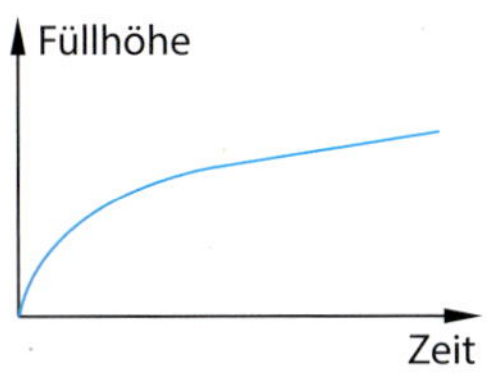

Lösungen
→ S. 226

1 Begründe, ob der Körper ein Prisma ist.

a) b) c) d) e)

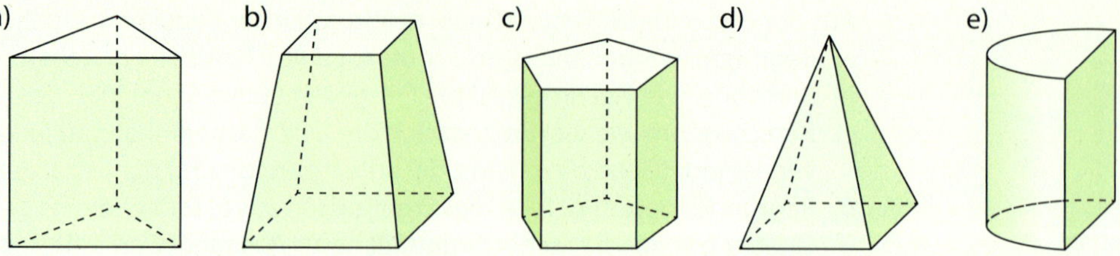

2 Zeichne ein Netz des Prismas und berechne den Oberflächeninhalt und das Volumen.

a)

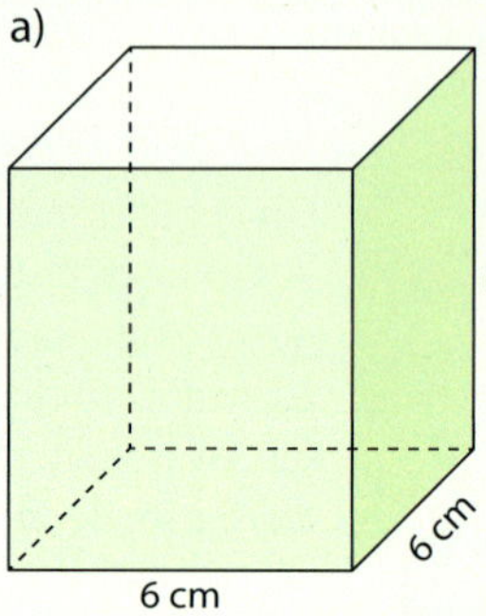

b)

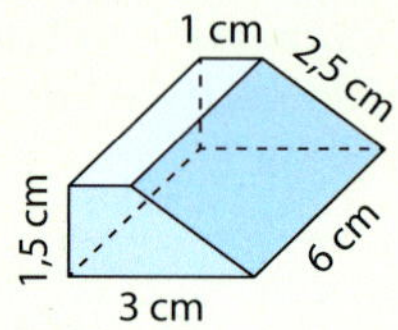

c)

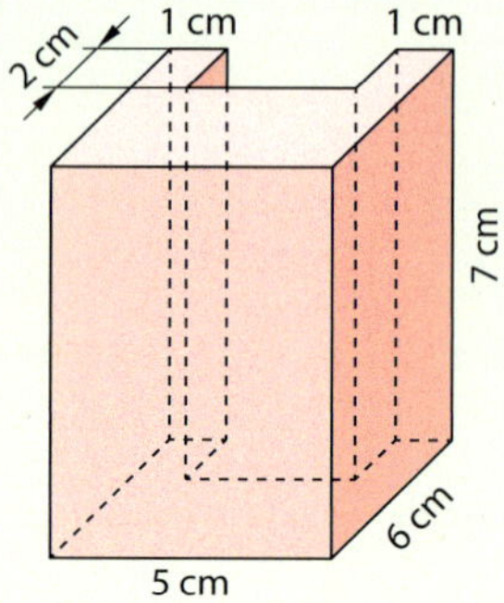

3 Ein Pflasterstein aus Beton hat als Grundfläche ein Trapez mit den Maßen a = 10 cm, c = 6 cm und h_{Trapez} = 7,5 cm. Der Pflasterstein ist 5 cm hoch. Ein Kubikzentimeter Beton wiegt 2,4 g. Berechne das Gewicht des Pflastersteins.

4 Ein Prisma hat ein Volumen von 30 cm³. Ermittle die Höhe des Prismas mit der angegebenen Grundfläche. Entnimm die erforderlichen Größenangaben der Zeichnung.

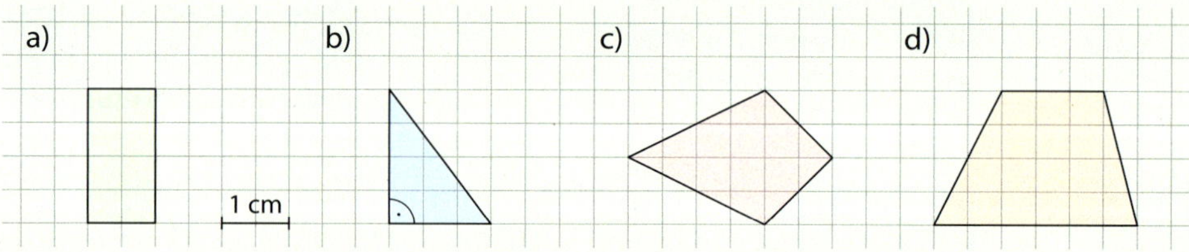

5 Berechne das Volumen des Körpers.

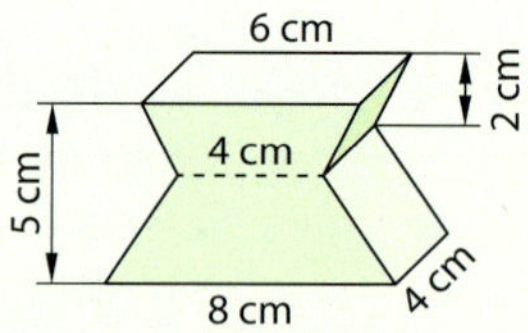

6 Zeichne ein Netz des Zylinders mit den gegebenen Maßen. Berechne dann den Oberflächeninhalt.

a) r = 3 cm; h = 4 cm b) r = 2,5 cm; h = 3 cm c) r = 4 cm; h = 2 cm

7 Berechne die genannte fehlende Größe eines Zylinders.

a) O = 2500 cm²; r = 10 cm (h) b) O = 1345 m²; r = 3,5 m (h)
c) r = 3 m; h = 7 m (O, V) d) d = 12 cm; h = 8 cm (O, V)
e) d = 7 dm; h = 7 dm (O, V) f) r = 45 mm; h = 85 mm (O, V)
g) V = 6 cm³; r = 1 cm (h) h) V = 13000 mm³; r = 45 mm (h)
i) V = 2420 cm³; h = 8 cm (r) j) O = 196 cm²; h = 2 cm (r)

Lösungen
→ S. 227

8 In einer Werkstatt werden werden zylinderförmige Teelichtständer aus Metall gegossen. Sie haben unterschiedliche Höhen, aber alle den gleichen Radius r = 2,5 cm.

a) Ein Teelichtständer hat eine Höhe von 12 cm. Berechne die Menge an Metall, die für seine Herstellung benötigt wird.
b) Für die Herstellung eines Teelichtständers steht eine Restmenge von 200 cm^3 an Metall zur Verfügung. Sollte dafür eine Gussform mit einer Höhe von 9 cm, 10 cm oder 11 cm verwendet werden? Begründe deine Antwort.

9 Berechne das Volumen und den Oberflächeninhalt des zusammengesetzten Körpers (Maße in cm).

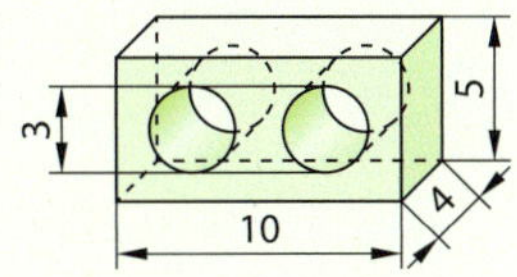

10 Berechne die gesuchte Größe einer Pyramide.
a) G ist ein Quadrat mit a = 2 cm. Die Seitenkante ist 3 cm lang. (O)
b) G ist ein Quadrat mit a = 5 cm; h = 5 cm. (O)
c) G ist ein Rechteck mit a = 3,5 cm und b = 2,5 cm; h = 4,5 cm. (O)
d) G ist ein Quadrat mit a = 17 m; h = 24 m. (V)
e) G ist ein Trapez mit a = 28 mm, c = 41 mm und h_{Trapez} = 14 mm; h = 53 mm. (V)
f) V = 32 cm^3; G ist ein Rechteck mit a = 2 cm und b = 5 cm. (h)
g) V = 13,2 m^3; G ist ein rechtwinkliges Dreieck mit b = 4 m, c = 3,6 m und α = 90°. (h)

11 Berechne die gesuchte Größe eines Kegels.
a) r = 3 cm; s = 8 cm (O)
b) r = 2,5 cm; h = 4 cm (O)
c) r = 0,5 m; h = 1,2 m (O)
d) r = 10 cm; h = 45 cm (V)
e) r = 1,8 cm; s = 7,2 cm (V)
f) d = 24 mm; h = 21 mm (V)
g) V = 6 cm^3; r = 1 cm (h)
h) V = 14 m^3; h = 3 m (r)

12 Ein Glas hat oberhalb des Stiels die Form eines Kegels mit dem Grundflächendurchmesser d = 5 cm und der Höhe 10 cm.
a) Berechne das Volumen des Glases.
b) Ein Getränk wird bis 1 cm unter den Rand eingefüllt. Berechne den Anteil am Volumen des Glases, der mit dem Getränk gefüllt ist.

13 Der St.-Paulus-Dom zu Münster hat zwei ungefähr gleich hohe Türme. Ihre Grundflächen entsprechen näherungsweise Quadraten mit der Kantenlänge 12 m. Jeder Turm hat ein etwa 6 m hohes pyramidenförmiges Dach. Vor einigen Jahren wurden die beiden Dächer mit Kupferplatten neu eingedeckt.

a) Ermittle, wie viele m^2 Kupferblech für die Eindeckung nötig waren.
b) 1 m^2 Kupferblech kostet 98,03 €. Berechne die Kosten für die Eindeckung.
c) Ermittle, wie hoch ein pyramidenförmiger Dachraum mit einem Volumen von 720 m^3 sein müsste.

14 Berechne Volumen und Oberflächeninhalt der Kugel mit dem Radius r bzw. Durchmesser d.
a) r = 5 cm
b) r = 7,5 cm
c) r = 11,6 mm
d) d = 12,4 cm

15 Ein kugelförmiger Gasbehälter mit einem Fassungsvermögen von etwa $4000\,m^3$ soll innen mit einer Schutzschicht versiegelt werden.

a) Berechne den Innendurchmesser des Behälters.

b) Berechne, wie viele Quadratmeter Innenfläche zu versiegeln sind.

c) Der Jupiter ist ein Gasplanet mit einem Durchmesser von rund 143 000 km. Ermittle, wie viele Gasbehälter nötig wären, um sein Gas vollständig darin abzufüllen.

16 Berechne Volumen und Oberflächeninhalt des Körpers (Maße in cm).

a)

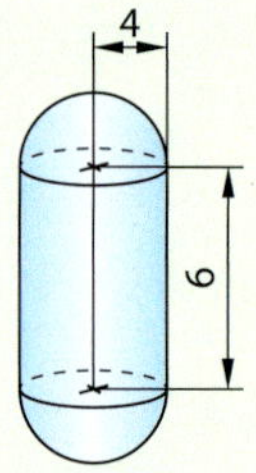

b)

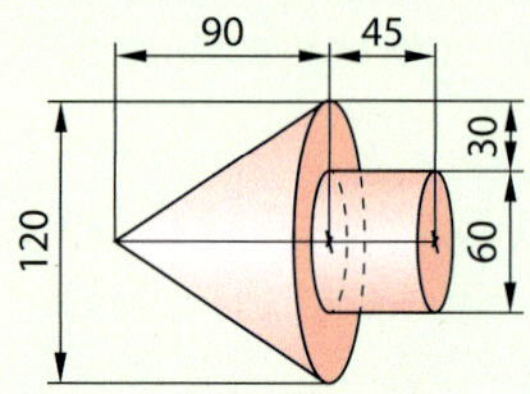

c)

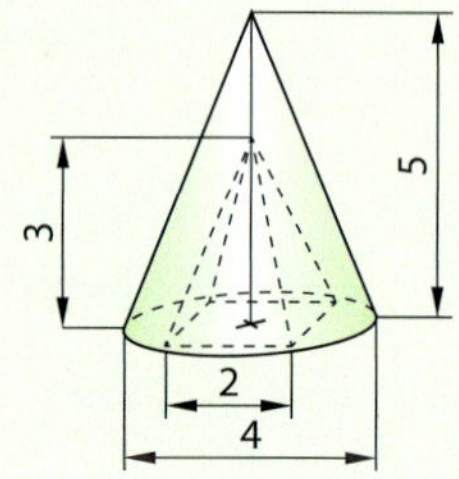

17 Der Stahl eines Werkstücks (aus Kegel, Zylinder und Halbkugel) hat eine Dichte von $7{,}85\,g/cm^3$.

a) Schätze, ob du eine Kiste mit 100 solcher Werkstücke anheben kannst.

b) Berechne die Masse eines Werkstücks. Beurteile dann deine Schätzung aus a).

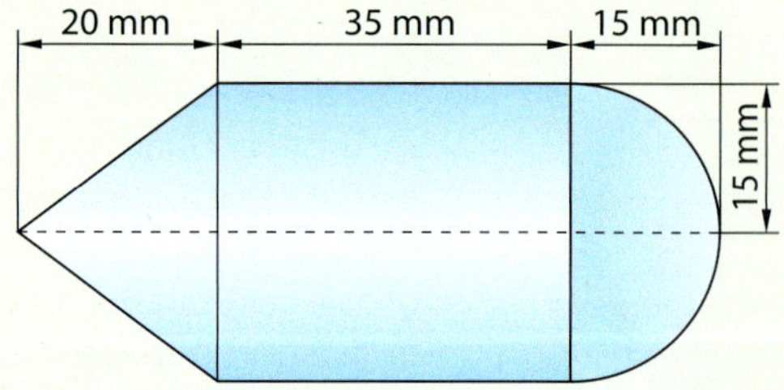

Wo stehe ich?

	Ich kann…	Aufgabe	Schlag nach
7.1	… Prismen erkennen und das Netz eines Prismas zeichnen. … den Oberflächeninhalt eines Prismas berechnen. … aus dem Oberflächeninhalt eines Prismas seine Höhe berechnen.	1, 2	S. 157 Beispiel 1
7.2	… das Volumen eines Prismas berechnen. … aus dem Volumen eines Prismas seine Höhe berechnen.	3, 4	S. 162 Beispiel 1, S. 164 Beispiel 2
7.3	… das Volumen eines aus Prismen zusammengesetzten Körpers berechnen.	5	S. 167 Beispiel 1
7.4	… das Netz eines Zylinders zeichnen. … den Oberflächeninhalt eines Zylinders berechnen. … aus dem Oberflächeninhalt eines Zylinders seine Höhe oder seinen Radius berechnen.	6, 7 a-b	S. 170 Beispiel 1, S. 171 Beispiel 2
7.5	… das Volumen eines Zylinders berechnen. … aus dem Volumen eines Zylinders Höhe oder Radius berechnen.	7 c-h	S. 174 Beispiel 1
7.6	… Netze von Pyramiden erkennen und zeichnen. … den Oberflächeninhalt einer Pyramide berechnen.	10 a-c	S. 32 Beispiel 1, S. 33 Beispiel 2
7.7	… das Volumen einer Pyramide berechnen.	10 d-g	S. 37 Beispiel 1
7.8	… Netze von Kegeln erkennen und zeichnen. … den Oberflächeninhalt eines Kegels berechnen.	11 a-c	S. 41 Beispiel 1
7.9	… das Volumen eines Kegels berechnen.	11 d-h	S. 44 Beispiel 1
7.10	… das Volumen einer Kugel berechnen.	5, 6	S. 47 Beispiel 1
7.11	… den Oberflächeninhalt einer Kugel berechnen.	5, 6	S. 50 Beispiel 1
7.12	… Volumen und Oberflächeninhalt eines zusammengesetzten Körpers berechnen.	7, 8, 9	S. 53 Beispiel 1

Prisma

Ein **Prisma** ist ein Körper, der durch zwei kongruente und parallele Vielecke (die **Grundflächen**) und rechteckige Seitenflächen begrenzt wird.
Alle Seitenflächen zusammen bilden die **Mantelfläche.** Den Abstand zwischen den Grundflächen bezeichnet man als **Höhe** des Prismas.

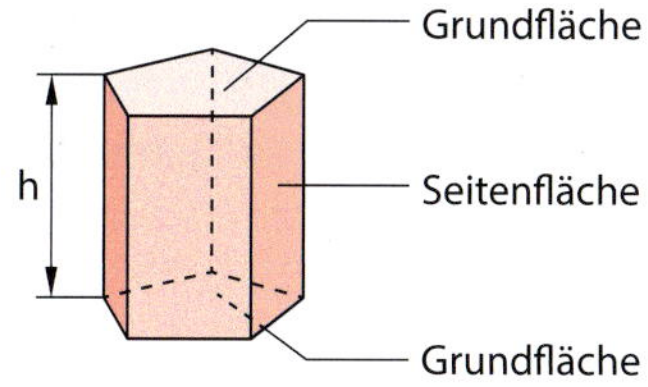

Oberflächeninhalt und Volumen eines Prismas

Den **Oberflächeninhalt** eines Prismas berechnet man mit der Formel:
$O = 2 \cdot G + M$

Das **Volumen** eines Prismas wird berechnet, indem man den Inhalt der Grundfläche G mit der Höhe h multipliziert:
$V = G \cdot h$

Wie der **Inhalt der Grundfläche G** berechnet wird, hängt von ihrer Form ab.

Gesucht sind der Oberflächeninhalt und das Volumen des abgebildeten Prismas.

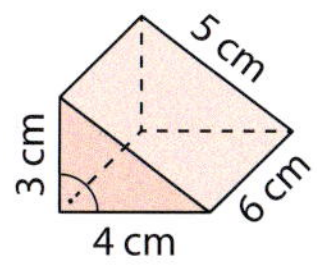

$M = (3\,cm + 4\,cm + 5\,cm) \cdot 6\,cm = 72\,cm^2$
$G = \frac{4\,cm \cdot 3\,cm}{2} = 6\,cm^2$
$O = 2 \cdot G + M = 12\,cm^2 + 72\,cm^2 = 84\,cm^2$
$V = G \cdot h = 6\,cm^2 \cdot 6\,cm = 36\,cm^3$

Zylinder

Ein **Zylinder** ist ein Körper, der durch zwei kongruente und parallele Kreise (die **Grundflächen**) und die gekrümmte **Mantelfläche** begrenzt wird. Die Abwicklung der Mantelfläche in der Ebene ist ein Rechteck.
Den Abstand zwischen den Grundflächen G nennt man **Höhe h** des Zylinders.

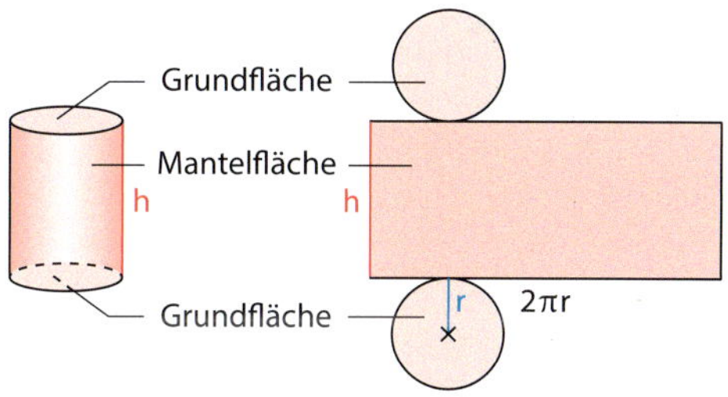

Oberflächeninhalt und Volumen eines Zylinders

Den **Oberflächeninhalt** eines Zylinders berechnet man mit der Formel:
$O = 2 \cdot G + M$
$O = 2 \cdot \pi \cdot r^2 + 2 \cdot \pi \cdot r \cdot h$

Das **Volumen** eines Zylinders wird berechnet, indem man den **Inhalt der Grundfläche** G mit der Höhe h multipliziert:
$V = G \cdot h$
$V = \pi \cdot r^2 \cdot h$

Der Inhalt der Grundfläche wird mit der Formel für den Flächeninhalt des Kreises berechnet.

Gesucht sind der Oberflächeninhalt und das Volumen des abgebildeten Zylinders.

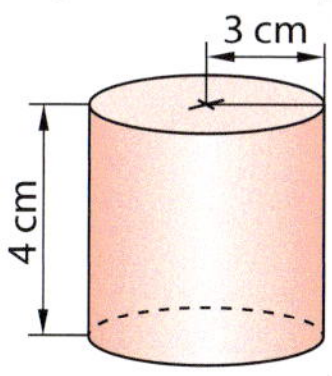

$O = 2\pi r^2 + 2\pi r \cdot h$
$\quad = 2\pi \cdot (3\,cm)^2 + 2\pi \cdot 3\,cm \cdot 4\,cm$
$\quad \approx 56{,}55\,cm^2 + 75{,}40\,cm^2 = 131{,}95\,cm^2$

$V = \pi \cdot r^2 \cdot h$
$V = \pi \cdot (3\,cm)^2 \cdot 4\,cm \approx 113{,}10\,cm^3$

Oberflächeninhalt und Volumen von Pyramiden

Eine **Pyramide** ist ein Körper mit einem beliebigen Vieleck als Grundfläche G. Die Seitenflächen sind Dreiecke, die sich in der Spitze treffen. Sie bilden zusammen die Mantelfläche M.

Für eine Pyramide mit der Höhe h gilt:

Oberflächeninhalt: $\mathbf{O = G + M}$
Volumen: $\mathbf{V = \frac{1}{3} \cdot G \cdot h}$

Für eine quadratische Pyramide mit der Grundkantenlänge a und der Höhe der Seitenfläche h_a gilt außerdem:

$h_a = \sqrt{\left(\frac{a}{2}\right)^2 + h^2}$

Berechne den Oberflächeninhalt und das Volumen der Pyramide.

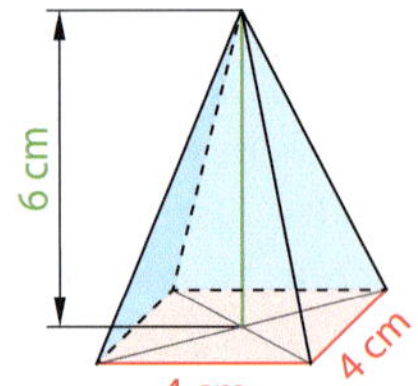

$h_a = \sqrt{(6\,cm)^2 + (2\,cm)^2} \approx 6{,}32\,cm$
$O = G + M$
$\approx 4\,cm \cdot 4\,cm + 4 \cdot \frac{4\,cm \cdot 6{,}32\,cm}{2}$
$= 66{,}56\,cm^2$
$V = \frac{1}{3} \cdot G \cdot h$
$= \frac{1}{3} \cdot 4\,cm \cdot 4\,cm \cdot 6\,cm$
$= 32\,cm^3$

Oberflächeninhalt und Volumen von Kegeln

Ein **Kegel** ist ein Körper mit einem Kreis als Grundfläche. Die Mantelfläche ist gewölbt und bildet eine Spitze. Abgewickelt bildet sie einen Kreissektor.

Für einen Kegel mit der Höhe h und dem Grundflächenradius r gilt:
Mantellinie: $\mathbf{s = \sqrt{h^2 + r^2}}$
Oberflächeninhalt:
$\mathbf{O = G + M}$ bzw. $\mathbf{O = \pi \cdot r^2 + \pi \cdot r \cdot s}$
Volumen: $\mathbf{V = \frac{1}{3} \cdot G \cdot h}$ bzw. $\mathbf{V = \frac{1}{3} \cdot \pi \cdot r^2 \cdot h}$

Berechne den Oberflächeninhalt und das Volumen des Kegels.

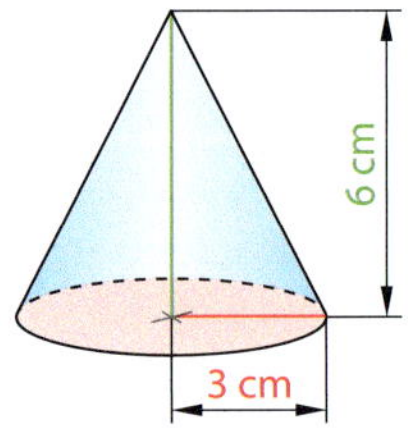

$s = \sqrt{(6\,cm)^2 + (3\,cm)^2} \approx 6{,}71\,cm$
$O = \pi \cdot r^2 + \pi \cdot r \cdot s$
$\approx \pi \cdot (3\,cm)^2 + \pi \cdot 3\,cm \cdot 6{,}71\,cm$
$\approx 91{,}51\,cm^2$

$V = \frac{1}{3} \cdot \pi \cdot r^2 \cdot h$
$= \frac{1}{3} \cdot \pi \cdot (3\,cm)^2 \cdot 6\,cm$
$\approx 56{,}55\,cm^3$

Oberflächeninhalt und Volumen von Kugeln

Alle Punkte im Raum, die zu einem festen Punkt M den gleichen Abstand r haben, bilden eine **Kugel**.

Für eine Kugel mit dem Radius r gilt:
Oberflächeninhalt: $\mathbf{O = 4 \cdot \pi \cdot r^2}$
Volumen: $\mathbf{V = \frac{4}{3} \cdot \pi \cdot r^3}$

Berechne den Oberflächeninhalt und das Volumen der Kugel.

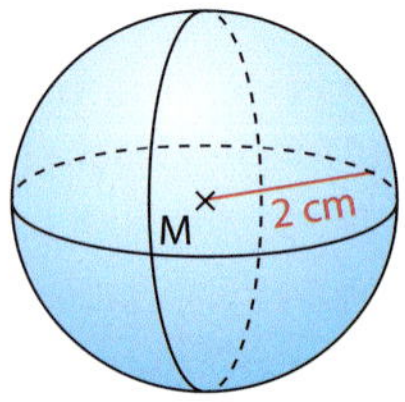

$O = 4 \cdot \pi \cdot r^2$
$= 4 \cdot \pi \cdot (2\,cm)^2$
$\approx 50{,}27\,cm^2$

$V = \frac{4}{3} \cdot \pi \cdot r^3$
$= \frac{4}{3} \cdot \pi \cdot (2\,cm)^3$
$\approx 33{,}51\,cm^3$

8

Mehrstufige Zufallsexperimente

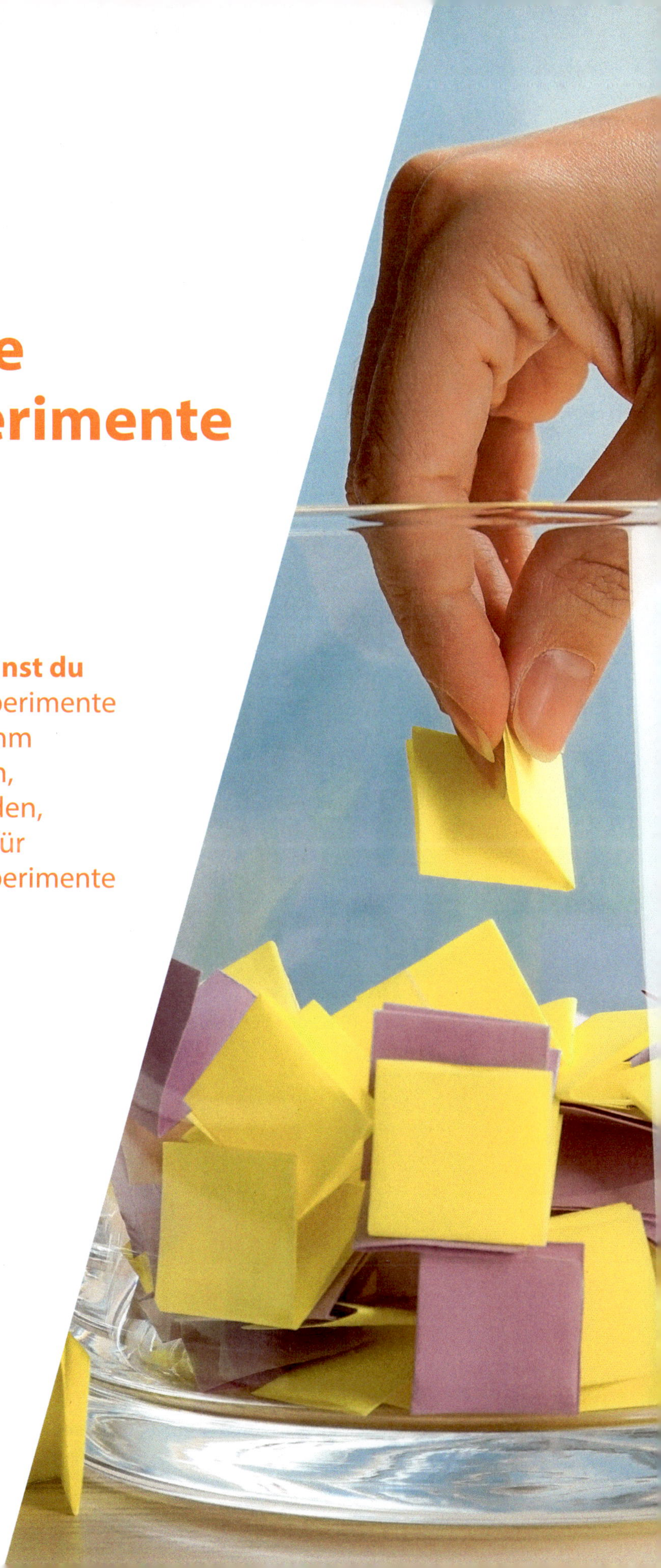

Nach diesem Kapitel kannst du

→ mehrstufige Zufallsexperimente in einem Baumdiagramm übersichtlich darstellen,

→ die Pfadregeln anwenden,

→ Wahrscheinlichkeiten für mehrstufige Zufallsexperimente berechnen.

Lösungen → S. 216

Brüche, Dezimalzahlen, Prozentangaben

1 Gib als Dezimalzahl sowie in Prozentschreibweise an.
a) $\frac{1}{2}$ b) $\frac{3}{4}$ c) $\frac{7}{10}$ d) $\frac{3}{50}$ e) $\frac{18}{20}$ f) $\frac{12}{40}$

2 Gib als Bruch an und kürze vollständig.
a) 0,2 b) 0,25 c) 0,02 d) 0,125 e) 0,72 f) 0,06

3 Gib als Bruch und als Dezimalzahl an.
a) 1 % b) 25 % c) 75 % d) 40 % e) 22 % f) 30 %

4 Vervollständige die Tabelle.

Prozentangabe	10 %				8 %			125 %
Bruch mit Nenner 100		$\frac{20}{100}$						
Bruch (gekürzt)				$\frac{4}{5}$			$\frac{3}{2}$	
Dezimalzahl			0,04			0,6		

Mit Brüchen, Dezimalzahlen und Prozenten rechnen

5 Berechne im Kopf.
a) $\frac{5}{7} \cdot \frac{5}{7}$ b) $\frac{3}{4} \cdot \frac{1}{4}$ c) $\frac{4}{7} \cdot \frac{3}{6}$ d) $\frac{5}{12} \cdot \frac{4}{11}$ e) $\frac{3}{10} \cdot \frac{5}{9}$

6 Berechne im Kopf.
a) $\frac{3}{5} + \frac{1}{5}$ b) $\frac{4}{7} + \frac{2}{7}$ c) $\frac{1}{4} + \frac{3}{8}$ d) $\frac{2}{3} + \frac{1}{12}$ e) $\frac{1}{8} + \frac{1}{2}$
f) $\frac{2}{5} + \frac{2}{5} \cdot \frac{1}{2}$ g) $\frac{5}{6} \cdot \frac{1}{2} + \frac{1}{6}$ h) $\frac{4}{9} \cdot \frac{3}{8} + \frac{3}{9} \cdot \frac{2}{8}$ i) $\frac{3}{4} \cdot \frac{4}{5} + \frac{3}{5} \cdot \frac{1}{4}$ j) $\frac{2}{5} + \frac{3}{10} + \frac{1}{20}$

7 Berechne im Kopf.
a) $0{,}8 \cdot 0{,}5$ b) $0{,}6 \cdot 0{,}2$ c) $0{,}25 \cdot 0{,}3$ d) $0{,}7 \cdot 0{,}02$ e) $0{,}17 \cdot 0 \cdot 0{,}3$

8 Berechne im Kopf.
a) 10 % von 600 Schülern
b) 30 % von 120 Möglichkeiten
c) 43 % von 1000 Schrauben
d) 0,7 % von 1 000 000 Flaschen

9 Ersetze den Platzhalter ■ durch das passende Zeichen <, > oder =.
a) $\frac{3}{4}$ ■ $\frac{3}{4} \cdot \frac{1}{2}$ b) $\frac{3}{4}$ ■ $\frac{3}{4} : \frac{1}{2}$ c) $\frac{4}{7} : \frac{1}{2}$ ■ $\frac{4}{7} \cdot 2$ d) $\frac{3}{5} + \frac{1}{5}$ ■ $\frac{3}{5} - \frac{2}{10}$ e) $\frac{2}{5} : \frac{3}{7}$ ■ $\frac{2}{5} \cdot \frac{3}{7}$

10 Berechne.
a) $\frac{1}{3}$ von 12 b) $\frac{2}{5}$ von 35 c) $\frac{1}{2}$ von $\frac{1}{4}$ d) $\frac{3}{8}$ von $\frac{5}{12}$ e) $\frac{3}{4}$ von $\frac{12}{13}$

11 Berechne den Prozentsatz.
a) 15 € von 60 € b) 24 t von 120 t c) 2 € von 200 € d) 48 von 1200
e) 1 min von 1 h f) 380 m von 2 km g) 120 € von 100 € h) 288 ct von 72 €

12 Die 8a besteht zu 60 % aus Mädchen. In die Klasse gehen 10 Jungen. Berechne, wie viele Mädchen in die 8a gehen.

13 Es gibt etwa 320 Arten von Beuteltieren. Damit machen Beuteltiere rund 5,8 % aller Säugetierarten aus. Ermittle, wie viele Säugetierarten es ungefähr gibt.

Lösungen
→ S. 217

Zufallsexperimente

14 Entscheide, ob es sich um ein Zufallsexperiment handelt. Begründe.
a) Aus einem Schuhschrank werden im Dunkeln zwei Schuhe genommen.
b) Am 24.12. ist schulfrei.
c) Aus einer Spielesammlung wird mit verbundenen Augen eine Halmafigur herausgenommen.
d) Annemarie schaut im Matheunterricht auf die Uhr.

15 Gib die möglichen Ergebnisse des Zufallsexperiments an.
a) Das Glücksrad wird gedreht.
b) Zwei Münzen werden geworfen.
c) Aus einem Beutel mit zwei roten, zwei blauen und zwei gelben Murmeln werden zwei Murmeln gezogen.

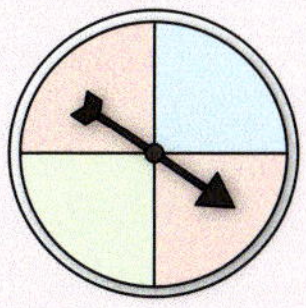

16 Gib an, welches Ereignis beim einmaligen Würfeln die größere Wahrscheinlichkeit hat.
① Würfeln einer Primzahl ② Würfeln einer durch 3 teilbaren Zahl
Begründe deine Antwort.

Laplace-Experimente

17 Entscheide und begründe, ob es sich um ein Laplace-Experiment handelt.
a) Eine Münze wird geworfen.
b) Eine Reißzwecke wird geworfen.
c) Ein quaderförmiger Baustein wird geworfen.
d) Aus 32 Spielkarten wird eine Karte gezogen.

18 a) Die Glücksräder werden gedreht. Begründe, bei welchem Rad ein Laplace-Experiment vorliegt.
b) Gib für jedes Glücksrad die Wahrscheinlichkeit für „Gelb" an.
c) Zeichne ein Glücksrad mit vier Farben und acht Feldern, mit dem man ein Laplace-Experiment durchführen kann.

①
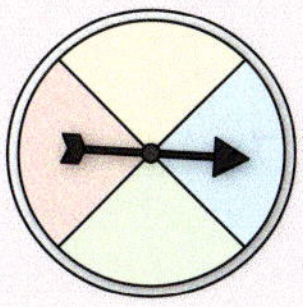

②
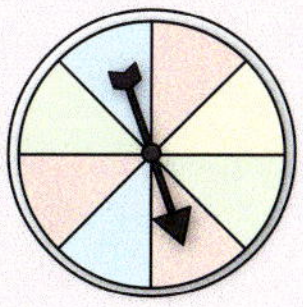

19 Gib ein Laplace-Experiment mit dieser Wahrscheinlichkeit für jedes Ergebnis an.
a) 50 % b) $\frac{1}{6}$ c) 0,25 d) $\frac{1}{36}$

Vermischtes

20 Ordne der Größe nach. Beginne mit der kleinsten Zahl.
a) 0,7; 50 %; $\frac{9}{8}$; $1\frac{3}{4}$ b) 125 %; 0,9; $1\frac{1}{2}$; 1,7; 1 % c) 0,75; $0{,}1^2$; $\frac{1}{10}$; $1\frac{1}{4}$; 120 %

21 Ermittle, wie viele passende Zahlen es gibt.
a) Die Zahl ist vierstellig. Der Zehner ist doppelt so groß wie der Einer. Der Hunderter ist doppelt so groß wie der Zehner.
b) Die Zahl ist dreistellig und durch 5 teilbar.
c) Die Zahl ist fünfstellig. Der Tausender ist 4, der Hunderter ist 8.

8.1 Baumdiagramme

Ein Musikanbieter bietet Abos mit 3, 6 und 12 Monaten Laufzeit an. In jedem Abo gibt es die Optionen „Standard“ und „Premium“. Ermittle, zwischen wie vielen Möglichkeiten für ein Abo man insgesamt wählen kann.

Jonas, Maria und Tim wollen Elfmeterschießen üben. Sie wählen nacheinander aus, wer Schütze und wer Torwart ist. Diese Auswahlen lassen sich in einem **Baumdiagramm** darstellen.

Zuerst wird der Schütze bestimmt. Dafür gibt es drei Möglichkeiten. Dann gibt es nur noch zwei Möglichkeiten für einen Torwart, da der Schütze nicht gleichzeitig Torwart sein kann.

Jede Möglichkeit entspricht einem Pfad im Diagramm. Der markierte Pfad entspricht der Möglichkeit, dass Maria Schütze und Tim Torwart ist. Es gibt sechs Pfade, also sechs Möglichkeiten.

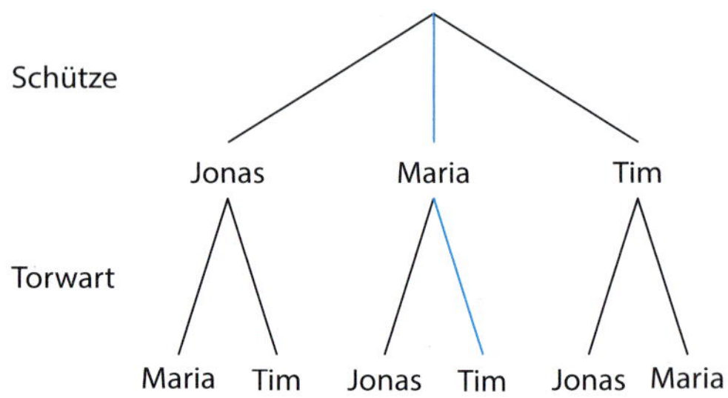

Hinweis

Wenn das Baumdiagramm **von links nach rechts** gezeichnet wird, dann entspricht jede Möglichkeit einem Pfad von links nach rechts.

Wissen **Baumdiagramme – Zählprinzip**

Situationen mit verschiedenen Auswahlmöglichkeiten kann man in einem Baumdiagramm darstellen. Jede Stufe im Baumdiagramm steht für eine Auswahl.
Jede Möglichkeit entspricht einem Pfad von oben nach unten. Die **Gesamtzahl der Möglichkeiten** entspricht der Anzahl der Baumenden auf der letzten Stufe des Baumdiagramms. Sie ist gleich dem Produkt aus den Anzahlen der Möglichkeiten auf jeder Stufe.

Beispiel 1

Ben hat vier T-Shirts (blau, rot, gelb, schwarz) und zwei Hosen (blau, weiß). Ermittle, wie viele Möglichkeiten Ben hat, die Kleidungsstücke zu kombinieren. Zeichne dazu ein Baumdiagramm.

Lösung:

Es gibt vier Möglichkeiten, ein T-Shirt auszuwählen, und zwei Möglichkeiten, eine Hose auszuwählen. Die Auswahl der Hose ist unabhängig von der Wahl des T-Shirts.

Multipliziere die Anzahl der Möglichkeiten in beiden Stufen, um die Gesamtzahl der Möglichkeiten zu erhalten.

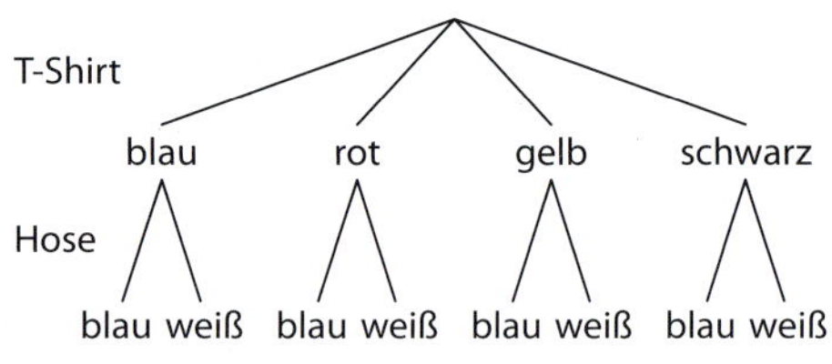

Anzahl der Möglichkeiten: $4 \cdot 2 = 8$

Basisaufgaben

1 In der Schulkantine kann man zwischen drei Hauptgerichten (Fleisch, vegetarisch, vegan) und zwei Desserts (Obst, Pudding) wählen. Ermittle die Anzahl möglicher Menüs. Zeichne dazu ein Baumdiagramm.

2 Sara und Linus spielen „Schere, Stein, Papier".
a) Stelle die möglichen Kombinationen in einem Baumdiagramm dar. Notiere auf der ersten Stufe die Wahl von Sara und auf der zweiten Stufe die Wahl von Linus.
b) Gib an, bei wie vielen Kombinationen Sara gewinnt (Linus gewinnt; das Spiel unentschieden endet).

Hinweis

Die Wahl auf einer Stufe des Baumdiagramms kann die weiteren Wahlmöglichkeiten einschränken.

3 Ein Passwort besteht aus den Buchstaben H, U, T. Jeder Buchstabe kommt genau einmal vor. Ermittle die Anzahl der möglichen Passwörter mit einem Baumdiagramm.

4 Ole, Mia, Tom, Ali und Lira machen ein Wettrennen. Stelle alle Möglichkeiten für die ersten beiden Plätze in einem Baumdiagramm dar. Gib die Gesamtzahl der Möglichkeiten an.

Weiterführende Aufgaben

5 Eine Münze kann beim Werfen Kopf oder Zahl zeigen. Eine Münze wird viermal nacheinander geworfen. Zeichne ein Baumdiagramm, das alle möglichen Ergebnisse zeigt. Gib die Gesamtzahl der Möglichkeiten an.

Hinweis zu 6

Die Anzahl der Möglichkeiten kann man auch rechnerisch bestimmen, ohne das Baumdiagramm zu zeichnen.

6 Ermittle die Anzahl der dreistelligen Zahlen aus den Ziffern 1, 2, 3, 4 und 5,
a) wenn jede Ziffer mehrfach vorkommen kann,
b) wenn jede Ziffer nur einmal vorkommen darf.

7 Ahmet verbringt ein Wochenende in Hamburg. Er möchte das Miniaturwunderland anschauen, den Hamburger Michel besteigen und eine Hafenrundfahrt machen. Ermittle die Anzahl der Möglichkeiten für die Reihenfolge der Besichtigungen.

8 **Stolperstelle:** In der 8c sollen aus 20 Schülern ein Klassensprecher und ein Stellvertreter gewählt werden. Lenny meint: „Ich könnte dazu ein Baumdiagramm mit zwei Stufen zeichnen. Auf jeder Stufe habe ich 20 Auswahlmöglichkeiten. Also sind es insgesamt $20 \cdot 20 = 400$ Möglichkeiten." Nimm Stellung.

9 Bei einem Musikfestival treten sechs Bands auf. Ermittle die Anzahl der Möglichkeiten für die Reihenfolge, in der die Bands auftreten.

10 Anna hat für ihr Fahrrad ein vierstelliges Zahlenschloss mit den Ziffern von 0 bis 9.
a) Berechne, wie viele verschiedene Zahlenkombinationen sie einstellen kann.
b) Vergleiche die Anzahl möglicher Zahlenkombinationen aus a) mit einem dreistelligen Zahlenschloss (einem fünfstelligen Zahlenschloss).

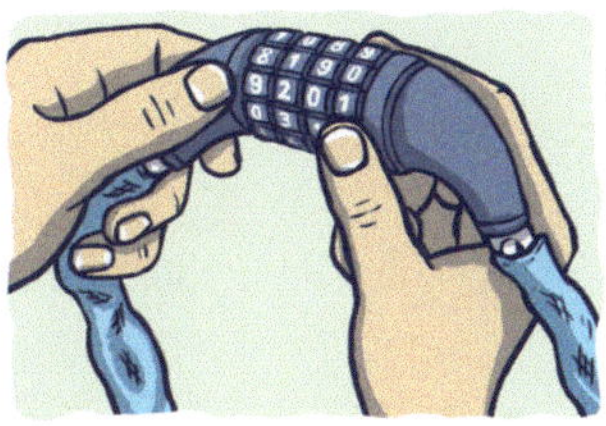

11 In Phils Zimmer hängen vier Bilder. Er überlegt, die Bilder umzuhängen.
a) Ermittle die Anzahl der Möglichkeiten, die vier Bilder auf die vier Plätze zu verteilen.
b) Phil sortiert ein Bild aus und hängt die anderen drei Bilder wieder auf. Ermittle, wie sich die Anzahl der Möglichkeiten ändert. Erläutere deine Lösung.

12 **Ausblick:** Bei einem Volleyballturnier soll jedes Team einmal gegen jedes andere Team spielen. Am Turnier nehmen sechs Teams (zehn Teams) teil. Ermittle die Anzahl der Spiele.

8.2 Wahrscheinlichkeiten und Baumdiagramme

Die Wahrscheinlichkeit für den Einschlag eines Asteroiden mit einem Durchmesser von 50 cm beträgt pro Jahr 0,1 %.
Begründe, dass die Erde mit einer Wahrscheinlichkeit von 0,0001 % in zwei aufeinanderfolgenden Jahren von solchen Asteroiden getroffen wird.

Mehrstufige Zufallsexperimente sind Zufallsexperimente, die aus mehreren nacheinander ausgeführten Versuchen bestehen, zum Beispiel das zweimalige Würfeln mit einem Würfel. Ihre Ergebnisse sind **zusammengesetzte Ergebnisse**, beim zweifachen Würfeln zum Beispiel „erst 3, dann 5“: (3; 5)

Pfadmultiplikationsregel

Mehrstufige Zufallsexperimente lassen sich in einem **Baumdiagramm** darstellen. Das folgende Baumdiagramm stellt das zweifache Werfen einer Münze dar.

Zu jedem der Ergebnisse gehört ein Pfad. Dabei stellen die Stufen des Pfades die einzelnen Teilergebnisse dar. Der Pfad für das Ergebnis (Kopf; Kopf) ist blau gefärbt.

Beim 1. und beim 2. Wurf sind die Teilergebnisse „Kopf“ oder „Zahl“ mit einer Wahrscheinlichkeit von $\frac{1}{2}$ möglich. Die Wahrscheinlichkeiten werden jeweils an den Zweigen notiert.

Die Wahrscheinlichkeit für das Ergebnis (Kopf; Kopf) beträgt $\frac{1}{2}$ von $\frac{1}{2}$, also $\frac{1}{2} \cdot \frac{1}{2} = \frac{1}{4}$.

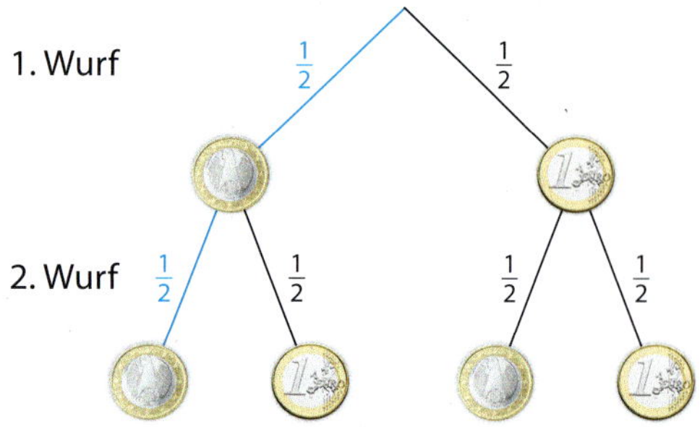

Ergebnis	Wahrscheinlichkeit
(Kopf; Kopf)	$\frac{1}{2} \cdot \frac{1}{2} = \frac{1}{4} = 25\,\%$
(Kopf; Zahl)	$\frac{1}{2} \cdot \frac{1}{2} = \frac{1}{4} = 25\,\%$
(Zahl; Kopf)	$\frac{1}{2} \cdot \frac{1}{2} = \frac{1}{4} = 25\,\%$
(Zahl; Zahl)	$\frac{1}{2} \cdot \frac{1}{2} = \frac{1}{4} = 25\,\%$

Wissen

Die **Wahrscheinlichkeit für ein zusammengesetztes Ergebnis** erhält man, indem man die einzelnen Wahrscheinlichkeiten entlang des zugehörigen Pfades multipliziert.

Für mehrstufige Zufallsexperimente gilt:
- Die Wahrscheinlichkeiten aller zusammengesetzten Ergebnisse addieren sich zu 1 (zu 100 %).
- Die Summe der Einzelwahrscheinlichkeiten unter jeder Verzweigung ist 1 (100 %).

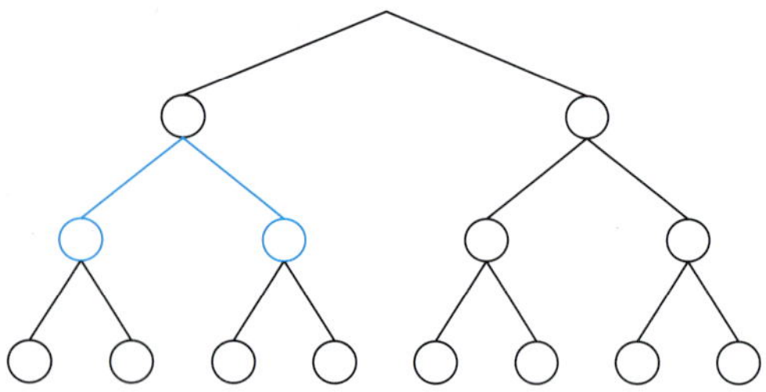

Beispiel 1

Das Glücksrad wird zweimal gedreht. Ermittle die Wahrscheinlichkeit, dass zweimal Rot gedreht wird. Erstelle dazu ein Baumdiagramm.

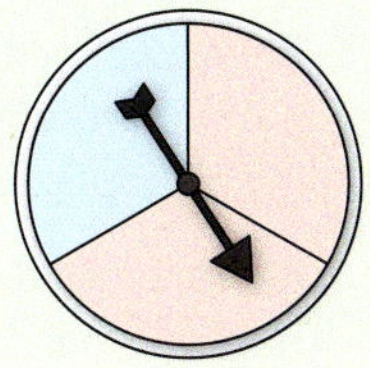

Lösung:

Der Pfad ganz links stellt das Ergebnis (Rot; Rot) dar.
Die Wahrscheinlichkeit für die Farbe Rot beträgt in jeder Drehung $\frac{2}{3}$.

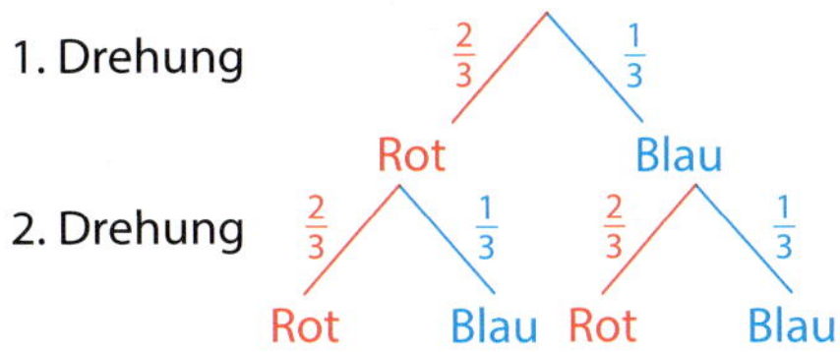

Multipliziere die Einzelwahrscheinlichkeiten entlang des Pfades, um die Wahrscheinlichkeit für (Rot; Rot) zu erhalten.

$P(\text{Rot; Rot}) = \frac{2}{3} \cdot \frac{2}{3} = \frac{4}{9}$

Basisaufgaben

1 Das Glücksrad wird zweimal gedreht. Ermittle die Wahrscheinlichkeit, dass zweimal Blau gedreht wird. Erstelle dazu ein Baumdiagramm.

2 Talia zieht aus einem Kartenspiel mit 8 Karten (je 2 Karten mit Herz, Karo, Pik und Kreuz) eine Karte, mischt sie in den Stapel zurück und zieht dann noch eine Karte.
a) Erkläre, was das Ergebnis (Herz; Karo) bedeutet.
b) Zeichne ein Baumdiagramm zu dem Versuch und trage die Wahrscheinlichkeiten ein.
c) Nenne alle möglichen Ergebnisse und berechne ihre Wahrscheinlichkeiten.
d) Überprüfe deine Rechnung, indem du prüfst, ob die Summe aller Wahrscheinlichkeiten 1 ergibt.

3 Jannes trifft den Korb beim Basketballfreiwurf mit einer Wahrscheinlichkeit von 0,6. Er wirft dreimal.
a) Zeichne ein Baumdiagramm mit Wahrscheinlichkeiten.
b) Berechne die Wahrscheinlichkeit, dass Jannes dreimal trifft.
c) Berechne die Wahrscheinlichkeit für das Ergebnis (Korb; Korb; kein Korb).

4 Die beiden Glücksräder werden gleichzeitig gedreht.

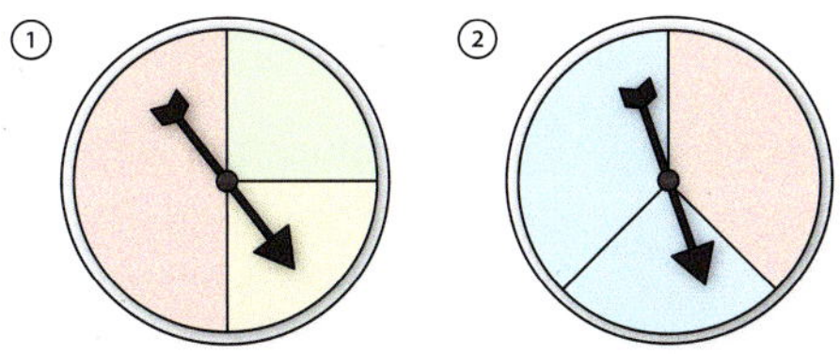

a) Zeichne ein Baumdiagramm mit der Farbe des linken Glücksrads als 1. Stufe und mit der Farbe des rechten Glücksrads als 2. Stufe. Trage die Wahrscheinlichkeiten ein.
b) Zeichne ein Baumdiagramm mit der Farbe des rechten Glücksrads als 1. Stufe und mit der Farbe des linken Glücksrads als 2. Stufe. Trage die Wahrscheinlichkeiten ein.
c) Berechne die Wahrscheinlichkeit dafür, dass beide Glücksräder Rot zeigen. Verwende einmal das Baumdiagramm aus a) und einmal das aus b). Vergleiche die Ergebnisse.

Pfadadditionsregel

Beim zweifachen Münzwurf gibt es zwei Ergebnisse, die zum **Ereignis** „einmal Kopf, einmal Zahl" gehören, denn es ist egal, in welcher Reihenfolge Kopf und Zahl fallen: (Kopf; Zahl) und (Zahl; Kopf).

Entsprechend gibt es zum Ereignis „einmal Kopf, einmal Zahl" auch zwei Pfade im Baumdiagramm.
Die Wahrscheinlichkeit für „einmal Kopf, einmal Zahl" ergibt sich als Summe der Wahrscheinlichkeiten dieser beiden Pfade.

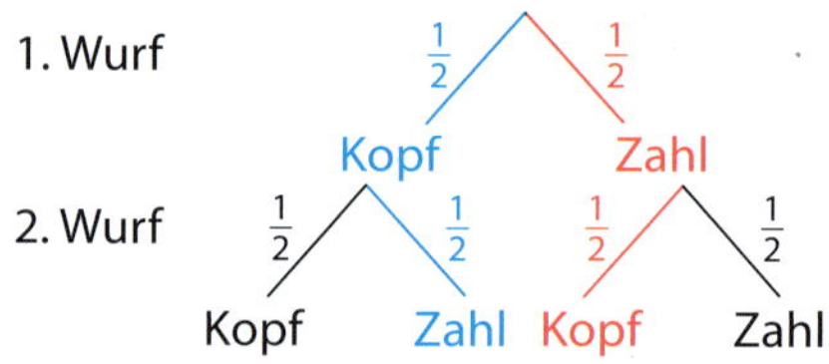

P(„einmal Kopf, einmal Zahl") = P(Kopf; Zahl) + P(Zahl; Kopf) $= \frac{1}{2} \cdot \frac{1}{2} + \frac{1}{2} \cdot \frac{1}{2} = \frac{1}{4} + \frac{1}{4} = \frac{1}{2}$

Wissen

Die **Wahrscheinlichkeit für ein Ereignis** erhält man, indem man die Wahrscheinlichkeiten der zugehörigen Pfade addiert.

Beispiel 2

Das Glücksrad wird zweimal gedreht. Berechne die Wahrscheinlichkeit, dass man zweimal die gleiche Farbe erhält.

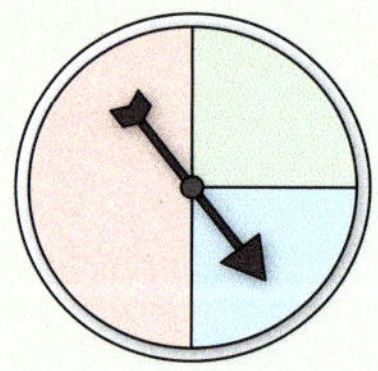

Lösung:

Zeichne ein Baumdiagramm für den Versuch.
Das Ereignis „zweimal die gleiche Farbe" besteht aus drei Ergebnissen: (Rot; Rot), (Grün; Grün) und (Blau; Blau).

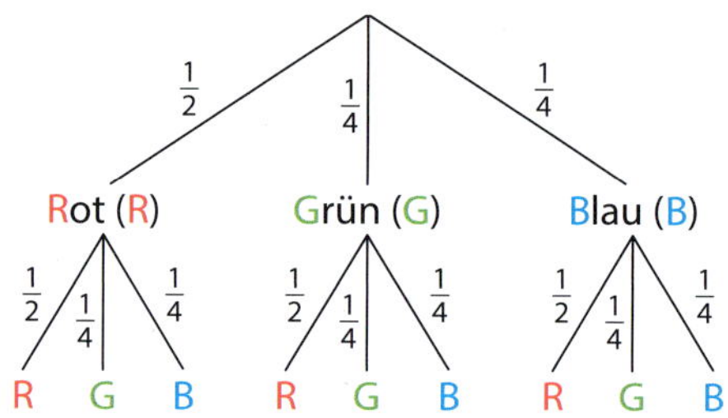

Berechne die Wahrscheinlichkeiten für die einzelnen Pfade, die zum Ereignis gehören, und addiere sie dann.

E: zweimal dieselbe Farbe

$$P(E) = P(R; R) + P(G; G) + P(B; B)$$
$$= \frac{1}{2} \cdot \frac{1}{2} + \frac{1}{4} \cdot \frac{1}{4} + \frac{1}{4} \cdot \frac{1}{4}$$
$$= \frac{1}{4} + \frac{1}{16} + \frac{1}{16} = \frac{3}{8} = 37{,}5\,\%$$

Basisaufgaben

Hinweis zu 5

Schreibe die Ergebnisse in der Form (Rot; Rot; Rot).

5 Das Glücksrad wird dreimal gedreht. Notiere alle Ergebnisse, die zu dem Ereignis „drei verschiedene Farben" gehören. Berechne dann die Wahrscheinlichkeit, dass man drei verschiedene Farben erhält.

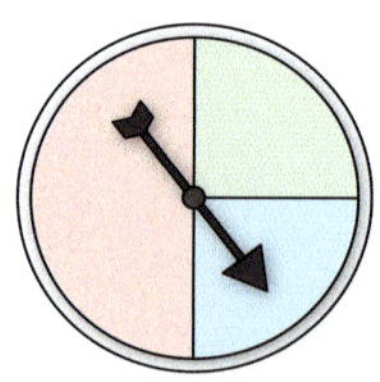

6 Die Wahrscheinlichkeit für eine Jungengeburt beträgt 51,3 %. Berechne die Wahrscheinlichkeit, dass eine Familie mit drei Kindern genau zwei Söhne hat.

7 Philipps Werkzeugkiste ist durcheinander geraten. Es gibt drei Sorten von Schrauben und Muttern. Zu jeder Sorte von Schrauben gibt es die gleiche Anzahl an Muttern, die auf diese Schrauben passen. Philipp entnimmt der Kiste zufällig eine Schraube und eine Mutter. Berechne die Wahrscheinlichkeit, dass beide zusammenpassen.

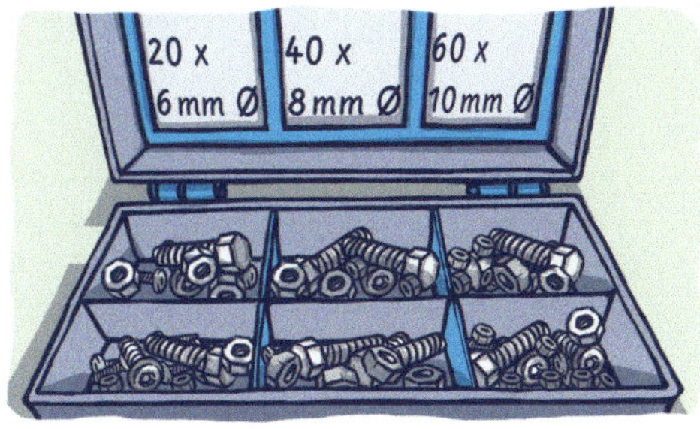

Baumdiagramme mit abhängigen Stufen

Beispiel 3

Aus einer Kiste mit fünf neuen und drei gebrauchten Tennisbällen werden zwei Bälle entnommen. Ermittle die Wahrscheinlichkeit, dass es ein gebrauchter und ein neuer Ball sind. Zeichne dazu ein Baumdiagramm.

Lösung:
Zeichne das Baumdiagramm. Trage die Wahrscheinlichkeiten ein. Beachte, dass der erste Ball nicht zurücklegt wird.

Es gibt zwei Fälle:

① Der zuerst gezogene Ball ist gebraucht. Dann gibt es noch 2 gebrauchte und 5 neue Bälle in der Kiste.

② Der zuerst gezogene Ball ist neu. Dann gibt es noch 3 gebrauchte und 4 neue Bälle in der Kiste.

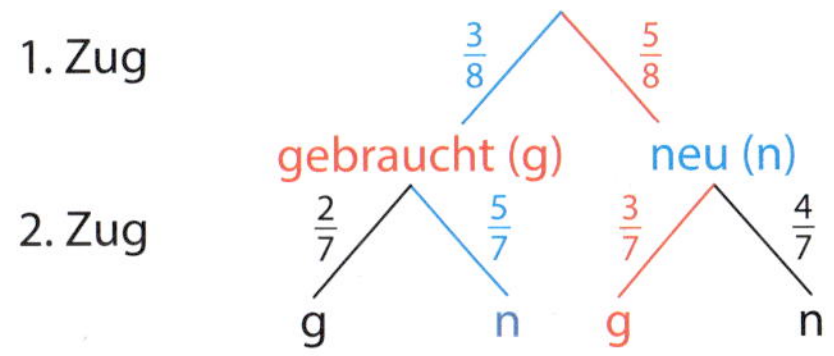

E: einmal gebraucht, einmal neu

$$P(E) = P(g; n) + P(n; g) = \frac{3}{8} \cdot \frac{5}{7} + \frac{5}{8} \cdot \frac{3}{7} = \frac{15}{56} + \frac{15}{56} = \frac{15}{28} \approx 54\,\%$$

Basisaufgaben

Lösungen zu 8

54,55 %

40,9 %

4,55 %

8 In einem Behälter liegen 12 Glühlampen, von denen 3 defekt sind. Es werden zwei Glühlampen zufällig entnommen. Zeichne ein Baumdiagramm und berechne die Wahrscheinlichkeit für das Ereignis.
a) Beide Glühlampen sind defekt.
b) Genau eine der beiden entnommenen Glühlampen ist defekt.
c) Beide Glühlampen funktionieren.

9 In einem Gefäß liegen drei weiße und zwei schwarze Kugeln. Zwei Kugeln werden nacheinander zufällig entnommen.

a) Zeichne ein Baumdiagramm und berechne die Wahrscheinlichkeit dafür, dass zwei gleiche Kugeln gezogen werden, wenn gezogene Kugeln zurückgelegt (nicht zurückgelegt) werden.
b) Erkläre anschaulich, warum die Wahrscheinlichkeit in dem einen Fall größer ist.

10 In einem Aquarium leben 12 Guppys und 13 Platys. Es sollen zwei Fische zufällig ausgewählt werden. Berechne die Wahrscheinlichkeit, dass ein Guppy und ein Platy ausgewählt werden. Zeichne dazu ein Baumdiagramm.

Weiterführende Aufgaben

11 Bei einem Glücksrad mit zwei unterschiedlich gefärbten Sektoren A und B beträgt die Größe des Winkels $\alpha = 140°$. Berechne die Wahrscheinlichkeit, dass bei zweimaligem Drehen unterschiedliche Sektoren angezeigt werden.

12 a) Ergänze die fehlenden Wahrscheinlichkeiten im Baumdiagramm.
b) Erfinde eine zum Baumdiagramm passende Aufgabenstellung. Tausche mit deinem Nachbarn und löst gegenseitig eure Aufgaben.

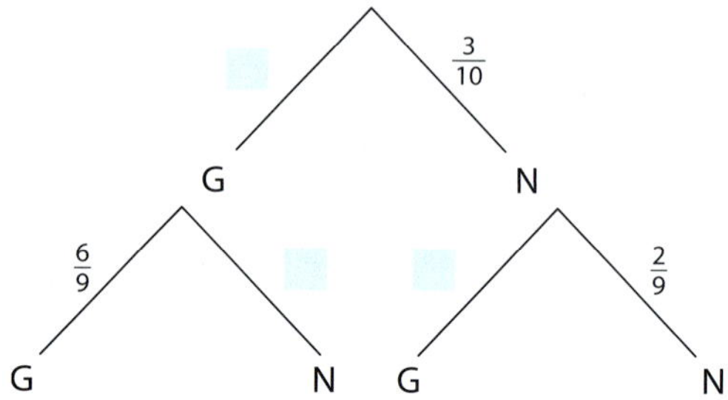

13 **Stolperstelle:** Amelie hat noch 7 rote und 5 weiße Gummibärchen in ihrer Tüte. Sie greift nacheinander zufällig zwei Gummibärchen heraus und isst sie auf. Dabei überlegt sie: „Die Wahrscheinlichkeit für ein rotes Gummibärchen ist $\frac{7}{12}$, also ist die Wahrscheinlichkeit für zwei rote Gummibärchen $\frac{7}{12} \cdot \frac{7}{12} = \frac{49}{144}$."
Erkläre Amelies Fehler und berechne die Wahrscheinlichkeit für zwei rote Gummibärchen.

14 Prinz Leo und Prinzessin Layla leben in einem fernen Land. Die Prinzessin beantwortet Briefe des Prinzen mit einer Wahrscheinlichkeit von 70 %. Allerdings gehen auf dem Postweg 20 % aller Briefe verloren. Berechne, mit welcher Wahrscheinlichkeit Prinz Leo eine Antwort erhält, wenn er einen Brief an Prinzessin Layla schreibt.

15 Ein Glücksrad mit den Farben Blau und Rot wird zweimal gedreht. Die zusammengesetzten Ergebnisse aus Blau und Rot haben folgende Wahrscheinlichkeiten:

Ergebnis	(Blau; Blau)	(Rot; Blau)	(Blau; Rot)	(Rot; Rot)
Wahrscheinlichkeit	$\frac{1}{16}$	$\frac{3}{16}$	$\frac{3}{16}$	$\frac{9}{16}$

a) Erstelle das zugehörige Baumdiagramm.
b) Zeichne ein passendes Glücksrad.
c) Erstelle eine Tabelle für ein anderes Glücksrad. Erläutere, worauf du achten musst.

16 Marius übt den Bottle Flip. Dabei soll eine Wasserflasche so in die Luft geworfen werden, dass sie aufrecht (mit dem Flaschenboden auf dem Tisch) landet. Marius gelingt der Bottle Flip mit einer Wahrscheinlichkeit von 20 %.
a) Berechne die Wahrscheinlichkeit, dass Marius' Flasche in drei Würfen hintereinander aufrecht landet.
b) Berechne die Wahrscheinlichkeit, dass die Flasche bei einem von drei Würfen stehen bleibt.
c) Berechne die Wahrscheinlichkeit, dass die Flasche bei drei Würfen nicht zweimal nacheinander stehen bleibt.
d) Nach einigem Üben verbessert sich Marius: Die Wahrscheinlichkeit für zwei erfolgreiche Bottle Flips hintereinander liegt jetzt bei 9 %. Berechne die Wahrscheinlichkeit, dass Marius ein Bottle Flip misslingt.

17 Niklas hat zwei Beutel mit Losen. Im ersten Beutel befinden sich zwei Nieten und ein Gewinn. Im zweiten Beutel gibt es drei Nieten und drei Gewinne. Es wird zufällig ein Beutel ausgewählt und aus diesem ein Los gezogen.
Niklas überlegt: „Insgesamt gibt es vier Gewinne und neun Lose. Die Wahrscheinlichkeit für einen Gewinn ist also $\frac{4}{9}$."
Nimm Stellung. Zeichne dazu ein Baumdiagramm.

18 Ein Bogenschütze trifft beim ersten Schuss mit einer Wahrscheinlichkeit von 0,8. War der erste Versuch ein Treffer, so trifft der Schütze beim zweiten Versuch mit der gleichen Wahrscheinlichkeit. Geht der erste Schuss daneben, dann verringert sich die Treffsicherheit beim zweiten Versuch um 10 % des ursprünglichen Werts. Der Schütze schießt zweimal. Berechne die Wahrscheinlichkeit für genau einen Treffer.

19 Für das Sommerwetter in einer kleinen Stadt gilt: Wenn an einem Tag die Sonne scheint, dann scheint am nächsten Tag mit einer Wahrscheinlichkeit von 80 % ebenfalls die Sonne, andernfalls regnet es. Wenn es an einem Tag regnet, dann regnet es am nächsten Tag mit einer Wahrscheinlichkeit von 50 %, sonst scheint die Sonne.

a) Heute scheint die Sonne. Markus will übermorgen eine Gartenparty geben. Berechne, mit welcher Wahrscheinlichkeit er mit dem Wetter Glück hat.

b) Es regnet am Donnerstag. Mirjam will jetzt den Termin für ihre kurzfristig geplante Gartenparty festlegen. Begründe, ob sie die Party am Samstag oder am Sonntag feiern sollte.

20 Bei einem Tennisturnier wird über drei Gewinnsätze gespielt. Bei einem Spiel gewinnt derjenige Spieler, der zuerst drei Sätze gewinnt.

a) Beim Endspiel der Herren kann man davon ausgehen, dass der Favorit jeden Satz mit einer Wahrscheinlichkeit von 60 % gewinnt. Ermittle die Wahrscheinlichkeit dafür, dass der vermeintlich schwächere Spieler beim Endspiel siegt.

b) Beim Herren-Doppel treffen im Finale zwei gleichstarke Teams aufeinander. Beim Stand von 2:1 muss die Partie wegen eines Unwetters abgebrochen werden. Jemand schlägt vor, die Siegprämie von 200 000 € nach den Gewinnwahrscheinlichkeiten aufzuteilen. Ermittle, wie die Summe dann aufgeteilt werden würde.

21 **Ausblick:** 0,1 % der Bevölkerung haben eine bestimmte Allergie. Um festzustellen, ob man selbst davon betroffen ist, kann man einen Test machen. Der Test ist allerdings nicht fehlerfrei: Bei einem Prozent der Personen, die die Allergie nicht haben, zeigt der Test dennoch die Allergie an („falsch positiv"), umgekehrt hat der Test bei einem Prozent der Allergiker ein „falsch negatives" Ergebnis.

a) 100 000 Menschen machen einen Allergietest. Ermittle mit einem Baumdiagramm, welche zusammengesetzten Ergebnisse möglich sind und für wie viele der Getesteten diese Kombinationen jeweils zutreffen müssten.

b) Hannas Test ist „positiv", zeigt also die Allergie an. Bestimme mit dem Ergebnis aus a) die Wahrscheinlichkeit, dass sie tatsächlich Allergikerin ist.

8.3 Sinnvoller Umgang mit Baumdiagrammen

Beim Glücksrad auf dem Schulfest gewinnt man einen Hauptpreis, wenn man bei zweimaligem Drehen zweimal eine 10 erhält. Jana möchte mit einem Baumdiagramm die Wahrscheinlichkeit für einen Hauptpreis ermitteln und beginnt, zehn Pfade zu zeichnen. Gib Jana einen Tipp, wie sie stattdessen vorgehen sollte.

Verkürzte Baumdiagramme

Wissen

Wenn man die Wahrscheinlichkeit für ein Ereignis berechnen möchte, dann muss man nur die Pfade im Baumdiagramm zeichnen, die zu dem Ereignis gehören. Oft kann man mehrere Ergebnisse zu einem Pfad in einem Baumdiagramm zusammenfassen.

Beispiel 1

Ermittle die Wahrscheinlichkeit, bei dreimaligem Würfeln genau zwei Sechsen zu erhalten.

Lösung:

Zeichne ein verkürztes Baumdiagramm. Du musst nur die Fälle „6“ und „keine 6“ unterscheiden.

Zum Ereignis „genau zweimal 6“ gehören die drei zusammengesetzten Ergebnisse (6; 6; keine 6), (6; keine 6; 6) und (keine 6; 6; 6). Zeichne nur die Pfade ein, die zu diesen Ereignissen gehören.

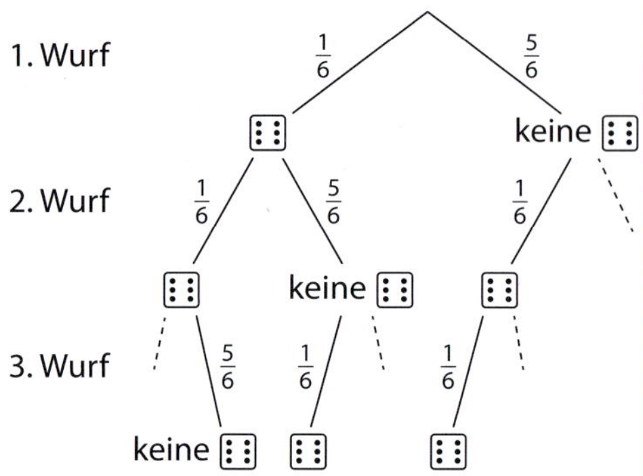

E: genau zweimal 6

Addiere die Wahrscheinlichkeiten der drei Pfade, um die Wahrscheinlichkeit für „genau zweimal 6“ zu erhalten.

$$P(E) = P(6; 6; \text{keine } 6) + P(6; \text{keine } 6; 6) + P(\text{keine } 6; 6; 6)$$
$$= \frac{1}{6}\cdot\frac{1}{6}\cdot\frac{5}{6} + \frac{1}{6}\cdot\frac{5}{6}\cdot\frac{1}{6} + \frac{5}{6}\cdot\frac{1}{6}\cdot\frac{1}{6}$$
$$= \frac{5}{216} + \frac{5}{216} + \frac{5}{216} = \frac{15}{216} \approx 6{,}9\,\%$$

Basisaufgaben

1 Ermittle die Wahrscheinlichkeit, bei viermaligem Würfeln vier Sechsen zu erhalten. Zeichne dazu ein verkürztes Baumdiagramm.

Hinweis zu 2

Die Wahrscheinlichkeiten ändern sich auf jeder Stufe.

2 Bei einem Quiz sollen fünf gegebene Flüsse der Länge nach geordnet werden. Der Kandidat kennt sich mit dem Thema nicht aus und ordnet die Flüsse rein zufällig. Ermittle, mit welcher Wahrscheinlichkeit er die richtige Reihenfolge erhält.

3 In einem Gefäß befinden sich vier Kugeln mit den Zahlen 1 bis 4. Es wird zweimal eine Kugel zufällig gezogen und wieder zurückgelegt. Die Schüler der Klasse 8a sollen die Wahrscheinlichkeit berechnen, erst eine gerade und dann eine ungerade Zahl zu ziehen.

a) Beurteile die Lösungen von Simon und Emma.

Simon

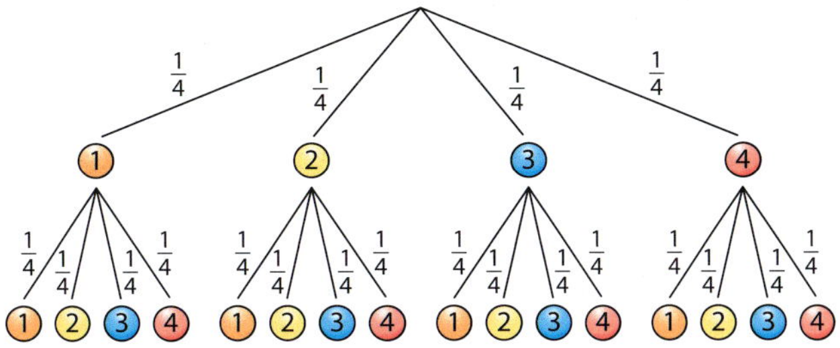

$P(\text{„erst gerade, dann ungerade"})$
$= P(2; 1) + P(2; 3) + P(4; 1) + P(4; 3)$
$= \frac{1}{4} \cdot \frac{1}{4} + \frac{1}{4} \cdot \frac{1}{4} + \frac{1}{4} \cdot \frac{1}{4} + \frac{1}{4} \cdot \frac{1}{4} = 4 \cdot \frac{1}{16} = \frac{1}{4}$

Emma

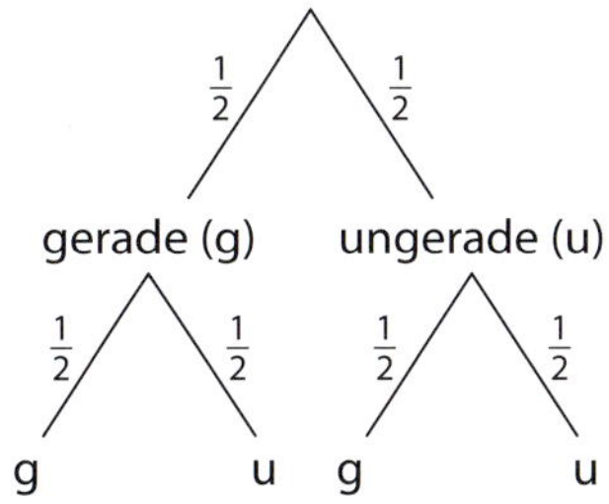

$P(g; u) = \frac{1}{2} \cdot \frac{1}{2} = \frac{1}{4}$

b) Elisas Baumdiagramm hat nur einen Pfad. Begründe, ob das richtig sein kann.

Wahrscheinlichkeit des Gegenereignisses

Das Gegenereignis $\bar{E}$ zum Ereignis E besteht aus genau den zusammengesetzten Ergebnissen, die nicht zum Ereignis E gehören.

Wissen

Für ein Ereignis E und sein Gegenereignis $\bar{E}$ gilt: $P(\bar{E}) = 1 - P(E)$
Die Wahrscheinlichkeit von Ereignissen mit sehr vielen Ergebnissen kann man oft schneller ermitteln, indem man die Wahrscheinlichkeit des Gegenereignisses bestimmt.

Beispiel 2

Ermittle die Wahrscheinlichkeit, bei dreimaligem Würfeln mindestens eine 6 zu erhalten.

Lösung:

Bestimme zunächst die Wahrscheinlichkeit für das Gegenereignis, also die Wahrscheinlichkeit, dreimal hintereinander keine 6 zu würfeln.

Zeichne ein verkürztes Baumdiagramm, das den Pfad des Gegenereignisses enthält.

1. Wurf
2. Wurf
3. Wurf

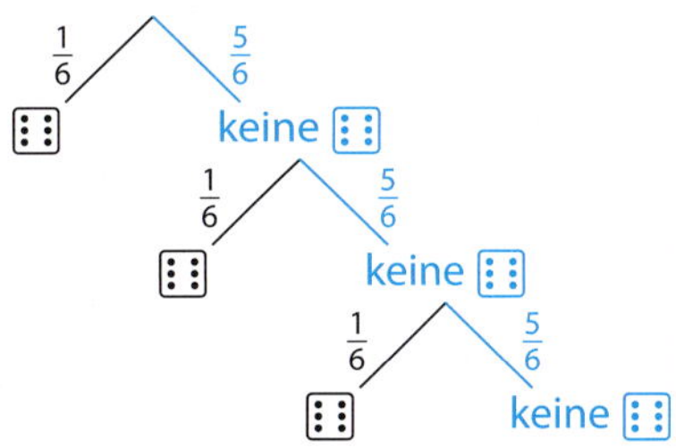

Berechne die Wahrscheinlichkeit des Gegenereignisses. Da die Summe der Wahrscheinlichkeiten von Ereignis und Gegenereignis 1 ist, kannst du nun die Wahrscheinlichkeit des gesuchten Ereignisses berechnen.

Gegenereignis $\bar{E}$: dreimal keine 6

$P(\bar{E}) = \frac{5}{6} \cdot \frac{5}{6} \cdot \frac{5}{6} = \frac{125}{216} \approx 58\,\%$

Ereignis E: mindestens eine 6

$P(E) = 1 - P(\bar{E}) = 1 - \frac{125}{216} = \frac{91}{216} \approx 42\,\%$

Basisaufgaben

4 Gib das Gegenereignis mit Worten an.

a) Ein Würfel wird dreimal geworfen. Es fällt mindestens zweimal eine gerade Augenzahl.
b) Aus einem Beutel mit acht farbigen Kugeln werden zwei Kugeln entnommen, beide Kugeln sind gelb.
c) Eine zufällig ausgewählte natürliche Zahl zwischen 1 und 49 ist kleiner als 20.
d) Bei der zufälligen Auswahl zweier Schüler der Klasse 8a werden ein Mädchen und ein Junge gewählt.
e) Eine Münze wird zehnmal geworfen, es fällt höchstens sechsmal Wappen.
f) Beim Ziehen von acht Losen erhält man mindestens fünf Gewinne.
g) Ein Würfel wird fünfmal geworfen. Es fällt genau zweimal eine Sechs.

5 Pascals Handballtrainer meint, dass die Mannschaft jedes Spiel mit einer Wahrscheinlichkeit von 70 % gewinnt. Von den letzten beiden Saisonspielen muss die Mannschaft noch mindestens eins gewinnen.

a) Stelle die Situation in einem Baumdiagramm dar. Markiere die Pfade für das Ereignis „die Mannschaft gewinnt noch mindestens ein Spiel" und sein Gegenereignis mit unterschiedlichen Farben. Gib das Gegenereignis mit Worten an.
b) Berechne die Wahrscheinlichkeit, dass die Mannschaft noch mindestens ein Spiel gewinnt.

6 Das Glücksrad wird zweimal gedreht.

a) Bilde aus den Ereignissen drei Paare, die aus einem Ereignis und seinem Gegenereignis bestehen.

E_1: zwei gleiche Farben	E_2: höchstens einmal Rot
E_3: mindestens einmal Rot	E_4: nur Rot
E_5: nur Blau oder Grün	E_6: zwei verschiedene Farben

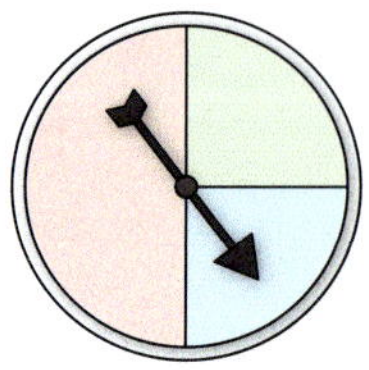

b) Berechne die Wahrscheinlichkeiten der Ereignisse. Nutze dein Ergebnis aus a), um Rechenaufwand zu sparen.

7 Viktoria zieht aus dem Gefäß drei Kugeln ohne Zurücklegen. Berechne die Wahrscheinlichkeit für

a) drei rote Kugeln,
b) keine rote Kugel,
c) mindestens eine rote Kugel.

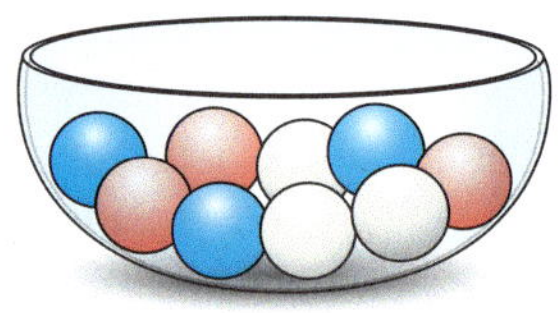

Weiterführende Aufgaben

8 Eine Tüte Weingummi enthält 36 Tiere in verschiedenen Geschmacksrichtungen. Es gibt jeweils gleich viele Tiere in den Geschmacksrichtungen Cola, Kirsche, Apfel und Orange.
Maja greift in die gerade erst geöffnete Tüte und nimmt blind zwei Tiere heraus. Berechne die Wahrscheinlichkeit, dass sie dabei genau ein Tier mit Cola-Geschmack erwischt hat.

9 In einer Lostrommel liegen 200 Lose, 50 davon sind Gewinnlose. Nicole kauft 4 Lose. Berechne die Wahrscheinlichkeit für
a) kein Gewinnlos,
b) genau ein Gewinnlos,
c) mindestens ein Gewinnlos.

10 Bei der Produktion von Handyakkus sind durchschnittlich 2 % defekt. In einer Packung werden vier Akkus geliefert. Berechne die Wahrscheinlichkeit, dass mindestens ein Akku in der Packung defekt ist.

11 **Stolperstelle:** Aron hat beim Spielen sechsmal gewürfelt und keine 6 erhalten. Er wundert sich: „In jedem Wurf beträgt die Wahrscheinlichkeit für eine 6 ein Sechstel, bei sechs Würfen ist sie sechsmal so hoch, also 1." Erkläre Arons Denkfehler.

Lösungen zu 12

50 % 50 % 0 % 87,5 % 50 % 50 % 12,5 % 12,5 % 87,5 % 50 %

12 In einem Blitzquiz gibt es drei Fragen, zu denen man „richtig" oder „falsch" ankreuzen muss. Ein Kandidat rät bei allen drei Fragen. Ermittle die Wahrscheinlichkeit für das Ereignis.
a) alle Antworten richtig
b) mindestens eine Antwort falsch
c) höchstens eine Antwort falsch
d) richtige Antwort bei der ersten Frage
e) nur die erste Frage falsch
f) häufiger falsch als richtig geraten
g) die zweite Frage falsch
h) nicht nur falsch geraten
i) genauso oft richtig wie falsch geraten
j) häufiger richtig als falsch geraten

13 Emily ist Torhüterin im Fußball. Sie überlegt: „Bisher habe ich 20 % aller Elfmeter gehalten. Das bedeutet, dass ich im Durchschnitt von fünf Elfmetern genau einen halte."
a) Emily pariert jeden Elfmeter mit einer Wahrscheinlichkeit von 20 %. Berechne die Wahrscheinlichkeit, dass Emily genau einen von fünf Elfmetern hält. Schätze zunächst, bevor du rechnest.
b) Beurteile, ob das Ergebnis von a) Emilys Überlegung widerspricht.

14 Ein Würfel wird dreimal geworfen. Berechne die Wahrscheinlichkeit, dass die Augensumme mindestens 5 beträgt.

15 Zwei Würfel werden geworfen.
a) Berechne die Wahrscheinlichkeit, dass die Augensumme 7 ist. Zeichne dazu ein zweistufiges Baumdiagramm.
b) In der Tabelle kann man alle möglichen Ergebnisse beim Werfen zweier Würfel darstellen. Zum Beispiel zeigt das rote Feld das Ergebnis 5 und 3, das blaue Feld zeigt das Ergebnis 4 und 6. Beschreibe, wie man hiermit die Wahrscheinlichkeit für die Augensumme 7 berechnen könnte.
c) Berechne mithilfe der Tabelle die Wahrscheinlichkeit für die Augensumme 11.

	1	2	3	4	5	6
1						
2						
3						
4						
5						
6						

16 Karim spielt häufig Schach gegen seinen Computer. Er gewinnt jedes Spiel mit einer Wahrscheinlichkeit von 10 %. Ermittle, wie oft er mindestens gegen den Computer spielen muss, um mit einer Wahrscheinlichkeit von über 50 % mindestens ein Spiel zu gewinnen.

17 **Ausblick:** Beim Lotto werden aus den Zahlen 1 bis 49 sechs Zahlen gezogen. Ermittle die Wahrscheinlichkeit, dass man auf seinem Lottoschein
a) sechs Richtige hat,
b) keine Zahl richtig hat,
c) genau fünf Richtige hat.

Galtonbretter

Eine Kugel fällt von oben in das Nagelbrett. An jedem Nagel kann sie entweder nach links (L) oder nach rechts (R) abgelenkt werden. Eine Kugel nimmt den Weg RLLR. Zeichne das Brett und markiere, wo die Kugel am Ende landet.

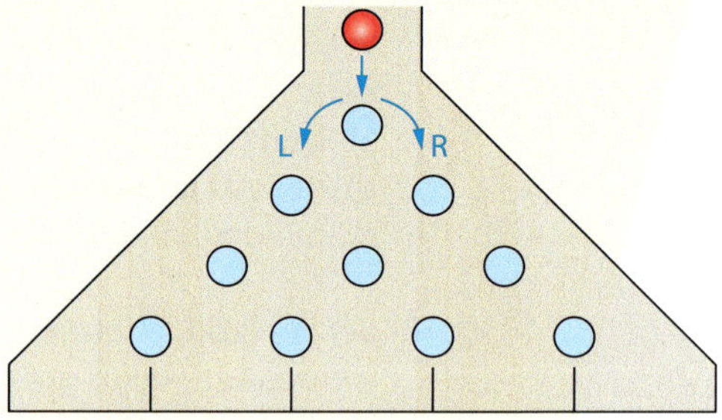

Ein Galtonbrett ist ein Nagelbrett, bei dem kleine Kugeln an mehreren gleichartigen Hindernissen nach links oder rechts abgelenkt werden. Galtonbretter wurden im 19. Jahrhundert von Sir Francis Galton erfunden und untersucht.
Man kann damit Wahrscheinlichkeiten für andere Zufallsexperimente simulieren. Dazu werden Galtonbretter in unterschiedlichen Größen verwendet. Beim einfachen Galtonbrett ist die Wahrscheinlichkeit für eine Links- bzw. Rechtsablenkung an jedem Hindernis gleich.

Sir Francis Galton
(1822 – 1911)

Beispiel 1

Eine Kugel wird in das dreistufige Galtonbrett geworfen. An jedem Hindernis biegt sie mit der gleichen Wahrscheinlichkeit nach rechts oder links ab. Berechne für jedes der vier Fächer, mit welcher Wahrscheinlichkeit die Kugel in diesem Fach landet.

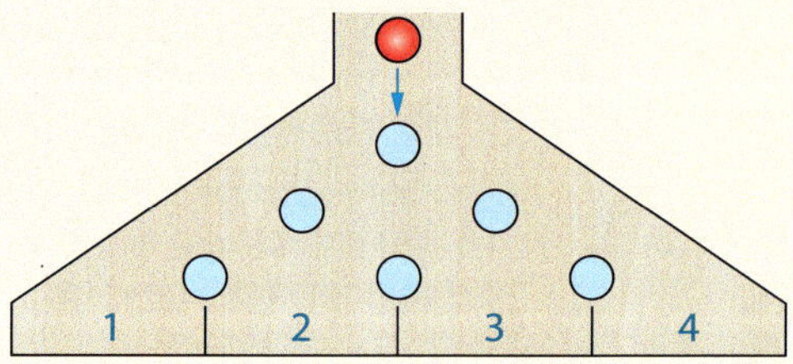

Lösung:
Stelle die möglichen Wege der Kugel in einem Baumdiagramm dar.
Trage die Wahrscheinlichkeiten an den Zweigen ein: Die Wahrscheinlichkeit für Links oder Rechts beträgt immer $\frac{1}{2}$.

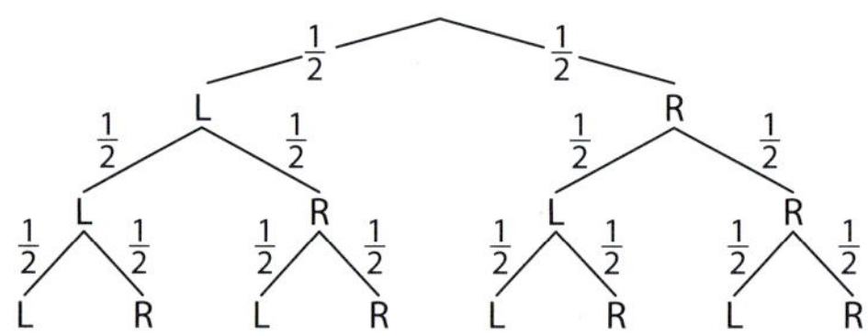

Ordne jedem Fach die Pfade zu, die die Kugel auf dieses Fach lenken.

Fach 1: LLL
Fach 2: LLR; LRL; RLL
Fach 3: LRR; RLR; RRL
Fach 4: RRR

Berechne die Wahrscheinlichkeit für Fach 1 mit der Pfadmultiplikationsregel.

$P(\text{Fach } 1) = P(\text{LLL}) = \frac{1}{2} \cdot \frac{1}{2} \cdot \frac{1}{2} = \frac{1}{8}$

Alle Pfade sind gleich wahrscheinlich, also sind die Fächer 1 und 4 gleich wahrscheinlich.

$P(\text{Fach } 4) = \frac{1}{8}$

Berechne mit der Pfadadditionsregel die Wahrscheinlichkeiten für die Fächer 2 und 3, zu denen jeweils drei Pfade gehören.

$P(\text{Fach } 2) = \frac{1}{8} + \frac{1}{8} + \frac{1}{8} = \frac{3}{8}$

$P(\text{Fach } 3) = \frac{1}{8} + \frac{1}{8} + \frac{1}{8} = \frac{3}{8}$

Aufgaben

1 a) Zeichne ein einfaches Galtonbrett mit 4 Stufen. Berechne für jedes der fünf Fächer, mit welcher Wahrscheinlichkeit eine Kugel in diesem Fach landet.
b) Erweitere das Galtonbrett aus a) um eine fünfte Stufe. Berechne für jedes der sechs Fächer, mit welcher Wahrscheinlichkeit eine Kugel in diesem Fach landet.

2 In ein einfaches Galtonbrett mit 4 Stufen (5 Stufen) werden nacheinander 100 Kugeln geworfen. Stelle in einem Diagramm dar, wie sich die Kugeln vermutlich auf die fünf Fächer verteilen werden. Verwende dazu deine Ergebnisse aus Aufgabe 1.

3 Mithilfe des Pascal'schen Dreiecks lassen sich schnell die Wahrscheinlichkeiten für beliebig große einfache Galtonbretter berechnen.
a) Lies im Streifzug auf S. 56 nach, wie das Pascal'sche Dreieck aufgebaut ist.
b) Notiere das Pascal'sche Dreieck mit 5 Zeilen. Erkläre, wie du damit die Wahrscheinlichkeiten für die Fächer in einem Galtonbrett mit 4 Stufen (mit 5 Stufen) berechnen kannst. Verwende dazu deine Ergebnisse aus Aufgabe 1.
c) Berechne mithilfe des Pascal'schen Dreiecks die Wahrscheinlichkeiten der Fächer in einem einfachen Galtonbrett mit 10 Stufen.

4 Stelle eine Vermutung auf, wie sich die Kugeln in einem einfachen Galtonbrett mit 100 Stufen verteilen werden. Skizziere die Verteilung begründet in einem Diagramm.

5 Inga hat ihrem Meerschweinchen ein Labyrinth gebaut. Das Meerschweinchen biegt an jeder Kreuzung mit einer Wahrscheinlichkeit von 60 % nach links ab. Es kehrt niemals um. Ermittle, mit welcher Wahrscheinlichkeit das Meerschweinchen die Gurke erreicht.

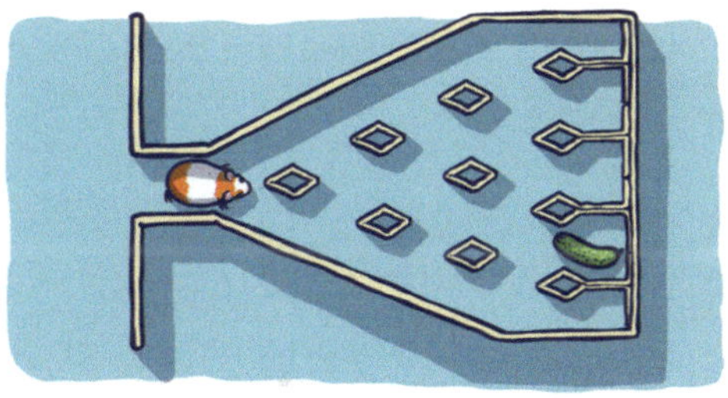

6 In ein schief hängendes vierstufiges Galtonbrett wurden 1000 Kugeln geworfen.
Vermute begründet, mit welcher Wahrscheinlichkeit die Kugeln an jedem Hindernis nach rechts abgebogen sind.

Fach Nr.	1	2	3	4	5
Anzahl Kugeln	8	73	268	409	242

7 Mila macht Urlaub in New York. Vom Empire State Building geht sie die 5th Avenue nach Norden. An jeder Kreuzung wirft sie eine Münze, ob sie abbiegt oder geradeaus weitergeht. Sie biegt immer abwechselnd nach links oder rechts ab und beginnt mit links. Bestimme die Wahrscheinlichkeit, dass sie bei Madame Tussauds Wachsfigurenkabinett vorbeikommt.

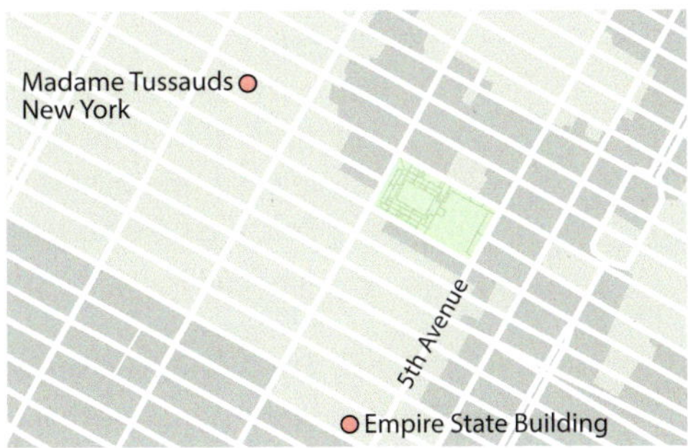

MK **8** a) Erstelle einen Lebenslauf von Sir Francis Galton mit seinen Verdiensten.
b) Bastle selbst ein Galtonbrett mit vier Stufen.

8.4 Vermischte Aufgaben

1 Finn mag gern Erdbeereis, Schokoeis und Vanilleeis. Seine Schwester Julia mag am liebsten Erdbeereis, Schokoeis und Zitroneneis. Jeder der beiden darf sich zwei Kugeln Eis aussuchen.

a) Berechne, wie viele Möglichkeiten Finn hat, sein Eis zusammenzustellen.

b) Berechne die Anzahl der Möglichkeiten für ein Eis, das aus zwei unterschiedlichen Sorten besteht.

c) Finn und Julia können sich nicht für zwei Kugeln entscheiden und wählen die Eissorten deshalb zufällig aus. Ermittle die Wahrscheinlichkeit, dass beide das gleiche Eis zusammenstellen.

2 Prüfe, ob der dreifache Münzwurf ein Laplace-Experiment ist. Zeichne dazu ein Baumdiagramm.

3 Vivien fragt einen zufällig ausgewählten Passanten nach einer Straße. Der Passant ist zu 80 % ein Einheimischer. Während ein Einheimischer die Straße zu 80 % kennt, kennt eine andere Person sie nur zu 20 %. Berechne die Wahrscheinlichkeit für das angegebene Ereignis.

a) Ein Einheimischer kennt die Straße nicht.

b) Der Passant ist ein Einheimischer, der die Straße nicht kennt.

c) Der Passant kennt die Straße nicht.

4 Alina hört die Playlist mit ihren vier Lieblingssongs. Da sie die Zufallswiedergabe eingestellt hat, werden die vier Titel in zufälliger Reihenfolge abgespielt.

a) Ermittle, mit welcher Wahrscheinlichkeit die Titel in der gleichen Reihenfolge abgespielt werden wie beim vorherigen Mal.

b) Ermittle, wie sich die Wahrscheinlichkeit aus a) ändert, wenn die Playlist neun Titel enthält.

5 Eine Münze wird viermal geworfen. Ermittle die Wahrscheinlichkeit, dass man mindestens einmal „Zahl" erhält.

6 In einer Schale liegen vier Kugeln, die mit N, N, I, A beschriftet sind. Ina zieht dreimal zufällig eine Kugel. Ermittle die Wahrscheinlichkeit, dass die Kugeln in der gezogenen Reihenfolge Inas Namen zeigen, wenn sie die Kugeln

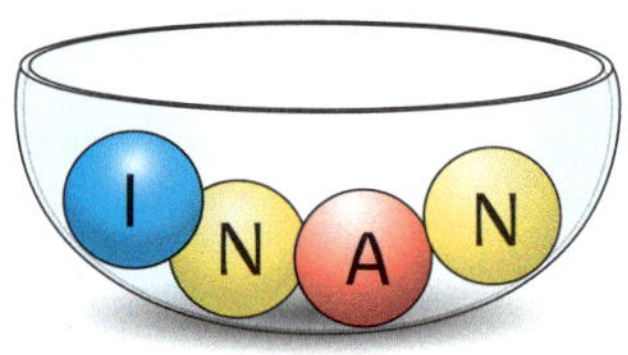

a) nach dem Ziehen zurücklegt,

b) nach dem Ziehen nicht zurücklegt.

c) Inas Freundin Nina zieht viermal eine Kugel aus der Schale. Ermittle die Wahrscheinlichkeit, dass die Kugeln in der gezogenen Reihenfolge ihren Namen zeigen, wenn sie sie nach dem Ziehen (nicht) zurücklegt.

7 a) Ermittle die Wahrscheinlichkeit, beim zweimaligen (viermaligen) Werfen eines Würfels wenigstens einmal eine Sechs zu würfeln.

b) Ermittle, wie oft man einen Würfel werfen muss, um mit einer Wahrscheinlichkeit von mindestens 80 % wenigstens einmal eine Sechs zu würfeln.

c) Ermittle, wie oft man eine Münze werfen muss, um mit einer Wahrscheinlichkeit von mindestens 80 % wenigstens einmal „Zahl" zu werfen.

8 **Blütenaufgabe:** Es gibt auch vierseitige Spielwürfel. Sie haben die Form eines Tetraeders (Körper aus vier gleichseitigen Dreiecken). Das Tetraeder ist mit den Zahlen 1 bis 4 beschriftet. Beim Würfeln zählt die Zahl an der Spitze, die nach oben zeigt.

Ermittle die Wahrscheinlichkeit, bei zweimaligem Würfeln zweimal eine gerade Augenzahl zu erhalten. Zeichne dazu ein Baumdiagramm.

Ermittle die Wahrscheinlichkeit, dass die Augensumme beim zweimaligen Würfeln durch 3 teilbar ist.

Das Ergebnis eines Wurfs mit zwei Tetraedern ist die Differenz der Augenzahlen. Hierbei gilt stets: größere minus kleinere Augenzahl. Stelle die möglichen Ergebnisse strukturiert (z. B. mithilfe einer Tabelle) dar und gib an, welche Differenz die größte Wahrscheinlichkeit hat.

Nenne ein Ereignis, dessen Wahrscheinlichkeit $\frac{3}{16}$ beträgt. Begründe deine Wahl.

9 Zur Leichtathletikmeisterschaft schickt jede Schule ein Team aus fünf Kindern. Je ein Kind tritt im Hochsprung, Weitsprung, Wurf, Langstreckenlauf und Sprint an. Am Goethegymnasium sind Anna und Benjamin die Besten im Hochsprung, David und Elena die Besten im Weitsprung und Frederik, Gregori und Hannah die besten Sprinter. Leon ist der beste Langstreckenläufer, Hawwa und Anton können am besten werfen. Der Sportlehrer lost für jede Disziplin aus einem der Besten den Teilnehmer aus.

a) Berechne die Wahrscheinlichkeit, dass Benjamin, Elena, Gregori, Leon und Hawwa im Team sind.
b) Berechne die Wahrscheinlichkeit, dass nur Jungen im Team sind.
c) Gib die Wahrscheinlichkeit an, dass weder Gregori noch Hannah im Team sind.
d) Berechne die Wahrscheinlichkeit, dass nur Mädchen in den Sprungdisziplinen antreten.
e) Untersuche, wie sich das Ergebnis in b) und c) ändert, wenn der Sportlehrer die Schüler unabhängig von ihrer besten Disziplin auslost.

10 Erik hat beim Mini-Biathlon eine Trefferquote von 90 % beim Liegend- und von 75 % beim Stehendschießen. Es wird jeweils dreimal geschossen. Für jeden Fehlschuss muss man eine Strafrunde laufen. Ermittle die Wahrscheinlichkeit, dass Erik

a) nach dem Liegendschießen keine Strafrunde laufen muss,
b) nach dem Stehendschießen zwei Strafrunden zu absolvieren hat,
c) in beiden Schießdurchgängen keinen Fehler macht.

11 Beim Roulette landet die Kugel in einem von 37 Fächern, die von 0 bis 36 nummeriert sind. Ein Spieler besitzt zu Beginn einen Chip und setzt diesen auf „Impair", sodass er bei einer geraden Zahl seinen Einsatz verliert, bei einer ungeraden Zahl seinen Einsatz zurück- und einen zweiten Chip dazubekommt. Sofern er noch Chips hat, setzt er erneut einen auf „Impair". Nach spätestens drei (vier) Spielen hört er auf.
Ermittle, welche Zahl von Chips er am Ende besitzen kann und wie groß die Wahrscheinlichkeit dafür jeweils ist.

CAS-Einsatz bei Zufallsversuchen

Zielt Alexander beim Dart auf das Feld „Doppel-20“, trifft er im Schnitt mit 2 von 6 Pfeilen. In einem Training wirft er 30 Pfeile auf die Doppel-20.

a) Gib an, wie man dies mit einem Würfel simulieren kann.

b) Führe mit einem CAS eine Simulation durch. Du kannst beim TI den Befehl randInt(1, 6, 30) bzw. randList(30, 1, 6) beim Casio verwenden. Bestimme die Anzahl der Versuche mit einem Treffer.

Ein CAS kann man zur Berechnung von Anzahlen, relativen Häufigkeiten oder Wahrscheinlichkeiten, aber auch zur Erzeugung von Zufallszahlen und für Simulationen einsetzen.

Ziehen mit bzw. ohne Zurücklegen

1 Tina zieht mit einem CAS mit bzw. ohne Zurücklegen zufällig 5 Zahlen aus den Zahlen von 1 bis 10 mit dem Befehl randsamp(liste, Anzahl, 0 bzw. 1). Sie kann auch alle Zahlen per Zufall ziehen und erhält damit eine Zufallspermutation der Liste. Erläutere den Screenshot.

li:=seq(k,k,1,10)	{1,2,3,4,5,6,7,8,9,10}
randSamp(li,5,0)	{5,6,2,10,10}
randSamp(li,5,1)	{2,8,9,5,3}
randSamp(li,10,1)	{10,1,7,5,2,8,3,9,4,6}

2 Simuliere das Lottospiel 6 aus 49 und probiere aus, wie oft du spielen musst, bis du einen Vierer hast. Vergleiche dein Ergebnis mit dem Nachbarn.

Zufallszahlen und Simulationen

CAS

3 Löse die Aufgaben mit einem CAS wie Casimir (mit Casio) und Tina (mit TI).

a) Die Auswahl einer Nummer zwischen 1 und 33 soll simuliert werden. Casimir verwendet *Keyboard, Katalog* für die Eingabe *rand(1,33)*. Tina verwendet *Calculator, menu, Wahrscheinlichkeit, Zufallszahl, Ganzzahl*: *randInt(1,33)*.

b) Das zehnfache Ziehen einer Zahl zwischen 0 und 5 soll simuliert werden. Casimir verwendet *Keyboard, Katalog* für die Eingabe *randList(10,0,5)*. Tina verwendet *Calculator, menu, Wahrscheinlichkeit, Zufallszahl, Ganzzahl*: *randInt(0,5,10)*. **Speichern von Listen:** Casimir speichert eine Liste mit *Ans ⇒ list1*. Tina kann auch mit *list1:=randInt(0,5,10)* eine Liste speichern und mit dem Befehl *randSamp(list1,5)* fünf Zahlen aus dieser Liste zufällig auswählen. Verwendet sie *randSamp(list1,5,0)*, so gibt es keine Wiederholungen bei den zufälligen ausgewählten Zahlen.

c) Bestimme verschiedene Zufallszahlen zwischen 0 und 1 mit dem Befehl *rand()* und verwende zwischendurch den Befehl *RandSeed(1)*. Beschreibe die Wirkung dieses Befehls.

d) Karl arbeitet mit einer Tabellenkalkulation. Er verwendet den Befehl *=ZUFALLSBEREICH(n;m)* für eine ganzzahlige Zufallszahl zwischen n und m und den Befehl *=ZUFALLSZAHL()* für eine Zufallszahl zwischen 0 und 1. Vergleiche, wie du dabei mit deinem CAS vorgehst.

Hinweis

Die verwendeten Befehle können auch direkt über die Tastatur eingegeben werden.

Beispiel 1 **Simulation des Werfens zweier Münzen**

Zwei Münzen werden gleichzeitig geworfen. Ermittle einen Schätzwert für die Wahrscheinlichkeit, dass genau eine der Münzen „Zahl" zeigt. Führe dazu 500 Simulationen mit einem CAS durch.

Lösung:

Tina geht so vor: Das Werfen von "Zahl" kann durch die Zufallszahl 1, das Werfen von „Kopf" durch die Zufallszahl 0 simuliert werden.
Bilde die Summe der beiden Zufallszahlen. Ist sie 1, entspricht das dem Fall, dass genau eine der Münzen „Zahl" zeigt.
Nutze beim TI den Befehl *countif(summe, 1)*, um die Häufigkeit des Wertes 1 für die Summe zu erhalten. Dividiere sie durch die Anzahl der Versuche, um die relative Häufigkeit zu bestimmen.
Als Schätzwert für die Wahrscheinlichkeit kann sie etwa 0,50 ≙ 50% angeben.

Tina gibt in einer Tabelle folgendes ein:

A muenze1	B muenze2	C summe	D genau1
=randInt(0,1,500)	=randInt(0,1,500)	=a[]+b[]	=countif(summe,1)

Dann gibt sie in E1 = *D1/500* bzw. = *D1/500.0* oder = *1* . *D1/*dim (summe)* ein. Mit *ctrl* + *R* wiederholt sie die Simulation.

Casimir wählt unter Main oben die Taste mit dem Pfeil nach unten neben der Taste mit dem Graphen, dort wählt er Würfel mit % und „2 Würfel +", gibt 500 für die Anzahl der Versuche ein und für die Anzahl der Flächen 2. Da 1 für Zahl und 2 für Kopf steht, interessiert ihn die Augensumme 3. Ihre Anzahl wird direkt darunter angezeigt.

Hinweis

Casimir kann ähnlich wie Tina vorgehen, wenn er jede Summe modulo 2 rechnet (also den Rest bei der Division durch 2). Erkläre, dass *sum(mod(randList* (500,0,1)+*rand-List(500,0,1),2))*/500 eine Lösung des Problems ist.

Aufgaben

CAS **4** Drei Münzen werden gleichzeitig geworfen. Ermittle einen Schätzwert für die Wahrscheinlichkeit, dass mindestens eine Münze „Zahl" zeigt. Führe 500 Simulationen mit einem CAS durch.

CAS **5** Bei einem Spiel hat man drei Versuche, eine Sechs zu würfeln und damit eine Figur ins Spiel zu bringen. Die Frage lautet, ob die Wahrscheinlichkeit, dass man mit drei Versuchen eine Figur ins Spiel bringen kann, kleiner, größer oder gleich $\frac{1}{2}$ ist.

a) Antworte zunächst intuitiv, nach deiner Erfahrung. Führe dann eine entsprechende Simulation durch.

b) Erläutere die Antwort mithilfe mathematischer Fachbegriffe wie „Gegenereignis".

CAS **6** Ordne jedem Zufallsversuch einen geeigneten Befehl zur Simulation zu (TI bzw. Casio).

a) Ein Spielwürfel wird geworfen und die Augenzahl notiert.

b) Ein Spielwürfel wird viermal geworfen und die Augenzahl notiert.

c) Ein Tetraederwürfel wird sechsmal geworfen und die Augenzahl notiert.

d) Eine Zahl zwischen 0 und 1 wird zufällig gewählt.

e) Eine der Zahlen 0 oder 1 wird zufällig gewählt.

f) Zehnmal wird eine Zahl zwischen 0 und 1 zufällig gewählt.

randInt(1, 6, 4) randList(4, 1, 6)	randInt(1, 4, 6) randList(6, 1, 4)	randint(0,1) rand(0,1)
rand() rand()	randlist(10) randlist(10)	randInt(1, 6) rand(1, 6)

CAS **7** In einer Tabelle werden in den Spalten A und B Ergebnisse von zehnmaligem Würfeln simuliert. Casimir gibt in Zelle C1 über *Calc, Zelle-Berechnen =cellIf(A1 = 6 or B1 = 6,1,0)* ein. Er markiert C1 und wählt *Edit, Füllen, Mit Wert füllen*, für den Bereich C1:C10. In Zelle D1 gibt er *=sum(C1:C10)/10* ein. Tina gibt in Zelle C1 = *a[1] = 6 or b[1] = 6* ein, kopiert dies und verwendet in Zelle D1 den Befehl *=countif(c[],true)*. Führe die Simulation mit deinem CAS durch und erläutere die Anzeige.

CAS **8** Gesucht ist die Wahrscheinlichkeit, mit zwei Würfeln mindestens eine 6 zu werfen. Nele sagt: „Es gibt die Fälle (6,6), (6,1), (6,2), (6,3), (6,4) und (6,5), das sind 6 von 36 möglichen Fällen, daher ist die gesuchte Wahrscheinlichkeit $P(A) = \frac{6}{36} = \frac{1}{6}$." Paula meint: „Nein, jeder dieser Fälle kommt zweimal vor, also musst du die Wahrscheinlichkeit verdoppeln." Joris hat eine Simulation begonnen.

Hinweis zu 7a

Orientiere dich an Aufgabe 6.

A w1	B w2	C sechs	D
=randint(	=randint(		
5	6	true	0.278
1	3	false	
1	5	false	
6	3	true	
1	2	false	

a) Setze diese Simulation ebenfalls um, nutze in Spalte C den Operator „**or**". Casimir verwendet in Zelle C1: *=cellIf(A1=6 or B1=6,1,0)*. Tina verwendet in Zelle C1: *=countif(a [] or b[],6)*. Beschreibe seine Wirkungsweise mit eigenen Worten. Führe die Simulation mit 500 Versuchen durch, nutze dazu *randint(1,6,500) bzw. randList(500,1,6)*. Gib den Befehl für Zelle D1 an.

b) Berechne die Wahrscheinlichkeit des gesuchten Ereignisses mithilfe der Wahrscheinlichkeit des Gegenereignisses.

c) Im Screenshot siehst du Joris' Simulationsergebnis. Beurteile die Lösungen von Nele, Paula und Joris.

CAS **9** Der Chevalier de Méré hatte folgende Frage an den Mathematiker Blaise Pascal: „Was ist wahrscheinlicher, mit einem Würfel in 4 Würfen mindestens eine 6 oder mit 2 Würfeln bei 24 Würfen mindestens eine Doppelsechs zu werfen?" Verwende eine Simulation zur Beantwortung der Frage. Argumentiere dann mit dem Gegenereignis.

CAS **10** Simuliere ein Spiel mit dem dargestellten Glücksrad. Steht der Zeiger nach dem Drehen bei Grün, erhält der Spieler 1 €, bei Gelb 2 €, bei Blau 5 € und bei Rot 20 €.

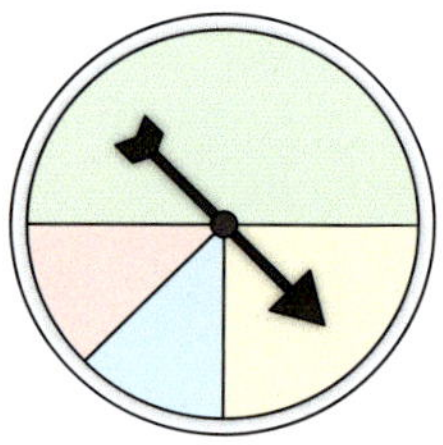

a) Berechne bei 100 Simulationen den durchschnittlichen Gewinn pro Spiel.

b) Führe die Simulation so lange durch, bis das rote Feld getroffen wird. Bestimme die Anzahl der durchschnittlich benötigten Versuche.

c) Prüfe durch Simulation, wie der Einsatz zu wählen ist, damit der Betreiber 3 € Gewinn pro Spiel macht.

Hinweis

Ein Spiel wird fair genannt, wenn beide Spieler bei einer sehr großen Anzahl von Spielen erwarten können, genau die Hälfte der Spiele zu gewinnen.

CAS **11** Patrick würfelt mit einem Hexaederwürfel, Nina mit einem Tetraederwürfel. Ninas Würfelergebnis wird verdoppelt. Wer das größere Ergebnis hat, gewinnt.

a) Erläutere, welche Befehle du zur Simulation dieses Spiels verwendest.

b) Simuliere 1000 Spiele und zähle, wie oft Nina bzw. Patrick gewinnt.

c) Patrick schlägt vor, die Regeln zu ändern: Ninas Würfelergebnis wird
① mit 1,5 multipliziert, ② um 1 erhöht.
Untersuche mit 1000 Simulationen, welche dieser Varianten fairer zu sein scheint.

CAS

12 **Augensummen beim Würfeln:** Die Verteilung der Augensumme beim Würfeln mit mehreren Würfeln soll simuliert werden.

E3 =ZÄHLENWENN(C:C;E1)

	A	B	C	D	E	F	G
1	Zahl 1	Zahl 2	Differenz	Differenz	0	1	2
2	3	3	0				
3	2	6	4	Anzahl	12	0	0

a) Erstelle eine solche Tabelle für die Augensumme bei drei Würfeln mit einem CAS. Erkläre den Unterschied zwischen C1 und D1.

b) Führe insgesamt fünf Durchgänge mit je 1500 Simulationen durch. Bestimme jeweils die absolute und relative Häufigkeit der Würfe, in denen die Augensumme zwischen 8 und 13 liegt.

c) Erkläre, warum die Ergebnisse aus b) in jedem Durchgang zwar unterschiedlich, aber doch sehr ähnlich sind.

d) Simuliere mit möglichst wenig Änderungen an der Tabelle
① das Produkt der Augenzahlen beim dreifachen Würfelwurf,
② die Augensumme beim Werfen von fünf Würfeln.

CAS

13 Zwei Spielwürfel werden 500-mal geworfen und gezählt, wie oft die Augensumme 7 auftritt. Erstelle eine Simulation mit einem CAS und schreibe eine Anleitung dazu.

Hinweis zu 14

Der Befehl *=ABS(A1)* bestimmt den absoluten Betrag des Eintrags in Zelle A1.

CAS

14 In den Spalten A und B einer Tabellenkalkulation simuliert Tina zwei ganzzahlige Zufallszahlen zwischen 1 und 6. In Spalte C bestimmt sie den Betrag der Differenz. Um die Häufigkeiten der verschiedenen Differenzbeträge E1 bis J1 zu zählen, trägt sie in Zelle E2 den Befehl *=countif(c[];e1)* ein und kopiert dies bis Zelle J2.

B za...	C diff	D	E	F
=randi	=abs(a[]−b[])			
5	1	diff:	0	1
6	0	anz:	2	4

a) Erkläre, warum das Zählen nicht wie gewünscht funktioniert.

b) Beschreibe, wie man den Fehler korrigieren kann.

CAS

15 Karl hat eine Liste für ein Tabellenkalkulationsprogramm am PC angelegt. Erstelle eine Übersicht für das CAS, das du verwendest.

Befehl	Bedeutung	Beispiel
=ZÄHLENWENN(Bereich; Kriterium)	zählt die Anzahl der Zellen in einem Bereich, die ein vorgegebenes Kriterium erfüllen	*=ZÄHLENWENN(A2:A100;3)* In den Zellen A2 bis A100 wird die Anzahl der „3" gezählt.
=WENN(Wahrheitstest; [Wert_wenn_wahr]; [Wert_wenn_falsch])	testet eine Bedingung und gibt abhängig vom Ergebnis einen Wert bzw. Text aus	*=WENN(A1>0,5;"ja";„nein")* Gibt *ja* aus, wenn der Wert in A1 größer als 0,5 ist, sonst *nein*.
=SUMME(Bereich)	addiert alle Werte in einem Bereich	*=SUMME(A1:A3)* Berechnet die Summe A1+A2+A3.
=MAXbzw. =MIN(Bereich)	gibt den größten bzw. kleinsten Wert in einem Bereich an	*=MAX(A:A)* *Gibt den größten Wert in Spalte A aus.*

CAS

16 **Forschungsauftrag:** Der Befehl rand() erzeugt eine Zufallszahl zwischen 0 und 1. Nutzt man rand(5), so werden 5 Zufallszahlen in einer Liste ausgegeben. In Kombination mit dem countif()-Befehl kann man mit dem rand()-Befehl beliebige Wahrscheinlichkeiten simulieren. Rinaldi behauptet: „Ich habe beim Elfmeterschießen eine Treffsicherheit von 0,7." Simuliere 10 Serien von 100 Elfmetern unter der Annahme, dass die Trefferwahrscheinlichkeit 70 % beträgt, und ermittle den Mittelwert der Trefferzahl.

Lösungen
→ S. 218

1 Ein Autohändler bietet einen Kleinwagen, eine Limousine, einen Kombi und ein SUV an. Jedes Modell ist in den Farben weiß, rot, grün, blau, silber und schwarz erhältlich.
a) Frau Rubin möchte ein rotes Auto kaufen. Gib an, zwischen wie vielen Modellen sie wählen kann.
b) Herr Groß interessiert sich für einen Kombi. Gib an, wie viele Wahlmöglichkeiten er hat.
c) Gib an, wie viele Autos der Händler ausstellen muss, wenn jedes Modell in jeder Farbe zu sehen sein soll.

2 In einer Schale liegen vier Kugeln mit den Ziffern von 1 bis 4. Es wird eine Kugel gezogen und deren Ziffer notiert. Von den restlichen Kugeln wird eine zweite gezogen und deren Ziffer hinter die erste Ziffer geschrieben. Gib an, wie viele zweistellige Zahlen dabei entstehen können. Zeichne ein Baumdiagramm mit allen Möglichkeiten.

3 Herr Roward kauft zwei neue Glühlampen. Jede neue Glühlampe funktioniert zu 95 %, zu 5 % ist sie bereits defekt. Berechne die Wahrscheinlichkeit dafür, dass beide Glühlampen defekt sind.

4 Ein Kartenspiel enthält 32 Karten, unter denen acht Herz-Karten sind. Es wird dreimal zufällig eine Karte gezogen und gleich wieder in den Stapel zurückgemischt.
a) Zeichne ein Baumdiagramm zu der Situation.
b) Berechne die Wahrscheinlichkeit, dass drei Herz-Karten gezogen werden.
c) Berechne die Wahrscheinlichkeit, dass genau eine Herz-Karte gezogen wird.

5 In einem Gefäß befinden sich fünf gelbe und zwei rote Kugeln. Es werden nacheinander zwei Kugeln zufällig gezogen.
a) Vervollständige das Baumdiagramm.
b) Begründe, ob die erste gezogene Kugel wieder in das Gefäß zurückgelegt wird.
c) Berechne die Wahrscheinlichkeit, dass beide Kugeln verschiedenfarbig sind.

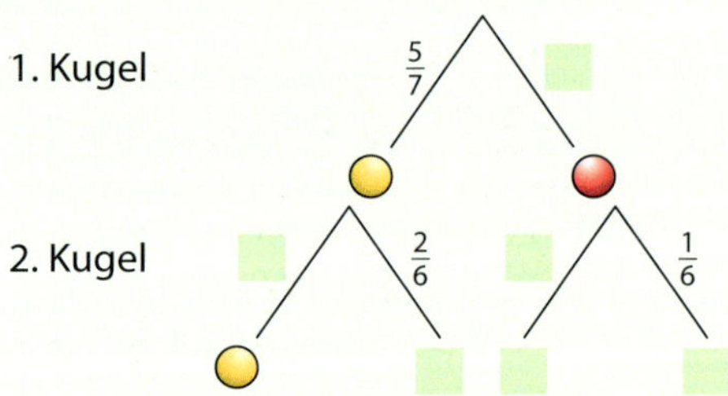

6 Es werden zwei Würfel geworfen. Berechne, mit welcher Wahrscheinlichkeit die Augensumme mindestens 11 ist. Zeichne ein Baumdiagramm, das nur die Pfade zum gesuchten Ereignis enthält.

7 Henri tippt beim Pferderennen den Sieger und den Zweitplatzierten. Da die zehn Pferde etwa gleich schnell sind, kann man annehmen, dass sie in zufälliger Reihenfolge ins Ziel kommen. Bestimme die Wahrscheinlichkeiten für folgende Ereignisse.
a) Henri tippt den Sieger und den Zweitplatzierten richtig.
b) Henri tippt nur den Sieger richtig.
c) Henri tippt nur den Zweitplatzierten richtig.

Lösungen
→ S. 218

8 In einer Schublade liegen sechs blaue und sechs schwarze Socken. Xenia zieht morgens im Dunkeln zwei zufällige Socken heraus. Gib an, mit welcher Wahrscheinlichkeit beide Socken die gleiche Farbe haben.

9 Vier Kinder haben beim Fußballspielen eine Delle in das Auto des Nachbarn geschossen. Sie wollen auslosen, wer dem Nachbarn die Nachricht überbringen muss. Sie ziehen nacheinander Stöckchen, von denen eins kürzer ist als die anderen. Cansu behauptet: „Das erste Kind hat eine höhere Chance, das kurze Stöckchen zu ziehen, als die anderen." Überprüfe die Behauptung mit einem Baumdiagramm.

10 Eine Münze wird dreimal geworfen. Berechne die Wahrscheinlichkeit für das Ereignis. Erläutere dein Vorgehen.

a) Man erhält mehr als zweimal „Zahl".
b) Man erhält mindestens einmal „Zahl".
c) Man erhält höchstens zweimal „Kopf".
d) Man erhält genau einmal „Kopf".

11 Mira bearbeitet einen Single-Choice-Test mit vier Fragen. Bei jeder Frage gibt es drei Antwortmöglichkeiten, von denen genau eine richtig ist. Da Mira die Antworten nicht weiß, kreuzt sie bei jeder Frage zufällig eine Antwort an.
Ermittle, mit welcher Wahrscheinlichkeit Mira mindestens eine Frage falsch beantwortet.

12 Das Glücksrad wird mehrmals gedreht. Berechne die Wahrscheinlichkeit dafür, dass der Zeiger spätestens beim dritten Drehen auf Blau stehen bleibt.

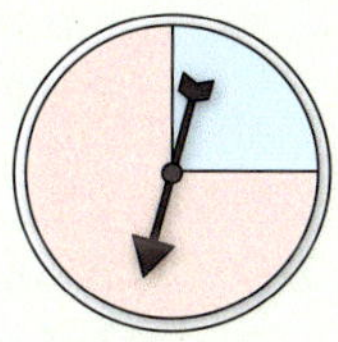

13 Beim Spiel „Mensch ärgere dich nicht" darf man mit einer Spielfigur ins Spiel eintreten, sobald man eine 6 würfelt. Dafür hat man zu Beginn drei Versuche.

a) Stelle den Sachverhalt in einem geeigneten Baumdiagramm dar.
b) Ermittle, mit welcher Wahrscheinlichkeit man in den drei Versuchen eine 6 würfelt.

14 Erkläre in eigenen Worten die Pfadmultiplikationsregel und die Pfadadditionsregel. Erläutere, wann du welche Regel anwenden musst.

Wo stehe ich?

	Ich kann…	Aufgabe	Schlag nach
4.1	… Anzahlen von Möglichkeiten mit Baumdiagrammen ermitteln.	1, 2	S. 90 Beispiel 1
4.2	… die Wahrscheinlichkeit für ein zusammengesetztes Ergebnis mit der Pfadmultiplikationsregel berechnen. … die Wahrscheinlichkeit für ein Ereignis mit der Pfadadditionsregel berechnen. … Wahrscheinlichkeiten mit Baumdiagrammen mit abhängigen Stufen berechnen.	3, 4, 5, 7, 8, 9, 14	S. 93 Beispiel 1, S. 94 Beispiel 2, S. 95 Beispiel 3
4.3	… Wahrscheinlichkeiten mit verkürzten Baumdiagrammen berechnen. … Wahrscheinlichkeiten bei mehrstufigen Zufallsexperimenten mit dem Gegenereignis berechnen.	6, 10, 11, 12, 13	S. 98 Beispiel 1, S. 99 Beispiel 2

Baumdiagramme, Zählprinzip

Ein Vorgang, aus dem sich unterschiedliche **Kombinationsmöglichkeiten** ergeben, kann gut in einem mehrstufigen **Baumdiagramm** dargestellt werden.
Die **Gesamtzahl der Möglichkeiten** entspricht der Anzahl der Baumenden.

Die Gesamtzahl ist das Produkt aus den Anzahlen der Möglichkeiten auf jeder Stufe.

Drei Hemden und zwei Krawatten können unterschiedlich kombiniert werden:

Es gibt $3 \cdot 2 = 6$ Möglichkeiten.

Mehrstufige Zufallsexperimente, Pfadregeln

Ein Zufallsexperiment aus mehreren Teilexperimenten nennt man **mehrstufiges Zufallsexperiment.**
Mehrstufige Zufallsexperimente kann man in einem Baumdiagramm darstellen. Zu jedem Pfad in einem Baumdiagramm gehört genau ein Ergebnis, das sich aus den Ergebnissen der Teilexperimente zusammensetzt.

Aus einer Urne mit drei schwarzen und zwei roten Kugeln werden zwei Kugeln gezogen:

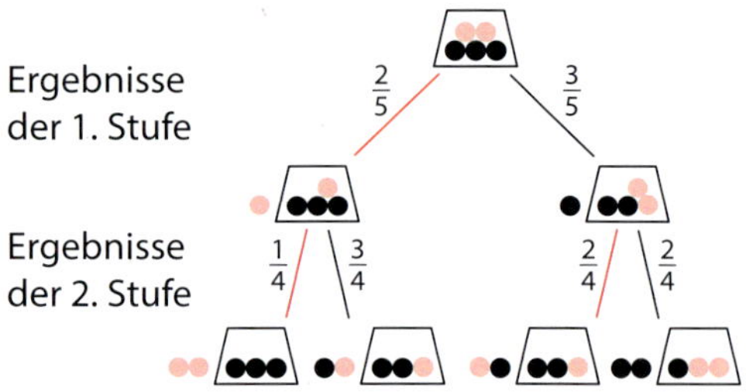

$P(\text{Rot; Rot}) = \frac{2}{5} \cdot \frac{1}{4} = \frac{1}{10} = 0{,}1 = 10\,\%$

Pfadmultiplikationsregel
Die **Wahrscheinlichkeit für ein zusammengesetztes Ergebnis** erhält man aus dem Produkt der Einzelwahrscheinlichkeiten entlang des zugehörigen Pfades.

Pfadadditionsregel
Die **Wahrscheinlichkeit für ein Ereignis** erhält man, indem man die Wahrscheinlichkeiten der zugehörigen Pfade addiert.

E: Beide Kugeln sind verschiedenfarbig

$P(E) = P(\text{Rot; Schwarz}) + P(\text{Schwarz; Rot})$
$= \frac{2}{5} \cdot \frac{3}{4} + \frac{3}{5} \cdot \frac{2}{4} = \frac{3}{10} + \frac{3}{10} = \frac{6}{10} = 0{,}6 = 60\,\%$

Gegenereignis, verkürzte Baumdiagramme

Manchmal ist es einfacher, die Wahrscheinlichkeit eines Ereignisses über das Gegenereignis zu bestimmen.
Das **Gegenereignis** $\overline{E}$ zu einem Ereignis E tritt genau dann ein, wenn das Ereignis E nicht eintritt. Für seine Wahrscheinlichkeit gilt:
$P(\overline{E}) = 1 - P(E)$

Möchte man die Wahrscheinlichkeit eines Ereignisses bestimmen, genügt es, nur den Teil des Baumdiagramms mit den zugehörigen Pfaden zu zeichnen.

Ermittle die Wahrscheinlichkeit dafür, dass beim dreifachen Wurf mit einem Spielwürfel mindestens eine Sechs gewürfelt wird.

Ereignis E: mindestens eine Sechs
Gegenereignis $\overline{E}$: dreimal keine Sechs

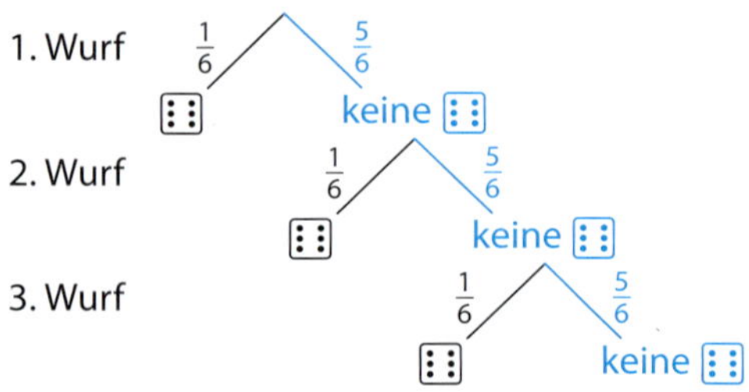

$P(E) = 1 - P(\overline{E}) = 1 - \frac{5}{6} \cdot \frac{5}{6} \cdot \frac{5}{6} = \frac{91}{216} \approx 42\,\%$

9

Komplexe Aufgaben

Die folgenden Aufgaben verbinden Kapitel dieses Buches und methodische Kompetenzen.

Zahnradbahn

DGS 1 Vom Ort Grund in der Schweiz fährt eine Zahnradbahn zur Kleinen Scheidegg. Die Bergfahrt über einen Höhenunterschied von rund 1200 m dauert etwa 30 Minuten. Die Tafel zeigt die maximal erlaubte Geschwindigkeit, die von der Steilheit der Strecke und von der Fahrtrichtung abhängt. Die Steigung in Promille (‰) gibt an, um wie viele Meter sich die Höhe verändert, wenn die waagerecht gemessene Entfernung 1000 m beträgt.

V max/h		bergwärts	talwärts
Zahnstange	75 ‰	28,0	28,0 km/h
Zahnstange	120 ‰	28,0	21,5 km/h
Zahnstange	180 ‰	28,0	17,0 km/h
Zahnstange	250 ‰	28,0	14,0 km/h

a) Nimm an, dass die Bahn eine konstante Steigung von 75 Promille über eine horizontale Entfernung von 1000 m zurücklegt. Konstruiere im Maßstab 1 : 10 000 ein passendes Dreieck. Konstruiere ein weiteres Dreieck mit einer Steigung von 250 Promille. Miss in beiden Dreiecken den Steigungswinkel, also den Winkel zwischen der horizontalen und der tatsächlich zurückgelegten Strecke.

b) Zeige mit einer Rechnung, dass sich die tatsächlich zurückgelegte Strecke um weniger als 5 % von der horizontal zurückgelegten Strecke unterscheidet.

c) Nimm an, dass der Zug mit der Maximalgeschwindigkeit bergauf fährt. Zeichne für diesen Sachverhalt das Streckenprofil vereinfacht als Dreieck. Ermittle den Steigungswinkel und die Steigung in Promille.

Bewegungsdiagramme

Wenn man den Ort bei einer Bewegung in Abhängigkeit von der Zeit grafisch darstellt, dann erhält man ein Bewegungsdiagramm. Die Steigung des Graphen im Bewegungsdiagramm gibt die Geschwindigkeit an. Betrachte in den Aufgaben nur durchschnittliche Geschwindigkeiten. Nimm an, dass sich die Fahrzeuge konstant mit diesen Geschwindigkeiten bewegen. Dann verlaufen die Graphen im Diagramm geradlinig.

2 Johanna und Zeynep kommen morgens mit ihrem Motorroller zur Schule. Johanna hat einige Ampeln auf ihrem Weg, sodass sie nur eine Durchschnittsgeschwindigkeit von 18 km/h schafft. Zeynep kann mit einer Durchschnittsgeschwindigkeit von 32 km/h fahren. Beide sind 12 min unterwegs und fahren deshalb morgens zur gleichen Zeit los.

a) Ermittle rechnerisch, wie weit Johanna und Zeynep höchstens voneinander entfernt wohnen.

b) Überprüfe dein Ergebnis aus a) anhand einer Zeichnung. Wähle auf der Zeitachse 1 cm für 1 min und auf der Ortsachse 1 cm für 1000 m in der Realität.

c) Begründe, warum die beiden wahrscheinlich näher aneinander wohnen, als du berechnet hast.

3 Familie Schwabe und Familie Kraus fahren zusammen in den Urlaub. Ihr Urlaubsort ist 800 km entfernt. Familie Schwabe startet um 6 Uhr, macht aber einige Pausen und kommt deshalb nur auf eine durchschnittliche Geschwindigkeit von 80 km/h. Familie Kraus fährt erst um 9 Uhr los, dafür aber mit durchschnittlich 130 km/h.

a) Zeichne die Bewegungen der Familien in ein Koordinatensystem. Trage auf der x-Achse die Zeit seit 6 Uhr in Stunden (1 cm entspricht 1 h) und auf der y-Achse die Entfernung von zu Hause (1 cm entspricht 100 km) ein.
b) Lies am Graphen ab, wann Familie Kraus Familie Schwabe überholt. Ermittle, wie lange Familie Kraus am Urlaubsort auf Familie Schwabe warten muss. Gib auch an, wie lange jede Familie unterwegs war.
c) Bestimme rechnerisch, wann und wo sich die beiden Familien unterwegs begegnen.
d) Finde eine andere Situation, zu der das gleiche Bewegungsdiagramm passt.

4 Bei einer Bewegung legt man eine Strecke s mit einer Geschwindigkeit v in einer gewissen Zeit t zurück. Ist die Geschwindigkeit konstant, so kann man für den in der Zeit t zurückgelegten Weg eine Funktionsgleichung angeben: $s(t) = v \cdot t + s_0$. Die grafische Darstellung zu dieser Gleichung nennt man Zeit-Weg-Diagramm.

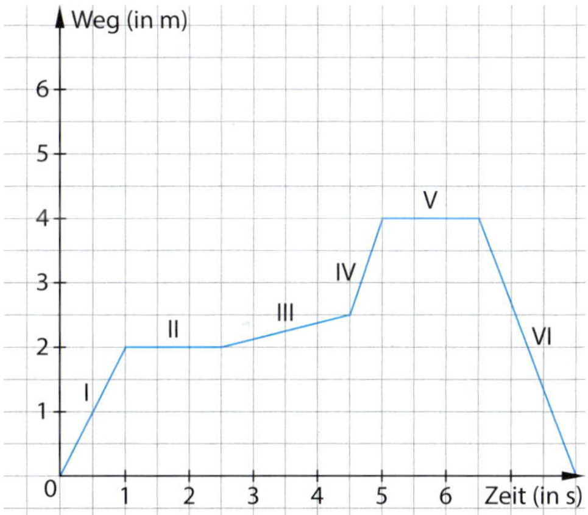

a) Vergleiche diese Gleichung mit der üblichen Geradengleichung. Begründe, dass in einem Zeit-Weg-Diagramm die Steigung des Graphen die Geschwindigkeit angibt. Gib eine sinnvolle Bedeutung für s_0 an.
b) Untersuche das Zeit-Weg-Diagramm. Gib für alle Abschnitte die Funktionsgleichung zur Geraden an. Interpretiere sie in Bezug auf die Bewegung.
c) Zeichne ein Zeit-Geschwindigkeit-Diagramm, das die Geschwindigkeit in jedem Abschnitt als Funktion der Zeit zeigt.
d) In einem Zeit-Geschwindigkeit-Diagramm kann man den zurückgelegten Weg berechnen, indem man den Flächeninhalt des Vielecks aus Graph und Zeitachse ermittelt. Bestimme für die sechs Abschnitte des Zeit-Geschwindigkeit-Diagramms aus c) den Flächeninhalt. Berechne daraus den zurückgelegten Gesamtweg. Überprüfe dein Ergebnis mithilfe des Zeit-Weg-Diagramms.
e) Das untere Diagramm zeigt eine Fahrt mit einem ICE. Ermittle den zurückgelegten Weg.

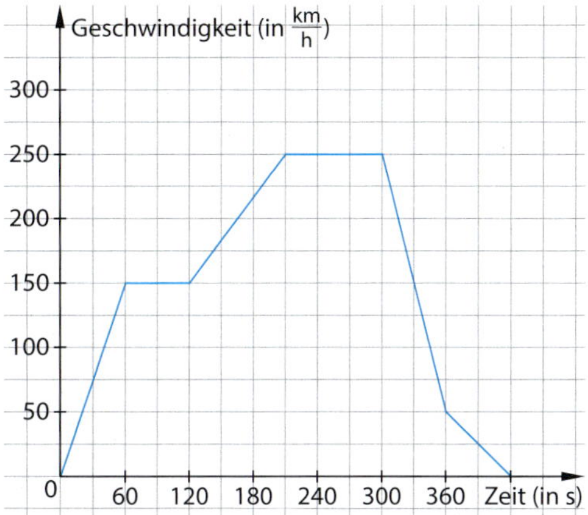

Spielereien mit Termen

5 Es gibt viele interessante Zusammenhänge in der Mathematik, die man mithilfe von Termen beschreiben und verstehen kann.

a) Beweise die Aussage: Wenn man eine ungerade Zahl quadriert und das Ergebnis um 1 verringert, dann erhält man immer eine Zahl, die durch 4 teilbar ist.

b) Es gilt $4^2 - 3^2 = 7$ und $13^2 - 12^2 = 25$. Berechne weitere Beispiele und finde eine Regelmäßigkeit in den Differenzen zweier aufeinanderfolgender Quadratzahlen. Beweise, dass deine Beobachtung allgemein gilt.

c) Für die Zahlen 35 und 14 gilt: Der Wert ihres Produkts ist das Zehnfache ihrer Summe. Bestimme allgemein Zahlenpaare $(a\,|\,b)$, die diese Eigenschaft erfüllen.

d) Will man 3,5 quadrieren, so kann man „3 mal 4" rechnen und Komma 25 dahintersetzen. Leite daraus eine Behauptung ab und beweise sie.

e) Multipliziert man zwei Zahlen zwischen 10 und 100, die dieselbe Zehnerziffer haben und deren Einer sich zu 10 ergänzen, so kann man das Ergebnis einfach bestimmen: Multipliziere die Zehnerziffer mit der um 1 erhöhten Zehnerziffer und schreibe den Wert des Produkts der Einerziffern dahinter. Notiere drei Beispiele. Beweise dann die Aussage.

f) Alexander feiert im Jahr n^2 seinen n-ten Geburtstag. Ermittle, wann Alexander geboren wurde. Betrachte nur Ergebnisse, bei denen Alexander heute am Leben wäre.

Ortsänderungen in der Ebene mit Pfeilen beschreiben

6 In einem Koordinatensystem kann eine geradlinige Bewegung durch einen Pfeil dargestellt werden. Das Pfeilende gibt den Anfangspunkt und die Pfeilspitze den Endpunkt der Bewegung an.
Einen Pfeil mit beliebiger Richtung und beliebiger Länge kann als Summe zweier Pfeile aufgefasst werden, die parallel zu den beiden Koordinatenachsen sind.
Der grüne Pfeil ist die Summe des blauen und des roten Pfeils, da die Bewegung entlang des grünen Pfeils der Bewegung entlang des blauen und des roten Pfeils entspricht.

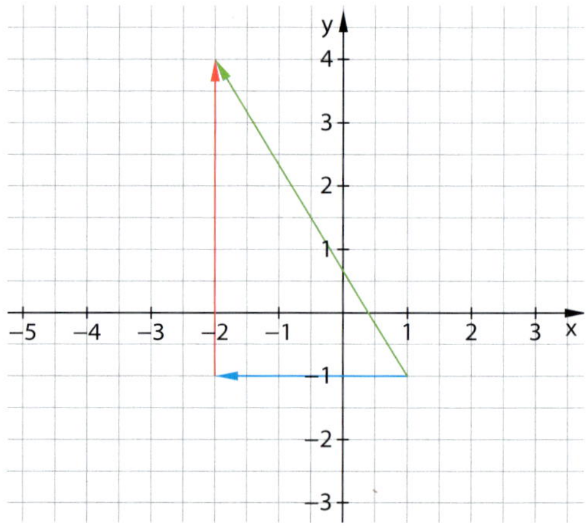

Für 3 Einheiten nach links und 5 Einheiten nach oben kann man schreiben:

$$\begin{pmatrix} x \\ y \end{pmatrix} = \begin{pmatrix} -3 \\ 0 \end{pmatrix} + \begin{pmatrix} 0 \\ 5 \end{pmatrix} = \begin{pmatrix} -3 \\ 5 \end{pmatrix}$$

Für 3 Einheiten nach rechts und 5 Einheiten nach unten kann man schreiben:

$$\begin{pmatrix} x \\ y \end{pmatrix} = \begin{pmatrix} 3 \\ 0 \end{pmatrix} + \begin{pmatrix} 0 \\ -5 \end{pmatrix} = \begin{pmatrix} 3 \\ -5 \end{pmatrix}$$

a) Überprüfe die Gleichung $\begin{pmatrix} x \\ y \end{pmatrix} = \begin{pmatrix} -4 \\ 3 \end{pmatrix} + \begin{pmatrix} 6 \\ -8 \end{pmatrix} = \begin{pmatrix} 2 \\ -5 \end{pmatrix}$ zeichnerisch. Überlege, wie man die Werte für x und y erhält.

b) Zeichne die Summe der Pfeile $\begin{pmatrix} -3 \\ 5 \end{pmatrix}$, $\begin{pmatrix} -2{,}5 \\ -7 \end{pmatrix}$, $\begin{pmatrix} 4{,}5 \\ -3{,}5 \end{pmatrix}$ und $\begin{pmatrix} -3{,}5 \\ 2 \end{pmatrix}$. Überprüfe rechnerisch.

c) Spiele Geocaching. Skizziere dafür eine Landkarte in einem Koordinatensystem, auf der ein Startpunkt und ein Ort für das geheime Versteck (den sogenannten Cache) markiert sind. Zeichne auch Hindernisse (Mauern, Gewässer, Grundstücke, usw.) zwischen Startpunkt und Versteck ein.
Beschreibe einen Weg vom Start zum Versteck mithilfe von Pfeilen.

10

Methoden

Kopiere die Seiten in diesem Abschnitt und schneide die Methodenkarten aus. Dann kannst du die Karten länger verwenden und mit eigenen Notizen ergänzen.

Methodenkarte 8 A — Lösungen formal richtig aufschreiben

Der Lösungsweg einer Aufgabe ist genauso wichtig wie das Ergebnis selbst. Dabei muss auf vieles geachtet werden, damit die Lösung nicht nur inhaltlich, sondern auch formal richtig ist:

1. **Nachvollziehbarkeit:** Achte darauf, strukturiert vorzugehen. Ergänze, wenn nötig, stichwortartige Erläuterungen. Vermeide wahllos aneinandergereihte oder untereinander geschriebene Rechnungen ohne klar zu machen, was mit diesen Rechnungen bezweckt wird. Arbeite sauber und ordentlich. Vergiss nicht, Rechtschreibfehler und Grammatikfehler zu korrigieren. Vermeide unsaubere und ungenaue Zeichnungen.

2. **Vollständigkeit:** Alle wesentlichen Schritte und Gedankengänge, welche zur Lösung geführt haben, müssen Teil des Lösungswegs sein. Bei Sachaufgaben ist häufig ein vollständiger Antwortsatz nötig.
   Vermeide Kettenrechnungen!
   Beispiel: $15 + 12 - 3 - 2$
   Kettenrechnung: $15 + 12 = 27 - 3 = 24 - 2 = 22$ (falsch, da $15 + 12$ nicht 22 ergibt)
   Richtige Rechnung: $15 + 12 - 3 - 2 = 27 - 3 - 2 = 24 - 2 = 22$

3. **Mathematische Sprache verwenden:** Die Darstellung des Lösungswegs wird durch korrekte Bezeichnungen und Begriffe verständlicher. Dazu gehören Einheiten (z. B. cm, ℓ, m^3, ha, …), logische Zeichen (z. B. =, <, +, …) und Bezeichnungen durch Buchstaben (z. B. $\alpha = \ldots$, $A = \ldots$, $x = \ldots$, …). Nutze auch passende Fachbegriffe, wenn es die Aufgabe erfordert (z. B. Flächeninhalt, parallel, kgV, gemeinsamer Nenner, stumpfer Winkel, …).

Methodenkarte 8 B — Einen Erklärfilm erstellen

Durch das Vorrechnen einer Aufgabe lässt sich ein mathematisches Thema wie beispielsweise „Einen Bruch kürzen" oder „Prozentwerte berechnen" oft gut erklären.

Einen Erklärfilm kannst du selbst drehen. Dafür gibt es einige Tipps und Tricks:

1. Suche dir eine Aufgabe, die zu deinem Thema passt, oder denke dir eine passende Aufgabe aus.
2. Rechne die Aufgabe auf einem Blatt Papier und schreibe dabei alle Rechenschritte auf.
3. Notiere dir zu jedem Rechenschritt, was du dazu sagen könntest.
4. Überlege dir, welche Rechenschritte besonders schwierig sind. Du kannst dort eine besondere Farbe einsetzen, besonders langsam sprechen oder einen Merksatz nennen.
5. Denke dir einen Einstieg und einen Schlusssatz für dein Erklärvideo aus.
6. Nun solltest du dir Gedanken über folgende Fragen machen:
   - Womit möchtest du drehen – einem Smartphone, einem Tablet, einer Kamera, …?
   - Brauchst du Unterstützung – zum Beispiel jemanden, der die Kamera hält?
   - Wie möchtest du deine Rechnung im Film darstellen – möchtest du sie auf ein Blatt Papier schreiben, an der Tafel vorrechnen, mehrere Zettel nebeneinander legen, einzelne Schritte mit einem Grafikprogramm anzeigen, …?
   - Was benötigst du noch – Stifte, Textmarker, eine Schere, …?

Methodenkarte 8 C Funktionen plotten, Schnittpunkte ermitteln

Mit einem Funktionenplotter lassen sich Graphen von Funktionen am Computer oder Tablet darstellen. Die Schnittpunkte von Graphen lassen sich damit grafisch ermitteln. Funktionenplotter sind zum Beispiel in dynamischer Geometrie-Software enthalten.

Funktionen plotten

1. Klicke in die Eingabezeile.
2. Gib den Funktionsterm in der Form $f(x) = 3*x - 1$ oder $y = 3*x - 1$ ein und bestätige die Eingabe.
3. Um einen bestimmten Ausschnitt zu betrachten, kannst du den dargestellten Bereich verschieben.
4. Mit dem Lupenwerkzeug kannst du hinein- und hinauszoomen.

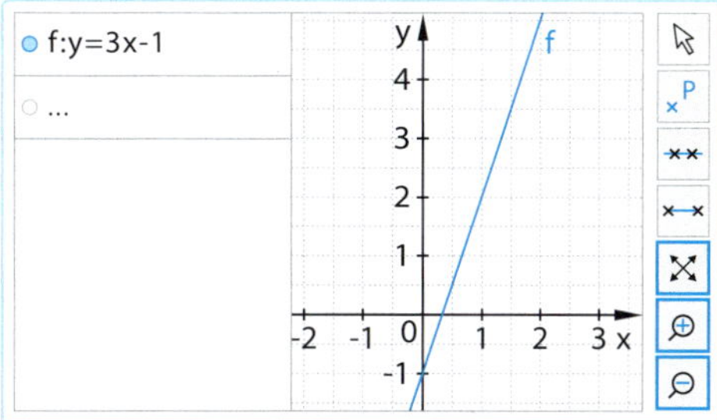

Schnittpunkte konstruieren und ablesen

1. Plotte die Funktionen wie oben beschrieben.
2. Lege den dargestellten Bereich so fest, dass der gesuchte Schnittpunkt erkennbar ist.
3. Konstruiere den Schnittpunkt, indem du das Werkzeug „Schnittpunkt“ wählst und die beiden Graphen anklickst. Klicke dann auf den Schnittpunkt und lies die Koordinaten ab (Aktiviere dazu ggf. die Algebra-Ansicht. Dort stehen die Koordinaten.)

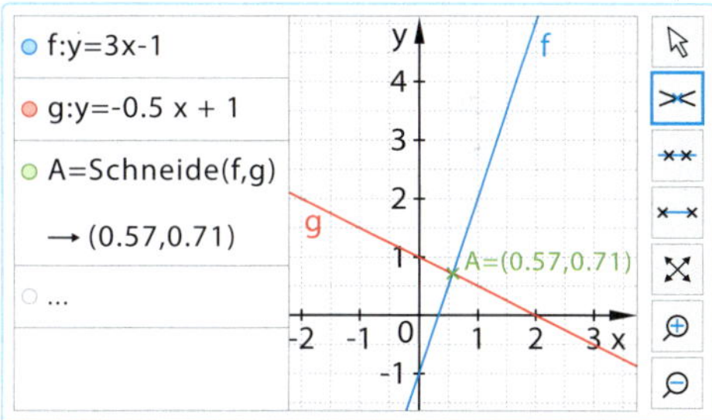

Methodenkarte 8 D Die Placemat-Methode

Mit der Placemat-Methode lassen sich schwierige Textaufgaben in einer Gruppenarbeit lösen. Jede Gruppe erhält einen großen Bogen Papier (DIN A3). Jedes Gruppenmitglied erhält ein Feld auf dem Papier, in der Mitte gibt es ein Feld für die ganze Gruppe.
Es wird in drei Phasen gearbeitet. Die Dauer der einzelnen Phasen wird vorher festgelegt.

Phase 1: Jedes Gruppenmitglied schreibt in sein Feld gut lesbar erste Lösungsvorschläge mit Fragen und Ideen.

Phase 2: Die Lösungsvorschläge werden ausgetauscht, indem das Blatt nach und nach gedreht wird. Jeder liest die Felder der anderen Gruppenmitglieder und versucht, alles zu verstehen.

Phase 3: Alle Lösungsvorschläge, Fragen und Ideen werden diskutiert. Das gemeinsame Ergebnis wird in die Mitte des Blattes geschrieben.

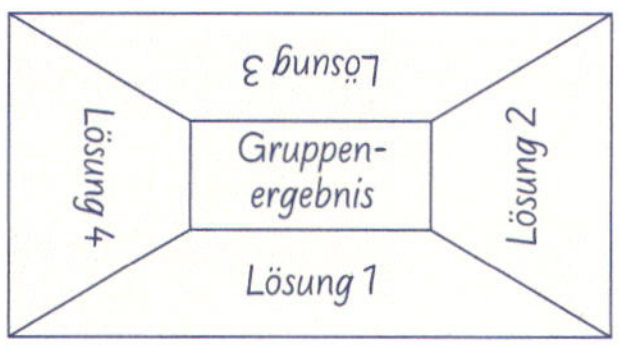

Abschließend präsentiert ein zufällig ausgewähltes Gruppenmitglied der Klasse das gemeinsame Ergebnis.

Methodenkarte 8 E Klassenarbeiten vorbereiten

Einzelarbeit mit Mind-Map

Schreibe das Thema in Großbuchstaben in die Mitte eines Blattes im Querformat. Ziehe von dort Linien nach außen. Notiere an ihren Enden wichtige Aspekte zum Thema. Wenn dir weitere Unterpunkte einfallen oder Themen zusammengehören, kannst du weitere Äste nach außen mit diesen Unterpunkten oder Verbindungslinien zwischen Themen ergänzen.

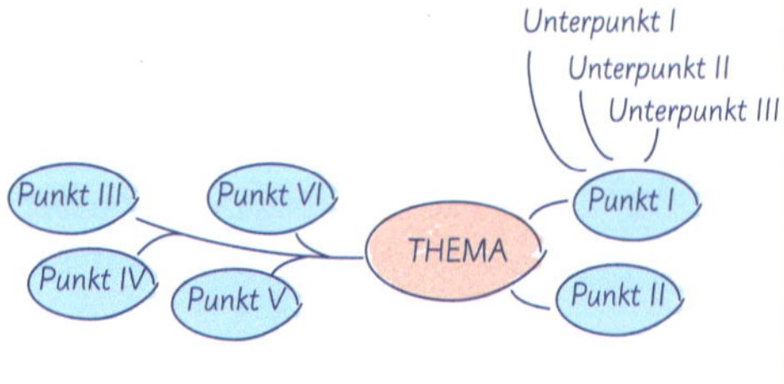

Gruppenarbeit mit Concept-Map

1. Das Thema wird auf einer Karte an die Tafel gehängt oder auf den Boden gelegt.
2. Jeder notiert auf Kärtchen, was ihm zu dem Thema einfällt.
3. Die Karten werden für jeden aus der Gruppe gut sichtbar angeordnet und sortiert.
4. Alle Kärtchen werden geordnet. Für zusammengehörige Kärtchen notiert man eine Überschrift auf einer neuen Karte und ergänzt Verbindungslinien. Unwichtige Karten werden entfernt und fehlende Inhalte ergänzt.
5. Dann prüft man, ob alles verständlich und lesbar geschrieben ist und ob alle Überschriften und Verbindungslinien passen.
6. Abschließend bereitet die Gruppe die Präsentation der Übersicht vor.

Methodenkarte 8 F Motiviert und strukturiert lernen

Was dir Spaß macht, geht dir leichter von der Hand. Versuche also, dich zum Lernen zu motivieren, statt dich schimpfend an den Schreibtisch zu setzen. Die folgenden Tipps können dir dabei helfen.

1. Setze dir Ziele: Überlege, was dein nächstes Lernziel ist. Wenn das Ziel sehr groß ist (z. B. die Vorbereitung auf eine Klassenarbeit), zerlege es in kleinere Ziele und lege fest, wann du welches Ziel erreicht haben willst.

2. Bleib am Ball: Arbeite jeden Tag auf dein Ziel hin. Durch häufige Wiederholung merkst du dir Dinge besser. Täglich eine halbe Stunde zu lernen ist effektiver, als am letzten Tag fünf Stunden durchzuarbeiten.

3. Dokumentiere deine Erfolge: Notiere jeden Tag, wie viel du schon geschafft hast. Wenn deine Liste wächst, hast du das Gefühl voranzukommen und bist motivierter für die nächsten Schritte.

4. Belohne dich: Gönne dir etwas Schönes, wenn du ein (Teil-) Ziel erreicht hast, zum Beispiel einen Kinobesuch oder ein neues Buch. Lege vorher fest, wann du welche Belohnung bekommst.

5. Sei positiv: Rede dir nicht ein, dass du das, was du gerade lernst, sowieso nie wieder brauchst. Vielleicht wirst du später einmal froh darüber sein, gerade das jetzt gelernt zu haben, zum Beispiel in der Ausbildung oder im Studium. Mach dir bewusst, dass es immer gut ist, dein Wissen zu erweitern.

6. Handy weg: Sorge dafür, dass du beim Lernen nicht abgelenkt wirst, zum Beispiel durch dein Handy. Arbeite fokussiert und konzentriert. Hinterher wirst du dich produktiver fühlen und dadurch motivierter an dein nächstes Arbeitspaket herangehen.

11

Anhang

Lösungen zu
→ Dein Fundament
→ Prüfe dein neues Fundament
Bildnachweis
Stichwortverzeichnis

Lösungen zu Kapitel 1: Flächen

Dein Fundament (S. 6/7)

S. 6, 1.
① Rechteck (also auch Parallelogramm und Trapez), da es vier rechte Winkel hat.
② Drachenviereck, da es zwei Paar gleichlange benachbarte Seiten besitzt.
③ Quadrat (also auch Rechteck, Parallelogramm, Trapez, Raute und Drachenviereck), da es vier rechte Winkel hat und alle Seiten gleich lang sind.
④ Parallelogramm (also auch Trapez), da gegenüberliegende Seiten parallel zueinander sind.
⑤ Raute (also auch Parallelogramm, Drachenviereck und Trapez), da alle Seiten gleich lang sind, es aber keinen rechten Winkel gibt.
⑥ Trapez, da zwei Seiten parallel zueinander und unterschiedlich lang sind.
⑦ Kein besonderes Viereck, da keine Seiten parallel oder gleich lang sind.

S. 6, 2.
Individuelle Lösungen, zum Beispiel:

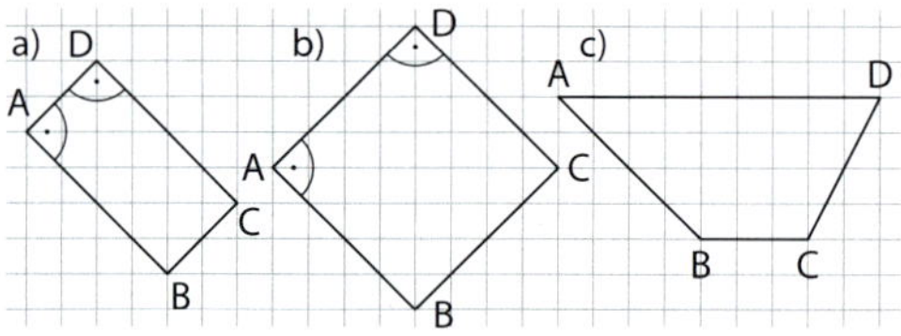

S. 6, 3.

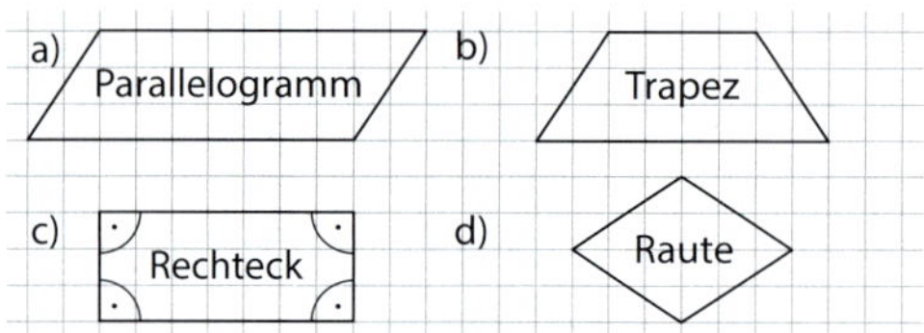

S. 6, 4.
a) rechtwinklig b) stumpfwinklig

S. 6, 5.
Individuelle Lösungen, zum Beispiel:
a)

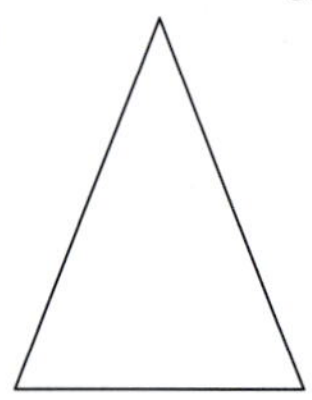

b)

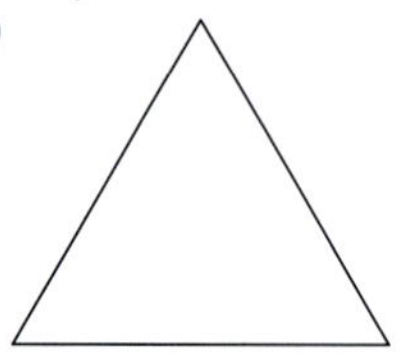

S. 6, 6.
a) nein b) ja c) nein d) ja
e) nein f) ja g) ja h) nein

S. 6, 7.
a) $500\,mm^2$ b) $32\,000\,cm^2$
c) $10\,000\,m^2$ d) $230\,m^2$

S. 6, 8.
a) ⑤ b) ① c) ④ d) ② e) ③

S. 6, 9.
a) 400-mal b) 4-mal c) 20-mal d) 10-mal

S. 7, 10.
a) $15\,cm^2$ b) $25\,cm^2$ c) $16\,cm^2$ d) $21\,cm^2$

S. 7, 11.
a) $a = 6\,cm$ b) $b = 2{,}4\,mm$
c) $a = 3\,dm = 30\,cm$ d) $b = 200\,m$

S. 7, 12.
a) $u = 11\,cm$; $A = 7{,}5\,cm^2$ b) $u = 4{,}4\,cm$; $A = 1{,}21\,cm^2$

S. 7, 13.
a) $u = 11\,cm$; $A = 6\,cm^2$

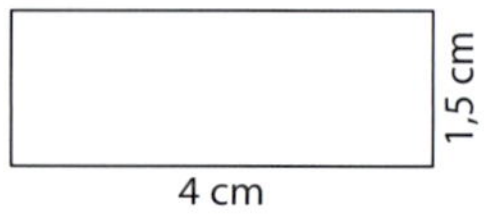

b) $u = 19\,cm$; $A = 6{,}25\,cm^2$

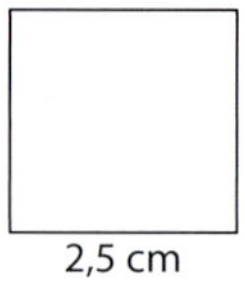

S. 7, 14.
$u = 2 \cdot 4\,m + 2 \cdot (48 : 4)\,m = 32\,m$

S. 7, 15.

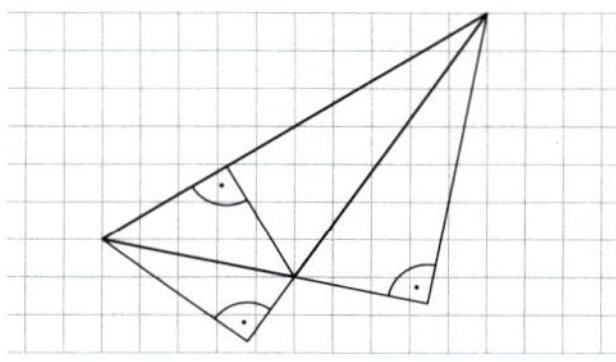

S. 7, 16.
$A = \frac{a \cdot b}{2}$

S. 7, 17.
a) 81 b) 121 c) 0,01 d) 1,21
e) 144 f) 0,49 g) 1,44 h) $\frac{4}{9}$

Prüfe dein neues Fundament (S. 26/27)

S. 26, 1.
a) $g = 4\,cm$; $h = 3\,cm$; $A = 6\,cm^2$
b) $g = 2{,}5\,cm$; $h = 3\,cm$; $A = 3{,}75\,cm^2$
c) $g = 3{,}5\,cm$; $h = 2{,}5\,cm$; $A = 4{,}375\,cm^2$

S. 26, 2.

	a)	b)	c)	d)
Grundseite g	3 cm	4 m	8 cm	160 mm
Höhe h_g	6 cm	2,5 m	3 cm	30 mm
Flächeninhalt A	$9\,cm^2$	$5\,m^2$	$12\,cm^2$	$24\,cm^2$

S. 26, 3.
$g = 3{,}5\,cm$; $h = 2\,cm$; $A = 7\,cm^2$

S. 26, 4.

	a)	b)	c)	d)
Grundseite g	5 cm	4 m	0,25 cm	90 mm
Höhe h_g	3 cm	2,4 m	25 m	80 mm
Flächeninhalt A	$15\,cm^2$	$9{,}6\,m^2$	$625\,cm^2$	$72\,cm^2$

S. 26, 5.
$a = 3{,}6\,cm$; $c = 2{,}4\,cm$; $h = 2\,cm$; $A = 6\,cm^2$

S. 26, 6.
Flächeninhalt des Dreiecks: $12\,cm^2$
a) $b = 3\,cm$ b) $h = 3\,cm$ c) $h = 4\,cm$ d) $h = 4\,cm$

S. 26, 7.
a) $u = 18\,cm$; $A = 12\,cm^2$ b) $u = 11\,cm$; $A = 6\,cm^2$
c) $A = 16\,cm^2$; u kann nicht berechnet werden

S. 26, 8.
Die kurzen Seiten im rechtwinkligen Dreieck stehen senkrecht aufeinander. Die Seite b kann deshalb als Höhe auf die Seite a aufgefasst werden. Setzt man a und b in die Formel „$A = \frac{1}{2} \cdot$ Grundseite · Höhe" ein, erhält man somit die Formel „$A = \frac{a \cdot b}{2}$".

S. 27, 9.
Fläche der Rückwand: $120\,m^2$
Zu streichende Fläche: $240\,m^2$
$240 : 35 \approx 6{,}86$
Die Malerfirma muss 7 Eimer Farbe kaufen.

S. 27, 10.
a) $A = 40\,m^2$
b) $A = 2 \cdot 22{,}75\,m^2 + 2 \cdot 7\,m^2 = 59{,}5\,m^2$

S. 27, 11.
Tim hat recht. Die grünen Parallelogramme haben gleich lange Grundseiten (1,5 cm) und Höhen (1,5 cm) und damit den gleichen Flächeninhalt. Die blauen Trapeze haben zwar ebenfalls die gleiche Höhe (1,5 cm) und eine ihrer parallelen Seiten ist gleich lang (1 cm), die zweite parallele Seite ist aber in Trapez ② länger als in Trapez ④, daher sind die Flächeninhalte nicht gleich.

S. 27, 12.
$A = \frac{80\,cm \cdot 100\,cm}{2} = 4000\,cm^2$

Lösungen zu Kapitel 2: Terme

Dein Fundament (S. 30/31)

S. 30, 1.
a) ③ 8x mit z. B. x: Lohn pro Stunde; 8x: Lohn pro Tag
b) ① 480 – x mit x: Länge des abgeschnittenen Stücks in cm; 480 – x: Länge des übrigen Bretts in cm
c) ② 480 + 80x mit x: Anzahl gefahrener Kilometer; 480 + 80x: Preis für die Fahrt in Cent

S. 30, 2.
a) 2300 € b) 1000 + 2,5x c) 6 km

S. 30, 3.
a) Tag: 4,6 + 0,75x; Nacht: 7,2 + 0,9x
b) 10,23 € c) 25,20 € d) 8 km

S. 30, 4.
a) –21 b) 4 c) 1,5 d) –3
e) –24 f) –160 g) –8 h) 1,5

S. 30, 5.
a) 30 b) –24 c) –40 d) –1,2
e) –5,5 f) –26 g) 38 h) –25,5

S. 30, 6.

x	a)	b)	c)	d)	e)
1	2,5	0,5	3	1	–0,5
2	4,5	1,5	6	8	1
3	6,5	2,5	9	27	4,5
4	8,5	3,5	12	64	10

S. 30, 7.
a) 9 b) 20 c) 24 d) 7

S. 31, 8.
a) 4x b) 3x – 3 c) –2a – 2,5
d) –2 – a e) 3,5 – 3,8y f) 1,3 – 1,5x

S. 31, 9.
a) 8a b) –12x c) 6x
d) 12b e) 6a f) x

S. 31, 10.
a) $6a - 3 - 4a = 2a - 3$
b) $5c \cdot 3 = 15c$
c) $3 \cdot 5c + 3 = 15c + 3$
d) $7b - 5b + 5 + (-3) = 2b + 2$
e) $\frac{2}{3}a \cdot 6 = 4a$
f) $-39y : (-3) = 13y$

S. 31, 11.
a) x + 3; 6 b) 21(x – 1); 42 c) x; 3
d) 2x – 2; 4 e) $2x + x^2$; 15 f) 5x – 3; 12
g) –0,5; –0,5 h) 5x – 15; 0

S. 31, 12.
a) $5x - 4x = x$ b) $\frac{1}{2} \cdot 6x = 3x$ c) $2x + 8 \cdot \frac{1}{2} \cdot x = 6x$

S. 31, 13.
a) 81 b) 144 c) 225 d) 400
e) 289 f) 169 g) 256 h) 361
i) 1,21 j) 0,25 k) 2,25 l) 6,25

S. 31, 14.
a) die Summe aus dem Doppelten von x und 1
b) das Siebenfache von x vermindert um das Fünffache von x
c) die dreifache Differenz aus a und 2
d) x vermindert um ein Drittel von x

S. 31, 15.
a) blau: $9\,cm^2$; rot: $6\,cm^2$; orange: $6\,cm^2$; grün: $4\,cm^2$
b) $A = (3\,cm + 2\,cm)^2 = 25\,cm^2$
oder $A = A_{blau} + A_{rot} + A_{orange} + A_{grün} = 25\,cm^2$

S. 31, 16.
a) u = 22 cm; $A = 28\,cm^2$ b) u = 12 cm; $A = 9\,cm^2$
c) u = 12 cm; $A = \frac{1}{2}bc = 6\,cm^2$

S. 31, 17.
Lösungsbeispiele:
a)
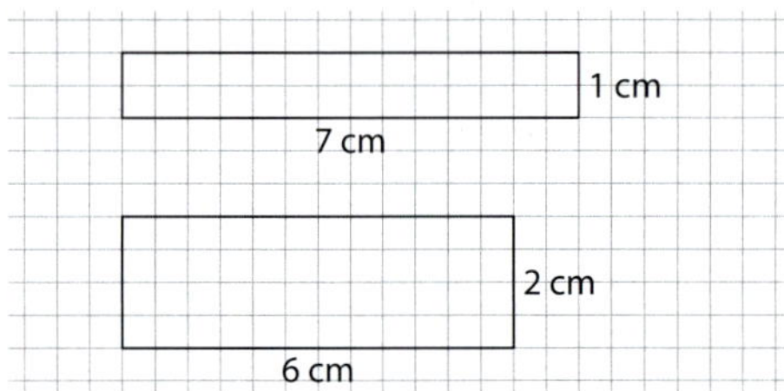

b)
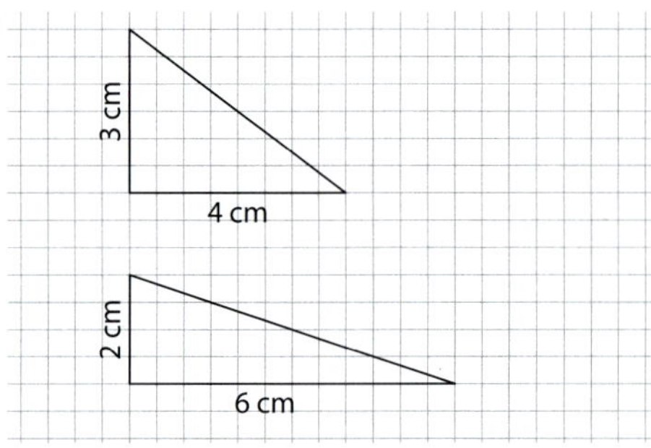

Prüfe dein neues Fundament (S. 66/67)

S. 66, 1.
x: Anzahl der Wagen der 1. Klasse
y: Anzahl der Wagen der 2. Klasse
Anzahl der Sitzplätze des Zuges: 60x + 90y

S. 66, 2.
a) u = 4a + 4b; A = 3ab b) u = 24x; $A = 11x^2$
c) u = 6x + 2y + 2z; A = xy + 3xz

S. 66, 3.
a) 3a – 4b b) 3m + 2n c) $11r^2 + 4s$ d) $xy^2 + x^2y$
e) x + 6y f) –2a – b g) a h) $2x^2 - 4xy$

S. 66, 4.
a) 42x b) $30r^2$ c) 16u d) $\frac{1}{8}xy$
e) $-2x^2y^2$ f) $2st^2$ g) $9x^2$ h) a^3b

S. 66, 5.
a) 2a + 2b; 10 b) 5a – 3b; 9
c) –5ab; –30 d) $\frac{5}{2}ab^2$; 30
e) $-2a + b + b^2$; 0 f) 11ab; 66
g) $b - 2a^2b$; –34 h) $a^2b^2 + ab$; 42

S. 66, 6.

a) $6a - 6b$ b) $35 + 28x$
c) $a - 5$ d) $-3 + x$
e) $-10m^2 + 4mn$ f) $8x^2 - 4xy + 6xz$
g) $0{,}6a^2 - 0{,}9ab$ h) $6x^2y - 5xy^2$

S. 66, 7.

a) $6(x + y)$ b) $2u(v + 8w)$
c) $3vw(3u - 1)$ d) $7(4m - n)$
e) $5b(2a - 1 + 2)$ f) $0{,}3(a + 5b + 12c)$
g) $xy(xyz + 1)$ h) $x(xyz + z - xy)$

S. 66, 8.

a) $x^2 + 3x + 2$ b) $4a - ab + 4b - b^2$
c) $-4x - 1 - 8xy - 2y$ d) $-2r^2 + 8r + 3sr - 12s$
e) $a^2 + 2ab + b^2$ f) $2y - 2 + xy^2 - xy$
g) $9ab - a^2b - 18b$ h) $2xy - 4x + 8y - 16$

S. 66, 9.

a) $A = (4x)^2 - 4 \cdot x^2 = 12x^2$
b) $A = a^2 - (a - 3)^2 = a^2 - (a^2 - 6a + 9) = 6a - 9$

S. 67, 10.

$(a + 2)^2 = 4 + a^2 + 4a$
$a(4 + a + 1) = a^2 + 5a$
$(1 - 2a)(1 + 2a) - 1 = 2a \cdot (-2a)$

S. 67, 11.

a) $9 + 6u + u^2$ b) $25a^2 + 10a + 1$
c) $9x^2 + 12xy + 4y^2$ d) $\frac{1}{9}x^2 + \frac{4}{15}xy + \frac{4}{25}y^2$
e) $(x + 4)^2$ f) $(5u + 2v)^2$
g) $\left(\frac{1}{2} + y\right)^2$ h) $\left(\frac{1}{8}a + \frac{1}{3}b\right)^2$

S. 67, 12.

a) $x^2 - 14x + 49$ b) $9b^2 - 6b + 1$
c) $0{,}01u^2 + 0{,}1uv + 0{,}25v^2$ d) $\frac{1}{16}x^2 - \frac{1}{4}xy + \frac{1}{4}y^2$
e) $(x - 3)^2$ f) $(5a - b)^2$
g) $\left(\frac{1}{3}x - 2\right)^2$ h) $\left(\frac{1}{4} - 9u\right)^2$

S. 67, 13.

a) $x^2 - 25$ b) $4 - 9y^2$
c) $\frac{1}{9}a^2 - \frac{9}{4}$ d) $-\frac{1}{16} + a^2$
e) $(a + 3) \cdot (a - 3)$ f) $(2x + y) \cdot (2x - y)$
g) $(10 + 4x) \cdot (10 - 4x)$ h) $\left(-\frac{5}{3}a + \frac{4}{5}b\right) \cdot \left(\frac{5}{3}a + \frac{4}{5}b\right)$

S. 67, 14.

a) $12b - 2a$ b) $6x^2 - 6x + 8y$ c) $4uv + 2v^2$
d) $x^3 + 7x + 1$ e) $-3ab + b^2$ f) 0

S. 67, 15.

a) 1024 b) 1849 c) 5041 d) 2916
e) 784 f) 2209 g) 9801 h) 1296
i) 891 j) 1596 k) 2499 l) 99,99

Lösungen zu Kapitel 3: Funktionen

Dein Fundament (S. 70/71)

S. 70, 1.

a) $x = \frac{1}{3}$ b) $x = -\frac{1}{2}$

c) $x_1 = 0; x_2 = 3$ d) $x_1 = -1; x_2 = 5$

S. 70, 2.

a) $x = 4$ b) $x = 2$ c) $x = 4{,}5$ d) $x = -\frac{13}{3}$

S. 70, 3.

x: Alter von Anja

$x + \frac{1}{2}x = 18$, also $x = 12$.

Anja ist 12 Jahre alt und Paul ist 6 Jahre alt.

S. 70, 4.

a) $3x + 6 = 15; x = 3$ b) $5x - 2x = 4x; x = 0$

c) $\frac{1}{2}x + \frac{1}{4}x = 9; x = 12$

d) $4x - 5x = -x$, jede Zahl erfüllt die Gleichung.

e) $x + (x - 1) + (x + 1) = 3x + 7$, keine Zahl erfüllt die Gleichung.

S. 70, 5.

a) *Monat → Sonnenscheindauer auf Mallorca (in h)*

b) Im Juli scheint die Sonne am längsten, im Oktober, November, Dezember und Januar am kürzesten.

c)

Monat	Jan.	Feb.	März	April
Sonnenscheindauer (in h)	6	7	7	8

Monat	Mai	Juni	Juli	Aug.
Sonnenscheindauer (in h)	8	9	10	9

Monat	Sep.	Okt.	Nov.	Dez.
Sonnenscheindauer (in h)	7	6	6	6

S. 70, 6.

a) Die höchste Temperatur von 20 °C wurde gegen 15 Uhr gemessen, die niedrigste Temperatur von etwa 8 °C wurde kurz nach 4 Uhr gemessen.

b) Alle Temperaturen kann man nur ungefähr angeben.

Uhrzeit	0:00	1:00	2:00	3:00	4:00	5:00
Temperatur (in °C)	16,5	16	14	10	8	10,5

Uhrzeit	6:00	7:00	8:00	9:00	10:00	11:00
Temperatur (in °C)	12	13,5	15	16,5	17,5	18

Uhrzeit	12:00	13:00	14:00	15:00	16:00	17:00
Temperatur (in °C)	18,5	19	19,5	20	18	18

Uhrzeit	18:00	19:00	20:00	21:00	22:00	23:00
Temperatur (in °C)	17,5	17	16	14	14	14

S. 70, 7.

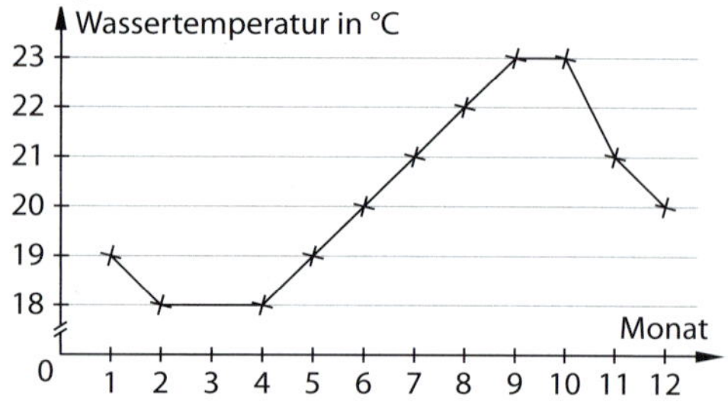

S. 70, 8.

$K = 2{,}49\,€ + 4 \cdot 0{,}49\,€ = 5{,}45\,€$

Herr Blum muss 5,45 € bezahlen.

S. 71, 9.

a) proportionale Zuordnung
  Proportionalitätsfaktor: 0,7

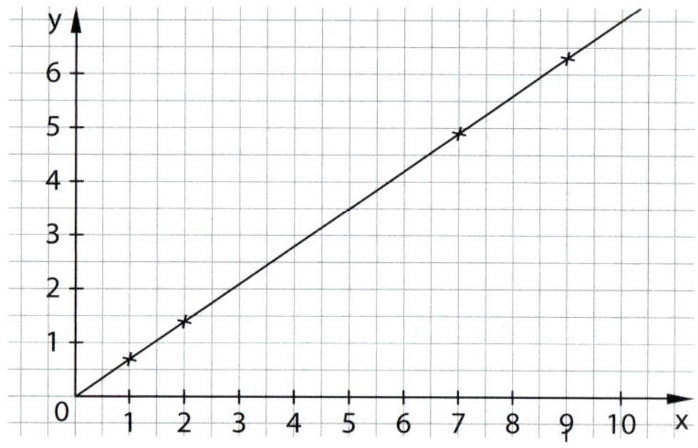

b) keine proportionale Zuordnung

c) keine proportionale Zuordnung

S. 71, 10.

a)

x	1	2	3	6	7	8
y	2	4	6	12	14	16

b)

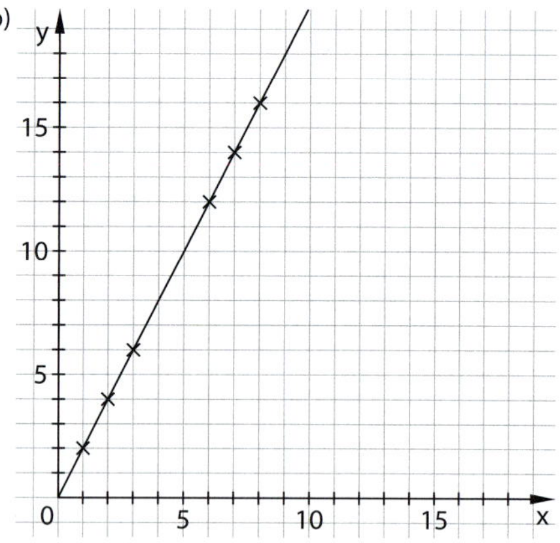

S. 71, 11.
a) Nein, denn eine Katze nimmt nicht immer weiter zu, je älter sie wird.
b) Nein, denn wenn sich die Zahl der Arbeiter erhöht, verringert sich die Arbeitszeit.
c) Ja, denn der Umfang ist ein Vielfaches der Seitenlänge.
d) Ja, sofern man für jede Nachhilfestunde den gleichen Lohn erhält.
e) Nein, denn mit zunehmender Geschwindigkeit verringert sich die Durchfahrtszeit.
f) Nein, denn der Eintrittspreis kann sogar für gleich lange Filme unterschiedlich hoch sein.

S. 71, 12.
a) Wenn man den Ausgangswert verdoppelt, dann verdoppelt sich auch der zugeordnete Wert.
b) Wenn man den Ausgangswert drittelt, dann drittelt sich auch der zugeordnete Wert.
c) Wenn der Ausgangswert größer wird, dann wird auch der zugeordnete Wert größer.
d) Die Punkte einer proportionalen Zuordnungen liegen im Koordinatensystem auf einer Geraden durch den Ursprung.

S. 71, 13.
a) Wert 1: $7 \xrightarrow{:7} 1 \xrightarrow{\cdot 3} 3$
Wert 2: $5{,}6 \xrightarrow{:7} 0{,}8 \xrightarrow{\cdot 3} 2{,}4$
b) Wert 1: $180 \xrightarrow{:90} 2 \xrightarrow{\cdot 12} 24$
Wert 2: $900 \xrightarrow{:90} 10 \xrightarrow{\cdot 12} 120$

S. 71, 14.
a) $a = 3$ b) $a = -3$ c) $a = 6$ d) $a = \frac{1}{3}$ e) $a = -1$

S. 71, 15.
a) Der Wert des Terms kann jede Zahl sein, die kleiner als 3 ist.
b) Der Wert des Terms kann jede Zahl sein, die größer als 3 ist.
c) Der Wert des Terms liegt zwischen 2 und 4.

S. 71, 16.
A: 1. Quadrant B: 2. Quadrant
C: y-Achse D: 4. Quadrant
E: x-Achse F: 3. Quadrant

Prüfe dein neues Fundament (S. 110/111)

S. 110, 1.
a) Nein, denn es können mehrere Schüler die gleiche Höhe gesprungen sein.
b) Ja, denn für jede Anzahl an Eiskugeln gibt es genau einen Preis.
c) Ja, denn jeder Schüler hat genau eine Nummer im Klassenbuch.
d) Nein, denn die meisten Straßen haben mehrere Bewohner.

S. 110, 2.
a)

x	−2	−1	0	1	2	3	4
y = 1,5x + 1	−2	−0,5	1	2,5	4	5,5	7

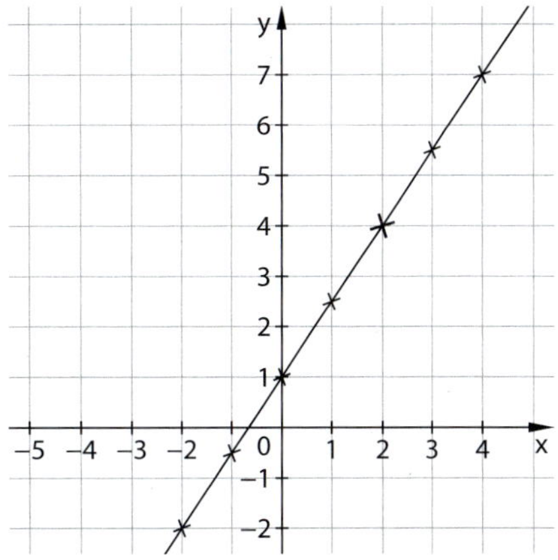

b)

x	−2	−1	0	1	2	3	4
y = −2x + 1	5	3	1	−1	−3	−5	−7

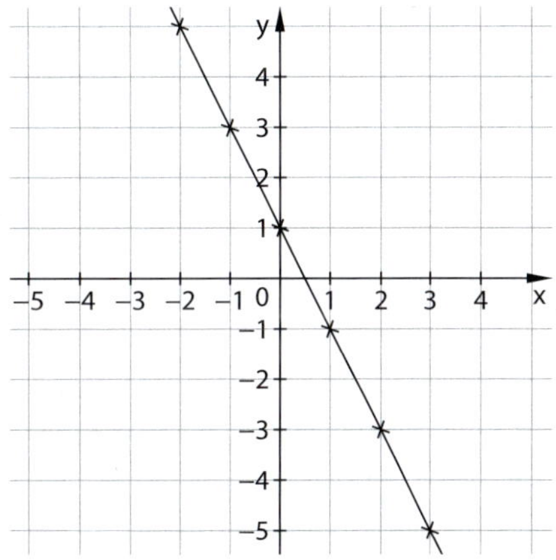

c)

x	−2	−1	0	1	2	3	4
y = 0,5x − 1	−2	−1,5	−1	−0,5	0	0,5	1

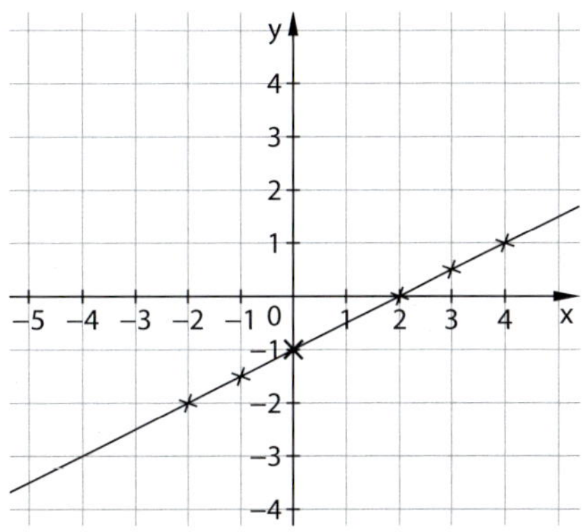

S. 110, 3.

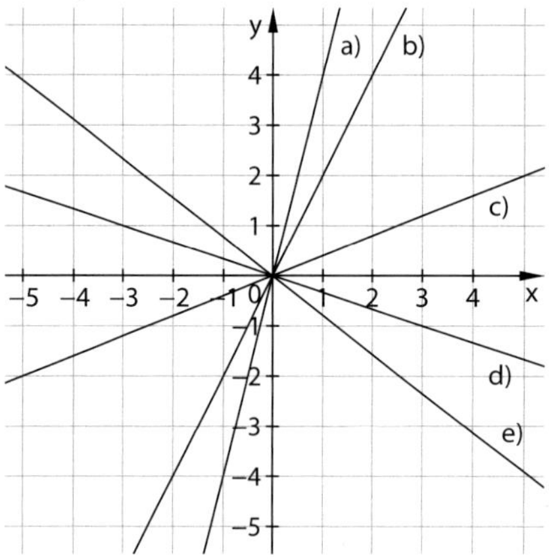

S. 110, 4.

a) $y = -2x$ b) $y = x$ c) $y = 2{,}5x$

S. 110, 5.

a) 8 Liter Benzin auf 100 km
b) 8 Liter Benzin auf 100 km

S. 110, 6.

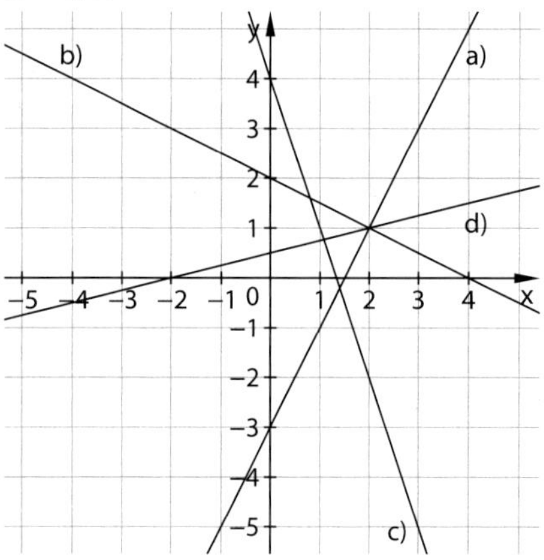

S. 110, 7.

a) $y = 0{,}5x - 1$ b) $y = -\frac{1}{3}x + 1$ c) $y = 1{,}25x + 1{,}5$

S. 111, 8.

a) $y = 0{,}5x + 3$ b) $y = \frac{5}{12}x - \frac{3}{2}$
c) $y = -\frac{8}{3}x - 1$ d) $y = -2{,}6x - 23$

S. 111, 9.

a)

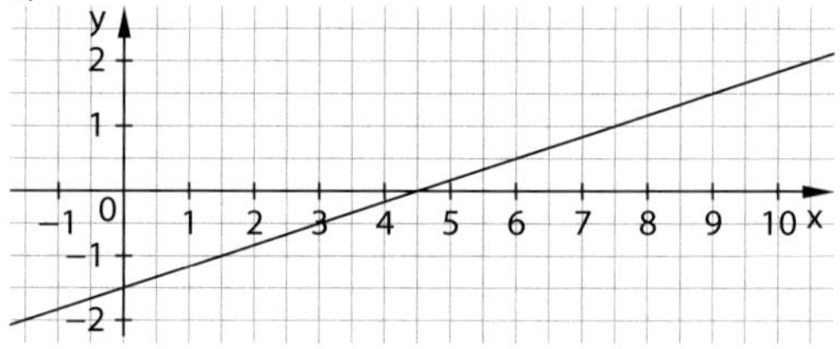

Nullstelle: $x = 4{,}5$

b)

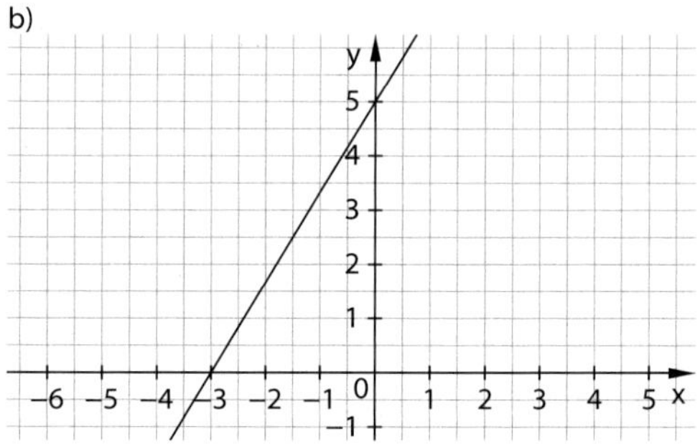

Nullstelle: $x = -3$

c)

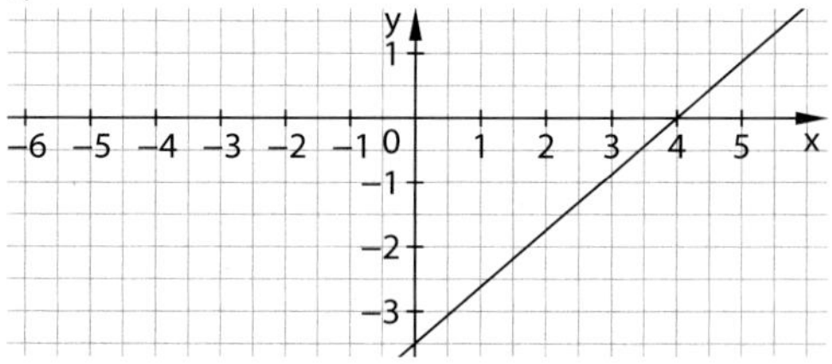

Nullstelle: $x = 4$

d)

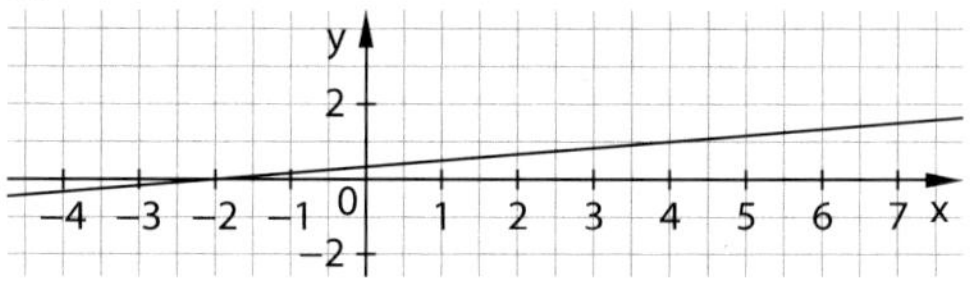

Nullstelle: $x = -2$

S. 111, 10.

a) $x = 3$

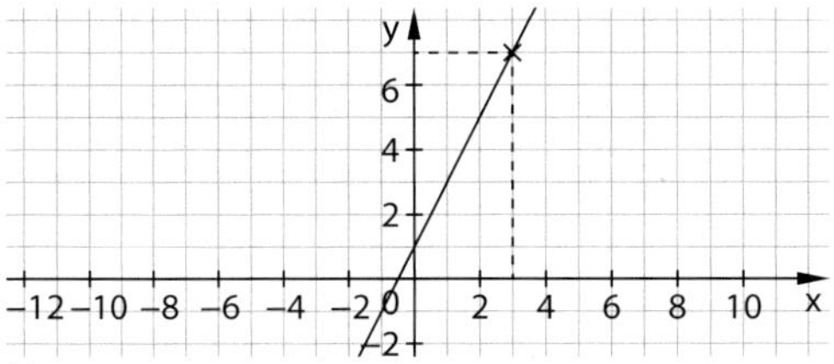

b) $x = 5$

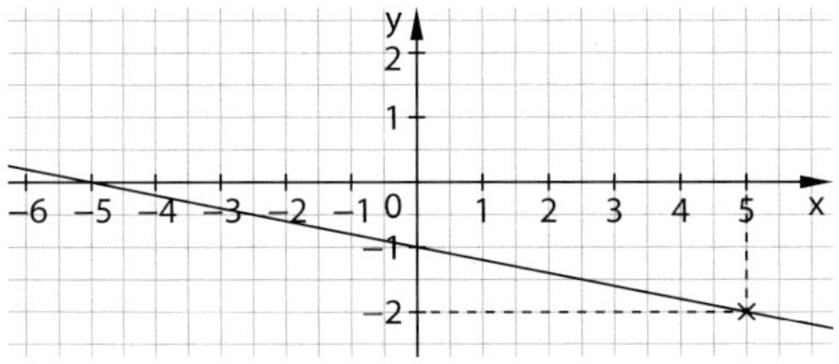

c) $x = -2$

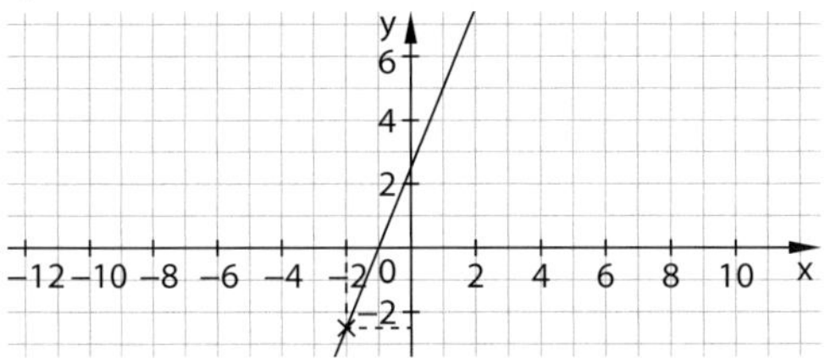

d) $x = 6$

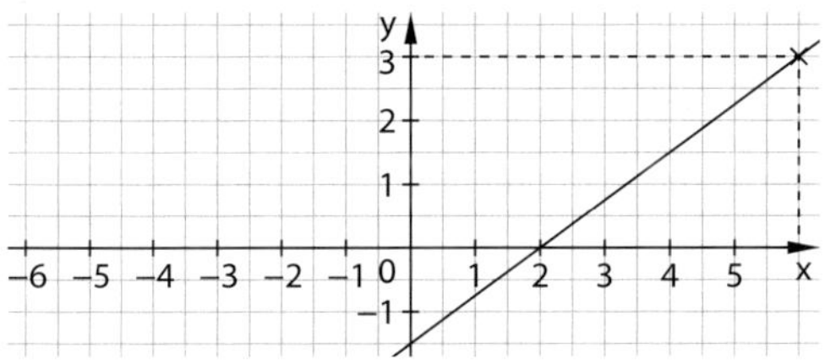

S. 111, 11.

a) $y = 1{,}3x - 125$ mit x: Anzahl verkaufter Donuts

b) Nullstelle: $x \approx 96{,}1$

Um Gewinn zu machen, muss der Funktionswert positiv sein. Dazu müssen also mindestens 97 Donuts pro Tag verkauft werden.

S. 111, 12.

a) $x = 60$; die Höhe des Flugzeugs beträgt nach 60 min 0, dann ist es also gelandet.
(Zu Beginn befand sich das Flugzeug in 12 000 m Höhe, es sank 200 Meter pro Minute.)

b) $1000 = -200x + 12\,000$, also $x = 55$, d.h. 5 Minuten vor der Landung beträgt die Flughöhe 1000 m.

S. 111, 13.

$0 = 99x + 100$, also $x = -\frac{100}{99} = -1{,}\overline{01}$

Lösungen zu Kapitel 4: Quadratwurzeln

Dein Fundament (S. 114/115)

S. 114, 1.
a) −361 b) 0,49 c) 512 d) 0,008

S. 114, 2.
a) 9000 b) 10 c) 49 d) 10 000
e) 0,17 f) 64 g) 0,01 h) 0,0001

S. 114, 3.
a) $2 \cdot 2 \cdot 3$ b) $2 \cdot 2 \cdot 2 \cdot 5$ c) $2 \cdot 7 \cdot 7$
d) $2 \cdot 2 \cdot 3 \cdot 5 \cdot 5$ e) $3 \cdot 3 \cdot 5 \cdot 5$ f) $2 \cdot 2 \cdot 2 \cdot 2 \cdot 7$

S. 114, 4.
a) ja $(6 \cdot 6)$ b) nein c) ja $(9 \cdot 9)$
d) ja $(11 \cdot 11)$ e) nein f) nein

S. 114, 5.
a) 144 b) 196 c) 225
d) 324 e) 441 f) 625

S. 114, 6.
a) 1 und 4 b) 16 und 25 c) 49 und 64
d) 81 und 100 e) 81 und 100 f) 225 und 256

S. 114, 7.
$324 = 2 \cdot 2 \cdot 3 \cdot 3 \cdot 3 \cdot 3$ Quadratzahl
$448 = 2 \cdot 2 \cdot 2 \cdot 2 \cdot 2 \cdot 2 \cdot 7$ keine Quadratzahl
$576 = 2 \cdot 2 \cdot 2 \cdot 2 \cdot 2 \cdot 2 \cdot 3 \cdot 3$ Quadratzahl
$1350 = 2 \cdot 3 \cdot 3 \cdot 3 \cdot 5 \cdot 5$ keine Quadratzahl
$1089 = 3 \cdot 3 \cdot 11 \cdot 11$ Quadratzahl
$1881 = 3 \cdot 3 \cdot 11 \cdot 19$ keine Quadratzahl

S. 114, 8.
Das Quadrat hat doppelt so viele Nachkommastellen wie die Ausgangszahl.
a) 0,04 b) 0,16 c) 0,0001
d) 0,0144 e) 0,000001 f) 0,000121

S. 114, 9.
a) $7 \cdot 7 = 49$
b) $(-10) \cdot (-10) \cdot (-10) = -1000$
c) $0{,}2 \cdot 0{,}2 \cdot 0{,}2 = 0{,}008$
d) $(3 + 5) + (3 + 5) = 8 \cdot 8 = 64$
e) $(-1) \cdot (-1) + (-1) \cdot (-1) \cdot (-1) = 0$
f) $\frac{1}{2} \cdot \frac{1}{2} = \frac{1}{4}$ g) $5 \cdot 5 \cdot 5 \cdot 5 = 625$
h) $\frac{2}{3} \cdot \frac{2}{3} \cdot \frac{2}{3} = \frac{8}{27}$ i) $\frac{3 \cdot 3 \cdot 3 \cdot 3}{3 \cdot 3} = 9$
j) $\frac{5 \cdot 5}{125} = \frac{1}{5}$

S. 114, 10.

	Überschlag	Ergebnis
a) $1{,}54^2$	$1{,}5^2 = 2{,}25$	2,3716
b) $(-0{,}27)^2$	$(-0{,}3)^2 = 0{,}09$	0,0729
c) $0{,}19^3$	$0{,}2^3 = 0{,}008$	0,006859
d) $8{,}005^2$	$8^2 = 64$	64,080025
e) $0{,}029^2$	$0{,}03^2 = 0{,}0009$	0,000841

S. 114, 11.
a) $2 - 1{,}3^2 = 0{,}31$ $2 - 1{,}4^2 = 0{,}04$
$2 - 1{,}41^2 = 0{,}0119$ $2 - 1{,}414^2 = 0{,}000604$
b) $5 - 2{,}1^2 = 0{,}59$ $5 - 2{,}2^2 = 0{,}16$
$5 - 2{,}23^2 = 0{,}0271$ $5 - 2{,}236^2 = 0{,}000304$
Die Ergebnisse nähern sich immer mehr der 0.

S. 115, 12.
a) $9\,cm^2$ b) $0{,}25\,m^2$ c) $1{,}44\,km^2$
d) $1\,m^2$ e) $1{,}21\,dm^2$

S. 115, 13.
a) 5 cm b) 10 *m* c) 9 km
d) 12 dm e) 100 *m*

S. 115, 14.
$A_{Quadrat} = 36\,cm = A_{Rechteck}$
$u_{Quadrat} = 24\,cm < 26\,cm = u_{Rechteck}$

S. 115, 15.
$49\,cm^2$

S. 115, 16.
Lösungen der Gleichungen:
a) 4 b) −5; 5 c) −9; 9 d) −1; 0

S. 115, 17.
a) $L = \{7\}$ b) $L = \{\}$ c) $L = \{1\}$ d) $L = \mathbb{Q}$

S. 115, 18.
Die Behauptung ist falsch, denn 60 ist nicht durch 7, 8, 9 und 11 teilbar.

S. 115, 19.
Beispiele: 2, 6, 10

S. 115, 20.

Produkt aus Faktor 10	$10 \cdot 10 \cdot 10$	$10 \cdot 10 \cdot 10 \cdot 10 \cdot 10 \cdot 10$
Potenzschreibweise	10^3	10^6
In Worten	tausend	eine Million

Produkt aus Faktor 10	$10 \cdot 10 \cdot 10 \cdot 10 \cdot 10$	$10 \cdot 10$	$10 \cdot 10 \cdot 10 \cdot 10 \cdot 10 \cdot 10 \cdot 10 \cdot 10$
Potenzschreibweise	10^5	10^2	10^8
In Worten	hunderttausend	einhundert	hundert Millionen

S. 115, 21.
Die Seitenlängen betragen 4 cm und 6 cm.

S. 115, 22.
4 cm

S. 115, 23.
a) $\frac{9}{4}$ b) $\frac{1}{4}$ c) $\frac{3}{49}$
d) $\frac{57}{100}$ e) $\frac{25}{12}$

S. 115, 24.
a) $9 + 6x + x^2$ b) $b^2 - 8b + 16$ c) $a^2 - 81$
d) $9y^2 + 36y + 36$ e) $u^2 - 8uv + 16v^2$

Prüfe dein neues Fundament (S. 134/135)

S. 134, 1.
a) 9 b) 20 c) 0,4
d) nicht definiert
e) 7 f) 600 g) 0,2

S. 134, 2.
(A) $\sqrt{4}$; $\sqrt{2+2}$; $\sqrt{2 \cdot 2}$; $\sqrt{\sqrt{16}}$
(B) $\sqrt{64:4}$; $\sqrt{16}$; $\sqrt{4 \cdot 4}$
(C) $\sqrt{4 \cdot 9}$; $\sqrt{\frac{7^2+23}{2}}$; $\sqrt{36}$
(D) $\sqrt{4^3}$; $\sqrt{64}$

S. 134, 3.
Flächeninhalt: 100 cm^2; Seitenlänge Quadrat: 10 cm

S. 134, 4.
a) Richtig, die Quadratwurzel ist per Definition nicht negativ.
b) Für negative Zahlen gilt die Aussage nicht, denn es gilt z. B. für −3: $\sqrt{(-3)^2} = \sqrt{9} = 3 \neq -3$

S. 134, 5.
Seitenlänge der Viehweide: 200 m
Umfang der Viehweide: 800 m
Es werden mindestens 27 Rollen Drahtzaun benötigt.

S. 134, 6.
Seitenlänge des Bildes: 50 cm
Länge des Lichtschlauchs: 200 cm
Navina benötigt 50 Lämpchen.

S. 134, 7.
Seitenlänge einer Fliese: 15 cm. Die Wand ist 2,25 m lang und 1,05 m hoch.

S. 134, 8.
a) $x_1 = 3; x_2 = -3$ b) $x_1 = 13; x_2 = -13$
c) keine Lösung d) $x_1 = 7; x_2 = -7$
e) $x = 0$

S. 134, 9.
Es gibt drei Möglichkeiten:
– zwei Lösungen für $a > 0$; z. B. $x^2 = 4$ mit $L = \{2; -2\}$
– eine Lösung für $a = 0$; z. B. $x^2 = 0$ mit $L = \{0\}$
– keine Lösung für $a < 0$; z. B. $x^2 = -4$ mit $L = \{\}$

S. 134, 10.
z. B.: $x^2 = 441$ oder $x^2 - 441 = 0$

S. 134, 11.
a) Irrational, denn die Wurzel aus einer natürlichen Zahl ist entweder eine natürliche Zahl oder irrational. Da 11 keine Quadratzahl ist, ist $\sqrt{11}$ irrational.
b) $\frac{\sqrt{4}}{\sqrt{25}} = \frac{2}{5}$ ist rational.
c) $-\sqrt{\frac{48}{3}} = -\sqrt{16} = -4$ ist rational.
d) Die Zahl ist irrational, denn sie wird gebildet, indem nacheinander alle Quadratzahlen als Nachkommastellen eingesetzt werden. Dabei entstehen unendlich viele Stellen nach dem Komma ohne ein periodisches Muster.

S. 134, 12.
Eine Dezimalzahl ist rational, wenn sie nur endlich viele Nachkommastellen oder eine Periode hat. Andernfalls ist sie irrational.

S. 134, 13.
a) $4 < \sqrt{22} < 5$ b) $10 < \sqrt{107} < 11$
c) $3 < \sqrt{13{,}7} < 4$ d) $2 < \sqrt{2{,}1 \cdot 2{,}9} < 3$
e) $5 < \sqrt{\frac{100}{3}} < 6$

S. 134, 14.
a) $\approx 4{,}123$ b) $\approx 5{,}099$
c) $\approx 6{,}481$ d) $\approx 8{,}062$

S. 135, 15.
a) 29 b) 3,4 c) 1
d) $2\sqrt{2}$ e) $\sqrt{3}$

S. 135, 16.
a) 4 b) nicht definiert c) 10
d) 25 e) 200 f) 10
g) 70 h) 48 i) 50
j) 22

S. 135, 17.
a) 10 b) $\frac{1}{2}$ c) nicht definiert
d) $\frac{2}{7}$ e) $\frac{11}{19}$ f) $\frac{2}{5}$
g) $\frac{8}{3}$ h) $\frac{11}{13}$ i) $\frac{3}{2}$
j) $\frac{3}{7}$

S. 135, 18.
a) $2\sqrt{13}$ b) $4\sqrt{6}$ c) $\frac{\sqrt{3}}{2}$
d) $\frac{\sqrt{2}}{8}$ e) $\frac{4}{7} \cdot \sqrt{\frac{10}{3}}$

S. 135, 19.
a) $2\sqrt{13}$ b) $3 + 4\sqrt{3}$ c) $-2\sqrt{2}$
d) $\sqrt{5} + \sqrt{10} + 5\sqrt{2}$ e) $14 + \sqrt{14}$ f) $10\sqrt{5}$
g) $23\sqrt{5}$ h) $2{,}5\sqrt{11}$

S. 135, 20.
Der Flächeninhalt des großen Quadrats ist doppelt so groß wie der des kleinen Quadrats, also gilt $d^2 = 2a^2$ und damit $d = a\sqrt{2}$

S. 135, 21.
Kantenlängen: Zuckerwürfel 1 cm; Schokowürfel $\sqrt{2}$ cm; Zitronenkuchen 2 cm
Tunnellänge: $(3 + \sqrt{2})$ cm

Lösungen zu Kapitel 5: Satzgruppe des Pythagoras

Dein Fundament (S. 138/139)

S. 138, 1.
Beispiellösungen:
a) 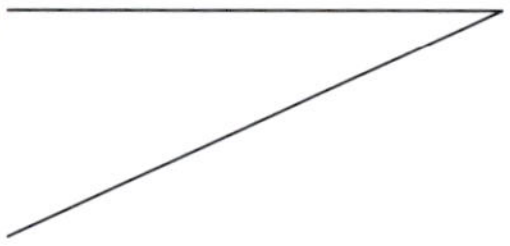
b) 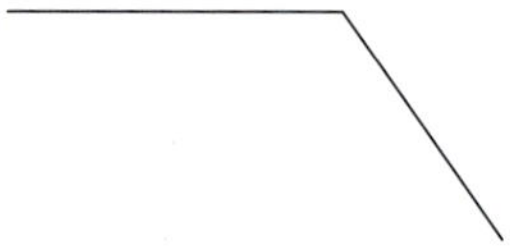
c) 

S. 138, 2.
a) 45°, spitz b) 135°, stumpf
c) 225°, überstumpf d) 27°, spitz

S. 138, 3.
a) $\alpha_1 = \alpha_3 = \beta_1 = \beta_3 = 110°$; $\alpha_2 = \alpha_4 = \beta_2 = \beta_4 = 70°$
b) $\alpha_4 = \beta_2 = 76°$ c) $\beta_1 = \alpha_1 = 100°$

S. 138, 4.
a) $u = 20\,cm$; $A = 21\,cm^2$
b) $u = 44\,cm$; $A = 121\,cm^2$
c) $u = 24\,cm$; $A = 24\,cm^2$

S. 138, 5.
a) ① unregelmäßig; ② unregelmäßig; ③ gleichschenklig; ④ gleichseitig; ⑤ unregelmäßig; ⑥ gleichschenklig
b) ① rechtwinklig; ② stumpfwinklig; ③ spitzwinklig; ④ spitzwinklig; ⑤ spitzwinklig; ⑥ rechtwinklig

S. 138, 6.
a) $\gamma = 72°$
b) $\gamma = 50°$
c) $\alpha = 60°$
d) $\beta = \gamma = 45°$
e) $\alpha = 30°$; $\beta = 60°$; $\gamma = 90°$

S. 138, 7.
a) Zeichne die Seite $c = 5\,cm$. Schlage um die Endpunkte A und B der Strecke Kreise mit den Radien 4 cm und 3 cm. Der Schnittpunkt der Kreise ist der Punkt C des Dreiecks.
b) Zeichne die Seite $c = 3\,cm$. Trage im Punkt A den Winkel $\alpha = 30°$ ab. Schlage um A einen Kreis mit dem Radius $b = 2$ cm. Der Schnittpunkt des Kreises mit dem freien Schenkel von α ist der Punkt C des Dreiecks.

S. 138, 8.
a) 5 cm b) 1,3 dm c) 0,9 *m* d) 0,2 km

S. 138, 9.
a) $x = -4{,}5$ b) $x_1 = 3$; $x_2 = -3$
c) $x = 2$ d) $x = 3$

S. 139, 10.
a) $a = b - c^2$; $c = \pm\sqrt{b - a}$ b) $b = \frac{a^2}{c}$; $c = \frac{a^2}{b}$
c) $a = \frac{25}{b^2}$; $b = \pm\frac{5}{\sqrt{a}}$
d) $a = \pm\sqrt{25 - b}$; $b = 25 - a^2$

S. 139, 11.
a) $L = \{6; -6\}$ b) $L = \{\}$
c) $L = \{\sqrt{0{,}5}; -\sqrt{0{,}5}\}$ d) $L = \{\sqrt{3}; -\sqrt{3}\}$

S. 139, 12.
a) $x^2 + 7x + 10$ b) $xy - 3x + 7y - 21$
c) $ab + 4a - 6b - 24$ d) $6a - 3b^2 + 3b - 6ab$

S. 139, 13.
a) $x^2 + 8x + 16$ b) $y^2 - 6y + 9$
c) $a^2 - 25$ d) $4x^2 + 12xy + 9y^2$
e) $(p + 6)^2$ f) $(2t - 4)^2$
g) $(9a + 7b)(9a - 7b)$ h) $9c^2 - 6c\sqrt{2} + 2$

S. 139, 14.
a) 4 b) 14 c) 0,5 d) $\frac{1}{7}$
e) $\frac{5}{12}$ f) 5 g) 8 h) nicht definiert

S. 139, 15.
a) $L = \{-2; 2\}$ b) $L = \{-7; 7\}$
c) $L = \{-8; 8\}$ d) $L = \{\}$
e) $L = \{-5; 5\}$ f) $L = \{\}$
g) $L = \{-6{,}32; 6{,}32\}$ h) $L = \{-10{,}25; 10{,}25\}$

S. 139, 16.
a) 10 cm; 100 cm; 0,1 cm; 100 000 cm; 5 cm; 75 cm; 7,5 cm; 1500 cm
b) $100\,cm^2$; $0{,}01\,cm^2$; $10\,000\,cm^2$; $1200\,cm^2$; $500\,cm^2$; $0{,}25\,cm^2$; $10\,cm^2$; $300\,cm^2$

S. 139, 17.
a) 0,25 dm; 0,15 m; 20 cm; 350 mm; $\frac{1}{100}$ km; 12 m; 1350 cm; 140 dm
b) $\frac{1}{10}\,dm^2$; $2500\,mm^2$; $200\,cm^2$; $0{,}07\,m^2$; $10\,dm^2$; $\frac{3}{10}\,m^2$; $5000\,cm^2$; $150\,dm^2$

S. 139, 18.
a) ① $A = 1{,}5\,cm^2$ ② $A = 3{,}125\,cm^2$
③ $A = 3{,}75\,cm^2$ ④ $A = 2{,}625\,cm^2$
⑤ $A = 1{,}5\,cm^2$
b) (bei Vierecken: Lösungsbeispiele)

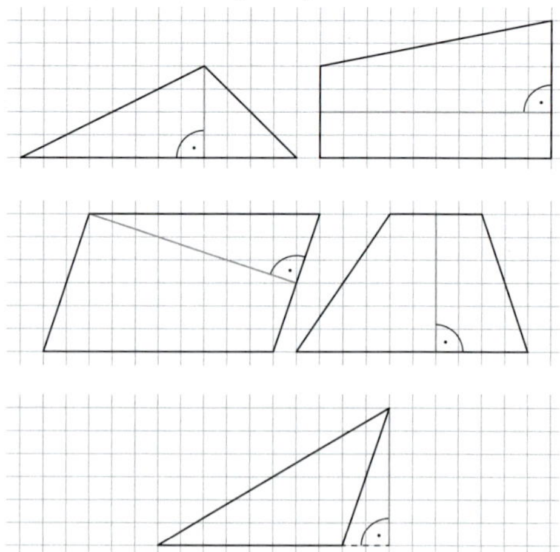

S. 139, 19.
Ja: 3 und 4 sowie 6 und 8.

Prüfe dein neues Fundament (S. 162/163)

S. 162, 1.

a) $c = 10\,cm$ b) $b \approx 285{,}99\,mm$
c) $c \approx 3{,}84\,cm$ d) $b \approx 5{,}32\,dm$
e) $a \approx 5{,}55\,cm$ f) $b \approx 14{,}21\,cm$

S. 162, 2.

a) $h \approx 3{,}12\,cm$ b) $h \approx 5{,}20\,cm$; $A \approx 15{,}59\,cm^2$

S. 162, 3.

$d \approx 19{,}95\,cm$

S. 162, 4.

a) Rollt man die Mantelfläche des Zylinders vorn beginnend ab, so ergibt sich folgendes Bild:

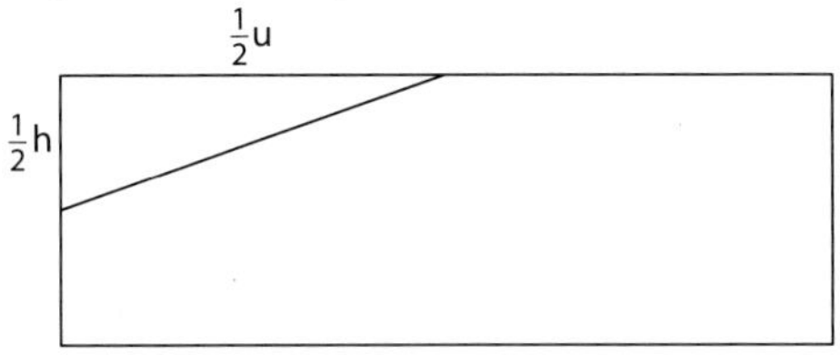

Mit Pythagoras folgt, dass der kürzeste Weg rund 13,42 cm lang ist.

b) Rollt man die Mantelfläche des Zylinders rechts beginnend ab, so ergibt sich folgendes Bild:

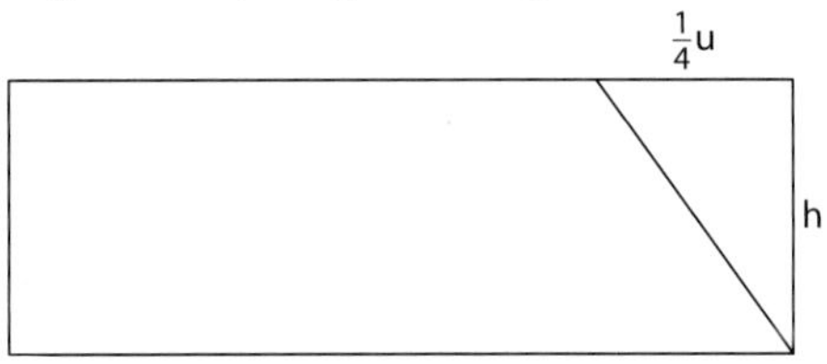

Mit Pythagoras folgt, dass der kürzeste Weg rund 13,42 cm lang ist.

S. 162, 5.

a) Erik: 150 m; Mohammed: ca. 111,80 m
b) Erik braucht 27 s, Mohammed nur ca. 25 s. Mohammed erreicht die Eckfahne als Erster.

S. 162, 6.

a) waagerechte Strecke: 3000 m;
Länge der Straße ≈ 3015 m
b) Steigung: 9 %; Länge der Straße ≈ 2008 m

S. 162, 7.

a) Die Leiter muss 17,6 m überbrücken. Dafür darf der Drehkranz nicht weiter als 24,29 m vom Haus entfernt sein.
b) Der Abstand vom Haus und die Strecke, die die Leiter überbrückt, sind dabei gleich.
$a = 21{,}21\,m$; mit der Höhe des Drehkranzes reicht die Leiter dann 24,61 m hoch.

S. 162, 8.

Entfernungen der Tore voneinander:
Süd – Ost: 1000 m; Ost – Nord: ca. 632,5 m;
Nord – West: ca. 894,4 m; West – Süd: ca. 721,1 m
Der Weg über das Westtor ist also insgesamt ca. 1615,5 m lang, der über das Osttor 1632,5 m. Der Weg über das Osttor ist etwas länger.

S. 163, 9.

a) $\sqrt{8^2 + 15^2} = 17$: Das Dreieck ist rechtwinklig, der rechte Winkel ist γ.
b) $\sqrt{2^2 + 4^2} \neq 5$: Das Dreieck ist nicht rechtwinklig.
c) $\sqrt{13^2 + 84^2} = 85$: Das Dreieck ist rechtwinklig, der rechte Winkel ist β.
d) $\sqrt{3{,}8^2 + 4{,}5^2} \approx 5{,}89$: Das Dreieck ist rechtwinklig, falls 5,89 cm eine passend gerundete Seitenlänge sind, der rechte Winkel ist γ.
e) $\sqrt{4{,}1^2 + 5{,}34^2} \approx 6{,}73 \neq 6{,}7$: Das Dreieck ist nicht rechtwinklig.
f) $\sqrt{0{,}5^2 + 0{,}29^2} \neq 0{,}7$: Das Dreieck ist nicht rechtwinklig.

S. 163, 10.

a) $(8\,km)^2 + (15\,km)^2 = 289\,km^2 < 361\,km^2 = (19\,km)^2$
Das Dreieck ist nicht rechtwinklig. Daraus folgt, dass der Fischkutter nicht genau nach Westen gefahren ist.
b) $(8\,km)^2 + (15\,km)^2 = 289\,km^2 = (17\,km)^2$
In diesem Fall wäre der Fischkutter genau nach Westen gefahren.

S. 163, 11.

a) Falsch: Das Dreieck ist zwar rechtwinklig, allerdings ist a die Hypotenuse und $\alpha = 90°$.
b) Falsch: Auch 4 cm können die Hypotenuse sein, dann hätte die dritte Seite die Länge $\sqrt{7}$ cm.
c) Richtig, denn würde die Gleichung gelten, wäre das Dreieck rechtwinklig.
d) Falsch: Das Dreieck kann einen rechten Winkel in α oder β haben, allerdings nicht in γ.

S. 163, 12.

Zeichnet man die Diagonale d des Quadrats ein, so erhält man zwei kongruente rechtwinklige Dreiecke mit den Seitenlängen 16 cm, 2 cm und $\frac{d}{2}$. Daraus berechnet sich man $d = 4\sqrt{65}$. Für die Seitenlänge a des Quadrats gilt dann: $a = \frac{d}{\sqrt{2}} = 2\sqrt{130}\,cm \approx 22{,}80\,cm$

S. 163, 13.

a) Man konstruiert die Diagonale eines Quadrats mit der Seitenlänge 1 cm.
b) Man konstruiert die Länge $\sqrt{2}$ cm wie in a) und damit ein Rechteck mit den Seitenlängen 1 cm und $\sqrt{2}$ cm. Die Diagonale dieses Rechtecks hat die Länge $\sqrt{3}$ cm.

Lösungen zu Kapitel 6: Kreisberechnungen

Dein Fundament (S. 166/167)

S. 166, 1.

	a)	b)	c)	d)
r	1,0 cm	0,5 cm	1,2 cm	1,5 cm
d	2,0 cm	1,0 cm	2,4 cm	3 cm

S. 166, 2.
d = 2r

S. 166, 3.
a), b)

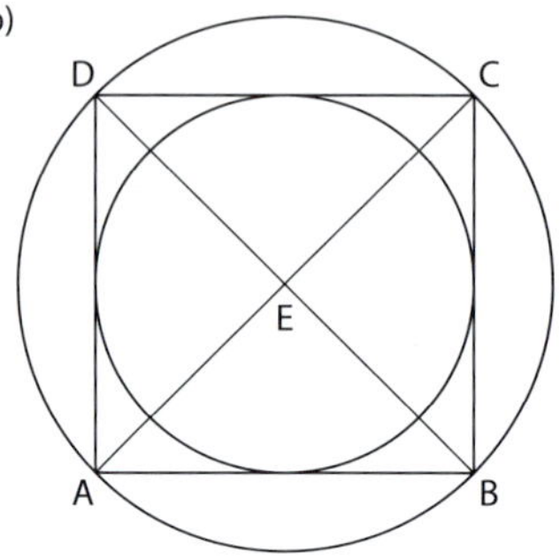

c) Mittelpunkte stimmen überein; Radien 2 cm; 2,83 cm

S. 166, 4.
a) Beispiellösung:

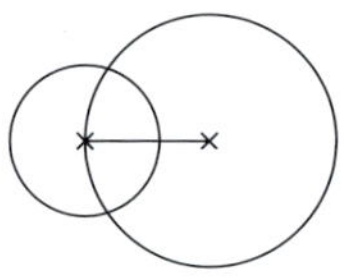

Der Mittelpunkt des kleinen Kreises liegt auf dem großen Kreis.

b) Beispiellösungen:

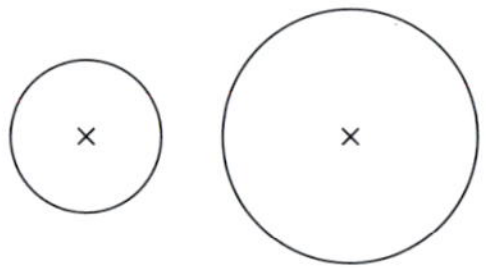

oder

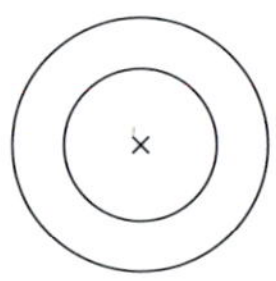

Die Mittelpunkte der Kreise sind mehr als 8,5 cm oder weniger als 2,5 cm voneinander entfernt.

S. 166, 5.
a)

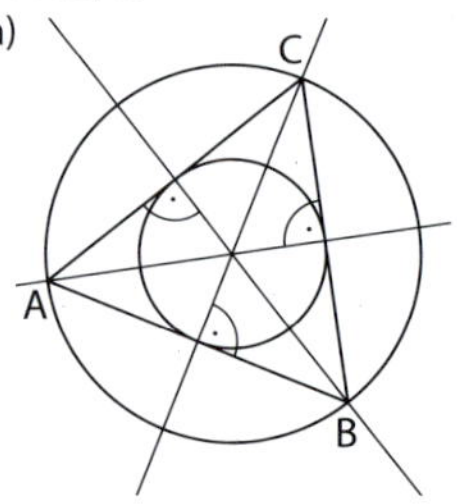

b) Die Mittelpunkte beider Kreise stimmen überein.
c) Nein, es trifft nur bei gleichseitigen Dreiecken zu. Nur bei ihnen fallen Winkelhalbierende und Mittelsenkrechten aufeinander.

S. 166, 6.
a; ha; km^2; m^2

S. 166, 7.
a) 1400 cm b) 240 mm^2
c) 0,18 m^2 d) 0,15 cm^2

S. 166, 8.

mm^2	1 000 000 000	50 000 000	1 015 000
cm^2	10 000 000	500 000	10 150
dm^2	100 000	5000	101,5
m^2	1000	50	1,015
a	10	0,5	0,01015
ha	0,1	0,005	≈ 0,0001

mm^2	120 000	15 000 000	1 040 000 000
cm^2	1200	150 000	10 400 000
dm^2	12	1500	104 000
m^2	0,12	15	1040
a	0,0012	0,15	10,4
ha	0,000012	0,0015	0,104

S. 167, 9.
a) u = 11 cm; A = 7,5 cm^2 b) u = 4,4 cm; A = 1,21 cm^2
c) u = 12 cm; A = 6 cm^2 d) u = 11 cm; A = 6 cm^2

S. 167, 10.
a) u = 48 cm
b) Beispiele: 1 cm und 30 cm; 2 cm und 15 cm; 5 cm und 6 cm

S. 167, 11.
a) 1,25 cm^2 b) 1 cm^2 c) 1 cm^2 d) 1 cm^2

S. 167, 12.
4 cm^2

S. 167, 13.
a) 196 b) 289 c) 2,25 d) 0,0625 e) 8,34
f) 15,7 g) 8,7 h) 18,84 i) 841 j) 50,24

S. 167, 14.
a) 2 b) 5 c) 0,1 d) 0,9 e) 14

S. 167, 15.
a) $a = \frac{c}{2b}$ b) $r = \frac{9}{p}$ $(p \neq 0)$ c) $n = 3m$
d) $a = \frac{4}{3b}$ $(b \neq 0)$ e) $r = \pm\frac{6}{\sqrt{p}}$ $(p > 0)$ f) $t = \pm\frac{1}{2}$
g) $x = -51$ h) $t = \frac{9}{7}$ i) $v = \pm 5$

S. 167, 16.
a) Proportionalitätsfaktor 3,1

0,5	1	2	3	4
1,55	3,1	6,2	9,3	12,4

b) Proportionalitätsfaktor 3,14

1	1,5	2	3	5	7
3,14	4,71	6,28	9,42	15,7	21,98

S. 167, 17.
a) $\frac{1}{4}$; $\alpha = 90°$ b) $\frac{1}{8}$; $\alpha = 45°$
c) $\frac{3}{4}$; $\alpha = 270°$ d) $\frac{3}{8}$; $\alpha = 135°$

Prüfe dein neues Fundament (S. 184/185)

S. 184, 1

a) $u \approx 157{,}08\,cm$ b) $u \approx 87{,}96\,mm$
c) $u \approx 8{,}80\,km$ d) $u \approx 14{,}61\,m$
e) $u \approx 596{,}90\,m$ f) $u \approx 19{,}74\,m$

S. 184, 2.

$r \approx 79{,}58\,m$; $d \approx 159{,}15\,m$

S. 184, 3.

Planet	Durchmesser	Länge Äquatorkreis
Venus	12 104 km	38 026 km
Erde	12 756 km	40 074 km
Mars	6 790 km	21 331 km
Jupiter	142 984 km	449 197 km
Neptun	49 528 km	155 597 km

S. 184, 4.

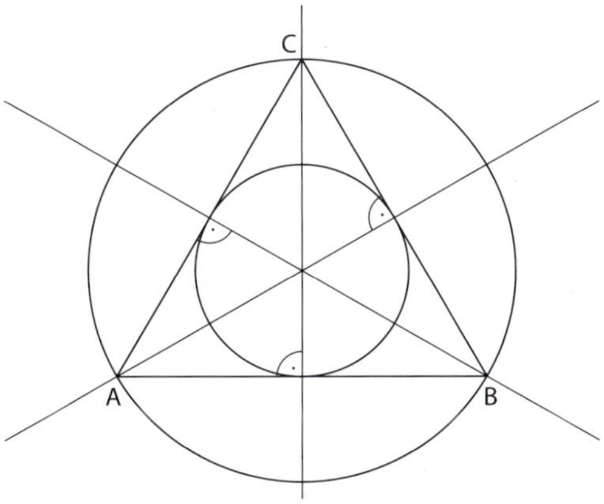

Man konstruiert zu den Seiten des Dreiecks die Mittelsenkrechten. Die drei neuen Schnittpunkte der Mittelsenkrechten mit dem Kreis bilden zusammen mit den Punkten des Dreiecks das regelmäßige Sechseck. Konstruiert man zu den Seiten des Sechsecks erneut die Mittelsenkrechten, so erhält man 6 neue Schnittpunkte dieser Mittelsenkrechten mit dem Kreis, die zusammen mit den Sechseckpunkten ein regelmäßiges Zwölfeck ergeben. Je öfter man das Verfahren fortführt, desto mehr nähert sich der Flächeninhalt des n-Ecks dem des Kreises an.

S. 184, 5.

a) $A \approx 50{,}27\,cm^2$ b) $A \approx 191{,}13\,m^2$
c) $A \approx 3{,}14\,cm^2$ d) $A \approx 1772{,}05\,dm^2$
e) $A \approx 83{,}97\,km^2$ f) $A \approx 9{,}42\,cm^2$

S. 184, 6.

a) $u \approx 51{,}05\,mm$; $A \approx 207{,}39\,mm^2$
b) $u \approx 94{,}25\,cm$; $A \approx 706{,}86\,cm^2$
c) $u \approx 130{,}38\,dm$; $A \approx 1352{,}66\,dm^2$
d) $u \approx 5{,}22\,m$; $A \approx 2{,}16\,m^2$

S. 184, 7.

a) $r \approx 5{,}73\,cm$ b) $r \approx 3{,}91\,cm$
c) $r \approx 14{,}32\,mm$ d) $r \approx 10{,}75\,m$

S. 184, 8.

Das Gebiet ist ca. $78{,}5\,km^2$ groß.

S. 184, 9.

a)

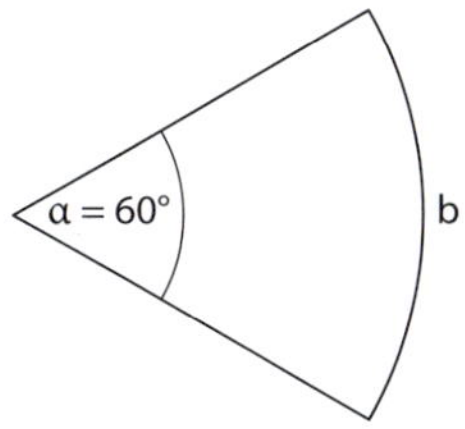

b) Es gibt mehrere Möglichkeiten, da die Radien bzw. Winkel unterschiedlich gewählt werden können. Es gilt die Gleichung $4\,cm = \frac{\alpha}{180} \cdot \pi \cdot r$.

S. 184, 10.

a) $A_\alpha \approx 3{,}49\,cm^2$; $b_\alpha \approx 1{,}40\,cm$
b) $A_\alpha \approx 61{,}24\,mm^2$; $b_\alpha \approx 11{,}14\,mm$

S. 184, 11.

a) $\alpha \approx 80°$ b) $r \approx 13{,}82\,cm$

S. 185, 12.

$h_c \approx 2{,}60\,cm$; $A_{Dreieck} \approx 7{,}79\,cm^2$; $A_{Halbkreis} \approx 14{,}14\,cm^2$
$A_{grün} \approx 6{,}35\,cm^2$

S. 185, 13.

$r_{gelb} = 12{,}2\,cm$; $r_{rot} = 24{,}4\,cm$
$A_{rot} = \pi(24{,}4^2 - 12{,}2^2)\,cm^2 \approx 1402{,}78\,cm^2$

S. 185, 14.

a) $A \approx 6702{,}06\,cm^2$, also haben im Beet 335 Stiefmütterchen Platz.
b) $u \approx 3{,}26\,m$, also werden 37 Steine benötigt (wobei der Bogen durch die Steine nur angenähert wird).
c) 692 €
d) $A \approx 5161{,}81\,cm^2$; $u \approx 2{,}89\,m$; 258 Stiefmütterchen und 33 Steine; Kosten: 539,70 €. Dieses Beet ist preiswerter.

S. 185, 15.

$A \approx 3944{,}44\,cm^2$; Anzahl Steine: 15 778 (dazu müssen 15 800 Steine gekauft werden); Kosten: 709,42 €

Lösungen zu Kapitel 7: Körperberechnungen

Dein Fundament (S. 188/189)

S. 188, 1.

a) $300\,dm^2$ b) $30\,mm^2$ c) $9{,}8908\,m^2$
d) $5000\,cm^2$ e) $0{,}559\,\ell$ f) $70\,000\,cm^3$
g) $7{,}890\,m^3$ h) $120\,m\ell$

S. 188, 2.

a) $0{,}02\,m^2 < 2153\,cm^2 < 2\,m^2 < 1{,}5\,a < 0{,}5\,ha$
b) $10\,m\ell < 0{,}025\,dm^3 < 0{,}5\,\ell < 17\,dm^3 < 2\,m^3$

S. 188, 3.

a) $5\,mm^2 + 300\,mm^2 = 305\,mm^2$ $(= 3{,}05\,cm^2)$
b) $200\,m^2 + 100\,000\,m^2 = 100\,200\,m^2$ $(= 0{,}1002\,km^2)$
c) $5000\,cm^3 + 200\,000\,cm^3 = 205\,000\,cm^3$ $(= 0{,}205\,m^3)$
d) $3\,m^2 \cdot 0{,}5\,m = 1{,}5\,m^3$ $(= 1\,500\,000\,cm^3)$

S. 188, 4.

a) $V = 8\,cm^3$; $O = 24\,cm^2$ b) $V = 6\,cm^3$; $O = 22\,cm^2$

S. 188, 5.

a) 10 cm b) 4 cm c) 15 cm

S. 188, 6.

Kantenlänge $a = 10\,cm$.
Ein Würfel hat 12 Kanten. Die Gesamtkantenlänge beträgt also $12 \cdot 10\,cm = 120\,cm$.

S. 188, 7.

$V_{Wasser} = 50\,cm \cdot 30\,cm \cdot 28\,cm = 42\,000\,cm^3$
$= 42\,dm^3 = 42\,\ell$
$n = \frac{42\,\ell}{2\,\ell} = 21$: Gustav kann in diesem Aquarium maximal 21 Fische halten.

S. 188, 8.

a) Zylinder
b) Prisma mit einem Trapez als Grundfläche
c) (regelmäßige) Pyramide mit einem (regelmäßigen) Sechseck als Grundfläche
d) Prisma mit einem (gleichschenkligen) Dreieck als Grundfläche
e) Prisma mit einem Sechseck als Grundfläche
f) kein Fachbegriff (schräg abgeschnittener Quader)

S. 189, 9.

a)
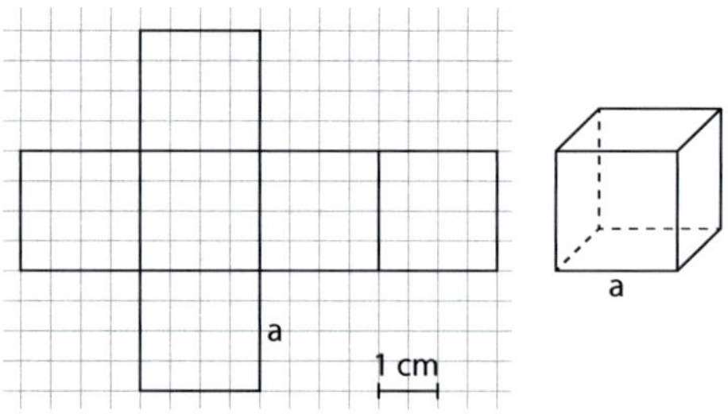

b)
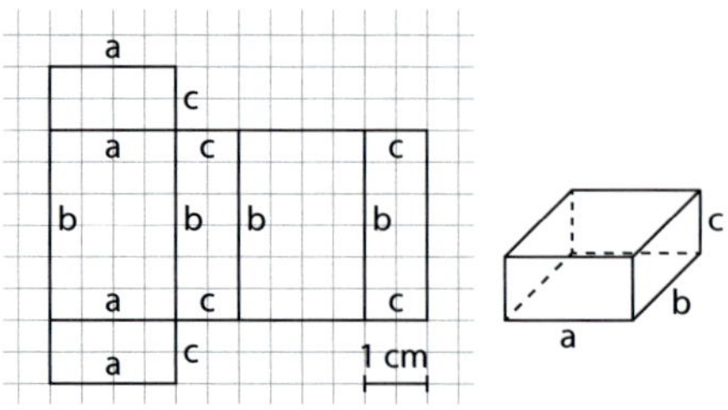

S. 189, 10.

a) $A = 15\,cm^2$ b) $A = 85\,cm^2$ c) $A = 18{,}9\,cm^2$

S. 189, 11.

a) $A = 2{,}5\,cm^2$ b) $A = 3\,cm^2$
c) $A = 2{,}5\,cm^2$ d) $A = 4\,cm^2$

S. 189, 12.

a) $A = 8\,cm^2$ b) $A = 12\,cm^2$

S. 189, 13.

a) $u \approx 6{,}28\,cm$; $A \approx 3{,}14\,cm^2$
b) $r = 2\,cm$; $u \approx 12{,}57\,cm$; $A \approx 12{,}57\,cm^2$
c) $u \approx 8{,}80\,cm$; $A \approx 6{,}16\,cm^2$
d) $r = 1{,}3\,cm$; $u \approx 8{,}17\,cm$; $A \approx 5{,}31\,cm^2$

S. 189, 14.

a) $r \approx 6{,}68\,cm$ b) $r \approx 10{,}00\,cm$

S. 189, 15.

a) $A \approx 22{,}28\,cm^2$; $u \approx 18{,}28\,cm$
b) $A \approx 4\,cm^2$; $u \approx 10{,}28\,cm$

Prüfe dein neues Fundament (S. 240/242)

S. 240, 1.

a) Ja, denn er besteht aus zwei kongruenten Dreiecken und drei rechteckigen Seitenflächen.
b) Nein, denn Grund- und Deckfläche sind nicht gleich groß und die Seitenflächen nicht rechteckig.
c) Ja, denn er besteht aus zwei kongruenten Fünfecken und fünf rechteckigen Seitenflächen.
d) Nein, denn es handelt sich um eine Pyramide.
e) Nein, denn es handelt sich um einen halben Zylinder.

S. 240, 2.

a)
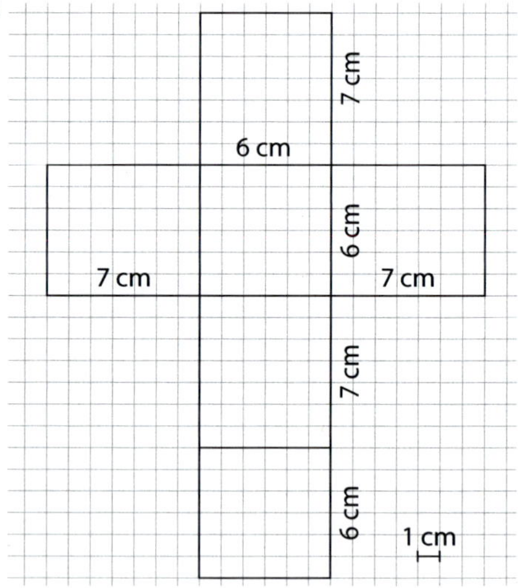

$O = 240\,cm^2$

b)

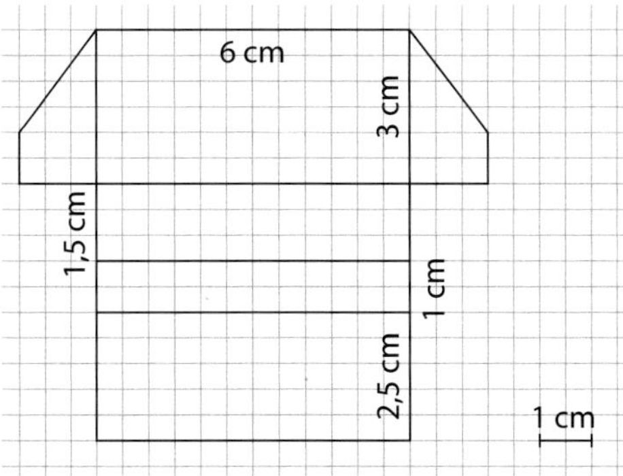

Grundfläche: $G = 3\,cm^2$

$O = 8\,cm \cdot 6\,cm + 2 \cdot G$
$= 54\,cm^2$

c)

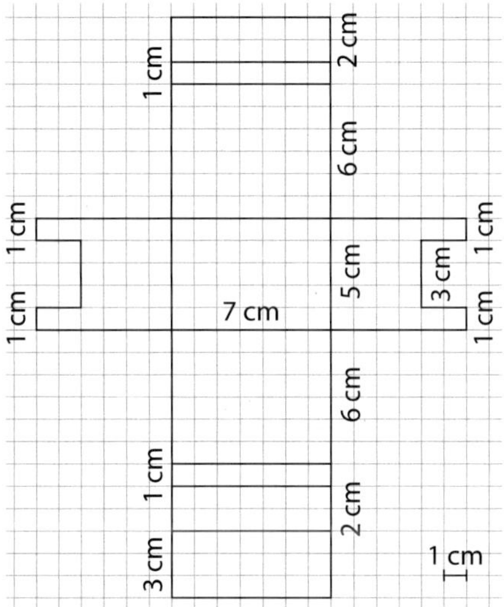

Grundfläche: $G = 24\,cm^2$
$O = 230\,cm^2$

S. 240, 3.
$G = 60\,cm^2$; $V = 300\,cm^3$; $m = 720\,g$

S. 240, 4.
a) $G = 2\,cm^2$; $h = 15\,cm$
b) $G = 1{,}5\,cm^2$; $h = 20\,cm$
c) $G = 3\,cm^2$; $h = 10\,cm$
d) $G = 4{,}5\,cm^2$; $h \approx 6{,}67\,cm$

S. 240, 5.
$V_{unten} = 72\,cm^3$; $V_{oben} = 40\,cm^3$
$V = 112\,cm^3$

S. 240, 6.
a)

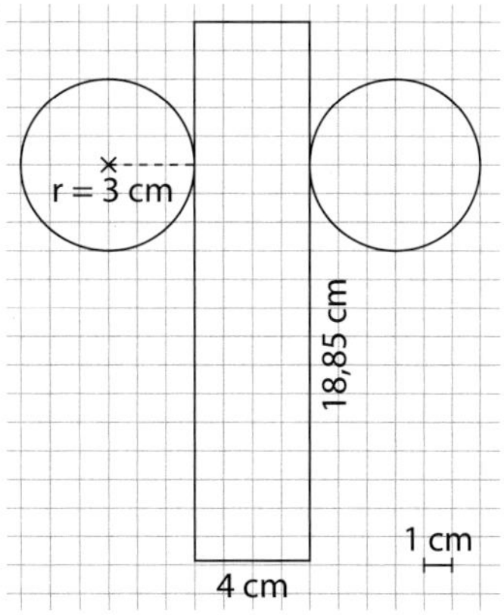

$O = 4\,cm \cdot 2 \cdot \pi \cdot 3\,cm + 2 \cdot \pi \cdot (3\,cm)^2 \approx 131{,}95\,cm^2$

b)

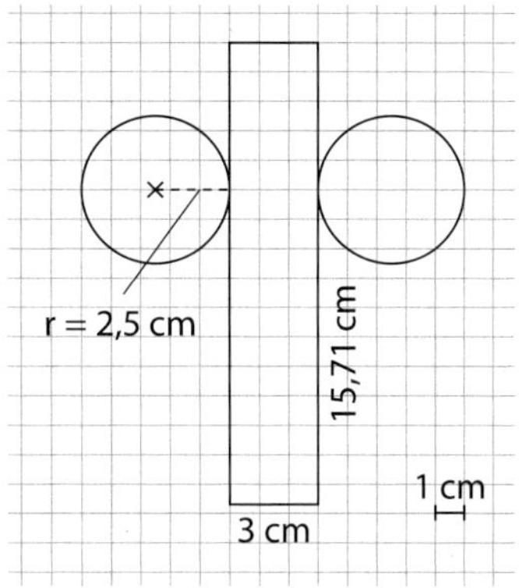

$O = 3\,cm \cdot 2 \cdot \pi \cdot 2{,}5\,cm + 2 \cdot \pi \cdot (2{,}5\,cm)^2 \approx 86{,}39\,cm^2$

c)

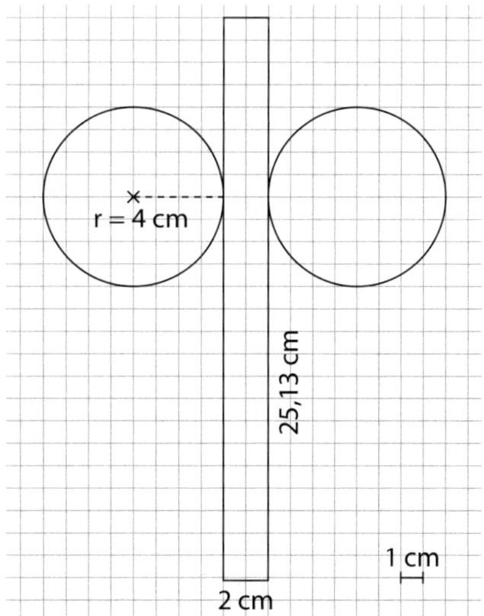

$O = 2\,cm \cdot 2 \cdot \pi \cdot 4\,cm + 2 \cdot \pi \cdot (4\,cm)^2 \approx 150{,}80\,cm^2$

S. 240, 7.
a) $h \approx 29{,}79\,cm$ b) $h \approx 57{,}66\,m$
c) $O \approx 188{,}5\,m^2$, $V \approx 197{,}92\,m^3$
d) $O \approx 527{,}8\,cm^2$, $V \approx 904{,}78\,cm^3$
e) $O \approx 230{,}9\,dm^2$, $V \approx 269{,}39\,dm^3$
f) $O \approx 367{,}6\,cm^2$, $V \approx 540\,746{,}64\,mm^3 \approx 540{,}75\,cm^3$
g) $h \approx 1{,}91\,cm$ h) $h \approx 2{,}04\,mm$
i) $r \approx 9{,}81\,cm$ j) $r \approx 4{,}67\,cm$

S. 241, 8.

a) $V = \pi \cdot (2{,}5\,cm)^2 \cdot 12\,cm \approx 235{,}62\,cm^3$
Man benötigt etwa $236\,cm^3$ Material.

b) $h = \frac{200\,cm^3}{\pi \cdot (2{,}5\,cm)^2} \approx 10{,}19\,cm$
Das Material reicht noch für einen Teelichtständer mit 9 oder 10 cm Höhe. Bei 10 cm Höhe bleibt weniger Material übrig.

S. 241, 9.

$V = 10\,cm \cdot 4\,cm \cdot 5\,cm - 2 \cdot \pi \cdot (1{,}5\,cm)^2 \cdot 4\,cm$
$\approx 143{,}45\,cm^3$
$O = 2 \cdot 4\,cm \cdot 5\,cm + 2 \cdot 4\,cm \cdot 10\,cm + 2 \cdot 10\,cm \cdot 5\,cm$
$- 2 \cdot 2 \cdot \pi \cdot (1{,}5\,cm)^2 + 2 \cdot 2 \cdot \pi \cdot 1{,}5\,cm \cdot 4\,cm$
$\approx 267{,}12\,cm^2$

S. 241, 10.

a) $O \approx 15{,}31\,cm^2$

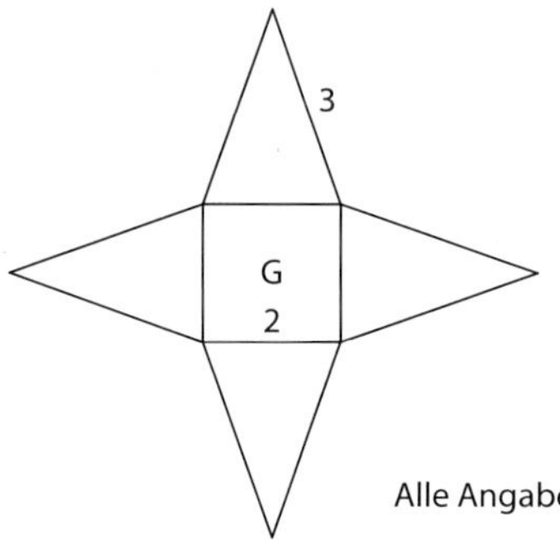

b) $O \approx 80{,}90\,cm^2$

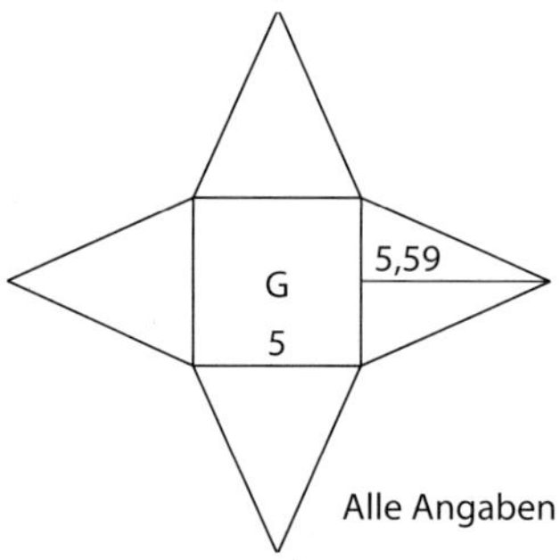

c) $O \approx 37{,}17\,cm^2$

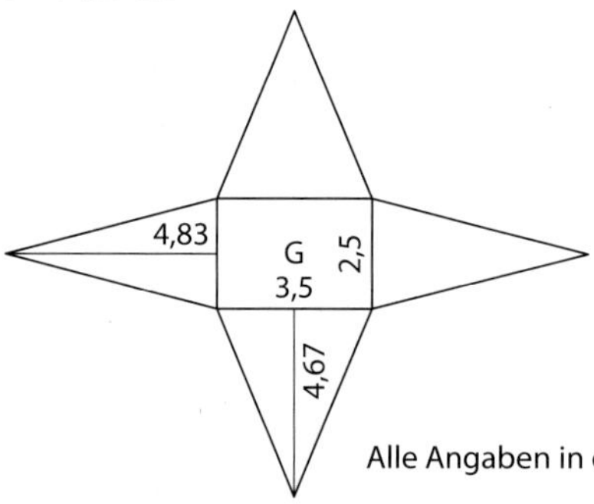

d) $V = 2312\,m^3$ e) $V = 8533\,mm^3$
f) $h = 9{,}6\,cm$ g) $h = 5{,}5\,m$

S. 241, 11.

a) $O \approx 103{,}67\,cm^2$ b) $O \approx 56{,}68\,cm^2$ c) $O \approx 2{,}83\,m^2$
d) $V \approx 4712{,}39\,cm^3$ e) $V \approx 23{,}65\,cm^3$
f) $V \approx 3166{,}73\,mm^3$
g) $h \approx 5{,}73\,cm$ h) $r \approx 2{,}11\,m$

S. 241, 12.

a) $V_{Glas} = \frac{1}{3}\pi \cdot (2{,}5\,cm)^2 \cdot 10\,cm \approx 65{,}45\,cm^3$
b) Radius der Flüssigkeit: $r = 2{,}25\,cm$ (Strahlensatz)
$V_{Flüssigkeit} = \frac{1}{3}\pi \cdot (2{,}25\,cm)^2 \cdot 9\,cm \approx 47{,}71\,cm^3$
$V_{Flüssigkeit}: V_{Glas} \approx 0{,}73$
Das Glas ist also zu ca. 73 % gefüllt.

S. 241, 13.

a) ca. $407{,}29\,m^2$, also etwa $407{,}3\,m^2$ Kupferblech
b) ca. 39 926,98 €
c) $V = 720\,m^3 = \frac{1}{3} \cdot h \cdot (12\,m)^2$; $h = 15\,m$

S. 241, 14.

a) $V \approx 523{,}60\,cm^3$; $O \approx 314{,}16\,cm^2$
b) $V \approx 1767{,}15\,cm^3$; $O \approx 706{,}86\,cm^2$
c) $V \approx 6538{,}27\,mm^3$; $O \approx 1690{,}93\,mm^2$
d) $V \approx 998{,}31\,cm^3$; $O \approx 483{,}05\,cm^2$

S. 242, 15.

a) $d \approx 19{,}69\,m$
b) Es sind rund $1218{,}59\,m^2$ Innenfläche zu versiegeln.
c) $V_{Jupiter} \approx 1{,}53 \cdot 10^{15}\,km^3$
Für das Gas des Jupiter wären rund $3{,}83 \cdot 10^{20}$, also ungefähr 383 000 000 000 000 000 000 Gasbehälter nötig.

S. 242, 16.

a) $V \approx 569{,}68\,cm^3$; $O \approx 351{,}86\,cm^2$
b) $V \approx 466\,526{,}51\,cm^3$; $O \approx 40\,180{,}95\,cm^2$
c) $V \approx 16{,}94\,cm^3$; $O \approx 55{,}05\,cm^2$

S. 242, 17.

a) Individuelle Schätzungen.
b) $V \approx 36\,521{,}01\,mm^3 \approx 36{,}52\,cm^3$
$m \approx 286{,}69\,g$
Eine Kiste mit 100 Werkstücken wiegt rund 28,67 kg.

Lösungen zu Kapitel 8: Mehrstufige Zufallsexperimente

Dein Fundament (S. 246/247)

S. 246, 1.

a) $\frac{1}{2} = 0{,}5 = 50\,\%$ b) $\frac{3}{4} = 0{,}75 = 75\,\%$
c) $\frac{7}{10} = 0{,}7 = 70\,\%$ d) $\frac{3}{50} = \frac{6}{100} = 0{,}06 = 6\,\%$
e) $\frac{18}{20} = \frac{9}{10} = 0{,}9 = 90\,\%$ f) $\frac{12}{40} = \frac{3}{10} = 0{,}3 = 30\,\%$

S. 246, 2.

a) $\frac{2}{10} = \frac{1}{5}$ b) $\frac{25}{100} = \frac{1}{4}$ c) $\frac{2}{100} = \frac{1}{50}$
d) $\frac{125}{1000} = \frac{1}{8}$ e) $\frac{72}{100} = \frac{18}{25}$ f) $\frac{6}{100} = \frac{3}{50}$

S. 246, 3.

a) $\frac{1}{100} = 0{,}01$ b) $\frac{25}{100} = 0{,}25$ c) $\frac{75}{100} = 0{,}75$
d) $\frac{40}{100} = 0{,}4$ e) $\frac{22}{100} = 0{,}22$ f) $\frac{30}{100} = 0{,}3$

S. 246, 4.

Prozentangabe	10 %	20 %	4 %	80 %
Bruch mit Nenner 100	$\frac{10}{100}$	$\frac{20}{100}$	$\frac{4}{100}$	$\frac{80}{100}$
Bruch (gekürzt)	$\frac{1}{10}$	$\frac{1}{5}$	$\frac{1}{25}$	$\frac{4}{5}$
Dezimalzahl	0,1	0,2	0,04	0,8

Prozentangabe	8 %	60 %	150 %	125 %
Bruch mit Nenner 100	$\frac{8}{100}$	$\frac{60}{100}$	$\frac{150}{100}$	$\frac{125}{100}$
Bruch (gekürzt)	$\frac{2}{25}$	$\frac{3}{5}$	$\frac{3}{2}$	$\frac{5}{4}$
Dezimalzahl	0,08	0,6	1,5	1,25

S. 246, 5.

a) $\frac{25}{49}$ b) $\frac{3}{16}$ c) $\frac{2}{7}$ d) $\frac{5}{33}$ e) $\frac{1}{6}$

S. 246, 6.

a) $\frac{4}{5}$ b) $\frac{6}{7}$ c) $\frac{5}{8}$ d) $\frac{3}{4}$ e) $\frac{5}{8}$
f) $\frac{3}{5}$ g) $\frac{7}{12}$ h) $\frac{1}{4}$ i) $\frac{3}{4}$ j) $\frac{3}{4}$

S. 246, 7.

a) 0,4 b) 0,12 c) 0,075 d) 0,014 e) 0

S. 246, 8.

a) 60 Schüler b) 36 Möglichkeiten
c) 430 Schrauben d) 7000 Flaschen

S. 246, 9.

a) $\frac{3}{4} > \frac{3}{4} \cdot \frac{1}{2}$ b) $\frac{3}{4} < \frac{3}{4} : \frac{1}{2}$ c) $\frac{4}{7} : \frac{1}{2} = \frac{4}{7} \cdot 2$
d) $\frac{3}{5} + \frac{1}{5} > \frac{3}{5} - \frac{1}{10}$ e) $\frac{2}{5} : \frac{3}{7} > \frac{2}{5} \cdot \frac{3}{7}$

S. 246, 10.

a) 4 b) 14 c) $\frac{1}{8}$ d) $\frac{5}{32}$ e) $\frac{9}{13}$

S. 246, 11.

a) 25 % b) 20 % c) 1 % d) 4 %
e) $\frac{1}{60} = 1{,}\overline{6}\,\%$ f) 19 % g) 120 % h) 4 %

S. 246, 12.

In die 8a gehen 15 Mädchen.

S. 246, 13.

Es gibt etwa 5517 Säugetierarten.

S. 247, 14.

a) Man kann die verschiedenen Ergebnisse vorher angeben, es lässt sich nicht sagen, welches Ergebnis eintreten wird, und man kann das Experiment beliebig oft wiederholen. Also handelt es sich um ein Zufallsexperiment.
Da am 24.12. immer schulfrei ist, lässt sich mit Sicherheit vorhersagen, welches Ergebnis eintreten wird. Es handelt sich also nicht um ein Zufallsexperiment.
b) Man kann die verschiedenen Ergebnisse vorher angeben, es lässt sich nicht sagen, welches Ergebnis eintreten wird, und man kann das Experiment beliebig oft wiederholen. Also handelt es sich um ein Zufallsexperiment.
c) Das Experiment lässt sich nicht zu einem späteren Zeitpunkt unter den gleichen Bedingungen wiederholen, da die Uhrzeit sich mit der verstrichenen Zeit ändert. Also handelt es sich nicht um ein Zufallsexperiment.

S. 247, 15.

a) blau; rot; grün
b) (Kopf; Kopf); (Zahl; Zahl); (Kopf; Zahl)
Die Reihenfolge spielt keine Rolle.
c) (rot; rot); (rot; blau); (rot; gelb); (blau; blau); (blau; gelb); (gelb; gelb)
Die Reihenfolge spielt keine Rolle.

S. 247, 16.

Es gibt drei mögliche Primzahlen (2; 3; 5) und zwei durch drei teilbare Zahlen (3; 6). Somit ist P(Primzahl) $= \frac{3}{6} = \frac{1}{2}$ und P(durch 3 teilbare Zahl) $= \frac{2}{6} = \frac{1}{3}$. Daher wird mit größerer Wahrscheinlichkeit eine Primzahl gewürfelt.

S. 247, 17.

a) Es handelt sich um ein Laplace-Experiment. Beide Seiten einer fairen Münze haben beim Wurf die gleiche Wahrscheinlichkeit.
b) Es handelt sich nicht um ein Laplace-Experiment. Die Wahrscheinlichkeit, auf der Rückseite zu landen, ist bei der Reißzwecke kleiner als die, auf der Nadelspitze zu landen.
c) Es handelt sich nicht um ein Laplace-Experiment. Der Baustein ist nicht würfelförmig. Damit ist die Wahrscheinlichkeit, dass der Baustein beim Wurf auf einer größeren Seitenfläche landet, größer als die Wahrscheinlichkeit für eine kleinere Seitenfläche.
d) Es handelt sich um ein Laplace-Experiment. Die Wahrscheinlichkeit für jede mögliche Karte ist gleich groß.

S. 247, 18.

a) Es handelt sich bei Glücksrad ① um ein Laplace-Experiment, da alle Felder gleich groß sind und somit mit gleicher Wahrscheinlichkeit auftreten. Bei Glücksrad ② ist die Wahrscheinlichkeit nicht für jede Farbe gleich groß. Somit handelt es sich nicht um ein Laplace-Experiment. Die Farbe Rot kommt beispielsweise häufiger vor als die Farbe Grün, sodass die Wahrscheinlichkeit, Rot zu erzielen, größer ist.

b) Glücksrad ①: $P(\text{Gelb}) = \frac{1}{4}$

Glücksrad ②: $P(\text{Gelb}) = \frac{1}{8}$

c) Beispiel:

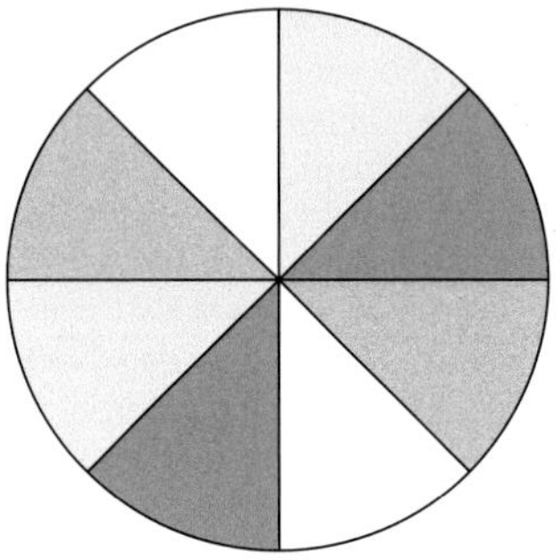

Zu beachten ist, dass der Anteil der Farben jeweils gleich groß sein muss.

S. 247, 19.

Beispiele:

a) Eine Münze wird geworfen.

b) Ein Spielwürfel wird geworfen.

c) Ziehen einer Karte von Pik, Karo, Kreuz oder Herz aus einem Kartenspiel.

d) Zufälliges Wählen einer natürlichen Zahl von 1 bis 36.

S. 247, 20.

a) $50\,\% < 0{,}7 < \frac{9}{8} < 1\frac{3}{4}$

b) $1\,\% < 0{,}9 < 125\,\% < 1\frac{1}{2} < 1{,}7$

c) $0{,}1^2 < \frac{1}{10} < 0{,}75 < 120\,\% < 1\frac{1}{4}$

S. 247, 21.

a) 18 Möglichkeiten

b) 180 Möglichkeiten

c) 900 Möglichkeiten

Prüfe dein neues Fundament (S. 268/269)

S. 268, 1.

a) Frau Rubin kann zwischen vier Autos wählen: Dem roten Kleinwagen, der roten Limousine, dem roten Kombi und dem roten SUV.

b) Herr Groß hat die Wahl zwischen sechs verschiedenfarbigen Kombis.

c) Der Händler muss insgesamt $4 \cdot 6 = 24$ Autos ausstellen, damit jeder Wagen in jeder Farbe vertreten ist.

S. 268, 2.

Es gibt $4 \cdot 3 = 12$ verschiedene zweistellige Zahlen, die entstehen können.

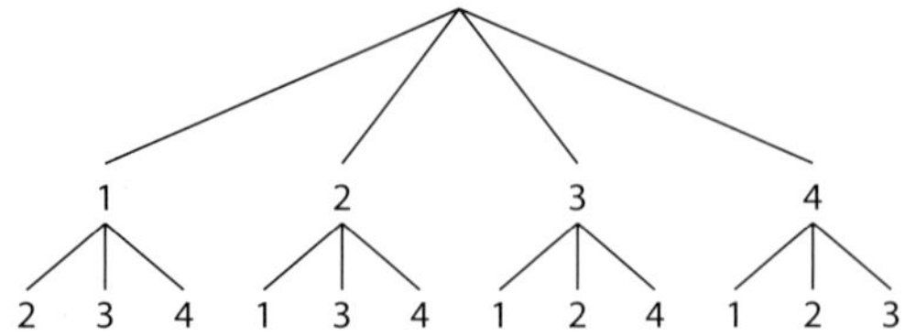

S. 268, 3.

Die Wahrscheinlichkeit, dass beide Glühlampen defekt sind, beträgt

$0{,}05 \cdot 0{,}05 = \frac{1}{400} = 0{,}0025 = 0{,}25\,\%$.

S. 268, 4.

a) H ≙ Herz

$\overline{H}$ ≙ nicht Herz

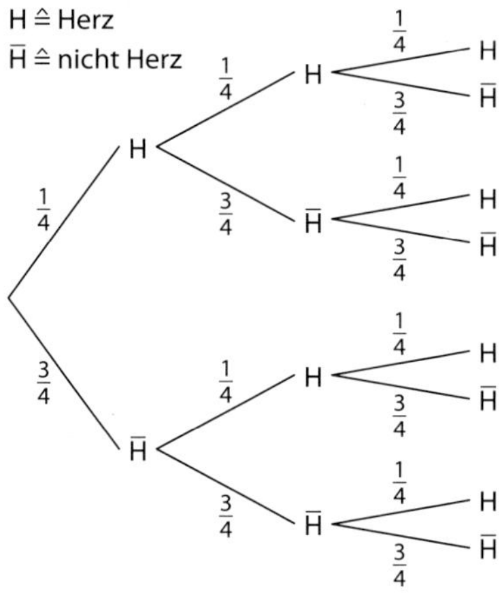

b) $P(\text{dreimal Herz}) = \frac{1}{4} \cdot \frac{1}{4} \cdot \frac{1}{4} = \frac{1}{64} \approx 0{,}0156 = 1{,}56\,\%$

c) $P(\text{einmal Herz}) = \frac{1}{4} \cdot \frac{3}{4} \cdot \frac{3}{4} + \frac{3}{4} \cdot \frac{1}{4} \cdot \frac{3}{4} + \frac{3}{4} \cdot \frac{3}{4} \cdot \frac{1}{4} = \frac{27}{64}$

$\approx 0{,}422 = 42{,}2\,\%$

S. 268, 5.

a)

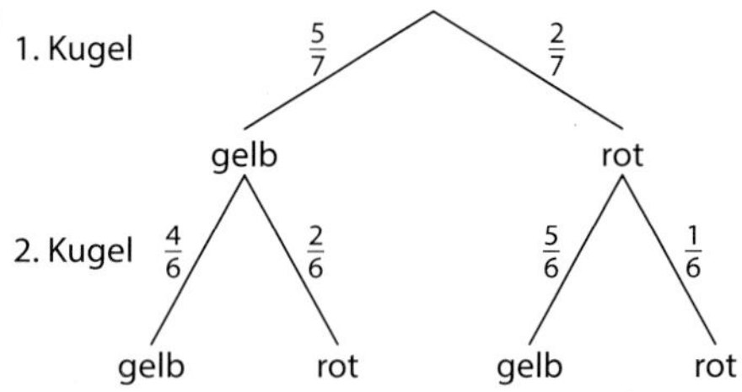

b) Nein, die Kugel wird nicht wieder zurückgelegt. Der Nenner wird bei den Wahrscheinlichkeiten im 2. Durchgang um eins kleiner.

c) P(zwei verschiedenfarbige Kugeln)

$= \frac{5}{7} \cdot \frac{2}{6} + \frac{2}{7} \cdot \frac{5}{6} = \frac{10}{21} \approx 0{,}476 = 47{,}6\,\%$

S. 268, 6.

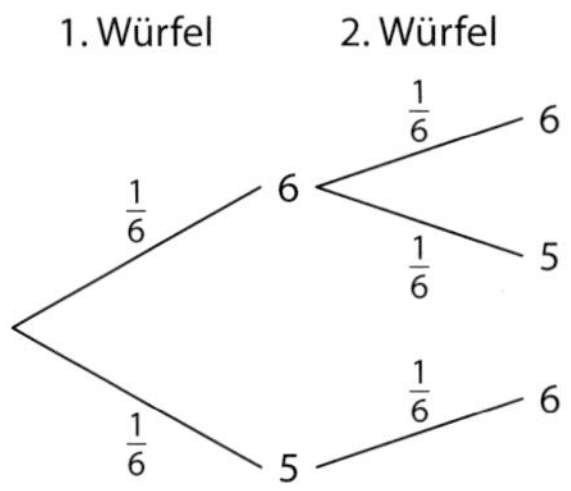

P(Augensumme ≥ 11) = $\left(\frac{1}{6} \cdot \frac{1}{6}\right) \cdot 3 = \frac{1}{12} \approx 0{,}0833$
≈ 8,3 % Die Wahrscheinlichkeit, beim Werfen zweier Würfel eine Augensumme von mindestens 11 zu werfen, beträgt etwa 8,3 %.

S. 268, 7.

a) E: Henri tippt sowohl den Erst- als auch den Zweitplatzierten richtig.
$P(E) = \frac{1}{10} \cdot \frac{1}{9} = \frac{1}{90} \approx 0{,}0111 = 1{,}11\,\%$

b) E: Henri tippt nur den Sieger richtig.
$P(E) = \frac{1}{10} \cdot \frac{8}{9} = \frac{4}{45} \approx 0{,}0889 = 8{,}89\,\%$

c) E: Henri tippt nur den Zweitplatzierten richtig.
$P(E) = \frac{8}{10} \cdot \frac{1}{9} = \frac{4}{45} \approx 0{,}0889 = 8{,}89\,\%$

S. 269, 8.

P(zwei gleichfarbige Socken)
$= 2 \cdot \frac{6}{12} \cdot \frac{5}{11} = \frac{5}{11} \approx 0{,}4545 = 45{,}45\,\%$

S. 269, 9.

Cansu hat unrecht.
Die Chance eines Kindes ergibt sich aus dem Produkt der zugehörigen Pfadwahrscheinlichkeiten. Diese können aus dem Baumdiagramm abgelesen werden.

$P(1.\ \text{Kind}) = \frac{1}{4}$

$P(2.\ \text{Kind}) = \frac{3}{4} \cdot \frac{1}{3} = \frac{1}{4}$

$P(3.\ \text{Kind}) = \frac{3}{4} \cdot \frac{2}{3} \cdot \frac{1}{2} = \frac{1}{4}$

$P(4.\ \text{Kind}) = \frac{3}{4} \cdot \frac{2}{3} \cdot \frac{1}{2} \cdot 1 = \frac{1}{4}$

Somit haben alle Kinder die gleiche Chance.

S. 269, 10.

a) „mehr als zweimal Zahl" bedeutet „dreimal Zahl":
$P(E) = \frac{1}{8} = 12{,}5\,\%$

b) „mindestens einmal Zahl" ist das Gegenereignis zu „dreimal Kopf": $P(E) = 1 - \frac{1}{8} = \frac{7}{8} = 87{,}5\,\%$

c) „höchstens zweimal Kopf" bedeutet „mindestens einmal Zahl": $P(E) = \frac{7}{8} = 87{,}5\,\%$

d) $P(E) = \frac{3}{8} = 37{,}5\,\%$

S. 269, 11.

P(mindestens eine Frage falsch) = 1 − P(alle Antworten korrekt) $= 1 - \frac{1}{81} = \frac{80}{81} \approx 0{,}9877 = 98{,}77\,\%$
Mit einer Wahrscheinlichkeit von 98,77 % beantwortet Mira mindestens eine Frage falsch.

S. 269, 12.

Die Wahrscheinlichkeit für mindestens einmal Blau bei drei Drehungen liegt bei $1 - \left(\frac{3}{4}\right)^3 \approx 57{,}8\,\%$.

S. 269, 13.

a)

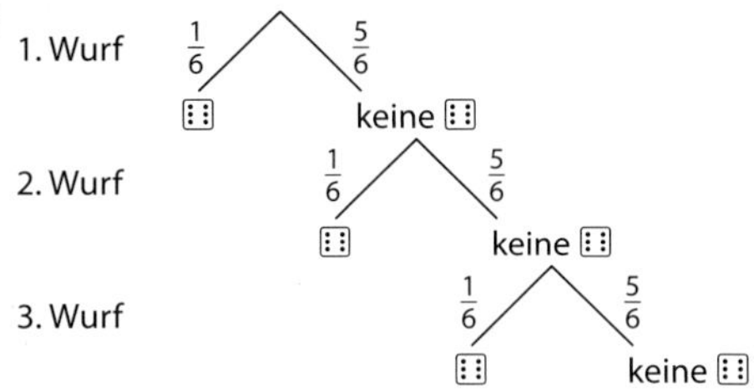

b) $\frac{1}{6} + \frac{5}{6} \cdot \frac{1}{6} + \frac{5}{6} \cdot \frac{5}{6} \cdot \frac{1}{6} = \frac{1}{6} + \frac{5}{36} + \frac{25}{216} = \frac{91}{216} \approx 42{,}13\,\%$

S. 269, 14.

Individuelle Lösungen.

Technische Zeichnungen:
Cornelsen/Christian Böhning; Cornelsen/zweiband.media, Berlin

Illustrationen:
Cornelsen/Stefan Bachmann; Cornelsen/Gerlinde Keller (56, 260)

Screenshots:
Cornelsen/Inhouse/© Casio. Nutzung mit Genehmigung von Casio: 24, 62, 63, 101 (2), 102, 103 (2), 104, 105, 106, 107, 158 (2), 159, 160
Cornelsen/Inhouse/© Texas Instruments. Nutzung mit Genehmigung von Texas Instruments: 24, 25 (2), 62 (2), 63 (2), 65, 101 (2), 102 (3), 103, 104, 105 (3), 106 (2), 107 (2), 108 (5), 109 (4), 158, 159, 160, 264, 266, 267
Cornelsen/Inhouse/© Microsoft® Office. Nutzung mit Genehmigung von Microsoft 127, 267

Abbildungen:
Cover: Shutterstock.com/Kletr; **2 o.** Shutterstock.com/Zagory; **2 Mi.** Shutterstock.com/leonori; **2 u.** Shutterstock.com/TTstudio; **3 o.** Shutterstock.com/malshkoff; **3 Mi.** Shutterstock.com/AlexLB; **3 u.** Shutterstock.com/Pixel-Shot; **4 o.** Shutterstock.com/Volodymyr Maksymchuk; **4 Mi.** Shutterstock.com/New Africa; **4 u.** Shutterstock.com/Daisy Daisy; **5** Shutterstock.com/Zagory; **9 u.** Shutterstock.com/Photographee.eu; **13 u.** Shutterstock.com/foto-select; **29** Shutterstock.com/leonori; **32** Shutterstock.com/Nadia Kompan; **33 Mi.** Shutterstock.com/YanLev; **33 u.** stock.adobe.com/Marla; **59 u.** Shutterstock.com/Zurijeta; **69** Shutterstock.com/TTStudio; **71** Shutterstock.com/Tsekhmister; **76** Shutterstock.com/Vitalina Rybakova; **83** Shutterstock.com/hxdbzxy; **84** Shutterstock.com/Delmas Lehman; **85** Shutterstock.com/Patryk Kosmider; **89** Shutterstock.com/photopixel; **90** Shutterstock.com/Antonio Guillem; **94** Shutterstock.com/worradirek; **97** Shutterstock.com/Joe Ravi; **98** Shutterstock.com/BORODIN DENIS; **99** akg-images/John Hios; **100** Shutterstock.com/Africa Studio; **113** Shutterstock.com/malshkoff; **117** Shutterstock.com/Brian Burton Arsenault; **119** Shutterstock.com/malshkoff; **133** Shutterstock.com/Dmytro Falkowskyi; **134** Shutterstock.com/Junior Braz; **137** Shutterstock.com/AlexLB; **156** Shutterstock.com/Brandelet; **157** stock.adobe.com/Anton; **161** stock.adobe.com/Vaclav Matous/Vaclav; **165** Shutterstock.com/Pixel-Shot; **169 li.** Shutterstock.com/coonlight/Deutsche Bundesbank/Luc Luycx aus Belgien; **170** Shutterstock.com/mujijoa79; **173** Shutterstock.com/Piotr Krzeslak; **174** Shutterstock.com/Andreas C. Fischer; **179** Shutterstock.com/Vadim Sadovski; **180 o.** stock.adobe.com/claudiozacc ; **180 Mi.** stock.adobe.com/Georgios Kollidas; **183** Shutterstock.com/Nearcited; **185** Shutterstock.com/Steve Mann; **187** Shutterstock.com/Volodymyr Maksymchuk; **188** stock.adobe.com/Andrey Armyagov; **198** stock.adobe.com/bukhta79; **200** Cornelsen/Stephanie Charlotte Benner, Berlin; **204 Mi.** Imago Stock & People GmbH/Steinach; **204 u.** Shutterstock.com/Oleksandr Koval; **208** Shutterstock.com/Vicente Sargues; **209** mauritius images/Stephan Schulz; **210** Shutterstock.com/Vlad Siaber; **212** Shutterstock.com/ebenart; **213 o.** Cornelsen / Volker Döring; **213 Mi.** stock.adobe.com/Luca; **216** stock.adobe.com/noemosu; **217** Shutterstock.com/Benny Marty; **219** Shutterstock.com/Sergiy Palamarchuk; **223** Shutterstock.com/Evgeny Kurkin; **225 o.** Shutterstock.com/NVS my world; **225 Mi.** Shutterstock.com/Mark Herreid; **227** Shutterstock.com/Triff; **228 a)** Shutterstock.com/Yurii Vydyborets; **228 b)** Shutterstock.com/Aaron Amat; **228 c)** Shutterstock.com/Egor Rodynchenko; **228 d)** Shutterstock.com/Maks Narodenko; **228 e)** Shutterstock.com/SATJA2506; **229 o.** stock.adobe.com/Henrik Dolle; **229 Mi.** Shutterstock.com/max dallocco; **234 l.** stock.adobe.com/naypong; **234 Mi.** Shutterstock.com/Bonita R. Cheshier; **234 r.** stock.adobe.com/nordroden; **235** Shutterstock.com/Subbotina Anna; **237** Shutterstock.com/trabantos; **238** stock.adobe.com/svetamart/Jiri Hera; **241** stock.adobe.com/pure-life-pictures; **245** Shutterstock.com/New Africa; **247** Shutterstock.com/mujijoa79; **250 o.** Shutterstock.com/Vadim Sadovski; **255 o.** Shutterstock.com/l i g h t p o e t; **255 Mi.** Shutterstock.com/Neale Cousland; **262** stock.adobe.com/Wouter Tolenaars; **263** picture-alliance/dpa / Sören Stache; **264** Shutterstock.com/Ken Browning; **268** Shutterstock.com/gabriel12; **271** Shutterstock.com/Daisy Daisy; **272 u.** Shutterstock.com/Goodluz; **273 o.** Shutterstock.com/Ilaslo; **275** Shutterstock.com/WHYFRAME; **279** Shutterstock.com/Photobac

Fundamente der Mathematik

Autoren: Kathrin Andreae, Prof. Dr. Ralf Benölken, Dirk Bresinsky, Anne-Kristina Durstewitz, Dr. Rolf Ebel, Dr. Wolfram Eid, Dr. Lothar Flade, Nico Friese, Klara Götte, Silke Göttge-Piller, Martina Hagemann, Jens Heinemann, Matthias Hofstetter, Bernhard Hummel, Walter Klages, Brigitta Krumm, Nina Kühn, Dr. Hubert Langlotz, Joachim Lippert, Christian Marticke, Arne Mentzendorff, Martina Müller, Torsten Niemann, Yvonne Ofner, Dr. habil. Manfred Pruzina, Melanie Quante, Dr. Ulrich Rasbach, Anna-Kristin Rose, Sebastian Schweitzer, Volker Seibt, Christian Theuner, Dr. Christian Wahle, Anja Widmaier, Florian Winterstein, Dr. Sandra Wortmann, Dr. Wilfried Zappe

Berater: Dr. Hubert Langlotz
Herausgeber: Dr. Andreas Pallack
Redaktion: Felix Arndt, Maya Brandl
Rechteprüfung: Kai Mehnert
Gesamtgestaltung: Golnar Mehboubi Nejati, Berlin
Illustration: Stefan Bachmann
Grafik: Christian Böhning
Umschlaggestaltung: Studio SYBERG, Berlin
Layoutkonzept: klein & halm GbR
Technische Umsetzung: Straive

Begleitmaterialien zum Lehrwerk

für Schülerinnen und Schüler
Arbeitsheft Klasse 8 978-3-06-002963-1

für Lehrerinnen und Lehrer
Unterrichtsmanager Plus online 978-3-06-002964-8
Lösungsheft Klasse 8 978-3-06-002962-4

www.cornelsen.de

1. Auflage, 1. Druck 2023

Alle Drucke dieser Auflage sind Inhaltlich unverändert und können Im Unterricht nebeneinander verwendet werden.

Druck und Bindung: Mohn Media Mohndruck, Gütersloh

ISBN 978-3-06-002960-0 (**Schülerbuch**)
ISBN 978-3-06-002961-7 (**E-Book**)

PEFC
PEFC/04-31-1033

PEFC zertifiziert
Dieses Produkt stammt aus nachhaltig bewirtschafteten Wäldern und kontrollierten Quellen.

www.pefc.de